Kriminologische Diskussionstexte II

Aldo Legnaro · Daniela Klimke
(Hrsg.)

Kriminologische Diskussionstexte II

Kontrollieren und Überwachen

 Springer VS

Hrsg.
Aldo Legnaro
Köln, Deutschland

Daniela Klimke
Institut für Kriminalitäts- und
Sicherheitsforschung, Polizeiakademie
Niedersachsen
Nienburg, Deutschland

ISBN 978-3-658-22006-8   ISBN 978-3-658-22007-5   (eBook)
https://doi.org/10.1007/978-3-658-22007-5

Die Deutsche Nationalbibliothek verzeichnet diese Publikation in der Deutschen Nationalbibliografie; detaillierte bibliografische Daten sind im Internet über http://dnb.d-nb.de abrufbar.

Planung/Lektorat: Cori Antonia Mackrodt
Springer VS ist ein Imprint der eingetragenen Gesellschaft Springer Fachmedien Wiesbaden GmbH und ist ein Teil von Springer Nature.
Die Anschrift der Gesellschaft ist: Abraham-Lincoln-Str. 46, 65189 Wiesbaden, Germany

Vorwort

Nach den *Kriminologischen Grundlagentexten* (2016) legen wir als Fortsetzung, Aktualisierung und inhaltliche Erweiterung zwei Folgebände vor, die als *Kriminologische Diskussionstexte* konzipiert sind: hier *Kontrollieren und Überwachen* und als Vorgängerband *Verurteilen und Strafen*. Dass diese Titel an Michel Foucaults *Überwachen und Strafen* (1976) erinnern, kommt nicht von ungefähr: nicht nur fassen sie auf prägnante Weise zusammen, worum es thematisch geht (und Foucault schon damals ging); Foucault dürfte auch in den hier vorgelegten Texten der mit Abstand am meisten zitierte Autor sein. Das wiederum verweist auf die diesen Bänden wie auch den *Grundlagentexten* zugrunde liegende Auffassung von Kriminologie als einer sozialwissenschaftlichen Spezialdisziplin, die sich nicht in rechtspolitischen Hilfsdiensten und Evaluierungen strafrechtlicher Maßnahmen erschöpft – so sinnvoll und berechtigt derlei auch gelegentlich ist –, sondern einen spezifischen Blick auf Gesellschaften und den ihnen eigenen Etikettierungsstrategien und Betrachtungen von Kriminalität entwickelt, woraus sich die Funktionalitäten von Kriminalität und ihr jeweiliger gesellschaftlicher Sinn erschließen lassen. Kriminologie bildet dann das intellektuelle Instrument einer gesellschaftlichen Selbstbeobachtung und Selbstbeschreibung, die sich zwar nur auf einen Teilaspekt, die Kriminalität eben, konzentriert, dabei aber grundlegende Strukturelemente gesellschaftlicher Ordnung und ihre Bedeutung in einem bestimmten historischen Kontext entziffert: es geht um Konformität und Abweichung, um Regeln und ihre Durchsetzung, damit auch um Macht und die Formen ihrer Ausübung und um die Definitionen des gesellschaftlichen Drinnen und des gesellschaftlichen Draußen, um Uns und um Sie.

Dem folgen die inhaltliche Bestimmung und Anordnung der einzelnen Kapitel. Sie sollen vor allem die thematischen Schwerpunktsetzungen heutiger kriminologischer Diskussionen widerspiegeln und zugleich einen Überblick der dabei entwickelten theoretischen Konzeptionen, analytischen Rekonstruktionen und empirischen Fragestellungen bieten. Diese Anlage gewinnt zwar durchaus Lehrbuchcharakter, unterscheidet sich jedoch von Lehrbüchern in einem entscheidenden Punkt: nicht nur sind die Texte nicht aus einer Hand, sondern haben viele VerfasserInnen und repräsentieren damit auch vielerlei Sprach- und Denkstile, was eine Vergnüglichkeit eigener Art schaffen kann – hier wird auch kein einheitliches Lehrgebäude vorgeführt, sondern es werden in vielen Facetten die Konturen einer sozialwissenschaftlich orientierten kritischen Kriminologie abgesteckt. Präsentiert wird somit keine in sich abgeschlossene Theorie, sondern ein vielfältig besetzter Chor, dessen Stimmen allerdings in ähnlichen theoretischen Fluchtpunkten konvergieren.

Weitaus stringenter als in den *Grundlagentexten* stellt sich in diesen beiden Bänden somit die Frage nach der Textauswahl. Wenn sich darüber, welche Texte als Grundlagentexte der Disziplin angesehen werden können, wohl noch weitgehend Einigkeit erzielen lässt, so dürfte es sehr viel strittiger sein, welche Texte auf bedeutsame Weise weiterhin zur Diskussion beitragen und deswegen einen Neuabdruck verdienen. Wir stehen, nach einem bekannten Diktum, als relative Zwerge alle auf den Schultern von Riesen. Wenn die *Grundlagentexte* vor allem diesen Riesen gewidmet waren, so diese beiden Bände den Zwergen, die aber – eben weil sie auf den Schultern der Riesen stehen – gelegentlich weiter zu sehen und die gesellschaftlichen Zustände und Probleme der Gegenwart pointierter und schärfer zu analysieren vermögen. Es ging uns daher darum, eine Textauswahl vorzulegen, die solche Schärfe mit heutiger Relevanz verbindet. Das kann sowohl für eher theoretisch geprägte Texte wie auch für empirische Arbeiten gelten; diesbezüglich haben wir keine Ausschlusskriterien vorgegeben. Primäres Ziel der Auswahl war es vielmehr, einen annähernd repräsentativen Überblick eines Konzeptions- und Forschungsstandes zu geben, wie er die aktuellen Diskussionen dominiert.

Die Texte stammen weitgehend aus den letzten fünfzehn Jahren: das macht sie historisch und aktuell zugleich. Historisch insoweit, als angeführte Fakten und empirische Befunde den Stand zur Zeit der Entstehung widerspiegeln und deswegen im Einzelfall auch überholt sein können; das gilt in einem etwas anderen Sinne auch für die jeweiligen Literaturangaben, die oft heute bereits vergessene Titel enthalten, was sie aber nicht weniger aufschlussreich macht – gelegentlich lässt sich daraus auch lernen, dass heutzutage neu erscheinende Argumente und Interpretationsfiguren tatsächlich nicht gar so neu sind. Das ist ein Aspekt der unverminderten Aktualität dieser Texte. Zugleich spiegeln sie – das war unser wichtigstes Auswahlkriterium – einen auch gegenwärtig aussagekräftigen

Diskussions- und Interpretationsstand und belegen damit die thematischen und konzeptionellen Ausdifferenzierungen einer Kriminologie, die nun auch im deutschsprachigen Wissenschaftsbereich eine gewisse Anschlussfähigkeit an internationale Entwicklungen gewonnen hat. Deswegen enthalten diese beiden Bände – ganz im Gegensatz zu den *Grundlagentexten* – die Texte von vor allem hiesigen Autoren und – dies ebenfalls in eklatantem Gegensatz – auch von Autorinnen. Und wenngleich diese Texte nicht im gleichen Maße als klassisch gelten können, wie das in den *Grundlagentexten* der Fall war, so könnten manche von ihnen doch zukünftig diesen Status gewinnen.

Wir haben die Texte so wenig bearbeitet wie möglich. Bei vielen waren Kürzungen allerdings unumgänglich, die wir aber auf ein Mindestmaß beschränkt haben. Bei gekürzten Texten sind die Literaturangaben entsprechend angepasst worden. Offensichtliche Druckfehler sind stillschweigend korrigiert, und immer gekürzt sind alle Anmerkungen, die Danksagungen oder Hinweise auf die Entstehungsgeschichte enthalten.

Daniela Klimke
Aldo Legnaro

Inhaltsverzeichnis

1   Zur Einführung.   1
    Aldo Legnaro und Daniela Klimke

I   Prävention als Steuerungsmechanismus in der späten Moderne

2   Einleitung: Prävention als Steuerungsmechanismus
    in der späten Moderne.   7
    Aldo Legnaro und Daniela Klimke

3   Risiko und Gefahr (1990/2005).   21
    Niklas Luhmann

4   Prävention (2004).   39
    Ulrich Bröckling

5   Prävention – ein alter Gedanke in neuem Gewand. Zur
    Entwicklung und Kritik der Strukturen „postmoderner"
    Kontrolle (1995).   45
    Fritz Sack

6   Die präventive Sicherheitsordnung: Weitere Skizzen über die
    Konturen einer ‚Ordnungsform der Gewalt' (2010).   69
    Trutz von Trotha

II Die Sekuritisierung des Lebens

7   Einleitung: Die Sekuritisierung des Lebens.   89
    Aldo Legnaro und Daniela Klimke

8   Die Konjunktur Innerer Sicherheit und die Transformation der gesellschaftlichen Semantik (1998) 103
Reinhard Kreissl

9   Das Projekt Biometrie und das Verschwinden der Unschuld (2008) 115
Aldo Legnaro

10 Das Wuchern der Gefahr. Einige gesellschaftstheoretische Bemerkungen zur Novelle des Sicherheitspolizeigesetzes 2012 (2012). 139
Andrea Kretschmann

III Raum und Sicherheit

11 Einleitung: Raum und Sicherheit 159
Aldo Legnaro und Daniela Klimke

12 Räumliche Strategien kommunaler Kriminalpolitik in Ideologie und Praxis (2005) 177
Bernd Belina

13 Polizei und Nachbarschaftssicherheit: Zerbrochene Fenster (1996) 199
James Q. Wilson und George L. Kelling

14 „Jetzt wird es uns aber zu bunt hier". Graffiti, Responsibilisierung und Sicherheit (2004) 213
Sascha Schierz

15 Die Stadt, der Müll und das Fremde – plurale Sicherheit, die Politik des Urbanen und die Steuerung der Subjekte (1998) 229
Aldo Legnaro

IV Gefühlte Kriminalität: Kriminalitätsfurcht

16 Einleitung: Gefühlte Kriminalität: Kriminalitätsfurcht 251
Aldo Legnaro und Daniela Klimke

17 Kriminalitätsfurcht. Zu den Problemen ihrer Erfassung (2005) ... 269
Helmut Kury, Andrea Lichtblau, André Neumaier und Joachim Obergfell-Fuchs

18 Kriminalitätsangst – klar abgrenzbare Furcht vor Straftaten oder
   Projektionsfläche sozialer Unsicherheitslagen? Ein Überblick
   über den Forschungsstand von Kriminologie und Soziologie zur
   Natur kriminalitätsbezogener Unsicherheitsgefühle der Bürger
   (2009) 285
   Helmut Hirtenlehner

V Die Subjektivierung des Opfers

19 Einleitung: Die Subjektivierung des Opfers.................... 309
   Daniela Klimke und Aldo Legnaro

20 Ein Modell legitimen Scheiterns. Der Kampf um Anerkennung
   als Opfer (2013)... 317
   Klaus Günther

21 Kriminalpolitik mit dem Opfer (2002) 343
   Winfried Hassemer und Jan Philipp Reemtsma

22 Opferorientierungen im Bereich Kriminalität und
   Strafe (2016) 353
   Daniela Klimke und Rüdiger Lautmann

VI Fremd- und Selbstüberwachungen

23 Einleitung: Fremd- und Selbstüberwachungen................ 369
   Aldo Legnaro und Daniela Klimke

24 Präludium über die Kontrollgesellschaften (2003) 391
   Aldo Legnaro

25 Überwachung und (Un-)Sicherheit (2013) 399
   David Lyon und Zygmunt Bauman

26 Videoüberwachung: Zur Signatur der
   Kontrollgesellschaft (2003)................................. 413
   Susanne Krasmann

Herausgeber- und Autorenverzeichnis

Über die Herausgeber

Aldo Legnaro Köln, Deutschland

Daniela Klimke Institut für Kriminalitäts- und Sicherheitsforschung, Polizeiakademie Niedersachsen, Nienburg, Deutschland

Autorenverzeichnis

Zygmunt Bauman† Uni Leeds, Leeds, Großbritannien

Bernd Belina Goethe-Universität Frankfurt, Frankfurt am Main, Deutschland

Ulrich Bröckling Albert-Ludwigs-Universität Freiburg, Freiburg im Breisgau, Deutschland

Michel Foucault† Collège de France, Paris, Paris, Frankreich

Klaus Günther Goethe-Universität Frankfurt, Frankfurt am Main, Deutschland

Winfried Hassemer† Bundesverfassungsgericht, Karlsruhe, Deutschland

Helmut Hirtenlehner Johannes-Kepler-Universität, Linz, Österreich

George L. Kelling† Rutgers University, New Jersey, USA

Susanne Krasmann Universität Hamburg, Hamburg, Deutschland

Reinhard Kreissl VICESSE, Wien, Österreich

Andrea Kretschmann Universität Lüneburg, Lüneburg, Deutschland

Helmut Kury Heuweiler, Deutschland

Rüdiger Lautmann Berlin, Deutschland

Andrea Lichtblau Staufen, Deutschland

Niklas Luhmann† Uni Bielefeld, Bielefeld, Deutschland

David Lyon Queen's University, Kingston, Kanada

André Neumaier Hofheim, Deutschland

Joachim Obergfell-Fuchs Freiburg i. Br., Deutschland

Jan Philipp Reemtsma Hamburger Institut für Sozialforschung, Hamburg, Deutschland

Fritz Sack Berlin, Deutschland

Sascha Schierz Hochschule Niederrhein, Mönchengladbach, Deutschland

Trutz von Trotha† Uni Siegen, Siegen, Deutschland

James Q. Wilson† Pepperdine University, Malibu, USA

Zur Einführung

Aldo Legnaro und Daniela Klimke

Die Feststellungen von Michel Foucault (siehe *Grundlagentexte*, S. 333 ff.) über die Diskurse und Dispositive von Sicherheit, deren Tendenz es sei, sich immer weiter auszudehnen und immer neue Bereiche zu erfassen, stehen zur Verdeutlichung der Programmatik am Beginn dieses Bandes. Foucault fasst dessen Essenz in diesen wenigen Zeilen zusammen – Imaginationen von Sicherheit, Versprechungen von Sicherheit und das nachgerade besessene Streben, mit sozialen, rechtlichen und technischen Vorkehrungen einen Zustand von Sicherheit zu bewirken, machen ein ideologisches, aber auch kulturelles und ökonomisches Kernthema der späten Moderne aus.

Michel Foucault
Auszug aus „Geschichte der Gouvernementalität I. Sicherheit, Territorium, Bevölkerung. Vorlesungen am Collège de France 1977–1978", Frankfurt/M. 2004, S. 73.
    Übersetzung; Claudia Brede-Konersmann und Jürgen Schröder

A. Legnaro (✉)
Köln, Deutschland
E-Mail: a.legnaro@t-online.de

D. Klimke
Institut für Kriminalitäts- und Sicherheitsforschung, Polizeiakademie Niedersachsen, Nienburg, Deutschland
E-Mail: klimke@uni-bremen.de

© Springer Fachmedien Wiesbaden GmbH, ein Teil von Springer Nature 2022
A. Legnaro und D. Klimke (Hrsg.), *Kriminologische Diskussionstexte II*,
https://doi.org/10.1007/978-3-658-22007-5_1

Sicherheit ist zentrifugal (Titel der Hg.)

Im Grunde, denke ich, kann man folgendes sagen: Die Disziplin ist wesentlich zentripetal. Damit will ich sagen, daß die Disziplin in dem Maße funktioniert, wie sie einen Raum isoliert, ein Segment bestimmt. Die Disziplin konzentriert, sie zentriert, sie schließt ein. Die ursprüngliche Geste der Disziplin besteht nämlich darin, einen Raum zu umschreiben, in dem ihre Macht und ihre Machtmechanismen voll und uneingeschränkt zum Tragen kommen. Und richtig, wenn man das Beispiel der disziplinarischen Kornpolizei wiederaufnimmt, wie sie bis zur Mitte des 18. Jahrhunderts existierte und wie Sie sie auf Hunderten von Seiten im *Traité de police* von Delamare[a] finden, die disziplinarische Kornpolizei ist in der Tat zentripetal. Sie isoliert, sie konzentriert, sie schließt ein, sie ist protektionistisch, und sie zentriert ihr Handeln hauptsächlich auf den Markt oder auf jenen Raum des Marktes und was ihn umgibt. Sie sehen, daß die Sicherheitsdispositive, wie ich sie versucht habe nachzuzeichnen, im Gegenteil zentrifugal sind und die Tendenz haben, sich auszudehnen. Es werden ohne Unterlaß neue Elemente integriert, man integriert die Produktion, die Psychologie, die Verhaltensweisen, die Arten wie man Produzenten, Käufer, Konsumenten, Importeure, Exporteure macht, man integriert den Weltmarkt. Es handelt sich also darum, immer weiträumigere Kreisläufe zu organisieren oder sich jedenfalls entwickeln zu lassen.

Im Grunde, denke ich, kann man folgendes sagen: Die Disziplin ist wesentlich zentripetal. Damit will ich sagen, daß die Disziplin in dem Maße funktioniert, wie sie einen Raum isoliert, ein Segment bestimmt. Die Disziplin konzentriert, sie zentriert, sie schließt ein. Die ursprüngliche Geste der Disziplin besteht nämlich darin, einen Raum zu umschreiben, in dem ihre Macht und ihre Machtmechanismen voll und uneingeschränkt zum Tragen kommen. Und richtig, wenn man das Beispiel der disziplinarischen Kornpolizei wiederaufnimmt, wie sie bis zur Mitte des 18. Jahrhunderts existierte und wie Sie sie auf Hunderten von Seiten im *Traité de police* von Delamare finden, die disziplinarische Kornpolizei ist in der Tat zentripetal. Sie isoliert, sie konzentriert, sie schließt ein, sie

---

[a]Nicolas Delamare (de la Mare) (1639–1723) veröffentlichte seinen *Traité de la police, où l'on trouvera l'histoire de son établissement, les fonctions et les prérogatives de ses magistrats, toutes les loix et tous les règlemens qui la concernent* in drei Bänden in Paris zwischen 1705 und 1719; einen vierten Band gab 1738 nach dessen Tod ein Schüler von de la Mare heraus. Das Werk blieb jedoch unvollendet und stellt kaum die Hälfte des ursprünglichen Programms dar (A. d. H.; nähere Angaben finden sich im angegebenen Band von Foucault S. 86 und 514).

ist protektionistisch, und sie zentriert ihr Handeln hauptsächlich auf den Markt oder auf jenen Raum des Marktes und was ihn umgibt. Sie sehen, daß die Sicherheitsdispositive, wie ich sie versucht habe nachzuzeichnen, im Gegenteil zentrifugal sind und die Tendenz haben, sich auszudehnen. Es werden ohne Unterlaß neue Elemente integriert, man integriert die Produktion, die Psychologie, die Verhaltensweisen, die Arten wie man Produzenten, Käufer, Konsumenten, Importeure, Exporteure macht, man integriert den Weltmarkt. Es handelt sich also darum, immer weiträumigere Kreisläufe zu organisieren oder sich jedenfalls entwickeln zu lassen.

1. Prävention als Steuerungsmechanismus in der späten Moderne

Einleitung: Prävention als Steuerungsmechanismus in der späten Moderne

Aldo Legnaro und Daniela Klimke

Prävention ist ein uraltes Konzept und eine ebenso alte Handlungsweise. In einem ganz allgemeinen Sinn bedeutet sie das Bestreben, den Eintritt nicht wünschenswerter Ereignisse möglichst ganz auszuschließen oder doch ihre Eintrittswahrscheinlichkeit zu verringern. Prävention ist daher immer als eine Kontrollstrategie zu verstehen; sie bildet den Versuch, die Zukunft durch Handlungen der Gegenwart zu kontrollieren und derart „die Kontingenz der Zukunft zu bändigen" (Bröckling 2008, S. 39). Die Kornspeicher des biblischen Josef in Ägypten sind in der Mythologie Europas geradezu das Modell einer präventiv orientierten Politik, bei der ein Staat für das Gemeinwohl Vorsorge zu treffen sucht – ein Urbild guter Regierungsführung. Prävention, wie sie in den letzten beiden Jahrzehnten immer größere Bedeutung gewonnen hat – sei es als gesundheitliche Prävention, sei es als die Prävention von Erwerbslosigkeit oder als Kriminalprävention –, tritt hingegen vor allem als eine individualisierte Prävention auf, die zwar staatlich befördert und empfohlen, jedoch kommerziell angeboten und von den Individuen zum eigenen Nutzen, auf eigene Kosten, nach eigenem Gutdünken und in eigener Verantwortung vorgenommen wird. Sie gewinnt damit eine gänzlich anders akzentuierte Relevanz, und das verweist darauf, dass es sich hierbei über althergebrachte präventive Strategien hinaus um eine wesentlich veränderte Bedeutung dieses Konzepts und der damit verbundenen Aktivitäten

A. Legnaro (✉)
Köln, Deutschland
E-Mail: a.legnaro@t-online.de

D. Klimke
Institut für Kriminalitäts- und Sicherheitsforschung, Polizeiakademie Niedersachsen,
Nienburg, Deutschland
E-Mail: klimke@uni-bremen.de

© Springer Fachmedien Wiesbaden GmbH, ein Teil von Springer Nature 2022
A. Legnaro und D. Klimke (Hrsg.), *Kriminologische Diskussionstexte II*,
https://doi.org/10.1007/978-3-658-22007-5_2

handelt. Das betrifft nicht nur den Stellenwert von Prävention und der jeweiligen präventiven Handlungen, sondern diese gewinnen auch einen neuartigen gesellschaftlichen Sinn.

Dieser neuartige Sinn steht in engem Zusammenhang mit der zentralen Unterscheidung nach Risiken und Gefahren, wie Luhmann (1990, siehe den Text in diesem Kapitel) sie vorgenommen hat. Im Falle von Risiken müssen entstandene Schäden den eigenen Entscheidungen zugeschrieben werden, während Gefahren über einen hereinbrechen, ohne dass man hierfür verantwortlich wäre: Risiken geht man ein, Gefahren ist man ausgesetzt. Die gesellschaftlichen Entwicklungen, die Beck (1986) frühzeitig unter dem Etikett der Risikogesellschaft abgehandelt hat, amalgamieren die selbst verantworteten Risiken wie die nicht kontrollierbaren Gefahren; von kompetenten Gesellschaftsmitgliedern ist verlangt, beide präventiv zu bearbeiten (Opitz und Tellmann 2010; Münkler et al. 2010). Diese Entwicklung steht zudem im Zeichen sozialer Beschleunigung (Rosa 2005). Das formt insgesamt eine „cosmopolitan society" (Beck 2002), deren Kennzeichen Bauman (2000) als eine „liquid modernity" gefasst hat, die im Sozialen Enttraditionalisierung und Individualisierung, im Ökonomischen Flexibilisierung und einen Imperativ der Mobilität, im Politischen De-Regulierung, Kommerzialisierung und eine tendenziell abnehmende Legitimation des Sozialstaats mit sich bringt. So wird dieser Sozialstaat in seinen Leistungen beschnitten, wenngleich es auch gegenläufige Tendenzen gibt – heutige Marktgesellschaften sind nicht ohne Widersprüchlichkeiten (O'Malley 2001). Vor allem aber werden sozialstaatliche Leistungen mithilfe eines Aktivierungsdiskurses an Gegenleistungen der ‚Kunden' gebunden (so als ‚workfare'; siehe Brütt 2011). Das steht im Kontext jenes Regierens über Anreize und durch Freiheit, Eigenverantwortung und Verantwortlich-Machen, wie es als wesentliches Kennzeichen neoliberaler Marktgesellschaften und post-fordistischer Ökonomien vielfach hervorgehoben worden ist (vgl. etwa Foucault 1994; deutsche Fassung Bröckling et al. 2000; Garland 1997; Lemke 1997; Dean 1999; Krasmann 2003; Rose et al. 2006; Bröckling 2007; Miller und Rose 2008). Damit einher geht die zumindest partielle Verlagerung der Haftung für allgemeine Lebensrisiken von kollektiven und solidarisch organisierten Sicherungssystemen auf individuelle und privatwirtschaftlich gestaltete Vorsorge, was den ‚homo prudens' (O'Malley 1992) voraussetzt und befördert. Solche Flexibilisierungen vieler Lebensbereiche bringen zugleich eine gewisse Prekarisierung mit sich, bei der kaum mehr – wie in den hohen Zeiten des Sozialstaats zwischen den 1950er- und 1980er-Jahren – auf individuelle sozio-ökonomische Stabilität und erwartbare biographische Verläufe gerechnet werden kann (siehe auch das Kapitel *Inklusionen und Exklusionen* im Vorgängerband *Verurteilen und Strafen*). Nicht zuletzt dies macht für viele Individuen den „vertigo of late modernity" (Young 2007) aus – ein Taumel, den vorsorglich zu bekämpfen bzw. als Chance zu begreifen vielerlei Anreize auf-fordern, staatliche Förderprogramme ebenso wie kommerzielle Versicherungs-angebote und eine Literatur der (mentalen und physischen) Selbstformung – allesamt Technologien der präventiven und modulativen Selbstführung (vgl. Bröckling 2000, 2003).

Solche weit gefasste Eigenverantwortung (Responsibilisierung), der sich lediglich durch marktförmig organisierte Absicherungsstrategien gerecht werden lässt, macht die Individuen damit sowohl verantwortlich wie haftbar für angenehme wie unangenehme Lebensereignisse. Präventives Handeln, das sich mit einer Logik „der antizipierenden Säuberung" (Bröckling 2004, siehe den Text in diesem Kapitel) verbindet, wird in Bezug auf Armut, Erwerbslosigkeit, Krankheit, Opferwerdung unter diesen Umständen deswegen so bedeutsam, weil der Eintritt solcher Ereignisse als eine fehlende Marktanpassung der Individuen und als ein Versagen vor dem Imperativ des Erfolgs (siehe Neckel 2008) inter-pretiert und entsprechend mit sozialer Marginalität sanktioniert werden kann. Das ist einer Politik komplementär, die bei allen Bevölkerungsschichten offensiv auf einen Modus permanenter Aktivierung zielt. Dieser Modus beinhaltet Erwartung und Anforderung gleichermaßen, und um auch zukünftig aktiv sein zu können, ist solcher Aktivierung präventives Handeln bereits eingeschrieben: „der aktivierende [ist] auch ein zur Prävention mobilisierender Sozialstaat [...], der Präventivstaat somit als das *alter ego* der Aktivgesellschaft" zu sehen (Lessenich 2008, S. 120 f.; vgl. auch Lessenich 2011). Das gibt den Sozialbehörden, wie eine frühe Kritik (Billis 1981) schon ahnte, eine erhebliche, paternalistisch gefärbte Kontrollmacht gegenüber ihren ‚Kunden', die zu Eigenverantwortung erzogen werden sollen. Eigenverantwortliche Prävention ist aber keineswegs eine ausschließlich staatliche Programmatik; sie ist längst eingesickert in viele gesellschaftliche Milieus und prägt alltägliche Handlungsvollzüge. Es ist diese umfassende Bedeutung der Prävention, die es rechtfertigt, sie als ein der späten Moderne eigentümliches Steuerungsprinzip anzusehen (Legnaro 2014). Und zugleich lässt sich spekulieren, ob sie nicht auch eine säkularisierte Variante theo-logischer Konzeptionen von Heilsversprechen und Erlösungssehnsucht darstellt.

Während Prävention als gesellschaftliches Prinzip also weit über Kriminal-politik hinausgeht, bildet sie als solche in diesem Politikfeld überhaupt nichts Neues. Zwar wäre – theoretisch gesehen – die radikalste Kriminalprävention die Suspendierung des Strafrechts: ohne einschlägige Definitionen gibt es schädigende Verhaltensweisen, aber keine sanktionierbare Kriminalität. Eine solche Erwägung hat allerdings, was kaum verwundern kann, keinerlei praktisch-politische Folgen (siehe das Kapitel *Kriminalität als Instrument des Regierens* im Vorgängerband *Verurteilen und Strafen*). Vielmehr ist Prävention auf der Grundlage strafrechtlicher Definitionen ein altetabliertes Prinzip polizeilichen Handelns (Gilling 1997; Northoff 1997; Sherman et al. 2002; Lange 2008; Tilley 2009; ein umfassender Überblick bei Walsh et al. 2018). Die skizzierten Entwicklungen des präventiven Paradigmas aber bedeuten eine grundlegende Neuausrichtung polizeilicher Strategien, nicht zuletzt vor dem Hintergrund des unersättlichen Bedürfnisses nach Sicherheit (siehe auch die Kapitel *Die Sekuritisierung des Lebens; Raum und Sicherheit* in diesem Band). Insofern handelt es sich bei diesen neueren Entwicklungen tatsächlich um einen alten Gedanken in neuem Gewand, wie Sack (1995, siehe den Text in diesem Kapitel) titelt. Dieser Gedanke entgeht allerdings auch in neuer Form nicht dem Paradox der Prävention, das darin besteht, Ängste vor zukünftigen Gefahren und Risiken einerseits wachzuhalten und andererseits ihre Einhegung zu versprechen (Zabel 2018).

Die Neuartigkeit der kriminalpolitisch konzipierten Prävention macht sich vor allem als eine zunehmende Orientierung an abstrakten Gefährdungslagen und einer dadurch zwingend notwendigen Vorverlagerung von Verdachtsschwellen bemerkbar (vgl. Kretchmann und Legnaro 2020); sie „transformiert ein reaktives Strafrecht in ein proaktives System strafrechtlicher Sozialkontrolle" (Sack 1995, S. 451, siehe den Text in diesem Kapitel). Als Anzeichen hierfür sah Sack damals die überall auf kommunaler Ebene sich etablierenden Präventionsräte, die neuen Formen des *community policing,* die weniger Kriminalität als *social disorder* und *incivilities* in den Blick nahmen (siehe einen neueren Überblick bei Gill et al. 2016), Aktionen wie „Vorsicht! Wachsamer Nachbar", deren Aufkleber auf den Haustüren prangten, und die neu entstehenden Sicherheitswachten und Bürgerpatrouillen. Dies alles sind Indizien für den Versuch, unter präventiven Aspekten möglichst frühzeitig die Entstehung krimineller Verhaltensweisen und Ereignisse kontrollieren zu können. Zedner (2007, S. 259) fasst diese Entwicklungen so zusammen: „We are moving from a 'post-crime' society in which crime is thought about primarily as harm or wrong done and in which dominant ordering practices arise post-hoc, to a 'pre-crime' society in which the perspective is shifting to anticipate and forestall that which has yet to occur". Das konkretisiert sich besonders prägnant im *predictive policing,* also dem Versuch der Polizei, auf Big Data gestützt potenzielle Tatorte und -zeiten im Vorhinein zu identifizieren, auf diese Weise rechtzeitig präsent zu sein und Taten entweder ganz verhindern oder Verhaftungen vornehmen zu können: die proaktive Handlungsweise ist dieser Methode eingeschrieben (vgl. Perry et al. 2013; Hunt et al. 2014; Legnaro und Kretschmann 2015; Egbert 2017, 2018; Ferguson 2017; Sanders und Sheptycki 2017; Egbert und Krasmann 2020).

Das präventive kriminalpolitische Handeln neuen Stils verlagert also die Eingriffsschwelle immer weiter in das Vorfeld einer tatsächlich noch gar nicht geschehenen – und möglicherweise nie geschehenden – kriminellen Handlung hinein und ist „auf eine anhand von Risikofaktoren antizipierbare Zukunft ausgerichtet" (Kretschmann 2017, S. 12). Proaktive polizeiliche Verfahrensweisen bringen jedoch eine erhebliche Relativierung der rechtsstaatlich gebotenen Unschuldsvermutung mit sich und haben gravierende Folgen für bisher als selbstverständlich angesehene Garantien rechtsstaatlicher Verfahrensweisen, wie dies vor allem dann gilt, wenn schon die abstrakte Definition als ‚Gefährder‘ (Böhm 2011; Kretschmann 2017) zum legalen Anlass polizeilicher Intervention erhoben wird. Darüber hinaus verwandelt die Ökonomisierung der Kriminalpolitik, wie sie sich im Einklang mit gesellschaftlichen Tendenzen entwickelt (vgl. Klimke 2013 – siehe den Text im Kapitel *Kriminalität als Instrument des Regierens* im Vorgängerband *Verurteilen und Strafen*), aber auch die Ausrichtung der einschlägigen Diskurse von einem „‘social’ to an ‘economic’ style of reasoning" (Garland 2001, S. 188) die dominante Perspektive auf Kriminalität und ebenfalls andere Arten abweichenden Verhaltens. Im Mittelpunkt stehen nun weniger reintegrative und resozialisierende wohlfahrtstaatliche Programme *(penal welfarism)* als vielmehr Maßnahmen des Risikomanagements und der Devianzkontrolle, die auf Eindämmung und Unsichtbarmachung abzielen. Dabei geht es um „the control of whole groups, populations and environments – not community control, but the control of communities. In this movement, technology and resources, particularly at the hard end, are to be directed to surveillance, prevention and control, not ‘tracking’ the individual adjudicated offender, but preventive surveillance (through closed-circuit television, for example) of people and spaces." (Cohen 1985, S. 127) Wenngleich eine sozialstaatliche Programmatik alter Prägung und das Management von Devianz koexistieren können (Goddard 2012), wird letzteres doch für bestimmte Populationen alltäglich höchst relevant (O‘Neill und Loftus 2013) und bezeichnet die vorherrschende Tendenz, die von Trotha (2010, siehe den Text in diesem Kapitel) als präventive Sicherheitsordnung kennzeichnet (vgl. auch Strasser und van den Brink 2005; Lampe 2018). Ein solches Risikomanagement befördert – neben einem Boom des kommerziellen Sicherheitsgewerbes (zusammenfassend Hirschmann 2016) – eine nicht mehr sozialpolitisch orientierte, sondern situativ ausgerichtete Kriminalprävention, die vor allem auf technische Vorkehrungen setzt *(situational crime prevention,* vgl. Cornish und Clarke 1986, 2003; Clarke 1980, 1995; Tilley et al. 2015; Guerette et al. 2016) und der nicht-staatlichen Initiative eine gewichtige Rolle zuschreibt (Tilley 2018). Der Titel eines Berichts des US-Justizministeriums fasst die Richtung dieser Neuorientierung bündig zusammen: „Reorienting Crime Prevention Research and Policy: From the Causes of Criminality to the Context of Crime" (Weisburd 1997).

Wenngleich manche der diesem kontextuellen und situativen Ansatz zugrundeliegenden Annahmen ihre historischen Vorläufer haben (Freilich 2015), konstituiert er doch eine neuartige Qualität kriminalpolitischen Handelns. In seinem Band mit Einzelfallstudien zur situativen Kriminalprävention, der großen Einfluss ausgeübt hat, definiert Clarke (1997) die Essenz der Vorgehensweise so: „Situational prevention comprises opportunity-reducing measures that (1) are directed at highly specific forms of crime, (2) involve the management, design or manipulation of the immediate environment in as systematic and permanent way as possible, (3) make crime more difficult and risky, or less rewarding and excusable as judged by a wide range of offenders" (ebd., S. 4). Das enthält alle Ingredienzien der heutigen Kriminalpolitik: die Konzentrierung auf den aktuellen Handlungskontext, ohne soziale Lebensverhältnisse in den Blick zu nehmen, die Beeinflussung von Verhalten durch ein Management der architektonischen und sonstigen Rahmenbedingungen potenzieller Taten, insgesamt durch *environmental design* und *designing out crime* (siehe Geason und Wilson 1999; Clakre und Newman 2005; Cozens und Love 2015). Das unterstellt ein nach *rational-choice*-Prinzipien ausgerichtetes ökonomisches Kalkül der TäterInnen (siehe hierzu auch das Kapitel *Kriminalität als Instrument des Regierens* im Vorgängerband *Verurteilen und Strafen*). Die Liste der von Clarke präsentierten erfolgreichen Studien umfasst sehr unterschiedliche Beispiele, die von der Reduktion des Taschendiebstahls in Einkaufszentren, Strategien zur Begrenzung von Prostitution, der Abschreckung obszöner Anrufe bis zur Verhinderung von Scheckfälschungen, der Erschwerung von Ladendiebstählen und der Bedeutung von Straßenbeleuchtung reichen. Zentral dabei sind Techniken der Gelegenheitsreduzierung, etwa Zugangskontrollen, technische Objektsicherung *(target hardening)*, Ablenkung der Täter, eine institutionalisierte Überwachung durch Beschäftigte, Kameras oder einen Sicherheitsdienst. Viele der dabei angewandten Techniken sind inzwischen längst veralltäglicht und fallen kaum noch auf, wenngleich auch auf kontraproduktive Wirkungen und unbeabsichtigte Konsequenzen hingewiesen wird, etwa auf den Effekt einer sich selbst erfüllenden Prophezeiung oder eine Professionalisierung von Kriminalität (Grabosky 1996). Der Ansatz hat zudem eine Fülle von Kritik hervorgerufen, nicht zuletzt den Vorwurf, solche Techniken führten kaum zur Verhinderung, sondern nur zur Verlagerung krimineller Aktivitäten. Das scheint jedoch nicht so ausgeprägt zu sein wie oft angenommen (Guerette und Bowers 2009), und es ist sogar versucht worden, die Zahl der verhinderten Einbrüche zu berechnen (Johnson et al. 2004). Umstritten ist allerdings weiterhin, inwieweit ein *rational-choice*-Ansatz geeignet ist, neben Eigentumsdelikten auch emotionalisierte Taten zu erfassen (kritisch Hayward 2007; positiv Farrell 2010).

Der Ansatz der *situational crime prevention* weist in vielen Bereichen eindeutige Erfolge auf und trägt zur Verringerung vor allem der Eigentumskriminalität bei (siehe den Überblick zur Forschungslage bei de Waard 2017); zudem regt er zu eigenverantwortlichen Präventionsbemühungen an, die zu einschlägigen Suchanfragen bei Google und auf diesem Wege zu einer gewissen Reduktion der Kriminalitätsbelastung führen (Stubbs-Richardson et al. 2018). Das entwertet dennoch nicht die zentrale Kritik, die sich auf die a-theoretische Ausrichtung und die systematische Vernachlässigung aller Kausalbedingungen von Kriminalität richtet, den sozial ungleich verteilten Zugang zu den Techniken situativer Prävention betont und die Beförderung einer gesellschaftlichen Festungsmentalität diagnostiziert (siehe einen Überblick der einschlägigen Kritik bei Wortley 2010). Clarke (2005, S. 40) hat versucht, solche Kritik zu entkräften: der Ansatz stütze sich auf den *routine-activity*-Ansatz (Cohen und Felson 1979; Clarke und Felson 1993; Felson 1998; Andresen und Farrell 2015), eine Analyse von Kriminalitätsmustern (Brantingham und Brantingham 1984) und die Theorie von *rational choice* (siehe etwa Kunz 2004; Braun 2013) und sei also keineswegs a-theoretisch, reduziere Kriminalität mit nur wenigen Verlagerungen, nütze der Gesellschaft durch diese Reduktion, wirke für Reiche wie Arme, und die Bevölkerung nehme Einbußen ihrer Freiheit in Kauf, wenn sie dadurch vor Kriminalität geschützt würde – weswegen die Kritik auf „misconceptions" des Ansatzes beruhe. Diese Argumente sind für sich genommen alle mehr oder weniger richtig, treffen die Kritik aber nur bedingt, weil diese auf eine andere Dimension abzielt. Denn in einer eher sozialwissenschaftlichen als kriminalpolitischen Betrachtung geht es weniger um Strategien, so erfolgreich sie im Einzelfall sein können, als um die zugrundeliegenden Tendenzen gesellschaftlicher Gestaltung. Die mit den Präventionsbemühungen der neueren Kriminalpolitik verbundenen Entwicklungen, wie sie sich vor allem in der Vorverlagerung von Verdächtigkeit zeigen, stehen in einem Zusammenhang mit punitiven Tendenzen (Schabdach 2011; siehe auch das Kapitel *Die Lust am Strafen* im Vorgängerband *Verurteilen und Strafen*) und befördern entscheidend den Sicherheitsstaat heutiger Prägung mit seinen vielfältigen Formen von Überwachung durch staatliche und private Akteure (siehe auch das Kapitel *Fremd- und Selbstüberwachungen* in diesem Band). So „bilden Sicherheitsbedürfnisse den Antrieb und markieren Sicherheitsfiktionen den Fluchtpunkt aller präventiven Anstrengungen. Das verleiht diesen den Charakter des Unabschließbaren: Vorbeugen kann man nie genug und nie früh genug." (Bröckling 2008, S. 42, 2012) Das gilt keineswegs nur in Bezug auf Kriminalität, sondern auch hinsichtlich Formen des politischen Protests (Ullrich 2010; Nishiyama 2018). Die präventiven Kontrollbemühungen entwickeln derart eine Tendenz zur Totalität, und insgesamt bildet

sich damit eine Form des Regierens aus, die einerseits die Individuen in die
Pflicht zu präventiven Maßnahmen diverser Art nimmt, sofern sie ihren wohl-
verstandenen Interessen nachkommen wollen, und andererseits rechtsstaatliche
Garantien und bürgerliche Freiheiten im Namen von Sicherheit partiell aufhebt.

Literatur

Andresen, Martin/Farrell, Graham (Hg.) (2015): The criminal act: The role and influence of
    routine activities theory, London.
Bauman, Zygmunt (2000): Liquid Modernity, Cambridge.
Beck, Ulrich (1986): Risikogesellschaft. Auf dem Weg in eine andere Moderne,
    Frankfurt/M.
Beck, Ulrich (2002): The Cosmopolitan Society and Its Enemies, in: Theory, Culture &
    Society 19 (1–2): 17–44.
Billis, David (1981): At risk of prevention, in: Journal of Social Policy 10 (3): 367–379.
Blomberg, Thomas G./Brancale, Julie Mestre/Beaver, Kevin M./Bales, William D. (Hg.)
    (2016): Advancing Criminology and Criminal Justice Policy, London-New York.
Böhm, María Laura (2011): Der ‚Gefährder' und das ‚Gefährdungsrecht': eine rechts-
    soziologische Analyse am Beispiel der Urteile des Bundesverfassungsgerichts über
    die nachträgliche Sicherungsverwahrung und die akustische Wohnraumüberwachung,
    Göttingen.
Brantingham, Paul J./Brantingham, Patricia L. (1984): Patterns in Crime, New York.
Braun, Norman (2013): Rational Choice Theorie, in Kneer, Georg/Schroer, Markus (Hg.),
    Handbuch Soziologische Theorien, Wiesbaden: 395–418.
Bröckling, Ulrich/Krasmann, Susanne/Lemke, Thomas (Hg.) (2000): Gouvernementalität
    der Gegenwart. Studien zur Ökonomisierung des Sozialen, Frankfurt/M.
Bröckling, Ulrich (2000): Totale Mobilmachung. Menschenführung im Qualitäts- und
    Selbstmanagement, in: Bröckling/Krasmann/Lemke (Hg.): 131–167.
Bröckling, Ulrich (2003): You are not responsible for being down, but you are responsible
    for getting up. Über Empowerment, in: Leviathan 3: 323–344.
Bröckling, Ulrich (2007): Das unternehmerische Selbst. Soziologie einer Subjektivierungs-
    form, Frankfurt/M.
Bröckling, Ulrich (2008): Vorbeugen ist besser … Zur Soziologie der Prävention, in:
    Behemoth. A Journal on Civilisation 1: 38–48.
Bröckling, Ulrich (2012): Dispositive der Vorbeugung: Gefahrenabwehr, Resilienz,
    Precaution, in: Daase, Christopher/Offermann, Philipp/Rauer, Valentin (Hg.), Sicher-
    heitskultur. Soziale und politische Praktiken der Gefahrenabwehr, Frankfurt a.M.: S.
    93–108.
Brütt, Christian (2011): Workfare als Mindestsicherung. Von der Sozialhilfe zu Hartz IV.
    Deutsche Sozialpolitik 1962 bis 2005, Bielefeld.
Clarke, Ronald V. (1980): Situational Crime Prevention: Theory and Practice, in: British
    Journal of Criminology 20: 136–47.
Clarke, Ronald V. (1995): Situational Crime Prevention, in: Crime & Justice 91: 91–150.

Clarke, Ronald V. (Hg.) (1997): Situational Crime Prevention. Successful Case Studies, Albany.

Clarke, Ronald V. (2005): Seven misconceptions of situational crime prevention, in: Tilley, Nick (Hg.), Handbook of Crime Prevention and Community Safety, Cullompton: 39–70.

Clarke, Ronald V./Felson, Marcus (Hg.) (1993): Routine Activity and Rational Choice, New Brunswick.

Clarke, Ronald V./Newman, Graeme R. (2005): Designing Out Crime From Products and Systems. Washington D.C.

Cohen, Lawrence E./Felson, Marcus (1979): Social Change and Crime Rate Trends: A Routine Activity Approach, in: American Sociological Review 44 (4): 588–608.

Cohen, Stanley (1985): Visions of Social Control: Crime, Punishment and Classification, Cambridge.

Cornish, Derek B./Clarke, Ronald V. (1986): The Reasoning Criminal: Rational Choice Perspectives on Offending, New York.

Cornish, Derek B./Clarke, Ronald V. (2003): Opportunities, Precipitators and Criminal Decisions: A Reply to Wortley's Critique of Situational Crime Prevention, in: Crime Prevention Studies 16: 41–96.

Cozens, Paul/Love, Terence (2015): A Review and Current Status of Crime Prevention through Environmental Design (CPTED), in: Journal of Planning Literature 30 (4): 393–412.

Dean, Mitchell (1999): Governmentality. Power and Rule in Modern Society, Los Angeles-London.

de Waard, Jaap (2017): What Works?: A systematic overview of recently published meta evaluations / synthesis studies within the knowledge domains of Situational Crime Prevention, Policing, and Criminal Justice Interventions, 1997–2017, Den Haag.

Egbert, Simon (2017): Siegeszug der Algorithmen? Predictive Policing im deutschsprachigen Raum, in: Aus Politik und Zeitgeschichte 32–33: 17–23.

Egbert, Simon (2018): About Discursive Storylines and Techno-Fixes: The Political Framing of the Implementation of Predictive Policing in Germany, in: European Journal for Security Research 3: 95–114.

Egbert, Simon/Krasmann, Susanne (2020): Predictive policing: not yet, but soon preemptive?, in: Policing and Society 30 (8): 905–919.

Farrell, Graham (2010): Situational crime prevention and its discontents: Rational choice and harm reduction versus Cultural Criminology, in: Social Policy and Administration 44 (1): 40–66.

Ferguson, Andrew Guthrie (2017): The Rise of Big Data Policing. Surveillance, Race, and the Future of Law Enforcement, New York.

Felson, Marcus (1998): Crime and everyday life, Thousand Oaks.

Freilich, Joshua D. (2015): Beccaria and Situational Crime Prevention, in: Criminal Justice Review 40 (2): 131–150.

Foucault, Michel (1994): La «gouvernementalité», in: Michel Foucault, Dits et écrits, Bd. III, 1976–1979, Paris: 635–657; deutsche Fassung: Die Gouvernementalität, in: Bröckling/Krasmann/Lemke (Hg.): 41–67.

Garland, David (1997): 'Governmentality' and the problem of crime: Foucault, criminology, sociology, in: Theoretical Criminology 2: 173–214.

Garland, David (2001): The Culture of Control. Crime and Social Order in Contemporary Society, Oxford-Chicago.

Geason, Susan/Wilson, Paul (1999): Designing Out Crime: Crime Prevention Through Environmental Design, Canberra.

Gill, Charlotte/Weisburd, David/Telep, Cody (2016): Community policing, in: Blomberg et al. (Hg.): 119–128.

Gilling, Daniel (1997): Crime Prevention: Theory, Policy and Politics, London.

Goddard, Tim (2012): Post-welfarist risk managers? Risk, crime prevention and the responsibilization of community-based organizations, in: Theoretical Criminology 16 (3): 347–363.

Grabosky, Peter. N. (1996): Unintended Consequences of Crime Prevention, in: Homel, Ross (Hg.), From Politics and Practice of Situational Crime Prevention, Monsey N.Y.: 25–56.

Guerette, Rob T./Bowers, Kate J. (2009): Assessing the Extent of Crime Displacement and Diffusion of Benefits: A Review of Situational Crime Prevention Evaluations, in: Criminology 47 (4): 1331–1368.

Guerette, Rob T./Johnson, Shane D./Bowers, Kate (2016): Situational crime prevention, in: Blomberg et al. (Hg.): 104–114.

Hayward, Keith (2007): Situational Crime Prevention and its Discontents: Rational Choice Theory versus the 'Culture of Now', in: Social Policy and Administration 41 (3): 232–250.

Hirschmann, Nathalie (2016): Sicherheit als professionelle Dienstleistung und Mythos. Eine soziologische Analyse der gewerblichen Sicherheit, Wiesbaden.

Hunt, Priscillia/Saunders, Jessica/Hollywood, John S. (2014): Evaluation of the Shreveport Predictive Policing Experiment, Santa Monica Ca.

Johnson, Shane D. /Bowers, Kate J./Jordan, Peter/Mallender, Jacqueline/Davidson, Norman/Hirschfield, Alexander F.G. (2004): Evaluating Crime Prevention Scheme Success. Estimating 'Outcomes' or How Many Crimes Were Prevented, in: Evaluation 10(3): 327–348.

Klimke, Daniela (2013): Die politische Ökonomie der Sicherheit, in: Soziale Probleme 24 (1): 137–163.

Krasmann, Susanne (2003): Die Kriminalität der Gesellschaft. Zur Gouvernementalität der Gegenwart, Konstanz.

Kretschmann, Andrea (2017): Soziale Tatsachen: Eine wissenssoziologische Perspektive auf den „Gefährder", in: Aus Politik und Zeitgeschichte 32–33: 11–16.

Kretschmann, Andrea/Legnaro, Aldo (2020): Die „drohende Gefahr" als Schlüsselbegriff einer Sekuritisierung des Rechts, in: Zeitschrift für Rechtssoziologie 40 (1–2): 3–25.

Kunz, Volker (2004): Rational Choice, Frankfurt/M. – New York.

Lampe, Dirk (2018): Prävention. Praktiken, Kritiken und Leerstellen, in: Kriminologisches Journal 50 (3): 178–187.

Lange, Hans-Jürgen (Hg.) (2008): Kriminalpolitik, Wiesbaden.

Legnaro, Aldo (2014): Prävention als Steuerungsprinzip der späten Moderne, in: Brunhöber, Beatrice (Hg.), Strafrecht im Präventionsstaat, Stuttgart: 19–39.

Legnaro, Aldo/Kretschmann, Andrea (2015): Das Polizieren der Zukunft, in: Kriminologisches Journal 2: 94–111.

Lemke, Thomas (1997): Eine Kritik der politischen Vernunft. Foucaults Analyse der modernen Gouvernementalität, Berlin-Hamburg.

Lessenich, Stephan (2008): Die Neuerfindung des Sozialen. Der Sozialstaat im flexiblen Kapitalismus, Bielefeld.

Lessenich, Stephan (2011): Die kulturellen Widersprüche der Aktivgesellschaft, in: Koppetsch, Cornelia (Hg.), Nachrichten aus den Innenwelten des Kapitalismus. Zur Transformation moderner Subjektivität, Wiesbaden: 253–263.

Miller, Peter/Rose, Nikolas (2008): Governing the Present. Administering Economic, Social and Personal Life, Cambridge.

Münkler, Herfried/Bohlender, Matthias/Meurer, Sabine (Hg.) (2010): Handeln unter Risiko. Gestaltungsansätze zwischen Wagnis und Vorsorge, Bielefeld.

Neckel, Sighard (2008): Flucht nach vorn. Die Erfolgskultur der Marktgesellschaft, Frankfurt/M./New York.

Nishiyama, Hidefumi (2018): Crowd surveillance: The (in)securitization of the urban body, in: Security Dialogue 49 (3): 200–216.

Northoff, Robert (Hg.) (1997): Handbuch der Kriminalprävention (Loseblattsammlung), Baden-Baden.

O'Malley, Pat (1992): Risk, Power, and Crime Prevention, in: Economy and Society 21: 252–275.

O'Malley, Pat (2001): Risk, crime and prudentialism revisited, in: Stenson, Kevin/Sullivan, Robert R. (Hg.), Crime, Risk and Justice. The politics of crime control in liberal democracies, Cullompton: 89–103.

O'Neill, Megan/Loftus, Bethan (2013): Policing and the surveillance of the marginal: Everyday contexts of social control, in: Theoretical Criminology 17 (4): 437–454.

Opitz, Sven/Tellmann, Ute (2010): Katastrophale Szenarien: gegenwärtige Zukunft in Recht und Ökonomie, in: Hempel, Leon/Krasmann, Susanne/Bröckling, Ulrich (Hg.), Sonderheft Leviathan Sichtbarkeitsregime. Überwachung, Sicherheit und Privatheit im 21. Jahrhundert, Wiesbaden: 27–52.

Perry, Walter L./McInnis, Brian/Price, Carter C./Smith, Susan C./Hollywood, John S. (2013): Predictive Policing. The Role of Crime Forecasting in Law Enforcement Operations, Rand Corporation, Santa Monica.

Rosa, Hartmut (2005): Beschleunigung. Die Veränderung der Zeitstrukturen in der Moderne, Frankfurt/M.

Rose, Nikolas/O'Malley, Pat/Valverde, Mariana (2006): Governmentality, in: Annual Review of Law and Social Science Bd. 2: 83–104.

Sanders, Carrie B./Sheptycki, James (2017): Policing, crime and 'big data'; towards a critique of the moral economy of stochastic governance, in: Crime, Law & Social Change 68 (1–2):1–15.

Schabdach, Michael (2011): Prävention statt Repression? Anmerkungen zum Verhältnis von Kriminalprävention und Punitivität, in: Dollinger, Bernd/Schmidt-Semisch, Henning (Hg.), Gerechte Ausgrenzung? Wohlfahrtsproduktion und die neue Lust am Strafen, Wiesbaden: 297–317.

Sherman, Lawrence W./Farrington, David P./Welsh, Brandon C./MacKenzie, Doris Layton (Hg.) (2002): Evidence-based Crime Prevention, London-New York.

Strasser, Hermann/van den Brink, Henning (2005): Auf dem Weg in die Präventionsgesellschaft?, in: Aus Politik und Zeitgeschichte 46: 3–7.

Stubbs-Richardson, Megan S./Cosby, Austin K./Bergene, Karissa D./Cosby, Arthur G. (2018): Searching for safety: crime prevention in the era of Google, in: Crime Science 7 (21): 1–13.

Tilley, Nick (2009): Crime Prevention, Cullompton.

Tilley, Nick (2018): Privatizing Crime Control, in: Annals of The American Academy of Political & Social Science 679: 55–71.

Tilley, Nick/Farrell, Graham/Clarke, Ronald V. (2015): Target Suitability and the Crime Drop, in: Andresen, Martin/Farrell, Graham (Hg.), The criminal act: The role and influence of routine activities theory, London: 59–76.

Ullrich, Peter (2010): Preventionism and Obstacles for Protest in Neoliberalism. Linking Governmentality Studies and Protest Research, in: Heßdörfer, Florian/Pabst, Andrea/ Ullrich, Peter (Hg.), Prevent and tame: Protest under (self-)control, Berlin: 14–23.

Walsh, Maria/Pniewski, Benjamin/Kober, Marcus/Armborst, Andreas (Hg.) (2018): Evidenzorientierte Kriminalprävention in Deutschland. Ein Leitfaden für Politik und Praxis, Wiesbaden.

Weisburd, David (1997): Reorienting Crime Prevention Research and Policy: From the Causes of Criminality to the Context of Crime, Washington.

Wortly, Richard (2010): Situational Crime Prevention, Critiques of, in: Fisher, Bonnie S./ Lab, Steven P. (Hg.), Encyclopedia of Victimology and Crime Prevention, Thousand Oaks: 884–887.

Young, Jock (2007): The Vertigo of Late Modernity, Los Angeles-London.

Zabel, Benno (2018): Das Paradox der Prävention. Über ein Versprechen des Rechts und seine Folgen, in: Puschke, Jens/Singelnstein, Tobias (Hg.), Der Staat und die Sicherheitsgesellschaft, Wiesbaden: 55–75.

Zedner, Lucia (2007): Seeking Security by Eroding Rights: The Side-Stepping of Due Process, in: Goold, Benjamin J. /Lazarus, Liora (Hg.) Security and Human Rights, Sydney: 257–275.

Die Texte

Niklas Luhmann untersucht in einem theoretischen Überblick die soziologischen Dimensionen des Risiko-Begriffs und definiert den grundlegenden, aber oft ignorierten Unterschied zwischen ‚Risiken' und ‚Gefahren': bei einer Selbstzurechnung von Verantwortlichkeiten und Handlungssequenzen handelt es sich um Risiken, im Falle einer Fremdzurechnung um Gefahren. Legt man dies zugrunde, so ergibt sich eine Vielzahl von potenziellen Überschneidungen und wechselnden Möglichkeiten der Zurechnung, je nach Standpunkt des Beobachters, und es ergeben sich auch überraschende Einsichten in das Funktionieren aller gesellschaftlichen Risiko-Diskurse.

Ulrich Bröckling verdeutlicht das gesellschaftliche Funktionieren des Mechanismus von Prävention, dessen Logik die der „antizipierenden Säuberung" sei. Einerseits geht es dabei um freiwillige Selbstkontrolle und einen „moralischen Imperativ", andererseits bleiben präventive Versäumnisse nicht ungeahndet – ein Steuerungsmechanismus aus Lockung und Drohung, dessen Versprechungen immer nur vorläufig sein können und letztendlich auch erfolglos bleiben müssen.

Fritz Sack analysiert Formen, strategische Muster und gesellschaftliche Konsequenzen einer präventiven Grundorientierung des kriminalpolitischen und polizeilichen Handelns. Präzise beschreibt er die sich daraus ergebenden Kontrollstrategien als ein „Dispositif sui generis", das durch Entdifferenzierung und eine funktionale Verselbständigung gekennzeichnet ist und den klassischen Rechtsstaat auf spezifische Weise transformiert.

Trutz von Trotha teilt diesen analytischen Hintergrund und formuliert detailliert die gesellschaftlichen Konsequenzen einer ,präventiven Sicherheitsordnung' nicht zuletzt im Hinblick auf Privatheit – bürgerrechtlicher Schutz *vor* dem Staat wird ersetzt durch Schutz *vonseiten* des Staates und die entsprechenden polizeilichen Zuständigkeiten und rechtlichen Kompetenzen: Sicherheit geht dann vor Rechtsstaat.

Risiko und Gefahr (1990/2005)

Niklas Luhmann

Risiko und Gefahr, in: ders., Soziologische Aufklärung 5. Konstruktivistische Perspektiven, Opladen 1990, S. 131–169; Wiesbaden 2005, S. 126–162 (gekürzt).

[...]

II.

Geht man vom Begriff des Risikos aus und sucht man einen Gegenbegriff, denkt man zunächst nicht an Gefahr, sondern an Sicherheit. Der Gefahrbegriff liegt zu nahe am Risikobegriff, um als Gegenbegriff einleuchten zu können. Aber auch Sachgründe sprechen zunächst dafür, von der Unterscheidung Risiko/Sicherheit auszugehen – mit der Folge, daß kein deutlicher Begriff des Risikos benötigt wird, sondern ein allgemeiner Begriff des unsicheren, aber möglichen künftigen Schadens genügt.

Sinn und Funktion der Unterscheidung Risiko/Sicherheit treten deutlich zutage, wenn man sich klar macht, daß es Sicherheit in bezug auf das Nichteintreten künftiger Nachteile gar nicht gibt.[9] Soziologisch gesehen heißt dies, daß der Sicherheitsbegriff eine soziale Fiktion bezeichnet und daß man, statt nach den Sachbedingungen der Sicherheit zu forschen, fragen muß, was in der

---

[9] Wer das bestreiten will, mag sich mit der Formulierung begnügen, daß man, wenn und soweit es solche Sicherheit gibt, die Unterscheidung Risiko/Sicherheit und einen Begriff der Sicherheit als Moment dieser Unterscheidung gar nicht benötigen würde.

N. Luhmann†
Uni Bielefeld, Bielefeld, Deutschland

© Springer Fachmedien Wiesbaden GmbH, ein Teil von Springer Nature 2022
A. Legnaro und D. Klimke (Hrsg.), *Kriminologische Diskussionstexte II*,
https://doi.org/10.1007/978-3-658-22007-5_3

sozialen Kommunikation als sicher behandelt wird. Deshalb benutzen gerade Sicherheitsexperten den Risikobegriff, um ihr Sicherheitsstreben rechnerisch zu präzisieren.[10] Der Sicherheitsbegriff ist mithin ein Leerbegriff (ähnlich wie der Begriff der Gesundheit in der Unterscheidung Krankheit/Gesundheit). Er fungiert also nur als Reflexionsbegriff. Er bietet im Zweierschema dieser Unterscheidung die Position, von der aus alle Entscheidungen unter dem Gesichtspunkt ihres Risikos analysiert werden können. Er universalisiert das Risikobewußtsein, und es ist denn auch kein Zufall, daß Sicherheitsthematiken und Risikothematiken seit dem 17. Jahrhundert aneinander reifen.

Wenn das einmal zugestanden ist, braucht man den Sicherheitsbegriff nicht weiter mitzuführen. Man kann ihn ersetzen durch die These, daß es keine Entscheidung ohne Risiko gibt. Bei Verzicht auf die Unterscheidung Risiko/Sicherheit erweist sich aber das Risikoproblem, wenn man es auf die Einheit der Gesellschaft projiziert und von zeitlichen und sozialen Verteilungen zunächst absieht, als paradox. Versuche, ein Risiko zu mindern, sind selber riskant – nur Zeitpunkte, Größenordnungen und Verteilungen von Nutzen bzw. Schäden mögen differieren. Man mag dann zum Beispiel das Risiko scheuen, daß mehrere hundert Menschen aus einem Anlaß auf einmal sterben, und statt dessen Risiken bevorzugen, bei denen ebensoviele Menschenleben auf dem Spiel stehen, aber Zeitpunkte, Orte, Anlässe und Kostenträger divergieren (Autoverkehr im Unterschied zum Flugverkehr). Für den Beobachter rückt damit das Gesamtproblem ein in das Schema Paradoxie/Paradoxieauflösung – jedenfalls dann, wenn er es als gesellschaftliches Problem betrachten will. Folglich muß man nach unterschiedlichen Möglichkeiten der Paradoxieauflösung suchen, von denen dann aber keine als die objektiv beste angeboten werden kann.

Wenn der Gegenbegriff Sicherheit entfällt und, was Gesellschaftsanalyse angeht, durch die Form der Paradoxie ersetzt werden muß, gelangt man zu der Frage, durch welche Unterscheidung, wenn nicht gegen Sicherheit, der Begriff des Risikos dann präzisiert werden kann. Hierzu soll im folgenden die Unterscheidung Risiko/Gefahr vorgeschlagen werden.

Üblicherweise spricht man von Risiko immer dann, wenn ein möglicher Schaden um eines Vorteils willen in Kauf genommen wird.[11] Daß es dazu einer Entscheidung bedarf, wird unterstellt. „Für uns", schreiben Adalbert Evers

---

[10] So E.N. Bjordal, Risk from a Safety Executive Viewpoint, in: W.T. Singleton/Jan Hoven (Hrsg.), Risk and Decisions, Chichester 1987, S. 41–45.
[11] Grenzfälle zugestanden. Sie können z. B. darin bestehen, daß der Beweis des Mutes zum Risiko selbst schon der Vorteil ist – etwa bei Himalaya-Touristen.

und Helga Nowotny, „liegt das Besondere des Risikos darin, daß es aus der unbegrenzten Fülle von Handlungen, die mit Ungewißheit und möglichen Schäden verknüpft sein können – also aus dem Schattenbereich der Gefahr – herausgeholt wurde, daß es durch gesellschaftliche Diskurse thematisiert und benennbar wurde, abgrenzbar und letztlich abwägbar".[12] Damit wird suggeriert, daß man Risiken vermeiden könne, wenn man bereit sei, auf die entsprechenden Vorteile zu verzichten. So läuft derjenige, der Nachrichten oder Gerüchte verbreitet, das Risiko, nach seiner Quelle gefragt zu werden;[13] wer schweigt, kann das vermeiden. Außerdem liegt es bei dieser Begriffsfassung nahe, von Risiko nur dann zu sprechen, wenn das Problem im Bereich einer rationalen Kalkulation liegt. Die Begriffsgeschichte scheint (obwohl bisher keine ausreichenden Untersuchungen vorliegen), diesen Zug zur rationalen Abwägung zu werden;[14] Man darf also annehmen, daß sich mit diesem relativ neuen (mittelalterlichen) Wort Risikowahrnehmungen vor allem dort entwickelt haben, wo Rationalitätszumutungen erfüllbar zu sein schienen. Die den Begriff fordernde, ihn fördernde Einsicht war, daß es nicht unter allen Umständen rational sei, ein Höchstmaß an Sicherheit anzustreben, weil damit zu viele Chancen verloren gehen.[15] „Un mal qui ne peut arriver que rarement doit être présumé n'arriver point. Principalement, si, pour l'éviter, on s'expose à beaucoup d'autre qui sont inévitable et de plus grand consequence".[16]

---

[12] So Adalbert Evers/Helga Nowotny, Über den Umgang mit Unsicherheit: Die Entdeckung der Gestaltbarkeit von Gesellschaft, Frankfurt 1987, S. 34.

[13] Das Beispiel stammt von Scipio[ne] Ammirato, Della Segretezza, Venezia 1598, S. 19 – explizit mit „rischio" formuliert.

[14] „Chi non risica (sic!) non guadagna", [„Wer kein Wagnis eingeht, gewinnt nicht". Zudem wäre ‚rischia' richtig A. d. H.] heißt es z. B. bei Giovanni Botero, Della Ragione di Stato (1589), zit. nach der Ausgabe Bologna 1930, S. 73, in Abgrenzung gegen eitle, tollkühne Projekte. Man findet aber auch andere Tönungen des Begriffs im Sinne von Opfern, Aufs Spiel setzen – z. B. „non voler arrischiar la vita per la sua religione" [„nicht das Leben für seine Religion riskieren wollen" – A. d. H.] bei Annibale Romei, Discorsi, Ferrara 1586, S. 61.

[15] Allerdings ist zu beachten, daß „certitudo" üblicherweise gegen Irrtum, nicht gegen Risiko abgegrenzt und in einer älteren Tradition von „opinio" unterschieden wird. Auch dies läßt vermuten, daß es sich um eine relativ neuartige Form von Zukunftswahrnehmung handelt, die ein neues Wort erfordert.

[16] [„Bei einem nur selten eintretenden Übel soll man davon ausgehen, dass es gar nicht eintreten wird. Dies vor allem dann, wenn man, um es zu vermeiden, sich vielen anderen Übeln aussetzt, die nun unvermeidbar werden und von größten Folgen sind." – A. d. H.] Aus den Maximen Richelieus, zit. nach der Ausgabe Maximes de Cardinal de Richelieu, Paris 1944, S. 42.

Diese Nähe zu rationaler Abwägung scheint den Begriff des Risikos bis heute zu bestimmen. Die dafür notwendigen Kenntnisse oder Messungsmöglichkeiten werden in den Begriff gleich miteingebaut.[17] Dadurch werden dem Begriff sehr enge Anwendungsgrenzen gezogen. Ob absichtlich oder nicht – jedenfalls wird die Kommunikation über das Problem des Auslösens vermeidbarer Schäden dadurch künstlich erschwert.

Mit etwas mehr Distanz, mit soziologischer Distanz zu den Rationalitäts-erwartungen der Entscheidungstheorie, könnte man fragen, wie die Entscheidung es überhaupt anstellt, Unsicherheit in Sicherheit zu transformieren. Denn darum geht es. Die Zukunft ist und bleibt immer ein Horizont der Unsicherheit. Sie steht noch nicht fest und kann immer auch anders als erwartet ausfallen. Die Entscheidung selbst aber muß sicher sein, das heißt: es muß ausreichend (für Anschlüsse ausreichend) sein, daß entschieden worden ist und wie entschieden worden ist. Die Transformation wird durch die beliebte Wahrscheinlichkeits-rechnung geleistet, deren Prämissen zwar auf Einzelentscheidungen nicht anwendbar sind, aber mangels anderer Möglichkeiten dann doch dafür herhalten müssen. Also ändert die Sicherheit der Entscheidung und die Digitalisierung der Zeit durch Entscheidungssequenzen nichts daran, daß das Entscheiden riskant ist.

Außerdem fällt auf, daß die Risikokalkulation individuell, also auch nach individuellen Präferenzen durchgeführt wird. Die eng gefaßten Rationalitätsprä-missen scheinen dann zu garantieren, daß andere in der gleichen Situation ebenso handeln würden. Wer rational kalkuliert, kann sich fühlen wie „jedermann" und Andersdenkende als emotional gestört behandeln. Die Sozialdimension gewinnt kein eigenes Gewicht, sie wird durch das Rationalitätsprogramm aufgesogen.

Diese traditionell-soziologische Kritik von Rationalitätsprämissen hatte ihr eigenes Fundament zunächst in irrationalistischen (Pareto), handlungs-theoretischen (Max Weber), voluntaristischen etc. Konzepten gesucht oder mit Durkheim eine soziale Realität sui generis postuliert. Parsons hat all diese Bemühungen zusammengefaßt – und damit zugleich die Frage auftauchen lassen, ob sie ausreichen. Wir ersetzen sie durch das Konzept der Kybernetik zweiter Ordnung, durch eine Theorie beobachtender Systeme, die unterscheidet zwischen der Beobachtung erster Ordnung (die nicht sieht, daß das Beobachtete seinerseits beobachtet) und einer Beobachtung zweiter Ordnung.[18]

---

[17] So die einflußreiche Unterscheidung von Risiko und Unsicherheit von Frank H. Knight, Risk, Uncertainty and Profit, Boston 1921.

[18] Siehe hierzu in deutschen Übersetzungen: Humberto Maturana, Erkennen: Die Organisation und Verkörperung von Wirklichkeit: Ausgewählte Arbeiten zur biologischen Epistemologie, Braunschweig 1982; Heinz von Foerster, Sicht und Einsicht: Versuche zu einer operativen Erkenntnistheorie, Braunschweig 1985; Ranulph Glanville, Objekte, Berlin 1988.

Die klassischen Rationalitätskonzepte instruieren einen Beobachter erster Ordnung.[19] Er benutzt Zwecke oder Werte als seinen blinden Fleck und fügt dem, zum Beispiel in der Form von Kosten oder von Feinden, die die Realisierung des Wertes verhindern, „constraints" hinzu. Auch die postklassische Soziologie mitsamt ihrer gesellschaftskritischen Kontroverse bewegt sich auf diesem Niveau. Wenn man hier von Risiko spricht, meint man einen Sachverhalt, der unabhängig davon besteht, daß man davon spricht, also eine beobachterunabhängige Realität. Nur deshalb kann man sich im Kontext der hier möglichen Unterscheidungen (etwa: Umwelt-zerstörer/Umweltschützer) ereifern. Wenn man dagegen die Unterscheidung von Risiko und Gefahr benutzt, kann man sich reichere theoriestrukturelle Möglichkeiten erschließen. Auf der Ebene der Beobachtung zweiter Ordnung kann man sehen, daß diese Unterscheidung nur über einen Attributionsvorgang expliziert werden kann. Sie setzt Zurechnungen voraus. Je nach Zurechnung erscheint etwas als Risiko bzw. als Gefahr. Man kann dann rekonstruieren, daß Beobachter (und das schließt immer ein: Entscheidende, Handelnde) auf der Ebene der Beobachtung erster Ordnung davon ausgehen, daß es Risiken bzw. Gefahren gibt und daß es möglich ist, die Phänomene unabhängig von den jeweiligen Beobachtern (also auch im Konsens aller Beobachter) entsprechend zu sortieren. Auf der Ebene der Beobachtung dieser Beobachter werden solche Annahmen als „Konstruktionen" durchschaut, und in unserem Themenbereich kann auch genauer spezifiziert werden, wie diese Konstruktionen angefertigt werden, nämlich durch Zurechnung/Nichtzurechnung auf Entscheidungen. Mit Doppelblick erfaßt man so, was die Beobachter sehen und was sie nicht sehen; aber der Doppelblick beruht seinerseits auf einer Konstruktion, nämlich auf der Konstruktion des Problems als eines Zurechnungsproblems.[20]

Die „mainstream" Soziologie hat sich mit solchen Analysemöglichkeiten und mit der entsprechenden strukturellen Erweiterung ihres Theorierepertoires noch nicht vertraut gemacht. Es ist nach all dem kein Wunder, daß die Semantik des Risikos bis in die letzten Jahre in der Soziologie keine Wurzeln geschlagen hat und daß dies selbst heute wenig begriffsgenau und mehr in der Art eines formulierten Unbehagens geschieht. Es könnte aber sein, daß sich in der modernen Gesellschaft die Art, wie Zukunft in der Gegenwart präsentiert wird, aus erkennbaren Gründen grundlegend verschiebt. Es könnte sein, daß normative Regulative (Recht) und

---

[19] Es gibt viele Ansätze zu Ausnahmen, etwa in der Spieltheorie mit dem Konzept von metagames und natürlich in Strategietheorien. Sie werden sich mit Konzepten der Kybernetik zweiter Ordnung reformulieren lassen.

[20] Die hier ins Spiel kommende selbstreferentielle oder „autologische" Komponente einer solchen „Metaisierung" des Beobachtens wird inzwischen viel diskutiert, vor allem in der linguistischen und der neokybernetischen Literatur.

Knappheitsregulative (Wirtschaft) nicht mehr ausreichen, um die soziale Relevanz der Zukunft zu institutionalisieren oder doch in eine Form zu bringen, deren Rest-probleme dann als politische Probleme abgearbeitet werden können. Es könnte sein, daß die symbolisch generalisierten Kommunikationsmedien der rechtlich durchstrukturierten politischen Macht und des eigentumsbasierten Geldes am Problem des Risikos Grenzen finden, ohne daß man sähe, ob und wie ein risiko-bezogenes Kommunikationsmedium entwickelt werden könnte. Es könnte sein, daß die soziale Problematik des Entscheidungsverhaltens sich heute grundlegend verändert.[21] Solche Überlegungen legen es nahe, die Semantik von Risiko und Gefahr zu reformulieren mit dem Ziele, Theorien zu bilden, die dem Problem der sozialen Relevanz von Zeitbindung besser Rechnung tragen können.

Beide Seiten dieser Unterscheidung haben ein gemeinsames Element. Von Risiken und von Gefahren spricht man im Hinblick auf mögliche Schäden. In bezug auf den Schadenseintritt besteht im gegenwärtigen Zeitpunkt, also im Zeit-punkt des Risikos bzw. der Gefahr, Unsicherheit. Diese Unsicherheit kann, da der Schadenseintritt von künftigen Ereignissen abhängen wird, nicht ausgeschlossen werden (oder man würde, wenn sie ausgeschlossen werden kann, nicht mehr von Risiken bzw. Gefahren sprechen). Beide Bezeichnungen, Risiko und Gefahr, lassen sich auf jede Art von Nachteil anwenden, zum Beispiel auf die Möglichkeit, daß ein Erdbeben Häuser zerstört, daß man von Autounfällen oder Krankheiten betroffen ist, aber auch: daß eine Ehe disharmonisch verläuft oder daß man das Gelernte später gar nicht verwenden kann. Für einen ökonomisch trainierten Blick kann der Schaden in einer Vermögensminderung bestehen, aber auch im Aus-bleiben eines Vorteils, in dessen Erwartung man investiert hatte. Man kauft einen Wagen mit Dieselantrieb – und daraufhin wird die Steuer erhöht. Man investiert in Schweinemast – und daraufhin werden die Subventionen gestrichen. Angesichts solcher Verschiedenheiten lassen wir völlig offen, um welche Art Schäden es sich handelt (sofern nur überhaupt künftige Ereignisse als Schäden gewertet werden). Wir behandeln die Begriffe Risiko und Gefahr also als in der Sachdimension beliebig generalisierbar. Ihr Problem – und damit die Notwendigkeit, zwischen Risiko und Gefahr zu unterscheiden – liegt im Verhältnis von Zeitdimension und Sozialdimension.[22] Das jedenfalls ist die These der folgenden Untersuchungen.

---

[21] Ein Indikator dafür könnte sein das Ausmaß und die Intensität, in denen nach „Partizipation" verlangt wird.

[22] Zur Unterscheidung dieser drei Dimensionen, die wir im Folgenden voraussetzen, aus-führlicher Niklas Luhmann, Soziale Systeme: Grundriß einer allgemeinen Theorie, Frankfurt 1984, S. 92 ff.

Auch die Formulierung, das Problem liege im Verhältnis von Zeitdimension und Sozialdimension, ist noch viel zu allgemein und bedarf der präzisierenden Einschränkung. Es mag sich jedoch lohnen, einen derart allgemeinen, zu viel einbeziehenden Ausgangspunkt zu wählen. Wenn man, ein wenig genauer, von einem Spannungsverhältnis zwischen Zeitdimension und Sozialdimension spricht, ermöglicht das einen Vergleich verschiedener Möglichkeiten, damit umzugehen, und in diesem Vergleich kann dann die Sonderproblematik von Risiko/Gefahr durch Ausgrenzung anderer Probleme geklärt werden.

Methodisch gesehen, handelt es sich also um eine funktionale Analyse, das heißt: um den Versuch, möglichst heterogene Sachverhalte in einen Vergleich einzubeziehen und als „funktional äquivalent" auszuweisen. Einem solchen Vorgehen liegt immer ein methodisch nicht weiter hinterfragtes (aber theoretisch nochmals auflösbares) Bezugsproblem zugrunde. Bei komplexeren Untersuchungsdesigns kann es jedoch bei der Einheit eines Problems (und der Einheit eines Vergleichs) nicht bleiben. Im Prozeß der Lösung eines solchen Problems bilden sich Subprobleme, die ihrerseits auf verschiedene, funktional äquivalente Weise gelöst werden können. Man kommt so zu einer mehrstufigen Problemhierarchie und zu der methodischen Forderung, jeweils klarzustellen, auf welcher Ebene der Hierarchie man analysiert. In diesem Sinne muß man unterscheiden zwischen Untersuchungen, die die Besonderheit der Risiko/Gefahr-Perspektive zu klären versuchen im Vergleich mit anderen Möglichkeiten, sich dem allgemeinen Spannungsverhältnis von Zeitdimension und Sozialdimension (dem Bezugsproblem für diesen Vergleich) zu stellen, und den davon abhängigen Forschungen, die sich mit unterschiedlichen Strategien des Umgangs mit Risiken befassen.

Wir halten einen derart komplexen, mindestens zweistufigen Ansatz für unerläßlich. Trotz einer recht umfangreichen, rasch anwachsenden Risikoforschung, trotz der Beteiligung von Soziologen an dieser Forschung und trotz des Modebegriffs der „Risikogesellschaft" ist es der Soziologie bisher nicht gelungen, sich in diesem Forschungsbereich theoretisch zu etablieren. Die Schwerpunkte liegen in Bereichen wie Technologiefolgenabschätzung, Rationalitätsbedingungen im Umgang mit Risiken (oder Unsicherheiten, oder Gefahren) oder psychischen Bedingungen des Umgangs mit Risiken und Gefahren, die zugleich so angelegt sind, daß sie den Forschungen über Rationalitätsbedingungen die empirische Grundlage entziehen. Für all diese Forschungen ist es selbstverständlich, daß das sie interessierende Verhalten in einem sozialen Milieu stattfindet. Dieser Umstand kann und wird gegebenenfalls als zusätzlicher Parameter berücksichtigt. Kein Zweifel deshalb, daß Soziologen bei „interdisziplinären" Forschungen im Bereich von Risiko/Gefahr zu beteiligen sind, will man nicht wichtige Bedingungen des Realverhaltens außer Acht lassen. Das alles hat bisher jedoch nicht zu einer eigenständigen soziologischen Fragestellung geführt. Wie andere Disziplinen auch, scheint die Soziologie davon auszugehen, daß Schäden schädlich sind, daß Nachteile möglichst vermieden werden sollten, und daß dies erst recht gilt für Schäden, die katastrophale Ausmaße annehmen. Wenn dies das Problem ist, wird es unter anderem reizvoll, das Gegenteil zu behaupten und von Normalkatastrophen[23] oder von dem Risiko aller Sicherheitssuche[24] zu sprechen. Nur ist damit noch kein theoretisches Konzept erreicht, und die Forschung bleibt nach wie vor durch die pure Schrecklichkeit fasziniert. Das reicht nicht aus, es reicht zumindest dann nicht aus, wenn man der Soziologie die Aufgabe stellt, ein adäquates Verständnis der Lebensbedingungen in der modernen Gesellschaft zu erarbeiten.

[...]

IV.

Vor dem Hintergrund der allgemeinen Spannung von Zeitbezug und Sozialbezug gewinnt die Unterscheidung von Risiko und Gefahr eine besondere Bedeutung, und darin sehen wir den Grund, sie als Ausgangspunkt für eine soziologisch orientierte Risikoforschung vorzuschlagen.

Vielleicht ist es nützlich, kurz zu rekapitulieren. Der Unterscheidung von Risiko und Gefahr liegt ein Attributionsvorgang zugrunde, sie hängt also davon ab, von wem und wie etwaige Schäden zugerechnet werden. Im Falle von Selbstzurechnung handelt es sich um Risiken, im Falle von Fremdzurechnung um Gefahren.[38] Nur für Raucher ist Krebs ein Risiko, für andere ist er nach wie vor eine Gefahr. Wenn also etwaige Schäden als Folge der eigenen Entscheidung gesehen und auf diese Entscheidung zugerechnet werden, handelt es sich um Risiken, gleichgültig, ob und mit welchen Vorstellungen von Rationalität Risiken gegen Chancen verrechnet worden sind.[39] Man nimmt dann an, daß die Schäden nicht eintreten könnten, wenn eine

---

[23] Vgl. Charles Perrow, Normal Accidents: Living with High Risk Technologies, New York 1984.

[24] Vgl. Aaron Wildavsky, Searching for Safety, New Brunswick 1988.

[38] Die empirisch-psychologische Forschung findet sich gelegentlich in der Nähe dieses Begriffsvorschlags, wenn sie die Bedeutung von Faktoren wie Kontrollierbarkeit der Kausalzusammenhänge oder Freiwilligkeit des Sicheinlassens auf Situationen in ihrer Bedeutung für die Risikowahrnehmung, Risikoeinschätzung und Risikoakzeptanz untersucht. Sie muß aber, wenn sie die empirische Relevanz dieser Faktoren ermitteln will, den Begriff des Risikos unabhängig davon definieren. Und das hindert sie, Risiko und Gefahr im hier vorgeschlagenen Sinne zu unterscheiden.

[39] Unser Begriff deckt also auch den Fall, daß das Risiko gerade deshalb geschätzt wird, weil das riskante Handeln keinen greifbaren Nutzen abwirft – wie etwa beim Bergsteigen. Hierzu Michael Thompson, Aesthetics of Risks: Culture or Context, in: Richard C. Schwing/Walter A. Albers (Hrsg.), Societal Risk Assessment: How Safe is Safe Enough?

andere Entscheidung getroffen worden wäre. Von Gefahren spricht man dagegen, wenn und soweit man die etwaigen Schäden auf Ursachen außerhalb der eigenen Kontrolle zurechnet. Das mögen unabwendbare Naturereignisse sein oder auch Entscheidungen anderer Personen, Gruppen, Organisationen.

Die Möglichkeit unterschiedlicher Attribution wird durch die Unterscheidung von Gegenwart und Zukunft, also durch die Zeit, bereitgestellt. Nur in der Gegenwart kann man handeln, entscheiden, kommunizieren; nur in der Gegenwart kann und muß man sich festlegen. Wenn aber die Gegenwart nicht nur als faktische Aktualität durchlebt, sondern im Zeitschema beobachtet wird, kann man sie zur (gegenwärtigen) Zukunft in Differenz setzen. Für die moderne Welt versteht sich dabei von selbst, daß die Zukunft keine ursächlich-determinierende Gewalt über die Gegenwart ausübt. (Im teleologischen Denken der alteuropäischen Tradition wurde dies bekanntlich anders gesehen, und deshalb war hier auch kein Platz für die Unterscheidung von Risiko und Gefahr.) Die Zukunft ist daher etwas, was immer noch anders ausfallen kann je nachdem, wie man gegenwärtig entscheidet. Wenn der damit gegebene Spielraum genutzt wird und etwaige künftige Schäden deshalb auf Entscheidungen zugerechnet werden, geht man mit der Entscheidung ein Risiko ein. Schäden, die außerhalb dieses Einflußbereiches liegen, werden, solange sie noch unsicher sind, als Gefahr angesehen.

Beide Aspekte, Risiko und Gefahr, können am selben Sachverhalt und in Mischperspektiven auftreten. Die Gefahr des unerwarteten Aquaplaning kann zugleich das Risiko sein, auf das man sich mit zu schnellem Fahren einläßt. Die Gefahr der Schäden durch ein Erdbeben kann das Risiko sein, auf das man sich einläßt, wenn man in einem bekanntermaßen erdbebengefährdeten Gebiet baut. (Es ist kein Risiko, wenn man das Gebäude geerbt hat, es ist dennoch ein Risiko, wenn man es nicht verkauft, obwohl man weiß, daß es in einem erdbebengefährdeten Gebiet steht). In ihrer elementaren Form bezieht sich die Unterscheidung Risiko/Gefahr also auf eine Entscheidungsanalytik, und die Zurechnungstendenz driftet in Richtung Risiko, wenn mehr und mehr Entscheidungsmöglichkeiten erkennbar werden, die einen etwaigen Schadenseintritt beeinflussen bzw. ihn vermeiden helfen könnten.

Die begriffliche Unterscheidung von Gefahr und Risiko setzt mithin (wie jede Unterscheidung) einen Beobachter voraus. Die entsprechende Zurechnung auf eigene Entscheidung wird, mit anderen Worten, durch einen Zurechner vollzogen, dem sie zugerechnet werden kann. Man muß nicht so unterscheiden, man kann so unterscheiden; und die Frage ist dann, von welchen Bedingungen in System

---

New York 1980, S. 273–285. Über die Betroffenheit anderer kann man sich bei der Bergwacht, bei Rettungsdiensten usw. erkundigen.

und Umwelt es abhängt, ob man es tut. Schon auf dieser Ebene der Analyse läßt sich erkennen, daß die Ausweitung von Entscheidungsmöglichkeiten durch Zunahme von Wissen oder durch Technologieentwicklungen zu einer Problemverschiebung aus dem Gefahrbereich in den Risikobereich führen. Damit entstehen auch Ansatzpunkte für soziale Normierungen: Es kann erwartet werden, daß man sich in Hinsicht auf Aquaplaning, in Hinsicht auf Aidsinfektionen und ähnliche bekanntgemachte Gefahren vorsieht und sich gegebenenfalls das eigene Verhalten als riskant zurechnen lassen muß. Juristen werden dann eine Figur des vernünftigen Verhaltens, des „reasonable man" usw. bereitstellen. Es kann im Hinblick auf Wahrscheinlichkeiten oder auf Nebenziele immer noch rational sein, sich riskant zu verhalten; aber man kann nicht mehr verhindern, daß die Situationsdefinition über Risiko und nicht über Gefahr läuft.

Anders formuliert: Die Vergrößerung des Entscheidungsspielraums – ein Langzeittrend gesellschaftlicher Entwicklung – führt zu Rationalitätszumutungen im Risikobereich. Es geht nicht mehr nur um ein Spezialproblem von Seefahrern und Pilzsammlern, sondern erfaßt wird in weitem Umfange das ganze durch Massenmedien informierte Alltagsleben. Die Frage ist dann, ob und wie diese Zumutung der Rationalität auch eingelöst werden kann. Es gibt jedenfalls keine Naturlogik, die garantieren könnte, daß die Vermehrung der Entscheidungsmöglichkeiten gleichsam automatisch eine Verbesserung der Möglichkeiten rationaler Kalkulation mitführt; und zahlreiche Forschungen belehren uns darüber, daß dies in der Tat nicht der Fall ist.[40]

Auch die Forschungen über rationales Verhalten haben zwar unverkennbare Fortschritte gemacht (vor allem mit Hilfe von statistischen Methoden), aber nur mit der Folge, daß dadurch eine Kluft aufreißt zwischen den Anforderungen an rationale Kalkulation und dem, was als faktisches Kalkulationsverhalten zu beobachten ist. Das führt dann auf die Frage, ob es überhaupt rational ist, sich rational zu verhalten, und weiter zu Bemühungen um Auflösung dieser (zunächst nur rhetorischen) Paradoxie durch Hinzusetzen weiterer Unterscheidungen.[41]

---

[40] Siehe nur R. Nisbett/L. Ross, Human Inference: Strategies and Shortcomings of Social Judgment, Englewood Cliffs, N.J. 1980; Daniel Kahneman/Paul Slovic/Amos Tversky (Hrsg.), Judgement under Uncertainty: Heuristics and Biases, Cambridge, Engl. 1982; Daniel Kahneman/Amos Tversky, Choices, Values, and Frames, American Psychologist 39 (1984), S. 341–350; H.R. Arkes/K.R. Hammond (Hrsg.), Judgement and Decision Making, Cambridge, Mass. 1986.

[41] Z. B. die von rationaler Analyse und Motivation bei Nils Brunsson, The Irrational Organization: Irrationality as a Basis for Organizational Action and Change, Chichester 1985, oder das bekanntere Konzept der „bounded rationality" von Herbert A. Simon (seit: Models of Man, Social and Rational: Mathematical Essays on Rational Human Behavior

Und ferner erlaubt diese nicht mehr eindeutige Rationalität die Frage, was denn anstelle dessen die Entscheidungen festlegt – etwa soziale Einflüsse?[42]

Für Sozialwissenschaftler liegt es dann nahe, das Risiko selbst für eine soziale Konstruktion zu halten und nach den Faktoren zu fragen, die diese Konstruktion beeinflussen.[43] Die Rationalitätslücke wird, wie so oft,[44] durch die Soziologie besetzt. Schon die so angesetzten Forschungen können soziale Bedingungen mitthematisieren – zum Beispiel den gesellschaftlichen Trend zur Vergrößerung der Entscheidungsspielräume oder die sozialen Bedingtheiten (vielleicht sogar: schichtspezifischen Bedingtheiten) von Zurechnungsprozessen. Man könnte sich fragen, ob das Risikobewußtsein mit dem Lebensalter variiert oder mit bereichsspezifischen Erfahrungen und Vertrautheiten, die ihrerseits sozial erklärt werden könnten. Man könnte an den Einfluß von Versicherungsverträgen auf Risikoentscheidungen denken (etwa von Rechtsschutzversicherungen auf die Bereitschaft, sich auf ein Prozeßrisiko einzulassen mit erheblichen Konsequenzen für die Arbeitslast der Gerichte). Man könnte vermuten, daß die Arbeiter risikoreicher Industrien ambivalent (und vielleicht auch: mit Nichtwissen) reagieren, weil sie einerseits den Risiken ausgesetzt, andererseits mit ihrem Arbeitsplatz verwachsen sind.[45] All diese Forschungen würden jedoch einen Handelnden unter sozialen Bedingungen thematisieren, sie wären gewissermaßen sozialpsychologisch angesetzt. Sie hätten keine genuin soziale Situation vor Augen.

Über diese Beschränkung gelangt man hinaus, wenn man Situationen einbezieht, in denen das Risikoverhalten des einen zur Gefahr für den anderen wird. Erst diese Situationen machen es soziologisch fruchtbar, zwischen Risiko und Gefahr zu unterscheiden. Ein Risiko kann noch so rational kalkuliert sein, für diejenigen, die an der Entscheidung nicht beteiligt sind, entsteht daraus eine Gefahr.

---

in a Social Setting, New York 1957), was zu einem (nicht hinreichend ausgearbeiteten) Gegenbegriff der „unbounded rationality" Anlaß gäbe.

[42] So Allan Mazur, The Dynamics of Technical Controversy, Washington 1981, S. 57 ff.

[43] Vgl. Mary Douglas/Aaron Wildavsky, Risk and Culture: An Essay on the Selection of Technical and Environmental Dangers, Berkeley, Cal. 1982; Denis Duclos, La construction sociale du risque: le cas des ouvriers de la chimie face aux dangers industriels, Revue francaise de Sociologie 28 (1987), S. 17–42; Branden B. Johnson/Vincent T. Covello (Hrsg.), The Social and Cultural Construction of Risk Selection and Perception, Dordrecht 1987.

[44] Prominent bei Talcott Parsons, The Structure of Social Action, New York 1937.

[45] Bisherige Forschungen deuten in diese Richtung. Siehe Duclos, a. a. O., mit weiteren Hinweisen. Ferner, am Fall von Three Mile Island: Edward J. Walsh, Challenging Official Risk Assessments via Protest Mobilization: The IMI Case, in: Johnson/Covello a. a. O. (1987), S. 85–101 (89). S. 151.

Diejenigen, die ein Kernkraftwerk einrichten, werden heute sorgfältig kalkulieren. Sie werden die Gesundheitsrisiken für die Anwohner für minimal und eine Katastrophe für extrem unwahrscheinlich halten. Diese Einschätzung mag durchaus zutreffen und von allen geteilt werden. Aber für die möglicherweise Betroffenen ist dies kein Risiko, sondern eine Gefahr. *Und darin liegt ein Unterschied.*

Weniger spektakuläre Beispiele lassen sich in großen Mengen finden. Sie ergeben sich schlicht daraus, daß nicht alle Entscheidungen von allen gemeinsam getroffen werden können. Der Mann (oder die Frau) begeht Einbruchdiebstähle mit dem Risiko, erwischt zu werden. Für seine Frau (ihren Mann) ist dies eine Gefahr. Der eine Autofahrer überholt im Vertrauen auf sein Können und seinen Motor riskant, für andere bildet dies eine Gefahr. Die Hersteller von Waren begnügen sich mit einer Qualitätskontrolle auf Stichprobenbasis und laufen das Risiko, defekte Produkte zu verkaufen und entsprechende Reklamationen zu erhalten. Für den Käufer kann darin eine Gefahr liegen. Generell wird auch die Wahrscheinlichkeit eines Schadenseintritts verschieden eingeschätzt je nachdem, ob es um die Folge eigenen Verhaltens (das man unter Kontrolle zu haben meint) oder um die Folge des Verhaltens anderer geht.

[…]

V.

Die folgenden Überlegungen sollen der Vermutung nachgehen, daß die Dramatisierung der Risikoperspektiven mit den viel diskutierten Veränderungen der Temporalstrukturen der neuzeitlichen Gesellschaft zusammenhängen könnte. Vereinfacht gesagt geht es darum, daß die Differenz zwischen vergangenen und künftigen Zuständen zunimmt und die jeweils aktuelle Gegenwart dadurch eine immer wichtigere Schaltposition übernimmt. In dem Maße, als dies sichtbar wird, wird das bis dahin dominierende Zeitschema Bestand/Veränderung (kosmologisiert als aeternitas/tempus) verdrängt durch das Schema Vergangenheit/Zukunft.[59] Je stärker aber die Gesellschaft ihre Zukunft von ihren eigenen Entscheidungen abhängig macht, desto intransparenter wird diese Zukunft, weil man ja – anders als in den divinationsgestützten Pragmatiken älterer Gesellschaft – nicht wissen kann, sondern entscheiden muß, was die Zukunft bringen wird. Zugleich beginnt die Zeit rascher zu fließen; oder zumindestens werden Beschleunigungen notiert. Erwartungen können sich nicht mehr, wie zuvor, auf Erfahrungen stützen. Außerdem wird die Zeit in sich selbst als reflexiv erlebt;

---

[59] Daß immer beide Unterscheidungen eine Rolle spielen, soll damit nicht bestritten sein. Betont wird nur ein Wechsel in der Leitunterscheidung, die das Zeitbewußtsein einer Epoche bestimmt.

sie verschiebt sich mit ihren Horizonten Vergangenheit/Zukunft in der Zeit, so
daß man lernen muß, in dem, was heute Vergangenheit bzw. Zukunft ist, andere
Gegenwarten mit jeweils eigenen Vergangenheiten und Zükünften zu erkennen.
Veränderungen in den Temporalstrukturen betreffen Zeit als semantisches
Instrument, mit dem Welt interpretiert wird. Sie bauen, wenn die Gesellschaft komplexer und dynamischer wird, ein entsprechend komplexes Gerüst
für Informationsverarbeitung auf. Sie folgen einer evolutionär angetriebenen
gesellschaftsstrukturellen Entwicklung. Das kann hier nicht im einzelnen dar-
gelegt werden. Für eine Analyse der Semantik von Risiko und Gefahr ist nur fest-
zuhalten, daß das Unwahrscheinliche wahrscheinlicher wird in dem Maße, als
sich ohnehin alles (oder doch fast alles) in einer absehbaren Zukunft ändern wird.
Man ist dann genötigt, zwischen den noch unbekannten, weder beobachtbaren
noch induktiv erschließbaren *künftigen Gegenwarten* und der *gegenwärtigen
Zukunft* zu unterscheiden. Das heißt: die Zeit selbst erscheint in jeder Gegenwart
anders, sie selbst bewegt sich in der Zeit, *und das macht es unmöglich, für Risiko-
beurteilungen und Risikobereitschaften objektive Kriterien zu finden.* Man mag
solche Kriterien errechnen und ihre Konsensfähigkeit zu begründen versuchen –
aber man weiß zugleich, daß sie morgen von gestern sein werden.

Zeitlich gesehen ist das Risiko mithin ein Aspekt (Hoffnung wäre ein
anderer) dieser Differenz von künftigen Gegenwarten und gegenwärtiger
Zukunft. In dieser Differenz gibt es keinen gewissermaßen zeitlosen Platz,
keine integrierende Mitte, keine Position mit Zugang zu dem, was man früher
aeternitas genannt hatte. Entsprechend muß die Schadensperspektive von Risiko
bzw. Gefahr gedoppelt werden. Es mag sein, daß in *künftigen Gegenwarten* ein
Schaden eintritt – oder auch nicht. Daß man dies in der *gegenwärtigen Gegenwart*
nicht sicher wissen und für ihre *gegenwärtige Zukunft* als unsicher in Rechnung
stellen muß, ist in vielen Hinsichten ein bereits gegenwärtiger Schaden. Man ist
besorgt, fühlt sich unwohl, beugt vor, nimmt Kosten in Kauf, die sich möglicherweise als unnötig erweisen werden. Unabhängig also davon, ob die etwaigen
Schäden in künftigen Gegenwarten eintreten werden oder nicht, sind sie gegenwärtig auf alle Fälle schon schädlich.[60]

Dieser Sorgeschaden nimmt vermutlich sehr verschiedene Formen an je nach
dem, ob die Zukunft unter der Perspektive Gefahr oder unter der Perspektive Risiko
avisiert wird. Hierzu fehlen ins Einzelne gehende Forschungen. Es gibt viele Belege
dafür, daß die Evolution des Lebens ein reichhaltiges Repertoire des Abfangens
von Störungen, Fehlern, Mißgeschicken ausgebildet hat. Immunsysteme, Gehirne,

---

[60] Vgl. zu „concern" in diesem Sinne Fischhoff et al. (1984), S. 126 f.

Redundanzen, Überproduktion, Reparatureinrichtungen etc. bieten dafür Beispiele.[61] Man kann sich, was technologisch induzierte Risiken angeht, dadurch
beruhigen, daß man für den Unglücksfall Einrichtungen der Schadensminderung
bereitstellt, und Versicherungsgesellschaften sind heute gut beraten, wenn sie ein
entsprechendes „know how" oder sogar die nötigen Einrichtungen bereithalten und
gegebenenfalls zur Verfügung stellen. Dabei ist selbstverständlich keine Voraussicht, sondern nur das vorausgesetzt, was Robert Rosen anticipatory reaction
genannt hat.[62] Sie können in Gesellschaftssystemen im Hinblick auf im einzelnen nicht voraussehbare Gefahren nachgebildet werden. Die Frage ist, was mit
diesen Einrichtungen geschieht und ob und wie sie ausgebaut oder umgeformt oder
ersetzt werden können, wenn die Gesellschaft sich mehr und mehr von Gefahr auf
Risiko umstellt. Man darf vermuten, daß man Gefahren tendenziell mit Aufbau von
Robustheit, Elastizität, stoischer Gelassenheit und gutem Gewissen oder nach außen
gerichteter Aggressivität begegnen wird, während die Belastung durch Risiken in
Kalkulation und Kalkulationskosten umgesetzt wird. Eine entsprechende Unterscheidung, resilience vs. anticipation, findet sich bei Wildavsky.[63] Im Risikobereich
wird das Problem des Sorgeschadens mithin reflexiv. Es tritt in der Form von Ent-
scheidungskosten auf, die anfallen, wenn man die Kosten von Entscheidungsfolgen
trotz Risikos durch Entscheidungen minimieren will. Das Problem verwickelt sich
dann in sich selbst und in dem hoffnungslosen Versuch, die Differenz von künftigen
Gegenwarten und gegenwärtiger Zukunft in der Entscheidung zu verrechnen. Die
Entscheidungen über Risiken sind dann selber riskant.

   [...]

VIII.

Die Unterscheidung von Risiko und Gefahr macht schließlich auch verständlich,
daß diejenigen, die vor den Gefahren der technischen Zivilisation warnen, sich
heute in einer argumentativ überlegenen Position befinden. Sie können darauf
hinweisen, daß zahlreiche globale Effekte, etwa solche ökologischer Art, sich

---

[61] Für viele weitere Beispiele siehe Christine und Ernst Ulrich von Weizsäcker, Fehler-
freundlichkeit, in: Klaus Kornwachs (Hrsg.), OffenheitZeitlichkeitKomplexität: Zur
Theorie Offener Systeme, Frankfurt 1984, S. 167–201.

[62] So Robert Rosen, Anticipatory Systems: Philosophical, Mathematical and Methodological
Foundations, Oxford 1985.

[63] A. a. O. (1988). Wildavsky geht allerdings nicht von einer attributionstheoretischen
Unterscheidung Risiko/Gefahr aus, sondern versteht unter resilience und anticipation unterschiedliche Strategien der Risikobewältigung.

der Zurechnung auf Einzelentscheidungen entziehen. Dasselbe gilt für ein unvor-
hergesehenes und daher überraschendes Zusammentreffen von normalerweise
getrennt laufenden Kausalprozessen, für unerwartete und deshalb als „plötzlich" erscheinende Koinzidenzen.[75] Erst die Überraschung selbst setzt dann
einen Attributionsprozeß in Gang.[76] Globaleffekte und Überraschungseffekte
lassen sich, wenn man realistisch bleiben will, schwer auf Einzelentscheidungen
zurechnen. Aus der Sicht der Warnenden mag der Entscheider so gut kalkulieren
wie er will: man kann wissen (und er kann wissen), daß sich beim Zusammenwirken vieler Entscheidungen deren Gesamteffekte und deren überraschende
Koinzidenzen jeder Prognose entziehen. Daß dies so ist, kann man heute mit
beliebigen Computersimulationen vorführen. Die Frage ist nur, was daraus folgt.

Die hier vorgeschlagene Unterscheidung erlaubt die Formulierung, daß die
Gesellschaft sich im Falle globaler und im Falle überraschender Effekte ihre
Zukunft nicht im Modus des Risikos, sondern im Modus der Gefahr vorzustellen
hat. Es werden möglicherweise Schäden, ja vielleicht sogar Katastrophen eintreten, ohne daß man feststellen könnte, wessen Entscheidung sie ausgelöst hat.
In den schon eingeleiteten Klimaveränderungen hat man dafür ein anschauliches
Beispiel. Das Problem stellt sich aber nicht nur in ökologischer, sondern auch in
ökonomischer Hinsicht. Auch die Wirtschaft kann infolge der Koinzidenz zahlreicher Entscheidungen zusammenbrechen, ohne daß man die Entscheidung ausfindig machen könnte, die sozusagen den letzten Anstoß dazu gegeben hat und
deren Vermeidung das Unheil hätte verhüten können. Ökologen und Ökonomen
spielen mit den gleichen Karten, und beide scheinen ein Interesse daran zu haben,
das Problem nicht in seinen wirklichen Konturen, das heißt als Gefahr, zu sehen.

Die Ökologen deshalb, weil sie an Kritik der Gesellschaft interessiert sind und
deshalb imstande sein möchten, zu zeigen, was anders gemacht werden müßte,
wenn man die Katastrophe vermeiden will. Die Ökonomen deshalb, weil sie
darauf vertrauen und vertrauen müssen, daß der Markt eine selbstregulative Kraft
besitzt und die Katastrophe (wenn nicht über nachweisbare Entscheidungen, dann
über Preise) verhindern könnte, wenn man ihn nicht seinerseits daran hindern
würde. Von beiden Seiten aus gesehen kommt es nicht zu einer radikalen Kritik

---

[75] Daß das Phänomen als solches in der Gleichzeitigkeit hoher Independenzen und Interdependenzen strukturell angelegt ist und deshalb trotz seines überraschenden Auftretens als
normal angesehen werden muß, wird heute allgemein gesehen. Vgl. insb. Perrow a. a. O.
(1984).

[76] Siehe Wulf-Uwe Meyer, Die Rolle von Überraschung im Attributionsprozeß, Psycho-
logische Rundschau 39 (1988), S. 136–147.

der modernen Gesellschaft, weil jede Kritik doch wieder an praktischer Umsetz-
barkeit und damit an rationalen Entscheidungen interessiert sein muß. Fast
zwangsläufig werden daher auch globale Effekte, wenn man sie vermeiden will,
auf Entscheidungen zurückgerechnet, obwohl die Dringlichkeit des Problems
gerade darauf beruht, daß das nicht möglich ist. Die globale Selbstgefährdung
der Gesellschaft in ökologischer wie in ökonomischer Sicht wird letztlich dann
doch wie ein Risiko behandelt, und die Unterschiedlichkeit der ökologischen
bzw. der ökonomischen Sorgen verschleiert zusätzlich dieses Problem. Man
glaubt wissen und sagen zu können, daß aus ökologischen bzw. ökonomischen
Gründen die falschen Entscheidungen getroffen werden, während das Problem im
Falle globaler Effekte gerade darin besteht, daß weder falsche noch richtige Entscheidungen ausgemacht werden können.

Diese Überlegung könnte – sei es als Prognose, sei es als Empfehlung – die
Folgerung nahelegen, daß dann eben Politik einspringen muß. Man wird, und
man sollte vielleicht auch, den Mechanismus kollektiv bindender Entscheidung
benutzen, um das zu entscheiden, was weder richtig noch falsch entschieden
werden kann. Damit könnten zumindest relative Irreversibilitäten geschaffen
werden, die daran anschließende Beobachtungen ermöglichen. Und das Risiko
der Politik bestünde in genau dieser Blindheit, entscheiden zu müssen, wenn und
weil man die Entscheidung nicht ausfindig machen kann, die als Risiko vertret-
bar wäre. Die Politik hätte, mit anderen Worten, nicht rational zu entscheiden,
sondern im Hinblick auf eine als Gefahr begriffene Zukunft.

Auch die Rolle der Politik beim Ausgleich von sozialen Kosten der Zeitbindung läßt sich mit Hilfe der Unterscheidung von Risiko und Gefahr klären.
Einerseits ist die Politik auf fast alle Risiken und Gefahren hin ansprechbar,
und dies selbst bei eindeutig individuell motiviertem Verhalten (ausgenommen
vielleicht nur Eheschließung).[77] Gefahren und Risiken der verschiedensten Herkunft lassen sich, heute mehr denn je, politisieren, und die Politik wird verantwortlich gemacht, wenn sie nichts getan hat und etwas passiert. Umgekehrt
transformiert die Politik eben deshalb aber auch Risiken in Gefahren. Sie
tendiert unter dem Druck der Steuerungszumutung zur Überregulierung und
zur öffentlichen Verschuldung. Sie delegiert die Behandlung von Risiken an
Organisationen, die dann bemüht sein müssen, alle Schwachstellen in Präventionsprogramme umzusetzen und aus jeder kleineren oder größeren

---

[77] Man denke an Drogenkonsum, an Aids oder, um ganz konkret zu werden, an die dichte
Überwachung von Badestellen des Lake Michigan in Chicago, wo man nur dort, wo es
verboten ist, wirklich schwimmen kann.

Katastrophe zu lernen. Die Inanspruchnahme von Recht, Geld und Organisation für diese Zwecke führt zu Gesamtfolgen, die sich schwer abschätzen und sicher nicht auf politische Einzelentscheidungen zurechnen und politisch verantworten lassen. In dem Maße, als die politische Sensibilität für Risiken erhöht und, im Einzelfall immer berechtigt, in Entscheidungen umgesetzt wird, verwandeln sich Risiken wieder in Gefahren. Die Risikopolitik bringt das System in einen historischen Zustand, der vieles von dem, was möglich und wünschenswert wäre, ausschließt.

Heinz von Foerster hat Rationalität geradezu definiert als Handeln mit dem größtmöglichen Offenhalten von Möglichkeiten, und auch das im engeren Sinne politische Handeln ist zuweilen so verstanden worden. Was in der Handlungsperspektive einleuchtet, mag aber in der Systemperspektive aufs Gegenteil hinauslaufen. Und auch darin zeigt sich die typische Struktur jeder Unterscheidung, auch der von Risiko und Gefahr: daß ihre Einheit für den, der sie benutzt, unfassbar ist und nur die Zeit mit ihrer Möglichkeit des hin und her dafür sorgt, daß man – neues Spiel, neues Glück – wieder nach Chancen und Risiken suchen kann.

Prävention (2004)

Ulrich Bröckling

Prävention, in: Ulrich Bröckling, Susanne Krasmann und Thomas Lemke (Hg.), Glossar der Gegenwart, Frankfurt/M. 2004, S. 210–215.

Vorbeugen ist besser als Heilen – das Motto aller Prävention besitzt eine fraglose Plausibilität. Dass es sinnvoller ist, künftige Übel durch geeignete Interventionen in der Gegenwart zu vermeiden, als sie erst dann zu bekämpfen, wenn sie manifest geworden sind, das erscheint so selbstverständlich, dass es keiner weiteren Begründung bedarf. Man mag diese oder jene vorbeugende Maßnahme ablehnen oder wirksamere einfordern, man mag über Zwangs- oder Pseudoprävention klagen und sich über Gesundheitskult oder Sicherheitswahn lustig machen – ohne Vorbeugung könnte und wollte heute niemand leben.

In der grundlegenden Bedeutung des Begriffs bezeichnet Prävention ein Handlungsprinzip: *Praevenire* heißt zuvorkommen. Etwas wird getan, bevor ein bestimmtes Ereignis oder ein bestimmter Zustand eintreten, damit diese nicht eintreten oder zumindest der Zeitpunkt ihres Eintretens hinausgeschoben und der zu erwartende Schaden auf ein Mindestmaß begrenzt wird. Da es nichts gibt, was nicht als Bedrohung wahrgenommen oder zur Bedrohung deklariert werden könnte, kann auch alles zur Zielscheibe vorbeugender Anstrengungen werden. Ob Karies oder Herzinfarkt, Drogenkonsum oder Jugendgewalt, ob körperliche Deformationen oder psychische Erkrankungen, ob Terroranschläge

U. Bröckling (✉)
Albert-Ludwigs-Universität Freiburg, Freiburg im Breisgau, Deutschland
E-Mail: ulrich.broeckling@soziologie.uni-freiburg.de

oder Entwicklung von Massenvernichtungsmitteln, ob „humanitäre" oder
Naturkatastrophen – überall lauern Risiken, drohen Krisen und tut folglich Vorbeugung Not.

Prävention will nichts schaffen, sie will verhindern. Gesundheit kennt sie nur
als Abwesenheit von Krankheit, Sicherheit nur als Ausbleiben von Verbrechen,
Frieden nur als Nicht-Krieg. Die Mittel, mit denen sie ihre Ziele erreichen will,
sind dagegen ebenso gut repressiver wie produktiver Natur: Verhaltens- steht
neben Verhältnis-, Spezial- neben Generalprävention, individuumzentrierte
konkurrieren mit risikogruppen- oder bevölkerungsbezogenen Ansätzen,
Zwangsmaßnahmen mit Aufklärungskampagnen. Prävention straft und belohnt,
droht und ermutigt, schreckt ab und belehrt, sammelt und sondert aus, entzieht
Ressourcen und teilt sie zu, installiert technische Kontrollsysteme und nutzt
soziale Netzwerke.

Präventionsprogramme gleichen Kreuzzügen, ihre Logik ist die der antizipierenden Säuberung: Gegen welches Übel auch immer sie antreten, es soll
eliminiert werden. Selbst wenn ein endgültiger Sieg den Protagonisten utopisch
erscheint und sie sich mit bescheideneren Vorgaben zufrieden geben, als
regulative Idee leitet dieses Ziel ihre Praxis. Im Namen der vorbeugenden Vernunft geschieht dabei Humanes wie Inhumanes: Prävention rettet, verlängert und
verbessert Leben, sie mindert Leid und Unsicherheit. Prävention kann aber auch
gewalttätig, ja mörderisch sein. Sie legitimiert die Todesstrafe ebenso wie die vor-
sorgliche Inhaftierung von „Risikopersonen", Zwangssterilisierungsprogramme
ebenso wie die Abtreibung von Föten, bei denen eine Behinderung diagnostiziert
wurde, „präemptive Militärschläge", die potenziellen Aggressoren zuvorkommen sollen, ebenso wie die Liquidierung vermeintlicher „Volksschädlinge"
oder „Klassenfeinde". Oft genug liefern Präventionsversprechen nur die Rechtfertigung für Präventionsverbrechen, doch auch jenseits ideologischer Indienst-
nahme ist selbst der beste Wille nicht davor gefeit, Schlimmes zu bewirken. Wer
dem einen Übel vorbeugt, befördert häufig ein anderes, und der Imperativ der
Leidensfreiheit entpuppt sich nicht selten als ein Freibrief für Mitleidslosigkeit.

Wer die Wahrscheinlichkeit des Eintretens oder das Ausmaß von Schadens-
vorfällen minimieren will, muss die Bedingungen kennen, die sie hervorbringen.
Ohne Ätiologie keine Prognostik, ohne Prognostik keine Prävention. Vorbeugung
verlangt daher systematische Wissensproduktion. „Savoir pour prévoir, prévoir
pour prévenir", heißt es bei Auguste Comte. Biologische Prozesse, menschliches
Verhalten und erst recht soziale Phänomene lassen sich jedoch in den meisten
Fällen nicht auf eindeutige Ursache-Wirkungs-Zusammenhänge reduzieren,
und selbst, wenn Kausalerklärungen Plausibilität beanspruchen können, gilt

das nur im Rückblick. In Bezug auf die Zukunft sind dagegen nur Wahrscheinlichkeitsaussagen möglich. Die ätiologische Forschung isoliert und korreliert
deshalb Risikofaktoren, ohne diese jemals vollständig erfassen zu können. Das
Präventionswissen bleibt stets lückenhaft und erheischt weitere Forschungs-
programme. Wer vorbeugen will, weiß nie genug.

Weil Risiken nur probabilistisch erfassbar sind, generalisiert der präventive
Blick den Verdacht und sucht Indizien aufzuspüren, die auf künftige Übel hindeuten und an denen die vorbeugenden Maßnahmen ansetzen können. Das kann
der Erreger sein, von dem eine Infektionsgefahr ausgeht, oder das geschwächte
Immunsystem, das jenem keinen ausreichenden Widerstand entgegenzusetzen
vermag. Das kann ein überschrittener Grenzwert sein oder ein individuelles Ver-
haltensmuster, eine genetische Mutation oder ein belastendes Sozialmilieu. Das
kann schließlich die sprichwörtliche Gelegenheit sein, die Diebe schafft, oder
die inzwischen kaum weniger sprichwörtlichen *broken windows,a* [a] die, nicht
repariert, die Zahl der Gesetzesverstöße ansteigen lassen. Zum Risikosignal und
Ausgangspunkt präventiven Handelns kann letztlich alles werden, was von Soll-
werten abweicht oder sich als Vorzeichen solcher Abweichungen identifizieren
lässt. Praktisch funktioniert Prävention als Ausrichtung und Selbstausrichtung an
Normalitätsstandards, die damit den Status sozialer Normen erlangen. „Keeping
the normals normal" (Reiwald 1948, S. 106), lautet die Maxime. Weil die
Normalitätsnormen selbst flexibel sind, kann die vorbeugende Anpassung nicht
endgültig sein: Wer vorbeugen will, darf sich niemals zurücklehnen.

Prävention impliziert die Macht, Verhalten zu steuern und Verhältnisse zu
ändern, gleich ob diese sich auf Strafandrohung oder Überzeugungskraft, auf
technische Apparaturen oder soziale Arrangements stützt. Wer vorbeugen will,
muss nicht nur wissen, was zu tun ist, sondern muss es auch durchsetzen können.
Prävention ist dabei stets konfrontiert mit Widerständen, die ihre Anstrengungen
unterlaufen, bremsen oder blockieren, und gewinnt erst in der Auseinandersetzung mit diesen Kontur. Von den lieb gewonnenen Lastern des Alltags, an
deren Schwerkraft Aufklärungskampagnen ebenso scheitern wie gesetzliche
Verbote, bis zu politischen Konfrontationen, bei deren Beilegung präventive mit
nicht-präventiven Optionen und verschiedene präventive Optionen miteinander
konkurrieren – immer operiert das vorbeugende Handeln in einer komplexen
strategischen Konstellation, in der Kräfteverhältnisse abzuschätzen, Allianzen

---

[a] Siehe den Text von Wilson und Kelling im Kapitel *Raum und Sicherheit* in diesem Band
(A.d.H.).

zu schließen oder aufzukündigen, taktische Festlegungen zu treffen oder offen zu halten und bei jedem eigenen Schritt die der anderen beteiligten Akteure zu berücksichtigen sind.

Wie die Versicherung ist Prävention eine Risikotechnologie. Beide „bearbeiten" Risiken auf höchst unterschiedliche Weise, aber sie ergänzen einander und treten in vielfachen Kombinationen auf: Weil auch noch so umfassende Vorbeugung keine absolute Sicherheit garantieren kann, werden „Rest-Risiken" versicherungsförmig abgefedert; weil Versicherungen Risiken kapitalisieren, sind sie darauf bedacht, Zahl und Ausmaß der Schadensfälle durch vorbeugende Maßnahmen zu begrenzen.

Folgt man Niklas Luhmanns (1991)[b] Unterscheidung, handelt es sich bei Risiken um mögliche künftige Schäden, deren Eintreten als Folge eigenen Handelns oder Unterlassens gedeutet, während es bei Gefahren der Umwelt zugerechnet wird. Ob etwas als Risiko oder als Gefahr erscheint, ist also eine Frage der Selbst- oder Fremdzuschreibung. Zwar kann man sich auch gegen Gefahren wappnen, aber für den, der es tut, verwandeln diese sich insofern in Risiken, als er Eintrittswahrscheinlichkeit beziehungsweise Ausmaß des möglichen künftigen Schadens in Abhängigkeit zum eigenen Handeln oder Unterlassen setzt. Wo Vorbeugung möglich erscheint, wie begründet oder unbegründet diese Erwartung auch sein mag, wird es riskant, darauf zu verzichten. Dass ein Haus vom Blitz getroffen wird, ist eine Gefahr; keinen Blitzableiter zu installieren, ein Risiko. Umgekehrt erzeugt präventives Handeln selbst neue Risiken – das Problem jeder Schutzimpfung. Die Entscheidung für oder gegen diese oder jene vorbeugende Maßnahme wird damit zur Abwägung zwischen verschiedenen Risiken und Risikoeinschätzungen. Darin liegt die Brisanz aller Prävention: Entschieden wird in jedem Fall, weil auch Nicht-Entscheiden eine Entscheidung darstellt, aber welche Entscheidung die richtige ist, dafür gibt es keine absoluten Kriterien, sondern bestenfalls Wahrscheinlichkeitsaussagen.

Weil Vorbeugung sich gleichermaßen an alle wie an jeden Einzelnen richtet, kombiniert die Präventionsforschung quantitativ-statistische Methoden, die Risiken kalkulieren, mit qualitativ-hermeneutischen Verfahren, die subjektive Sinnwelten und Handlungsmuster ausdeuten. So bilden epidemiologische Erhebungen auf der einen, Individualdiagnostik und Case-Management auf der anderen Seite die beiden unverzichtbaren Säulen der Gesundheitsvorsorge. Der Zweigleisigkeit präventiver Wissensproduktion korrespondiert die Gleichzeitig-

---

[b] Siehe den Text in diesem Kapitel (A.d.H.).

keit von Dezentrierung und Rezentrierung des Subjekts in der vorbeugenden Praxis: Einerseits ist Prävention „mit der Auflösung des Begriffs des Subjekts oder des konkreten Individuums verbunden, der durch einen Komplex von *Faktoren,* die Risikofaktoren, ersetzt wird" (Castel 1983, S. 51). Andererseits machen vorbeugende Strategien gerade die Seite des Subjekts stark und nehmen es als selbstverantwortlichen und kompetenten Agenten seines eigenen Lebens in die Pflicht.

Ihre Legitimation bezieht Prävention aus dem Versprechen, die gewünschten Effekte mit weniger Aufwand beziehungsweise mit dem gleichen Aufwand größere Effekte zu erzielen als therapeutische Maßnahmen, Sanktionierung von Abweichungen oder Schadensausgleich. Vorbeugen ist besser, nicht zuletzt weil es billiger ist. Aber auch Prävention hat ihren Preis und gerät deshalb insbesondere dort unter Beschuss, wo sie die öffentlichen Kassen belastet. In Frage steht dabei nicht die präventive Vernunft als solche, sondern wer ihr Geltung verschaffen soll. Im Zuge der gegenwärtigen Ökonomisierung des Sozialen verwandelt sich der „Vorsorgestaat" (Ewald 1993) zum „aktivierenden Staat", der seine Bürger und Bürgerinnen aus der fürsorglichen Belagerung in die Freiheit der Selbstsorge entlässt und ihnen zumutet, ihre Lebensrisiken eigenverantwortlich zu managen. Prävention wird wichtiger denn je, aber sie wird zunehmend zur Sache der Individuen, die gehalten sind, sich selbst ökonomisch zu regieren. Wer sich als unternehmerisches Selbst behaupten will, tut gut daran, rechtzeitig ins eigene Humankapital zu investieren.

Aktuelle Kampagnen ersetzen die traditionellen Mechanismen des Überwachens und Strafens deshalb durch ein Regime freiwilliger Selbstkontrolle. Kompetenz- und Ressourcenorientierung lauten die Schlagwörter, und nicht nur in der Suchtprävention hat sich inzwischen die Erkenntnis durchgesetzt, die Stärken zu stärken, sei wirksamer, als Ängste zu schüren oder Verbote auszusprechen. Ohne Drohszenarien kommt indes auch der Appell an die Selbstverantwortung nicht aus: Wer es an Einsicht fehlen lässt und etwa auf Tabak oder Alkohol nicht verzichten will, wer keinen Sport treibt oder regelmäßige Vorsorgeuntersuchungen versäumt, der hat auch die Folgen selbst zu tragen – sei es in Form höherer Versicherungsprämien, sei es in Form geringerer Lebensdauer. Je dichter das Netz präventiver Kontrollmöglichkeiten, desto fahrlässiger handelt, wer sie nicht wahrnimmt. Vorbeugung avanciert zum moralischen Imperativ, dessen Unabweisbarkeit gerade darauf beruht, dass er nicht an hehre Ideale, sondern an das Eigeninteresse appelliert. Weil dieser Imperativ sich auf alle Lebensbereiche erstreckt, ist ihm eine ebenso universelle Schuldzuweisung eingeschrieben. Welche kleinen oder großen Katastrophen den Einzelnen auch ereilen mögen, in letzter Konsequenz sind sie stets ein Ergebnis seiner unzureichenden Sorge um sich. „[D]ie *meisten* (wenn nicht alle!) Todesfälle [sind] bis zu einem gewissen Grade ‚Selbstmorde‘“, heißt es bei Gary S. Becker (1982, S. 9), einem der Großmeister der Humankapitaltheorie, „in dem Sinne, dass man sie hätte hinausschieben können, wenn man mehr Ressourcen in die Lebensverlängerung investiert hätte.“ Dieser Schuld entgeht niemand, denn der Ausgang allen präventiven Bemühens steht immer schon fest: *In the long run we are all dead.* Vorbeugung gewährt allenfalls Aufschub. Vielleicht ist das der Grund für das konstitutiv schlechte Gewissen, das Präventionisten haben – und anderen machen.

Literatur

Becker, Gary S. 1982, Der ökonomische Ansatz zur Erklärung menschlichen Verhaltens, Tübingen.
Castel, Robert 1983, „Von der Gefährlichkeit zum Risiko“, in: Wambach, Manfred Max (Hg.), Der Mensch als Risiko. Zur Logik von Prävention und Früherkennung, Frankfurt/M., 51–74.
Ewald, François 1993, Der Vorsorgestaat, Frankfurt/M.
Luhmann, Niklas 1991, Soziologie des Risikos, Berlin/New York.
Reiwald, Paul 1948, „Verbrechensverhütung als Teil der Gesellschaftspsychohygiene“, in: Meng, Heinrich (Hg.), Die Prophylaxe des Verbrechens, Basel, 105–263.

Prävention – ein alter Gedanke in neuem Gewand. Zur Entwicklung und Kritik der Strukturen „postmoderner" Kontrolle (1995)

Fritz Sack

Prävention – ein alter Gedanke in neuem Gewand. Zur Entwicklung und Kritik der Strukturen „postmoderner" Kontrolle, in: Rolf Gössner (Hg.), Mythos Sicherheit. Der hilflose Schrei nach dem starken Staat, Baden-Baden 1995, S. 429–456 (gekürzt).

[…].

2 Die deutsche Präventionsdiskussion im Kontext der internationalen Entwicklung

2.1 Die USA als kriminologisch-kriminalpolitischer Vorreiter

Es ist mehr als eine Daumenregel, wenn man als Kriminologe zur wissenschaftlichen wie zur kriminalpolitischen Orientierung den Blick westwärts in Richtung USA wendet. Entwicklungen, die sich dort auf dem Feld der Kriminologie und im Umgang mit der Kriminalität abzeichnen und vollziehen, können mit einiger Sicherheit als gute prognostische Signale für die zukünftige Entwicklung auf diesem Gebiet auch in der Bundesrepublik, wenn nicht generell für die europäische Situation insgesamt, genommen werden. Dies hat zu tun

F. Sack (✉)
Berlin, Deutschland
E-Mail: sack@uni-hamburg.de

© Springer Fachmedien Wiesbaden GmbH, ein Teil von Springer Nature 2022
A. Legnaro und D. Klimke (Hrsg.), *Kriminologische Diskussionstexte II*,
https://doi.org/10.1007/978-3-658-22007-5_5

mit einer unterschiedlichen und weniger rigiden Rechtstradition, ist aber ebenso sehr Ausdruck einer gesellschaftlichen Dynamik der westlichen Welt, die insbesondere seit dem letzten Weltkrieg als zunehmender Sog der USA auf die westeuropäischen Länder zu registrieren ist.

Seit etwa zu Beginn der siebziger Jahre beginnt in den USA sowohl in der Kriminologie wie in der Kriminalpolitik eine Diskussion über und die Formulierung von Strategien zur Kontrolle und Bekämpfung der Kriminalität, die begrifflich und semantisch als „preventive measures", „preventive programs" gefaßt werden. In der Aufsatz- wie in monographischer Literatur entwickelt sich ein Korpus von Texten, der ein eigenes und sich schnell ausweitendes kriminologisches Arbeitsfeld signalisiert, das der „prevention" gewidmet ist – bis hin zu einer speziellen Zeitschrift „Studies on Crime and Crime Prevention", die mittlerweile im dritten Jahrgang erscheint.

2.1.1 Die gesellschaftliche Hegemonie der Ökonomie

Statt diesen kriminologischen und kriminalpolitischen Diskurs im einzelnen nachzuzeichnen, möchte ich zunächst ein wenig den Kontext deutlich machen, in dem sich diese Entwicklung vollzieht. Dieser Kontext läßt sich einerseits durch einen gesellschaftlichen und gesellschaftspolitischen Akzent bestimmen, und er hat andererseits eine deutliche und ausweisbare kriminalpolitische Komponente.

In gesellschaftlicher Hinsicht formiert sich eine neue Kriminalpolitik mit einem starken präventiven Akzent in den USA, parallel und Hand in Hand mit der Neuerstarkung des politischen Konservatismus als Antwort und Reaktion auf die Erschütterungen der amerikanischen Gesellschaft im Gefolge der Bürgerrechtsbewegung der sechziger und siebziger Jahre. Seinen politischen Ausdruck hat diese Entwicklung in der Beendigung der politischen Hegemonie der demokratischen Partei unter den Präsidenten Kennedy und Johnson durch die Nixon-, insbesondere aber durch die Reagan-Administration gefunden. Bekanntlich waren die Wahlkämpfe dieser Ära und einer der wesentlichen Triebkräfte dieses Wechsels von den permanenten „wars on crime" mitbestimmt, die sich zuletzt und bis auf den heutigen Tag zu dem „war on drugs" verdichtet haben. In seiner politischen und ideologischen Stilisierung eine Art „master war" mit allen Merkmalen einer umfassenden und auf die sozialen Fundamente zielenden Belagerung und Bedrohung von Staat und Gesellschaft.

Die mit dieser gesellschaftlichen Veränderung der USA einhergehende, sie gleichzeitig rationalisierende und beschleunigende Philosophie und gesellschaftliche Theorie ist eine Neuauflage, Renaissance und Wiederbelebung des Sozialdarwinismus auf avanciertem ökonomischem Niveau. Auf dem Boden eines historisch bedingten und gewachsenen, ja: verfassungsgestützten strukturellen

Mißtrauens gegenüber dem Staat, seinen Machtpotentialen und Steuerungsressourcen hat sich in den USA ein Primat der institutionellen und ideologischen Strukturen von Ökonomie und Markt etabliert, der zu einem radikalen Abbau und tiefer Skepsis gegenüber staatlicher Steuerung insgesamt, in Sonderheit gegenüber den Einrichtungen und Folgen des Sozial- und Wohlfahrtsstaats geführt hat.

Unter dem Stichwort einer angebotsorientierten Wirtschafts- und Fiskalpolitik sind mit geradezu intransigenter Konsequenz die Handlungsmaximen, -kriterien und -parameter der Leistungen erzeugenden und anbietenden wirtschaftenden Subjekte zum fast ausschließlichen Bezugspunkt politischer und staatlicher Entscheidungen gemacht worden. Dadurch hat sich in den USA gesellschaftsweit die Hegemonie eines Gesellschaftsmodells durchgesetzt, dessen ebenso simpler wie wirkungsmächtiger Leitsatz lautet: Jeder ist seines eigenen Glückes Schmied. Persönliche Verantwortung und individuelle Leistung sind im Positiven wie im Negativen die zentralen Zurechnungsfaktoren, die als Ursachen für das Erreichen und das Verfehlen von beruflichem, gesellschaftlichem und ökonomischem Erfolg zählen und anerkannt werden.

Dieses Gesellschaftsmodell des homo oeconomicus, des rational kalkulierenden Menschen, der seinen Nutzen zu maximieren bestrebt und in der Lage ist, der alle seine Handlungen unter dieses Prinzip stellt, unter den ihm offenen Handlungsmöglichkeiten jeweils diejenige auswählt, die seinem Vorteil entspricht, hat in den USA eine gesellschaftliche Akzeptanz erfahren, die sich über die Grenzen der Wirtschaft hinaus auf alle Verhaltens- und Politikbereiche erstreckt. Dies gilt auch für die Kriminalpolitik. Es ist deshalb kein Zufall und keine Ironie, wenn der letztjährige amerikanische Nobelpreisträger auf dem Gebiet der Ökonomie, Gary S. Becker, ein prominenter Vertreter der sog. Chicago-Schule, schon im Jahre 1968 mit einem von der Kriminologie kaum zur Kenntnis genommenen Aufsatz hervorgetreten ist, in dem er die Analyse der Kriminalität und die Strategien der Kriminalpolitik unter eine strikt ökonomische Kosten- und Nutzen-Perspektive zu stellen vorgeschlagen und vorgeführt hat.

2.1.2 Kriminalpolitik im Sog der Ökonomie

Die kriminalpolitischen Folgerungen aus einem derartigen individualistischen Gesellschafts- und Menschenbild lassen sich ohne jegliche Karikatur sehr einfach aufzeigen und benennen. Danach muß es Aufgabe und Zielsetzung der Kriminalpolitik sein, die Kosten-Nutzen-Relation einer Straftat aus der Sicht des potentiellen Täters in einer Weise zu verschieben, daß die zu erwartenden Kosten den etwaigen Nutzen der Straftat übersteigen. Dies kann in der Weise geschehen, daß man die Kosten des Verbrechens anhebt, den Nutzen schmälert oder beides gleichzeitig macht. Das Strafrecht stellt aus dieser Sicht die Kostenseite der Straftat dar – eine Verschärfung des

Strafrechts bedeutet deshalb in ökonomischer Terminologie eine Erhöhung der Preise bzw. eine Verteuerung der Kriminalität. Dies ist die Abschreckungsvariante der Kriminalpolitik. Sie bezeichnet den einen von der amerikanischen Kriminalpolitik eingeschlagenen Weg. Sie hat sich in einer Vielzahl von Maßnahmen, Programmen und Projekten niedergeschlagen – von der Erhöhung der Strafrahmen, der Verbindlichkeit angedrohter Strafen, über die Erhöhung der Entdeckungswahrscheinlichkeit bis hin zu der Reaktionsgeschwindigkeit der Strafe auf die Straftat. In endlosen Untersuchungen zu den Bedingungen und Faktoren, die Abschreckung bewirken und ermöglichen, ist versucht worden, die normativen Vorgaben und institutionellen Strukturen des Strafrechts und seiner Anwendung an die kalkulierende Grammatik des Straftäters anzupassen.

Der zweite wichtige Pfad einer auf diese Logik des „reasoning criminal" abgestellten Kriminalpolitik ist zugleich diejenige Alternative, die den Typus einer präventiven Kriminalpolitik in seiner Struktur und in seinem strategischen Erweiterungspotential am deutlichsten werden läßt. Die Kostenseite der Kriminalität läßt sich auch beeinflussen und verändern durch eine Umgestaltung des Zugangs und der Verfügbarkeit der Ziele und Objekte, die Gegenstand von Straftaten sein können, durch einen besseren Schutz der Rechtsgüter – der Fall des sog. „target hardening". Dadurch werden die sogenannten Opportunitäts- und Transaktionskosten, die der potentielle Straftäter aufwenden muß, um an sein Ziel zu gelangen, in einer Weise erhöht, die entweder über seinen Möglichkeiten liegt oder die den erwartbaren Nutzen aus der Straftat überschreitet.

In der Tat: Maßnahmen dieser Art sind von einer derartigen Vielfalt, daß Raum und Phantasie nicht ausreichen, sie mit dem Anspruch einer auch nur einigermaßen erschöpfenden und systematischen Aufzählung und Darstellung vorzuführen. Sie variieren vor allem nach der Struktur des zu schützenden Rechtsgutes, nach dessen Trägern und allen möglichen anderen zeitlichen, geographischen, technologischen Umständen der Situation. Vielgestaltigkeit und operativer Reichtum einer so konzipierten präventiven Kriminalpolitik spiegeln sich wider in einer kaum mehr überschaubaren Fülle an Publikationen, die über Möglichkeiten, Experimente, Programme sowie deren Brauchbarkeit und Erfolg wie Mißerfolg berichten.

Diese Kriminalpolitik der USA, die sich seit etwa Mitte der siebziger Jahre allmählich entwickelt hat und mittlerweile zur dominanten Orthodoxie auf diesem Politikfeld avanciert ist, gewinnt ihren scharfen und gewollten Kontrast vor dem Hintergrund einer Kriminalpolitik, die auf der Grundlage eines analogen theoretischen Modells eine sehr konträre Strategie kriminalpolitischer Interventionen verfolgt hat. Entsprechend dem Modell des Nutzen kalkulierenden

Straftäters wägt dieser nicht nur den etwaigen Ertrag und Aufwand einer Straftat ab, sondern vergleicht diese Rechnung und diesen Saldo auch mit denen konkurrierender – in unserem Fall sprich: straffreier Handlungen. Statt deshalb eine Politik zu verfolgen, die strafbare Handlungen teurer und unprofitabler macht, läßt sich auch eine Politik denken und durchführen, die die Attraktivität, den Zugang und die Gelegenheiten zu straffreien Handlungsalternativen verbessert und erhöht.

Diesem Prinzip war eine Kriminalpolitik verpflichtet, die mit der bis auf den heutigen Tag berühmten „The President's Commission on Law Enforcement and Administration of Justice" (1967), deren Schlußdokument „The Challenge of Crime in a Free Society" sowie einer Reihe sog. „Task Force Reports" über die unterschiedlichen Aspekte der Institutionen, Methoden und Strategien des Strafjustizsystems verbunden ist. Die dort erarbeiteten Analysen und Empfehlungen, zu denen eine große Schar hochkarätiger Kriminologen, Rechts- und Sozialwissenschaftler beigetragen hat, waren bestimmt von Überlegungen und Befunden, die mit dem Schlüsselkonzept der „opportunity structure"[2] auf die Existenz struktureller Benachteiligungen im ökonomischen, erzieherischen, sozialen und geographischen Institutionengefüge der USA verwiesen. Der daraus resultierende, ebenso umfassende wie detaillierte kriminalpolitische Empfehlungskatalog erstreckte sich auf vielfältige Formen, Maßnahmen und Programme der Reduzierung des Aufwands und der Zugangsschwellen zu den legitimen und legalen Möglichkeiten beruflich-biographischer Selbstverwirklichung.

In der Terminologie des ökonomischen Modells war diese Kriminalpolitik eine nachfrageorientierte Politik, die bei den potentiellen Straftätern ansetzte, deren ökonomische, soziale und berufliche Situation zum Ausgangspunkt machte und darauf zielte, sie besser auszurüsten und ihnen günstigere Voraussetzungen und Ausgangsbedingungen zur Teilnahme am ökonomischen und beruflichen Wettbewerb der amerikanischen Gesellschaft zu verschaffen.

Die Wendung der amerikanischen Kriminalpolitik in eine präventive Richtung war deshalb ein Strukturwandel, der eine sehr grundsätzliche Zäsur in der staatlichen und gesellschaftlichen Reaktion auf die Kriminalität markierte. Diese

---

[2] Für die Kriminologie ist dieses Konzept populär geworden vor allem durch die Monographie „Delinquency and Opportunity" von R. A. Cloward und L. E. Ohlin (1960). Die Publikation und ihre beiden Autoren waren von großem Einfluß für den „war on poverty" der Kennedy-Johnson-Administration, wie M.B. Katz (1989, Kap. 3) vor etlichen Jahren zu Recht erinnert hat.

dramatische Entwicklung ist nicht erklärbar und wäre nicht durchsetzbar ohne
die oben erwähnte politisch-konservative Wende der Gesellschaftspolitik insgesamt und jener angebotsorientierten Wirtschaftspolitik Chicagoer Prägung im
besonderen.

Diese Umorientierung läßt sich in ihrer ganzen Reichweite und prinzipiellen
Andersartigkeit an einigen anderen Merkmalen und Aspekten spezifisch kriminalpolitischer Art noch verdeutlichen. Ich möchte derer zwei benennen:

Erstens bedeutete sie etwa gleichzeitig eine sehr konsequente, kompromiß-
und rücksichtslose Entwertung und Verabschiedung des Rehabilitations- und
Resozialisierungsmodells der Kriminalpolitik, dessen theoretischer und
institutioneller Vorreiter – insbesondere auf dem Gebiet des Jugendstrafrechts –
die USA um die Jahrhundertwende bekanntlich einst gewesen waren. Das weit
über die Grenzen einer professionell-wissenschaftlichen Öffentlichkeit hinaus
wirkende Signal dieser Desillusionierung über und Abkehr von Strategien einer
mehr auf Hilfe, sozialpolitische und erzieherische Interventionen setzenden
Kriminalpolitik war dabei der rhetorisch gemeinte Titel eines Aufsatzes, der
gleichsam zur Chiffre und zum Symbol dieser kriminalpolitischen Kehrtwendung
geworden ist. Seither ist der Tenor der Antwort auf die Frage: „What works?"[3]
zum Allgemeingut der offiziellen und öffentlichen kriminalpolitischen Weisheit
und zur akzeptierten Grundlage der praktizierten Kriminalpolitik geworden: Die
pädagogischen und kriminalitätsbezogenen Unterschiede repressiver im Vergleich
zu weniger repressiven, auf die Erweiterung rechtstreuer Kompetenzen zielender
Maßnahmen sind nachweisbar inexistent oder so gering, daß Effektivität und
Priorität von Maßnahmen sich auf reine Preis- und Kostenfragen reduzieren
lassen.

Eine zweite Begleiterscheinung dieses Strukturwandels der amerikanischen
Kriminalpolitik ist in der institutionellen Aufwertung und Ausweitung polizeilicher
Aufgaben und Zuständigkeiten zu sehen. Das hier einzuführende Stichwort, auf das
weiter unten noch genauer einzugehen ist, lautet „community policing". Darunter ist
einerseits eine umfassende rechtliche, organisatorische und institutionelle Neuordnung
und Neugestaltung der Struktur und Funktion polizeilicher Tätigkeit und Zuständigkeit zu verstehen. Damit verbindet sich andererseits eine ebenso einschneidende

---

[3] Dies war der Titel eines Aufsatzes von R. Martinson (1974), in dem er die – negative –
Quintessenz einer Evaluationsstudie über 286 in den USA zwischen 1945 und 1967 durchgeführten Projekten der Rehabilitation und Resozialisation von Strafgefangenen (D. Lipton
et al. 1975) einer breiten – und aufnahmebereiten – Öffentlichkeit vorab mitgeteilt hat. Vgl.
dazu die ausgezeichnete Darstellung und Diskussion von T. v. Trotha (1979).

Strategie der Beteiligung und Einbeziehung der „community", also nicht-staatlicher, ziviler Einrichtungen in die Aufgabe der Kriminal- und Sicherheitspolitik.

Auch diese polizeipolitischen Entwicklungen folgen einer angebotsorientierten ökonomischen Logik: Sie zielen auf die Erhöhung der Kosten der Straftat über die Vergrößerung des Begehungs- und Entdeckungsrisikos, und sie zielen auf die Abwälzung bzw. Externalisierung staatlicher Kosten zu Lasten der Gesellschaft und ihrer Mitglieder und Institutionen. Die institutionelle Verkörperung dieser Entwicklung hat man einmal darin zu sehen, daß die körperliche und sinnliche Präsenz der Polizei durch dezentrale Einrichtungen, zeitliche und quantitative Verstärkung von Fußstreifen, die systematische Suche und Wahrnehmung von Kontakten zwischen Polizei und Bevölkerung, schließlich durch gezielte Ausdehnung der Zuständigkeiten der Polizei massiv und nachhaltig erhöht wird. Zum anderen steht für diese Entwicklung die forcierte und häufig polizeiangeleitete Einrichtung und Förderung von den bekannten „neighborhood watches", deren Aufgabe nicht nur darin besteht, den Informationsfluß zwischen Polizei und Gesellschaft umfassender und schneller zu machen, sondern die auch Maßnahmen der präventiven Rechtsgutsicherungen insbesondere im Bereich des Eigentumsschutzes zu organisieren und durchzuführen haben.

Insgesamt läßt sich deshalb die in den USA schon seit über zwei Jahrzehnten angebahnte und mittlerweile institutionalisierte und ausgebaute präventive Kriminalpolitik folgendermaßen charakterisieren. Ihre Hauptmerkmale bestehen in der Focussierung und Restriktion der kriminellen Vorbeugung auf Maßnahmen der Beeinflussung der unmittelbaren Komponenten einer kriminellen Handlung: des Täters, des Opfers, der Tatsituation, des Rechtsgutes. Sie ist eine weitgehende Absage an Gesellschaftspolitik im umfassendsten Sinne als einer relevanten Größe im vorbeugenden Kampf gegen die Kriminalität. Sie ist anti-sozialstaatlich, resozialisierungsfeindlich, angebotsorientiert, abschreckungsgerichtet im Sinne der negativen Generalprävention und anti-rechtsstaatlich in bezug auf die tendenzielle Autonomisierung der Polizei im System der strafrechtlichen Sozialkontrolle. [...].

3.1 Prävention qua Repression: das Rechtsstaatsmodell

3.1.1 Die „indirekte" Prävention des klassischen Strafrechts

Ich beginne mit dem Vorschlag, die dargelegten kriminalpräventiven Konzepte und Maßnahmen als einen strukturell neuen Typus von Prävention zu betrachten, der in deutlicher Diskontinuität und in einem kaum zu übersehenden Gegensatz zu einem Verständnis von Prävention steht, wie er mit dem modernen und klassisch-liberalen Strafrecht der Aufklärung aufgekommen ist. Die Entwicklung, über die hier zu sprechen ist, wird ja in einer Sprache und mit Begriffen diskutiert, die auf den ersten Blick dem Mißverständnis Vorschub leisten, daß es sich um eine Fortschreibung, Anpassung, vielleicht sogar Modernisierung der Mittel und Möglichkeiten handele, mit denen ein dem modernen Strafrecht von Beginn an aufgegebenes Ziel nur besser und zeitgerechter realisiert werden könne. Ein schneller Blick in die historischen Quellen staatstheoretischer, rechtsphilosophischer und strafrechtstheoretischer Art ebenso wie in die Texte des bestehenden positiven Rechts offenbart sehr unmißverständlich, daß das moderne Strafrecht als Fluchtpunkt seiner erstrebten Wirkungen und seiner offensiven Legitimation den Gedanken der Prävention zur Grundlage hat. Prävention als vornehmste Aufgabe des Strafrechts – so sahen es seine Schöpfer und Wegbereiter, der Italiener C. Beccaria ebenso wie der Engländer J. Bentham und der Deutsche L. v. Feuerbach.

In diesem Rahmen bewegten und bewegen sich auch die Konzepte und die rechtliche und institutionelle Ausfüllung der orthodoxen strafrechtlichen Zwecke der Generalprävention und der Spezialprävention, obwohl bekanntlich letztere schon eine Fortschreibung und Ergänzung des eigentlichen klassischen Kerngehalts des Präventionsgedankens darstellt. Der Königsweg der klassischen Prävention ist ganz eindeutig der der Generalprävention. L. v. Feuerbach hat den dahinterliegenden Wirkmechanismus in seiner psychologischen Zwangstheorie in wünschenswerter Deutlichkeit auf den theoretischen und praktischen Punkt gebracht. Danach sollte alleine die Existenz des Strafrechts mit seinen angedrohten Sanktionen und Strafen eine Art antizipatorisches Wirkpotential auf den potentiellen, mit Vernunft und Rationalität ausgestatteten Täter entfalten, die ihn vom Begehen einer Straftat abhält – und zwar um so mehr und um so eher, als er als Partner und Teilhaber des im Wege eines Gesellschaftsvertrags zustandegekommenen Strafrechts verstanden und gedacht wurde.

Die Ebene, auf der diese präventiven Wirkungen angesiedelt waren, war vorinstitutioneller Art – sie lag im Bereich des Psychischen, des Symbolischen, der Kommunikation. Die Mittel, derer sich das Strafrecht zur Entfaltung dieser Wirkungen bediente, waren solche der Verständigung, der Klarheit und Eindeutigkeit der Gebote und Gesetze, der effizienten Vermittlung und Weitergabe an die Mitglieder der Gesellschaft, der Öffentlichkeit und der Zugänglichkeit des gesetzgeberischen und richterlichen Wollens etc. Das Ausbleiben dieses generalpräventiven Effekts des Strafrechts und die dadurch ausgelöste institutionelle Anwendung der Gesetze durch die Instanzen des Strafrechts war gewissermaßen eine Reaktion auf den mißglückten Versuch der Generalprävention. Die Anwendung war nur die Bekräftigung des Gesetzes, zeigte die Ernsthaftigkeit der Drohung und das Kassieren des Preises und galt der zusätzlichen Einübung in die Tauschlogik des Strafrechts.

Im Rahmen und Verständnis des klassisch-aufklärerischen Strafrechts war Prävention deshalb eine solche, die über seine repressiven Strukturen und Funktionen herzustellen und zu bewirken war. Das präventive Geschehen hatte bei den Adressaten des Strafrechts seinen Ort der Verwirklichung und Exekution, bei der Organisation und Antizipation ihrer Handlungspläne und -verläufe. Auf Prävention gerichtete Aspekte des Strafrechts und seiner Institutionen blieben Teil und Logik der Repression.

3.1.2 Strafrecht als „reaktive" Regulierung

Die institutionelle und operative Ausgestaltung des klassischen Strafrechts folgt einem Modell, das durch eine im Prinzip „reaktive"[10] Organisationsstruktur gekennzeichnet ist. Dieser Sachverhalt wird zwar verdeckt durch die Oberflächenstruktur des Strafrechts, insbesondere durch das Offizialprinzip und durch das Legalitätsprinzip, denen zufolge Straftaten von Amts wegen und zwingend zu verfolgen sind. Indessen verweisen einige „subdogmatische" Strukturen staatlicher Strafverfolgung ebenso wie einige strafprozessuale Regeln sehr nachhaltig darauf, daß die Funktionslogik des Strafrechts darauf basiert, daß seine institutionellen Träger erst auf Nachfrage und Anstoß von außen in Tätigkeit treten. Diese Struktureigenschaft des Strafrechts schlägt sich etwa darin nieder, daß mehr als 90 % der polizeilich registrierten Kriminalität auf Anzeigen aus der Gesellschaft zurückgehen und daß eine Reihe von leichteren Delikten nur auf Antrag der Träger der verletzten Rechtsgüter verfolgt werden können.

Darüber hinaus und vor allem gibt es jedoch ein kriminologisches Korrelat zu diesem zentralen Strukturmerkmal strafrechtlicher Sozialkontrolle, das weithin – selbst unter Kriminologen – als solches verkannt, vielmehr als gleichsam technologisches Versagen des Strafrechts mißverstanden wird. Das kriminelle „Dunkelfeld", die dem Strafrecht und seinen Institutionen nicht zu Wissen gelangenden Rechtsverletzungen, deren Aufhellung und Sichtbarmachung die Kriminologie seit zwei bis drei Jahrzehnten mit nimmermüdem Eifer betreibt, ist die Kehrseite eines staatlichen Strafrechts, das seine Wirksamkeit in entscheidender Weise daran bindet, in welchem Umfang die ihm unterworfenen Mitglieder der Gesellschaft ihr einschlägiges Wissen bereitstellen.

---

[10] Die Dichotomie der „reaktiven" versus „proaktiven" Struktur des Strafrechts zur groben Unterscheidung von rechts- versus polizeistaatlichen Gesellschaften ist in die kriminologische Diskussion von A. J. Reiss (1971) eingeführt und seither vielfach verwendet worden.

Opferbefragungen und „crime surveys" enthalten eine höchst ambivalente Botschaft für das Strafrecht. Ihre Befunde, daß – hier nur in grober Vereinfachung wiedergegeben – das amtliche und staatlich lizensierte Wissen über Kriminalität, wie es sich in den Kriminalstatistiken widerspiegelt, nur etwa ein Zehntel des „gesellschaftlichen" Wissens darüber ausmacht, lassen sich einerseits als Aufforderung lesen, den staatlichen und strafrechtlichen Zugriff auf Kriminalität auszubauen und zu verbessern. Das ist die technologische Lesart der Dunkelziffer. Ihr leistet der Großteil empirischer und theoretischer Forschung der Kriminologie Vorschub. Die theoretische bzw. „desinteressierte" Perspektive sieht dagegen in der Dunkelziffer die rechtspolitische Konsequenz eines zurückgenommenen und „domestizierten" Strafrechts, wie es sich in der Aufklärung in seiner bis heute geltenden Grundstruktur herausgebildet hat. Eines Strafrechts freilich, dessen Versprechen von sozialer „Blindheit" und Gleichheit – und das ist die theoretisch bedeutsame und politisch brisante Konsequenz nicht des Umfangs, sondern der machtdifferentiellen Struktur des Dunkelfeldes – sich als solches seiner Fassade und Darstellung, nicht auch als solches seines Fundaments und seiner Erzeugung erweist.

Die reaktive Struktur des Strafrechts entspricht einer ebenso folgenreichen wie sensiblen und dabei keineswegs selbstverständlichen Balance zwischen den beiden für moderne Staatlichkeit und Vergesellschaftung konstitutiven Bereichen des Privaten und des Öffentlichen, der „Grenzziehung" zwischen Staat und Gesellschaft. Diese Grenzen manifestieren sich in den Regeln des Betretens, Intervenierens und des Zugreifens staatlicher Institutionen gegenüber der Gesellschaft und ihren „Geschäften", in den „Institutionen der Privatheit" (A. Stinchcombe 1963) und in diversen anderen staatlichen Sichtblenden auf das gesellschaftliche Treiben. Für das Strafrecht ergibt sich daraus eine unaufhebbare Paradoxie: Obwohl Hort und Hüter der zentralen Prinzipien und Werte der Gesellschaft, sichert es ihre Geltung nur nach Maßgabe aktueller Nachfrage und konkreter Aufforderung. Überspitzt und in der Sprache des (fiktiven) Gesellschaftsvertrages formuliert: Die Gesellschaft, die sich in den Normen des Strafrechts die Regeln ihres Zusammenlebens gibt, behält sich im gleichen Atemzuge deren Durchsetzung und Aktualisierung vor.

Diese dadurch bewirkte weitgehende Latenz des Strafrechts hat H. Popitz (1968) in scharfsinniger Analyse als „Präventivwirkung des Nichtwissens"[a] identifiziert und damit gleichzeitig ein wichtiges Element des klassischen Präventionsverständnisses benannt. Das staatliche Nichtwissen der Mehrzahl der Rechtsbrüche bewahrt nicht nur die staatlichen Verfolgungsinstitutionen und

---

[a] Siehe den Text in den *Grundlagentexten*, S. 33 ff. (A.d.H.).

-ressourcen vor ihrem Kollaps, sondern sichert auch der Norm den Schein und damit die Kraft ihrer Geltung, hält die Normverletzung im Stand der Ausnahme von der Regel. In einem weiteren Sinne verschafft die reaktive Struktur dem Strafrecht seine soziale Akzeptanz und gesellschaftliche Legitimation. Deshalb markiert der reaktive Charakter der strafrechtlichen Sozialkontrolle den schmalen Grat zwischen Polizeistaat und Verfassungsstaat.

Damit ist das Stichwort gegeben, an dem sich die reaktive Struktur des klassischen Strafrechts am trennschärfsten demonstrieren läßt. In institutioneller Hinsicht sind es Struktur und Funktion der Polizei, an denen sich der Grad der Reaktivität der strafrechtlichen Sozialkontrolle bemessen läßt. Nur die „gerufene" Polizei erfreut sich gesellschaftlicher Beliebtheit und trägt ihr das Image des „Freund und Helfers" ein – auch die Polizei will man nicht als ungebetenen Gast in seiner Nähe. Die Polizei ist das institutionelle staatliche Scharnier in die Gesellschaft hinein. Dort kommt das rechtsverletzende „Wissen" aus der Gesellschaft in der Regel in Form von Anzeigen an, von dort aus nimmt es seinen Weg durch die Instanzen der strafrechtlichen Sozialkontrolle, nachdem es dort zusammengetragen, weiter aufgearbeitet und in einer ersten Stufe in die Form eines rechtsrelevanten Textes gebracht worden ist. Dort auch findet jener prekäre Entscheidungsprozeß über die „Allokation" immer zu knapper Ressourcen auf ihre alternative Verwendung statt.

Schon kleine Veränderungen bei der Institution der Polizei, deren Angehörige treffend als „street corner politicians" (W. K. Muir 1977) bezeichnet werden, vermögen erhebliche Konsequenzen für die Verschiebung der Grenzen zwischen Staat und Gesellschaft herbeizuführen. Ihre Aufmachung und Ausstattung, die persönliche Identifizierbarkeit (Namens- oder Nummernschilder), ihre Erklärungspflicht bei Interventionen, die Regeln ihrer Auskunfts-, Ermittlungs- und Interventionsrechte, ihre Zutrittsrechte zu den Orten, Plätzen und Gelegenheiten sozialer Kommunikation und Interaktion – das alles sind Kriterien und Einzelaspekte, mittels derer sich die mehr oder weniger reaktive Struktur des Systems strafrechtlicher Sozialkontrolle gestalten und verändern läßt.

Deshalb ist die Ausgestaltung der Organisation und Rolle der Polizei zum eigentlichen Lackmustest einer freiheits- oder polizeistaatlich verfaßten Gesellschaft geworden. Aus diesem Grunde auch hat die interne wie externe Kontrolle polizeilichen Handelns eine so neuralgische Bedeutung in allen modernen Gesellschaften des westlichen Typs. Historisch war dies der Schritt von der absolutistischen Allzuständigkeit der „Policey" zur verfassungsrechtlich eingehegten und institutionell eingebundenen „Polizei" des modernen Rechtsstaats, und die aktuelle Diskussion um die Ausgestaltung, die Kompetenzen und die Autonomie der Polizei bündelt sich erneut um die Frage der „accountability" polizeilicher Organisation und Tätigkeit.

3.1.3 Strafrecht als retrospektive „Steuerung"

Dem nicht-institutionellen und reaktiven Charakter der Prävention im Sinne des klassischen, aufklärerischen Strafrechts steht ein drittes Moment zur Seite, das man als „retrospektive" Steuerung sozialen Handelns bezeichnen kann. Ganz im Einklang mit der Reaktivität des Strafrechts steht seine Plazierung auf der Zeitachse: Es bezieht sich auf vergangene, abgeschlossene, „erfolgte Handlungen, Ereignisse und Sachverhalte". Der zentrale Focus des modernen (Tat)Strafrechts ist die Abwicklung, Bereinigung und Sanktionierung vollzogenen, nicht die Gestaltung zukünftigen Geschehens. Insofern läßt sich von „Steuerung" nur in vermittelter, indirekter und nachrangiger Weise sprechen. Das Strafrecht demonstriert dem Rechtsbrecher am vergangenen Geschehen sein Steuerungsversagen und setzt auf seine Freiheit und Fähigkeit, für die Zukunft daraus die Lehren selbst zu ziehen.

Das ist gleichsam das Kernprinzip des überkommenen Strafrechts, seine fundamentale Grundlage, auf der seine weiteren Konstruktionen ruhen. Darauf ist der Großteil der dogmatischen Arbeit ausgerichtet. Die präzise und eindeutige Beschreibung von Tatbeständen dient der kategorialen strafrechtlichen Verarbeitung sozialen Geschehens im Nachhinein und aus der Rückschau nach dem bekannten Modell des „Wenn ..., dann" bzw. eines Konditionalprogramms. Es ist die idealtypische Struktur des klassischen Strafrechts.

Das Strafrecht hat diese Grundstruktur auch über seine Veränderungen in Richtung einer stärkeren Täterorientierung beibehalten. Die berühmte „zweite Spur" des Strafrechts – die „Maßregeln der Besserung und Sicherung" – hat im wesentlichen zu einer Erweiterung und Variabilität des Rechtsfolgesystems geführt, ohne jedoch deshalb von der Voraussetzung des Vorliegens einer konkreten abgeschlossenen Rechtsverletzung abzulassen. Zwar ist das strafrechtliche Betreten dieser zweiten Spur an dem Prinzip der „Gefährlichkeit" und damit auf in der Zukunft liegenden bzw. erwartbaren Ereignissen ausgerichtet, aber diese Gefährlichkeit eines Mitglieds der Gesellschaft „zählt" strafrechtlich nur nach Maßgabe einer vollzogenen Rechtsverletzung – zur Feststellung der Gefährlichkeit einer Person und zur Reaktion auf sie braucht das Strafrecht zuvörderst einen Sachverhalt, der sich unter einen konkreten Straftatbestand subsumieren läßt. Das ist im Jugendstrafrecht, in der die zweite Spur am breitesten und verästeltsten ist, nicht anders als im Strafrecht für Erwachsene.

Mit dieser „Täterorientierung" hat das Strafrecht der klassischen, auf die Gesamtheit der Mitglieder einer Gesellschaft gerichteten Generalprävention die auf den einzelnen Rechtsbrecher zielende Spezialprävention an die Seite gestellt, um ihn – gemäß der notorischen Dreierklassifizierung – zu bessern, abzuschrecken oder wegzusperren. Zweifellos hat damit eine auf zukünftiges

Verhalten und auf noch nicht eingetretene Ereignisse zielende Betrachtung Einzug in das Strafrecht gehalten. Aber auch dieser Typus der strafrechtlichen Prävention sprengt zum einen noch nicht den Rahmen einer „retrospektiven" und an den Tatanlaß gebundenen Steuerung, so sehr auch die Tat bis zum Stellenwert eines bloßen Vorwands in den Hintergrund treten mag. Zum zweiten bleibt die Interventionsschwelle der strafrechtlichen Sozialkontrolle rückgekoppelt an das einzelne Mitglied der Gesellschaft als ein spezifisches Rechtssubjekt – und damit auch an seine wie immer ausgestaltete und wahrgenommene Möglichkeit des Widerstands und der Beschwerdemacht.

Diese retrospektive Grammatik und Logik des klassischen Strafrechts setzt einer präventiven Strategie strafrechtlicher Sozialkontrolle enge Grenzen. Dem Verbrechen zuvorkommen – das ist ja der Grundgedanke der Prävention – läßt sich über die Wirkungsmechanismen des geltenden Strafrechts nur durch das Nadelöhr des Verbrechens selbst. Dies „erklärt" u. a. jene berüchtigten und kontroversen Strategien polizeilicher Praxis des „agent provocateur", des Unterschiebens von belastendem Beweismaterial, des verdeckten Ermittlers, der Begehung von Milieustraftaten – „präventive" Strategien im Rahmen eines Strafrechts, das der Gesellschaft zwar die Folgenabwicklung ihrer Pannen, nicht aber auch die Pannen selbst abzunehmen bestimmt ist.
[...].

3.2   Die „neue" Prävention: ein Dispositif sui generis

Die oben skizzierte, in allen westlichen und kapitalistisch-marktwirtschaftlich organisierten Gesellschaften zu registrierende politische und gesellschaftliche Priorität, die der Prävention eingeräumt wird, zielt auf einen deutlichen und benennbaren Gestaltwandel präventiver Strategien. Diese Strukturveränderung läßt sich einerseits spiegelbildlich als Abschwächung, wenn nicht gar Negation der Merkmale der klassischen Prävention, wie sie oben dargestellt worden ist, darstellen und begreifen. Darauf wird gelegentlich zurückzukommen sein. Andererseits erscheint es mir sinnvoll, diesen Wandel präventiver Strategien begrifflich und theoretisch nicht als schlichte Verkehrung des Bisherigen zu sehen. Eine solche Perspektive würde statisch, zirkulär und karikierend ausfallen, den Sachverhalt entscheidend verfehlen. Statt dessen möchte ich die strukturspezifischen Elemente der „neuen" Prävention nach vier Gesichtspunkten ordnen: der Entdifferenzierung der Prävention, der funktionalen Verselbständigung, der Entpersonalisierung präventiver Strategien und der institutionellen Aufwertung und tendenziellen Autonomisierung der Polizei.

3.2.1 Die Entdifferenzierung der Prävention

An erster Stelle fällt an der Neubestimmung der Prävention das Bestreben auf, die zuvor skizzierte politische und institutionelle Differenzierung des Konzepts zu vereinheitlichen – von Prävention eher im Singular als im Plural zu sprechen. Statt von präventiven Wirkungen unterschiedlicher Ressorts, Maßnahmen, Programme und Projekte in additiver oder kumulativer, mehr oder weniger aber isolierter Weise zu sprechen. Prävention gleichsam induktiv zu bestimmen, läßt sich ein Perspektivenwechsel beobachten, der die umgekehrte Blickrichtung einer eher deduktiven Konzeptualisierung aufweist.

Diese Tendenz zeigt sich zum einen darin, daß die neuere Präventionsdiskussion ihren Bezugspunkt nicht so sehr in der engen Zuständigkeit der Kriminalpolitik verortet, sondern daß sie in größerer gedanklicher und operativer Nähe zu dem umgreifenderen gesellschaftlichen und politischen Diskurs der inneren und öffentlichen Sicherheit steht. Dieser Diskurs aber hat sich längst über die strukturellen, institutionellen und methodischen Grenzen und Möglichkeiten des Strafrechts und der Kriminalpolitik im engen, ressortgebundenen und technologischen Sinne hinaus zu einem symbol- und polarisierungsträchtigen Thema der hohen Politik von Kabinettswürde, mit Wahlkampfwert und Gesellschaftsbrisanz entwickelt. Sie ist Moment und Teil gesellschaftsstruktureller Veränderungen größeren Zuschnitts, die sich den herkömmlichen Kategorien der gesellschaftlichen, politischen, staatlichen und rechtlichen Grammatik entziehen und einer Logik folgen, deren Schwung und Impulse sich zwar registrieren lassen, deren Semantik aber noch weitgehend unbestimmt ist.

Die wahlkampf- und gesetzgebungsforcierte Diskussion der letzten Jahre über die Situation der inneren Sicherheit und der gesellschaftlichen Bedrohung hat eine Erscheinung ans Licht gebracht, die in dieser Form und Ausprägung weitgehend – auch unter Experten – unbekannt gewesen, zumindest unbenannt geblieben ist. Subjektive Sicherheitsgefühle und Bedrohungsängste in der Gesellschaft, mittlerweile in den Status des Indikatorenklubs zur Beschreibung der gesamtgesellschaftlichen Befindlichkeit aufgenommen, sind zunehmend abgekoppelt von den objektiven staatlichen und wissenschaftlichen Meßgrößen der inneren Sicherheit. Insbesondere bezieht sich dies auf die Bedrohung durch und die Angst vor Gewalt. Schon die sogenannte Unabhängige Regierungskommission zur Erforschung der Gewalt (H.-D. Schwind und J. Baumann 1990) stellte mit einiger Verwunderung fest, daß sie mit der Grundannahme einer steigenden Gewaltkriminalität, die sich in den einschlägigen offiziellen

Daten so dann nicht wiederfand, an ihre Arbeit gegangen war – vielleicht deswegen überhaupt erst auf den Weg geschickt wurde? Aus dieser Datennot
machte sie indessen kurzerhand eine Tugend der Politik, die auch auf subjektive
Bedrohungsängste zu reagieren habe (Schwind/Baumann, Bd. I, S. 39 ff.).[14]
Eindringlicher noch ist diese Erfahrung in den letzten Jahren von all denen
gemacht worden, die dem öffentlichen, politisch geschürten und medial ver-
stärkten Bedrohungs- und Dramatisierungsdiskurs zur Situation der inneren
Sicherheit in den Arm zu fallen sich bemühten. Die Kriminologie – ironischerweise in trauter Gemeinsamkeit mit der Polizei – ist in weiten Teilen regel-
recht zu einer Art Dementierinstitution und Anti-Kassandra degeneriert, um
aus den gleichen Ereignissen und Daten, aus denen sich die gesellschaftliche
Beunruhigung nährte, die Botschaft der Entwarnung und Gelassenheit an der
Sicherheitsfront loszuwerden – und hat dabei trotz ahasverischer Umtriebig-
keit keine andere Ernte eingefahren als die Erfahrung und Rolle eines wissenschaftlichen Sisyphus. Von der inneren Sicherheit läßt sich derzeit nur im
negativen Modus reden, koste es buchstäblich, was es wolle – die Verfassung,
den Rechtsstaat, die Liberalität oder sonstige Aspekte der politischen und staatlichen Hygiene – erst recht die überkommenen und „rationalen" Strukturen der
Kriminalpolitik.

Vor diesem Hintergrund und aus dieser gesellschaftlichen und politischen
Befindlichkeit erhält das Konzept der „neuen" Prävention seine Impulse und
seine Konturen. Es ist in seinen Intentionen und Perspektiven genau großkalibrig
und umfassend wie der Sicherheitsdiskurs selbst, ist in seinen Methoden und
Konsequenzen auf der Ebene gesellschaftsstruktureller Eingriffe und Veränderungen angesiedelt und trägt zu einer Mobilisierung und Aufrüstung von
Gesellschaft und Kriminalpolitik im Namen der Sicherheit bei, die sich nur
im gewollten Euphemismus als Anpassung oder Fortschreibung bisheriger
Strukturen innerer Sicherheitspolitik begreifen lassen.

Diese differente Struktur und Qualität der Prävention lassen sich auch an
der oben bereits erwähnten pragmatischen Systematik der operativen Logistik
präventiver Projekte und Maßnahmen ablesen. An die Stelle einer Klassi-
fizierung nach primärer, sekundärer und tertiärer Prävention tritt zunehmend – im

---

[14] Vgl. hierzu auch den Parallel- und Konkurrenzbericht zu dem der Gewaltkommission
über die Berliner Situation (Senatsverwaltung für Inneres 1994).

angelsächsischen Raum schon dominierend[15] – die kategoriale Unterscheidung
präventiver Interventionen und Vorkehrungen nach „situativen" und „personalen
bzw. sozialen" Gesichtspunkten. In dieser Umstellung der Präventionsrhetorik
repräsentiert sich weit mehr als pragmatische Routine und Zweckmäßigkeit. In
ihr enthüllt sich vielmehr der gesellschaftsstrukturelle Kern und außerpräventive
und kriminalpolitische Bezugspunkt der neuen Prävention. Dieser führt uns
zurück auf jenen weiteren politischen und ökonomischen Zusammenhang, mit
dem wir unsere Überlegungen eingeleitet haben.

Die Implikation der Entdifferenzierung der neuen Prävention läßt sich
schließlich an einer Entwicklung demonstrieren, die sich nicht erst sachte
anbahnt, sondern bereits einen Stand erreicht hat, der dem Gedanken und
der Begrifflichkeit nur noch die Chance der Ratifizierung, nicht mehr die der
originellen Entdeckung beläßt. Gemeint ist die rasante Entstaatlichung und
Privatisierung der inneren und öffentlichen Sicherheit.[16] Die Ressourcen für
privat organisierte und bereitgestellte Sicherheit haben etwa in den USA in
quantitativer Hinsicht längst diejenigen der öffentlichen und staatlichen Haushalte
überrundet – mit immer noch überproportionalen Wachstumsraten; die Bundesrepublik ist bekanntlich dabei, ihren diesbezüglichen Rückstand aufzuholen und
wettzumachen. Auch diese Entwicklung ist Teil des neuen Präventionsverständnisses – schließlich finden sich die zentralen Akteure instrumenteller und ökonomischer Rationalität in der Gesellschaft eher als beim Staat.

---

[15] Dieser Einschätzung widerspricht zwar die Organisation und Systematik eines Über-
sichtsartikels zur „Crime Prevention" in einem gerade erschienenen, englischen kriminologischen Handbuch, das sich rühmt, „the most comprehensive and detailed book about
criminology ever published in the United Kingdom" zu sein (K. Pease 1994). Indessen
läßt sich die von mir vertretene Position sowohl auf die umfängliche empirische Literatur
angelsächsischer Herkunft stützen als etwa auch auf einen etwas älteren analogen Übersichtsartikel von A. Bottoms (1990), der freilich bei Pease keine Berücksichtigung findet.

[16] Während in der angelsächsischen Kriminologie die „Privatisierung'" strafrechtlicher Kontrolle schon seit Anfang der achtziger Jahre intensiv diskutiert wird, hat sich
in der deutschen Debatte dieses Thema erst allmählich etabliert. Die Gesellschaft für
interdisziplinäre wissenschaftliche Kriminologie (GiwK) hat ihre 2. Fachtagung im März
1994 im Zentrum für interdisziplinäre Forschung (ZiF) dem Thema „Privatisierung:
Stärkung oder Rückzug staatlicher Sozialkontrolle" gewidmet. Die dort präsentierten
Vorträge werden demnächst im Nomos-Verlag publiziert werden. D. Nogala (1994)
hat bei dieser Gelegenheit zum einen überblickshaft den Stand dieser Entwicklung
in verschiedenen Ländern skizziert, zum anderen gezeigt, daß richtigerweise von
„Kommodifizierung" und „Kommerzialisierung" statt von „Privatisierung" zu sprechen
wäre.

3.2.2 Die funktionale Verselbständigung der Prävention

Die konzeptionelle und theoretisch-ideologische Bündelung und Zusammenführung präventiver Aufgaben und Effekte, die die Prävention in den größeren
Zusammenhang eines kriminalpolitisch nicht mehr codierbaren Sicherheitsdis-
kurses versetzt, verlängert sich auf die Ebene der funktionalen und strukturellen
Gliederung von Gesellschaft und Staat. In systemtheoretischer Sprache bedeutet
diese Entwicklung einen Schritt in Richtung der Herausbildung eines eigenen
(autopoietischen) gesellschaftlich-staatlichen Subsystems, das eine distinkte
Funktion bzw. Leistung zu erbringen hat. Solche Subsysteme erzeugen bekanntlich ihre eigenen „Umwelten", ziehen Grenzen nach außen und zeichnen sich
durch ihre eigene Logik und Rationalität aus.

Ausdruck dieser Entwicklung ist die in der Bundesrepublik über Jahre hinweg
kontrovers geführte Diskussion, ob die Prävention bzw. „vorbeugende Verbrechensbekämpfung" neben den beiden traditionellen Aufgaben der Repression
und Gefahrenabwehr zu einer dritten, gleichrangigen und relativ autonomen
Säule der Sicherheitspolitik bzw. der Aufgabenbestimmung der Polizei werden
solle. In dieser Debatte standen auf der einen Seite operative Praktiker aus Polizei
und Justiz, die das bestehende strafprozessuale und polizeirechtliche normative
Programm für flexibel genug hielten, um auch neue Akzente und Formen
präventiver Intervention zu ermöglichen und zu legitimieren – dabei gestützt auf
die notorische berufspraktische Erfahrung, daß rechtliche Novellierungen auf
diesem Gebiet eher bereits eingefahrene und erprobte Praktiken sanktionierten,
statt sie freizusetzen. Dagegen drangen „Vordenker" und strategisch bzw.
perspektivisch orientierte Experten im Zwischenbereich von Politik und Praxis,
wie etwa der frühere BKA-Präsident H. Herold (1980) sowie der ehemalige
baden-württembergische „Landespolizeipräsident" A. Stümper nachdrücklich auf
eine solche funktionale Autonomisierung der Prävention.

Dieser Streit ist mittlerweile [...] durch gesetzgeberische Entscheidung weitgehend beigelegt. Im Zuge der vereinheitlichten Novellierung des Polizeirechts
in den Bundesländern hat sich die Seite der Reformer und „Modernisierer"
durchgesetzt: die vorbeugende Verbrechensbekämpfung bzw. Prävention ist
mittlerweile zum kodifizierten dritten Bestandteil der inneren Sicherheitspolitik
avanciert – oder im Begriff, es zu werden.

Die Implikationen und Konsequenzen einer solchen funktionalen Verselbständigung der Prävention sind dabei keineswegs schon ausgemacht. Unbestritten
ist zunächst die Aufwertung der präventiven Funktion. Die Bedeutung dieser Aufwertung scheint indessen angesichts der noch weitgehend konturlosen operativen
Struktur der neuen Prävention in der Abwertung der bisherigen Aspekte,

Maßnahmen und Programme der Prävention zu liegen. Die Bagatellisierung und die negative Bilanzierung der Prävention der Vergangenheit bereitet erst den Boden für neue Konzepte, neue organisatorische Wege und neue Investitionen auf diesem Handlungsfeld für die Zukunft.

Zwei weitere Folgerungen lassen sich allerdings in ihren Optionen bereits erkennen und abzeichnen. Die eine hängt mit dem oben bezeichneten Trend zur Privatisierung und marktgesteuerten Organisation präventiver Leistungen zusammen. Anders als die repressive und gefahrenabwehrende Funktion ist die Prävention, zumal in ihrer situativen Variante, institutionell und organisatorisch nicht als eine hoheitliche Prärogative vorfixiert. Akteure, Institutionen, Organisationen sind nicht entlang der privat-öffentlichen Linie automatisch von präventiven Aufgaben entweder ausgeschlossen oder für sie prädestiniert. Eine zweite Folgerung bezieht sich auf die inner-hoheitliche institutionelle und inhaltliche Kompetenz auf dem Feld der Prävention. Obwohl die erwähnte Institutionalisierung der Prävention als dritte Aufgabensäule der inneren Sicherheit der Polizei eine federführende Rolle zuweist, verweisen sowohl die ausländische Praxis wie die ersten erprobten deutschen Modelle von Präventions-räten von Kommunen oder Bundesländern darauf, daß die Rolle der Polizei durchaus unterschiedlich gewichtet wird.[17] Insgesamt ermöglicht die funktionale Autonomisierung der Prävention eine Flexibilität und organisatorische Variabili-tät auf diesem gesellschaftlich-staatlichen Handlungsfeld, die erheblich über die Grenzen und Optionen hinausgeht, in denen sich bisher präventive Projekte und Programme bewegen konnten.

3.2.3 Die Entpersonalisierung präventiver Strategien

In diesem Abschnitt sollen die Veränderungen im Bereich staatlicher Kriminalitätskontrolle und -bekämpfung zu Worte kommen, die üblicher-weise unter dem Stichwort der „Vorfeldverlagerung" strafrechtlicher

---

[17]Anders als im angelsächsischen Raum, wo die Polizei weitgehend bestimmend und initiativ die Prävention bestimmt, ist das französische Modell der Präventionsräte weit-aus polizeidezentrierter organisiert. Die deutsche Situation läßt sich angesichts der erst beginnenden Entwicklung noch nicht eindeutig bestimmen. So liegen z. B. Initiative und Federführung des oben erwähnten ersten auf Länderebene gegründeten Rates für Kriminalitätsverhütung in Schleswig-Holstein, der seit 1990/1991 existiert, beim Innen-ministerium, obwohl bei seiner Etablierung ins Auge gefaßt wurde, ihn alsbald in eine staatsfernere Organisations-und Arbeitsform zu überführen.

Sozialkontrolle diskutiert werden.[18] Im Zusammenhang zuerst und vor allem mit der Bekämpfung des Terrorismus, weiter genährt durch den strafrechtlichen Krieg gegen die Drogen, neuerdings forciert gefordert zur Bekämpfung der organisierten Kriminalität, insgesamt für die Beherrschung der neuen Sicherheitslage für unerläßlich gehalten, haben sich seit mehr als zwei Jahrzehnten Arbeitsweisen und „Ermittlungs"praktiken der Polizei und der Sicherheitsbehörden in den Vordergrund geschoben – nicht nur als „lautes Denken", sondern auch als versprachlichte Praxis –, die mehr und mehr abgekoppelt sind von personenbezogenen Anlässen und Kriterien.

Dabei geht es darum, die Sicherheitsbehörden und -akteure in ihrer intervenierenden präventiven Arbeit freizusetzen von jenen Schranken und Prinzipien, die sich darin bündeln, daß repressive Arbeit den „Angeschuldigten", gefahrenabwehrrechtliche Tätigkeit den „Störer'" voraussetzen. Erst wenn tatsächliche Anhaltspunkte und Umstände vorliegen, die sich in dieser Weise personalisieren und individualisieren lassen, ist die Schwelle exekutiv-rechtlicher Aktivitäten erreicht. Sie markiert in besonders kritischer Weise die Demarkationslinie, jenseits derer das Terrain betreten wird, auf dem es um die individuellen Freiheitsrechte in rechtsstaatlich verfaßten Gesellschaften geht.

Zwei autorengebundene Erläuterungen sollen dieses Strukturmerkmal der neuen Prävention etwas erläutern. Der bereits erwähnte frühere Landespolizeipräsident von Baden-Württemberg, A. Stümper, hat bereits in den achtziger Jahren in wiederholten Beiträgen der polizeilichen Fachpresse zur strategischen und taktischen Neuorientierung der Sicherheitsarbeit eine solche entpersonalisierende Erweiterung der Kriminalpolitik gefordert. Dabei hat er u. a. eine Begrifflichkeit in die Debatte eingeführt, die dieser Tendenz sehr anschaulich Ausdruck gibt. In Erweiterung des auf individuelle Personen und Taten bezogenen kriminologischen und kriminalpolitischen Begriffs des „Dunkelfelds" plädiert er engagiert für das „... Aufhellen des strukturellen Dunkelfelds: Sowohl zur gezielten Kriminalitätsbekämpfung als auch zu einer richtig ausgelegten Kriminalpolitik ist es notwendig, Faktoren, Strukturen, Tendenzen usw. zu erkennen, aus denen heraus Kriminalität laufend erfolgt oder in zunehmend gefährlicher Weise entstehen kann" (1983, S. 222). Nicht konkrete Straftaten und/oder Gefahrenlagen sollten Kristallisationspunkt der polizeilichen Tätigkeit sein,

---

[18] Eine ausgezeichnete Diskussion dieser Problematik, die nicht nur rechtliche Einzelfragen und dogmatische Kompatibilitäten von Einzeloperationen analysiert, sondern eine Gesamteinschätzung „vorbeugender Verbrechensbekämpfung" in rechtsstaatlich verfaßten Gesellschaften gibt, findet sich bei E. Weßlau (1989).

sondern gerade überindividuelle Zusammenhänge, Zustände und Situationen. Pointiert ausgedrückt: nicht Verhalten, sondern Verhältnisse sollen zum Focus von Sicherheitspolitik werden.

Das zweite literarische Beispiel entnehme ich der amerikanischen Diskussion. Kaum eine Publikation wird so notorisch und regelmäßig zur Begründung einer neuen Strategie der Sicherheitspolitik herangezogen wie ein 1982 in der angesehenen Zeitschrift „Atlantic Monthly" erschienener Aufsatz mit dem Titel: „Broken Windows: The Police and Neighborhood Safety" (J.Q. Wilson und G. Kelling 1982).[19] „Broken Windows" ist eine beziehungsreiche Metapher, die für eine weitgehend neue Struktur sozialer Kontrolle steht. Zum einen repräsentiert sie eine Gruppe von Sachverhalten, Ereignissen, Zuständen oder „Rechtsgutverletzungen", die unterhalb der Schwelle „normaler Kriminalität" liegen und in einer handlungsbezogenen Sprache häufig als „incivilities" bezeichnet werden. Sodann werden sie nach dem Modell von „Einstiegs"drogen als Vorboten und Signale gravierenderer sozialer Probleme behandelt, deren Anfängen zu wehren sei. Zum dritten ist der Zurechnungshorizont der „broken windows" nicht so sehr ein personaler, sondern eher ein sachlicher, ein nicht-soziales Objekt: das Gebäude, die Straße, das Stadtviertel, die „Gemeinde" bzw. Nachbarschaft.

Damit sind die Koordinaten genauer und treffsicherer bezeichnet, um die es nach meiner Ansicht bei dem Strukturwandel staatlicher sozialer Kontrolle in Richtung auf ihre „Vorfeldverlagerung" geht.

---

[19] [Siehe den Text im Kapitel *Raum und Sicherheit* in diesem Band – A.d.H.]. Bei dem Erstverfasser Wilson handelt es sich um einen der einflußreichsten wissenschaftlichen Vordenker der oben skizzierten konservativen Wende der amerikanischen Politik seit den siebziger Jahren. Wilson ist Politologe an der Harvard-Universität. Er war einer der ersten und schärfsten Kritiker der oben erwähnten „President's Commission on Law Enforcement and Administration of Justice" aus der Kennedy-Johnson-Ära und deren kriminalpolitischem Programm einer umfassenden strukturellen und institutionellen Rekonstruktion der amerikanischen Gesellschaft. Zusammen mit seinem – gerade ver-storbenen – psychologischen Harvard-Kollegen, R. Herrnstein, ist er Verfasser des krimino-logischen Bestsellers „Crime and Human Nature" (1985), der ganz in der Tradition einer individualistischen Kriminologie mit starkem neo-utilitaristischem Einschlag steht. (Übrigens ist der Mitverfasser Herrnstein ebenso Ko-Autor einer anderen, in den Best-seller-Listen notierten wissenschaftlichen Publikation, in der die „Intelligenz" mal wieder rassistisch grundiert wird – vgl. L. Weß 1994.).

3.2.4 Die institutionelle Aufwertung und tendenzielle Re-Autonomisierung der Polizei

Die zuvor beschriebenen Aspekte der neuen Prävention – die Entdifferenzierung präventiver Funktionen, ihre funktionale Verselbständigung sowie ihre entpersonalisierte Objektbestimmung – haben weitreichende Implikationen für Struktur und Stellung der Polizei im arbeitsteiligen Gefüge strafrechtlicher Sozialkontrolle. Allgemein gesprochen geht es um die Bestimmung, Gewichtung und Hierarchisierung der Akteure, die das Geschäft der neu definierten, funktional gebündelten und entpersonalisierten Prävention betreiben. Unabhängig von der bereits erwähnten direkten und indirekten Freisetzung und Einbeziehung privater Institutionen und Unternehmer in die Aufgaben der Prävention soll hier der Akzent auf die damit verbundene Aufwertung und Autonomisierung der Polizei gelegt werden.

Die Tendenz zu einer solchen institutionellen und funktionalen Stärkung der Polizei ergibt sich zum einen zwangsläufig aus den skizzierten Merkmalen der neuen Prävention. Sie dokumentiert sich zum anderen in der Focussierung des Diskurses sowie der praktisch-politischen „Reform" auf die Polizei. Auch hier müssen Stichworte genügen, zudem zum wiederholten Male solche aus der angelsächsischen Diskussion, und zwar nicht nur aus Gründen ihres avancierten Standes,[20] sondern auch wegen einer real vorauseilenden Entwicklung dieser Länder in bezug auf die hier interessierenden Probleme. Damit möchte ich

---

[20] Während sich die deutsche Polizeiforschung – wie allgemein bekannt und mit Ausnahme der bis heute nur mit spitzen Fingern angefaßten Arbeiten der CILIP-Gruppe – erst seit einigen Jahren auf den Weg gemacht hat, dabei ein recht einseitig-pazifierendes und untheoretisches Interesse – beschränkt mehr oder weniger auf das „soft" oder „low policing" – an den Tag legt, läßt sich in England wie in den USA auf einen Fundus empirischer und theoretischer Arbeiten zur veränderten und sich verändernden Situation der Polizei zurückgreifen, der für die deutsche Diskussion – zumal die kriminologische – geradezu beschämend ist. Wer sich davon überzeugen will, sei auf einen kürzlich erschienenen Übersichtsartikel einer englischen Autorität auf diesem Gebiet hingewiesen: R. Reiner (1994).

den Blick noch einmal speziell auf das strategische Konzept des „community policing" werfen, das als Inbegriff einer umfassenden Neubestimmung der Polizei und ihrer Aufgaben zu nennen ist.[21].

„Community Policing" hat noch keine angemessene deutsche Begrifflichkeit gefunden. Es ist mehr und anderes als „gemeindenahe oder bürgernahe Polizei", erschöpft sich keineswegs in „Kontaktbereichsbeamten" oder Fußstreifen, meint nicht nur „Exekutivierung" der strafrechtlichen Sozialkontrolle – alles Stichworte aus der deutschen Diskussion, die indessen freilich Elemente des Konzepts miterfassen, es aber nicht vollständig ausfüllen. Es geht vielmehr um eine organisierte umfassende Mobilisierung staatlicher und gesellschaftlicher Ressourcen zur Effektivierung und Effizienzsteigerung formalisierter staatlicher Kontrolle, um die staatlich angeleitete Wiederbelebung informeller Mechanismen sozialer Kontrolle, um die Reorganisation der „community", um einen Prozeß gesellschaftlicher „Integration" mittels eines neuen Konzepts des „policing".

Die Konturen dieser neuen Polizeiphilosophie, die längst nicht mehr nur auf dem Papier steht,- erschließen sich noch näher durch einen Begriff, der sich als Fortschreibung des „community policing" lesen läßt und Titelgeber für ein Buch eines der intimsten Kenner und wissenschaftlichen Strategen der amerikanischen Polizei, H. Goldstein, ist: „Problem-oriented Policing" (1990). Nach dieser Konzeption ist die Zukunft der Polizei die eines „Problemlösers". Das meint, daß die Polizei die bisherigen Anlässe und Gründe ihres Einschreitens nurmehr als Symptome und Anzeichen für dahinter liegende Probleme und Strukturen zu nehmen hat, auf deren Bearbeitung und Beseitigung ihre eigentliche Aufgabe zu konzentrieren ist. Daß damit eine weitgehende Umgestaltung der Organisation, Aufgabenstruktur, Kompetenz der Polizei verbunden ist, die ihr eine Autonomie, gesellschaftliche Gestaltungsprärogative und institutionelle Aufwertung verbürgt, ist evident.

---

[21] Als Beleg für diesen – gemeinten – strukturverändernden Charakter des „community policing" in der angelsächsischen Diskussion sei – neben einer Fülle anderer Texte – auf zwei Dokumente verwiesen, ein kanadisches und ein amerikanisches: Solicitor General Canada (1990) sowie J. Skolnick und D. Bayley (1988). Dieser Gestaltwandel polizeilicher Arbeit kommt leider in der sonst verdienstvollen Publikation von D. Dölling und Th. Feltes (1990), einem Konferenzband zum „community policing" nicht so pointiert zur Darstellung, wie er es verdiente. Auch Th. Feltes und H. Gramckow (1994) erliegen in ihrem Plädoyer für eine kommunale Kriminalprävention einer verharmlosenden und einschläfernden Optik, die von den beiden Axiomen einer egalitären – bzw. egalisierenden: Ich kenne keine Parteien oder Interessen mehr, ich kenne nur noch Bedrohte – Verbrechensfurcht und einem Wald- und Wiesen-Alltag der Polizei ausgeht.

Zur zusammenfassenden Charakterisierung der strukturellen Aspekte dessen, was sich als „neue Prävention" begreifen läßt, möchte ich auf ein oben zur Bestimmung der traditionellen Bedeutung der Prävention im klassischen Strafrecht herangezogenes Merkmal zurückkommen: Die neue Prävention transformiert ein reaktives Strafrecht in ein proaktives System strafrechtlicher Sozialkontrolle. Nicht mehr die Reaktion auf erfolgte Regelverletzungen, sondern deren Antizipation, Vorauserkennung, Vorankündigung, kurz: das keimende Unrecht im Unschuldsstand des Noch-Rechts markieren die Perspektiven einer so umgestalteten staatlich-strafrechtlichen Sozialkontrolle. Ein Zitat aus dem [...] kanadischen Dokument des „Solicitor General" über die Polizei 2000 pointiert den Kontrast zwischen der traditionellen und der neuen Konzeption strafrechtlicher Sozialkontrolle in wünschenswerter Weise: „... policing has tended to be largely reactive ... In this sense, they have largely been managers of the *status quo* instead of *architects* of social change ... major police services are now undertaking some form of *strategic planning* ... Planning of this kind allows police organizations to *initiate change* in a positive way and be at the *vanguard of reform*" (Solicitor General 1990, S. 47, Hervorhebung im Original). [...].

Literatur

Cloward, Richard A. und Lloyd E. Ohlin, Delinquency and Opportunity. A Theory of Delinquent Gangs, New York 1960.

Dölling, Dieter, und Thomas Feltes (Hrsg.), Cornmunity Policing. Comparative Aspects of Community Oriented Police Work, Holzkirchen 1990.

Feltes, Thomas und Heike Gramckow, Bürgernahe Polizei und kommunale Kriminalprävention. Reizworte oder demokratische Notwendigkeiten? In: Neue Kriminalpolitik, Jg. 6/3 (1994), S. 16–20.

Goldstein, Herman, Problem-oriented Policing, Philadelphia 1990.

Herold, Horst, Herold gegen alle – Gespräch mit dem Präsidenten des Bundeskriminalamtes. Interview mit S. Cobler. In: Transatlantik 11 (1980), S. 29-40.

Katz, Michael B., The Undeserving Poor. From the War on Poverty to the War on Welfare, New York 1989.

Lipton, Douglas, Robert Martinson und Judith Wilks, The Effectiveness of Correctional Treatment: A Survey of Treatment Evaluation Studies, New York 1975.

Muir, William K., The Police: Street Corner Politicians, Chicago 1977.

Martinson, Robert, What works – questions and answers about prison reform. In: The Public Interest 35 (1974), S. 22-54.

Nogala, Detlef, Was ist eigentlich so „privat" an der „Privatisierung sozialer Kontrolle"? Vortrag auf der GiwK-Tagung „Privatisierung: Rückzug oder Stärkung staatlicher Sozialkontrolle", 24.-26. März 1994 [erschienen in: Fritz Sack, Michael Voß, Detlev

Frehsee, Albrecht Funk, Herbert Reinke (Hg.), Privatisierung staatlicher Kontrolle: Befunde, Konzepte, Tendenzen, Baden-Baden 1995, S. 234–260 – A.d.H.]

Pease, Ken, Crime Prevention. In: Mike Maguire, Rod Morgan und Robert Reiner (Hrsg.), The Oxford Handbook of Criminology, Clarendon Press, Oxford, 1994, S. 659-703.

Popitz, Heinrich, Über die Präventivwirkung des Nichtwissens. Dunkelfeldziffer, Norm und Strafe. Recht und Staat Bd. 350, Tübingen 1968.

President's Commission on Law Enforcement and Administration of Justice, The Challenge of Crime in a Free Society, U.S. Government Printing Office, Washington, D.C., 1967.

Reiner, Robert, Policing and the Police. In: Mike Maguire, Rod Morgan und Robert Reiner (Hrsg.), The Oxford Handbook of Criminology, Clarendon Press, Oxford 1994, S. 705-772.

Reiss, Albert J. jr., The Police and the Public, New Haven, Conn. 1971.

Schwind, Hans-Dieter, Jürgen Baumann u. a. (Hrsg.), Ursachen, Prävention und Kontrolle von Gewalt. Analysen und Vorschläge der Unabhängigen Regierungskommission zur Verhinderung und Bekämpfung von Gewalt (Gewaltkommission), Band I-IV, Berlin 1990.

Senatsverwaltung für Inneres (Hrsg.), Endbericht der Unabhängigen Kommission zur Verhinderung und Bekämpfung von Gewalt in Bedin, Berlin 1994.

Skolnick, Jerome, und David Bayley, Community Policing: Issues and Practices around the World, Washington, D.C., National Institute of Justice 1988.

Solicitor General Canada (Hrsg.), A Vision of the Future of Policing in Canada: Police-Challenge 2000. Discussion Paper, October 1990.

Stinchcombe, Arthur L., Institutions of Privacy in the Determination of Police Administrative Practice. In: American Journal of Sociology 69 (1963), S. 150-160.

Stümper, Alfred, Das strukturelle Dunkelfeld, in: Kriminalistik 4/83, S. 222–226.

v. Trotha, Trutz, Perspektiven der Strafvollzugsreform oder ein kritischer Bericht über die Errungenschaften des Landes Balnibarbi. In: Kritische Justiz 12 (1979), S. 117–136.

Weß, Ludger, Rechte Intelligenz. In: konkret 12/94, S. 35–37.

Weßlau, Edda, Vorfeldermittlungen. Probleme der Legalisierung „vorbeugender Verbrechensbekämpfung" aus strafprozeßrechtlicher Sicht, Berlin 1989.

Wilson, James Q. und Kelling, George L., Broken Windows. Atlantic Monthly (3) (1982), S. 29–39.

Wilson, James Q. und Richard J. Herrnstein, Crime and Human Nature, New York 1985.

Die präventive Sicherheitsordnung: Weitere Skizzen über die Konturen einer ‚Ordnungsform der Gewalt' (2010)

Trutz von Trotha

Die präventive Sicherheitsordnung: Weitere Skizzen über die Konturen einer ‚Ordnungsform der Gewalt', in: Kriminologisches Journal 42, 2010, S. 24–40.

Die „Ordnungsformen der Gewalt" (Hanser und Trotha 2002) befinden sich weltweit in einem beachtlichen Umbruch. Der wichtigste dieser Brüche ist, dass der neuzeitlich-staatlichen Ordnungsform der Gewalt überall Konkurrenz erwächst. Die Globalisierung des modernen okzidentalen Staates, die der Kolonialismus unternommen hat, ist an ihre Grenzen gestoßen, der Staat als politische Herrschaftsform hat vermutlich seinen Zenit überschritten, vor allem im subsaharischen Afrika, das wie kein anderer Raum an der Nichtstaatlichkeit festgehalten und sie zum Guten wie zum Schlechten verteidigt hat. Der viel beobachtete Aufstieg des Kleinen Krieges ist eine der Ausdrucksformen für die mangelnde Durchsetzbarkeit des Staates, auch wenn keine andere Ordnung so die Phantasien von Herrschaft und Ordnung zu beflügeln vermag wie der moderne Staat, insofern er „im Prinzip" die Endstufe der Institutionalisierung von Macht darstellt (Popitz 1992, S. 260).

Die Konkurrenten des modernen Staates haben manchen Namen. In den Politikwissenschaften, denen es schwer fällt, sich von ihrer Staatszentriertheit zu lösen, herrscht eine Begrifflichkeit der Defizite wie ‚scheiternde' oder ‚gescheiterte Staaten', ‚Quasi-Staaten', ‚Quasi-Staatlichkeit', ‚Regieren ohne Staat' vor (vgl. kritisch zusammenfassend Fischer und Schmelzle 2009). Anders

T. von Trotha†
Uni Siegen, Siegen, Deutschland

© Springer Fachmedien Wiesbaden GmbH, ein Teil von Springer Nature 2022
A. Legnaro und D. Klimke (Hrsg.), *Kriminologische Diskussionstexte II*,
https://doi.org/10.1007/978-3-658-22007-5_6

verhält es sich mit dem konzeptuellen Zugriff von Ethnologie und einer ethno-
logisch interessierten Soziologie. Hier erfolgt eine wichtige Weichenstellung. Sie
halten sich weder damit auf zu erkunden, was den Konkurrenten des Staates zur
Staatlichkeit fehlt, noch konzentrieren sie sich wie der Sonderforschungsbereich
700 der Deutschen Forschungsgemeinschaft, der von der Politikwissenschaft
geprägt ist, darauf, nach den funktionalen Äquivalenten staatlicher Aufgaben in
nichtstaatlichen Ordnungen zu suchen (Risse und Lehmkuhl 2007). Politische
Ethnologie und Soziologie lassen sich stattdessen von der Kreativität politischer
Akteure und Institutionen in nichtstaatlichen Ordnungen leiten und erforschen
die Eigenständigkeit und Eigenlogik der Konkurrenten des Staates. In meinen
Augen überzeugt bisher am meisten das Konzept der Heterarchie, an dessen
Formulierung und Ausarbeitung sich eine Bayreuther Forschergruppe um den
Ethnologen Georg Klute gemacht hat (Bellagamba und Klute 2008; Klute und
Borszik 2007).

Was ist ‚Heterarchie'? Die ‚Klute-Gruppe' versteht darunter „die gegenwärtige Vielzahl konkurrierender Herrschaftszentren und die wechselnden und
instabilen Verbindungen zwischen staatlichen und nichtstaatlichen Akteuren"
(Bellagamba und Klute 2008, S. 9). Heterarchische politische Ordnungen sind
nichtstaatliche Ordnungen, in denen mindestens eines der Herrschaftszentren
beansprucht, Hauptstadt und Repräsentant moderner Staatlichkeit zu sein,
d. h. die Utopie entwickelter Staatlichkeit, wie sie z. B. das Völkerrecht für die
Anerkennung von politischen Gemeinwesen als Staaten vorsieht, zu verwirklichen. Heterarchische Ordnungen sind Ordnungen, in denen die Macht- und
Herrschaftskonkurrenz sich im Kontext eines zentralisierten Herrschaftsapparates
(Popitz 1992, S. 255 ff.) abspielen, dem der Status der ‚Hauptstadt', ‚nationalen
Regierung' und der staatlichen Zentrale zumindest von der Gemeinschaft der
Staaten zuerkannt ist. Oder anders ausgedrückt: Heterarchische Ordnungen
sind solche, in denen die Autonomie der konkurrierenden Herrschaftszentren
immer durch einen zentralisierten Herrschaftsapparat begrenzt ist. Entsprechend
sind lokale Institutionen stets ins Verhältnis zu den Zentralinstitutionen zu
setzen. Heterarchische Ordnungen unterscheiden sich allerdings deutlich nach
dem Grad, in dem konkurrierende Herrschaftszentren Unabhängigkeit vom
‚nationalen' Herrschaftszentrum durchsetzen können, insbesondere im Blick auf
die Monopolisierungen (Territorium, Gewalt, Recht, direkte Verwaltung), die für
Staatlichkeit konstitutiv sind.

Zu denjenigen heterarchischen politischen Ordnungen, die sich von den
materialen Grundlagen des Staates sehr weit entfernt haben und zu den Grenz-
fällen der Heterarchie gehören, ist die neosegmentäre Ordnung zu rechnen,
die zu den interessantesten Ordnungen im subsaharischen Afrika gehört, eine

bemerkenswerte politische Kreativität ausdrückt, und für die Somaliland beispielhaft ist (Trotha 2009; Böge 2004; Schlee 2002; Heyer 1998). Der Autor
selbst forscht seit vielen Jahren über die parastaatliche Ordnung (u. a. Klute
und Trotha 2004; Trotha 2004; Rösel und Trotha 1999), eine Herrschaftsform, in der sich ökonomische, soziale und politische Akteursnetze lokaler oder
internationaler Provenienz als Machtzentren innerhalb einer formell als Staat
anerkannten territorialen Einheit konstituieren und einen Teil der Souveränitäts-
rechte der Zentralgewalt sowie der anerkannten Aufgaben im Kernbereich der
staatlichen Verwaltung – sozusagen „unter der Hand" – an sich ziehen. Das, was
die neosegmentäre Ordnung zur formellen verfassungsrechtlichen Grundlage
der heterarchischen Ordnung macht, nämlich eine segmentäre Ordnung zu sein,
die sich jedoch einen etatistischen Mantel überwirft, um von der internationalen
Völkergemeinschaft anerkannt zu werden, vollzieht sich in der parastaatlichen
Ordnung gleichsam verdeckt (Klute und Trotha 2004). Als Ordnungsformen
der Gewalt, d. h. im Blick auf die gesamtgesellschaftliche Ordnung der Gewalt,
sind neosegmentäre wie parastaatliche Ordnung zwei weitere eigenständige
Ordnungen neben den vier Typen von Ordnungsformen der Gewalt, die ich an
anderer Stelle schon beschrieben und analysiert habe: dem Neodespotismus, den
Ordnungen der vervielfältigten Gewalt und gewalttätigen Verhandlung und dem
Wohlfahrtsstaat der zweiten Hälfte des 20. Jahrhunderts (Hanser und Trotha
2002).[1]

Die Heterarchie ist vorrangig eine Erscheinung der postkolonialen Welt, vor
allem Afrikas und an den Rändern der Blöcke der einstigen bipolaren Welt, zu
denen Teile Zentralasiens ebenso wie das Südosteuropa des Kosovokonflikts
und der ‚ethnischen Säuberungen' – dieser neue Euphemismus für das alte
Abschlachten und Vertreiben von Nachbarn – gehören. Nichtsdestoweniger hat
Heterarchisierung die Bollwerke scheinbar unerschütterlicher Staatlichkeit,
die hochurbanisierten Wohlfahrtsstaaten Europas und Nordamerikas, erreicht.
Heterarchisierung ist auch einer der grundlegenden Prozesse diesseits des Staates.
Sie ist einer der wesentlichen Vorgänge, die die wohlfahrtsstaatliche Ordnungsform der Gewalt ablösen, und mit denen eine neue Form von politischer Herr-
schaft, die präventive Sicherheitsordnung, entsteht.

---

[1]Auch lassen sich Mischformen aus parastaatlicher und anderen Ordnungsformen der
Gewalt denken und empirisch finden, insbesondere die zwischen Neodespotismus und
Parastaatlichkeit.

1   Skizzen von der präventiven Sicherheitsordnung

Im Folgenden will ich sechs Prozesse und Einrichtungen erläutern, die zu den wichtigen Bestandteilen der präventiven Sicherheitsordnung gehören: Heterarchisierung und zentralistische Hierarchisierung, Prävention und der Siegeszug des Opfers, der Staat als Dienstleistungsunternehmen und das Ende der Privatheit.

Die Erläuterung hat die Form von Skizzen, von denen ich die eine und andere schon einmal gezeichnet habe (vgl. vor allem Rösel und Trotha 2005; Hanser und Trotha 2002) und hier wieder aufnehme, um den Zusammenhang deutlich zu machen, und die ich durch neue Skizzen fortführen will. Ein solches „Skizzenbuch" unterstreicht, dass die neue Ordnungsform der Gewalt nicht als etwas Fertiges betrachtet werden kann, sondern in ihrer Prozesshaftigkeit und mit ihren vielfältigen, auch gegenläufigen Entwicklungen untersucht werden muss. Im Durchblättern hält es uns an, die geschichtliche Seite des Umgangs mit der Gewalt im Auge zu behalten, ebenso wie ein Skizzenbuch als Werkzeug der Reise uns anregt, auf die Differenzen zu achten, welche der interkulturelle Vergleich bereithält. Sein Unfertiges und Vorläufiges wiederum mahnt uns, gegenüber allzu rigiden theoretischen Blaupausen skeptisch zu sein.

2   Heterarchisierung und zentralistische Hierarchisierung

Grundlegend ist das Zusammenspiel von Heterarchisierung und zentralistischer Hierarchisierung, von der Vervielfältigung nichtstaatlicher Herrschaftszentren im Kernbereich des staatlichen Gewaltmonopols und einer Akkumulation von gewaltfähiger Macht im staatlichen Herrschaftsapparat.

In der Heterarchisierung der wohlfahrtsstaatlichen Ordnungsform der Gewalt kommen im Wesentlichen drei Vorgänge zusammen: die Entgrenzung des ökonomischen Liberalismus, der Aufstieg kommunitärer Kontrollordnungen und die Internationalisierung und im Besonderen die Europäisierung der inneren Sicherheit.

Der Wohlfahrtsstaat beruht auf einer prekären Balance von Markt, Macht und Recht, wobei das Recht in der Form des Rechtsstaates die Schlüsselfunktion in dem Dreiecksverhältnis hat. Der Rechtsstaat gewährleistet, dass die Antagonisten Wirtschaft und Staat so in ein Verhältnis zueinander gesetzt werden, dass die Eigengesetzlichkeiten der jeweiligen Ordnungen gewahrt, ihre Einflussbereiche gegeneinander abgegrenzt und geschützt und die Wechselbeziehungen zwischen den Ordnungen berechenbar gemacht werden. Der ökonomische Neoliberalismus hatte mit der theoretischen und seit Mitte der 1970er Jahre faktischen Aufwertung des Marktes und der Marktwirtschaft eine Entgrenzung gerechtfertigt und geschaffen. Er hat den Markt gegenüber dem Staat nicht nur aufgewertet, sondern ihm ideologisch und faktisch den Vorrang eingeräumt. Beginnend mit der Wirtschaftspolitik der ‚Chicago Boys' im Chile Pinochets, von Margaret Thatcher in Großbritannien und Ronald Reagan in den Vereinigten Staaten zog die Aufwertung des Marktprinzips drei Entgrenzungsstrategien nach sich, die einen Vorgang der Heterarchisierung der wohlfahrtsstaatlichen Ordnungsform der Gewalt beinhalteten: Privatisierung, Deregulierung und Flexibilisierung. Für den Bereich der Institutionen des wohlfahrtsstaatlichen Gewaltmonopols hießen diese drei Entgrenzungen, dass sich im Schatten des staatlichen Gewaltmonopols ein Sicherheitsmarkt etablierte, der nicht nur subsidiär ist, sondern zumindest faktisch das staatliche Gewaltmonopol selbst zur Disposition stellt. Das gilt insbesondere für das zunehmende Vordringen privater Polizeien in den öffentlichen und paraöffentlichen Raum der Konsum- und Mobilitätszentren wie Einkaufszentren oder Bahnhöfe, den „Nicht-Orten" der „Übermoderne", wie Marc Augé (1992, S. 97 f.) sie nennt, in denen wir angehalten sind, unsere ‚Unschuld' unter Beweis zu stellen, indem wir akzeptieren, dass wir per Video gefilmt werden, ein Ticket vorzeigen oder mittels eines ‚fälschungssicheren' Dokuments wie einem Reisepass einen Identitätsnachweis führen. Es trifft aber gleichfalls für den Kernbereich des Gewaltmonopols zu, zu dem die Strafanstalten gehören, deren Bau und Betrieb von privatwirtschaftlichen Unternehmen übernommen werden.

An der Schnittstelle zwischen staatlicher und privater Kontrolle liegt die Ausbreitung kommunitärer Kontrollordnungen. In der Form von Privatpolizeien und Wachdiensten, welche die Wagenburgen der Privatheit wohlhabender Bewohner überwachen und sichern, fallen die kommunitären Kontrollformen weitgehend mit der privatwirtschaftlichen Privatisierung von Sicherheit zusammen. Das kommunitäre Element ist auf die demonstrative Abgrenzung nach außen verkürzt. Es fällt mit der Statusgrenze zusammen, welche die Bewohner dieser *gated communities* der Erfolgreichen zum Rest der Gesellschaft ziehen. Sie geben unmissverständlich ihre Verachtung für ein staatliches Gewaltmonopol zu erkennen, das ihre Sicherheit nicht zu gewährleisten vermag. Stärker kommen die kommunitären Bestandteile in verschiedenen Formen des *community policing* zum Tragen. Beispielhaft sind in Deutschland der ‚Kontaktbereichsbeamte' oder örtliche Vereinigungen von Bürgern nach dem Modell der Freiwilligen Feuerwehr, die (noch) in enger Anbindung an die Polizei polizeiliche Aufgaben wie

Streifendienste übernehmen. Die reinsten Formen kommunitärer Kontrollordnungen sind Einrichtungen, in denen die Bewohner eines Viertels selbst die
Überwachungs- und Kontrollaufgaben in ihrer Nachbarschaft übernehmen. In
Deutschland geben sich solche Bewegungen kommunitärer Privatisierung Namen
wie ‚Nachbarn schützen Nachbarn‘.

Mit dem Aufstieg des privaten Sicherheitsbereichs und der kommunitären
Kontrollordnungen zerfasert die prekäre Einheit der Institutionen des staatlichen
Gewaltmonopols zu Gunsten eines Gefüges von staatlich-öffentlichen, privatwirtschaftlichen, parastaatlichen und kommunitären Institutionen der Sicherheitsherr-
schaft und der Lebensformkontrolle. Dieses Gefüge hat kein Zentrum mehr. Es ist
zersplittert und in seinen privatwirtschaftlichen und kommunitären Formen Teil
des Alltagslebens selbst. Es ist ein Gefüge von „zunehmend eigenständigen und
unabhängigen Regierungen jenseits des Zentrums und außerhalb des öffentlichen
Bereichs" (Shearing 1995, S. 72) – eine Heterarchie im Schatten eines staatlichen
Gewaltmonopols, dessen formaler Monopolanspruch faktisch konkurrierenden
Sicherheitseinrichtungen und -organisationen weicht.

Zur Privatisierung und Kommunitarisierung kommt die Europäisierung der
‚inneren Sicherheit‘. Anders als die beiden ersteren ist die Europäisierung von
Institutionen des Gewaltmonopols eine Heterarchisierung auf der Ebene der
staatlichen Institutionen. Im Grundsatz gibt es solcherart Heterarchisierung, seit
es föderale oder auf andere Weise dezentralisierte politische Gemeinwesen gibt.
Als transnationale Heterarchisierung aber erhöht sie, zum einen, die Komplexität
der Akteure, Einrichtungen und Entscheidungsprozesse. Anders als die bekannten
verfassungsrechtlichen Formen der Dezentralisierung macht sie, zum anderen,
Herrschaftszentren zu Akteuren der Politik und Einrichtungen der inneren Sicherheit, die entweder sich nicht nur historisch, politisch, ökonomisch, sozial und
kulturell nach ihrer nationalstaatlichen Zugehörigkeit unterscheiden, sondern
an der völkerrechtlichen Souveränität ihrer Nationalstaaten teilhaben oder wie
Europol oder die ‚Sky-Marshals‘ der Bundespolizei als genuin neue Akteure
der inneren Sicherheit auftreten. Im Verbund mit der wachsenden Kooperation
von Nachrichtendiensten und Polizeibehörden, die seit den 1990er Jahren zu
beobachten ist (Bukow 2005, S. 60), verlieren nationale Grenzen bei der Verfolgung von organisierter Kriminalität und Terrorismus in Zukunft zu Gunsten
transnationaler Kooperationskerne der Sicherheitsdefinition, Kriminalpolitik und
Strafverfolgung an Bedeutung.

Zu dem scheinbar widersprüchlichen Erscheinungsbild der präventiven
Sicherheitsordnung gehört, dass Heterarchisierung sich mit zentralistischer
Hierarchisierung und demzufolge einer Akkumulation von Macht und Herrschaft
in den staatlichen Institutionen verbindet. Es kommt zu einer postbürgerlichen

Variante des ‚harten Staates‘, zum „überwachenden Präventionsstaat" (Bukow 2005, S. 62), in dem die Kontrolldichte von „1984" tatsächlich aus einem anderen, längst vergangenen Jahrhundert stammt, das noch keine digitalisierte Überwachungstechnologie und keine ‚Datenautobahnen‘ gekannt hat und informationstechnologisch geradezu beschaulich anmutet. Das liberale Tatstrafrecht nicht weniger als das illiberale, aber sicherlich das wohlfahrtsstaatlich-fürsorgliche und weniger ‚harte‘ täterorientierte Resozialisierungsstrafrecht weichen dem Risikostrafrecht der Bevölkerungskontrolle, das ein Strafrecht der verdachtsunabhängigen und flächendeckenden Kontrolle ist. Ergänzt und vervollständigt wird dieses Bevölkerungsstrafrecht möglicherweise durch ein „Feindstrafrecht" (Jakobs 2004),[a] mit dem Terroristen, Mitglieder der organisierten Kriminalität, Amokläufer, Sexualstraf- und Wiederholungstäter oder die kriminellen Angehörigen der urbanen Elendsviertel in den Abu Ghraibs, Gulags, Hochsicherheitsgefängnissen, Auffanglagern, Boot Camps, heruntergekommenen und überbelegten Strafanstalten oder Verhörzimmern aus der Gesellschaft der ‚Interdependenzketten‘ ausgeschlossen und hinter unüberwindbaren Betonmauern und Natodraht der Grausamkeit ausgeliefert und ‚gelagert‘ werden (Christie 1995).[2] Die Polizei wird fortschreitend militarisiert, worin eingeschlossen ist, dass die ‚klassische‘ rechtsstaatliche Grenzziehung, die es dem Militär nur im Notstand erlaubt, im Innern an die Stelle der Polizei zu treten, durchlässig, wenn nicht gar aufgehoben wird – nachdem der ‚finale Rettungsschuss‘ des Polizeirechts, die Sondereinheiten der Polizei und die Ausbildung für diese Einheiten schon längst die Aufgaben und Identitäten von Soldat und Polizist amalgamiert haben.

---

[a] Siehe den Text im Kapitel *Inklusionen und Exklusionen* im Vorgängerband *Verurteilen und Strafen* (A.d.H.).

[2] In diesem Zusammenhang ist es angebracht darauf hinzuweisen, dass die Debatte um ‚Punitivität‘ (vgl. Kriminologisches Journal 41, 2009, Hefte 2 und 3) da und dort an bemerkenswerten Verkürzungen leidet. Punitivität kann sich selbstverständlich in Meinungen über die Notwendigkeit harter Strafen oder in richterlicher Praxis zu härteren Strafen zu erkennen geben. Aber sie kann nicht darauf verkürzt werden. Sie hat ihre institutionellen Seiten, denen Nils Christie schon zu Beginn der 1990er Jahre ein norwegisches ‚J'accuse‘ entgegengesetzt hat. Sie drückt sich in unablässiger Vermehrung der Straftatbestände und Ordnungswidrigkeiten, in einer Instrumentalisierung des Straf- und Ordnungswidrigkeitenrechts für die Gesellschaftspolitik aus, die Wolfgang Naucke (1993) seit mehr als einem Vierteljahrhundert anprangert. Sie hat ihre mediale Ebene (vgl. Reichert 2009). Sie ist Teil der politischen Kultur der präventiven Sicherheitsordnung, auf die im speziellen Zusammenhang des Aufstiegs der Opferbewegungen gleich zurückzukommen sein wird.

Vor allem aber ist die präventive Sicherheitsordnung eine Ordnung der kontinuierlichen Expansion und Verallgemeinerung von Überwachung, die im privatwirtschaftlichen Bereich ein Grundsatz des Marketings, für die staatlichen Einrichtungen einer der Herrschaft und Ordnungskontrolle ist. Auf der Grundlage digitaler Datenspeicherung verbindet diese Ordnung der Überwachung die Kontrollmöglichkeiten der Heterarchie mit den Herrschaftsformen der Zentralisierung und Hierarchie. Ermöglicht die Heterarchie, individualisierbares Wissen selbst über die privatesten Verhältnisse zu gewinnen, erlaubt die Technologie der Datenspeicherung und Zusammenführung die Zentralisierung dieses Wissens in den staatlichen Institutionen der Bevölkerungskontrolle. In den Datenknotenpunkten der heterarchischen Ordnung kommen das privatwirtschaftliche Interesse am ‚Kunden‘ und an ‚Kundennähe‘ mit dem Ordnungs- und entsprechenden Verwaltungsinteresse staatlicher Einrichtungen am verwaltungskonformen ‚Mitbürger‘ und an ‚Bürgernähe‘ zusammen.

Der expansive Überwachungsanspruch ist aber nicht nur ein ökonomischer und politisch-administrativer, auch wenn man in ihnen das besondere dynamische Element dieses Anspruchs ausmachen kann. Er bündelt darüber hinaus gesellschaftlich-kulturelle Wandlungen, die für die präventive Sicherheitsordnung grundlegend sind. Wie oben angezeigt, möchte ich vier dieser Veränderungen ansprechen.

3   Prävention und der Siegeszug des Opfers

Die wohlfahrtsstaatliche Ordnung ist aufgebaut auf einem Sicherheitsversprechen und legitimiert sich durch dieses. Das Versprechen ist, dass die wohlfahrtsstaatliche Gemeinschaft ihre Mitglieder gegen die zentralen Wechselfälle des Lebens, darunter vor allem diejenigen der Krankheit und des Lebensunterhalts, absichert.[3] Die präventive Sicherheitsordnung radikalisiert dieses wohlfahrtsstaatliche Versprechen. Sie verspricht nicht nur die Absicherung gegen welches Missgeschick auch immer, sondern die Abwendung des Versicherungsfalles selbst. Das ist im Außenverhältnis des Gewaltmonopols die Botschaft des demokratischen Präventivkriegskonzepts der ‚Bellizisten‘ wie

---

[3] Auf die beachtlichen sozialstrukturellen Ungleichheiten in der Teilhabe an diesem Sicherheitsversprechen, soll heißen, über die Beziehungen zwischen sozialer Ungleichheit und Sicherheit in der präventiven Sicherheitsordnung, gehe ich hier nicht ein (Hanser und Trotha 2002, S. 360 f.).

das der „präventiven Friedenssicherung" ihrer weniger martialischen Gegen-spieler. Im Binnenverhältnis des Territorialstaates ist das Vorsorgeprinzip gleich-sam entgrenzt. Kein Bereich ist ausgenommen – von der Gesundheitsvorsorge über den Umweltschutz bis zur verdachtsunabhängigen Verkehrskontrolle und Speicherung allen Internetverkehrs der Internetnutzer. In seinem Kontroll-anspruch ist Vorsorge vom Grundsatz her expansiv. Die Idee der Vorsorge geht so weit, dass Regulierungsbehörden auch dann Maßnahmen zum Schutz von potenziellen Gefahren ergreifen sollen, wenn Kausalzusammenhänge unklar sind und wir nicht wissen, ob die Gefahren tatsächlich eintreten werden. Bei-spielhaft für die expansive Dynamik des Vorsorgegrundsatzes im Binnenver-hältnis ist die Migrationspolitik, in der die Grenzen zwischen Innen und Außen schon längst gefallen sind, die Prävention im wörtlichen Sinne ‚entgrenzt' ist. Das französische Ministerium, das sich um die Immigration zu kümmern hat, hat zugleich die Aufgabe, die nationale Identität der Franzosen zu definieren und Entwicklungshilfe zu leisten. Es heißt bezeichnenderweise *Ministère de l'immigration, de l'intégration, de l'identité nationale et du développement solidaire.* Die Europäische Agentur für die operative Zusammenarbeit an den Außengrenzen der Mitgliedstaaten der Europäischen Union (Frontex) hat ihre Beamten an den Außengrenzen der EU ebenso wie in Guinea-Bissau. 2008 hat sie bei ihren so genannten ‚Hera-Operationen' nach eigenen Angaben 5969 Migranten, die zu den Kanarischen Inseln unterwegs waren, zurückgescheucht beziehungsweise eskortiert. Unter der Vorreiterrolle und dem Druck Deutschlands drängt die EU immer mehr afrikanische Staaten, einen Tatbestand der ‚illegalen Ausreise' in ihre Strafgesetzbücher aufzunehmen. In der DDR hieß dieser Tat-bestand einmal ‚Republikflucht' (Wiedemann 2009). Prävention beinhaltet, dass die ‚Außengrenze' der EU Tausende von Kilometern weit über die staatsrecht-liche Grenze hinaus patrouilliert und unerwünschte Grenzgänger am Übertritt der Grenze gehindert werden – selbst wenn diese Grenzgänger auf hoher See dem körperlichen Zusammenbruch und Ertrinken ausgeliefert werden. Die präventive Sicherheitsordnung ist das Ergebnis des ungezügelten okzidentalen „Impulses", die „klaffenden Risse in der Mauer der Notwendigkeit" zuzustopfen, um mich der Metaphorik von Claude Lévi-Strauss (1978, S. 412) zu bedienen. Sie ist eine neue Etappe auf dem Weg des rastlosen und unbeirrbaren Bemühens, das Gefäng-nis der Notwendigkeiten, Ordnung und Vorsorge zu bauen, eines Gefängnisses übrigens, das wie alle Gefängnisse immer auch ein Hort der Ungleichheit, der Privilegien, des Entzugs, der Ab- und der Ausschließung ist.

Der amerikanische Philosoph Cass Sunstein (2007) hat eine Untersuchung des Vorsorgeprinzips vorgelegt und argumentiert, dass es in sich widersprüchlich und unstimmig ist. Tatsächlich treibt das Vorsorgeprinzip soziale und politische Bewegungen und Behörden zu immer neuen Höchstleistungen der Regulierung an, um die Illusion der Vorsorge zu erzeugen, welche den jeweiligen Erfahrungen und Risikodefinitionen von Gesellschaften folgt. Europa ist vorsichtiger, was Hormone in Rindfleisch angeht, während in den USA mögliche BSE-Erreger größte Sicherheitsmaßnahmen in Gang setzen. Europa misstraut gentechnisch modifizierten Lebensmitteln, die USA sind besonders wachsam gegenüber Karzinogenen in Lebensmitteln. Während in den USA die Gesetze zum Schusswaffenkauf und -gebrauch noch ganz vom Anarchismus einer Grenzergesellschaft geprägt und zur Logik der Prävention gegenläufig sind (Blumstein 2002), üben alle europäischen Staaten vergleichsweise strenge Waffenkontrollen aus. Die Akteure der präventiven Sicherheitsordnung unterscheiden sich nicht im Grundsatz der Prävention, sondern nur in den Gegenständen, die sie für schützenswert halten. Im Autoritarismus der Lebensformkontrolle knebeln sie z. B. heute die Raucher, um angeblich Nichtraucher vor den gesundheitlich desaströsen Folgen des so genannten ‚Passivrauchens‘ zu schützen. Morgen werden die Computer von Gymnasiasten nach Indizien für Amoklauf durchsucht, Eltern mit ‚Migrationshintergrund‘, die ihre Kleinkinder nicht in die Kinderkrippe oder den Kindergarten schicken, zu sozialpädagogischer Weiterbildung verpflichtet, oder es wird eine DNA-Probe aller Neugeborenen gespeichert. Die Zielscheiben der Prävention sind so dynamisch und wechselnd wie die (mediale) Skandalisierung von Ereignissen. Tatsächlich, so lautet Sunsteins zusammenfassender Befund, kann es kein allgemeines Vorsorgeprinzip geben. Was sich lediglich festhalten lässt, ist, dass es für verschiedene Gesellschaften unterschiedliche Vorsorgegrundsätze für unterschiedliche Risiken gibt. Die Gemeinsamkeit zwischen den Sicherheitskulturen im EU-Europa und den USA besteht allerdings darin, dass der Grundsatz der Vorsorge immer weitere Kreise zieht. Dabei gewährt die Unbeständigkeit der Gegenstände, die zum Anlass präventiver Anstrengungen werden, auf Dauer die Verallgemeinerung der Prävention.

Zur Dynamik und Expansion der Prävention und einer veralltäglichten und verallgemeinerten Lebensformkontrolle, die sich nicht zum wenigsten des Strafrechts bedient, gehört der historisch bemerkenswerte Aufstieg des Opfers.

Die Geschichte des Opfers ist aus naheliegenden Gründen eng mit der Geschichte des Christentums und insbesondere des Leidens und Mitleids verbunden. Die Geschichte ist allerdings von Anfang an alles andere als geradlinig. Mitleid, Erbarmen und die künstlerische Darstellung des Leidens standen gegen

eine antike und vorrangig stoische Tradition,[4] als deren treuer Erbwalter sich im
19. Jahrhundert Nietzsche erweist, der die Leidverliebtheit und Sklavenmentali-
tät des Christentums unnachsichtig kritisiert (Stobbe 2009, S. 386). Ein neues
Kapitel in der Geschichte des Opfers wird aber zweifellos nach dem Zweiten
Weltkrieg aufgeschlagen. Die Genozide des nationalsozialistischen Deutschlands und der Zweite Weltkrieg mit seiner Entgrenzung aller Formen der Gewalt
und Erniedrigung sind vermutlich die unmittelbare Vorgeschichte dazu, obwohl
die moderne Geschichte des Opfers in die lange neuzeitliche Geschichte der
Revolutionen, des Widerstands und der Widerständigkeiten, der Emanzipation
der Macht und des Subjekts eingebettet ist. Das christliche Opfer, das Erbarmen
und Mitleid verdient, weicht mit den 1960er und 1970er Jahren einem Opfer, das
Ansprüche und Rechte geltend macht, selbstbewusst und kämpferisch bis zur
Bereitschaft sein kann, seine Ansprüche und Rechte mit Bomben oder, wie in
den Kleinen Kriegen üblich, mit der Kalaschnikow in der Hand durchzusetzen.
Zugleich wird in einer Gesellschaft, die der Egalität und der uneingeschränkten
Teilhabe verpflichtet ist und in Kontinentaleuropa Opferrechte darüber hinaus als
Teil der wohlfahrtsstaatlichen Verantwortung bestimmt, der Opferstatus potenziell
zu einem Jedermann-Status – was z. B. seinen Widerschein in dem Begriff der
„strukturellen Gewalt" von Johan Galtung (1978, 1969) hat.

Mit der Verallgemeinerung des Opferstatus geht einher, dass die unter-
schiedlichsten Gruppen sich in einem Boot zusammenfinden: Viktimologen,
Feministinnen, konservative Opfer- und libertäre Menschenrechtsvereinigungen.
Der Ruf dieser Gruppen nach strenger Bestrafung, wie sie insbesondere
feministische Bewegungen in ihren Kreuzzügen gegen Vergewaltigung und häusliche Gewalt erheben, verbindet sich mit dem ungebrochenen Einklagen von
‚Recht und Ordnung' unter den Vertretern des politischen Konservativismus
(Gottschalk 2006). Folge dieser – vermutlich meist ungewollten – Koalitionen
ist, dass die kognitiven und strafrechtlichen Grenzen der Viktimisierung immer
weiter gezogen werden. Da und dort werden ganze Gruppen von Menschen,
selbst die eine Hälfte der Menschheit, nämlich die Männer, unter einen verallgemeinerten Kriminalitätsverdacht gestellt. Die Sakralisierung des Opfers
rehabilitiert die Ideen des Monsters und der Rache (Simon 1997). So gehört zu
der präventiven Sicherheitsordnung eine politische Kultur der Punitivität, wie

---

[4]Im Einklang mit der griechischen Tradition verachtete z. B. Seneca, einer der meist
gelesenen Schriftsteller Roms, Mitleid und Erbarmen als „das Laster der Seelen, die sich
allzu sehr über Erbärmlichkeit erschrecken" (zit. n. Stobbe 2009, S. 384).

sie David Garland (2003, 2008)[b]eindrucksvoll für Großbritannien und die USA
beschrieben hat (s. auch Wacquant 2009, 2000),[c] und wie sie sich eingeschränkt
in Frankreich oder Deutschland an den sozialen Gruppen zeigt, welche gleichsam das kontinentaleuropäische Pendant für die Schwarzen in den USA und die
englischen Unterklassen der Elendsviertel Londons und Mittelenglands sind: das
französische und deutsche ‚Prekariat‘, vor allem der schwarzafrikanischen und
muslimischen Immigration.

Zu beachten ist indessen, dass die politische Kultur der Punitivität sich
gleichzeitig mit einer sozialen Kultur der permissiven Gleichgültigkeit bzw.
Entmoralisierung und Normalisierung von Abweichung und Kriminalität und insbesondere mit einer rechtlich-polizeilichen Kultur der Verachtung für die Alltagskriminalität der Eigentumsdelikte und der Drohung mit Gewalt einhergehen kann,
wie sie Philippe Robert (2009, 2005) für Frankreich ausgemacht hat. Bereitet
das eine den Boden für kommunitäre Kontrolleinrichtungen ebenso wie für die
Kreuzzüge von Opferbewegungen und eine volatile Punitivität, die für mediale
Skandalisierung empfänglich ist, entspricht dem anderen das entmoralisierende
Risikostrafrecht der Erben des Resozialisierungsstrafrechts. Die Strafverfolgung
der militarisierten und geheimdienstlichen Professionalität von Staatsanwaltschaft und Polizei bestimmt den Kernbereich der staatsanwaltschaftlichen und
polizeilichen Aufgaben in Terrorismus, anderen Formen der Schwerstkriminalität
und in der organisierten Kriminalität, die für jede neue exekutive Ermächtigung
legitimatorisch herhalten muss und kann – und die man mit dem Akronym ‚OK‘
gleichzeitig im Griff zu haben suggeriert. Das eine wie das andere lassen den Ruf
nach ‚präventiven Maßnahmen‘ nur um so lauter werden.

4   Staat als Dienstleistungsunternehmen und das Ende der Privatheit

Erinnert man sich an die Geschichte der sozialen Kontrolle, in der neue Formen
der Kontrolle selten ohne Widerständigkeiten der ihnen Unterworfenen von-
statten gegangen sind – von der Nummerierung der Häuser im 18. Jahrhundert
(Tantner 2007) bis zur Volkszählung (Scheuch et al. 1989) –, verwundert, auf
welch bemerkenswerte Bereitwilligkeit und Duldsamkeit privatwirtschaftliche

---

[b] Siehe den Text in den *Grundlagentexten*, S. 353 ff. (A.d.H.).
[c] Siehe den Text in den *Grundlagentexten*, S. 219 ff. (A.d.H.).

Unternehmen, staatliche Institutionen und der parlamentarische Gesetzgeber stoßen, wenn sie die Lebensgewohnheiten und Befindlichkeiten ihrer Kunden und Mitbürger auf Datenbanken festhalten und weitreichende Eingriffsrechte und -möglichkeiten für staatliche Einrichtungen schaffen.[5] Zwei Entwicklungen ist in meinen Augen besondere Aufmerksamkeit zu schenken, wenn man nach den Zusammenhängen für diesen überraschenden Befund sucht: dem grundlegend veränderten Verhältnis ‚der Menschen' zum Staat und dem radikalen Niedergang der Privatheit.

Die präventive Sicherheitsordnung bricht radikal mit der politischen Philosophie des klassischen liberalen Rechtsstaats. Diese Rechtsstaatsphilosophie ist eine Philosophie des bürgerrechtlichen Schutzes. Sie ist eine Philosophie der Machtbegrenzung, der Zähmung des Leviathans. In dieser politischen Philosophie grenzt sich, zum einen, die bürgerliche Gesellschaft, der Citoyen, freiheitlich und selbstbewusst von den vormals monarchischen Herrschaftsansprüchen ab und domestiziert die obrigkeitliche Gewalt, die ‚Policey' mit ihren umfassenden Ordnungsansprüchen (Lüdtke 1992). Zum anderen antwortet der Citoyen auf das ungeheure Machtungleichgewicht, das zwischen dem „sterblichen Gott" und dem bürgerlichen Individuum in seiner individuellen Zerbrechlichkeit und Ohnmacht besteht. Entsprechend ist das klassische Strafrecht ein Strafrecht der bürgerlichen Freiheit, das davon bestimmt ist, die Eingriffsbedingungen festzulegen, unter denen die Verfolgungsmacht und Strafgewalt des Staats ausgeübt werden dürfen – was allerdings nicht die Augen davor verschließen darf, dass dieses rechtsstaatliche Strafrecht und vor allem seine Handhabung alles andere als ‚zimperlich' war.

Anders die Gesellschaft der präventiven Sicherheitsordnung. Sie wehrt die Eingriffe, Verfolgungs- und Strafansprüche des Staates nicht ab, sondern, im Gegenteil, sie beansprucht die Machtpotenziale der privaten und staatlichen Sicherheitseinrichtungen. „Die Menschen", wie sich die Bundeskanzlerin ausdrückt und dabei alle Unterschiede zwischen den ‚Mitbürgern' aufhebt, suchen nicht Schutz vor dem, sondern durch den Staat. Entsprechend ist das Strafrecht der präventiven Sicherheitsordnung ein Strafrecht der Daseinsfürsorge (Naucke 1993). Es vermehrt unablässig und fleißig die Zahl der materiellen Straftatbestände, erhöht mit steter Regelmäßigkeit die Strafdrohung und vereinfacht die

---

[5] Wenn es um den Bereich der Kriminalprävention geht, sind in Deutschland allein die Gerichte dazu bereit, hin und wieder – und zum Unverständnis der Medien und von Parlamentariern allemal – den Präventionsphantasien und -maßnahmen staatlicher Einrichtungen Grenzen zu ziehen. Beispielhaft ist hier das Urteil des Bundesverfassungsgerichts v. 15. Februar 2006 zu § 14 Abs. 3 des Luftsicherheitsgesetzes v. 11. Januar 2005.

Voraussetzungen für eine Verurteilung. Als unverzichtbar geltende Grundsätze des klassischen Straf- und Strafverfahrensrechts (Unschuldsvermutung, Mündlichkeit, Öffentlichkeit und Unmittelbarkeit der Hauptverhandlung usw.) werden bis fast zur Unkenntlichkeit eingeschränkt oder abgeschafft. Sicherheit geht vor dem Rechtsstaat. Der ängstliche Wähler hat sich noch nie vor der Exekutive gefürchtet ebenso wie mehr oder minder ausgegrenzte Minderheiten und Unterprivilegierte immer auf den Staat gesetzt haben, vorausgesetzt, sie konnten ihn für sich gewinnen – was im Unterschied zur Todesfurcht vor der repressiven Gewalt staatlicher Institutionen in der Geschichte der politischen Herrschaft nicht der Normalfall ist. Es ist nur der Leviathan und, wenn es historisch gut geht, ist es der demokratische Leviathan, der den Minderheiten und Unterprivilegierten die Macht gibt, sich gegen die Gesellschaft und ihre sozialen Verhältnisse durchzusetzen. In der Gegenwart, in der Minderheiten und Unterprivilegierte wie selten zuvor in der Geschichte Rechte geltend machen und gegen die gesellschaftlichen Verhältnisse und sehr oft gegen gesellschaftliche Mehrheiten durchzusetzen vermögen, entstehen daraus u. a. jene scheinbar paradoxen Konstellationen, in denen progressive Feministinnen und law-and-order-Konservative in der Steigerung staatlicher und gesellschaftlicher Punitivität zusammenwirken.

Als demokratischer Wohlfahrtsstaat hat der Staat seinen Schrecken verloren. Er ist Helfer für die wichtigsten Notlagen ‚der Menschen‘ – was er in Deutschland, das im Vergleich zu Frankreich, Italien oder skandinavischen Ländern sogar eine moderate Staatsquote hat, mit einem Staatsanteil am Bruttoinlandsprodukt von 44,8 % im Durchschnitt der Jahre 1991–2008 und von knapp 44 % im Jahre 2008 auch sein kann.[6] Die Integration der staatlichen Macht in die Gesellschaft ist so umfassend, wie es gelungen ist, den Regelungsanspruch der ‚Policey‘ des ‚Alten Reichs‘ mit den Gleichheitsansprüchen einer modernen Massendemokratie und der Effizienz eines modernen Verwaltungsapparates zu verbinden. Aus dem Anspruch auf Sicherheit vor Gewalt ist längst der Anspruch des ‚Kunden‘ der präventiven Sicherheitsordnung an den Staat als ‚Dienstleister‘ geworden, präventiv Sicherheit vor allen nur denkbaren Lebensrisiken zu gewährleisten.

Gegenüber einem Staat als Dienstleistungszentrale der Prävention von Lebensrisiken fallen naheliegender Weise die bürgerlichen Vorbehalte, welche das Bundesverfassungsgericht im ‚Volkszählungsurteil‘ vom 15. Dezember 1983 in einem Recht auf informationelle Selbstbestimmung zusammengefasst hat.

---

[6]Quelle: Bundesministerium der Finanzen (http://www.sozialpolitik-aktuell.de/tl_files/sozial-politik-aktuell/_Politikfelder/Finanzierung/Datensammlung/PDF-Dateien/abbII39.pdf).

Die Verweigerung von Daten ist für einen solcherart verstandenen Staat widersinnig. Wie kann der Staat seine präventive Aufgabe leisten, wenn ihm diejenigen Daten verweigert werden, die Prävention voraussetzen. „Ich habe nichts zu verbergen", antworten die auskunftsbereiten ‚Menschen' – und sind vielleicht stolz, den neuen, wieder einmal angeblich fälschungssicheren Personalausweis mit genetischem Fingerabdruck, der ihnen in der Gesellschaft der postbürgerlichen Individualisierung ihre Einzigartigkeit und ihr ganz individuelles Verhältnis zum staatlichen Gemeinwesen bestätigt, für eine erhebliche Gebühr ausgehändigt zu bekommen. Hinzu kommt, dass diese Bereitschaft, staatlichen Einrichtungen persönliche Daten zu überlassen, auf dem Boden einer gesellschaftlichen Ordnung des postbürgerlichen Subjekts erfolgt, in der die Trennung zwischen Öffentlichkeit und Privatheit aufgehoben ist, die Institution der Privatheit im Zeughaus der gesellschaftlichen Erfindungen eingelagert und zumindest auf absehbare Zeit ‚entsorgt' wird.

Die präventive Sicherheitsordnung kennt im Grundsatz keine Grenzen der Datenerfassung. Sie ist eine Gesellschaft der Datenautobahnen, auf denen nicht nur Daten jedweder Art zusammenfließen, um für kommerzielle, staatlich-politische und persönlich-individuelle Zwecke genutzt zu werden, sondern in der die Datenautobahnen auch zu einem Ensemble öffentlicher und vorrangig medialer Foren gehören, auf denen die Konstitution des Subjekts, seine Darstellung und Anerkennung, erfolgt.

Talkshows, Reality TV, Chatrooms, Blogs, schülerVZ, studiVZ, twitter, Net-Communities, www-Pornographie und andere ähnliche Foren der medialen Kommunikation und Vergesellschaftung kennen die bürgerliche Trennung zwischen Privatheit und Öffentlichkeit nicht. An die Stelle dieser Unterscheidung haben sie stattdessen verschiedene Arten von Öffentlichkeit gesetzt. Getrieben von den unstillbaren Bedürfnissen nach Selbstdarstellung, Anerkennung und Zugehörigkeit, welche eine postbürgerliche Gesellschaft ‚der Menschen', die auf dem seltsamen Zusammenspiel von Kommerzialisierung und Medialisierung aller Lebensäußerungen, den unbedingten Ansprüchen auf Egalität und den Eigenwert des Individuums und der entsprechenden Zerbrechlichkeit aller „Ligaturen", wie sich Ralf Dahrendorf (2003) ausgedrückt hat, beruht, werden die öffentliche Selbstdarstellung und Beglaubigung des Subjekts radikal verallgemeinert und dynamisiert. Öffentliche Selbstdarstellung auch der noch alltäglichsten subjektiven Befindlichkeit ist der egalitäre Anspruch auf allgemeine Bedeutsamkeit dieser alltäglichen Subjektivität – was der Hof für die höfische Gesellschaft, Salon, ‚Bekenntnisse' und Tagebuch, sorgsam geführt und immer auf Allgemeinheit und Publizität hin gedacht, für die bürgerliche Gesellschaft waren, das ist der Blog für ‚die Menschen' der postbürgerlichen Gesellschaft.

Was die Beglaubigung durch Monarchen für die Höflinge, die Zugehörigkeit zu einem Salon, das publizistische Echo auf ‚Bekenntnisse' und die posthume Veröffentlichung des Tagebuchs, von dem es dann immer wieder gleich mehrere unterschiedlichen Intimitätsgrades gibt, für die Beglaubigung des bürgerlichen Subjekts ist, ist die Beglaubigung des Alltäglichen und Persönlichen durch die prinzipiell entgrenzte Zahl der Teilnehmer an virtuellen Foren oder der im Grundsatz gleichermaßen unbegrenzten Zahl an Fernsehzuschauern für die Subjekthaftigkeit in der postbürgerlichen Gesellschaft.

Das Ende der Privatheit und die präventive Sicherheitsordnung sind einander komplementär. Für die präventive Sicherheitsordnung ist die präventive Expansion des Wissens über die registrierten und potentiellen Mitglieder der Gesellschaft, welche privatwirtschaftliche und öffentliche Unternehmen und die staatlichen und Gemeindeverwaltungen vorantreiben, unverzichtbar. Diese Expansion wird gewährleistet durch eine Gesellschaft, deren auskunftsfreudigen Mitglieder die Sicherheitseinrichtungen in die Pflicht der Prävention nehmen, und in der die Subjekthaftigkeit der Akteure in der Öffentlichkeit virtueller Räume und in Vergesellschaftungsformen ohne Privatheit konstituiert und validiert wird. So kennt die präventive Sicherheitsordnung ebenso wenig Privatheit wie das Subjekt der postbürgerlichen Gesellschaft, das Prävention nachfragt, gegenüber den Einrichtungen der präventiven Kontrolle „nichts zu verbergen hat", Anerkennung bei einer entgrenzten Zahl von Menschen auf dem Weltforum des World Wide Web sucht und sich in der invasiven Kontrolle einer Ordnung, die Heterarchie mit Hierarchie zu verbinden weiß, einrichtet.

Literatur

Augé, Marc (1992): Non-Lieux. Introduction à une anthropologie de la surmodernité, Paris.

Bellagamba, Alice/Klute, Georg (Hg.) (2008): Beside the State. Emergent Powers in Contemporary Africa, Köln.

Blumstein, Alfred (2002): Schusswaffen und Jugendgewalt, in: Heitmeyer, Wilhelm/Hagan, John (Hg.): Internationales Handbuch der Gewaltforschung, Opladen, 819–845.

Böge, Volker (2004): Muschelgeld und Blutdiamanten. Traditionelle Konfliktbearbeitung in zeitgenössischen Gewaltkonflikten, Schriften des Deutschen Übersee-Instituts Nr. 63, Hamburg.

Bukow, Sebastian (2005): Deutschland: Mit Sicherheit weniger Freiheit über den Umweg Europa, in: Glaeßner, Gert-Joachim/Lorenz, Astrid (Hg.): Europäisierung der inneren Sicherheit. Eine vergleichende Untersuchung am Beispiel von organisierter Kriminalität und Terrorismus, Wiesbaden, 43-62.

Christie, Nils (1995): Kriminalitätskontrolle als Industrie. Auf dem Weg zu Gulags westlicher Art, Pfaffenweiler.

Dahrendorf, Ralf (2003): Über Ligaturen, in: ders., Auf der Suche nach einer neuen Ordnung. Vorlesungen zur Politik der Freiheit im 21. Jahrhundert, München.

Fischer, Martina/Schmelzle, Beatrix (Hg.) (2009): Building Peace in the Absence of States: Challenging the Discourse on State Failure, Berghof Handbook Dialogue No. 8., Berlin.

Galtung, Johan (1969): Violence, Peace, and Peace Research, in: Journal of Peace Research 6, 167-192.

Galtung, Johan (1978): Der besondere Beitrag der Friedensforschung zum Studium der Gewalt, in: Röttgers, Kurt/Saner, Hans (Hg.): Gewalt. Grundlagenprobleme in der Diskussion der Gewaltphänomene, Basel, 9–32.

Garland, David (2003): Die Kultur der „High Crime Societies". Voraussetzungen einer neuen Politik von „Law and Order", in: Oberwittler, Dietrich/Karstedt, Susanne (Hg.): Soziologie der Kriminalität, Sonderheft 43/2003 der Kölner Zeitschrift für Soziologie und Sozialpsychologie, Wiesbaden, 36–68.

Garland, David (2008): Kultur der Kontrolle. Verbrechensbekämpfung und soziale Ordnung in der Gegenwart, Frankfurt/M.

Gottschalk, Marie (2006): The Prison and the Gallows. The Politics of Mass Incarceration in America, Cambridge.

Hanser, Peter/von Trotha, Trutz (2002): Ordnungsformen der Gewalt. Reflexionen über die Grenzen von Recht und Staat an einem einsamen Ort in Papua-Neuguinea, Köln.

Heyer, Sonja (1998): Staatsentstehung und Staatszerfall in Somalia. Chance und Wirkungen des staatlichen Gewaltmonopols, in: Koehler, Jan/Heyer, Sonja (Hg.): Anthropologie der Gewalt. Chance und Grenzen sozialwissenschaftlicher Forschung,, Berlin, 88-104.

Jakobs, Günther (2004): Bürgerstrafrecht und Feindstrafrecht, in: HRRS-Online Zeitschrift für Höchstrichterliche Rechtsprechung Strafrecht, H. 3, 88–95.

Klute, Georg/Borszik, Anne-Kristin (2007): Formen der Konflikt- und Streitregelung. Interdisziplinäre Grundlagenforschung in Guinea-Bissau, in: Ethnoscripts 9 (2), 84-105.

Klute, Georg/von Trotha, Trutz (2004): Roads to Peace: From Small War to Parasovereign Peace in the North of Mali, in: Foblets, Marie-Claire/v. Trotha, Trutz (Hg.): Healing the Wounds. Essays on the Reconstruction of Societies after War, Oxford, 109–143.

Lévi-Strauss, Claude (1978): Traurige Tropen. Frankfurt/M. (franz. zuerst 1955).

Lüdtke, Alf (Hg.) (1992): Sicherheit und Wohlfahrt. Polizei, Gesellschaft und Herrschaft im 19. und 20.Jahrhundert, Frankfurt/M.

Naucke, Wolfgang (1993): Schwerpunktverlagerungen im Strafrecht, in: Kritische Vierteljahresschrift für Gesetzgebung und Rechtswissenschaft 76, 135-162.

Popitz, Heinrich (1992): Phänomene der Macht, 2. erw. Aufl., Tübingen.

Reichert, Frank (2009): Straflust in Zeitungsmedien: Gibt es in der Presse eine „Punitivität im weiteren Sinne"?, in: Kriminologisches Journal 41, 100-114.

Risse, Thomas/Lehmkuhl, Ursula (Hg.) (2007): Regieren ohne Staat. Governance in Räumen begrenzter Staatlichkeit, Baden-Baden.

Robert, Philippe (2005 [1999]): Bürger, Kriminalität und Staat, Wiesbaden.

Robert, Philippe (2009): Die Paradoxien der Gewalt im Frankreich der Gegenwart, in: Inhetveen, Katharina/Klute, Georg (Hg.): Begegnungen und Auseinandersetzungen. Festschrift für Trutz von Trotha, Köln, 347–376.

Rösel, Jakob/von Trotha, Trutz (1999): „Nous n'avons pas besoin d' État". Dezentralisierung und Demokratisierung zwischen neoliberaler Modernisierungsforderung, Paraverstaatlichung und politischem Diskurs, in: dies. (Hg.): Dezentralisierung, Demokratisierung und die lokale Repräsentation des Staates. Theoretische Kontroversen und empirische Forschungen/Décentralisation, démocratisation, et les représentations locales de la force publique. Débats théoriques et recherches empiriques, Köln, 7–34.

Rösel, Jakob/von Trotha, Trutz (2005): La réorganisation ou la fin de l'État de droit? Quelques observations, in: dies. (Hg.): Reorganization or the End of Constitutional Liberties? La réorganisation ou la fin de l'État de droit?, Köln, 9–31.

Scheuch, Erwin K./Gräf, Lorenz/Kühnel, Steffen (1989): Volkszählung, Volkszählungsprotest und Bürgerverhalten. Ergebnisse der Begleituntersuchung zur Volkszählung 1987, Band 12 der Schriftenreihe Forum der Bundesstatistik, hrsg v. Statistischen Bundesamt, Wiesbaden.

Schlee, Günther (2002): Regularity in Chaos. The Politics of Difference in the Recent History of Somalia, in: Schlee, Günther (Hg.): Imagined Differences. Hatred and the Construction of Identity, Münster, 251–280.

Simon, Jonathan (1997): Gewalt, Rache und Risiko. Die Todesstrafe im neoliberalen Staat, in: von Trotha, Trutz (Hg.): Soziologie der Gewalt, Sonderheft 37 der Kölner Zeitschrift für Soziologie und Sozialpsychologie, Opladen, 279–301.

Stobbe, Heinz-Günther (2009): Mitleid und Grausamkeit. Anthropologische Erwägungen in theologischer Perspektive, in: Inhetveen, Katharina/Klute, Georg (Hg.): Begegnungen und Auseinandersetzungen. Festschrift für Trutz von Trotha, Köln, 377–392.

Sunstein, Cass R. (2007): Gesetze der Angst. Jenseits des Vorsorgeprinzips. Frankfurt/M.

Shearing, Clifford (1995): Reinventing Policing: Policing as Governance, in: Frehsee, Detlev u.a. (Hg.): Privatisierung: Rückzug oder Stärkung staatlicher Sozialkontrolle?, Baden-Baden, 70–87.

Tantner, Anton (2007): Die Hausnummer. Eine Geschichte von Ordnung und Unordnung, Marburg.

von Trotha, Trutz (2004): Stationen und Formen der Parasouveränität. Bausteine für eine Theorie parasouveräner Herrschaft oder Beobachtungen über das Programm Mali Nord, in: Baringhorst, Sigrid/Broer, Ingo (Hg.): Grenzgänge(r). Beiträge zu Politik, Kultur und Religion. Festschrift für Gerhard Hufnagel zum 65. Geburtstag, Siegen, 188–223.

von Trotha, Trutz (2009): The "Andersen Principle": On the Difficulty of Truly Moving Beyond State-Centrism, in: Fischer, Martina/Schmelzle, Beatrix (Hg.): Building Peace in the Absence of States: Challenging the Discourse on State Failure, Berghof Handbook Dialogue No. 8., Berlin, 37–46.

Wacquant, Loïc J.D. (2000): Elend hinter Gittern, Konstanz.

Wacquant, Loïc J.D. (2009): Bestrafen der Armen. Zur neoliberalen Regierung der sozialen Unsicherheit, Opladen.

Wiedemann, Charlotte (2009): Mythen der Migration, in: Le monde diplomatique v. 25. Juni.

2. Die Sekuritisierung des Lebens

Einleitung: Die Sekuritisierung des Lebens

Aldo Legnaro und Daniela Klimke

Der Sicherheitsdiskurs ist – wenngleich es manchmal so aussieht – keine heutige Erfindung; er reicht vielmehr durch die gesamte Geschichte Europas (vgl. die Beiträge in Zwierlein 2012). Schon Cicero prägte den lateinischen Neologismus *securitas,* abgeleitet aus *sine cura* (ohne Sorge). *The Oxford Classical Dictionary* (2012) verzeichnet dazu an erster Stelle die Bedeutung einer „freedom from anxiety or care, calmness", also eine innerlich empfundene, geradezu ontologisch bestimmte Sicherheit, und die römische Kaiserzeit kennt die Gottheit der Sicherheit des öffentlichen und privaten Lebens, die vor allem auf Münzen abgebildet wird. Das späte Mittelalter mit seinen millenaristischen Bewegungen träumt dann, wie Gros (2015) in einer historischen Übersichtsdarstellung der Konzeptionierungen des Sicherheitsbegriffs zeigt, von einer Beseitigung aller Bedrohungen durch die Schaffung des ‚neuen Himmels' und der ‚neuen Erde', während der Staat der frühen Neuzeit Sicherheit vor allem als die Sicherung von Leben und Eigentum versteht. Heute schließlich sollen Schutz, Kontrolle und Regulierung gewährleisten, was Gros Biosicherheit nennt: die Sicherheit der Menschen, als biologische Wesen betrachtet.

Wenngleich Sicherheitsdiskurse also eine Konstante der europäischen Geschichte bilden, haben sie ihre mit den historischen Umständen wechselnden Konjunkturen. Nicht zufällig lässt sich die gesamte politische Geschichte der

A. Legnaro (✉)
Köln, Deutschland
E-Mail: a.legnaro@t-online.de

D. Klimke
Institut für Kriminalitäts- und Sicherheitsforschung, Polizeiakademie Niedersachsen,
Nienburg, Deutschland
E-Mail: klimke@uni-bremen.de

© Springer Fachmedien Wiesbaden GmbH, ein Teil von Springer Nature 2022   89
A. Legnaro und D. Klimke (Hrsg.), *Kriminologische Diskussionstexte II,*
https://doi.org/10.1007/978-3-658-22007-5_7

Bundesrepublik unter dem Gesichtspunkt eines Strebens nach Sicherheit und der damit gegebenen Verlässlichkeit von Erwartungen lesen, wie Conze (2005, S. 368) verdeutlicht: „Die beiden wesentlichen Säulen dieser Politik waren die außen- und bündnispolitische Westintegration einschließlich der westdeutschen Remilitarisierung einerseits und der Auf- und Ausbau der Systeme sozialer Sicherung andererseits. Beide zielten auf den Abbau der großen, auch gesellschaftlich wahrgenommenen Unsicherheitspotentiale der Nachkriegszeit und damit auf die Sicherung, die Absicherung von sich allmählich einstellender Normalität." Prototypisch dafür steht der Slogan „Keine Experimente", mit dem CDU/CSU bei der Bundestagswahl 1957 die absolute Mehrheit gewannen.

Bei aller Kontinuität kann das Bestreben nach Sicherheit vielfältige und ganz unterschiedliche Formen annehmen, die sich ablösen und überlappen, auseinander erwachsen und sich gegenseitig beeinflussen (vgl. Huysmans 1998; Zoche et al. 2010). Michel Foucault (siehe auch die Einführung dieses Bandes) hat im Rahmen seiner historischen Untersuchungen deswegen den Begriff des Sicherheitsdispositivs geprägt, „ein entschieden heterogenes Ensemble, das Diskurse, Institutionen, architekturale Einrichtungen, reglementierende Entscheidungen, Gesetze, administrative Maßnahmen, wissenschaftliche Aussagen, philosophische, moralische oder philanthropische Lehrsätze, kurz: Gesagtes ebensowohl wie Ungesagtes umfasst." (Foucault 1978/2000, S. 119 f.) Das Sprechen, Denken und Handeln in Bezug auf Sicherheit lässt sich somit als ein Komplex diskursiver Techniken und Praktiken bestimmen, die den Zugriff auf Wirklichkeit verändern: „Anders gesagt, das Gesetz verbietet, die Disziplin schreibt vor, und die Sicherheit hat – ohne zu untersagen und ohne vorzuschreiben, wobei sie sich eventuell einiger Instrumente in Richtung Verbot und Vorschrift bedient – die wesentliche Funktion, auf eine Realität zu antworten, so daß diese Antwort jene Realität aufhebt, auf die sie antwortet – sie aufhebt oder einschränkt oder bremst oder regelt. Diese Steigerung im Element der Realität ist, denke ich, grundlegend für die Sicherheitsdispositive" (Foucault 2006, S. 76).

Auf welche Realität antworten dann die heutigen Sicherheitsdiskurse? Ihre manchmal hysterisch erscheinenden Formen eröffnen zwar keine völlig neuartigen Dimensionen, haben jedoch Charakteristika eigener Art, die sowohl die Krisen spätkapitalistischer (Streeck 2014; Rosa et al. 2017) wie die Eigenarten funktional differenzierter Gesellschaften (Kaufmann und Wichum 2016) reflektieren und einen steten Balanceakt zwischen Sicherheiten und Risiken spiegeln (Münkler et al. 2010). Sie lassen sich zudem auch in den Zusammenhang der Entwicklungen von einer primär disziplinargesellschaftlich bestimmten zu einer tendenziell kontrollgesellschaftlich bestimmten Verfassung des Sozialen einordnen. Damit sind jeweils ökonomische Konstellationen verbunden, die

einerseits als Fordismus – abgeleitet von Henry Ford, der 1913 das Fließband
in der Automobilproduktion einführte –, andererseits als Postfordismus gekennzeichnet werden. Im letzteren werden starr determinierte Produktionsabläufe,
wie sie die Fließbandarbeit kennzeichnen, durch Projektarbeit, für ihren Erfolg
eigenverantwortliche Arbeitsgruppen und innerbetriebliche Vertragsbeziehungen
ersetzt, und das tradierte Normalarbeitsverhältnis (unbefristet und Vollzeit)
verliert zugunsten eines flexibilisierten Arbeitsmarktes an Bedeutung (siehe
exemplarisch Harvey 1989; Voß und Pongratz 1998; Castel und Dörre 2009;
Castel 2011). Zugleich gewinnt das Finanzkapital eine vordem ungeahnte
Relevanz, und Kapitaleinkommen werden gegenüber Lohneinkommen immer
bedeutsamer (exemplarisch Altvater und Mahnkopf 1996, 2002; Huffschmid
2002; Windolf 2005; Ther 2014; Callaghan 2018), Entwicklungen, die unter
dem Begriff ‚Finanzialisierung‘ zusammengefasst werden. Insgesamt laufen die
ökonomischen, gesellschaftlichen und kulturellen Veränderungen und die darin
eingelassenen Individualisierungsprozesse darauf hinaus, die „Vorgabe", wie
sie durch die Normierungen der Disziplinargesellschaft gegeben war, durch die
kontrollgesellschaftliche „Aufgabe" zu ersetzen, das eigene Leben selbstver-
antwortlich zu gestalten (Bauman 2003, S. 43). In seiner Theorie der Gouvernementalität, die Foucault 1977/1978 in seinen Vorlesungen am Collège de France
entwickelt (deutsche Fassung: Foucault 2006), formuliert er diesen Sachverhalt
in den Termini von Disziplin und Sicherheit. Während die Disziplinartechnologie
hierarchisierende Trennungen installiere und von einer Norm ausgehe, deswegen
zwischen Normalem und Anormalem unterscheiden könne und in der Folge
Normalisierungen schaffe, strebten die Sicherheitsmechanismen nicht nach einer
Aufhebung der Phänomene durch Verbote, sondern danach, sie in akzeptablen
Grenzen zu halten (ebd., S. 87 ff.). Die Realität wird derart selbst als Norm
angenommen, und Interventionen richten sich nicht mehr an einem Idealzustand
aus, sondern bezwecken nur noch, einen gewissen Gleichgewichtszustand zu
erhalten, um die Freiheit der einzelnen mit dem Sicherheitsdispositiv zu schützen.

Ein solcher Gleichgewichtszustand lässt sich allerdings hinsichtlich
terroristischer Anschläge nur schwer herstellen: hier geht es dann doch eher um
die – nie mögliche – absolute Verhinderung. Doch hat das Vorkommen solcher
Anschläge zusammen mit den ökonomischen Veränderungen Konsequenzen
für die Lebensverhältnisse in einem ganz allgemeinen Sinn. So entsteht in
Mitteleuropa ein permanentes Gefühl von Gefährdung zwar spätestens seit
den terroristischen Anschlägen von 2001 auf das World Trade Center und den
Anschlägen der folgenden Jahre in verschiedenen Ländern, vor allem jedoch
durch die zunehmend ökonomisierten Lebensverhältnisse, die – mit einer Unterscheidung von Bauman (2000) – *safety,* also Sicherheit als Unverletzlichkeit

der persönlichen Integrität, *security* als Sicherheit vor existenziellen Risiken und *certainty* als soziale Gewissheit und Berechenbarkeit zunehmend fragil erscheinen lassen. Nicht zuletzt ist es *certainty*, die viele schmerzlich vermissen: Die Vielfalt von Optionen und Differenzierungen der (privaten und beruflichen) Möglichkeiten bei gleichzeitig fehlenden Garantien eines bestimmten sozialen Status (zumindest für die Mehrheit der Bevölkerung) schafft eine Form der Verunsicherung, wie sie die Disziplinargesellschaft mit ihren rigide definierten Normalitäten nicht kennen konnte (siehe auch das Kapitel *Inklusionen und Exklusionen* im Vorgängerband *Verurteilen und Strafen*). Diese bot zwar keine Gewissheiten über die Zukunft, aber doch eine gewisse *certainty* als Berechenbarkeit des biographisch Normalen und Erwartbaren, während heutige Unvorhersagbarkeiten nicht nur das Ergebnis einer allgemein offenen Zukunft sind, wie es sie immer gab, sondern „durch die Rückwirkungen des ganz gewöhnlichen „Fortschritts‘‘‘ (Beck 1996, S. 26) hervorgebracht werden: „Die großen Strukturen und Semantiken nationalstaatlicher Industriegesellschaften werden (z. B. durch Individualisierungs- und Globalisierungsprozesse) transformiert, verschoben, umgearbeitet, und zwar in einem radikalen Sinne" (ebd., S. 27) und eine der Folgen sei: Unsicherheit.

Tiefgreifende Verunsicherungen haben geradezu zwangsläufig ein Bedürfnis nach Sicherheit zur Folge. „Kann man dann sagen, […] dass die Gesamtökonomie der Macht in unseren Gesellschaften dabei ist, zur Sicherheitsordnung zu werden?", fragt denn auch Foucault in den einleitenden Bemerkungen seiner Vorlesungen von 1978 (2006, S. 26). Diese Frage scheint schon dadurch beantwortet, dass Sicherheit inzwischen ein hegemoniales Narrativ der späten Moderne bildet (Legnaro 2012; Dollinger 2016; Kreissl 2018) und ein wesentliches Element der gesellschaftlichen Selbstbeobachtung darstellt (Kreissl 1998, siehe den Text in diesem Kapitel). Das wirkt unter den skizzierten Rahmenbedingungen auch nicht verwunderlich. Ebenso wenig verwunderlich ist es, dass, wie Buzan et al. (1998) festgestellt haben, ‚Sicherheit‘ als Zuschreibung und als Rationalisierung für die unterschiedlichsten Vorgehensweisen und Umstände genutzt werden kann, sich mithin nahezu jegliches Problem als ein Problem der Sicherheit codieren lässt oder erst durch diese Codierung überhaupt als problematisch erscheint – ein Prozess, den sie ‚securitization‘ genannt haben, was im Deutschen entweder unschön als ‚Versicherheitlichung‘ übersetzt oder als ‚Sekuritisierung‘ paraphrasiert wird. Das Konzept hat viele empirische Einzelfallstudien ausgelöst, etwa im Hinblick auf den Klimawandel (Wagner 2009; Brzoska und Oels 2011; Oels und von Lucke 2015) und die Entwicklungspolitik (Brand 2011), und zahlreiche Kommentierungen gefunden (siehe etwa Alker 2006; Behnke 2006; C.A.S.E. COLLECTIVE 2006; Taureck 2006; McDonald 2008; Opitz 2008;

Guzzini 2011; Hansen 2011; Stritzel 2011; Williams 1998, 2011, 2015; Gad und Petersen 2011; Roe 2012; Watson 2012; Balzacq et al. 2015, 2016; Van Rythoven 2015; Schuilenburg 2015; Côté 2016; Karatzogianni und Robinson 2017). Eine grundlegende Kritik findet sich bei Aradau (2004), die darauf hinweist, dass die Prozesse der Sekuritisierung nur politisch zu verstehen seien und die jeweiligen Formen von demokratischer Politik in den Mittelpunkt rückten. Vergleichbar betont Wehrheim (2018), dass jeglicher Sekuritisierung notwendig eine Vorstellung von – erwünschter oder nicht erwünschter – Gesellschaft zugrundeliegt.

Sekuritisierungen nehmen zwar vielfältige Formen an, konzentrieren sich aber typischerweise auf Sicherheit vor kriminellen und terroristischen Handlungen und lassen sich damit projektiv nutzen, um von sozialen Verunsicherungen abzulenken (siehe auch das Kapitel *Kriminalität als Instrument des Regierens* im Vorgängerband *Verurteilen und Strafen*). Aufgrund dieser Verlagerung können Hay und Andrejevic (2006) feststellen, soziale Sicherheit sei unter heutigen Bedingungen die Sicherheit des Landes. Allerdings braucht es eine gewisse Plausibilität, um einen Sachverhalt als sicherheitsrelevant ausgeben zu können, und darüber hinaus bestimmt die jeweilige gesellschaftliche Definitionsmacht darüber, ob er überhaupt diese Zuschreibung erfährt. Machtverhältnisse und Sekuritisierungen sind also untrennbar miteinander verbunden: „Stories of security are used, again and again, in order to justify or explain our actions as well as to legitimate, deconstruct, and reconstruct regimes of power." (Constantinou 2000, S. 304) Sekuritisierungen als Instrumente von Macht sind demnach, sofern sie Wirkung zeigen, abhängig vom jeweiligen Kontext, und sie richten sich an ein Publikum (Balzacq 2005). Diese Bedingungen sind sichtlich ohne Schwierigkeiten in Hinsicht auf MigrantInnen zu erfüllen, die umstandslos – vor allem die Männer – zu einem Risiko für die Sicherheit des Landes stilisiert werden können (Sparke 2006; Belina 2010; Schwell 2012; Andersson 2014; Baele und Sterck 2015; Robinson 2017), während die Sicherheit der Flüchtenden selbst weniger im Blickpunkt steht (Yousaf 2018). ‚Crimmigration' (Stumpf 2006) hat sich inzwischen als Terminus etabliert, um die Bezüge zwischen Migration und staatlicher Grenz- und Strafrechtskontrolle zu beschreiben (siehe auch das Kapitel *Inklusionen und Exklusionen* im Vorgängerband *Verurteilen und Strafen;* Fassin 2011; Aliverti 2012; div. Beiträge in Aas und Bosworth 2013; Graebsch 2019). Auf die vermeintlich grenzenlose Mobilität der Globalisierungsprozesse reagieren Staaten und weite Teile der Bevölkerung mit Abgrenzungs- und Kontrollstrategien, etwa mit der Wunschvorstellung einer kulturellen Schließung (Lengfeld und Dilger 2018), sodass sich das paradoxe Bild von Mobilität und Immobilität gleichermaßen ergibt (Shamir 2005; Turner 2007), dem immer die Empfindung einer Bedrohung von Außen zugrundeliegt.

Beschwörungen des Cyber-Kriegs, die als antizipierende erzählte Katastrophen sowohl Vorbereitung auf Möglichkeiten wie Panikmache bilden, nutzen diese Vorstellung ebenfalls (Dunn Cavelty 2013). Typischerweise haben in diesem Kontext Tote eine ganz unterschiedliche Bedeutung für Sekuritisierungen. So gelten etwa die Toten des Straßenverkehrs – wie auch im Mittelmeer ertrunkene oder in der Sahara umgekommene MigrantInnen – zwar als bedauerlich, aber auch als unvermeidbar, während sich die Toten eines Anschlags zum Anlass von Sekuritisierung nehmen lassen, zumindest dann, wenn diese Tat eine gewisse geografische oder kulturelle Nähe aufweist, wie das bei 9/11 der Fall war. Dann wird ‚dangerization' als „the tendency to perceive and analyse the world through categories of menace" (Lianos und Douglas 2000, S. 267) die vorherrschende Betrachtungsweise von Medien, Politik und Öffentlichkeit.

Das Ergebnis eines solchen Prozesses ist die Sicherheitsgesellschaft in ihrer spätmodernen Form (vgl. Legnaro 1997; Ball et al. 2006; zusammenfassend Singelnstein und Stolle 2008; siehe auch Purtschert et al. 2008; Groenemeyer 2010; Münkler et al. 2010; Eick und Briken 2014; Maguire et al. 2014), die zusammengeht mit der individuellen Herausbildung differentieller Sicherheitsmentalitäten (Klimke 2008; 2019) und spezifischen Formen der Verarbeitung von Unsicherheit (Koppetsch 2011), wozu auch der Besitz von Waffen gehört (Stroebe et al. 2017). Eine solche Gesellschaft führt „securocratic wars", die sich „on countering imputed territorial contamination and transgression" richten (Feldman 2004, S. 331), und sie ist in ihrem unaufhörlichen Bestreben nach Sicherheit vor allem gekennzeichnet durch die dabei angewendeten Methoden, Techniken und Strategien. Noch einmal Foucault: „Denn schließlich ist man, um diese Sicherheit tatsächlich zu garantieren, gezwungen, zum Beispiel, und dies ist nur ein Beispiel, eine ganze Serie von Überwachungstechniken in Anspruch zu nehmen, Überwachungstechniken von Individuen, Diagnosetechniken dessen, was sie sind, Klassifizierungstechniken ihrer mentalen Struktur, ihrer charakteristischen Pathologie usw., ein ganzes disziplinarisches Ensemble, das unter den Sicherheitsmechanismen – und um sie in Gang zu setzen – wuchert." (2006, S. 22) Das wird besonders augenfällig an den urbanen Orten des Transits und Konsums, die Marc Augé als ‚Nicht-Orte' beschrieben hat und an denen gilt: „In gewisser Weise wird der Benutzer von Nicht-Orten ständig dazu aufgefordert, seine Unschuld nachzuweisen." (Augé 1994, S. 120) In rechtspolitischer Hinsicht entspricht dem eine pro-aktive und präventive Orientierung (siehe auch das Kapitel *Prävention als Steuerungsmechanismus in der späten Moderne* in diesem Band), die mit einer Fülle von strafprozessualen Veränderungen und materiell-strafrechtlichen Verschärfungen verbunden ist (vgl. Schlepper 2014) und – nicht zuletzt durch die biometrischen Techniken der Überwachung – Kontrolle technisiert und sie möglichst mit Komfortgewinnen verbindet oder sogar als Spiel erscheinen lässt (Legnaro 2008, siehe den Text in diesem Kapitel; Neyland 2009; Ellerbrok 2011; Kühne und Wehrheim 2013; Kühne und Schlepper 2018; zu Fragen des Datenschutzes Jandt 2018). Es etabliert sich somit eine präventive Sicherheitsordnung (Trotha 2010, siehe den Text im Kapitel *Prävention als Steuerungsmechanismus in der späten Moderne* in diesem Band), die die Gewährleistung von Sicherheit ungeachtet eventueller Einbußen an BürgerInnenrechten zum zentralen Angelpunkt ihrer kontrollierenden Praxen macht. Dabei spielen Imaginationen von *worst cases,* die es zu verhindern gilt, eine wesentliche Rolle (Kretschmann 2012, siehe den Text in diesem Kapitel). Das gilt entsprechend auch für das private Leben, so dass die Wohnung zur ersten Verteidigungslinie (Hay 2006) – oder vielleicht auch zur letzten – ausgebaut wird, womit sich die Sicherheitsgesellschaft im privaten Kontext konstituiert (Low 2017). Ein florierender sicherheitsindustrieller Komplex (vgl. Bürgerrechte & Polizei/CILIP 2009; Hirschmann 2016; Briken und Eick 2017; Singh und Light 2019) trägt zudem nach Kräften dazu bei, ‚Sicherheit' für den primären gesellschaftlichen Angelpunkt zu halten, kann jedoch auch als Ergänzung staatlichen Handelns interpretiert werden (Wakefield 2005; Berg und Shearing 2018).

Eine weniger rechtliche als gesellschaftliche Folge dieses Sicherheitsdispositivs bildet ein mit der Versprechung erhöhter Sicherheit oder auch aus Gründen der Bequemlichkeit oder Kostenersparnis angepriesener Komplex aus Strategien und Techniken der ebenso fürsorglichen wie kontrollierenden Überwachung, der von der Videoüberwachung einzelner Läden, urbaner Orte und ganzer Städte über die omnipräsenten Trackers und Cookies des Internets bis zu den Fitness-Apps des heutigen Lebens reicht – was oft nicht einmal als Überwachung wahrgenommen wird, lässt sich am besten als ein Mechanismus von Steuerung und Herrschaftsausübung verstehen (siehe auch das Kapitel *Fremd- und Selbstüberwachungen* in diesem Band). Sicherheit wird dabei zu einer kulturellen Praxis eigener Art (vgl. Monahan 2011; Lyon 2017) und erweist sich als eine zentrale Obsession der heutigen gesellschaftlichen Verfassung, die aus den oben angesprochenen sozialen und ökonomischen Bedingungen heraus zwar eine Erklärung findet, zugleich jedoch durch das Politikmodell mancher Parteien, Ängste zu schüren, zu instrumentalisieren und auszubeuten, vergrößert und bestärkt wird.

Literatur

Aas, Katja Franko/Bosworth, Mary (Hg.) (2013): The Borders of Punishment. Migration, Citizenship, and Social Exclusion, Oxford.

Aliverti, Ana (2012): Making People Criminal: The Role of the Criminal Law in Immigration Enforcement, in: Theoretical Criminology 16 (4): 417-434.

Alker, Hayward R. (2006): On securitization politics as contexted texts and talk, in: Journal of International Relations and Development 9: 70–80.

Altvater, Elmar/Mahnkopf, Birgit (1996): Grenzen der Globalisierung. Ökonomie, Ökologie und Politik in der Weltgesellschaft, Münster.

Altvater, Elmar/Mahnkopf, Birgit (2002): Globalisierung der Unsicherheit – Arbeit im Schatten, schmutziges Geld und informelle Politik, Münster.

Andersson, Ruben (2014): Illegality, Inc. Clandestine Migration and the Business of Bordering Europe, Oakland.

Aradau, Claudia (2004): Security and the democratic scene: desecuritization and emancipation, in: Journal of International Relations and Development 7: 388-413.

Augé, Marc (1994): Orte und Nicht-Orte. Vorüberlegungen zu einer Ethnologie der Einsamkeit, Frankfurt/M.

Ball, Kirstie/Lyon, David/Murakami Wood, David/Norris, Clive/Raab, Charles (2006): A Report on the Surveillance Society, London.

Baele, Stéphane J./Sterck, Olivier C. (2015): Diagnosing the Securitisation of Immigration at the EU Level: A New Method for Stronger Empirical Claims, in: Political Studies 63: 1120-1139.

Balzacq, Thierry (2005): The Three Faces of Securitization: Political Agency, Audience and Context, in: European Journal of International Relations 11 (2): 171–201.

Balzacq, Thierry/Guzzini, Stefano/Williams, Michael C./Wæver, Ole/Patomäki, Heikki (2015): What kind of theory – if any – is securitization? in: International Relations 29 (1): 96-136.

Balzacq, Thierry/Léonard, Sarah/Ruzicka, Jan (2016): 'Securitization' revisited: theory and cases, in. International Relations 30 (4): 494-531.

Bauman, Zygmunt (2000): Social Issues of Law and Order, in: British Journal of Criminology 40 (2): 205-221.

Bauman, Zygmunt (2003): Flüchtige Moderne, Frankfurt/M.

Beck, Ulrich (1996): Das Zeitalter der Nebenfolgen und die Politisierung der Moderne, in: Beck, Ulrich/Giddens, Anthony/Lash, Scott: Reflexive Modernisierung. Eine Kontroverse, Frankfurt/M.

Behnke, Andreas (2006): No way out: desecuritization, emancipation and the eternal return of the political – a reply to Aradau, in: Journal of International Relations and Development 9: 62–69.

Belina, Bernd (2010): Wie und warum Staat Sicherheit produziert. Dargestellt anhand der Versicherheitlichung grenzüberschreitender Mobilität seitens der EU und der so produzierten Räume des Risikos, in: Geographica Helvetica 3: 189-197.

Berg, Julie/Shearing, Clifford (2018): Governing-through-Harm and Public Goods Policing, in: The Annals of the American Academy of Political & Social Science 679: 72-85.

Brand, Alexander (2011): Sicherheit über alles? Die schleichende Versicherheitlichung deutscher Entwicklungspolitik, in: Peripherie 31 (122-123): 209-235.

Briken, Kendra/Eick, Volker (2017): Pazifizierungsagenten. Zu einem Tätigkeitsprofil kommerzieller Sicherheitsdienste, in: Häfele, Joachim/Sack, Fritz/Eick, Volker/ Hillen, Hergen (Hg.): Sicherheit und Kriminalprävention in urbanen Räumen. Aktuelle Tendenzen und Entwicklungen, Wiesbaden: 91-108.

Brzoska, Michael/Oels, Angela (2011): „Versicherheitlichung" des Klimawandels? Die Konstruktion des Klimawandels als Sicherheitsbedrohung und ihre politischen Folgen in: Brzoska, Michael/ Kalinowski, Martin/Matthies, Volker/Meyer, Berthold (Hg.) (2011): Klimawandel und Konflikte. Versicherheitlichung versus präventive Friedenspolitik? Baden-Baden: 51–66.

Bürgerrechte & Polizei/CILIP (2009): Der sicherheitsindustrielle Komplex.

Buzan, Barry/Wæver, Ole/de Wilde, Jaap (1998): Security: A New Framework for Analysis, Boulder.

Callaghan, Helen (2018): Contestants, Profiteers, and the Political Dynamics of Marketization: How Shareholders Gained Control Rights in Britain, Germany, and France, Oxford.

C.A.S.E. COLLECTIVE (2006): Critical Approaches to Security in Europe: A Networked Manifesto, in: Security Dialogue 37(4): 443–487.

Castel, Robert/Dörre, Klaus (Hg.) (2009): Prekarität, Abstieg, Ausgrenzung. Die soziale Frage am Beginn des 21. Jahrhunderts, Frankfurt/M.-New York.

Castel, Robert (2011): Die Krise der Arbeit. Neue Unsicherheiten und die Zukunft des Individuums, Hamburg.

Constantinou, Costas M. (2000): Poetics of Security, in: Alternatives: Global, Local, Political 25 (3): 287–306.

Conze, Eckart (2005): Sicherheit als Kultur. Überlegungen zu einer „modernen Politikgeschichte" der Bundesrepublik Deutschland, in: Vierteljahreshefte für Zeitgeschichte 53 (3): 357–380.

Côté, Adam (2016): Agents without agency: Assessing the role of the audience in securitization theory, in: Security Dialogue 47 (6): 541-558.

Dollinger, Bernd (2016): Sicherheit als politische Narration: Risiko-Kommunikation und die Herstellung von Un-/Sicherheit, in: Dollinger, Bernd/Schmidt-Semisch, Henning (Hg.), Sicherer Alltag? Politiken und Mechanismen der Sicherheitskonstruktion im Alltag, Wiesbaden: 57-80.

Dunn Cavelty, Myriam (2013): Der Cyber-Krieg, der (so) nicht kommt. Erzählte Katastrophen als (Nicht)Wissenspraxis, in: Hempel, Leon/Bartels, Marie/Markwart, Thomas (Hg.): Aufbruch ins Unversicherbare. Zum Katastrophendiskurs der Gegenwart, Bielefeld: 209–233.

Eick, Volker/Briken, Kendra (Hg.) (2014): Urban (In)Security. Policing the Neoliberal Crisis, Ottawa.

Ellerbrok, Ariane (2011): Playful Biometrics: Controversial Technology through the Lens of Play, in: The Sociological Quarterly 52 (4): 528-547.

Fassin, Didier (2011): Policing Borders, Producing Boundaries. The Governmentality of Immigration in Dark Times, in: Annual Review of Anthropology 40 (1): 213-226.

Feldman, Allen (2004): Securocratic wars of public safety, in: Interventions 6 (3): 330-350.

Foucault, Michel (1978/2000): Dispositive der Macht. Über Sexualität, Wissen und Wahrheit, Berlin.

Foucault, Michel (2006): Geschichte der Gouvernementalität I. Sicherheit, Territorium, Bevölkerung. Vorlesungen am Collège de France 1977–1978, Frankfurt/M.

Gad, Ulrik Pram/Petersen, Karen Lund (2011): Concepts of politics in securitization studies, in: Security Dialogue 42 (4-5): 315-328.

Graebsch, Christine M. (2019): Krimmigration: Die Verwobenheit strafrechtlicher mit migrationsrechtlicher Kontrolle unter besonderer Berücksichtigung des Pre-Crime-Rechts für „Gefährder", in: Krim OJ 1: 75-103.

Groenemeyer, Axel (Hg.) (2010): Wege der Sicherheitsgesellschaft: gesellschaftliche Transformationen der Konstruktion und Regulierung innerer Unsicherheiten, Wiesbaden.

Gros, Frédéric (2015): Die Politisierung der Sicherheit. Vom inneren Frieden zur äußeren Bedrohung, Berlin.

Guzzini, Stefano (2011): Securitization as a causal mechanism, in: Security Dialogue 42 (4-5): 329-341.

Hansen, Lene (2011): Reconstructing desecuritisation: the normative-political in the Copenhagen School and directions for how to apply it, in: Review of International Studies 38: 525–546.

Harvey, David (1989): The Condition of Postmodernity. An Enquiry into the Origins of Cultural Change, Oxford-Cambridge Ma.

Hay, James (2006): Designing Homes to Be the First Line of Defense. Safe households, mobilization, and the new mobile privatization, in: Cultural Studies 20 (4-5): 349-377.

Hay, James/Andrejevic, Mark (2006): Toward an analytic of governmental experiments in these times: homeland security as the new social security, in: Cultural Studies 20 (4-5): 331-348.

Hirschmann, Nathalie (2016): Eine soziologische Analyse der gewerblichen Sicherheit. Sicherheit als professionelle Dienstleistung und Mythos, *Wiesbaden*.

Huffschmid, Jörg (2002): Politische Ökonomie der Finanzmärkte, Hamburg.

Huysmans, Jef (1998): Dire et écrire la sécurité: le dilemme normatif des études de sécurité, in: Cultures & Conflits 31-32: 177-202.

Jandt, *Silke (2018):* Biometrische Videoüberwachung – was wäre wenn …, in: Zeitschrift für Rechtspolitik 1: 16-18.

Karatzogianni, Athina/Robinson, Andrew (2017): Schizorevolutions versus microfascisms: The fear of anarchy in state securitisation, in: Journal of International Political Theory 13 (3): 282-295.

Kaufmann, Stefan/Wichum, Ricky (2016): Risk and Security: Diagnosis of the Present in the Context of (Post-)Modern Insecurities, in: Historical Social Research 41 (1): 48-69.

Klimke, Daniela (2008): Wach- & Schließgesellschaft Deutschland. Sicherheitsmentalitäten der Spätmoderne, Wiesbaden.

Klimke, Daniela (2019): Sicherheitsmentalitäten: Eine Alternative zum Konzept der Kriminalitätsfurcht, in: Klimke, Daniela/Oelkers, Nina/Schweer, Martin (Hg.), Sicherheitsmentalitäten im ländlichen Raum, Wiesbaden: 23–56.

Koppetsch, Cornelia (2011): Gesellschaft aus dem Gleichgewicht? Zur Signalfunktion neuer Bürgerlichkeit, in: dies. (Hg.), Nachrichten aus den Innenwelten des Kapitalismus. Zur Transformation moderner Subjektivität, Wiesbaden: 265–282.

Kreissl, Reinhard (2018): Bringing the State back in. Oder: Was hat der Staat in der Sicherheitsgesellschaft verloren? In: Puschke, Jens/Singelnstein, Tobias (Hg.), Der Staat und die Sicherheitsgesellschaft, Wiesbaden: 3–32.

Kühne, Sylvia/Wehrheim, Jan (2013): Versicherheitlichung und Biometrie – Zur Verbreitung einer Kontrolltechnologie im Spannungsfeld von Staat, Ökonomie und Alltag, in: Klimke, Daniela/Legnaro, Aldo (Hg): Politische Ökonomie und Sicherheit, Weinheim: 303–318.

Kühne, Sylvia/Schlepper, Christina (2018): Zur Politik der Sicherheitsversprechen. Die biometrische Verheißung, in: Puschke, Jens/Singelnstein, Tobias (Hg.), Der Staat und die Sicherheitsgesellschaft, Wiesbaden: 79–99.

Legnaro, Aldo (1997): Konturen der Sicherheitsgesellschaft: Eine polemisch-futurologische Skizze, in: Leviathan 2: 271-284.

Legnaro, Aldo (2012): Sicherheit als hegemoniales Narrativ, in: Belina, Bernd/Kreissl, Reinhard/ Kretschmann, Andrea/ Ostermeier, Lars (Hg.), 10. Beiheft des Kriminologischen Journals: 47–57.

Lengfeld, Holger/Dilger, Clara (2018): Kulturelle und ökonomische Bedrohung. Eine Analyse der Ursachen der Parteiidentifikation mit der „Alternative für Deutschland" mit dem Sozio-oekonomischen Panel 2016, in: Zeitschrift für Soziologie 47 (3): 181–199.

Lianos, Michalis/Douglas, Mary (2000): Dangerization and the End of Deviance. The Institutional Environment, in: British Journal of Criminology 40: 261-278.

Lyon, David (2017): Surveillance Culture: Engagement, Exposure, and Ethics in Digital Modernity, in: International Journal of Communication 11: 824-842.

Low, Setha (2017): Security at home: How private securitization practices increase state and capitalist control, in: Anthropological Theory 17 (3): 365-381.

McDonald, Matt (2008): Securitization and the Construction of Security, in: European Journal of International Relations 14 (4): 563-587.

Maguire, Mark/Frois, Catarina/Zurawski, Nils (Hg.) (2014): The Anthropology of Security. Perspectives from the Frontline of Policing, Counter-terrorism and Border Control, London.

Monahan, Torin (2011): Surveillance as Cultural Practice, in: *The Sociological Quarterly* 52 (4): 495-508.

Münkler, Herfried/Bohlender, Matthias/Meurer, Sabine (Hg.) (2010): Sicherheit und Risiko: Über den Umgang mit Gefahr im 21. Jahrhundert, Bielefeld.

Neyland, Daniel (2009): Who's Who? The Biometric Future and the Politics of Identity, in: European Journal of Criminology 6 (2): 135–155.

Oels, Angela/von Lucke, Franziskus (2015): Gescheiterte Versicherheitlichung oder Sicherheit im Wandel: Hilft uns die Kopenhagener Schule beim Thema Klimawandel? in: Zeitschrift für Internationale Beziehungen 22 (1): 43-70.

Opitz, Sven (2008): Zwischen Sicherheitsdispositiven und Securitization: Zur Analytik illiberaler Gouvernementalität, in: Purtschert, Patricia/Meyer, Katrin/Winter, Yves (Hg.), Bielefeld: 201–228.

Purtschert, Patricia/Meyer, Katrin/Winter, Yves (Hg.) (2008), Gouvernementalität und Sicherheit. Zeitdiagnostische Beiträge im Anschluss an Foucault, Bielefeld.

Robinson, Corey (2017): Tracing and explaining securitization: Social mechanisms, process tracing and the securitization of irregular migration, in: Security Dialogue 48 (6): 505-523.

Roe, Paul (2012): Is securitization a 'negative' concept? Revisiting the normative debate over normal versus extraordinary politics, in: Security Dialogue 43 (3): 249-266.

Rosa, Hartmut/Dörre, Klaus/Lessenich, Stephan (2017): Appropriation, Activation and Acceleration: The Escalatory Logics of Capitalist Modernity and the Crises of Dynamic Stabilization, in: Theory, Culture & Society 34 (1): 53–73.

Schlepper, Christina (2014): Strafgesetzgebung in der Spätmoderne. Eine empirische Analyse legislativer Punitivität, Wiesbaden.

Schuilenburg, Marc (2015): The Securitization of Society: Crime, Risk and Social Order, New York.

Schwell, Alexandra (2012): Festung Österreich. Der Bundesheer-Einsatz an der Grenze im Blickwinkel der Securitization, in: Kriminologisches Journal 2: 133-150.

Shamir, Ronen (2005): Without Borders? Notes on Globalization as a Mobility Regime, in: Sociological Theory 23 (2): 197-217.

Singelnstein, Tobias/Stolle, Peer (2008): Die Sicherheitsgesellschaft. Soziale Kontrolle im 21. Jahrhundert, Wiesbaden.

Singh, Anne-Marie/Light, Matthew (2019): Constraints on the growth of private policing: A comparative international analysis, in: Theoretical Criminology 23 (3): 295-314.

Sparke, Matthew B. (2006): A neoliberal nexus: Economy, security and the biopolitics of citizenship on the border, in: Political Geography 25: 151-180.

Streeck, Wolfgang (2014): How Will Capitalism End? in: New Left Review 87: 35-64.

Stritzel, Holger (2011): Security, the translation, in: Security Dialogue 42 (4-5): 343–355.

Stroebe, Wolfgang/Leander, N. Pontus/Kruglanski, Arie W. (2017): Is It a Dangerous World Out There? The Motivational Bases of American Gun Ownership, in: Personality and Social Psychology Bulletin 43 (8): 1071-1085.

Stumpf, Juliet (2006): The Crimmigration Crisis: Immigrants, Crime, and Sovereign Power, in: American University Law Review 56 (2): 367-419.

Taureck, Rita (2006): Securitization theory and securitization studies, in: Journal of International Relations and Development 9: 53–61.

The Oxford Classical Dictionary, Fourth Edition (2012), hrsg. von Esther Eidinow, Oxford.

Ther, Philipp (2014): Die neue Ordnung auf dem alten Kontinent. Eine Geschichte des neoliberalen Europa, Berlin.

Turner, Bryan S. (2007) The Enclave Society: Towards a Sociology of Immobility, in: European Journal of Social Theory 10 (2): 287–303.

Van Rythoven, Eric (2015): Learning to feel, learning to fear? Emotions, imaginaries, and limits in the politics of securitization, in: Security Dialogue 46 (5): 458-475.

Voß, G. Günter/Pongratz, Hans J. (1998): Der Arbeitskraftunternehmer. Eine neue Grundform der Ware Arbeitskraft?, in: Kölner Zeitschrift für Soziologie und Sozialpsychologie 1: 131-158.

Wagner, Jürgen (2009): Die Versicherheitlichung des Klimawandels. Wie Brüssel die Erderwärmung für die Militarisierung der Europäischen Union instrumentalisiert, in: IMI-Analyse (Informationsstelle Militarisierung) 24: 1-4.

Wakefield, Alison (2005): The Public Surveillance Functions of Private Security, in: Surveillance & Society 2 (4): 529-545.

Watson, Scott D. (2012): 'Framing' the Copenhagen School: Integrating the Literature on Threat Construction, in: Millennium: Journal of International Studies 40 (2): 279–301.

Wehrheim, Jan (2018): Kritik der Versicherheitlichung: Thesen zur (sozialwissenschaftlichen) Sicherheitsforschung, in: Kriminologischer Journal 50 (3): 211-221.

Williams, Michael C. (1998): Modernity, identity and security: a comment on the 'Copenhagen controversy, in: Review of International Studies 24: 435–439.

Williams, Michael C. (2011): Securitization and the liberalism of fear, in: Security Dialogue 42 (4-5): 453–463.

Williams, Michael C. (2015): Securitization as political theory: The politics of the extraordinary, in: International Relations 29 (1): 114-120.

Windolf, Paul (Hg.) (2005): Finanzmarkt-Kapitalismus. Analysen zum Wandel von Produktionsregimen, Sonderheft 25 der Kölner Zeitschrift für Soziologie und Sozialpsychologie, Wiesbaden.

Yousaf, Farhan Navid (2018): Forced migration, human trafficking, and human security, in: Current Sociology Monograph 66 (2): 209-225.

Zoche, Peter/Kaufmann,Stefan/Haverkamp, Rita (Hg.) (2010): Zivile Sicherheit. Gesellschaftliche Dimensionen gegenwärtiger Sicherheitspolitiken, Bielefeld.

Zwierlein, Cornel (Hg.) (2012): Geschichte und Gesellschaft. Zeitschrift für Historische Sozialwissenschaft Heft 3.

Die Texte

Reinhard Kreissl analysiert in konstruktivistischer Perspektive das Sprechen über Innere Sicherheit, die keine Systemeigenschaft darstellt, sondern ein Schema der Beobachtung. Diese Beobachtung bietet durch die Dichotomie sicher-unsicher unterschiedliche logische Kombinationen: so kann man sich durchaus sicher sein, dass bestimmte Umstände unsicher sind, was eine wünschenswerte Reduktion sozialer Komplexität bildet. Doch leitet der Diskurs der Inneren Sicherheit auch diverse Verschiebungen strukturbildender Grenzen der gesellschaftlichen Semantik an, und die Differenzen von öffentlich und privat, von Selbst- und Fremdreferenz, von Gegenwart und Zukunft gewinnen neue Bedeutungen, wenn man sie unter dem organisierenden Blickwinkel Innerer Sicherheit betrachtet.

Aldo Legnaro beschreibt mit den Formen biometrischer Authentifizierung eine der gegenwärtig bedeutsamsten Techniken von Kontrolle und Überwachung. Wenngleich ‚naive' Biometrie als das Erkennen von Individuen anhand ihrer körperlichen Merkmale alt ist, zeichnen sich die heutigen biometrischen Verfahren durch eine zuschreibende Individualisierung aus und sichern durch das Erkennen des Fremden die Wir-Sie-Grenze – der Körper lügt nicht. Den biometrischen Verfahrensweisen ist dabei inhärent, den Unterschied zwischen Verdächtigen und Nicht-Verdächtigen zu verwischen, und zugleich geben sie der persönlichen Identität eine neuartige Bedeutung.

Andrea Kretschmann analysiert – unabhängig von Foucault und komplementär zu seiner oben zitierten Sicht – die Entwicklungen mit demselben Verb als ein ‚Wuchern' von antizipierenden Imaginationen auf der Seite der Sicherheitsbehörden, die unsichere Zukünfte in der Form von *worst-case*-Szenarien entwerfen. Solche Imaginationen werfen lange Schatten auf die Gegenwart und bringen ständig neue zu bewältigende Krisen hervor. Politik und polizeiliches Handeln werden dabei zunehmend ununterscheidbar, und polizeiliches Handeln verwandelt sich in Politik. Das besprochene Fallbeispiel ist zwar österreichisch, das Prinzip jedoch global.

Die Konjunktur Innerer Sicherheit und die Transformation der gesellschaftlichen Semantik (1998)

Reinhard Kreissl

Die Konjunktur Innerer Sicherheit und die Transformation der gesellschaftlichen Semantik, in: Ronald Hitzler, Helge Peters (Hg.), Inszenierung: Innere Sicherheit. Daten und Diskurse, Opladen 1998, S. 155–169 (gekürzt).

Der Begriff „Innere Sicherheit" erfreut sich aktuell guter Konjunktur. Allerorten wird ihre Gefährdung durch steigende Kriminalität ausgerufen, und entsprechend fordert man Gegenmaßnahmen: Härtere Strafen, mehr Kontrolle und Überwachung, restriktivere Einwanderungspolitik, mehr Polizei, mehr Gefängnisplätze, konsequente Ordnungsmaßnahmen und entsprechende individuelle Vorsorge sollen der Gefährdung Einhalt gebieten. Haben wir es hier mit der kurzfristigen Konjunktur eines politischen Themas zu tun, die aus der Logik und Dynamik öffentlicher politischer Diskurse zu erklären ist, oder handelt es sich bei der aktuellen Sicherheitspanik um ein Phänomen, das die öffentliche Debatte länger beschäftigen wird und das sich möglicherweise auf tieferliegende strukturelle Ursachen zurückführen läßt?

R. Kreissl (✉)
VICESSE, Wien, Österreich
E-Mail: reinhard.kreissl@vicesse.eu

© Springer Fachmedien Wiesbaden GmbH, ein Teil von Springer Nature 2022   103
A. Legnaro und D. Klimke (Hrsg.), *Kriminologische Diskussionstexte II*,
https://doi.org/10.1007/978-3-658-22007-5_8

1   Konstruktivistische Perspektive

Die Debatte über Innere Sicherheit, wie wir sie zur Zeit beobachten können, gewinnt ihren soziologisch zu entschlüsselnden Sinn, wenn man sie als strukturierendes Element der gesellschaftlichen Selbstbeobachtung begreift. Das Konstrukt „Innere Sicherheit" erhält seine Bedeutung als Element eines semantischen Baukastens der gesellschaftlichen Selbstbeschreibung. Mit seiner Hilfe werden bestimmte Formen gesellschaftlicher Selbstthematisierung wahrscheinlich. Eine Gesellschaft, in der Selbstbeobachtung mit Hilfe des Konstrukts Innere Sicherheit betrieben wird, wird sich selbst anders sehen, als eine Gesellschaft, die sich unter dem Gesichtspunkt sozialer Gerechtigkeit oder der Übereinstimmung sozialen Handelns mit religiösen Prinzipien beobachtet. Man kann die verschiedenen Formen „abweichenden Verhaltens" als Ausdruck illegitimer gesellschaftlicher Machtverhältnisse begreifen, sie auf einen Zerfall ethisch-religiöser Wertorientierungen zurückführen, oder sie eben als Ausdruck einer Gefährdung der Inneren Sicherheit interpretieren. In jedem Fall wird durch die unterschiedlichen Diagnosen eine andere „Therapie" nahegelegt.

Nähert man sich dem Begriff „Innere Sicherheit" nicht im Rahmen eines referentiellen Sprachspiels, sondern aus konstruktivistischer Perspektive, so empfiehlt es sich, zwei Fragen auseinanderzuhalten: Erstens die Frage nach der Bedeutung der semantischen Konstruktion „Innere Sicherheit" in Prozessen der gesellschaftlichen Selbstbeschreibung und zweitens die Frage nach den unterschiedlichen Differenzen, wie etwa der Differenz zwischen objektiven und subjektiven Perspektiven, mit deren Hilfe Innere Sicherheit als Konstrukt verwendet wird. Andere Differenzen sind denkbar: etwa die Unterscheidung zwischen innerer und äußerer Sicherheit, die für einige Zeit die Selbstbeobachtung westlicher Gesellschaften unter den Bedingungen einer bipolaren Weltordnung geprägt hat. Als Bedrohung der Inneren Sicherheit erscheinen dann andere Phänomene. Man sorgt sich um ideologische Kontamination, um Spionage und politische Subversion, die die Innere Sicherheit gefährden könnten.[1]

---

[1] Natürlich ist die Inszenierung einer Bedrohung der Sicherheit einer Gesellschaft ein nahezu universelles Phänomen, wie Durkheim argumentiert hat. Aber man muß hier unterscheiden zwischen verschiedenen Formen oder semantischen Konstruktionen, die dabei zum Einsatz kommen: Werden äußere Feinde beschworen, werden religiöse Tabus verwendet, oder sieht man die drohende Gefahr im Inneren der Gesellschaft, in einem Zerfall der sozialen Ordnung oder einem von innen heraus geführten Angriff auf ihre Stabilität. In Analogie zur Evolution von Weltbildern ließe sich hier von einer Evolution der Feindbilder sprechen. Der Mechanismus der Grenzerhaltung, wie ihn etwa Erikson (1966, S. 10 f.) beschreibt, bleibt im wesentlichen gleich. Was sich ändert, ist die Art und Weise, in der dies geschieht.

Betrachtet man das Problem aus konstruktivistischer Perspektive und analysiert, wie und wozu das Konstrukt Innere Sicherheit in gesellschaftlichen Kommunikationsprozessen verwendet wird, so fällt zunächst folgendes auf: Der Begriff Innere Sicherheit thematisiert und fokussiert ein eher diffuses Unbehagen. Er bezeichnet, entgegen der durch die Wortwahl nahegelegten Bedeutung, einen Zustand der Unsicherheit.

Sicherheit reproduziert sich nicht mehr naturwüchsig und präreflexiv, gleichsam im Rücken der Akteure über die traditionellen und lokal wirksamen Mechanismen sozialer Integration, über Schule, Familie, Recht und Markt, sondern erfordert aktive Intervention und fortlaufende Entscheidungen, sowohl (im Sinne von Handlungssicherheit) bei den individuellen Akteuren, als auch auf gesellschaftlicher Ebene im Rahmen einer umfassenden und globalen Politik der Inneren Sicherheit. Aber derartige Interventionen sind ihrerseits mit einer gewissen Unsicherheit bezüglich ihrer Folgen und Wirkungen behaftet. Sie lassen sich selbst wieder unter dem Gesichtspunkt Sicherheit/Unsicherheit betrachten.

Wenn nun die gesellschaftlichen Akteure beginnen, sich selbst unter der Perspektive der Inneren Sicherheit zu beobachten, so läßt sich das als Hinweis auf tieferliegende strukturelle Probleme sozialen Wandels deuten, wenn sich zeigen läßt, auf welche Art von Problemen eine solche Form der Thematisierung möglicherweise reagiert.

Eine Antwort auf diese Frage läßt sich finden, wenn man analysiert, wer in der Gesellschaft mit dem Begriff Innere Sicherheit arbeitet und welche Fragen und Phänomene dann in das Blickfeld treten (und welche nicht). Das heißt: Innere Sicherheit ist keine Systemeigenschaft, sondern eine Kategorie, ein Schema der Beobachter, mit deren Hilfe das, was passiert ist, in einer bestimmten Weise gesehen und interpretiert werden kann. Sie ist, wenn man von der Annahme einer im wesentlichen auf Kommunikation basierenden sozialen Realität ausgeht, strukturbildend, indem sie bestimmte Phänomene als wichtig, gefährlich und problematisch, andere als unwichtig und nebensächlich markiert. Mit Hilfe der Unterscheidung Sicherheit/Unsicherheit werden Handlungsfolgen, Relevanzen und Sinnstrukturen und damit die Bedingungen für die Anschlußfähigkeit von Kommunikation festgelegt. Mit Hilfe der Differenz von subjektiver (Diskurse) und objektiver (Daten) Sicherheit wird diese Unterscheidung zusätzlich mit einer Zweitcodierung versehen, die die ursprüngliche Unterscheidung nochmals auf das Unterschiedene anwendet.

Prüfen wir nun folgende Überlegung: Mit Hilfe des semantischen Baukastens, den der Begriff Innere Sicherheit zur Verfügung stellt, wird in der Gesellschaft über Unsicherheit kommuniziert mit dem Ziel, „Sicherheit" zu erreichen. Dies geschieht unter anderen dadurch, daß unterschieden wird zwischen „sicheren" und „unsicheren" Einschätzungen der Sicherheitslage.

Ersetzt man den Begriff „sicher" durch Begriffe wie „bekannt" oder „vertraut", so ergeben sich Anhaltspunkte für eine weitere Überlegung. Ob etwas als bekannt oder vertraut erscheint, interessiert uns hier nicht im Sinne der Wahrnehmung eines individuellen Bewußtseins, sondern in Bezug auf Kommunikationsprozesse, d. h. in Bezug auf die Verwendung dieser Begriffe als Kontrastkategorien in sozialen Prozessen der Kommunikation zwischen Ego und Alter. Mit Hilfe des Konstrukts Innere Sicherheit werden unbekannte, unvorhergesehene oder in ihrem Auftauchen oder ihren Folgen unberechenbare Phänomene kommunizierbar. Die Anzahl unbekannter, unberechenbarer und unvorhersehbarer Ereignisse nimmt mit wachsender Interdependenz (bzw. je nach Sprachspiel: Globalisierung oder funktionaler Differenzierung) der Gesellschaft zu. Landen an der italienischen Küste Schiffe mit kurdischen Flüchtlingen an Bord, so läßt sich das in der Politik als Problem der Inneren Sicherheit der Bundesrepublik darstellen. Verschwinden in einem russischen Kernkraftwerk hundert Gramm Plutonium, so wird das zum Problem westdeutscher Geheimdienste. Nimmt die Anzahl der Chinarestaurants in Deutschland zu, verweist das auf ein Vordringen fernöstlicher Mafiaclans in Europa. Die Bedingungen lokalen sozialen Handelns vor Ort entgleiten der Kontrolle, es gibt Fernwirkungen, globale Einflüsse, unsichtbare, aber dennoch wirksame Phänomene, die das Handeln der Akteure vor Ort bestimmen. Auf diese Entwicklung reagiert der Diskurs der Inneren Sicherheit: Ferne, unbekannte und in ihrer Wirkung unberechenbare Ereignisse und Phänomene werden als Bedrohung der Inneren Sicherheit interpretiert und werden damit kommunikativ anschlußfähig und politisch handhab- und zuordnenbar. Mit Hilfe des Konstrukts Innere Sicherheit läßt sich das Produkt aus gestiegenem Kontingenzbewußtsein und hoher Komplexität auf ein anschlußfähiges Format reduzieren.

Mit der reflexiv, d. h. nochmals auf sich selbst angewendeten Semantik von Sicherheit und Unsicherheit sind dann bereits komplexe Operationen möglich. So ist es z. B. mit dieser zweistufigen Konstruktion möglich, Sicherheit darüber zu gewinnen, daß bestimmte Dinge unsicher sind. Man weiß dann, daß bestimmte Orte und Gegenden unsicher sind, man ist sich darüber in Kommunikationen sicher, man weiß, was eine „No-go-area" ist. Sie ist als unbekannte bezüglich ihrer Eigenschaften – nämlich unbekannt oder unsicher zu sein – vertraut. Kommunikation über Unsicherheit schafft so in der Situation Sicherheit. Darin liegt eine wichtige Funktion des Begriffs Innere Sicherheit: Er ermöglicht es, in der Kommunikation Unsicherheit in Sicherheit zu verwandeln.

Welche Handlungsfolgen ergeben sich nun daraus? Allgemein formuliert kommt es hier zu einer Restrukturierung von dem, was man legitimer- und erwartbarerweise darf, kann und soll unter dem Gesichtspunkt der Vermeidung von Gefahren. Die Definition des vernünftigen rationalen gesellschaftlichen Akteurs (als Bürger, als Politiker, als Frau, Arbeitsloser oder Jugendlicher) bedient sich – unter anderem, aber in erheblichem Maße – des Vokabulars „Innerer Sicherheit". Ebenso entwickelt sich eine soziale Taxonomie, die Interaktionspartner unter dem Gesichtspunkt ihrer Bedrohlichkeit bzw. Bedrohtheit sortiert: Asylant – gefährlich, deutscher Jugendlicher mit Bürstenhaarschnitt – aggressiv, Türke mit Mercedes – Drogenhändler oder Frau allein auf der Straße – gefährdet.

2   Semantische Grenzverschiebungen

Durch den Diskurs der Inneren Sicherheit verschieben sich strukturbildende Grenzen der gesellschaftlichen Semantik: die Differenzen von öffentlich und privat, von Selbst- und Fremdreferenz, von Gegenwart und Zukunft gewinnen neue Bedeutungen, wenn man sie unter dem organisierenden Blickwinkel Innerer Sicherheit betrachtet.[2] Diese Differenzen sollen im folgenden kurz betrachtet werden.

Jede dieser Differenzen verändert sich in spezifischer Weise. Die Trennung von öffentlichen Angelegenheiten und Privatsphäre verfügt über eine komplexe semantische Tradition, die wir hier nicht im entferntesten nachzeichnen können (vgl. Sennett 1983; Habermas 1962). Doch können wir in Umrissen einige Aspekte skizzieren, die durch die Konjunktur Innerer Sicherheit tangiert sind. Die Unterscheidung zwischen öffentlichen und privaten Angelegenheiten wird, wenn man sie unter dem Gesichtspunkt von möglichen Gefährdungen der Inneren Sicherheit betrachtet, an verschiedenen Stellen brüchig.

Dafür lassen sich eine Reihe von unmittelbar einleuchtenden Beispielen aus der jüngsten Vergangenheit finden. Zunächst fällt im Bereich der Rechtsentwicklung auf, daß die Grenze zwischen geschützter Privatsphäre, die dem

---

[2] Der gemeinsame abstrakte Bezugspunkt der an diesen Differenzen ablesbaren Probleme ist das Verhältnis von Zeit und Sozialdimension. Dieses Problem diskutieren verschiedene Autoren, etwa Giddens (1990) unter dem Gesichtspunkt der sich verändernden Raum-Zeit-Distanzierung und Luhmann (1993) ausführlich bei seiner Analyse des Verhältnisses von Risiko und Gefahr [siehe den Text im Kapitel *Prävention als Steuerungsmechanismus in der späten Moderne* in diesem Band – A.d.H.]. Die Folge, die semantische Änderungen für die Struktur der gesellschaftlichen Selbstbeobachtung und -beschreibung haben, lassen sich analog zu kognitiven Strukturen individueller Deutungen modellieren (vgl. Hesse 1974).

Zugriff staatlicher Kontrolle und Überwachung entzogen ist, und dem Bereich legaler Intervention sich verschiebt. Begründet wird diese Verschiebung, die sich aktuell z. B. an der Debatte um die Ausweitung des sogenannten „Lauschangriffs" verfolgen läßt, mit einer Gefährdung der Inneren Sicherheit. Der für unsere Fragestellung zentrale Aspekt ist hier die Annahme, daß sich in der Sphäre des Privaten Bedrohungen der Inneren Sicherheit zusammenbrauen und daß diesen Bedrohungen durch entsprechende Maßnahmen der Kontrolle und Überwachung beizukommen sei. Die traditionell als komplementär zum Bereich des Öffentlichen gedachte Privatsphäre gerät so unter einen öffentlich-rechtlichen Normierungsvorbehalt und zwar derart, daß nicht mehr bestimmte Standards des zivilisierten oder gepflegten Umgangs, sondern diffuse strafrechtliche Verdachtsmomente zum Maßstab angemessenen Verhaltens werden. Strafrechtlich geschützt wird also nicht mehr ein als an sich befriedet gedachter Bereich vor dem Eindringen unzivilisierter Gewalt, sondern dieser Bereich wird sozusagen unter seinen für die öffentliche Sphäre funktionalen Gesichtspunkten der Verbrechensverhütung normiert.

Hier haben wir es eindeutig mit einer semantischen Verschiebung zu tun. Nimmt man die in der politischen Diskussion verwendeten Szenarien in einem trivialen Sinne ernst, so ließe sich argumentieren, daß sich potentielle Verbrecher schon immer darum bemüht haben, nicht unbedingt unter den Augen und in Hörweite der Sicherheitsorgane ihre dunklen Geschäfte abzuwickeln, und daß eine neue Qualität der Bedrohung, die den nun möglichen extensiven Zugriff rechtfertigen könnte, mit bloßem Auge nicht erkennbar ist. Die Privatsphäre, die unter den Bedingungen der traditionellen Semantik von Öffentlichkeit und Privatsphäre eine Art Vertrauensschutz genoß, wird unter den neuen Bedingungen zu einem Ort, an dem sich Geheimes und Bedrohliches abspielt. Das Rechtssystem wurde traditionellerweise aus der Privatsphäre angesteuert, die Bürger hatten entsprechende Rechtsansprüche gegenüber der öffentlichen Gewalt des Staates. Nun kehrt sich das Verhältnis um: Das als öffentlich deklarierte Interesse an den privaten Verhältnissen der Privatpersonen führt zu einem rechtlich kodierten Vordringen der Öffentlichkeit in die Sphäre des Privaten. Das Private wird damit vom Intimen zum Geheimen.

Gleichzeitig gewinnt die Privatsphäre, verstanden als Ort der intimen, authentischen Kommunikation der Individuen, an Bedeutung, wenn der öffentliche Raum als unsicher, unstrukturiert und gefährlich wahrgenommen wird: Gemeinschaft gewinnt gegenüber Gesellschaft an Gewicht. Dieser allgemeine Trend (vgl. Sennett 1983) läßt sich für den Bereich Innere

Sicherheit an der Debatte über nachbarschaftsbezogene Strategien der Kriminalitätsbekämpfung demonstrieren: Kriminalpräventive Räte, „Community Policing" oder sog. „Neighborhood Watch Programs", die hierzulande eher als Bürgerwehren auftreten, belegen diese Reorientierung. Die Probleme werden im sozialen Nahraum der unmittelbaren Lebenswelt lokalisiert, und entsprechende kriminalpräventiv orientierte Strategien setzen dort an. Der Referenzrahmen wird damit „unsere" Gemeinde, d. h. der noch überschaubare und durch lokale Orientierungen definierte soziale Raum, der gegen das Böse, das in aller Regel natürlich von außen, aus der feindlichen gesellschaftlichen Umwelt eindringt, geschützt werden muß. Die politisch-ideologische Begrifflichkeit zu dieser Mentalität liefern bestimmte Lesarten des Kommunitarismus, die an traditionelle gemeinschaftliche Wertorientierungen appellieren, für deren Revitalisierung sie mit soziologischen Argumenten werben.

An solchen Beispielen läßt sich nicht nur eine Verschiebung der Grenzen zwischen Privatsphäre und Öffentlichkeit ablesen, sondern auch ein Funktionswandel der Privatsphäre nachzeichnen: Sie wird durch den Diskurs der Inneren Sicherheit zum sicherheitspolitisch relevanten Ort, und die Individuen als Privatpersonen avancieren zu Akteuren und Objekten der Politik Innerer Sicherheit. Für Fragen der Inneren Sicherheit wird damit ein neues Objekt der Zurechnung entdeckt. Sowohl ihre Gefährdung als auch entsprechende Gegenmaßnahmen nehmen ihren Ursprung bei den Bürgern, die allerdings weniger als Citoyens, sondern als Bourgeois und Homme erscheinen. Der Feind sitzt jetzt nicht mehr außerhalb der Gesellschaft, noch läßt er sich in bestimmten „Dangerous Classes" lokalisieren – das Böse ist nun immer und überall. Zudem verlieren die für die öffentliche Sphäre kennzeichnenden universalistischen Orientierungen an Gewicht zugunsten von partikularen, auf lokale Homogenität und Zugehörigkeit zielenden Vorstellungen.

Wird mit Hilfe der Differenz von privat und öffentlich das Verhältnis zwischen Privatpersonen und zentralisierter, rechtlich gezähmter Staatsgewalt kodiert, so verweist die Verschiebung zwischen Selbst- und Fremdreferenz auf Veränderungen in den gesellschaftlichen Zuschreibungsverhältnissen, die sich auch im Diskurs der Inneren Sicherheit widerspiegeln.[3]

---

[3] Die hier stattfindenden Veränderungen lassen sich zwar nicht unmittelbar und direkt als Folge der Konjunktur Innerer Sicherheit darstellen, sie sind allgemeinerer Natur. Doch spielen sie für das semantische Konstrukt Innere Sicherheit eine zentrale Rolle und werden dadurch zusätzlich beschleunigt.

Das Verhältnis von Selbst- und Fremdattribuierung läßt sich für unsere Zwecke im Bereich Innerer Sicherheit klassischerweise am Verhältnis von Risiko und Gefahr darstellen (vgl. zum folgenden Luhmann, 1993, S. 131 ff.).[a] Gefahren sind extern attribuierbar. Bei Gefahren handelt es sich um einen in Zukunft möglicherweise eintretenden Schadensfall, dessen Eintreffen der dann möglicherweise Geschädigte nicht seinem eigenen Handeln bzw. seinen Entscheidungen, sondern einer externen Kausalität (etwa einem anderen Akteur) zurechnet. Gefahren drohen, Risiken hingegen geht man gemeinhin um eines späteren Vorteils willen ein. Auch hier gilt, daß Risiko und Gefahr Beobachterkategorien sind, d. h. viele Konstellationen lassen sich sowohl als Risiko wie auch als Gefahr darstellen – je nach Art der Attribuierung, die man vornimmt. Unterschiedlich sind dann die Folgen der jeweiligen Attribuierung. Begreife ich etwas als Risiko, so hat das andere Implikationen, als wenn ich von einer vorhandenen Gefahr ausgehe. Natürlich gibt es für jede Form der Attribuierung herausragende Clear Cases. Ein klassisches Beispiel für diese Verschiebung in der Attribuierung von Fremd- auf Selbstzuschreibung ist die Entdeckung des Opfers in der kriminologischen Diskussion. Die Viktimologie beschäftigt sich mit der kriminellen Bedrohung nicht unter der Perspektive der Gefahr, der Ursachen oder des Schadens von Verbrechen, sondern sie fragt nach der Rolle des Opfers, nach seiner Beteiligung am Geschehen und nach dem Risiko der Viktimisierung: Wen es trifft, wie es verteilt ist, wie man es verringern kann. Dieser Wechsel des Blickwinkels der Beobachter vom Täter zum Opfer entspricht exakt der Verschiebung von Gefahr zu Risiko.

Zudem verbessert eine solche Refokussierung die Position derjenigen, die im politischen System für Entscheidungen verantwortlich gemacht werden. Erklärt man die Gefährdung der Inneren Sicherheit zu einem Risiko, gegen das die potentiell Betroffenen auch und in erster Linie selbst aktiv Vorsorge treffen müssen, so ist man im Schadensfall ein Stück weit aus dem Schneider. Man kann auf die geleistete Gefahrenvorsorge verweisen, auch wenn diese sich nur darauf beschränkt, die potentiellen Opfer rechtzeitig gewarnt und zu entsprechenden Vorsichtsmaßnahmen aufgefordert zu haben und ansonsten die Geschädigten auf ihr eigenes Risikoverhalten verweist. Der Innenminister, der vor den hereinbrechenden kriminellen Horden gewarnt hat, wird sich im Angesicht eines spektakulären Falls organisierten Verbrechens nicht vorwerfen lassen,

---

[a] Siehe den Text im Kapitel *Prävention als Steuerungsmechanismus in der späten Moderne* in diesem Band (A.d.H.).

er habe nichts unternommen, um den Schaden zu verhindern, sondern vielmehr darauf verweisen, er habe davor gewarnt und zu entsprechenden Vorsichts- und Gegenmaßnahmen aufgefordert. Wenn der Schaden eintritt, hat derjenige politisch die besseren Karten, der darauf verweisen kann, vorher vor dem Risiko gewarnt und die potentiell Betroffenen zur Selbstattribuierung aufgerufen zu haben.

Vor diesem Hintergrund lassen sich auch die gemeinschaftlich organisierten Formen der Reaktion auf die Gefährdung der Inneren Sicherheit, die wir oben erwähnt haben, als Formen der sozialen Verteilung von Risiken interpretieren. Der isolierten individuellen Reaktion haftet der Makel der nur subjektiv und mög- licherweise überzogen wahrgenommenen Bedrohung an. Die gemeinschaftlich in der Nachbarschaft organisierte Wachpatrouille hingegen gibt der Bedrohung die Aura objektiver Faktizität: In der Wagenburg mit Gleichgesinnten fällt das Warten auf den Feind leichter, als allein in der Prärie die Furcht vor seinem Angriff zu ertragen.

Allerdings setzt dieser Prozeß eine selbstverstärkende Dynamik in Gang. Der Diskurs der Inneren Sicherheit fördert eine Mentalität der Risikozuschreibung: Erstens kann Alles und Jeder zum potentiellen Risikofaktor werden, was umfassende Vorsorgemaßnahmen erfordert – und daher werden zweitens alle nur erdenklichen Instanzen aufgerufen, vorsorgend aktiv zu werden. Das wiederum führt zu den bekannten Klagen der Politik über die Versorgungsmentalität der Bürger, die den Staat mit Ansprüchen überlasteten und die statt dessen selbst die Initiative ergreifen sollten. Dieses Muster ist bekannt aus den Debatten über die wirtschaftliche Entwicklung und Sozialpolitik, findet sich aber auch zusehends immer häufiger im Bereich der Inneren Sicherheit. Man denke etwa an die bereits erwähnten kriminalpräventiven Räte. Das klassische Politikmodell, nach dem Politik die Herbeiführung von kollektiv bindenden Entscheidungen ist, wird durch den in Begriffen kollektiver Risiken geführten Diskurs der Inneren Sicherheit unterminiert: Entweder verweist die Politik die an sie heran- getragenen Zumutungen der Vorsorge zurück, weigert sich also, Entscheidungen zu treffen und fordert stattdessen zu Selbstschutzmaßnahmen auf, oder es werden martialische Maßnahmen ergriffen, deren Wert aber, wie etwa beim Lausch- angriff, in ihrer symbolischen Bedeutung liegt. Man spielt den Bürgern ihre Ängste vor Gefahren, die sie an die Politik herantragen, als Risiko zurück, für das sie selbst Vorsorge zu treffen haben, und beruhigt sie zugleich mit spektakulär inszenierten Maßnahmen der Gefahrenvorsorge, die noch dazu den Nebeneffekt einer Stärkung der Binnenloyalität durch den nach außen projizierbaren Feind des Kriminellen haben.

Der Begriff der Vorsorge oder Prävention wird im Diskurs der Inneren Sicherheit zum Schlüsselbegriff. Zukunftsorientierung gewinnt für das individuelle wie politische Handeln an Bedeutung. (Das zeigt sich schon daran, daß sich die Bundesregierung einen eigenen Zukunftsminister leistet!) Gleichzeitig verändert sich das gesellschaftliche Zeitbewußtsein dergestalt, daß Zukunft in zunehmendem Maße als etwas begriffen wird, das von Entscheidungen in der Gegenwart abhängt. Zukunft ist nicht mehr, wie es etwa in rechtlichen Regelungen vorausgesetzt wird, eine Reproduktion der Gegenwart zu einem späteren Zeitpunkt (s. Preuß 1989), sondern sie erscheint sowohl offen als auch entscheidungsabhängig. Im Strafrecht fördert das ein Vordringen abstrakter Gefährdungsdelikte (s. Frehsee 1997), in der Kriminologie die Beschäftigung mit Rückfalltätern und ihrer frühzeitigen Identifikation im Rahmen der sogenannten „Selective Incapacitation" und im alltäglichen Handeln den Trend zur Über- und Versicherung: Jedes Haushaltswarengeschäft, das Türschlösser und Alarmanlagen verkauft, firmiert heute als „Sicherheitscenter". Prävention als Zukunftsorientierung gerät schnell zur sozialen Nötigung. Wer sich nicht an den maximalen Sicherheitsstandards orientiert, keine zusätzlichen Schlösser anbringt, keinen Safer Sex praktiziert und nach Mitternacht U-Bahn fährt, stellt sich als unverantwortlich ins soziale Abseits.

Der Diskurs der Inneren Sicherheit läßt sich hier einrücken in weiterreichende Entwicklungen, die in der kulturkritischen Gesellschaftsdiagnostik als Schwinden der utopischen Energien oder „Neue Unübersichtlichkeit" vermerkt werden. Ein zukunftsorientiertes Handeln, das auf die Realisierung eines utopischen Entwurfs (der klassenlosen Gesellschaft, der Einheit von Mensch und Natur etc.) gerichtet ist, kann sich in einem Zweck-Mittel-Schema aus einer Reihe von alternativen Handlungsentwürfen für jene Variante entscheiden, die – natürlich ceteris paribus – einen Schritt in Richtung des angestrebten Ziels darstellt. Unter den Bedingungen vielfältiger Möglichkeiten und kontingenter Zukünfte, die noch dazu alle durch gegenwärtige Entscheidungen in einer kaum durchschaubaren Weise mitdeterminiert werden, fällt die Entscheidung schwerer. Prävention zielt dementsprechend auch nicht auf die Erreichung eines zukünftigen Zustands, sondern auf die Aufrechterhaltung des Status quo. Als Handlungstyp, wenn man denn einen solchen stilisieren wollte, zeichnet sich präventives Handeln dadurch aus, daß es versucht, die Zukunft dergestalt zu neutralisieren, daß möglichst keine Veränderungen eintreten, da Veränderungen unberechenbar und damit im

Zweifelsfall eher negativ sind.[4] Das Bewußtsein der zunehmenden Unvorhersehbarkeit und Unberechenbarkeit der Zukunft fördert so das auf Sicherheit orientierte Handeln und entsprechende Maßnahmen der Früherkennung zukünftiger Gefahren. Man könnte hier eher von der Verbreitung eines dystopischen Denkens, das Utopien als Orientierungsmaßstab für gegenwärtige Entscheidungen ablöst, sprechen.

Aktuelle Beispiele aus dem Bereich der Inneren Sicherheit finden sich in der Diskussion um Kriminalitätsursachen. Die Konjunktur von Erklärungen, die von einer genetisch-biologischen Disposition oder einer durch einfache Indikatoren erfassbaren Soziopathogenese des Verbrechens ausgehen, läßt sich im Horizont präventiven Denkens interpretieren. Wenn es möglich ist, in einem frühzeitigen Stadium aufgrund des genetischen oder hormonellen Outfits oder der familiären und sozialen Umstände den zukünftigen Täter zu identifizieren, so gibt das Kriterien für gegenwärtige Entscheidungen, die spätere Schäden durch kriminelles Verhalten verhindern können, an die Hand. Man kann dann rechtzeitig durch harte Strafen oder entsprechende therapeutisch vorbeugende Maßnahmen reagieren und so das Risiko späterer Kriminalität reduzieren. Nicht zuletzt aufgrund wissenschaftlicher Untersuchungen über die Ursachen des Verbrechens ist das Bündel möglicher auslösender Faktoren hochkomplex geworden. Es dient kaum mehr zur Diskriminierung zwischen zukünftigen Kriminellen und gesetzestreuen Bürgern: Fast jeder zeigt irgendwelche Eigenschaften, lebt unter Bedingungen, ist Erlebnissen ausgesetzt, die kriminelles Handeln auslösen können. Daher liegt die flächendeckende Prävention nahe. Die als präventive Kriminalpolitik firmierende Ideologie (Schwind u. a. 1980) tritt dementsprechend auch mit dem Anspruch auf, die Politik aller Ressorts unter dem Gesichtspunkt ihrer kriminalpräventiven Wirkungen zu überprüfen und entsprechend anzupassen. Die realsatirisch anmutende Forderung nach Kriminalprävention im Kindergarten ist die ernsthaft vertretene letzte Konsequenz dieses Denkens (vgl. Schwind u. a. 1980). [...].

---

[4] Die Struktur dieses Denkens taucht erstmals in den modernen, auf Wahrscheinlichkeitsüberlegungen basierenden Gottesbeweisen im 17. Jahrhundert auf. So argumentiert etwa Pascal, daß wir bei vernünftiger Überlegung nicht wissen können, ob es Gott und ein Leben nach dem Tode gibt. Wenn wir aber von einer gleichen Wahrscheinlichkeit der beiden Alternativen – es gibt ein Leben nach dem Tod und es gibt kein Leben nach dem Tod – ausgehen, dann tun wir besser daran, von der Existenz Gottes und dementsprechend von Himmel und Hölle auszugehen, denn wenn es Himmel und Hölle gibt, dann landen wir, wenn wir jetzt aufgrund der gleichen Wahrscheinlichkeit beider Alternativen so handeln, als gäbe es sie nicht, und nicht nach den Vorschriften der Religion leben, in der Hölle – und das wollen wir doch vermeiden. Vgl. Hacking (1975).

Literatur

Erikson, K.T., 1966: Wayward Puritans. New York, London.
Frehsee, D., 1997: Fehlfunktionen des Strafrechts und der Verfall des rechtsstaatlichen Freiheitsschutzes. S. 14–46 in Frehsee, D., Löschper, G., Smaus, G., (Hrsg.) Konstruktion der Wirklichkeit durch Kriminalität und Strafe, Baden-Baden: Nomos Verlag.
Giddens, A., 1990: Consequences of Modernity, London: Polity Press.
Habermas, J., 1963: Der Strukturwandel der Öffentlichkeit. Neuwied: Luchterhand.
Hacking, I., 1975: The Emergence of Probability. Cambridge UK: Cambridge University Press.
Hesse, M., 1974: The Structure of Scientific Inquiry. Berkeley, Los Angeles: UC Press.
Luhmann, N. 1993: Risiko und Gefahr, S. 131–169 in ders., Soziologische Aufklärung 5. Opladen: Westdeutscher Verlag.
Preuß, U.K., 1989: Vorsicht Sicherheit: Am Ende staatlicher Neutralisierung. Merkur Heft 6: 478-498.
Schwind, H.D. u.a. (Hrsg.), 1980: Präventive Kriminalpolitik. Wiesbaden: Kriminalistik-Verlag.
Sennett, R., 1983: Verfall und Ende des öffentlichen Lebens. Frankfurt/M.: Fischer Verlag.

Das Projekt Biometrie und das Verschwinden der Unschuld (2008)

Aldo Legnaro

Das Projekt Biometrie und das Verschwinden der Unschuld, in: Kriminologisches Journal Heft 3, 2008, S. 179–199.

Prolog: Südfrankreich 1548–1560

Im Jahre 1548 verlässt der wohlhabende Bauer Martin Guerre sein Dorf im Languedoc, lässt Frau und Sohn, Haus und Hof zurück, und bleibt Jahre verschwunden.[1] Derlei kommt bekanntlich auch heute vor und bildet für sich genommen keinen Grund, diese Geschehnisse 450 Jahre später noch zu erzählen. Bedeutung gewinnen sie erst dadurch, dass 1556 im Dorf ein Mann erscheint, der von sich behauptet, Martin Guerre zu sein. Und von jetzt ab entfaltet sich jene Geschichte des Erkennen-Wollens und Erkennen-Könnens, die Martin Guerre in seinen unterschiedlichen Gestalten noch heute zu einem Faszinosum machen kann. Denn im Dorf zögern zuerst viele, ihn wiederzuerkennen – er sah ähnlich aus und hatte sich doch verändert, aber verändern die Jahre einen nicht immer? – und wenn er sie erinnert an gemeinsame Unternehmungen und Erlebnisse, dann wissen sie, dass es sich wohl doch um Martin Guerre handeln muss, zumal ja auch seine Frau

---

[1] Davis (1984) hat diesem Fall eine glänzende Studie gewidmet, der ich alle hier angeführten Details entnehme.

A. Legnaro (✉)
Köln, Deutschland
E-Mail: a.legnaro@t-online.de

ihn als solchen anerkennt.[2] Und damit könnte alles im Märchenschluss des ‚Und
wenn sie nicht gestorben sind' enden, wenn nicht nach einigen Jahren Streitigkeiten zwischen Martin Guerre und seinem Onkel über Land und dessen Verkauf
eingetreten wären. Diese Streitigkeiten werfen die längst beiseitegelegte Frage
wieder auf, ob es sich denn wirklich um den echten Martin Guerre handele, und
sie führen zu einem ersten Prozess um seine Identität, den – wohl auf Betreiben
dieses Onkels – seine Frau anstrengt. Dieser Prozess kann sich nur auf insgesamt
sehr widersprüchliche Indizien stützen. Der Angeklagte behauptet weiterhin,
Martin Guerre zu sein, und das bestätigen ihm dreißig bis vierzig Zeugen, die
ihn alle von Kind auf an gekannt haben, darunter seine vier Schwestern. Sie alle
betonen, dass er sie mit Namen begrüßt und an Ereignisse erinnert habe, die sie
vor Jahren gemeinsam erlebt hätten. (Die präzise Erinnerungsfähigkeit, die ihm
so oft attestiert wird, weckt allerdings aus der Sicht heutiger Erinnerungspsycho-
logie erhebliche Skepsis). Um die 45 Zeugen bestreiten, dass es sich um Martin
Guerre handele, und circa 60 Zeugen können sich gar nicht festlegen. Gute Gründe
für ihre Meinung haben alle. Während die einen genau wissen, dass Martin Guerre
eine Narbe auf der Stirn und drei Warzen auf der rechten Hand gehabt habe – was
alles auch der Angeklagte vorweisen kann – behaupten andere, Martin habe eine
Narbe über der Augenbraue und eine platte Nase gehabt (Merkmale, die sich
beim Angeklagten nicht finden) und sei überhaupt größer, schlanker und dunkler
gewesen. Und der Schuster ist davon überzeugt, Martin habe größere Füße gehabt
als dieser hier, der sich für ihn ausgebe.

Man sieht, das Gericht war nicht zu beneiden, und wenn es sich zu Schuld-
spruch und Todesurteil entschließt, so nach einer keineswegs eindeutigen Beweis-
aufnahme (eine Gepflogenheit, die erste Instanzen auch heute noch nicht verloren
haben). Der Angeklagte, der weiterhin versichert, Martin Guerre zu sein, legt
denn auch beim Parlament von Toulouse Berufung ein, dessen Strafkammer im
April 1560 das Verfahren eröffnet. Der Reigen widersprüchlicher Zeugenaussagen wiederholt sich auch hier, doch die uns von einem der beteiligten Richter
schriftlich überlieferten Erwägungen der gerichtlichen Beweiswürdigung sind
wesentlich sorgfältiger. Er wägt Zeugenaussagen ab: keine bestätigt die andere,
und die Verweise auf Narben und Warzen, die Martin Guerre gehabt habe,
beziehen sich jeweils auf andere Narben und Warzen. Er schätzt Glaubwürdigkeit ein: müsste die Frau Martins ihren Mann nicht zweifelsfrei erkannt haben,
und könnte sie nicht jetzt zu einer falschen Anklage gezwungen worden sein, von

---

[2] Davis geht davon aus, dass seine Frau durchaus diesen zurückgekehrten Martin als einen
anderen erkannte, sie dann aber in einem emanzipativen Akt mit diesem eine Ehe erfindet,
in der sie sich durchaus wohl fühlt.

jemandem, der durchaus Interesse an einer Verleumdung gehabt haben könnte? Und müssten die vier Schwestern, die durch die Anerkennung der Rückkehr ihres Bruders sogar materielle Nachteile haben könnten, nicht als unbedingt glaubwürdig gelten? Und sollte der Angeklagte, der ihn belastende Aussagen geschickt zu entkräften sucht, mit seinem präzisen Detailwissen über die Vergangenheit dann nicht tatsächlich Martin Guerre sein?[3] *In dubio* und zum Schutz der Familie bereitet das Gericht den Freispruch vor. Dazu kommt es jedoch nicht, denn es erscheint in Toulouse ein Mann, der sagt, er sei Martin Guerre. Nun stehen sich zwei Martins gegenüber, die dieselbe Identität reklamieren. Man verhört beide einzeln und konfrontiert die Verwandten mit dem neuen Martin, den man in eine Reihe gleichgekleideter Männer stellt. Der Onkel, treibende Kraft hinter dem Prozess, erkennt ihn sofort (was allerdings die Konsistenz seiner Klage auch verlangt). Von größerer Bedeutung ist deswegen auch die Aussage der vier Schwestern, die, als man ihnen beide Martins gegenüberstellt, dem ‚neuen‘ um den Hals fallen und erklären, sie seien bisher getäuscht worden. Und seine Frau umarmt ihn und bittet um Verzeihung für ihre Verfehlung. Das beseitigt alle Zweifel, das Todesurteil gegen den ersten Martin ergeht und wird vollstreckt.

Es ist bis heute reizvoll, sich vorzustellen, dass es sich dabei um ein Fehlurteil gehandelt haben könnte (wovon Davis jedoch nicht ausgeht); dass alle nun erklären, sich geirrt zu haben, muss man nicht notwendigerweise für wahrhaftig halten – es ließen sich, wollte man den *advocatus diaboli* spielen, auch weiterhin Zweifel geltend machen. Denn im Kern lässt sich die Geschichte von Martin Guerre lesen als eine Geschichte der biometrischen Authentifizierung und ihrer Ambiguitäten.[4] Das gilt einmal natürlich im Hinblick auf die Verwendung biometrischer Eigenheiten, die hier allerdings lediglich nach Augenschein und ungewisser Erinnerung verglichen werden können, was sie allen subjektiven Verzerrungen aussetzt und eben auch dazu führt, nacheinander zwei Martins für den richtigen zu halten. Wer wo eine Narbe oder eine Warze hatte, lässt sich, wenn keine Fotos vorhanden sein können, nach Jahren nicht so einfach sagen; die Aussage des Schusters hingegen wirkt vor diesem Hintergrund als höchst

---

[3] In welchem Ausmaß unter den soziokulturellen Bedingungen Europas eine Biographie in und aus Narrationen hergestellt wird, verdeutlicht die Geschichte von Martin Guerre auf diese Weise exemplarisch.

[4] ‚Authentifizierung‘ fasst begrifflich die Prozesse der Identifizierung (der Check einer Person gegen die gesamte vorhandene Datenbasis) und Verifizierung (der Check einer Person gegen ihre Behauptung, eben diese Person zu sein) zusammen, wie sie vor dem Hintergrund von „something you are" (biometrische Verfahren), von „something you know" (Passwörtern und PIN's) und von „something you have" (Karten und Abzeichensystemen) (Woodward et al. 2003, S. 6) angewendet werden.

verlässlich, wenngleich der Angeklagte sie mit der Forderung, schriftliche Unterlagen über seine Schuhgröße vorzulegen, zu entkräften sucht. Doch sofern der Schuster ein gewissenhafter Handwerker gewesen ist – er war ein Zechkumpan des klagenden Onkels, was seine Glaubwürdigkeit allerdings einschränkt – mag die Erinnerung genügen. (Wenn Fußformen und -abdrücke heute, unter anderen technischen Voraussetzungen, nicht als biometrisches Datum verwendet werden, dann aus Gründen der Praktikabilität, nicht, weil sie ungeeignet wären.) Man steht hier also vor einer naiven und spontanen, gewissermaßen ‚natürlichen' biometrischen Authentifizierung, die als solche in ihren Ergebnissen besonders umstritten ausfällt. Solche individualisierenden Authentifizierungen nehmen wir im Alltagsleben permanent vor, und jemanden (wieder) zu erkennen an Gesichtszügen, Stimme, Lachen, Gang, Gestik und unermesslich vielen Kleinigkeiten, die sich weder wissenschaftlich noch literarisch erschöpfend beschreiben lassen, zählt zu den von uns meistens nahezu unbewusst vorgenommenen Leistungen. Das unterscheidet uns nicht von den Zeitgenossen des Martin Guerre. Nicht die rudimentäre Biometrie macht den Unterschied aus, sondern ihre Funktionalitäten und ihre soziale Einbettung, vom technischen Potenzial ganz abgesehen. Das soll im folgenden in Hinblick auf zwei unterschiedliche, wenngleich miteinander zusammenhängende Gesichtspunkte erörtert werden: im Hinblick auf eine heteronome, von staatlichen Institutionen vorgenommene Individualisierung und die stets prekäre Grenze zwischen ‚uns' und ‚ihnen'.

Authentifizierungen als zuschreibende Individualisierung
Biometrische Kennzeichen[5] als Mittel der Authentifizierung sind, wie die Geschichte von Martin Guerre belegt, alt, und physische Besonderheiten – Narben, Tätowierungen und dergleichen – haben schon im Mittelalter dazu gedient,

---

[5] Unter Biometrie werden alle identifikatorischen Verfahren verstanden, die einen Nexus zwischen den Körperzeichen und der Person etablieren: von den Zeichen lässt sich auf die Person schließen, und anhand der Zeichen lässt sich die Person verantwortlich machen. Das gilt für alle verwendeten und in der Entwicklung befindlichen Verfahren, seien sie aktiv oder passiv, berührungslos oder kontaktgebunden. Zu den aktiven biometrischen Merkmalen werden dabei Unterschriftendynamik, Lippenbewegungen beim Sprechen, Stimme, Bewegung, Anschlagsdynamik auf Tastaturen und DNA-Analysen gezählt, zu den passiven hingegen, die berührungslos geprüft werden können, zählen das Muster der Iris, die Gesichtserkennung, das Retinamuster, der körpereigene Geruch, während Verfahren wie Fingerabdruck und Handgeometrie nur kontaktgebunden durchgeführt werden können. Diese Unterscheidung, wie sie sich in der einschlägigen Literatur findet, ist bezeichnenderweise ganz technisch orientiert und unterschlägt die soziale Dimension, nämlich die offen bzw. die nicht offen stattfindende Authentifizierung, wie sie unabhängig von aktiven und passiven Merkmalen geschieht und entweder Kooperation erfordert oder ohne das eigene Wissen geschieht.

zuschreibende Individualisierungen vornehmen zu können (Hahn 2004; Röcke 2004). Das gilt in vormoderner Zeit zwar noch nicht generell für die gesamte Bevölkerung, sondern nur als bürokratische Singularisierung, etwa um die Identität von Söldnern bei der Soldzahlung zu prüfen (Groebner 2004, S. 81) oder Straftäter als solche zu brandmarken (C. Anderson 2000). Papierene Ausweise werden dann erfunden, um solche Authentifizierungen auf eine weniger subjektive Grundlage zu stellen und gewissermaßen zu objektivieren. Diese frühen Ausweise bescheinigen ihrem Träger, nicht an ‚seinem Ort' und insoweit eine Ausnahme zu sein: sei es als Pilger, als Handelsreisender oder als Soldat (Groebner 2004, S. 128). Die Geburt der Administration aus dem Geist des Passwesens und die Entwicklung von Individualisierungen aus der zuschreibenden Authentifizierung durch diesen Geist stehen damit in einer engen Beziehung zueinander: „Praktisch vollzog sich diese erstaunliche Verbreitung des Begriffes von Individualität über die Beziehung zum Staat und seinen bürokratischen und politischen Organen" (Ginzburg 1995, S. 47).[6] Indem diese Organe eine neuartige Methode der Identifizierung einführen, konstituieren sie mit dieser Methode als einer Technik des Herrschens sowohl ihre Form der Herrschaft wie auch eine Form der nachweisbaren Staatsbürgerschaft und machen das Individuum zu „einem symbolischen Wesen, das sich auf eine Gesamtheit von Merkmalen reduzieren läßt" (Noiriel 1994, S. 147).

Bis weit ins 19. Jahrhundert hinein ist die Ausstellung von Pässen allerdings nur ansatzweise eine normierende bürokratische Handlung, weil die diesbezüglichen Regeln eher punktuell und keineswegs von der administrativen Perfektion sind, wie sie später herrschen wird (Fahrmeir 2001; Lucassen 2001). So beendet erst das Attentat auf Napoleon III. am 14.01.1858 die bis dahin gängige Praxis, für die Bürger anderer Staaten Pässe auszustellen (Lloyd 2003, S. 1–23), und erstmals wird nicht nur die Identität von Pass und Person, sondern auch die Identität von Staatszugehörigkeit und Passbehörde hergestellt. Die Pässe selbst enthalten üblicherweise eine detaillierte Personenbeschreibung; britische Pässe

---

[6]Ein unscheinbares, aber bezeichnendes Beispiel hierfür ist die Einführung der Hausnummern zur Mitte des 18. Jahrhunderts in Mitteleuropa, die sowohl steuerlichen Zwecken wie der Aushebung von Soldaten und der Fahndung nach Kriminellen dient, insgesamt also die Effizienz absolutistischer Verwaltungen erhöht und ihren Zugriff auf die Bevölkerung intensiviert; vgl. Tantner (2007). Zugleich jedoch entsteht damit eine praktikable Technik der Adressierung, die das Alltagsleben erleichtert und sich deswegen auch weitgehend problemlos durchsetzt.

verzichten bis 1915 sogar darauf und begnügen sich mit solch vagen Angaben wie ‚English gentleman' (ebd., S. 7). Wenn dies als hinreichend angesehen wird, verweist das nicht nur auf europäische Selbstverständlichkeiten der Epoche vor dem Ersten Weltkrieg, sondern auch auf ein Gespür dafür, dass bürokratische Individualisierungen samt ihren normierten Angaben als ein Degradierungs-zeremoniell aufgefasst werden können – eine Sensibilität, die uns heute merk-lich abhanden gekommen ist. Die Perfektionierung des Passes setzt dann mit dem Ersten Weltkrieg ein; viele Staaten führen ein obligatorisches Foto ein, was eine bestimmte Form des Passes erzwingt (ebd. S. 90 ff.), und in Europa wie den USA etablieren sich Passpflichten, die mindestens so sehr der Kontrolle aus-reisender Inländer wie der Kontrolle einreisender Ausländer dienen (Torpey 2001). „Der Paß", räsoniert denn auch Kalle in Brechts *Flüchtlingsgesprächen* (entstanden während seiner Emigration, aus dem Nachlass veröffentlicht 1961), „ist der edelste Teil von einem Menschen. Er kommt auch nicht auf so einfache Weise zustand wie ein Mensch. Ein Mensch kann überall zustandkommen, auf die leichtsinnigste Art und ohne gescheiten Grund, aber ein Paß niemals." Und Ziffel ergänzt: „Man kann sagen, der Mensch ist nur der mechanische Halter eines Passes." Diese Bedeutung des Passes setzt mit dem Ersten Weltkrieg ein. Zwar sind die jeweiligen Maßnahmen oft als temporär und den Kriegsumständen geschuldet gekennzeichnet – von der „vorübergehenden Einführung der Pass-pflicht" ist 1914 im Reichsgesetzblatt die Rede –, doch typischerweise bleiben sie auch während der Zwischenkriegszeit erhalten. Einzig die britische Abneigung gegen eine ‚Prussifizierung', als die ein obligatorischer Pass erscheint, macht die Passpflicht dort zu einer auf die Kriegszeiten begrenzten Ausnahme (Agar 2001).[7] 1920 werden Pässe dann endgültig formalisiert, und eine vom Völker-bund einberufene Internationale Pass-Konferenz legt Pass-Standards fest (Lloyd 2003, S. 120 ff.). Und so sind die Angaben eines Passes heute weltweit zu einer bürokratischen Narration normiert: neben der Nationalität, die das Umschlagbild ausweist, Foto, Name, Geburtsort, Geburtsdatum, Größe, Geschlecht, Augen-farbe, besondere Kennzeichen – eine Narration, die mit einer Biographie wenig gemein hat, aber als Grundlage einer solchen genutzt werden kann. Der Pass bewahrt die Stichworte dafür auf, und so erzählt denn auch Kumar (2000) die Befindlichkeiten und Lebensumstände des Migranten anhand der Angaben seines Passes. Das überträgt die Individualisierung durch den Pass ins Literarische, und

---

[7] Unter dem Signum von Terrorismusbekämpfung wird das inzwischen allerdings kontrovers diskutiert.

vergleichbar spielerisch geht Arthur Simpson, Hauptfigur in Eric Amblers Roman *Dirty Story* (1967), damit um, wenn er Pässe eines nicht existierenden Staates ausstellt und verkauft: der Name eines Staates spielt seiner Meinung nach bei Kontrollen weniger eine Rolle – wer kann schon alle Staaten dieser Welt kennen – als die Kennzeichen des Passes selbst und die Kennzeichen der Person, für die er ausgestellt ist. Das ist nicht nur romanhafte Fiktion: 1998 reist ein Herr, der einen Pass von British Honduras herzeigt, mit daraufhin ausgestellten Visa monatelang durch die Schweiz, Österreich und die Bundesrepublik, und erst bei der Ausreise fällt einem Zollbeamten auf, dass der ausstellende Staat nicht existiert (Groebner 2004, S. 169).[8] Wenn Zeichen und Siegel eines Passes korrekt anmuten, dann bestätigen sie sich eben selbst und generieren eine eigene Wirklichkeit, denn der Pass authentifiziert nicht nur die Identität zwischen dem Passträger und dem Ausweis, sondern ebenso die Authentizität der ausstellenden Behörde. Das hat sich bis heute nicht geändert, denn alle Modernisierungen zielen im wesentlichen darauf ab, die Identität von Person und Ausweis zu garantieren, was dann – da Behörden an der Authentizität anderer Behörden zu zweifeln nicht geneigt sind – als zweifelsfreie Authentifizierung des Tatsächlichen betrachtet werden kann.

Solche Modernisierungen werden immer wieder durch Krisenzeiten veranlasst. Nicht nur der Erste Weltkrieg ist dabei bedeutsam; schon die frühe europäische Bewegung des Anarchismus – nicht nur in dieser Hinsicht Äquivalent des heutigen Terrorismus – fordert dazu heraus. Und so wird auf der Internationalen Anti-Anarchisten-Konferenz 1898 in Rom die von Alphonse Bertillon entwickelte hochdifferenzierte anthropometrische Messung (‚Bertillonage‘) zum Standard erhoben (Cole 2001, S. 52). Das ist die erste elaborierte und verwissenschaftlichte Biometrisierung der Authentifizierung, nach der früheren ‚naiven‘ Biometrie. Der Fingerabdruck als Identifikationsmerkmal wiederum wird zuerst in Indien als ein Instrument kolonialer *governance* angewendet, um die Identität der Empfänger von Rentenzahlungen zu prüfen, da weiße Kolonialbeamte indische Gesichter nicht unterscheiden können (ebd., S. 65). 1899 etabliert der *Indian Evidence Act* schließlich erstmals den Fingerabdruck als gerichtliches Beweismittel (ebd., S. 90). Sowohl die Technik des Fingerabdrucks wie die Bertillonage entwickeln sich also gleichzeitig für die Zwecke zivilen Verwaltens wie polizeilicher Fahndung. Beide stehen dann bis in die 20er Jahre

---

[8] Dass, wie im London der 1820er-Jahre, der Diplomat eines nicht existenten Staates namens Poyais in dessen Namen Ausweise ausstellt und Kredite aufnimmt (Groebner 2004, S. 216), dürfte heute allerdings wohl nicht mehr vorkommen.

des 20. Jahrhunderts nebeneinander, aber es sind polizeiliche Fahndungsbedürf-
nisse, die die Entwicklung vorantreiben. Für diese erweist sich im Vergleich
zur Bertillonage der Fingerabdruck als das schnellere, einfachere und somit
praktikablere System der Individualisierung. Dabei repräsentiert der Übergang
von der Bertillonage zum Fingerabdruck, durch diverse Kriminalfälle befördert,
die, jedenfalls retrospektiv, zum *experimentum crucis* stilisiert werden (Joseph
2001), einen qualitativen Sprung sowohl der Techniken von Identifizierung
wie der ihnen zugrunde liegenden erkenntnistheoretischen Voraussetzungen.
Das Foto dient als eine individualisierende Visualisierung, und Bertillon, der in
seinem *portrait parlé* die Körperdaten in eine alphanumerische Folge verwandelt,
die mündlich übermittelt werden kann, bezieht sich damit ebenfalls auf ein in
Sprache übersetztes Abbild. Der Fingerabdruck dagegen führt die Visualisierung
ins Nicht-Sprachliche zurück: „Fingerprinting records actually touched the body
of the criminal, whereas anthropometric records were mediated by a human
observer" (Cole 2001, S. 167). Die Bertillonage erscheint vor diesem Hintergrund
als ein Umweg, denn: „The body [...] is treated like a text. It becomes a pass-
word, providing a document for decoding" (Lyon 2001, S. 299). Nichts anderes
haben die Zeitgenossen Martin Guerres versucht, und wieder ist der Körper selbst
das Mittel der Auskunft. Er gibt Anhaltspunkte, die lediglich des Abgleichs mit
früher bereits festgehaltenen bedürfen, um die Identität in der Zeit und somit auch
als Person zu verifizieren. Foucaults Feststellung, dass die Normalisierungsmacht
einerseits Homogenität erzwinge, andererseits individualisierend wirke, „da sie
Abstände misst, Niveaus bestimmt, Besonderheiten fixiert und die Unterschiede
nutzbringend aufeinander abstimmt" (Foucault 1977, S. 237), gewinnt angesichts
der historischen Entwicklungslinie Foto-Bertillonage-Fingerabdruck-avancierte
biometrische Verfahren eine weitere Dimension: einerseits wird die individuelle
Datenerhebung digital normiert und vielseitig verwendbar, andererseits gewinnt
die Individualisierung durch eben diese Medien Kontur.[9] Je technisierter solche
Medien sind, desto geringer ist der Spielraum für Aus- und Verhandlungen: sie
sind dual auf Anerkennung und Nicht-Anerkennung eingestellt, ein Drittes gibt es
nicht (Lianos und Douglas 2000). Die Ressourcen von Argument, Vertrauen und
Anrufungen des Erinnerns, die der zurückgekehrte Martin Guerre (neben körperlichen Merkmalen) für einige Jahre erfolgreich einsetzen konnte, entfallen jetzt
völlig. Noch der traditionelle Pass bewahrt Stichworte einer Narration (und damit

---

[9] Mithilfe von ‚LifeLog' etwa, einem Forschungsprogramm der US-amerikanischen
Defense Advanced Projects Research Agency, dessen Ziel die lückenlose digitale Archivierung jeglicher Lebensäußerung darstellt.

auch eine gewisse verhandelbare Ambiguität) auf, während biometrische Daten dem jeweiligen Individuum zugeordnet werden können oder auch nicht, sie also „both sameness and difference" (Ploeg 1999, S. 40) zu erkennen erlauben. Das gibt nicht nur der Identifizierung eine neuartige Dimension, sondern auch der Kontrolle, und beide konstituieren sich jetzt sowohl eigen- wie fremdbestimmt im Medium eines ‚ubiquitous computing' als Internet der Dinge (vgl. Mattern 2003a, 2003b).

Rule et al. (1983) beobachten seit den 1970er-Jahren einen Trend von der Selbst-Identifikation zum „direct checking", von der Identifikation durch eigene (und kaum überprüfbare) Angaben zur Gegenprüfung anhand anderer Datenbestände in lokalen oder zentralen Datenbanken. Mit der Universalisierung des Fingerabdrucks und der Möglichkeit etwa der DNS-Analyse aber fallen Selbst-Identifikation und „direct checking" zusammen, und die Techniken der Identifikation kehren wieder an ihren Ausgangspunkt zurück. Während die historische Modernisierung in papierförmiger Registrierung und der Echtheitsprüfung der von Autoritäten vergebenen Zeichen bestand, läuft die heutige Modernisierung auf vermeintlich nicht fälschbare Zeichen des Körpers, deren Speicherung und permanenten Abgleich hinaus. Deren Überprüfung birgt allerdings gewisse Unsicherheiten, da minimale Abweichungen zwischen den ursprünglichen Referenzdaten und späteren Vergleichsmustern unvermeidlich sind und immer minimale Unterschiede der Messung und ihrer Qualität auftreten.[10] Diese Entwicklung korrespondiert wohl nicht zufällig mit der politisch und ökonomisch geforderten Eigenverantwortung, wie sie nach dem Amtsantritt neoliberalkonservativer Regierungen in den USA und Großbritannien in den 1970er-Jahren bestimmend wird. Das legt die Vermutung nahe, dass aktiv gestaltete

---

[10] Die Fehlerquoten sind je nach Methode ganz unterschiedlich. Die dabei auftretenden beiden statistischen Fehlertypen I (Zurückweisen einer richtigen Nullhypothese) und II (Akzeptieren einer falschen Nullhypothese) werden in der biometrischen Diskussion als FRR *(false rejection rate)* und FAR *(false acceptance rate)* unterschieden und sind abhängig voneinander – bei einer kleinen Toleranzschwelle zwischen Referenz- und Vergleichsmuster ist die FAR gering, aber es steigt die FRR, wählt man dagegen die Toleranzschwelle höher, sinkt das Sicherheitsniveau (Daum 2002). In Feldversuchen wird denn auch die FRR je nach Verfahren zwischen 1,6 % (Iriserkennung) und 54 % (Unterschrift) angegeben (Giesecke et al. 2002); andere geben für den Fingerabdruck eine FRR zwischen 5 % und 8,5 %, für Gesichtserkennungssysteme zwischen 5 % und 34 % an, während die FRR bei der Iriserkennung „sehr niedrig" sei (Breitenstein 2002), wenngleich auch noch zwischen 1 % und 6 % schwankend (Petermann et al. 2003, S. 70) – auch diese Zahlen insgesamt allerdings nicht sonderlich ermutigend, wenn man sich vorstellt, dass davon die offizielle Anerkennung der Identität mit sich selbst abhängen soll.

Eigenverantwortung, die sich als Performance gleichermaßen im Medium von
Selbstdarstellung wie als Erfolg (Legnaro 2004) artikuliert, zugleich – als eine
Kehrseite der Medaille – Formen passiver Objektivierung mit sich bringt. Diese
Objektivierungen, die sich an den einem Styling wenig oder gar nicht zugäng-
lichen Invarianzen des Körpers orientieren, fangen gewissermaßen die Risiken ab
und auf, die durch beliebige Subjektivierungen im Spiel der Darstellungsweisen
und Gestaltungen gegeben sind. Und sie kontrollieren eben den Frei(heits-)raum,
den der neuartige ‚Flexibilitäts-Normalismus' (Link 1997) eröffnet. Zugleich
wirken sie zurück auf die praktischen Notwendigkeiten einer technisierten
Authentifizierung: „It is thus risk management practices within restructuring
capitalist societies that generate the quest for more foolproof, and fraudproof,
methods of establishing identity." (Lyon 2001, S. 296) Bezeichnenderweise wird
dann bei ihrer Einführung lediglich eine technisch-pragmatische Modernisierung
suggeriert, jeglicher Verweis auf den damit verbundenen Paradigmenwechsels
aber sorgsam ausgespart, und statt um Macht kreisen einschlägige Einlassungen
lediglich um die Risiken des Irrtums (de Hert 2005).

Das gilt schon vor 9/11, wie viel mehr also danach. „Die Angleichung der
Sicherheitsmerkmale und die Aufnahme biometrischer Identifikatoren sind ein
wichtiger Schritt zur Verwendung neuer Elemente im Hinblick auf künftige Entwicklungen auf europäischer Ebene, die die Sicherheit von Reisedokumenten
erhöhen und eine verlässlichere Verbindung zwischen dem Inhaber und dem
Pass oder dem Reisedokument herstellen und damit erheblich zum Schutz vor
einer betrügerischen Verwendung von Pässen oder Reisedokumenten beitragen."
(Verordnung [EG] Nr. 2252/2004 des Rates vom 13. Dezember 2004) Bei aller
Ungelenkheit dieser bürokratischen Syntax ist die Zielrichtung eindeutig, wenngleich sozusagen zwischen den Zeilen formuliert, bildet doch die ‚Sicherheit von
Reisedokumenten' eher ein Mittel denn einen tatsächlichen Zweck. Der nämlich besteht in zweifelsfreier Individualisierung, um ‚den/die Anderen' erkennen
zu können. Um das zu erreichen, bietet es sich an, erstmals zwei unterschiedliche
Linien zuschreibender Individualisierung zusammenzuführen, nämlich technisierte
biometrische Verfahren mit der papierförmig ausgefertigten Beschreibung. Die
derzeit in der Bundesrepublik sukzessiv stattfindende Einführung des sogenannten
‚e-Passes', der neben einem digitalisierten Foto[11] inzwischen auch zwei

---

[11]„Es ist in der Größe von 45 mm × 35 mm im Hochformat ohne Rand abzugeben, wobei
das Gesicht in einer Höhe von mindestens 32 mm darzustellen ist. Es muss die Person
in einer Frontalaufnahme und mit unverdeckten Augen zeigen. Das Lichtbild muss den
Passbewerber ohne Kopfbedeckung zeigen; hiervon kann die Passbehörde insbesondere
aus religiösen Gründen Ausnahmen zulassen." (Verordnung des Bundesministeriums des
Inneren Drucksache 510/05 vom 22.06.2005)

digitalisierte Fingerabdrücke enthält, soll eben dies leisten und dabei für erhöhte Fälschungssicherheit, einen Sicherheitsgewinn also, bürgen.[12] Auf eine diesbezügliche Anfrage der Fraktion *Die Linke* teilt die Bundesregierung allerdings mit, dass die Bundespolizei im Zeitraum 2001–2006 „insgesamt 6 Fälschungen und 344 Verfälschungen deutscher Pässe festgestellt" habe (Drucksache 16/5507 vom 29.05.2007). Aus derselben Quelle geht hervor, dass insgesamt ungefähr 28,2 Mio. deutsche EU-Pässe im Umlauf seien – eine Fälschungsquote, die die von 50-€-Scheinen noch unterschreiten dürfte. Aber vielleicht geht es auch weniger um Fälschungssicherheit eines Ausweisdokuments als um die Befestigung schwankender Identitäten und prekärer Grenzen.

Die Bio-Politisierung der Wir/Sie-Grenze

„Wir sind nicht länger sicher, was „wir" bedeutet", merkt Latour (2007, S. 18) an und bezeichnet damit sowohl die Verunsicherung von Identität wie die Verunsicherung über Zugehörigkeiten sozialer wie Abgrenzungen nationaler Art. Bio-Politisierung bezeichnet dann – frei nach Foucault, wenngleich mit einer leichten Akzentverschiebung – die Anwendung biometrischer Verfahrensweisen, um überhaupt die Parameter der Entscheidungen von Biopolitik bestimmen zu können, also insgesamt jenen Prozess der Politisierung, der sich anhand und im Medium biometrischer Verfahren vollzieht. Immer wieder umstritten ist dabei die Frage, ob man die Bio-Politisierung beim ‚Wir' oder jenem ‚Sie' der Anderen ansetzt. Beides wäre möglich: da biometrische Verfahren der Authentifizierung nicht nur Differenz zu erkennen gestatten, sondern auch Ähnlichkeit, liegt es nahe, das negative in ein positives Stigma zu verwandeln und die Individualisierung somit zu generalisieren, also die gesamte Bevölkerung zu markieren. Schon am Ende des 18. Jahrhunderts hatte Jeremy Bentham vorgeschlagen, jeder Person Namen, Geburtsort und -datum auf das Handgelenk zu tätowieren (Groebner 2004, S. 165). Das ergänzt seine bekannten panoptischen Vorstellungen durch gewissermaßen polyoptische: jeder kann auf

---

[12] Diese Einführung geht merklich routiniert und geräuschlos vor sich, wenngleich im Vorfeld prononcierte Bedenken im Hinblick auf Praktikabilität, Fehlerquoten bei der Authentifizierung und datenschutzrechtliche Erwägungen geäußert wurden. Als grundlegende offizielle Studien vgl. Petermann et al. (2003); Bundesamt für Sicherheit in der Informationstechnik (2005); vgl. zudem Beel und Gipp (2005); höchst kritisch Die Datenschleuder (2005). Die sehr differenzierten Stellungnahmen der Sachverständigen in der Anhörung des Innenausschusses finden sich unter http://www.bundestag.de/ausschuesse/a04/anhoerungen/anhoerung07/Stellungnahmen_SV/index.html

einen Blick erkennen, mit wem er es zu tun hat. Solche Fiktionen von Erkennbarkeit bestimmen auch die argentinische Diskussion der 1920er-Jahre, die
die Abnahme eines Fingerabdrucks bei allen Bevölkerungsschichten als Ausdruck einer neuen sozialen Ordnung ansieht, in der sich alle ihrer bürgerlichen
Identität versichern können (Ruggiero 2001). Wie die biometrische Markierung
der Anderen als Andere dazu dient, ihren Ausschluss zu erleichtern, so ließe es
sich im Rahmen derselben Logik als eine umfassende Inklusion und als Nachweis staatsbürgerlicher Zugehörigkeit werten, wollte man die biometrische
Erfassung auf die gesamte Bevölkerung ausweiten. Das wurde und wird in aller
Regel als eine dystopische Vorstellung abgelehnt, da damit alle unbescholtenen
Bürger wie Kriminelle behandelt und ohne jeden Anlass unter Verdacht gestellt
würden. So nimmt man in den USA seit 1929 Fingerabdrücke von Regierungs-
angestellten und Immigranten, und die Lindbergh-Entführung von 1932 befördert
eine Bewegung des „universal fingerprinting". Doch setzt sich diese angesichts
bürgerrechtlicher Bedenken nicht durch, und der Kongress lehnt in den frühen
vierziger Jahren einschlägige Gesetzesinitiativen ab (Cole 2001, S. 246 ff.). Die
generelle Abnahme der Fingerabdrücke aller Einreisenden, wie seit dem *Patriot
Act* von 2001 vorgeschrieben, findet darin ihre historischen Modelle und Vorläufer. Damit, wie auch durch die nahezu ganz Europa umfassende Schleierfahndung, wird der Unterschied zwischen Verdächtigen und Nicht-Verdächtigen
endgültig aufgehoben: „the border is everywhere" (Feeley und Simon 1994,
S. 181). Die Möglichkeit des Verdächtig-Seins macht sich dabei weniger an
begangenen Handlungen fest denn an der Absicht des Zugelassen-Werdens.

Zwar wird die Wir/Sie-Grenze nicht allein und nicht erst durch Biometrie
politisiert. Dies geschieht schon längst durch Alltagstheorien, die „essentialized
difference" (Garland 1996, S. 461) zum Ausgangspunkt allen Räsonierens
machen und Nicht-Zugehörigkeit und Nicht-Vertrautheit zu Politiken des
„essentializing the Other" (Young 1999, S. 104 ff.), der Zirkulationskontrolle
von *folk devils* (Kreissl und Fischer 2003) und von ‚dangerization' (Lianos und
Douglas 2000, S. 267) ausgestalten. Diese Entwicklungen lassen sich ebenfalls als Reaktionen auf eine allgegenwärtige Verunsicherung begreifen, die
Minimierung von Risiken und präventive Vorgehensweisen erheischt, und
sie sind weitaus älter, als die damit verbundene heutige Chiffre ‚Globalisierung' nahelegt. Schon mit der Etablierung der Staatsangehörigkeit als einer
Institution des Nationalstaats im Verlauf des 19. Jahrhunderts sind auch Praktiken
des Ausschließens etabliert, im deutschen Fall Polen und Juden betreffend
(Gosewinkel 2001, S. 263 ff.). Das Erkennen der Auszuschließenden auf eine
digitale biometrische Basis zu stellen, ist allerdings etwas zweifach Neues. Neu
ist zum einen die Digitalisierung, die den Individuen durch eine „surveillant

assemblage" einen potenziell ewigen Datenschatten verleiht[13] (Haggerty und Ericson 2000) und sie abgelöst von ihrer physischen Existenz abbildet – eine Delokalisierung des Schattens von seinem Träger, wenngleich dieser Schatten jederzeit, ein Lesegerät vorausgesetzt, wieder lokalisiert werden und seine Konsequenzen entfalten kann. Zum anderen gewinnt Individualisierung damit ein biologisches Fundament und verliert ihre bislang ausschließlich sozialen Zuschreibungen, vielmehr: diese sozialen Zuschreibungen rekurrieren nun auf biotische Merkmale. Folgerichtig sieht seit Oktober 2007 eine Novellierung des französischen Einwanderungsgesetzes DNS-Tests vor, um die Verwandtschaft zwischen bereits in Frankreich lebenden Migranten und ihren nachziehenden Kindern zu beweisen.[14] Kritisiert wurde im Vorfeld unter anderem, dass ein solcher Test, bisher vorrangig forensisch und bei polizeilichen Ermittlungen eingesetzt, Migranten schon als solche kriminalisiere.[15] Allerdings hat die klar operationalisierbare Trennung zwischen Verdächtigen und Unverdächtigen unter heutigen Bedingungen schon längst an Kontur verloren, und es ist den heutigen biometrischen Verfahrensweisen der Authentifizierung geradezu immanent, diese Grenze außer Kraft zu setzen. Das ist ihrer Methodik des Abgleichens geschuldet, und schon die erste forensische Anwendung einer DNS-Analyse, 1984 in einem britischen Mordfall, belegt das. Damals werden erstmals 4000 Männer aufgefordert, freiwillig einen DNS-Test machen zu lassen, was die generelle Unschuldsvermutung relativiert und faktisch eine Umkehr der Beweislast bedeutet. Ein solches Massen-Screening besteht zwar lediglich aus Tests von Einzelnen, aktiviert jedoch als einen *second code* auch die Mechanismen sozialer Kontrolle. Und tatsächlich wird der Täter primär mit Hilfe dieser Aktivierung gefasst: er bat einen Kollegen, für ihn eine Blutprobe abzugeben und zog erst die Aufmerksamkeit der Polizei auf sich, als der Kollege dieser davon erzählte

---

[13] Die Länge dieses Schattens variiert allerdings erheblich mit dem Grad von Zentralisierung der jeweiligen Daten; eine reine Verifizierung, wie sie der biometrische Pass vorsieht, ist unter datenschutzrechtlichen Gesichtspunkten denn auch sehr viel unbedenklicher als eine Identifizierung, die auf zentral gespeicherte Daten zurückgreift und dann geeignet ist, Bewegungs- und Identitätsprofile zu erstellen. Hierin liegt der Grund für die wiederholten Versuche, die Datenmassen zu zentralisieren, was in der Bundesrepublik bisher gescheitert ist, in den USA als Projekt des FBI aber gerade unternommen wird.

[14] Nach anhaltenden Protesten ist diese Regelung erst einmal auf 18 Monate begrenzt und soll nur für die Prüfung der Verwandtschaft zwischen Müttern und Kindern eingesetzt werden (SZ 19.11.2007).

[15] Auf die ebenfalls vorgebrachte Kritik, ein solches Verfahren biologisiere die Familie in einem heute ganz überholten Sinn, sei hier nur hingewiesen.

(Cole 2001, S. 287 ff.). So steht schon am Beginn der Technik die Generierung von Verdacht durch die Weigerung, an einem freiwilligen Test teilzunehmen – was die Notwendigkeit, permanent seine Unschuld nachzuweisen, wie das Augé für die Orte urbaner Vernetzung und Zurschaustellung feststellt (1994, S. 120), ebenso unterstreicht wie die zwingend daraus folgende Aufhebung einer Unterscheidung, die den modernen Rechtsstaat konstituiert.

In ihrer luziden Untersuchung über Verrat und Spionage im 20. Jahrhundert betont Eva Horn die „Krise der Erkennbarkeit des Feindes" (2007, S. 383) und spricht damit ebenfalls die prekäre Grenze zwischen Verdächtigen und Nicht-Verdächtigen an, die es permanent zu befestigen gilt: „Die [...] Idee, dass der Feind nichts als ein Spiegelbild meiner selbst ist, führt zum Verdacht, dass dieser Feind mein Nachbar und mein Freund sein könnte, dass er sich nicht in einem fernen Feindesland jenseits der *Mauer* befindet, sondern sich in der eigenen Gesellschaft, sogar im eigenen Unbewussten eingenistet hat." (ebd. S. 383; Hervorhebung im Original) Die Mauer ist bekanntlich abgebrochen, sogar die Grenzen selbst sind in Schengen-Europa lediglich noch symbolische Linien der Karte: um so wichtiger, möglichst irrtumsfreie und fälschungssichere Verfahren des Erkennens zu etablieren.[16] Die zu diesem Zweck eingesetzten biometrischen Verfahren haben aber das vorrangige Ziel des Erkennens gewandelt. Jene naive Biometrie, die die Verwandten und Nachbarn von Martin Guerre anwenden, diente zwar zum Erkennen von Zugehörigkeit; dominant aber war lange Zeit – das gilt für die frühe Verwendung des Fingerabdrucks wie für das System von Bertillon – das Erkennen des *alien other,* sei es des kolonial regierten Fremden, sei es des Kriminellen. Unter heutigen Bedingungen wiederum steht das Erkennen des Eigenen im Vordergrund, jenes *alien self,* dessen die Kontrolleure der Zugänge sich nie gewiss sein können. Historisch wie heute spielt dabei eine bedeutsame Rolle, dass die „grand political narratives of territorial sovereignty and the formation of the nation-state not only depended upon the technical capacity to establish and administer systems of identification and control, but *are* in certain respects the history of these apparatuses as such: ‚the state' as an institution constituted itself in the fragmented and multifarious processes of its administrative activities." (Caplan 2000, S. 66) Das ist von wesentlicher Bedeutung bei der Herausbildung jenes nicht-staatlichen Staatsgebildes namens

---

[16]Wenn allerdings eine Reporterin der BBC in zwanzig EU-Ländern unter beliebigen Identitäten einen e-Pass kaufen konnte (Busch 2007), dann parodiert das das Thema der Fälschungssicherheit geradezu.

EU (M. Anderson 2000; Alexseev 2006), da in den Diskussionen über die EU-Beitrittspolitik ja vor allem die Wir/Sie-Grenze erörtert wird. Die politische Ab- und Eingrenzung geht dabei einher mit der pragmatischen Ab- und Eingrenzung, bei der durch das Identifizieren Differenz hergestellt und in der Folge die Indifferenz gegenüber den Nicht-Zugehörigen ermöglicht wird, wie sich an den öffentlich kaum problematisierten Aktivitäten von *Frontex*, der Grenzsicherungsagentur der EU, oder an der weithin unbekannten Datei für Fingerabdrücke von Visumantragstellern *Eurodac* zeigt. Die Akte von Identifizierung und Authentifizierung, heute vorzugsweise mit biometrischen Verfahren gehandhabt, befestigen derart die Grenzen und die Identitäten und entfalten ihre Wirkungen des Einschließens und Ausschließens nicht mehr im Stile disziplinierenden Einwirkens, sondern im Stile erkennender Messung und abgleichenden Prüfens. Der Körper, „the coded body" (Aas 2006, S. 153), konstituiert dann eine Identität, möglicherweise auch gegen den Willen des Betroffenen: seinen Pass kann man vernichten, während bei biometrischen Kennzeichen das Verbergen der Identität nur als Verstümmelung möglich ist. Das gilt auch, und das ist völlig neu, in einer invariablen zeitlichen Dimension. Wenn das Beispiel des Martin Guerre gezeigt hat, dass sich Menschen mit den Jahren verändern und man dies in Rechnung stellt, sofern einem manche Züge nicht mehr vertraut vorkommen, so ist die DNS von gestern auch die von heute und umgekehrt.[17] Das hat weitreichende kriminalistische Implikationen: Tatortspuren lange zurückliegender Geschehnisse können nun oft erstmals Personen zugeordnet werden, was gelegentlich die Aufklärung von Delikten nach langer Zeit ermöglicht, sei es, dass in bislang ungeklärten Fällen nun Täter identifiziert werden können, sei es, dass diejenigen, die man bisher für die Täter hielt, nun zweifelsfrei als nicht schuldig identifiziert werden können – das hat in den USA schon mehrere Verurteilte vor der Exekution bewahrt. Die Zuschreibungen von Schuld und Unschuld verschwimmen auch hier und werden fragil, als nachträgliche forensische Schuldprüfung allerdings in einer rechtsstaatlich produktiven Weise.

Nicht dies aber macht die Attraktivität biometrischer Verfahren auf administrativer Ebene aus, sondern die Möglichkeit einer permanenten Abprüfung von Identität bzw. Unschuld im Alltag. Es kommt die Anmutung

---

[17] Ob das auch für Fingerabdrücke gilt, ist durchaus ungewiss, weswegen auch bei den Anhörungen zum e-Pass empfohlen wurde, seine Geltungsdauer ggf. auf eine kürzere Zeit als zehn Jahre zu befristen.

cooler Modernität hinzu, die in Pilotversuchen auf die Teilnehmenden auszugehen scheint.[18] Diese agieren allerdings im Bewusstsein des Zugehörig-Seins,
nicht im Bewusstsein desjenigen, der Einlass begehrt. Schon die Technik selbst
prüft auf diese Weise nicht nur Berechtigungen und Zugehörigkeiten ab, sondern
bestärkt auch mit ihren Entscheidungen Selbstwertgefühle – es geht nicht nur um
den Ausweis von Identität, sondern auch um die Zuschreibung des persönlichen
Werts, die sich nicht zuletzt in einer sich öffnenden oder verschlossen bleibenden
Schranke dokumentiert. Das damit verbundene Sortieren bezeichnet die wesentliche soziale Funktionalität der biometrischen Verfahrensweisen: „Judging from
the uses to which biometrics are being put today, and the forces motivating its
rapid development, testing, and implementation, biometrics seem to be about
maintaining social order by regulating in- and exclusions from socio-economic
goods, geographic spaces and liberties." (Ploeg 1999, S. 43) Das resümiert
bündig beides, sowohl die heteronome Zuschreibung von Identität wie die Bio-
Politisierung der Grenzen. „The disappearance of disappearance" (Haggerty und
Ericson 2000, S. 619) könnte dann – momentan muss man das wohl noch im
Futur ausdrücken – alltägliche Realität werden, und Martin Guerre würde endgültig zur historischen Figur ohne zeitgenössische Relevanz. Doch welche soziale
und kulturelle Bedeutung dieser Prozess entfalten könnte, das scheint weiterhin
offen.

Je est un autre
Ich, das ist ein Anderes – das berühmte Diktum Arthur Rimbauds[19] ist heute
wahrer denn je und zugleich auch falsch. Die biometrischen Kennzeichen dienen
einer heteronomen Zuschreibung von Identität, sind dabei aber mit Ich-Identi-
tät keineswegs deckungsgleich. Bewahrte der Pass noch einen Nexus zwischen
Biographie und ihren authentifizierenden Zeichen auf, so ist diese Verbindung
nun entfallen, und in meinem digitalisierten Fingerabdruck/Irisscan etc. erkenne
ich mich nicht. Vielmehr: darin kann und soll ich mich nicht erkennen. Die

---

[18] So haben manche Flughäfen, etwa Amsterdam und Frankfurt/M., bereits Verfahren
implementiert, bei denen Vielreisende nach einmaliger Erfassung ihrer Iris nur noch dem
Gerät in Auge blicken müssen und dann aller weiteren Kontrollen enthoben sind. Und
auch die ersten Diskotheken nutzen biometrische Verfahren (in diesem Falle den Fingerabdruck), momentan noch vor allem aus Marketing-Gründen, so Alcazar Pleasure Village
in Puttershoek (NL) (de Hert 2005, S. 5). Videotheken verwenden die Technik, um den
Jugendschutz zu gewährleisten.
[19] In einem Brief an Paul Demeny vom 15 Mai 1871.

Individuen sind jetzt Avatare ihrer selbst, und das analoge Subjekt wird dissoziiert von jenem digitalen Agenten, der die Person zwar nur vertritt, mit dieser jedoch auch identifiziert wird, „a data agent, an infinitely re-itinerable entity, subject to all future procedures and competences" (Brown 2006, S. 232). So repräsentiert die Vielzahl biometrischer Markierungen gewissermaßen eine Außenseite des Ich, das von diesem Ich einerseits völlig losgelöst ist, andererseits jedoch als wirksame Identität dient. Zwar bist Du, ließe sich ironisch sagen, nicht Deutschland, so doch Dein Fingerabdruck, und schließlich auch erst einmal tatsächlich nur dieser. Es ist sogar (in den allermeisten Situationen jedenfalls) wünschenswert, nur dieser zu sein – sobald man in den Augen und Dateien der Erkennenden mehr (oder weniger, wie man will) zu sein beginnt, hört die Routine der Prüfverfahren auf, und ihre Spezifizierungen beginnen, die vom Generalverdacht zum individualisierten Verdacht führen können. „Ich bin nicht Stiller"[20] mehrfach zu wiederholen, das genügt an heutigen Grenzstationen nicht mehr. Denn das biometrisch übermittelte Ich ist tatsächlich ein radikal Anderes und ein radikal Anderer, und seine Verwandtschaft mit mir selbst erkenne ich lediglich an den Folgen: bleibt mir der Zutritt verwehrt, dann wird diese Verwandtschaft offiziell nicht akzeptiert. Das wäre dann ein Fall von *false rejection rate,* der Ablehnung trotz tatsächlich gegebener Identität. Mindestens so unangenehm kann allerdings der umgekehrte Fall werden, die fälschliche Zuschreibung von Identität. So wird darauf hingewiesen, dass die Aufnahme biometrischer Merkmale in Ausweispapiere zu großen Fingerabdruck-Sammlungen führen wird, die sich kriminell nutzen lassen, indem man Fingerreplikate herstellt und diese, mit ein wenig Aminosäure angereichert, als authentische, wenngleich falsche Spuren an Tatorten hinterlässt.[21] Da dürfte dann bei der Aufklärung eher ein Sherlock Holmes'scher Spürsinn helfen als die so vielsehend-blinde Technik. Eben in Hinblick auf die Konsequenzen aber, die in einem solchen Falle besonders dramatisch sein könnten, ist Rimbauds Diktum denn auch überholt: was vor dem Lesegerät Identität ist, bestimmen die Messparameter und nicht mein Bewusstsein von mir selbst. Auf welche Weise ich ein Anderes bin, das wird heute algorithmisch entschieden und nicht im Prozess einer reflexiven Selbst-Individualisierung, wie sie sich mit diesem Satz andeutet.

---

[20] Wie die Hauptfigur im Roman *Stiller* von Max Frisch (1954).

[21] Dieses Szenario entwirft Pfitzmann (2007). Der Chaos Computer Club hat im Frühjahr 2008 dann auch anhand des Fingerabdrucks des Bundesinnenministers vorgeführt, wie einfach die Herstellung einer solchen vielseitig verwendbaren Attrappe ist.

So besteht die Funktion des e-Passes denn auch eben darin, von mentalen Befindlichkeiten und Zuständen absehen zu können und lediglich jenes Andere, das vielleicht, aber nicht notwendig Ich ist, zu erkennen. Erstmals in solch generalisierter Anwendung wird damit eine Erkennung, die bisher Verdächtigen vorbehalten war, auf die Gesamtheit der Bevölkerung übertragen. Wenngleich die Grenze zwischen Verdächtigen und Nicht-Verdächtigen weiterhin von strafrechtlicher Relevanz ist, wird sie für den Akt des Erkennens doch aufgehoben in jenem dreifachen Sinne, den die deutsche Sprache listig bereithält: ungültig gemacht, bewahrt und auf eine qualitativ neue Stufe gehoben. Beide Figuren, die des Verdächtigen und die des Nicht-Verdächtigen, gehen dabei auf im User, von dem lediglich die kompetente Umsetzung pragmatischer Anwendungsregeln verlangt wird. Forschungen zur Informationstechnologie haben die soziale Konstruktion des Users durch die Maschine hervorgehoben, der durch diese geradezu konfiguriert werde (Woolgar 1991), und Vergleichbares geschieht auch bei biometrischen Verfahren, die „a structural tendency towards the replacement of the law-abiding citizen with an efficient user" (Lianos und Douglas 2000, S. 265) aufweisen. Dass dieser User sich als Träger der biometrischen Authentifikationen zudem noch nach ökonomischen, sozialen, ethnischen oder beliebigen anderen Kriterien sortieren lässt bzw. sich mit Hilfe seiner hingehaltenen Finger selbst sortiert, muss aus administrativer Sicht als ein unschätzbarer Vorteil erscheinen. Kein kaltherziger Bürokrat hat hier entschieden, sondern lediglich die Technik, wenngleich die Algorithmen, denen sie gehorcht, selbstredend geronnene Politik sind.

Und zukünftig auch geronnener Status. Ein japanischer Elektronikkonzern erforscht gerade die Ersetzung des Geldes durch den Fingerabdruck als Zahlungsmedium (SZ 24.07.2007), und dann wird man Goldfinger statt goldener Kreditkarte vorzeigen. Was die mögliche Speicherung von Lebens- und Konsumgewohnheiten angeht, so dürfte es zwischen der traditionellen Kreditkarte und diesem *finger money* keinen Unterschied geben. Allerdings ändert sich der Status von Zahlungsmitteln. Geld besitzt man jetzt nicht mehr nur, man verkörpert es tatsächlich. Auf bisher ungekannte Weise fallen nun der absolute Zweck, den das Geld nach Simmels klassischer Analyse (1907/1989) darstellt, und die eigene Lebendigkeit und Unversehrtheit in eins: Ich bin das Geld und das Geld bin Ich. Das biologisiert das Soziale auf eine neuartige, nur biometrisch mögliche Weise. Jetzt verkörpern sich Leistung und Marktpreis in der Person selbst, sie strahlt sie geradezu auratisch aus, und Person und Wert werden nun endgültig nicht nur im Erscheinungsbild, sondern auf einer somatischen Grundlage identisch. Das gibt den Exklusions- und Distinktionsprozessen einer Marktgesellschaft ein neuartiges

Fundament, und der Adel des Geldes geht mit dem Adel des Blutes in den biometrischen Daten eine enge Verbindung ein. Das dürfte um so wirkmächtiger
sein, je dubioser Leistung und die Mechanismen ihrer Anerkennung werden (vgl.
etwa Neckel und Dröge 2002; Neckel 2004). Der ‚goldene Finger' steht dann
als Symbol für erfolgreiche Leistungen und funktioniert zugleich als Medium
des eigenen Vermögens, sowohl des materiell sichtbaren wie des Vermögens, die
Mechanismen der Marktgesellschaft zu nutzen.

Epilog: Gespräche in London zur Mitte des 19. Jahrhunderts
In seinem weitgehend autobiographischen Roman *David Copperfield*[22] lässt
Charles Dickens eine allerdings auch für die Mitte des 19. Jahrhunderts eher
konservativ gestimmte Dame äußern, es gebe wohl „wenn auch zum Glück
nicht viele – niedrige Kreaturen, die vor Dingen niederknien, die ich Götzenbilder nennen möchte. Entschieden Götzenbilder! Vor Verdienst, Talent und dergleichen. Aber das sind unfaßbare Begriffe. Blut ist etwas anderes. Wir erkennen
Blut an einer Nase. Wir sehen es an der Kinnbildung und sagen, da ist es. Da
ist Vollblut." Das setzt ein bürgerliches Leistungsstreben mit einer vermeintlich angeborenen aristokratischen Überlegenheit ins Verhältnis, und die Bio-
logie hat in dieser Weltanschauung den unangefochtenen Primat. Beides
amalgamiert aber im Zeichen biometrischer Authentifizierung und fließt zu einer
‚Biosociality' (Rabinow 1999) zusammen, in der das Somatische das Soziale
reflektiert. Beide stehen nicht mehr neben- und gegeneinander, sondern sie überlappen sich untrennbar. Solche Verwischungen lassen sich auch bei anderen
Distinktionen, positiven und negativen, beobachten: die Zeichen des Verdachts
und die Prozeduren, mit denen er dokumentiert wird, verschwinden wie mit
ihnen die Verdächtigen, und dies wird nun ersetzt durch eine generalisierte Verdächtigkeit, die nie abschließend aufgelöst, sondern immer nur vorläufig entkräftet werden kann. Damit kehrt die biometrische Praxis an den Ursprung allen
Passwesens zurück. Von Beginn an diente es zur Kennzeichnung derjenigen
Personen, die sich nicht ‚an ihrem Ort' befanden – nun befinden sich die allermeisten jedenfalls temporär nicht mehr ‚an ihrem Ort', und das massenhafte Auftreten dieses Phänomens verlangt nach einer wirkmächtigen Bestärkung der Wir/
Sie-Grenzen. Diese Grenzen somatisch zu authentifizieren, modernisiert die Verfahren des Erkennens und reduziert zugleich Identitäten auf ihre somatischen,

---

[22] Der genaue Titel lautet *The Personal History, Adventures, Experience, and Observation
of David Copperfield, the Younger*, erschienen 1849/1850. Zitiert ist hier nach der Übersetzung von Gustav Meyrink aus dem 25. Kapitel.

mit dem Bewusstsein unzusammenhängenden Korrelate. Das Ich und seine Authentifizierungen fallen auseinander, und das ist neu gegenüber den Zeiten des Martin Guerre. Der konnte sich noch durch Erzählen ausweisen – in Zeiten der verschwundenen Unschuld wird das ganz sinnlos, und es sprechen nur noch die Zeichen des Körpers.

Literatur

Aas, Katja Franko (2006): ‚The body does not lie': Identity, Risk and Trust in Techno-culture, in: Crime Media Culture 2, 143-158

Agar, Jon (2001), Modern Horrors: British Identity and Identity Cards, in: Caplan/Torpey (2001), 101–120

Alexseev, Mikhail (2006): Immigration Phobia and the Security Dilemma. Russia, Europe, and the United States, Cambridge/New York

Anderson, Clare (2000): *Godna*: Inscribing Indian Convicts in the Nineteenth Century, in: Caplan (2000), 102–117

Anderson, Malcolm (2000): Border Regimes and Security in an Enlarged European Community: Implications of the Entry into Force of the Amsterdam Treaty, Working Papers RSC Nr. 2000/8, San Domenico 2000

Augé, Marc (1994): Orte und Nicht-Orte. Vorüberlegungen zu einer Ethnologie der Einsamkeit, Frankfurt/M.

Beel, Jöran und Béla Gipp (2005): ePass – der neue biometrische Reisepass. Eine Analyse der Datensicherheit, des Datenschutzes sowie der Chancen und Risiken, Aachen

Biagoli, Mario (Hg.) (1999): The Science Studies Reader, New York

Breitenstein, Marco (2002): Überblick über biometrische Verfahren, in: Nolde/Leger (2002), 35–82

Bröckling, Ulrich, Susanne Krasmann und Thomas Lemke (Hg.) (2004): Glossar der Gegenwart, Frankfurt/M.

Brown, Sheila (2006): The Criminology of Hybrids. Rethinking Crime and Law in Technosocial Networks, Theoretical Criminology 2, 223-244

Bundesamt für Sicherheit in der Informationstechnik (2005): Untersuchung der Leistungs-fähigkeit von biometrischen Verifikationssystemen – BioP II, Öffentlicher Abschluss-bericht, Bonn

Busch, Christoph (2007): Stellungnahme zum Entwurf eines Gesetzes zur Änderung des Passgesetzes und weiterer Vorschriften, Ausschussdrucksache 16(4)192 A, Berlin

Caplan, Jane (Hg.) (2000): Written on the Body. The Tattoo in European and American History, Princeton

Caplan, Jane/Torpey, John (Hg.) (2001): Documenting Individual Identity. The Develop-ment of State Practices in the Modern World, Princeton/Oxford

Cole, Simon A. (2001): Suspect Identities. A History of Fingerprinting and Criminal Identification, Cambridge/London

Daum, Henning (2002): Technische Untersuchung und Überwindbarkeit biometrischer Systeme, in: Nolde/Leger (2002), 183–191

Davis, Natalie Zemon (1984): Die wahrhafte Geschichte von der Wiederkehr des Martin Guerre, München

de Hert, Paul (2005): Biometrics: Legal Issues and Implications. Background Paper Institute of Prospective Technological Studies, Sevilla Die Datenschleuder 87 (2005): Sonderheft, hrsg. vom Chaos Computer Club, Hamburg

Fahrmeir, Andreas (2001): Government and Forgers: Passports in Nineteenth-Century Europe, in: Caplan/Torpey (2001), 218–234

Feeley, Malcolm/Simon, Jonathan (1994): Actuarial Justice: the Emerging New Criminal Law, in: Nelken (1994), 173–201

Foucault, Michel (1977): Überwachen und Strafen. Die Geburt des Gefängnisses, Frankfurt/M.

Garland, David (1996): The Limits of the Sovereign State. Strategies of Crime Control in Contemporary Society, British Journal of Criminology 4, 445-471

Ginzburg, Carlo (1995): Spurensicherung. Die Wissenschaft auf der Suche nach sich selbst, Berlin, 7-57

Giesecke, Hans-Joachim/Kalo, Horst/Laßmann, Gunter (2002): Erfahrungen mit biometrischen Systemen, in: Nolde/Leger (2002), 378–388

Gosewinkel, Dieter (2001): Einbürgern und Ausschließen. Die Nationalisierung der Staatsangehörigkeit vom Deutschen Bund bis zur Bundesrepublik Deutschland, Göttingen

Groebner, Valentin. (2004): Der Schein der Person. Steckbrief, Ausweis und Kontrolle im Mittelalter, München

Haggerty, Kevin D./Ericson, Richard V. (2000): The Surveillant Assemblage, British Journal of Sociology 51, 605-622

Hahn, Alois (2004): Wohl dem, der eine Narbe hat: Identitäten und ihre soziale Konstruktion, in: von Moos (2004), 43–62

Honneth, Axel (Hg.) (2002): Befreiung aus der Mündigkeit: Paradoxien des gegenwärtigen Kapitalismus, Frankfurt/M./New York

Horn, Eva (2007): Der geheime Krieg. Verrat, Spionage und moderne Fiktion, Frankfurt/M.

Joseph, Anne (2001): Anthropometry, the Police Expert, and the Deptford Murders: The Contested Introduction of Fingerprinting for the Identification of Criminals in Late Victorian and Edwardian Britain, in: Caplan/Torpey (2001), 164–183

Kreissl, Reinhard/Fischer, Michael (2003): European Folkdevils und die Politik Innerer Sicherheit in der Festung Europa, in Hanak, Gerhard/Stangl, Wolfgang (Hg.), Innere Sicherheiten, Jahrbuch für Rechts- und Kriminalsoziologie 2002,113–135.

Kumar, Amitava (2000): Passport Photos, Berkeley/Los Angeles/London

Latour, Bruno (2007): Eine neue Soziologie für eine neue Gesellschaft. Einführung in die Akteur-Netzwerk-Theorie, Frankfurt/M.

Law, John (Hg.) (1991): A Sociology of Monsters: Essays on Power, Technology and Domination, London/New York

Legnaro, Aldo (2004): Performanz, in: Bröckling, Ulrich/Krasmann, Susanne/Lemke, Thomas (2004), 204–209

Lianos, Michalis/Douglas, Mary (2000): Dangerization and the End of Deviance. The Institutional Environment, British Journal of Criminology 40, 261-278

Link, Jürgen (1997): Versuch über den Normalismus. Wie Normalität produziert wird, Opladen

Lloyd, Martin (2003): The Passport. The History of Man's Most Travelled Document, Phoenix Mill

Lucassen, Leo (2001): A Many-Headed Monster: The Evolution of the Passport-System in the Netherlands and Germany in the Long Nineteenth Century, in: Caplan/Torpey (2001), 235–255

Lyon, David (2001): Under My Skin: From Identification Papers to Body Surveillance, in: Caplan/Torpey (2001), 291–310

Mattern, Friedemann (2003a): Vom Verschwinden des Computers – Die Vision des Ubiquitous Computing, in: Mattern (2003), 1–41

Mattern, Friedemann (Hg.) (2003b): Total vernetzt. Szenarien einer informatisierten Welt. 7. Berliner Kolloqium der Gottlieb Daimler- und Karl Benz-Stiftung, Berlin

Nelken, David (Hg.) (1994): The Futures of Criminology, London/Thousand Oaks/New Delhi

Neckel, Sighard/Dröge, Kai (2002): Die Verdienste und ihr Preis: Leistung in der Marktgesellschaft, in: Honneth (2002), 93–116

Neckel, Sighard (2004): Erfolg, in: Bröckling, Ulrich/Krasmann, Susanne/Lemke, Thomas (Hg.), Glossar der Gegenwart, Frankfurt/MS. 63–70

Noiriel, Gérard (1994): Die Tyrannei des Nationalen. Sozialgeschichte des Asylrechts in Europa, Lüneburg

Nolde, Veronika/Legar, Lothar (Hg.) (2002): Biometrische Verfahren. Körpermerkmale als Passwort – Grundlagen, Sicherheit und Einsatzgebiete, Köln

Petermann, Thomas/Scherz, Constanze/Sauter, Arnold (2003): Biometrie und Ausweisdokumente. Leistungsfähigkeit, politische Rahmenbedingungen, rechtliche Ausgestaltung. Zweiter Sachstandsbericht, Arbeitsbericht Nr. 93 des Büros für Technikfolgen-Abschätzung beim Deutschen Bundestag

Pfitzmann, Andreas (2007): Stellungnahme für den Innenausschuss des Deutschen Bundestages, Ausschussdrucksache 16(4)192, Berlin

Ploeg, Irma van der (1999): Written on the Body: Biometrics and Identity, Computers and Society 29, 37-44

Rabinow, Paul (1999): Artificiality and Enlightenment: From Sociobiology to Biosociality, in: Biagoli (1999), 407–416

Röcke, Werner (2004): Gewaltmarkierungen. Formen persönlicher Identifikation durch Gewalt im Komischen und Antiken-Roman des Mittelalters, in: Moos (2004), 147-161

Ruggiero, Kristin (2001): Fingerprinting and the Argentine Plan for Universal Identification in the Late Nineteenth and Early Twentieth Centuries, in: Caplan/Torpey (2001), 184–196

Rule, James B./McAdam, Douglas/Sterns, Linda/Uglow, David (1983): Documentary Identification and Mass Surveillance in the United States, Social Problems vol. 31, 2, 222-234

Simmel, Georg (1907): Philosophie des Geldes, Band 6 der Gesamtausgabe, Frankfurt/M., 1989

Tantner, Anton (2007): Die Hausnummer – Eine Geschichte von Ordnung und Unordnung, Marburg

Torpey, John (2001): The Great War and the Birth of the Modern Passport System, in: Caplan/Torpey (2001), 256–270

von Moos, Peter (Hg.) (2004): Unverwechselbarkeit. Persönliche Identität und Identifikation in der vormodernen Gesellschaft, Köln/Weimar/Wien

Woodward, John D./Horn, Christopher/Gatune, Julius/Thomas, Aryn (2003): Biometrics. A Look at Facial Recognition, Santa Monica

Woolgar, Steve (1991): Configuring the User: The Case of Usability Trials. In: Law (1991), 58–99

Young, Jock (1999): The Exclusive Society. Social Exclusion, Crime and Difference in Late Modernity, London/Thousand Oaks/New Delhi

Das Wuchern der Gefahr. Einige gesellschaftstheoretische Bemerkungen zur Novelle des Sicherheitspolizeigesetzes 2012 (2012)

Andrea Kretschmann

Das Wuchern der Gefahr. Einige gesellschaftstheoretische Bemerkungen zur Novelle des Sicherheitspolizeigesetzes 2012, in: juridikum 3, 2012, S. 320–333

„Das Drama in Norwegen[2] war nicht der Anlass, aber wir müssen natürlich bestmöglich gerüstet sein." (Michael Spindelegger, Außenminister der Republik Österreich und Vizekanzler der ÖVP)[3]

Anfang 2012 wurde das Sicherheitspolizeigesetz (SPG) novelliert. Es gesteht den Polizeien, allen voran dem Staatsschutz, im Namen der Terrorismusbekämpfung[4] außergewöhnlich weitreichende Interventionsbefugnisse in ganz unterschiedlichen Bereichen zu und führt außerdem einige neue Straftatbestände und Verwaltungsstrafen ein. An den novellierten Befugnissen des Staatsschutzes lässt es sich am deutlichsten ablesen: Das staatliche Versprechen von Sicherheit wird

---

[2] Am 22.07.2011 wurde ein norwegisches Feriencamp der sozialdemokratischen Arbeiterpartei durch einen Einzeltäter beschossen, der dabei 77 Menschen tötete.

[3] Neues Anti-TerrorPaket der Regierung steht, krone.at v. 13.08.2011, http://www.krone.at/Kaernten/News_Antiterror-Paket_der_Regierung_steht-OeVP-Initiative-Story-2851   32 (30.06.2012).

[4] Die Novelle wird alltagssprachlich als „Antiterrorpaket II" bezeichnet.

A. Kretschmann (✉)
Universität Lüneburg, Lüneburg, Deutschland
E-Mail: andrea.kretschmann@leuphana.de

© Springer Fachmedien Wiesbaden GmbH, ein Teil von Springer Nature 2022
A. Legnaro und D. Klimke (Hrsg.), *Kriminologische Diskussionstexte II*,
https://doi.org/10.1007/978-3-658-22007-5_10

139

mit der Novelle vom festgestellten Rechtsbruch nochmals weiter gelöst, setzt weit
vor ihm ein und orientiert sich nun noch mehr an außerrechtlichen Normen. Bei
dem Gesetz handelt es sich um die Neuauflage einer Gesetzesinitiative, die in
fast identischer Form bereits ein Jahr zuvor vorgelegt, aber aufgrund von Grund-
rechtsbedenken abgelehnt worden war. Von einem Großteil der zivilgesellschaft-
lichen Initiativen wurde die rechtliche Ermöglichung derartig intensiver staatlicher
Interventionen im Sinne eines „labeling from below"[5] schlichtweg als unrecht
verstanden.[6] Denn dass staatliche Akteur_innen, wie das neue Gesetz es vorsieht, Bürger_innen im Rahmen der erweiterten Gefahrenerforschung schon bei
einem „Verdacht" auf einen Verdacht unter Beobachtung stellen dürfen und im
Rahmen einer „erweiterten Gefährdungsanalyse"[7] Daten Einzelner ganz ohne
konkrete Anhaltspunkte für eine Gefahr sammeln dürfen, noch dazu heimlich,
ist in Rechtsstaaten bekanntermaßen nur in eingeschränktem Maße – in Krisen-
situationen staatsbedrohenden oder staatliche Grundfunktionen einschränkenden
Charakters – vorgesehen. Nur in systembedrohenden Zeiten werden sonderrecht-
liche Maßnahmen erhoben und die Verfassung zu ihrem eigenen Schutz temporär
außer Kraft gesetzt – durch eine starke Exekutive oder eine kommissarische bzw.
souveräne Diktatur. Kritisiert wurde insofern die Anlasslosigkeit der Initiative:
Kein in seinem Gefährlichkeitsgrad herausragendes Ereignis, keine Veränderung
der Bedrohungslage – so weit sich diese überhaupt ‚objektiv' ermitteln lässt[8]
– veranlasste die Innen- und Justizministerinnen Mikl-Leitner und Karl im
Juni 2011 erneut dazu, das Anti-Terrorismus-Paket zur Begutachtung vorzulegen. Die Initiator_innen der Gesetzesinitiative betonten sogar ausdrücklich:
Ganz im Sinne rechtsstaatlicher Rechtsetzung liege gerade keine Anlassgesetzgebung vor, vielmehr gehe es darum, gegen terroristische Attentate „bestmöglich

---

[5] Kretschmann/Fuchs, Legitimationstechniken, Sicherheitspraktiken: Von der Normalität des Staatsverbrechens. Eine erkenntnistheoretische Diskussion am Beispiel des Falles
Murat Kurnaz, Kriminologisches Journal (2007) 206. IS des Labeling Approach bezeichnet
„labeling from below" die Definition staatlicher Handlungen als deviant nicht durch
formell definitionsmächtige Institutionen, sondern durch zivilgesellschaftliche Akteur_
innen.

[6] Bspw. Plattform ueberwacht.at, die Stellungnahmen aus der Begutachtungsphase und die
144. Sitzung des Nationalrats v 29.02.2012.

[7] Halla, Factsheet zum Antiterror-Paket. Gesetzesnovelle des Sicherheitspolizeigesetzes
(SPG) (2011), 2, http://web.gras.at/ueberwacht/?page_id=9/#2 (30.06.2012).

[8] Zum problematischen Verständnis von Sicherheit als objektiv messbarer Größe für viele
Dimmel, Gewalt und soziale Kontrolle im neoliberalen Staat des Postfordismus, in Ders/
Schmee, Die Gewalt des neoliberalen Staates (2008), 263.

gerüstet [zu] sein."[9] Trotz der massiven Kritik aus Zivilgesellschaft und Opposition ist der Kampf um die Grund- und Freiheitsrechte auf dem Gebiet der Inneren Sicherheit nun vorerst entschieden: Im Februar 2012 wurden die erweiterten Interventionsbefugnisse des Staatsschutzes im Rahmen der SPG-Novelle verabschiedet. Nichts scheint einem Großteil der gewählten Vertreter_innen heute so evident notwendig wie die Ausweitung der polizeilichen Befugnisse und die Pönalisierung von terroristischen Um- und Vorfeldhandlungen.

Dies wirft Fragen nach dem Zustandekommen der SPG-Novelle auf. Was veranlasst politisch Verantwortliche heute dazu, jenseits konkreter Gefahrenlagen Gesetze mit Ausnahmecharakter verabschieden zu wollen? Was bedingt die Durchschlagskraft ihrer Argumente? Hierfür ließe sich der Blick auf eine Reihe unterschiedlicher Faktoren richten, u.a. auf das Ringen staatlicher Institutionen und ihrer Akteure um Hegemonie und Einfluss in den konkreten Entscheidungsprozessen: Keine Partei – ganz in der Logik der Autopoiesis sozialer Systeme[10] – besetzt Themen heute abseits des Blicks auf Wähler_innenstimmen, keine Polizeiorganisation argumentiert für Veränderungen im eigenen Wirkungsbereich, ohne die eigene Unabkömmlichkeit gleichzeitig weiter absichern zu wollen. Ein derartiger Fokus beantwortet aber noch nicht das Zustandekommen jener Überzeugungen und Fraglosigkeiten, die derart intensivierte Sicherheitsgesetze am Horizont eines Möglichkeitsfeldes auftauchen lassen. Nicht das taktische Handeln relevanter politischer Akteure, nicht die Rhetorik befürwortender Parteien oder rechtliche Eigenlogiken sind deshalb hier Gegenstand der Analyse. Die nachfolgende Untersuchung hat ihren Ausgangspunkt vielmehr in der Frage nach der Beschaffenheit des Wissens und den Techniken seiner Generierung: Sie nimmt jene Rationalitäten in den Blick, welche letztlich für die Umsetzung politischer Programme konstitutiv sind.

Eine solche gouvernementalitätstheoretische Analytik in Anschluss an Michel Foucault betrachtet die Subjekte im Hinblick auf die Regierungsziele als gestalt- und lenkbar und sieht keinen Widerspruch mehr zwischen der Regierung durch sich Selbst und durch Andere.[11] Zu unterscheiden ist hier freilich zwischen

---

[9] „[...] man kann hier also nicht von einer Anlassgesetzgebung reden", ÖVP-Generalsekretär Rauch im ORF-Interview v. 02.08.2011; Mikl-Leitner beharrt auf Datenverknüpfung, Kleine Zeitung v 28.07.2011, http://www.kleinezeitung.at/nachrichten/ politik/2796638/mikl-leitner-beharrt-datenverknuepfung.story (30.06.2012).

[10] Luhmann, Soziale Systeme. Grundriß einer allgemeinen Theorie (1984).

[11] Für viele: Krasmann, Kriminelle Elemente regieren – und produzieren, in Honneth/Saar (Hrsg): Michel Foucault. Zwischenbilanz einer Rezeption (2003), 94 (94).

der „Problematik des Regierens im Allgemeinen" und der „Regierung in ihrer politischen Form".[12] Foucault interessierte sich bekanntlich vor allem für erstere, dafür, wie Machtbeziehungen Subjektivitäten nicht vereinnahmen, sondern erst hervorbringen, und wie sich diese mit verfestigten Formen der Macht, mit Herrschaftstechniken also, verbinden. Erst dieses weite Verständnis des Regierens erlaubt es, die Gegenstände der Regierung „in ihrer politischen Form" nicht als vorab gegeben, sondern als jeweils sozial konstituiert zu bestimmen. Denn immer verweisen die regulierenden Handlungen des Staates auf soziale Regeln, die wiederum jeweils Maßstäbe der Bewertung voraussetzen. Indem sie Dinge bezeichnen sowie Zusammenhänge aufzeigen, werten sie Sachverhalte bereits und machen sie so auf eine ganz bestimmte Weise denk- und sichtbar. „Wahre" Aussagen werden dergestalt von „falschen" differenziert, „richtiges" Handeln von „falschem" unterschieden.[13] Auch Regieren im engeren Sinne ist demnach eine normative und normierende Aktivität, welche Subjektpositionen und Situationsdefinitionen innerhalb eines wissensbasierten Wahrheitsregimes erst generiert. Der hier zu untersuchende Diskurs kann insofern als eine „Ökonomie der Macht" betrachtet werden, die auf vorgefundene Probleme weniger reagiert, als dass sie diese mittels bestimmter Techniken der Wissensgenerierung selbst erst produziert.[14]

Untersuchen lässt sich der Diskurs mittels des analytischen Blicks auf die Logik seiner Effekte wie auf die Gestalt und Zusammensetzung jener Aussagen, die die Rede über unsichere Problemlagen und Strategien zu ihrer Bewältigung bestimmen. Fragt man nach dem epistemologischen Erzeugungszusammenhang der SPG-Novelle, so liegt dieser in einem Diskurs, der sich nicht mehr allein an konkreten Gefahren, auch nicht länger nur an Gefahrenpotenzialen, sondern an Krisenfiktionen orientiert, und der als Angstdiskurs letztlich unkontrolliert zu wuchern beginnt.[15] Weniger die Gefahren selbst als der spezifische Zugriff auf sie ist es, so wird im Folgenden deutlich, durch den es keiner besonderen Anlässe mehr bedarf, um besondere Sicherheitsgesetzgebungen zu verabschieden.

---

[12] Foucault, Die Gouvernementalität, in Bröckling/Krasmann/Lemke (Hrsg): Gouvernementalität der Gegenwart. Studien zur Ökonomisierung des Sozialen (2000), 42.

[13] Foucault, Der Gebrauch der Lüste. Sexualität und Wahrheit 2 (1989/1991), 13.

[14] Foucault, Dits et Ecrits III, Nr. 193, Vorl. v. 7.1. 1976 (2003) 212.

[15] Für die Analyse wurden Interviews, Stellungnahmen, Pressemitteilungen und Äußerungen der Gesetzesinitiator_innen und -befürworter_innen in Tageszeitungen und politischen Institutionen einbezogen.

Gefahrenverarbeitung und Gefahrenerwartung generieren neue Wahrheiten, die nicht nur die Loslösung der polizeilichen Orientierung an der Straftat weiter vorantreiben, sondern die ebenso *die Ablösung krisenorientierter Rechtsetzungen vom* konkreten *Krisenereignis* in Gang zu setzen vermögen. Diese Diskursmodulation hat Effekte: Werden Krise und Krisenbearbeitung auf Dauer gestellt, dann tendiert der Staatsschutz dazu, über seine eigentliche Aufgabe – die Gefahrenabwehr – hinauszuschießen und „außerparlamentarische" politische Ausdrücke in Sicherheitsprobleme umzucodieren.

Die Diskursanalyse erlaubt insofern die Annäherung an die Frage nach der vermeintlich „aus dem Nichts" kommenden Gesetzesinitiative über die Frage nach konkreten Interessen mächtiger Akteur_innen hinaus. Somit bietet sie einen analytischen Rahmen, mit dem sich das Bestreben der ÖVP, „bestmöglich gerüstet sein" zu wollen, weniger als Reaktion auf eine tatsächlich gegebene unsichere Lage, als vielmehr als *Ergebnis* kriminaljustizieller und kriminalpolitischer Praktiken bestimmen lässt.

1   Die Gefahrenlage

In einer Sache sind sich polizeilicher Staatsschutz, Regierung und Opposition überraschend einig: Eine besondere Bedrohungslage scheint momentan nicht gegeben. „Extremismus und Terrorismus stellen für die österreichische Demokratie im Moment keine ernsthafte Bedrohung dar", so etwa der Direktor des Bundesamts für Verfassungsschutz und Terrorismusbekämpfung (BVT) Gridling unter Verweis auf den Verfassungsschutzbericht 2011.[16] Ähnlich stellt es auch der der Novelle kritisch gegenüberstehende Grüne Nationalratsabgeordnete Steinhauser dar: „Die Bedrohungslage hat sich in den letzten 3 Jahren nicht wesentlich verändert", schreibt er.[17] Die mit der Novelle beschlossenen Neuerungen für den Staatsschutz jedoch weisen in eine andere Richtung. Mit den Instrumenten der erweiterten Gefahrenerforschung und der erweiterten Gefährdungsanalyse werden diesem weitreichende Interventionsmöglichkeiten an die Hand gegeben.

---

[16] Verfassungsschutzbericht: Islamismus größte Gefahr, Die Presse Online v. 05.08.2011, http://diepresse.com/home/panorama/oesterreich/683737/Verfassungsschutzbericht_ Islamismus-groesste-Gefahr (30.06.2012).

[17] http://albertsteinhauscr.at/rag/spg/ (30.06.2012).

Mit der erweiterten Gefahrenerforschung (§ 21) darf der Verfassungsschutz *erstens* weit im Vorfeld politisch motivierter Straftaten beobachten und analysieren. In den Blick nehmen kann er erstmals *Einzelpersonen*, von denen er befürchtet, dass diese in einer nicht näher definierten Zukunft weltanschaulich oder religiös motivierte Gewalthandlungen bedeutenden Ausmaßes verüben könnten. Laut Gesetz bedarf es von nun an keines Nachweises der Organisierung innerhalb einer Gruppe wie der kriminellen oder terroristischen Vereinigung mehr, um als Gefahr für die öffentliche Sicherheit eingestuft und ohne Richter_innenbeschluss überwacht zu werden. Dies käme bereits bei der *individuellen* positiven öffentlichen Bezugnahme auf Gewalt gegen Menschen, Sachen oder verfassungsmäßige Einrichtungen in Frage – in Internetforen oder in anderen öffentlichen Räumen.[18] Auch wenn jemand sich ohne eine Straftat zu planen Mittel und Kenntnisse verschafft, die es möglich machen, schwere Sachbeschädigungen oder die Gefährdung von Menschen herbeizuführen, kann der Staatsschutz eine erweiterte Gefahrenerforschung einleiten.[19] Vermutungen über das Eintreten der Gewalttat reichen an dieser Stelle aus. Eine überwiegende oder hinreichende Wahrscheinlichkeit, dass es zu Gewalttaten kommt, muss nicht gegeben sein. Einzelne Personen können dann ohne gerichtliche Kontrolle observiert oder durch verdeckte Ermittlung überwacht werden. An öffentlichen Orten können von ihnen Ton-, Bild- und Videoaufzeichnungen gemacht, in Datenbanken eingespeist und dort weiterverarbeitet werden.[20] Die Neuerungen lehnen sich damit an bereits bestehende Praxen an: So kam den Sicherheitsbehörden schon nach alter Rechtslage bei Einzelpersonen die Aufgabe zu, Gefahren abzuwehren.[21] Für eine einfache Gefahrenerforschung bei Einzelpersonen reichten hierfür schon relativ geringe Hinweise aus. Nicht nur, wenn jemand Vorbereitungen zur Verwirklichung einer Straftat oder Gefahr traf, sondern bereits bevor er oder sie Vorbereitungshandlungen setzte, konnte die Polizei, sofern ein Verdacht vorlag, tätig werden.[22] Auf der Grundlage der erweiterten Gefahrenerforschung interveniert die Polizei heute jedoch schon vor

---

[18] Bspw. Gridling, Kritik an schwacher Kontrolle, news ORF.at v. 02.12.2011, http://news.orf.at/stories/2092458/2092461/ (30.06.2012).

[19] § 21 Abs 3 SPG.

[20] §§ 53 und 54 SPG.

[21] § 16 Abs 1 Z 1 SPG.

[22] § 16 Abs 3 SPG; § 16 Abs 4 iVm § 28a SPG.

der Existenz einer durch „bestimmte" Tatsachen gerechtfertigten Annahme einer Gefahrensituation.[23] Ihr Eingreifen hat sich auf den Zeitpunkt des *Verdachts auf einen Verdacht* auf eine Gefahr vorverlagert.

Vorgelagert ist der erweiterten Gefahrenerforschung seit der letzten Novellierung *zweitens* eine erweiterte Gefährdungsanalyse. Gemeint ist damit eine neu eingerichtete Datenbank, in der personenbezogene Daten ohne konkreten Anlass und ohne vorab definierte Voraussetzungen oder Kriterienkataloge sowie ohne Zustimmung des Rechtsschutzbeauftragten für ein Jahr gesammelt und weiterverarbeitet werden können. Aus den Daten soll sich erschließen, bei wem eine erweiterte Gefahrenerforschung anberaumt oder ob eine Gefahrenabwehr durchgeführt werden soll.

Die beschriebenen Neuerungen im Staatsschutz scheinen dabei rechtsstaatlichen Prinzipien zu widersprechen, denen zufolge zu jeder *polizeilichen* Ermittlung nach der StPO auch ein Verdacht auf eine Straftat gehört und zu jeder Gefahrenabwehr nach dem SPG eine konkret zu verhindernde Gefahr. Vielmehr hat es den Anschein, als würden mit diesen Befugnissen auch Personen ins polizeiliche Blickfeld geraten, von denen erst in einer nicht näher spezifizierten Zukunft und nur vielleicht eine Gefahr ausgehen könnte. Insofern sie auf das Vorfeld der Straftat ausgerichtet sind, sind die skizzierten Neuerungen als Teil einer Präventionsorientierung zu verstehen, welche im Straf- und Polizeirecht bereits eine lange Tradition hat. Der uns heute bekannte Fokus auf die Vorsorge entwickelte sich im 17. Jahrhundert als Resultat aus der Erfindung der Statistik.[24] Erst durch die Betrachtung unerwünschter Ereignisse auf der Basis von Zahlen, Wahrscheinlichkeiten und Mittelwerten begann man, Ärgernisse und Lebenskatastrophen – darunter auch ein gewisses Ausmaß an Kriminalität[25] – als *soziale Regelmäßigkeiten* wahrzunehmen. Unerwünschte Geschehnisse wurden nicht länger als durch das Einwirken äußerer Kräfte determinierte Schicksalsschläge gelesen, sie konnten als Risiko kalkuliert, zugerechnet und verantwortet werden. Mit der Möglichkeit, das Erscheinende als soziale Struktur „in reflexiver Distanz und unter einem größeren Zeithorizont"[26] wahrnehmen zu können, hatte

---

[23] ISd § 28a Abs 1 SPG.

[24] Hacking, The Taming of Chance (1990).

[25] Durkheim, Die Regeln der soziologischen Methode (1895/1984), 141.

[26] Bonß, (Un-)Sicherheit in der Moderne, in Zoche/Kaufmann/Haferkamp, Zivile Sicherheit. Gesellschaftliche Dimensionen gegenwärtiger Sicherheitspolitiken (2011), 43 (52).

man sich auf es einzustellen und sich mit ihm zu arrangieren. Es war insofern
die auf das Soziale bezogene Gefahrenwahrnehmung, die die Zukunft beeinfluss-
bar und die Vorsorge notwendig machte. Regieren wurde unter diesen Voraussetzungen bestimmbar als ein „System", das sich zum Schutz aller Bürger_innen
i.s. der Gewährleistung ihrer personalen Unversehrtheit, ihrer Rechte und ihres
Eigentums „im wesentlichen um ein eventuelles Ereignis dreht, ein Ereignis, das
geschehen" könnte.[27] Im Polizei- und Ordnungsrecht wurde der Absicherung von
Gefahren mittels der Bestimmung der Gefährlichkeit von Personen Rechnung
getragen, gemessen an multiplizierter „Wahrscheinlichkeit und Ausmaß jenes
Schadens, der geschützten Rechtsgütern [...] droht".[28] Die Unsicherheit ist somit
eine Erfindung der Moderne – mit der Prognose aber entwickelt sie, wie Opitz
und Tellmann treffend bemerken, im gleichen Zug eine Technik, mittels der die
Zukunft anhand der Ansiedelung vergangener Ereignisse auf einer Normalver-
teilung handhabbar[29] und insofern ab- und auch versicherbar[30] wird.

2   Imagination der Zukunft

War der Umgang mit der Zukunft seit der Moderne von der Prognose bestimmt,
so ist der vorsorgende Blick im Fall der SPG-Novelle jedoch nicht mehr so sehr
durch die Probabilistik getragen, er orientiert sich vielmehr an Krisenfiktionen[31]
– und damit an einer veränderten Form der Prävention. Es ist dabei die sozial
konstituierte „Erfahrung"[32] des unerwarteten Eintritts eines alles verändernden,
schrecklichen Ereignisses, das die Extrapolation der Zukunft aus dem statistisch

---

[27] Foucault, Geschichte der Gouvernementalität. Sicherheit, Territorium, Bevölkerung. Vorlesung am Collège de France 1977/1978 (2004), 57.

[28] Wolf, Das Gefährliche regieren. Die neuzeitliche Universalisierung von Risiko und Versicherung, in Engell/Siegert/Vogl, Gefahrensinn (2009), 35 (25).

[29] Opitz/Tellmann, Katastrophale Szenarien: gegenwärtige Zukunft in Recht und Ökonomie, in Hempel/Krasmann/Bröckling, Sichtbarkeitsregime. Überwachung, Sicherheit
und Privatheit im 21. Jahrhundert (2010), 27 (28).

[30] Ewald, Der Vorsorgestaat (1993).

[31] Zur Verbindung von radikalem Ereignis und Worst-Case-Szenario Opitz/Tellmann,
Katastrophale Szenarien (27).

[32] Foucault, Der Gebrauch der Lüste, (9f). Bei Foucault konstituiert Erfahrung als
„Korrelation" von Wissen, Normen und Subjektivitäten kollektive Empfindsamkeiten und
Vergangenheitsrezeptionen.

Messbaren an Bedeutung verlieren lässt. Bezug genommen wird hierbei vor allem auf 9/11. Nicht nur das Attentat von Oslo, so teilt Mikl-Leitner im ORF-Radio-interview mit, sondern „[…] gerade die Vergangenheit hat uns gezeigt, dass wir hier eine Verschärfung brauchen in der Gesetzgebung", und bezieht sich damit auf ein Geschehnis, das schlichtweg nicht im Bereich des Denkbaren gelegen hatte – als zu andersartig und unwahrscheinlich hatten sich Größe, Struktur und Anschlagsziel erwiesen. Auf 9/11 wird im Diskurs als historisches Ereignis umwälzenden Charakters rekurriert. Als solches stellt es ein Phänomen dar, das sich aus dem Vorhergehenden nicht mehr ableiten lässt. Aufgrund der Unsicherheit über Motive und Täter_innen erwies sich der Anschlag im politischen Diskurs sogar noch im Nachhinein für eine ganze Weile als „ungewiss codierte[s] Phänomen".[33] Als in Struktur und Schweregrad gleichermaßen unerwartetes wie unerträgliches Unglück leitete er – zumindest politisch und medial[34] – eine neue Zeitrechnung ein. Ebenso wie 9/11 für „Sinnzusammenbrüche" (Stäheli) sorgte, muss davon ausgegangen werden, dass auch zukünftige Anschläge außerhalb des Bereichs bekannter Sinngebungen und Wirkungszusammenhänge angesiedelt sein können. Die Debatte orientiert sich mithin am radikal Unbekannten, an einem möglichen Ereignis, das sich aus dem Mittelwert vergangener Geschehnisse oder Indikatoren der Gegenwart nicht mehr so leicht ableiten lässt. Ausgerichtet an einer Zukunft, die jeglichen Vergleichs entbehrt und sich insofern als entsprechend unberechenbar erweisen muss, steht der Diskurs für die Identifikation einer neuen Ungewissheit, nicht aber für die Identifikation bekannter Risiken.[35] Opitz und Tellmann haben diesen Mechanismus einer erneut radikal unbekannten Zukunft grundlegend beschrieben: Weniger kann sich ein solcher Diskurs an „vergangenen, statistisch aufbereiteten Ereignissen" orientieren, als dass er Neues zu erfassen versuchen muss. Der Referenz allein auf das Vergangene ist

---

[33] Lethen, Bildarchiv und Traumaphilie: Schrecksekunden der Kulturwissenschaften nach dem 11. September, in Scherpe/Weitin (Hrsg), Eskalationen. Die Gewalt von Kultur, Recht und Politik (2003), 3 (4).

[34] Innerhalb der Polizeien rief die Verarbeitung von 9/11 keinen Bruch mit den bisherigen kriminalpolitischen Denkweisen und Strategien hervor, sondern erzeugte allenfalls gewisse Diskontinuitäten. Nachfolgende Richtungsänderungen in der Kriminalpolitik folgten teilweise zuvor ausgearbeiteten Policies. Lepsius, Das Verhältnis von Sicherheit und Freiheitsrechten in der Bundesrepublik Deutschland nach dem 11. September 2001 (2004), www.aicgs.org/documents/lepsius.pdf (30.06.2012).

[35] Vgl. Luhmann, Soziologie des Risikos (1991). [Siehe den Text im Kapitel *Prävention als Steuerungsmechanismus in der späten Moderne* in diesem Band – A. d. H.].

nach dieser Logik eine „geradezu [...] gefährlich konservative Tendenz" inhärent, gehe man dabei doch „immer von Bekanntem aus und sehe in der Zukunft folglich nur, was man schon kennt."[36] Vor diesem Hintergrund reicht es kaum noch aus, die Erwartung und Aufmerksamkeit allein auf das Normale zu richten, vielmehr bedarf es der Beschäftigung auch mit dem scheinbar Unmöglichen und Unwahrscheinlichen.

Dort aber, wo die Prognose keine Handlungsanleitungen mehr bereithält, können nicht länger Vorhersagen getroffen werden, es müssen mögliche Zukünfte entworfen werden.[37] Es ist dabei nicht irgendeine imaginierte Zukunft, die den Diskurs um die Novellierung des SPG bestimmt und aus der heraus die Verabschiedung größerer Eingriffsbefugnisse des Staatsschutzes notwendig erscheinen, sondern das Worst-Case-Szenario. Die Logik ist ebenso einfach wie zwingend: Weil bei der Frage nach Zielsetzung, Art und Größe eines terroristischen Anschlags nicht mehr von Bekanntem ausgegangen werden kann, muss man sich, um Sicherheit gewährleisten zu können, stets am Schlimmsten orientieren. Sein Eintreten bedeutet immer einen Totalverlust, angefangen bei der Zerstörung bestehender politischer über wirtschaftliche Ordnungen bis hin zur Vernichtung zentraler Ressourcen. Niemand mehr will sich im Bezug auf die Gewährleistung der Inneren Sicherheit einen „failure of imagination" nachsagen lassen, wie er den zuständigen Sicherheitsbehörden im Abschlussbericht zu 9/11 diagnostiziert wurde.[38] Es ist diese Situation, die – um es mit den Worten des Erfinders der Szenario-Technik im Kalten Krieg auszudrücken – zum „thinking about the unthinkable" anregt.[39] Nur so erklärt sich, dass die politischen Akteur_innen den islamistischen Extremismus und Terrorismus im rassistisch und kulturalistisch geprägten Krieg gegen den Terror mittelfristig als größte Gefährdung für die Sicherheit Österreichs beschreiben, obgleich die Straftaten in diesem Bereich „verschwindend gering" seien. Obwohl die islamistisch motivierten Straftaten die geringsten Zahlen aufwiesen, käme ihnen das größte Gefahrenpotenzial zu.[40]

---

[36] Opitz/Tellmann, Katastrophale Szenarien, (27).

[37] Vgl. Horn, Der Anfang vom Ende. Worst-Case-Szenarien und die Aporien der Voraussicht, in Engell/Siegert/Vogl, Gefahrensinn (2009), 93.

[38] Bericht der 9/11-Kommission (2004) 336, zit. n. Salter, Risk and Imagination in the War on Terror, in Amoore/De Goede (Hrsg.), Risk and the War on Terror (2008).

[39] Kahn, Thinking About the Unthinkable (1962).

[40] Zitate v. Mikl-Leitner, Mikl-Leitner will an Anti-Terror-Paket festhalten, Standard Online v. 28.07.2011, http://derstandard.at/l311802228651/OeVP-Mikl-Leitner-will-an-Anti-Terror-Paket-festhalten (30.06.2012)

Es sind Sicherheitsbehörden und Nachrichtendienste anderer europäischer Länder, die „diffuse Hinweise [erhielten], wonach bereits ausgebildete Attentäter in Richtung Europa entsandt wurden, um Anschläge [...] durchzuführen. [...] eine spezifisch gegen Österreich oder österreichische Interessen gerichtete Drohung [sei] nicht eingegangen." Vielmehr müsse „festgehalten werden, dass die Al Qaida Ideologie weiterhin zahlreiche Gruppierungen und/oder Personen inspiriert", so ein Auszug aus dem Verfassungsschutzbericht 2011.[41]

3 Die Evidenz des Szenarios

Zu Recht haben Kritiker_innen den Eindruck, es werde hier eher frei assoziativ als logisch-folgernd mit dem Thema Sicherheit umgegangen: Der Diskurs entfaltet eine eigentümliche Evidenz, die herkömmliche Regeln der Deduktion missachtet. Orientiert wird sich an einer „Politik des Möglichen", die, insofern ein Ereignis denkbar ist, sich auf dieses einzustellen beginnt. In diesem Sinne lässt sich die Rezeption des Attentats von Norwegen (s. o.) in der laufenden Debatte begreifen. Fragen nach der Vergleichbarkeit von Norwegen und Österreich in polizeiorganisationaler und rechtlicher, aber auch in sozialstruktureller und ökonomischer Hinsicht treten hier in den Hintergrund. „Das kann überall passieren"[42], konstatiert etwa Gridling, und dekontextualisiert so das Geschehen in Norwegen vollständig. Fortan fungiert das „Beispiel Breivik" als Beleg für die Notwendigkeit der Novellierung der österreichischen Gesetzeslage. Hatte man erst im Jahr 2005 aufgrund der erhöhten Komplexität gruppenbezogener Ermittlungen eine vergrößerte Eingriffsintensität bei Gruppendelikten für notwendig gehalten, müsse eine ebensolche Aufmerksamkeit in Zukunft auch Einzeltäter_innen zukommen. Denn „[d]as Instrumentarium der erweiterten Gefahrenerforschung wäre für Personen wie Breivik nicht infrage gekommen, weil er keine Gruppe ist".[43] Auch Mikl-Leitner argumentiert in diesem Sinne: Das Anti-Terror-Paket sei „eine Notwendigkeit aus der Erfahrung der letzten

---

[41] BMI (Hrsg), Verfassungsschutzbericht (2011) 601.

[42] Gridling, „Keine konkrete Bedrohung", news ORF.at v 05.08.2011, http://news.orf.at/stories/2070636/207063.5/ (30.06.2012).

[43] BVT Chef: „Wir hätten gesagt, das ist ein Wirrkopf. http://www.krone.at/Oesterreich/BVTChef_Wir_haetten_gesagt._das_ist_ein_Wirrkopf-Breivik-Manifest-Story-274167 (30.06.2012).

Monate und Jahre".[44] Im Szenariodiskurs erweitert jedes in der „westlichen
Welt" neu hinzukommende Ereignis die Möglichkeitsräume für Anschläge, und
jedes als terroristisch gerahmte Ereignis verbreitert die Kenntnisse über die zu
seiner Bekämpfung als nötig erachteten Maßnahmen. Dass in Österreich aktuell
wie historisch kaum Terroranschläge zu verzeichnen sind, ist *angesichts der vorstellbaren Möglichkeiten von terroristischen Anschlägen in der Welt* von unter-
geordneter Bedeutung. Wenn Mikl-Leitner ihrer Interviewpartnerin dazu rät, sich
vorzustellen, „jemand möchte eine Bombe legen, um die Welt zu verbessern,
am Karlsplatz [...]"[45], um die Notwendigkeit der von ihr vorgeschlagenen
Maßnahmen im SPG zu untermauern, dann ist es gleich, wie wahrscheinlich es
ist, dass jemand am Karlsplatz eine Bombe platziert – da dies denkbar ist, muss
damit „gerechnet" werden. Wo diese vorhanden war, wird rechnerische Evidenz
im Diskurs tendenziell abgelöst zu Gunsten der Imagination des bloß Möglichen;
Szenarien treten an die Stelle mathematischer Kalkulation.[46] Installiert wird dabei
ein Denken in *Ereignisketten* – terroristische Akte auch kleineren Ausmaßes, ver-
eitelte Anschläge, präventive Ausweisungen von Hasspredigern – sie alle belegen,
dass die Unsicherheit die neue Normalität darstellt.

4   Null-Risiko

Das Denken in Worst-Case-Szenarien formuliert dabei eine Dringlichkeit, es setzt
einen Handlungsimperativ. Da man sich am Schlimmsten orientieren muss, ist
es keine Option, das Ereignis einfach auf sich zukommen zu lassen. Nun erweist
es sich als besonders wichtig, „nichts dem Zufall zu überlassen".[47] Weniger die
aktuelle Lage als die Vorstellung des Totalverlusts reizt insofern zu invasiveren
Maßnahmen an – obgleich seine Eintrittswahrscheinlichkeit sehr gering ist.
Dem Zufall zu entgehen kann jedoch nur noch im Ausschalten jeglichen Risikos

---

[44] Mikl-Leitner will an Anti-Terror-Paket festhalten, Der Standard Online v. 28.7.2011,
http://derstandard.at/1311802228651!OeVP-Mikl-Leitner-will-an-Anti-Terror-Paket-
festhalten (30.06.2012); so auch ÖVP-Generalsekretär Rauch im ORF-Report v.
02.08.2011.

[45] Mikl-Leitner im ORF-Report, 15.11.2011.

[46] Freilich ist anzumerken, dass auch letztere keineswegs einfach Realität abbildet, sondern
durchaus moralischen Ursprungs ist.

[47] Mikl-Leitner will an Anti-Terror-Paket festhalten, Der Standard Online v. 28.07.2011.

bestehen. Keine Berechnung des Schadens der politisch oder weltanschaulich motivierten Kriminalität wird vorgenommen, keine Kosten ihrer Verfolgung werden eruiert, keine Analyse der Wirksamkeit unterschiedlicher Maßnahmen angestellt. Wo keine Identifikation von Risiken und keine statistische Einschätzung der Eintrittswahrscheinlichkeit eines Ereignisses mehr möglich ist, und wo man es nicht mehr mit „‚erträglichen' Verlusten"[48] zu tun hat, da ist die Kalkulation mit dem Risiko ausgeschlossen. Die terroristischen Bedrohungen sind „zeitlich, sachlich und sozial entgrenzt";[49] sie gelten schlichtweg als nicht mehr versicherbar.[50] Das Unglück muss deshalb verhindert werden – koste es, was es wolle. Nicht nur die zuvor angelegten Bewertungen, auch die auf ihnen aufbauenden Maßnahmen erweisen sich im Rahmen des diskursiven Eintritts in die Ereignisstruktur als überholt, sie müssen verworfen oder ergänzt werden. Weil „die Welt [...] sich verändert" habe, hätten sich „weltweit [...] die Länder darauf eingestellt, die Sicherheitsvorkehrungen zu verschärfen und zu überdenken", sagt Mikl-Leitner im Bezug auf 9/11. Sie fährt fort: „Auch wir in Österreich haben einiges an Maßnahmen gesetzt."[51] Da der Worst-Case sich weder aus der Vergangenheit noch aus der Gegenwart ableiten lässt, sind intensive Nachforschungen im Vorfeld anzustellen. Der Diskurs ist von daher mit einem unbedingten Willen zum Wissen verknüpft: In dem Versuch, das einzukalkulieren, was dem Kalkül bisher entgehen muss, zielt er auf eine „Operationalisierung des Nicht-Wissens"[52] ab. Man könnte auch sagen: Das Problem der Unsicherheit wird in ein Problem der fehlenden Information übersetzt. Über ein möglichst umfangreiches Wissen über Zusammenhänge, Netzwerke und Risikopopulationen sollen möglichst alle Unsicherheit herstellenden Faktoren und Situationen rekonstruiert, benannt und bearbeitet werden. Die Ausschaltung des Zufalls meint der Gefahr vorzugreifen, noch bevor sie entsteht.

---

[48] Horn, Der Anfang vom Ende, 91 (92).

[49] Vgl Bonß, {Un-)Sicherheit in der Moderne, 43 (8).

[50] Nicht einmal in Geldwerten können sie noch aufgerechnet werden. Ederer, Generaldirektor der Grazer Wechselseitigen über die Frage der Versicherbarkeit terroristischer Gefahren: „Wenn es ein Geschäft wäre, hätten es die Versicherungen schon längst gemacht", Naturkatastrophen und Terroranschläge sollen versicherbar werden, Der Standard Online v. 18.1.2007, http://derstandard.at/2731963 (30.06.2012).

[51] Der Staat fordert Daten, Interview mit Mikl-Leitner, Die Furche 34 (2011), http://www.furche.ar/systcm/showthread.php?t=17747 (30.06.2012).

[52] Wolf, Das Gefährliche regieren, 35 (31).

Die Modalität des Diskurses um die SPG-Novelle spiegelt sich in den mit ihr weiter intensivierten Maßnahmen: Über die Sammlung strafrechtlich irrelevanter Informationen wie bspw. Internetpostings soll es fortan gelingen, nicht nur vorab definierte Straftaten oder Störungen zu erfassen, sondern die Aufmerksamkeit auch auf Ereignisse zu richten, deren Charakter und Erscheinungsform noch im Unklaren liegen. Nicht mehr die Überprüfung von verdachtskonstituierenden Anhaltspunkten, sondern die präventive Überwachung sich potenziell entfaltender Kräfte stehen deshalb hier im Fokus. „Unser Ziel muss es sein", sagt BVT-Direktor Gridling vor Verabschiedung der Novelle, „nach Möglichkeit frühzeitig das Gefahrenpotenzial zu erkennen und durch geeignete Maßnahmen abzuwehren."[53] Die erweiterte Gefährdungsanalyse, mit der Daten ohne konkreten Anlass und ohne vorab definierte Voraussetzungen bzw. entlang eines etwaigen Kriterienkatalogs für jeweils ein Jahr auf Vorrat gesammelt und weiterverarbeitet werden können, ist passgenau auf solche unbestimmten Gefahrenlagen ausgerichtet. Mit der Orientierung an „schwachen Hinweisen"[54] – der Einbeziehung bspw. auch legaler Verhaltensweisen – werden nicht nur *bekannte Risiken* anvisiert, sondern auch Gefahren, deren Entfaltung bisher noch aussteht. Wolle man nicht erst am Ende der Radikalisierung die Möglichkeit zum Eingreifen haben, so Mikl-Leitner, müsse man verschärfend „an der Schraube der Gesetzgebung drehen".[55] Mit der Orientierung an sich nur vage abzeichnenden Bedrohungen ist das Prinzip der Präemption umrissen. Ursprünglich berechtigte es einen Staat nach internationalem Recht auf *militärischer* Ebene zur Durchführung eines Präventivschlags, wenn ihm Beweise oder Warnungen über einen unmittelbar bevorstehenden Angriff vorlagen. Heute hat sich diese Bedeutung verschoben. Anders als zu Zeiten des Kalten Kriegs versucht man im Zuge der Terrorismusbekämpfung nach 2001 (der in seiner Logik tatsächlich partiell ein „Krieg gegen den Terror" ist) auch Bedrohungen vorzugreifen, die sich nur diffus abzeichnen, anstatt dass konkrete Hinweise auf sie vorliegen.[56] Schien es mit

---

[53] ORF-Report v 15.11.2011.

[54] So Gridling. Nach Attentat: Behörden wollen Internet stärker überwachen, Die Presse Online v. 25.07.2011, http://diepresse.com/homc/techscience/internet/sicherhcit/680676/ Attentat_Behoerden wollen Internet-staerker ueberwachen (30.6.2012); ebenso SPÖ-Justizsprecher Jarolim im ORF-Report v 15.11.2011.

[55] Mikl-Leitner wirbt für Anti-Terror-Paket, news ORF.at v. 05.08.2011, http://news.orf.at/ stories/2072488/2072498/ (30.06.2012).

[56] Vgl Cooper, Pre-empting Emergence: The Biological Turn in the War on Terror, in Theory Culture & Society (2006), 113 (124).

der Orientierung an bereits bekannten Risiken kaum möglich, „vor die Lage" zu kommen, so könne man mit dem Zugriff auf verdachtslos gespeicherte personenbezogene Informationen politisch oder weltanschaulich aktiver Individuen oder Gruppen „eine andere Gefahrenprognose" abgeben, so Gridling.[57] Die mit dem Gesetz verabschiedeten Eingriffsrechte implizieren insofern keine Ermittlung von Straftaten bei Verdächtigen mehr, sie setzen bei der Überwachung Nichtverdächtiger an. Der Diskurs plädiert für ein Vorsorgeprinzip, das zwischen legalem und illegalem Verhalten der Beobachteten keinen Unterschied mehr macht.

5   Das Wuchern der Gefahr

Eine solche diskursive Logik und ihre Umsetzung in Form der SPG-Novelle basieren jedoch auf dem Versuch der Antizipation einer Unsicherheit, die mittels erweiterten Wissens nicht in Gewissheit zu verwandeln ist. Mit dem Fokus auch auf Bedrohungen fängt die Gefahr unweigerlich unkontrolliert an zu wuchern. Denn wenn der „geschlossene Ereignisraum"[58] modernen Unsicherheitsempfindens einem grundsätzlich unbegrenzten Möglichkeitsfeld weicht, bleibt das existenziell Bedrohliche stets in Latenz begriffen: Es kann jederzeit unerwartet und an unvorhergesehener Stelle hervorbrechen. Der mittlerweile berühmt gewordene Ausspruch des damaligen US-Verteidigungsministers Rumsfeld auf einer Pressekonferenz im Jahr 2002 bringt diese Gefahrenwahrnehmung auf den Punkt. Er sagt: „[...] as we know, there are known knowns; there are things we know we know. We also know there are known unknowns; that is to say we know there are some things we do not know. But there are also unknown unknowns – the ones we don't know we don't know."[59] Nicht mehr allein zwischen gesicherten Informationen *(known knowns)* und kalkulierbaren Risiken *(known unknowns)* wird hier unterschieden – zusätzlich werden auch Gefahren einbezogen, die als solche nicht mehr kalkuliert werden können *(unkmown unknowns)*. Bisher als sicher eingeschätzte Lagen und Situationen müssen sich vor diesem Hintergrund wieder voller latenter Gefahren erweisen

---

[57] BVT-Chef: „Wir hätten gesagt, das ist ein Wirrkopf", krone.at v. 25.07.2011.

[58] Vgl Bonß, (Un-)Sicherheit in der Moderne, 43 (53).

[59] U.S. Department of Defense, Secretary Rumsfeld and Gen. Myers v. 12.02.2002, http://www.defense.gov/transcripts/transcript.aspx?transcriptid=2636 (30.6.2012).

– Gefahren, deren Existenz abstrakt angenommen wird, deren Charakter, Ausprägung und Manifestation jedoch noch im Unklaren liegen. Sicher ist dann
nur noch die prinzipielle Unsicherheitsgewissheit, „Sicherheit" nur noch als das
„Ausbleiben von Verbrechen" zu verstehen.[60] Durch die anlasslose Sammlung
legaler Verhaltensweisen werden von polizeilicher Seite Verdachte kreiert,
die ebenso wenig entkräftet werden können wie sie noch zur Reduktion von
Unsicherheit beizutragen in der Lage sind. Das Zurücktreten von Delikt und
Devianz[61] reizt vielmehr zu immer neuen Nachforschungen an. Parisi und
Goodman haben für derartige Logiken eine treffende Metapher entwickelt.[62]
Die antizipierte, stets im Spekulativen verbleibende Bedrohung, so sagen sie,
wirft einen „Schatten" auf die Gegenwart. Dieser reizt zu permanenter und
intensivierter Aktivität an, kann aber nie beseitigt werden. Er eilt dem Handeln
stets voraus. Der Umgang mit solcherart antizipierter Gefahren, so zeigt auch
Massumi, hat weniger eine kausale, als vielmehr eine *operative* Logik. Sein
Seinsgrund verpufft nie in der Aktualisierung, viel mehr wird das permanente
Umkreisen der vermeintlichen kognitiven Lücke zum eigenen, sich selbst
perpetuierenden Zweck.[63] Erst im Jahr 2005 hatte man aufgrund der erhöhten
Komplexität *gruppenbezogener* Ermittlungen eine vergrößerte Eingriffsintensität bei Gruppendelikten für notwendig gehalten. Heute wird die bisher Gruppen
vorbehaltene Maßnahme der erweiterten Gefahrenerforschung auch bei Einzelpersonen angewendet.[64] Mit dem Wuchern des Diskurses geraten grund- und
menschenrechtliche Fragen in den Hintergrund zu Gunsten einer Dynamik,
die an der Verwirklichung eines „Grundrechts auf Sicherheit"[65] arbeitet. Die

---

[60]Vgl. Bröckling, Prävention, in Bröckling/Krasmann/Lemke (Hrsg), Glossar der Gegenwart (2004), 210 (210). [Siehe den Text im Kapitel *Prävention als Steuerungsmechanismus
in der späten Moderne* in diesem Band – A. d. H.].

[61]Vgl. Lianos/Douglas, Dangerization and the End of Deviance. The Institutional Environment, British Journal of Criminology (2000), 261, die allerdings stärker von einem „Verschwinden" von Delikt und Devianz sprechen.

[62]Parisi/Goodmann, The Affect of Nanoterror, Culture Machine (2005), http://www.
culturemachine.net/index.php/cm/article/viewArticle/29/36 (30.6.2012).

[63]Massumi, Angst (sagte die Farbskala), in Ders: Ontomacht. Kunst, Affekt und das Ereignis des Politischen (2010), 105.

[64]So bspw. Gridling, Kritik an schwacher Kontrolle, news ORF.at v. 2.12.2011.

[65]ÖVP Generalsekretär Rauch im ORF-Interview v. 02.08.2011 „[…] ich glaube, dass
die Bevölkerung einfach ein Grundrecht auf Sicherheit auch hat". Zur Diskussion um
das Grundrecht auf Sicherheit affirmativ Isensee, Das Grundrecht auf Sicherheit. Zu den
Schutzpflichten des freiheitlichen Verfassungsstaats (1983).

sich unweigerlich einstellenden Verletzungen von Schutzgütern Einzelner „zu Gunsten" der Sicherheit der Bevölkerung können dann nur noch als bedauerliche „Pannen" dargestellt werden, die jedoch als Einzelfälle gegenüber dem allgemeinen Sicherheitsgewinn – so prekär dieser auch sein mag – hinzunehmen seien.[66] Bereits nach alter Gesetzeslage wurde eine Gruppe von Wiener Tierrechtsaktivist_innen fälschlicherweise der Bildung einer „kriminellen Organisation" beschuldigt.[67] Auch die Bezichtigung vierer bildungspolitisch aktiver Studierender, eine „terroristische Vereinigung" gebildet zu haben, musste aufgrund einer unzureichenden Beweislage wieder zurückgenommen werden. Zuletzt fand sich die ehemalige ÖH-Vorsitzende Siegrid Maurer als angebliches Mitglied einer „kriminellen Verbindung" auf einer für die erweiterte Gefahrenabwehr grundlegenden Extremismusliste wieder.[68] Wir sehen: Mit einer Gefahrenwahrnehmung, die den Blick auf legales Verhalten institutionalisiert, werden immer größere Teile des Sozialen unter polizeiliche Aufsicht gestellt. Eine solche Praxis aber läuft Gefahr, soziale Differenzen oder Probleme, wie sie in politischem Engagement zum Ausdruck kommen, tendenziell zu Sicherheitsproblemen umzucodieren. Wo „für die Exekutive Bedingungen" geschaffen werden, um „frühzeitig auf Verdächtige zugreifen zu können",[69] da muss befürchtet werden, dass verstärkt Stimmen abseits der politischen Mitte und abseits der staatlich institutionalisierten Wege politischen Ausdrucks ins polizeiliche Raster geraten. Sie werden unter Missachtung ihrer Grund- und Menschenrechte zu Risiko- oder Gefahrenpotenzialen erhoben und kriminalisiert, ihre Anliegen werden entpolitisiert.[70]

---

[66] Rauch, ORF-Interview v. 02.08.2011.

[67] Rechtsmittel werden in zweiter Instanz nach wie vor gegen andere Straftatbestände (Sachbeschädigung, Nötigung) erhoben. Siehe auch Mackinger/Pack (Hrsg.): § 278a: Gemeint sind wir alle! (2011)

[68] Aus einer Verwaltungsübertretung zogen die Sicherheitsbehörden den Schluss, Maurer wolle in Zukunft „vorsätzlich strafbare Handlungen" begehen.

[69] Anti-Terror-Paket: Einigung zeichnet sich ab, Die Presse Online v. 14.8.2011, http://diepresse.com/home/politik/innenpolitik/685620/AntiTerrorPaket_Einigung-zeichnet-sich-ab (30.6.2012).

[70] Zur Entpolitisierung durch Versicherheitlichung Buzan/Waever/De Wilde, Security. A New Framework for Analysis (1998).

6   Ausnahmezustand

Spätestens seit dem 11. September 2001 kennt die österreichische kriminal- und sicherheitspolitische Diskussion keinen Zustand der Sicherheit mehr; sie bewegt sich entlang eines Kontinuums verschiedener Unsicherheitszustände. Worst-Case-Imaginationen werfen dabei lange Schatten auf die Gegenwart, die anstatt der Produktion von Ruhe, Sicherheit und Ordnung ständig neue zu bewältigende Krisen hervorbringen. Es ist somit der Diskurs des Ausnahmezustands, der hier eine „Gesetzeskraft" zu entwickeln vermag, die Krisengesetzgebungen ohne Krise notwendig erscheinen lassen. Die Rede vom unsichtbaren, nicht lokalisierbaren, aber stets gegenwärtigen Feind bildet das Fundament, auf dem Bürger_ innen zukünftig regulär und dauerhaft heimlich und ohne konkreten Verdacht unter Beobachtung gestellt werden können. Der diskursiv antizipierte Totalverlust vermag alles zu rechtfertigen – selbst rechtsstaatlich inkompatible Maßnahmen lassen sich noch in rechtsstaatliches Recht einkleiden. Eingangs hatte ich darauf hingewiesen, dass Demokratien, um sich selbst gegen Bedrohungen zu schützen, ihre eigenen demokratischen Mechanismen mitunter außer Kraft setzen. Die Widersprüchlichkeit dieser Figur ließ sich bisher durch die Vorstellung der nur temporären Suspendierung der Rechtsanwendung relativieren.[71] Wenn aber – wie hier – die Krise auf Dauer gestellt wird, werden Politik und polizeiliches Handeln zunehmend ununterscheidbar, mehr noch, polizeiliches Handeln *wird* zur Politik.[72] Die antizipierte Krise lässt die polizeiliche Arbeit damit einmal mehr zum Krisenmanagement werden – diesmal hingegen mit noch weitreichenderen Interventionsbefugnissen, welche mit ihrer Orientierung nicht mehr allein an konkreten Gefahren, auch nicht länger nur an Potenzialen, sondern an Krisenfiktionen Gefahren weniger zu beseitigen scheinen als dass sie zu ihrem unkontrollierten Wuchern beitragen.

---

[71] Hardt/Negri, Multitude. Krieg und Demokratie im Empire (2004), 22.

[72] Ebd. (27); Agamben, Homo Sacer. Die souveräne Macht und das nackte Leben (2002).

3. Raum und Sicherheit

Einleitung: Raum und Sicherheit

Aldo Legnaro und Daniela Klimke

Unter der Fülle von Sekuritisierungen, die das alltägliche Leben bestimmen, ist die Sekuritisierung des Raumes eine der bedeutendsten (siehe im historischen Überblick die Stadt-Analysen bei Dinges und Sack 2000). Der urbane Raum, um den es dabei vornehmlich geht, dient allen StadtbewohnerInnen täglich als Passagen-, Aufenthalts- und Konsumraum, und seine architektonische und infrastrukturelle Gestalt ebenso wie die Gefühle, die der Raum selbst bzw. das sich dort aufhaltende Publikum auslöst, haben erheblichen Einfluss auf die individuelle Lebensqualität. Insofern ist ein sicherer Raum (bzw. die Wahrnehmung, dass er sicher ist) eine wesentliche Voraussetzung für ein als sicher und ungefährdet empfundenes Leben.

Das gilt um so mehr, als ‚Raum' eine jeglicher Wahrnehmung zugrundeliegende Kategorie bildet. Denn Raum und Zeit sind, wie Immanuel Kant in der *Transzendentalen Ästhetik* seiner *Kritik der reinen Vernunft* feststellt, eine „notwendige Vorstellung a priori": „2. Der Raum ist eine notwendige Vorstellung a priori, die allen äußeren Anschauungen zum Grunde liegt. Man kann sich niemals eine Vorstellung davon machen, daß kein Raum sei, ob man sich gleich ganz wohl denken kann, daß keine Gegenstände darin angetroffen werden. Er wird also als

A. Legnaro (✉)
Köln, Deutschland
E-Mail: a.legnaro@t-online.de

D. Klimke
Institut für Kriminalitäts- und Sicherheitsforschung, Polizeiakademie Niedersachsen, Nienburg, Deutschland
E-Mail: klimke@uni-bremen.de

© Springer Fachmedien Wiesbaden GmbH, ein Teil von Springer Nature 2022
A. Legnaro und D. Klimke (Hrsg.), *Kriminologische Diskussionstexte II*,
https://doi.org/10.1007/978-3-658-22007-5_11

die Bedingung der Möglichkeit der Erscheinungen, und nicht als eine von ihnen abhängende Bestimmung angesehen, und ist eine Vorstellung a priori, die notwendigerweise äußeren Erscheinungen zum Grunde liegt." (Kant 1787, S. 38) Das lässt den Raum als etwas Vorsoziales erscheinen, das nicht nur jeder Wahrnehmung, sondern auch jeder Zuschreibung von Bedeutung vorausgeht. Eine solche Zuschreibung verwirklicht sich jedoch erst als soziales Faktum, wie etwa Georg Simmel verdeutlicht, wenn er über die Grenze feststellt, sie sei „nicht eine räumliche Tatsache mit soziologischen Wirkungen, sondern eine soziologische Tatsache, die sich räumlich formt." (Simmel 1908/1968, S. 467) Dennoch hat die Vorstellung eines a priori gegebenen Raumes in den Sozialwissenschaften lange nachgewirkt und oft dazu geführt, ‚Raum' als etwas von vorneherein Vorhandenes und als eine ausschließlich physische Gegebenheit anzusehen, die vor unseren Augen konstruiert ist, aber nicht als Konstrukt unserer eigenen Beobachtung und Handlungen betrachtet werden kann. Schon ein Blick auf die perspektivische Darstellungsweise in der Malerei, die ja keineswegs selbstverständlich ist, sondern eine (europäische) Kulturtechnik darstellt (überblicksweise und im Vergleich zu islamischen Darstellungsformen Belting 2008) lässt jedoch ahnen, dass Raum auch etwas Hergestelltes bedeutet und sich in den Augen der Betrachtenden formt.

Mit nachdrücklicher Wirkung für die Sozialwissenschaften haben dann Henri Lefebvre (1974) und David Harvey (1989a) Raum als eine soziale Konstruktion aufgefasst (siehe Überblicke bei Miggelbrink 2005; Belina 2013). Der ‚spatial turn' findet mit einer solchen Perspektive seinen Anfang. Seine Bedeutung für die Kriminologie und vor allem die Kriminalpolitik rührt jedoch weniger aus wissenschaftstheoretischen Erwägungen her denn aus ökonomischen Entwicklungen, die Stadtpolitik spezifisch verändern (Harvey 1989b; Forrest und Wissink 2017). Seit den 1980er-Jahren gewinnen Interessen von Investoren und die kommerziell bestimmte Verfügungsmacht über den urbanen Raum eine Dominanz, wie sie vorher undenkbar war. Das wird befördert und erleichtert durch die von vielen Städten betriebene Politik, zur kommunalen Entschuldung den eigenen Wohnungsbestand zu verkaufen und auf öffentliche Steuerung weitgehend zu verzichten (vgl. Holm 2008; Müller und Sträter 2011). Damit wird eine veränderte Definition des Urbanen festgeschrieben und durchgesetzt: „Die ursprüngliche Annahme, die städtische Umwelt könne und solle einen stabilisierenden Beitrag für die Lebensführung leisten, ist mehr und mehr abgedrängt und durch den neuen Mythos ersetzt worden, der städtische Raum habe in völlig dominanter Weise den wirtschaftlichen Zwecken, verbunden mit hoher innerstädtischer Mobilität, oder der bloßen Demonstration privater Verfügungsrechte zu dienen" (Keim 1997, S. 256 f.). Konsum und seine Orte machen dann die City zu einem „managed environment" (Christopherson 1994, S. 416) und treiben ihre „Festivalisierung" (Häußermann und Siebel 1993) mithilfe urbaner Events (Beispiele bei Betz et al. 2011) voran. Die Zentren der Städte werden damit zur Erlebnis-Zone vor allem der neuen, ökonomisch potenten Dienstleistungsschichten stilisiert und zur Unterhaltungsmaschine (Clark 2011) wie zur Marke ausgestaltet (Skivko 2016). Das verwandelt Städte in „culture industry cities" und ihre Bürger in Touristen, wie Steinert (2009) am Beispiel Wiens beschreibt.

Niemand hat diese Veränderungen des Urbanen griffiger zusammengefasst als Edward Soja (1995, S. 135) in seiner Beschreibung der sechs Restrukturierungen von Los Angeles; wie bei Mike Davis (1990) steht hier Los Angeles ebenfalls prototypisch für die Metropole der späten Moderne (siehe auch Hayward 2004). Die erste dieser Restrukturierungen ist die Kombination eines Prozesses aus De-Industrialisierung und Re-Industrialisierung – die Industrien des 19. Jahrhunderts mit ihrem großen Bedarf an Arbeitskräften verschwinden zunehmend, und post-fordistische Produktion flexibler Art tritt an ihre Stelle. Als zweite Restrukturierung sieht Soja die Globalisierung des Kapitals, die die ganze Welt zum Hinterland einer Stadt machen könne, und die damit verbundene Globalisierung des Lokalen einerseits und die Lokalisierung des Globalen andererseits (‚Glokalisierung', vgl. Robertson 1998). Als dritte Restrukturierung beschreibt er die Peripherisierung des Zentrums und die Zentralisierung der Peripherie, die etablierte Gliederungen der Stadt umstülpt, „the city simultaneously being turned inside out and outside in." (1995, S. 131) Als Kondensierung dieser Restrukturierungen entstehen neue Fragmentierungen, Segregierungen und Polarisierungen sozialer und verräumlichter Art, was dann, das ist die fünfte Restrukturierung, nahezu notwendigerweise zur ‚carceral city' einerseits führt, in der sich die Vermögenden in einem symbolischen Sinne verbunkern und einsperren, und zu ausgedehnten No-go-Areas andererseits. Dies alles kulminiert nach Soja in der Konstruktion von ‚Hyperrealität' als einer Virtualisierung des Erlebens. Zwar wirkt dieser letzte, an Baudrillard geschulte Punkt in solcher Allgemeinheit noch etwas futuristisch, doch unterliegt Raum inzwischen auch einer digital hergestellten „automated spatiality" (Thrift und French 2002, S. 309), und Smartphones eröffnen dem Tourismus vor allem in Städten neuartige Möglichkeiten der Raumerfahrung (Tussyadiah et al. 2017) – ohne dass deswegen nun alles virtualisiert würde.

Hiervon abgesehen beschreiben diese Restrukturierungen auch für Europa ziemlich genau den Trend einer sich global vollziehenden Entwicklung (siehe Sassen 2001; Smith 2002). Obwohl – oder weil – die Möglichkeiten virtueller Kommunikation den geografischen Raum weitgehend aufheben, hat der urbane Raum neue Bedeutung gewonnen: das Stichwort ‚Re-Urbanisierung' fasst diesen

Prozess zusammen (siehe Brake 2011; globaler Überblick bei Leary 2013).
Überall werden die alten Industrie- und Hafenanlagen des 19. Jahrhunderts zu
hochpreisigen Wohnungen und Lofts oder zu sogenannten Kreativquartieren
umgebaut, mit denen sich große Hoffnungen auf urbane Revitalisierungen verbinden (im Überblick Reich 2013); zugleich errichtet man als Leuchtturm
gedachte Büro- oder Kulturbauten, die als „iconic architekture" dienen (Sklair
und Gherardi 2012). Überall bildet weltweit vagabundierendes Kapital den
Treiber metropolitaner Viertelsaufwertungen oder sogar den Initiator modell-
artiger Re-Definitionen urbanen Lebens (Murray 2015; Monza 2018), und
auch in den europäischen Metropolen residieren erste Welt und hausen dritte
Welt inzwischen unverbunden nebeneinander. Ein markantes Beispiel bildet
die – politisch höchst umstrittene – „poor door" als separater Eingang für die
MieterInnen der Sozialwohnungen, die in luxuriösen New Yorker und Londoner
Gebäuden zusätzlich angeboten werden müssen. Das erinnert an die separaten
Dienstboteneingänge in den großbürgerlichen Häusern des 19. Jahrhunderts –
eine Distinktionsmarkierung, die es vermeidet, räumliche Nähe in soziale Nähe
zu verwandeln. So schotten sich die Reichen gegen die eventuelle Wut der Armen
und die Armen gegen die sporadische Aggression des Staates ab. Schon vor mehr
als zwanzig Jahren hat Peter Marcuse (1995) Unterscheidungen des städtischen
Raumes beschrieben, die die vorherrschende Tendenz bezeichnen. Er betont zwar
die Kontinuitäten, denn die räumliche Gliederung der Stadt nach ökonomischer
und sozialer Klassenlage bei gleichzeitiger Durchmischung in einigen zentralen
städtischen Räumen ist in mancher Hinsicht im 19. Jahrhundert stärker ausgeprägt gewesen als heute. Neu dürfte jedoch das Bestehen auf der Striktheit
von Trennung und der Unsichtbarkeit des ‚Unpassenden' sein. So unterscheidet
Marcuse fünf Arten der Stadt, die innerhalb ihrer Grenzen mehr oder weniger
scharf getrennt zu finden seien: die „dominating city", das sind die Luxus-
Enklaven der Elite, die „gentrified city", in der das technische und kaufmännische
Management wohnt, die „suburban city" für Facharbeiter und den mittleren
öffentlichen Dienst, die „tenement city" für die schlechter bezahlten Angestellten
und Arbeiter, und schließlich die „abandoned city" mit Armen, Arbeitslosen und
Marginalen – alle diese Städte innerhalb der Stadt jeweils von symbolischen,
gleichwohl kognitiv präsenten Mauern umgeben, die Einschließung und
Kontrolle gleichermaßen gewährleisten.

  Das beschreibt deutsche Großstädte sicherlich nicht ganz präzise, und hierzulande wie in Frankreich versuchen zudem groß angelegte Projekte gegen-
zusteuern (Weber 2013). Doch Anzeichen für solche Trennungen und Mauern
innerhalb der Stadt finden sich durchaus. Ein wesentlicher Treiber solcher Entwicklungen sind die angesprochenen ökonomischen Prozesse, die in beliebten,

meistens innenstadtnahen und oft noch mit Gründerzeitbauten ausgestatteten
Vierteln mit einem (partiellen) Austausch der Bevölkerung einhergehen. Ärmere
Bevölkerungsschichten werden durch steigende Mieten, besonders anspruchs-
volle Haus- und Wohnungssanierungen, Umwandlungen bisheriger Miet- in
Eigentumswohnungen und eine veränderte Infrastruktur aus ihren bisherigen
zentral gelegenen Wohnvierteln in urbane Randgebiete abgedrängt, wie es ähnlich dann auch vielen kleinen Gewerbetreibenden ergeht (Williams und Needham
2016). In der Folge entstehen „Middle-Class Castles" (Nash 2013), ganz zu
schweigen von den „alpha territories" der Superreichen (Burrows 2017), und
die Rhythmen des Alltagslebens verändern sich (Kern 2016). Diese Prozesse
werden unter dem Begriff ‚Gentrifizierung' zusammengefasst (aus einer Fülle
von Literatur vgl. exemplarisch zum Konzept Marcuse 1985; Helbrecht 1996;
Lees 2000, 2012; Holm 2010; Kronauer 2015; Friedrichs und Glatter 2017;
Curran 2018; Short 2018; für Untersuchungen einzelner Städte siehe etwa Lees
2003; Friedrichs und Triemer 2009; Bröcker 2012; Friedrichs und Blasius 2016;
Helbrecht 2016; Sanders-Mcdonagh et al. 2016; Timberlake und Johns-Wolfe
2017). Indikator solcher Veränderungen sind nicht zuletzt die Läden (Zukin
2009) und Restaurants, die eine distinktive Darstellung befördern (Stock 2013;
Zukin et al. 2017). Wenn der ortsansässige Metzger, den eine Untersuchung über
Battersea im Londoner Südwesten zitiert, vom „Croissant belt" spricht, der sich
herausgebildet habe, bringt er das Typische solcher Veränderungen auf den Punkt
(Butler und Robson 2003: 170). Entgegen den urbanen Ungleichheiten (div. Beiträge in Hanesch 2011; zudem Davidson und Wyly 2012 und die Kommentierung
von Hamnett und Butler 2013; Berger et al. 2014) und Segregationen der
Bevölkerung nach ökonomischen Möglichkeiten (Keller 1999; Dreier et al. 2011;
Helbig und Jähnen 2018) oder ethnischer Zugehörigkeit (Sundsbø 2014), die
sogar die Vorstellungen von Raumgrenzen prägt (Hwang 2016), wird deswegen
auch das ‚Recht auf Stadt' für alle betont (Harvey 2013; Marcuse 2014; Mitchell
et al. 2015), das sich in politischem oder künstlerischem Widerstand artikuliert
(Newman und Wyly 2006; Buser et al. 2013; Pearsall 2013; Mayer 2013, 2017;
Goller et al. 2014; Holm 2014; Keim 2014; Birke et al. 2015).

Diese Entwicklungen sind unmittelbar verbunden mit der Kriminalpolitik, die
sich nun aufgerufen fühlt, über die strafrechtliche Verfolgung von kriminellen
Handlungen hinaus in den urbanen Zentren eine vor unliebsamen Anblicken
und unliebsamen Vorkommnissen geschützte, eine ‚gereinigte' Atmosphäre für
ungestörten Konsum und ein attraktives Umfeld für internationale Investoren zu
schaffen – Kontrollieren und Polizieren verändern sich mit den Veränderungen
des Urbanen (Laniyonu 2018) und befördern sie zugleich. Die ‚drei S' aus
„Service-Sicherheit-Sauberkeit", wie sie die Deutsche Bahn einmal propagierte,

stehen prototypisch für jene Mischung aus repressiver Kontrolle, kunden-
orientierter Dienstleistung und penibler Beseitigung sozialer und ästhetischer
Störreize, die ein solches städtisches Arrangement ausmacht. Sauberkeit und
Service sind dabei lediglich andere Facetten eines umfassenden Begriffs von
Sicherheit, und unter diesen Vorzeichen etabliert sich Raumkontrolle, die eine
spezifische Form von ‚Ordnung' durchzusetzen sucht, als ein zentrales Instrument
urbaner Politik, nicht zuletzt wegen der Konkurrenz zwischen Städten (speziell
hierzu Belina und Helms 2003; generell siehe für die USA/Kanada Valverde
2009; Beckett und Herbert 2010; Chronopoulos 2011; Rai 2011; für die Bundesrepublik Wehrheim 2009; Häfele 2010; Lauen 2011; div. Beispiele bei Eick et al.
2007; De Backer et al. 2016; Meyer 2018; ein internationaler Überblick bei
Lippert und Walby 2013). Das gilt nicht nur im Hinblick auf die urbanen Zentren
des Konsums und Vergnügens, sondern gleichermaßen für Vororte und Wohn-
bezirke, sofern sie dem definierten Standard nicht entsprechen. Anzeichen dafür,
dass in gentrifizierten Vierteln Gewaltverbrechen zurückgehen (Barton 2016),
scheinen die vorherrschende urbane Entwicklungspolitik ebenso zu rechtfertigen
wie das Korrelat, dass ein Großteil der Gefängnisinsassen aus einigen wenigen
Wohnvierteln stammt (Story 2016).

Eine solche Fixierung auf den Raum, seine scheinbar domestizierende
Wirkung und seinen vermeintlich kausalen Einfluss auf Kriminalitätsraten hat
den Effekt, von sozialen Verhältnissen und Lebenslagen abstrahieren zu können,
und impliziert zugleich durchaus ideologische Vorstellungen von ‚Ordnung'
und ‚Bürgerlichkeit', wie Belina (2005, siehe den Text in diesem Kapitel) auf-
zeigt. Die ideologische Unterfütterung lieferten James Q. Wilson und George
L. Kelling mit ihrer *broken-windows*-These (siehe den Text in diesem Kapitel).
Das Erscheinungsdatum dieses Aufsatzes, 1982 in den frühen Phasen der
Reagan-Administration, wirkt nicht zufällig, sondern wie die kriminalpolitische
Entsprechung der nun verwirklichten polit-ökonomischen Vorstellungen von
schlankem Staat, niedrigen Steuern und einer an den Bedürfnissen von Unternehmen ausgerichteten Angebotspolitik. Von einer Theorie mag man bei Wilson
und Kelling nicht sprechen; ihre Gedanken gehen von einigen empirischen
Beobachtungen aus, um geradezu axiomatisch ‚Unordnung' als eine notwendige
und auch hinreichende Bedingung für Kriminalität aufzufassen, die dann ihrerseits als die höchste Form von Unordnung erscheint – als die Vollendung eines
Zustandes, der in der ersten zerbrochenen Fensterscheibe bereits angelegt ist
(vgl. die Kritik etwa bei Hecker 1997; Hansen 1999; Smith 2001; Sampson und
Raudenbush 2004). Aber ihr außerordentlich einflussreicher Aufsatz bot die
politisch willkommene, kriminologisch anmutende Begründung sowohl für alle
Politiken von *zero tolerance,* die in der Folge eine Bekämpfung von Zeichen der

Andersheit und von sichtbarer Armut in Gang setzten, wie auch für das weithin durchgesetzte Konzept einer kommunalen Kriminalprävention, bei der zivile AkteurInnen aktiviert und motiviert werden, bei der lokalen Herstellung von Sicherheit und Sauberkeit mitzuwirken (siehe auch das Kapitel *Prävention als Steuerungsmechanismus in der späten Moderne* in diesem Band).

Als Vehikel dient dabei nicht zuletzt ein Konstrukt von Kriminalitätsfurcht, die – so die Vorstellung – durch vielfältige Formen von Unordnung ('incivilities') befördert werden kann (siehe auch das Kapitel *Gefühlte Kriminalität: Kriminalitätsfurcht* in diesem Band). Analog zur Grenze erscheint damit auch Kriminalitätsfurcht als ein räumlich geformter sozialer Sachverhalt; ihr Raumbezug erweist sich an den berüchtigten no-go-areas in den USA (die es in der Bundesrepublik allerdings nicht gibt), an bürgerschaftlich veranstalteten Patrouillen (Birenheide 2009; Schmidt-Lux 2018) und Sicherheitswachten und vor allem am Ortsbezug der jeweils artikulierten Ängste, den sogenannten Angsträumen. Das Ergebnis sind „landscapes of fear" (Gold und Revill 2003). Wenngleich es sich bei Kriminalitätsfurcht, so Klimke (2008), eher um eine politische Inszenierung als um ein lebensweltliches Problem handelt, so hat diese Inszenierung doch eminente Auswirkungen. Die Blasiertheit, die Georg Simmel (1903/1995) einst der großstädtischen Bevölkerung als eine Form des arroganten Über-den-Dingen-Stehens attestierte, ist einer verunsicherten Ängstlichkeit gewichen, und die alte Vorstellung von Stadt als einer Maschine von Integration und Diversität, von Buntheit als einem Konstituens des Städtischen überhaupt, als einem Raum, „in dem man ohne Angst verschieden sein kann" (Adorno 1951/1981, S. 131), wird ersetzt durch den konsumtiven, tendenziell distinktiven und deswegen auch partiell exklusiven Raum einer bürgerlichen Erlebnisgesellschaft. Das verändert den urbanen Raum grundlegend (Koskela 2000), formt die Wahrnehmung mancher Gegenden als gefährlich und im Gegenzug anderer als gefährdet (Belina 2017), führt mitten in der Stadt zu ‚Grenzkontrollen' (Franzén 2001) und weltweit zu „disciplinary spaces" (Fischer-Tahir und Wagenhofer 2017). Mithilfe eines ins Urbane ausgeweiteten Prinzips Hausordnung wird dann Erwünschtes und Unerwünschtes (an Personen und Verhaltensweisen) definiert und voneinander getrennt (Termeer 2010) – sei es durch tatsächliche Vertreibung in andere Stadtgebiete, sei es durch Taktiken des Einhegens (Künkel 2017). Damit aber droht das Ende des öffentlichen Raums in seiner gewohnten Form (Belina 2011). Solche Entwicklungen werden beschleunigt und verstärkt durch eine Sicherheitspolitik, die in Zeiten terroristischer Gefährdungen eine Militarisierung des Urbanen vorantreibt, wie Graham (2010) in einer grundlegenden und umfassenden Studie zeigt.

In einem engen kriminalpolitischen Sinne hat die Konzentration auf den Raum noch andere bedeutsame Auswirkungen. Er wird – als kriminogen oder als unverdächtig – etikettiert und unterliegt damit einer Sekuritisierung, die von konkreten Verhaltensweisen ebenso abstrahiert wie von den einzelnen Menschen, die sich in diesem Raum aufhalten. Eine verräumlichte Betrachtung von Kriminalität bringt so im Ergebnis eine Kriminalisierung des Raumes mit sich, die identifizierte Gebiete als permanente Risikoträger wahrnimmt, und der Raum selbst steht als ‚hot spot' (Braga 2016) oder als sogenanntes Gefahrengebiet (Belina und Wehrheim 2011) unter Verdacht – folgerichtig dann auch diejenigen, die dort wohnen oder sich nur vorübergehend dort aufhalten. Das ist die Essenz der neueren Polizeistrategie des *predictive policing* (siehe das Kapitel *Prävention als Steuerungsmechanismus in der späten Moderne* in diesem Band). Eine *criminology of place* (Weisburd et al. 2012; Bannister et al. 2019) nimmt denn auch räumliche Konzentrationen von Kriminalität (Brantingham und Brantingham 1995; Braga und Clark 2017) ebenso in den Blick wie den Einfluss der baulichen Umgebung (Groff 2017). In der Abstraktion von konkreten sozialen Lebensverhältnissen und einer Konzentration auf den Raum verschwindet dann jegliche Vorstellung von Kriminalität als etwas gesellschaftlich Bedingtem zugunsten des Lokalen, das sich kontrollieren lässt. Nicht zufällig rücken deswegen mit den neunziger Jahren des 20. Jahrhunderts Kontrollstrategien von Kriminalität in den Vordergrund, die aus der Trias Prävention-*community*-Partnerschaften bestehen: man gründet (Sicherheits-)Partnerschaften und mobilisiert die *community* als neue zivilgesellschaftliche Instanz, was zu einer lokal bestimmten, räumlich orientierten Governance führt (Crawford 1997). Diese nimmt durchaus unterschiedliche Formen an und bringt ebenfalls Unterschiede bei den amtlich erfassten Kriminalitätsraten hervor, wie Kreissl und Ostermeier (2007) im Vergleich von Hamburg und München nachweisen. Raum als vermeintlicher Generator von Kriminalität wird damit auch zur operativen Variable der entsprechenden Kontrollstrategien, was sich nicht zuletzt im Hinblick auf Graffiti als Prototyp einer sowohl ästhetisch-anarchischen (Ley und Cybriwsky 1974; Ferrell 1993; Schierz 2004, siehe den Text in diesem Kapitel; überblicksweise Ross 2016) wie widerspenstigen und eigenwilligen, jedenfalls aber ‚unordentlichen' urbanen Aneignung zeigt, die eine alternative Geografie etabliert (Kindynis 2018) – wenngleich Legalisierungen an bestimmten Orten offenbar zu einer gewissen Konventionalisierung führen (Kramer 2010). „Die Stadt, der Müll und das Fremde" (Legnaro 1998, siehe den Text in diesem Kapitel) amalgamieren sich derart zu einer neuen Verfasstheit von Urbanität. Dass Stadtluft frei macht, gilt dann nur noch für diejenigen, die soziale Konformität und ökonomische Eingepasstheit gewährleisten können, während zugleich Armut zu einem Delikt eigener Art wird (Belina 2017; Langegger und Koester 2017; siehe auch das Kapitel *Kriminalität als Instrument des Regierens* im Vorgängerband *Verurteilen und Strafen*).

Darüber hinaus ist der ebenfalls räumlich gebundene routinisierte Alltag des polizeilichen Kontrollierens geprägt von stereotypen Vorstellungen über die Kontrollierten, wie Hunold (2011) im Vergleich zweier Großstadtviertel zeigt (siehe auch Behr 2019). Entscheidenden Einfluss auf die Kontrollpraktiken haben zudem ethnische Stereotypisierungen, die eben wegen dieser Vorstellungen zu polizeilichen Kontrollen führen, wie es für die USA als „racialized surveillance" beschrieben wird (Lowe et al. 2017; vgl. für die Niederlande Mutsaers 2014). Alexis Jenni hat in seinem Roman „Die französische Kunst des Krieges" (2012, im Original „L'art française de la guerre", 2011) die Kontrollobsessionen dieses Mechanismus ebenso ironisch wie treffend beschrieben: „Die Logik der Ausweiskontrolle ist ein Zirkelschluss: Man überprüft die Personalien derer, deren Personalien man überprüft, und die Überprüfung bestätigt, dass jene, deren Personalien man überprüft, tatsächlich zu jener Gruppe gehören, deren Personalien man überprüft. Die Kontrolle ist eine Geste, eine auf die Schulter gelegte Hand, eine körperliche Demonstration der Ordnung." (S. 221) Wenngleich solche Kontrollen keineswegs immer nur symbolischen Charakter, sondern oft auch reale Folgen haben, gilt dies sozusagen für den normalen Alltag, doch es bleibt bekanntlich keineswegs immer nur bei solchen demonstrativen Gesten, und es ist der darin enthaltene Zirkelschluss, der als Ausgrenzungssignal dient und als solches wahrgenommen wird – was unter Umständen eine Spirale aus Radikalisierung der Betroffenen und weiterer Sekuritisierung in Gang setzt. Raumkontrolle erweist sich in dieser Hinsicht als ein Instrument „less to preserve the public order than to impose and maintain a social and racial order" (Fassin 2014, S. 115; siehe auch Boyles 2015; Epstein 2017; Hargreaves 2018).

Literatur

Adorno, Theodor W. (1951/1981): Minima Moralia. Reflexionen aus dem beschädigten Leben, Frankfurt/M.

Bannister, Jon/O'Sullivan, Anthony/Bates, Ellie (2019): Place and time in the Criminology of Place, in: Theoretical Criminology 23 (3): 315–332.

Barton, Michael S. (2016): Gentrification and Violent Crime in New York City, in: Crime & Delinquency 62 (9): 1180–1202.

Beckett, Katherine/Herbert, Steve (2010): Banished: The New Social Control in Urban America, Oxford.

Behr, Rafael (2019): Verdacht und Vorurteil. Die polizeiliche Konstruktion der „gefähr-lichen Fremden", in: Howe, Christiane/Ostermeier, Lars (Hg.) Polizei und Gesellschaft. Transdisziplinäre Perspektiven zu Methoden, Theorie und Empirie reflexiver Polizei-forschung, Wiesbaden: 17–45.

Belina, Bernd (2011): Ending Public Space as We Know It, in: Social Justice 38 (1–2): 13–27.

Belina, Bernd (2013): Raum. Zu den Grundlagen eines historisch-geographischen Materialismus, Münster.

Belina, Bernd (2017): „Vorbild New York" und „Broken Windows": Ideologien zur Legitimation der Kriminalisierung der Armen im Namen der Sicherheit in der unter-nehmerischen Stadt, in: Häfele, Joachim/Sack, Fritz/Eick, Volker/Hillen, Hergen (Hg.): Sicherheit und Kriminalprävention in urbanen Räumen. Aktuelle Tendenzen und Ent-wicklungen, Wiesbaden: 29–46.

Belina, Bernd/Helms, Gesa (2003): Zero Tolerance for the Industrial Past and Other Threats: Policing and Urban Entrepreneurialism in Britain and Germany, in: Urban Studies 40 (9): 1845–1867.

Belina, Bernd/Gestring, Norbert/Müller, Wolfgang/Sträter, Detlev (Hg.) (2011): Urbane Differenzen: Disparitäten innerhalb und zwischen Städten, Münster.

Belina, Bernd/Wehrheim, Jan (2011): „Gefahrengebiete": durch die Abstraktion vom Sozialen zur Reproduktion gesellschaftlicher Strukturen, in: Soziale Probleme 23 (2): 207–229.

Belting, Hans (2008): Florenz und Bagdad. Eine westöstliche Geschichte des Blicks, München.

Berger, Peter A./Keller, Carsten/Klärner, Andreas/Neef, Rainer (Hg.) (2014): Urbane Ungleichheiten. Neue Entwicklungen zwischen Zentrum und Peripherie, Wiesbaden.

Betz, Gregor/Hitzler, Ronald/Pfadenhauer, Michaela (Hg.) (2011): Urbane Events, Wies-baden.

Birenheide, Almut (2009): Private Initiativen für mehr Sicherheit als Form lokaler Ver-gesellschaftung am Beispiel der Bürgerinitiative „Mehr Sicherheit in Großhansdorf" e. V., Hamburg, http://ediss.sub.uni-hamburg.de/volltexte/2010/4423/.

Birke, Peter/Hohenstatt, Florian/Rinn, Moritz (2015): Gentrification, social action and "role-playing": Experiences garnered on the outskirts of Hamburg, in: International Journal of Action Research 11 (1–2): 195–227.

Boyles, Andrea S. (2015): Race, place and suburban policing, Oakland.

Braga, Anthony A. (2016): The science and practice of hot-spots policing, in: Blom-berg, Thomas G./Brancale, Julie Mestre/Beaver, Kevin M./Bales, William D. (Hg.), Advancing Criminology and Criminal Justice Policy, London-New York: 139–149.

Braga, Anthony A./Clarke, Ronald V. (2017): Social Disorganization, Crime Opportunities, and The Criminology of Place, in: Jerusalem Review of Legal Studies 15 (1): 12–26.

Brake, Klaus (2011): „Reurbanisierung" – janusköpfiger Paradigmenwechsel. Wissens-intensive Ökonomie und neuartige Inwertsetzung städtischer Strukturen. In: Belina et al. (2011): 69–96.

Brantingham, Patricia/Brantingham, Paul (1995): Criminality of Place. Crime generators and crime attractors, in: European Journal on Criminal Policy and Research 3 (3): 5–26.

Bröcker, Katharina (2012): Metropolen im Wandel. Gentrification in Berlin und Paris, Darmstadt.

Burrows, Roger/Webber, Richard/Atkinson, Rowland (2017): Welcome to ,Pikettyville'? Mapping London's alpha territories, in: The Sociological Review 65 (2): 184–201.

Buser, Michael/Bonura, Carlo/Fannin, Maria/Boyer, Kate (2013): Cultural activism and the politics of place-making, in: City: analysis of urban trends, culture, theory, policy, action 17 (5): 606–627.

Butler, Tim/Robson, Garry (2003): London Calling. The Middle Classes and the Remaking of Inner London. Oxford-New York.

Clark, Terry Nichols (Hg.) (2011): The city as an entertainment machine, Lanham, Md.

Christopherson, Susan (1994): The Fortress City: Privatized Spaces, Consumer Citizenship, in: Amin, Ash (Hg.), Post-Fordism. A Reader, Oxford-Cambridge, Mass.: 409–427.

Chronopoulos, Themis (2011): Spatial Regulation in New York City: from Urban Renewal to Zero Tolerance, London.

Crawford, Adam (1997): The Local Governance of Crime: Appeals to Community and Partnerships, Oxford.

Curran, Winifred (2018): Gender and gentrification, London.

Davidson, Mark/Wyly, Elvin (2012): Class-ifying London. Questioning social division and space claims in the post-industrial metropolis, in: City: analysis of urban trends, culture, theory, policy, action 16 (4): 395–421.

Davis, Mike (1990): City of Quartz. Ausgrabungen der Zukunft in Los Angeles. Berlin.

De Backer, Mattias/Melgaço, Lucas/Varna, Georgiana/Menichelli, Francesca (Hg.) (2016): Order and Conflict in Public Space, London-New York.

Dinges, Martin/Sack, Fritz (Hg.) (2000): Unsichere Großstädte? Vom Mittelalter bis zur Postmoderne, Konstanz.

Dreier, Peter/Mollenkopf, John/Swanstrom, Todd (2011): Place Matters: Metropolitics for the Twenty-first Century, Lawrence.

Eick, Volker/Sambale, Jens/Töpfer, Eric (Hg.) (2007): Kontrollierte Urbanität. Zur Neoliberalisierung städtischer Sicherheitspolitik, Bielefeld.

Epstein, Seth (2017): Urban Governance and Tolerance: The Regulation of Suspect Spaces and the Burden of Surveillance in Post–World War I Asheville, North Carolina, in: Journal of Urban History 43 (5): 683–702.

Fassin, Didier (2014): Petty States of Exception: The Contemporary Policing of the Urban Poor, in: Maguire, Mark/Frois, Catarina/Zurawski, Nils (Hg.), The Anthropology of Security. Perspectives from the Frontline of Policing, Counter-terrorism and Border Control, London: 104–117.

Ferrell, Jeff (1993): Crimes of Style: Urban Graffiti and the Politics of Criminality, Boston.

Fischer-Tahir, Andrea/Wagenhofer, Sophie (Hg.) (2017): Disciplinary Spaces. Spatial Control, Forced Assimilation and Narratives of Progress since the 19th Century, Bielefeld.

Forrest, Ray/Wissink, Bart (2017): Whose city now? Urban managerialism reconsidered (again), in: The Sociological Review 65 (2): 155–167.

Franzén, Mats (2001): Urban order and the preventive restructuring of space: the operation of border controls in micro space,in: The Sociological Review 49 (2): 202–218.

Friedrichs, Jürgen/Triemer, Sascha (2009): Gespaltene Städte? Soziale und ethnische Segregation in deutschen Großstädten, Wiesbaden.

Friedrichs, Jürgen/Blasius, Jörg (Hg.) (2016): Gentrifizierung in Köln: soziale, ökonomische, funktionale und symbolische Aufwertungen, Opladen.

Friedrichs, Jürgen/Glatter, Jan (2017): Gentrifizierung: Theorien und Forschungsergeb-
    nisse, Leverkusen.
Gold, John R./Revill, George (2003): Exploring landscapes of fear: marginality, spectacle
    and surveillance, in: Capital & Class 27 (2): 27–50.
Goller, Juliane/Robel, Leila/Urheu, Ninva (2014): Street-Art in Hamburg-Ottensen – das sub-
    versive Potenzial einer Stadt, in: Hamburger Journal für Kulturanthropologie 2: 51–58.
Graham, Stephen (2010): Cities under Siege. The New Military Urbanism, London.
Groff, Elizabeth R. (2017): Measuring the Influence of the Built Environment on Crime at
    Street Segments, in: Jerusalem Review of Legal Studies 15 (1): 44–54.
Häfele, Joachim (2010): Kontrollierte Konsumtionslandschaften: Beobachtungen zur
    sicherheitsgesellschaftlichen Organisation urbaner Räume der Gegenwart, Hamburg.
Häußermann, Hartmut/Siebel, Walter (1993), Die Politik der Festivalisierung und die
    Festivalisierung der Politik, in: dies. (Hg.), Festivalisierung der Stadtpolitik – Stadtent-
    wicklung durch große Projekte, Sonderheft 13 Leviathan, Opladen: 7–31.
Hamnett, Chris/Butler, Tim (2013): Re-classifying London: a growing middle class and
    increasing inequality. A response to Mark Davidson and Elvin Wyly, in: City: analysis
    of urban trends, culture, theory, policy, action 17 (2): 197–208.
Hanesch, Walter (Hg.) (2011): Die Zukunft der „Sozialen Stadt". Strategien gegen soziale
    Spaltung und Armut in den Kommunen, Wiesbaden.
Hansen, Ralf (1999): Eine Wiederkehr des ,Leviathan'? Starker Staat und neue Sicherheits-
    gesellschaft: ,Zero Tolerance' als Paradigma ,Innerer Sicherheit'?, in: Kritische Justiz
    32 (2): 231–253.
Hargreaves, Julian (2018): Police Stop and Search within British Muslim Communities:
    Evidence from the Crime Survey 2006–2011, in: British Journal of Criminology 58:
    1281–1302.
Harvey, David (1989a): The Condition of Postmodernity. An Enquiry into the Origins of
    Cultural Change, Oxford-Cambridge Ma.
Harvey, David (1989b): From Managerialism to Entrepreneurialism: The Transformation
    in Urban Governance in Late Capitalism, in: Geografiska Annaler Serie B, Human
    Geography 71 (1): 3–17.
Harvey, David (2013): Rebellische Städte. Vom Recht auf Stadt zur urbanen Revolution, Berlin.
Hayward, Keith J. (2004): City Limits: Crime, Consumer Culture and the Urban
    Experience, London.
Hecker, Wolfgang (1997): Vorbild New York? Zur aktuellen Debatte über eine neue
    Sicherheits- und Kriminalpolitik, in: Kritische Justiz 30 (4): 395–410.
Helbig, Marcel/Jähnen, Stefanie (2018): Wie brüchig ist die soziale Architektur unserer
    Städte? Trends und Analysen der Segregation in 74 deutschen Städten, Discussion
    Paper P 2018–001, Wissenschaftszentrum Berlin für Sozialforschung, Berlin.
Helbrecht, Ilse (1996): Die Wiederkehr der Innenstädte. Zur Rolle von Kultur, Kapital und
    Konsum in der Gentrification, in: Geographische Zeitschrift 84 (1): 1–15.
Helbrecht, Ilse (Hg.) (2016): Gentrifizierung in Berlin: Verdrängungsprozesse und Bleibe-
    strategien, Bielefeld.
Holm, Andrej (2008): Privatisierung des kommunalen Wohnungsbestandes, in: Jahrbuch
    StadtRegion 2007/2008, Opladen-Farmington Hills: 101–108.
Holm, Andrej (2010): Gentrifizierung und Kultur: Zur Logik kulturell vermittelter Auf-
    wertungsprozesse, in: Jahrbuch StadtRegion 2009/2010, Opladen-Farmington Hills: 64–82.

Holm, Andrej (2014): Das Recht auf die Stadt in umkämpften Räumen. Zur gesellschaftlichen Reichweite lokaler Proteste, in: **Gestring**, Norbert/**Ruhne**, Renate/**Wehrheim**, Jan (Hg.), Stadt und soziale Bewegungen, Wiesbaden: 43–62.

Hunold, Daniela (2011): Polizei im Revier: das Verhältnis von Polizisten und Jugendlichen vor dem Hintergrund des sozialräumlichen Kontextes, in: Soziale Probleme 23 (2): 231–262.

Hwang, Jackelyn (2016): The Social Construction of a Gentrifying Neighborhood: Reifying and Redefining Identity and Boundaries in Inequality, in: Urban Affairs Review 52 (1) 98–128.

Kant, Immanuel (1781/zweite Auflage von 1787): Kritik der reinen Vernunft, Riga.

Jenni, Alexis (2012): Die französische Kunst des Krieges, München.

Keim, Karl-Dieter (1997): Vom Zerfall des Urbanen, in: Heitmeyer, Wilhelm (Hg.), Was treibt die Gesellschaft auseinander? Bundesrepublik Deutschland: Auf dem Weg von der Konsens- zur Konfliktgesellschaft, Bd. 1, Frankfurt/M.: 245–286.

Keim, Rolf (2014): DasParadigma der Beteiligung: Chance oder Vereinnahmung sozialer Bewegungen? in: **Gestring**, Norbert/**Ruhne**, Renate/**Wehrheim**, Jan (Hg.), Stadt und soziale Bewegungen, Wiesbaden: 179–194.

Keller, Carsten (1999): Armut in der Stadt. Zur Segregation benachteiligter Gruppen in Deutschland, Opladen-Wiesbaden.

Kern, Leslie (2016): Rhythms of gentrification: eventfulness and slow violence in a happening neighbourhood, in: cultural geographies 23 (3): 441–457.

Kindynis, Theo (2018): Bomb Alert: Graffiti Writing and Urban Space in London, in: British Journal of Criminology 58: 511–528.

Klimke, Daniela (2008): Wach- & Schließgesellschaft Deutschland. Sicherheitsmentalitäten der Spätmoderne, Wiesbaden.

Koskela, Hille (2000): 'The gaze without eyes': video-surveillance and the changing nature of urban space, in: Progress in Human Geography 24 (2): 243–265.

Kramer, Ronald (2010): Painting with permission: Legal graffiti in New York City, in: Ethnography 11 (2): 235–253.

Kreissl, Reinhard/Ostermeier, Lars (2007): Globale Trends und lokale Differenzen – Kulturen der Kontrolle und politische Steuerung in Hamburg und München. In: Kriminologisches Journal 9. Beiheft: 137–51.

Kronauer, Martin (2015): Gentrifizierung. Von der Polarisierung unserer Städte, Vortrag Heinrich-Böll-Stiftung 23. Februar 2015 (https://www.boell.de/de/2015/02/24/gentrifizierung-von-der-polarisierung-unserer-staedte)

Künkel, Jenny (2017): Gentrification and the flexibilisation of spatial control: Policing sex work in Germany, in: Urban Studies 54 (3): 730–746.

Langegger, Sig/Koester, Stephen (2017): Moving on, finding shelter: The spatiotemporal camp, in: International Sociology 32 (4): 454–473.

Laniyonu, Ayobami (2018): Coffee Shops and Street Stops: Policing Practices in Gentrifying Neighborhoods, in: Urban Affairs Review 54 (5): 898–930.

Lauen, Guido (2011): Stadt und Kontrolle. Der Diskurs um Sicherheit und Sauberkeit in den Innenstädten, Bielefeld.

Leary, Michael E. (Hg.) (2013): The Routledge companion to urban regeneration, London.

Lees, Loretta (2000): A reappraisal of gentrification: towards a ,geography of gentrification', in: Progress in Human Geography 24 (3): 389–408.

Lees, Loretta (2003): Super-gentrification: The Case of Brooklyn Heights, New York City, in: Urban Studies 40 (12): 2487–2509.

Lees, Loretta (2012): The geography of gentrification: Thinking through comparative urbanism, in: Progress in Human Geography 36 (2): 155–171.

Lefebvre, Henri (1974): la production de l'espace, Paris.

Ley, David/Cybriwsky, Roman (1974): Urban Graffiti as Territorial Markers, in: Annals of the Association of American Geographers 64 (4): 491–505.

Lippert, Randy/Walby, Kevin (Hg.) (2013): Policing cities: urban securitization and regulation in a 21st century world. London.

Lowe, Maria R./Stroud, Angela/Nguyen, Alice (2017): Who Looks Suspicious? Racialized Surveillance in a Predominantly White Neighborhood, in: Social Currents 4 (1): 34–50.

Marcuse, Peter (1985): Gentrification, Abandonment, and Displacement: Connections, Causes, and Policy Responses in New York City, in: Journal of Urban and Contemporary Law 28: 195–240.

Marcuse, Peter (1995): Not Chaos, but Walls: Postmodernism and the Partitioned City. In: Watson, Sophie/Gibson, Katherine (Hg.), Postmodern Cities and Spaces. Oxford-Cambridge, Ma.: 243–253.

Marcuse, Peter (2014): Reading the Right to the City, in: City: analysis of urban trends, culture, theory, policy, action 8 (1): 4–9.

Mayer, Margit (2013): First world urban activism, in: City: analysis of urban trends, culture, theory, policy, action 17 (1): 5–19.

Mayer, Margit (2017): Whose city? From Ray Pahl's critique of the Keynesian city to the contestations around neoliberal urbanism, in: The Sociological Review 65 (2:) 168–183.

Meyer, Sunniva Frislid (2018): Understanding Fear and Unease in Open Domains: Toward a Typology for Deviant Behaviour in Public Space, in: Criminological Encounters 1 (1): 31–43.

Miggelbrink, Judith (2005): Die (Un-)Ordnung des Raumes. Bemerkungen zum Wandel geographischer Raumkonzepte im ausgehenden 20. Jahrhundert, in: Geppert, Alexander C.T/Jensen, Uffa/Weinhold, Jörn (Hg.), Ortsgespräche. Raum und Kommunikation im 19. und 20. Jahrhundert, Bielefeld: 79–105.

Mitchell, Don/Attoh, Kafui/Staeheli, Lynn (2015): Whose city?What politics? Contentious and non-contentious spaces on Colorado's Front Range, in: Urban Studies 52(14): 2633–2648.

Monza, Lidia (2018): Milano 2 und Celebration, Münster.

Müller, Wolfgang/Sträter, Detlev (2011): Wer lenkt die Stadt? Wie die Neoliberalisierung der Stadt die kommunale Selbstverwaltung aushebelt, in: Belina et al. (Hg.), Münster: 132–162.

Murray, Martin J. (2015) : Waterfall City (Johannesburg): privatized urbanism in extremis, in: Environment and Planning A, 47: 503–520.

Mutsaers, Paul (2014): An Ethnographic Study of the Policing of Internal Borders in the Netherlands. Synergies Between Criminology and Anthropology, in: British Journal of Criminology 54 (5): 831–848.

Nash, Logan (2013): Middle-Class Castle: Constructing Gentrification at London's Barbican Estate, in: Journal of Urban History 39 (5): 909–932.

Newman, Kathe/Wyly, Elvin K (2006) : The Right to Stay Put, Revisited: Gentrification and Resistance to Displacement in New York City, in: Urban Studies 43 (1): 23–57.

Pearsall, Hamil (2013): Superfund Me: A Study of Resistance to Gentrification in New York City, in: Urban Studies 50 (11): 2293–2310.

Rai, Candice (2011) : Positive loitering and public goods: The ambivalence of civic participation and community policing in the neoliberal city, in: Ethnography 12 (1): 65–88.

Reich, Mathias Peter (2013): Kultur- und Kreativwirtschaft in Deutschland. Hype oder Zukunftschance der Stadtentwicklung, Wiesbaden.

Robertson, R. (1998): Glokalisierung: Homogenität und Heterogenität in Raum und Zeit. In: Beck, Ulrich (Hg.): Perspektiven der Weltgesellschaft. Frankfurt/M.: 192–220.

Ross, Jeffrey Ian (Hg.) (2016): Routledge Handbook of Graffiti and Street Art, Milton Park.

Sampson, Robert J./Raudenbush, Stephen W. (2004): Seeing Disorder: Neighborhood Stigma and the Social Construction of "Broken Windows", in: Social Psychology Quarterly 67 (4): 319–342.

Sanders-Mcdonagh, Erin/Peyrefitte, Magali/Ryalls, Matt (2016): Sanitising the City: Exploring Hegemonic Gentrification in London's Soho, in : Sociological Research Online 21 (3): 1–6.

Sassen, Saskia (2001). The Global City. New York, London, Tokyo; Princeton.

Schmidt-Lux, Thomas (2018): Bürgerwehren als kollektive Akteure im Feld von Sicherheit und Recht. Eine theoretische und empirische Bestandsaufnahme, in: Zeitschrift für Friedens- und Konfliktforschung 7 (1): 131–163.

Short, John Rennie (2018): The unequal city: urban resurgence, displacement and the making of inequality in global cities, London.

Simmel, Georg (1903/1995): Die Grossstädte und das Geistesleben, in: Georg Simmel Gesamtausgabe Bd. 7, Aufsätze und Abhandlungen 1901–1908, Frankfurt/M.: 116–131.

Simmel, Georg (1908/1968): Soziologie. Untersuchungen über die Formen der Vergesellschaftung, Berlin.

Skivko, Maria (2016): Touring the fashion: Branding the city, in: Journal of Consumer Culture 16 (2): 432–446.

Sklair, Leslie/Gherardi, Laura (2012): Iconic architecture as a hegemonic project of the transnational capitalist class, in: City: analysis of urban trends, culture, theory, policy, action, 16 (1–2): 57–73.

Smith, Neil (2001): Global Social Cleansing: Postliberal Revanchism And the Export of Zero Tolerance, in: Social Justice 28 (3): 68–74.

Smith, Neil (2002); New Globalism, New Urbanism: Gentrification as Global Urban Strategy, in: Antipode 427–450.

Soja, Edward W. (1995): Postmodern Urbanization: The Six Restructurings of Los Angeles, in: Watson, Sophie/Gibson, Katherine (Hg.), Postmodern Cities and Spaces. Oxford-Cambridge, Ma.: 125–137.

Steinert, Heinz (2009): Culture industry cities: From discipline to exclusion, from citizen to tourist, in: City: analysis of urban trends, culture, theory, policy, action 13 (2–3): 278–291.

Stock, Miriam (2013): Der Geschmack der Gentrifizierung. Arabische Imbisse in Berlin, Bielefeld.

Story, Brett (2016): The prison in the city: Tracking the neoliberal life of the "million dollar block", in: Theoretical Criminology 20 (3): 257–276.

Sundsbø, Astrid Ouahyb (2014): Grenzziehungen in der Stadt. Ethnische Kategorien und die Wahrnehmung und Bewertung von Wohnorten, Wiesbaden.

Termeer, Marcus (2010): Die Entgrenzung des Prinzips Hausordnung in der neoliberalen Stadt, in: Groenemeyer, Axel (Hg.), Wege der Sicherheitsgesellschaft, Gesellschaftliche Transformationen der Konstruktion und Regulierung innerer Unsicherheiten, Wiesbaden: 296–327.

Thrift, Nigel/French, Shaun (2002): The automatic production of space, in: Transactions of the Institute of British Geographers 27 (3): 309–335.

Timberlake, Jeffrey M. /Johns-Wolfe, Elaina (2017): Neighborhood Ethnoracial Composition and Gentrification in Chicago and New York, 1980 to 2010, in: Urban Affairs Review 5 3(2): 236–272.

Tussyadiah, Iis P./Jung, Timothy Hyungsoo/tom Dieck, M. Claudia (2017): Embodiment of Wearable Augmented Reality Technology in Tourism Experiences, in: Journal of Travel Research 00 (0): 1–15.

Valverde, Mariana (2009): Laws of the Street, in: City & Society 21 (2): 163–181.

Weber, Florian Daniel (2013): Soziale Stadt – Politique de la Ville – Politische Logiken. (Re-)Produktion kultureller Differenzierungen in quartiersbezogenen Stadtpolitiken in Deutschland und Frankreich, Wiesbaden.

Weisburd, David/Groff, Elizabeth R/Yang, Sue-Ming (2012): The Criminology of Place: Street Segments and Our Understanding Of The Crime Problem, New York.

Wehrheim, Jan (2009): Der Fremde und die Ordnung der Räume, Opladen.

Williams, Trenessa L./Needham, Charles R. (2016): Transformation of a City: Gentrification's Influence on the Small Business Owners of Harlem, New York, in: SAGE Open October-December: 1–8.

Zukin, Sharon (2009): New Retail Capital and Neighborhood Change: Boutiques and Gentrification in New York City, in: City & Community 8 (1): 47–64.

Zukin, Sharon/Lindeman, Scarlett/Hurson, Laurie (2017): The omnivore's neighborhood? Online restaurant reviews, race, and gentrification, in: Journal of Consumer Culture 17 (3): 459–479.

Die Texte

Bernd Belina beschreibt die Verräumlichung kriminalpolitischer Maßnahmen als eine präventive Strategie, die zugleich die vollständige Abstraktion von konkreten gesellschaftlichen Verhältnissen erlaubt. Indem Kriminalität im Sinne des Wortes verortet wird und die physische Eigenschaft der Lage im Raum ausreicht, um einen polizeilichen Zugriff zu rechtfertigen, wird vom Sozialen vollständig abgesehen – eine Naturalisierung qua Raumfetischismus. Das erweist sich in besonderem Maße bei einer Analyse der dem *Broken Windows*-Ansatz zugrunde-liegenden Prämissen, die einer spezifischen Ideologie folgen.

James Q. Wilson und George L. Kelling haben mit ihrem Aufsatz über Bedeutung und Folgen von *Broken Windows* kriminalpolitische Geschichte geschrieben, die mit gutem Grund nicht unwidersprochen geblieben ist. Aber die faszinierende Einfachheit ihrer Logik – eine zerbrochene Fensterscheibe signalisiert mangelnde soziale Kontrolle und führt nicht nur zu weiteren zer-brochenen Fensterscheiben, sondern geradezu zwingend auch zu gravierenden sozialen Problemen – hat große Wirkung ausgeübt und nicht nur die Gründung unzähliger kommunaler Präventionsräte veranlasst, sondern auch eine Konzeption von zero tolerance entwickelt, die das urbane Klima entscheidend veränderte.

Sascha Schierz zeigt am Beispiel von Graffiti, wie die harmlose und allenfalls ästhetisch zweifelhafte Bemalung von Wänden zu einem Problem der Sicherheit werden kann und dazu herausfordert, die gesamte Bevölkerung in die Verantwort-lichkeit für eine derart definierte kommunale Sicherheit und die dabei genutzten Mechanismen von Macht, Sichtbarkeit und Überwachung miteinzubeziehen.

Aldo Legnaro beschreibt vor dem Hintergrund der Fremdwerdungen des Vertrauten, wie sie sich für viele StadtbewohnerInnen subjektiv einstellen, der Kontrolle von Raum und den neueren Mechanismen der Kriminalpolitik, auf welche Weise eine solche Politik versucht, die gesellschaftlichen Antagonis-men zu kontrollieren. Das zielt auf die generelle Frage nach der Steuerung spätmoderner Gesellschaften und den verbliebenen integrativen Mechanismen angesichts sozialer Fragmentierungen und ökonomischer Drift, und beides läuft auf das Problem hinaus, welche ‚Politik der Unsicherheit' die ‚Politik der inneren Sicherheit' kaschiert.

Räumliche Strategien kommunaler Kriminalpolitik in Ideologie und Praxis (2005)

Bernd Belina

Räumliche Strategien Kommunaler Kriminalpolitik in Ideologie und Praxis, in: Georg Glasze, Robert Pütz, Manfred Rolfes (Hg.), „Diskurs – Stadt – Kriminalität. Städtische (Un-)Sicherheiten aus der Perspektive von Stadtforschung und Kritischer Kriminalgeographie", transcript Verlag, Bielefeld (2005), S. 137–166 (leicht gekürzt)

In der jüngeren Kriminalpolitik erfreuen sich räumliche Kontrollmaßnahmen großer Beliebtheit. Ihr Ausgangspunkt ist stets ein Raumausschnitt, dessen Nutzung reguliert wird. Beispiele sind die Videoüberwachung öffentlicher Räume, das Aussprechen von Aufenthaltsverboten und die räumlich selektive Kontrollpraxis der Sicherheitsorgane. Gemeinsam ist ihnen ihre präventive Wirkung: Sie setzen vor einer Straftat und damit unabhängig von ihr ein. Dies ist, so die zentrale These dieses Beitrags, ihre spezifische Leistung: Indem räumliche Kontrollmaßnahmen von einem Raumausschnitt ausgehen, abstrahieren sie implizit von der sozialen Produktion von Abweichung und Kontrolle und können deshalb unabhängig von und vor jeder kriminalisierbaren sozialen Praxis ins Werk gesetzt werden. Um diese These zu belegen, werde ich im Folgenden zunächst die präventive Wirkung der drei genannten Beispiele räumlicher Kontrollmaßnahmen verdeutlichen. Im anschließenden Kapitel will ich zeigen, dass und wie der räumliche Ansatz auf Grund der mit ihm praktisch gemachten Abstraktionen hierbei entscheidend ist. Dies wird im letzten Abschnitt anhand der Broken Windows-These demonstriert.

B. Belina (✉)
Goethe-Universität Frankfurt, Frankfurt am Main, Deutschland
E-Mail: belina@em.uni-frankfurt.de

© Springer Fachmedien Wiesbaden GmbH, ein Teil von Springer Nature 2022
A. Legnaro und D. Klimke (Hrsg.), *Kriminologische Diskussionstexte II*,
https://doi.org/10.1007/978-3-658-22007-5_12

1   Die präventive Wirkung räumlicher Kontrollmaßnahmen in der Praxis

Von Prävention wird im juristischen Sinn gesprochen, wenn die Staatsmacht zum Zweck der Kriminalitätsbekämpfung vor bzw. unabhängig von konkreten Straftaten eingreift. Im Gegensatz dazu bezeichnet Repression die Verfolgung begangener Straftaten und die Bestrafung überführter Täter.[1] In der BRD sind die beiden Bereiche unterschiedlichen Rechtsmaterien zugeordnet. Während die Repression im Strafrecht zentralstaatlich verankert ist, wird die Prävention im Polizeirecht der Länder geregelt (Roggan 2000, S. 33–37). Diese juristische Bestimmung weist die polizeirechtliche Prävention als Teilbereich von Prävention „als umfassende offensive sozialtechnologisehe Kontrollstrategie" (Albrecht 1986, S. 55) aus, mittels derer staatlicher Zugriff auf Individuen und Gruppen betrieben wird (Neocleous 2000). Seit den 1990er Jahren nimmt „Prävention" in kriminalpolitischen Debatten und darüber hinaus als „Zauberformel" (Plewig 1998) eine dominante Stellung ein (vgl. Sack 1995).[a] In welcher Weise räumliche Kontrollmaßnahmen präventiv sind, soll im Folgenden anhand von aktuellen Beispielen aufgezeigt werden.

Die Videoüberwachung öffentlicher Räume durch die Polizei wird hierzulande stets offen betrieben, d. h. sie wird durch Hinweisschilder angezeigt (vgl. Belina 2002). Sie wurde seit 1992 nacheinander in allen Bundesländern außer Berlin und Hamburg im Polizeigesetz verankert (Stand Mai 2005), wobei an der Elbe eine Gesetzesänderung geplant ist. Ihre panoptische Wirkungsweise zeitigt präventive Effekte bei Zugang und Nutzung des jeweiligen Raumausschnitts. Weil im Überwachungsbereich stets die Möglichkeit besteht, beobachtet zu werden, passen Nutzer ihr Verhalten an die formellen und informellen Regeln an, die dort herrschen bzw. die sie dort vermuten. Dabei entfaltet diese „Schaffung eines bewussten und permanenten Sichtbarkeitszustandes" (Foucault 1994, S. 258) eine weit über kriminalisierbare Verhaltensweisen hinausgehende präventive Wirkung. Dass darin auch ihr Zweck liegt, ist etwa dem Abschlussbericht eines einjährigen Pilotprojekts zur Videoüberwachung öffentlicher Räume in Regensburg zu entnehmen, in dem als Erfolg dieser Maßnahme betont wird, dass sich „das seit Jahren in der Regensburger Innenstadt vorhandene Punker-Unwesen […] fast auf

---

[1] Im Dienste der Lesbarkeit werden hier nur die männlichen Formen benutzt.

[a] Siehe den Text im Kapitel *Prävention als Steuerungsmechanismus in der späten Moderne* in diesem Band (A.d.H.).

Null reduziert" habe (Polizeidirektion Regensburg 2001, S. 4). Obschon andere zählbare Resultate nicht angefallen sind, wurde auf Grund dieses Projekts am 10.07.2001 die Videoüberwachung öffentlicher Räume ins Bayrische Polizeiaufgabengesetz aufgenommen.

Aufenthaltsverbote erreichen dasselbe Ergebnis auf direkterem Weg. Hier wird einzelnen Personen schlicht die physische Präsenz in bestimmten Raumausschnitten verboten. Diese in zahlreichen Großstädten gängige Praxis wurde seit 1996 sukzessive in den Polizeigesetzen von inzwischen zwölf Bundesländern als Standardmaßnahme verankert (Stand Mai 2005) [...].

Die alltägliche Kontrollpraxis der Polizei schließlich hat ebenfalls insofern eine räumliche Dimension, als sie räumlich selektiv stattfindet. In „schlechten Gegenden" wird deutlich mehr kontrolliert, als in solchen mit einem guten Ruf. Diese von Feest (1971, S. 72 f.) in teilnehmender Beobachtung festgestellte Selektivität der Kontrolldichte geht damit ebenfalls von bestimmten Raumausschnitten aus, in denen irgendwie auffällige Verhaltensweisen oder Personen eher kontrolliert werden als anderswo, ohne dass sie sich etwas zu Schulden haben kommen lassen [...].

Die drei dargestellten Kontrollmaßnahmen weisen drei Gemeinsamkeiten auf. Erstens gehen sie alle von einem Raumausschnitt aus, weshalb sie hier als räumliche Kontrollmaßnahmen diskutiert werden. Zweitens sind sie präventiv angelegt, d. h. sie legitimieren den Zugriff auf Personen in diesen Raumausschnitten unabhängig von dem, was diese dort tun. Drittens sind sie erst in jüngerer Zeit (z. T. wieder) aufgekommen oder durch Aufnahme ins Polizeigesetz legalisiert worden, was die Frage nahe legt, warum gerade jetzt dieser Typus von Kontrollmaßnahmen so beliebt ist. Darauf wird im letzten Kapitel zurückgekommen. Zunächst soll der Zusammenhang der beiden ersten Gemeinsamkeiten systematisch untersucht werden, also der präventive Charakter räumlicher Kontrollmaßnahmen.

2   Die spezifische Leistung räumlicher Kontrollmaßnahmen: die Abstraktion vom Sozialen

Räumliche Kontrollmaßnahmen und die ihnen zugrundeliegende Denkweise, so die These, abstrahieren so weit von jeder konkreten sozialen Praxis, die man als „kriminell" bezeichnen kann, und damit so weit vom Sozialen überhaupt, dass die Behauptung der „Gefährlichkeit" von Raumausschnitten ohne Bezug auf Gesellschaft möglich ist. Das erlaubt den präventiven Zugriff auf alle Personen, die in

diesen Raumausschnitten anzutreffen sind. Dabei ist es die „räumliche Logik"
selbst, die diese Abstraktion plausibel erscheinen lässt. Die Möglichkeit räumlicher Kontrollmaßnahmen ist erst gegeben, wenn „Kriminalität" als räumliches
Phänomen betrachtet wird und Raumausschnitte kriminalisiert werden. Derart
ideell konstruierte „kriminelle Räume" (Belina 1999, 2000) erlauben materielle
(Kontroll-)Praxen, die von den kriminalisierten Raumausschnitten ausgehend notwendig wieder Personen in den Blick nehmen, deren Motive, Praxen und „tatsächliche Gefährlichkeit" dann gleichgültig sind.

Dieser „räumliche Ansatz" setzt eine Reihe aufeinander aufbauender
Abstraktionen voraus, die durch die Kriminalisierung von Akten, Individuen und
Gruppen kriminalpolitisch ins Werk gesetzt werden. Diese Kriminalisierungen
werden im Folgenden nacheinander diskutiert. Dabei liegt der Fokus auf den
Leistungen der dabei getätigten Abstraktionen, ihren praktischen Folgen für die
staatliche Kontrollpraxis und deren ideologischer Legitimierung durch Strafrechtstheorie und Kriminologie. Zweck dieses Durchgangs ist es, abschließend
die Leistungen der Kriminalisierung von Raumausschnitten zu bestimmen.

Wenn der Kern der spezifischen Leistung räumlicher Kontrollmaßnahmen
in deren Abstraktion besteht, gilt es zunächst zu bestimmen, was hier unter
„Abstraktion" verstanden wird. Ollman (1993, S. 26 f.) unterscheidet drei
Aspekte von Abstraktion: Erstens ist Abstraktion als *Prozess* des Abstrahierens
ein für jedes Denken notwendiger Vorgang, der an einem Gegenstand nur einen
bestimmten Aspekt in den Blick nimmt und damit von allen anderen Aspekten
absieht (abstrahiert). Zweitens ist eine Abstraktion das *Resultat* dieses Prozesses,
das als solches als eine fixe und von den internen Relationen, aus denen es
abstrahiert wurde, unabhängige Eigenschaft des Gegenstandes erscheint. Drittens
kann eine solche Abstraktion zur *Ideologie* werden, wenn interessensgeleitet ein
Aspekt als für den Gegenstand wesentlich betrachtet wird, der dies tatsächlich
nicht ist (ebd., S. 36 f.). Die eigentlich zur Erklärung des Gegenstandes wichtigen
Aspekte werden dann de facto als irrelevant angesehen (Beck 1985, S. 18). Sayer
(1992, S. 138–140) nennt solche Abstraktionen (mit Bezug auf Marx) „chaotische
Konzepte", die zur Beschreibung taugen mögen, die aber „zu Problemen führen,
sobald ihnen die ausschließliche Erklärungskraft für alle Objekte zugeschrieben
wird, die in eine [durch das chaotische Konzept definierte] Klasse fallen" (ebd.,
S. 139).

Die erste Abstraktion, die jeder Kriminalpolitik zugrunde liegt, ist die
Kriminalisierung von Akten durch die Instanzen sozialer Kontrolle, also durch
Polizei und Justiz. Denn „kriminell" wird ein Akt erst durch einen „langen
Prozess der Bedeutungszuschreibung" (Christie 2000, S. 22; vgl. Steinert 1973).
Der Maßstab, an dem jede soziale Praxis dabei gemessen wird, ist das Strafrecht.

„A crime, is a sinne, consisting in the Committing (by Deed, or Word) of that which the Law forbiddeth, or the Omission of what it hath commanded." (Hobbes 1968, S. 336) Im Strafrecht wird an einer sozialen Praxis nur und ausschließlich festgestellt, ob sie gegen ein bestehendes Gesetz verstoßen hat oder nicht. Die klassische Strafrechtslehre, wie sie von Kant und Hegel vertreten wurde (Fetscher 1993), geht ausschließlich vom kriminellen Akt aus und legitimiert die Strafe als Vergeltung des Normverstoßes. Damit wird von allen anderen Aspekten und von den gesellschaftlichen Verhältnissen, die für jede soziale Praxis wesentlich sind, abstrahiert. Indem diese Abstraktion die Grundlage staatlicher Kriminalpolitik wird, basiert diese auf der Absehung von den gesellschaftlichen und Machtverhältnissen.

Diese grundlegende Abstraktion von der sozialen Praxis auf den abstrakten Akt ist in der Rechtsform selbst notwendig enthalten, also nicht nur im Strafrecht (Paschukanis 1929). Wie Marx in der Kritik des *Gothaer Programms* (1875) ausführt, kann das Recht „seiner Natur nach nur in Anwendung von gleichem Maßstab bestehn", was nur möglich ist, wenn man alle Gegenstände „unter einen gleichen Gesichtspunkt bringt, sie nur von einer bestimmten Seite fasst" (MEW 19, S. 21). In Anlehnung an das berühmte Diktum von Anatole France gilt, dass das Gesetz in seiner majestätischen Gleichheit sowohl den Reichen wie den Armen verbietet, unter Brücken zu schlafen, in den Straßen zu betteln, und Brot zu stehlen. Die Kriminalisierung des Aktes ist den jeweiligen Tätern und deren gesellschaftlicher Stellung gegenüber tatsächlich gleichgültig. In der Absehung von den konkreten Unterschieden der gesellschaftlichen Stellung liegt die ideologische Leistung der Abstraktion „Recht": Sie tut so, also gäbe es keine produzierten sozialen Unterschiede und Gegensätze.

Wenn das konkrete Individuum für den staatlichen Umgang mit Rechtsbrüchen irrelevant ist, wird auch keine kriminologische Theorie benötigt, die erklärt, warum manche Menschen Verbrechen begehen und andere nicht (Albrecht 1999, S. 21 f.). Es genügt die Vorstellung eines rational kalkulierenden *homo oeconomicus,* den ein „rationales (abstraktes) Gewinnstreben" (Humphries und Greenberg 1988, S. 210) zum Brechen der Gesetze antreibt und der als unabhängig von den gesellschaftlichen Verhältnissen, mithin abstrakt, begriffen wird. Diese Figur liegt der klassischen Schule der Kriminologie bei Beccaria und anderen gegen Ende des 18. und Anfang des 19. Jahrhunderts zu Grunde. Unschwer lässt sich darin die kriminologische Übersetzung der durch den Warentausch auf „das nackte Interesse, [...] die gefühllose ‚bare Zahlung'" (MEW 4, S. 464) reduzierten sozialen Verhältnisse im Kapitalismus entdecken (Humphries und Greenberg 1988, S. 210 f.).

Die Verfolgung und Bestrafung kriminalisierter Akte ist im juristischen Sinn reine Repression, d. h. Kriminalpolitik findet stets nach dem kriminalisierten Akt statt. Prävention wird hier nur im Sinne von Spezial- oder Generalprävention durch eine erhoffte Abschreckung durch Repression betrieben (Sack 1995, S. 438).

Zusammenfassend lässt sich zur Kriminalisierung von Akten durch das Strafrecht und seine Anwendung festhalten, dass ihre zentrale Abstraktion darin besteht, an sozialen Praxen nur das Moment des Verstoßes gegen ein Gesetz zu fokussieren. Damit sind die gesellschaftlichen und Machtverhältnisse außen vor, von ihnen wird abstrahiert. Die Kontrollpraxis, die aus dieser Abstraktion folgt, ist Repression, präventiv ist sie nur durch ihre abschreckende Wirkung. Legitimiert wird sie strafrechtstheoretisch als Vergeltung des Normverstoßes durch den Staat. Das kriminologische Äquivalent dieser Tatorientierung ist der rational kalkulierende Verbrecher, der abstrakt und ohne Bezug zu den gesellschaftlichen Verhältnissen analog zum *homo oeconomicus* gedacht wird.

Die zweite Abstraktion produziert kriminelle Individuen. Diese hat Hegel in seinem Aufsatz *Wer denkt abstrakt?* (1807) als Beispiel für abstraktes Denken angeführt: „Dies ist abstrakt gedacht, in dem Mörder nichts als dies Abstrakte, daß er ein Mörder ist, zu sehen und durch diese einfache Qualität alles übrige menschliche Wesen an ihm [zu] vertilgen" (Hegel und Wilhelm 1966, S. 578).

Die Abstraktion besteht hier also darin, von allen anderen Aspekten abzusehen, die ein Individuum ausmachen, und dieses auf einen „Kriminellen" zu reduzieren. Die Geschichte dieser Abstraktion hat Foucault in *Überwachen und Strafen* (1994)[b] untersucht. Er zeigt, wie der „Delinquent" im Laufe des 17. und 18. Jahrhunderts durch staatliche Strafen erst konstituiert wird. War Strafe, wie gesehen, zuvor immer Vergeltung für einen kriminellen Akt, geht es fortan um Individuen, die qua ihrer Natur und ihres Wesens von der Norm abweichen. „Der Delinquent unterscheidet sich vom Rechtsbrecher dadurch, dass weniger seine Tat, sondern sein Leben für seine Charakterisierung entscheidend ist" (Foucault 1994, S. 323). Dieser Delinquent ist dann mit Haut und Haaren Verbrecher, also als ganzer Mensch. Dabei wird so getan, als wäre jemand, der gegen ein Gesetz verstoßen hat, in toto dem Gesetzesbrechen verfallen und müsse deshalb auch in Zukunft notwendig wieder Gesetze brechen. Somit wird der Delinquent „vor dem Verbrechen und letzten Endes sogar unabhängig vom Verbrechen" (ebd., S. 324) geschaffen. Indem nun dem ganzen Menschen „Verbrechertum" unterstellt wird,

---

[b] Siehe den Text in den *Grundlagentexten*, S. 333 ff. (A.d.H.).

gilt er in Zukunft als jemand, der zum Verbrechen neigt und auf den man „ein Auge werfen" muss. Diese zusätzliche Aufmerksamkeit legitimiert präventive Maßnahmen, die also getroffen werden, obschon die betreffende Person sich aktuell gar nichts zu Schulden hat kommen lassen.

Der Übergang vom kriminalisierten Akt zum kriminalisierten Individuum ist im Strafrecht bereits angelegt, da zu jedem Verbrechen notwendig ein Verbrecher gehört. Dieser Übergang spiegelt sich in den deutschen Strafrechtsdebatten zu Ende des 19. und Anfang des 20. Jahrhunderts wider, die üblicherweise als eine zwischen Vertretern eines traditionellen Tat- und eines modernen Täterstrafrechts dargestellt werden. Die Reformer fordern dabei, die Strafe nach der Täterpersönlichkeit zu differenzieren (Albrecht 1986, S. 57). Weil auch dabei vom kriminalisierten Akt ausgegangen wird, liefert die Person des Täters „lediglich den Anknüpfungspunkt für das strafrechtliche Zurechnungsurteil" (Frommel 1991, S. 470). Es soll im Täterstrafrecht also nicht die o. g. Abstraktion von sozialer Praxis auf kriminalisierten Akt rückgängig gemacht werden, um diesen erklären zu können, sondern die Person des Täters kommt nur vor, um zu einem angemessenen Umgang mit ihm zu finden. Diese relative Straftheorie hat ihr Maß also in der Persönlichkeit des Täters. Sie ist die Basis des direkten Zugriffs des Staates auf Kriminelle als ganze Individuen.

Für die Kriminologie bedeutet die Abstraktion „kriminelles Individuum" im späten 19. Jahrhundert ihre eigentliche Geburtsstunde (Albrecht 1999, S. 8). Sie macht sich auf die Suche nach den vermeintlichen Ursachen, die aus einer Person einen Delinquenten machen. Dabei verfällt sie auf unterschiedliche Erklärungsansätze, denen die Naturalisierung der Delinquenz gemeinsam ist. Die „Kriminalität" wird als „Resultante einer Reihe von Merkmalen und Faktoren" (Strasser 1984, S. 15) begriffen, die dem Individuum als Eigenschaft zukommen. Dabei ist es für die Praxis irrelevant, ob in den unterschiedlichen Theorien die Natur oder die Gesellschaft/das Milieu für die individuelle Kriminalität verantwortlich gemacht wird. Gemeinsam ist ihnen die betriebene Wesenszuschreibung. Die biologistische Variante in Gestalt des von Lombroso im ausgehenden 19. Jahrhundert geschaffenen *homo delinquens* stellt dabei nur eine, wenn auch bedeutende, Variante dar (Frommel 1991, S. 482–485; Strasser 1984).

Die Konstruktion des kriminellen Individuums entspringt dem Interesse an seiner präventiven Behandlung. Die Zuschreibung „Verbrechertum" hat überhaupt nur einen Sinn, wenn aus ihr praktische Folgerungen gezogen werden. So ging es auch in den o.g. Strafrechtsreformdebatten um die vorletzte Jahrhundertwende um „eine theoretische Umorientierung […] hin zu einer Theorie der Strafe als sozialer Gegenreaktion gegen sozial schädigende und mit entsprechendem Bewußtsein begangene Handlungen" (Frommel 1991, S. 468). Diese „relative

Strafrechtstheorie" besteht in einer „ausschließliche[n] Orientierung der Strafe am Ziel der Kriminalprävention" (Albrecht 1999, S. 3). Damit kommt die Kriminologie in ihrer traditionellen Form, d. h. das Strafrecht und die von ihm produzierte Kriminalität als Datum hinnehmend, ins Spiel, wenn auch auf eigentümliche Weise, nämlich „im Ordnungsdienst des Staates" (ebd.). Denn wenn der Staat verhindern will, dass Delinquenten erneut straffällig werden, muss er etwas über die Gründe der Kriminalität wissen, um sie in Zukunft zu verhindern. Eigentümlich ist das für eine Erklärung abweichenden Verhaltens, weil das Interesse an Prävention erkenntnisleitend ist: „Der Präventionsstandpunkt hindert überhaupt daran, das abweichende Phänomen richtig in den Blick zu bekommen, da er vom Ziel bestimmt und motiviert wird, es auszumerzen." (Matza 1973, S. 22) Mit Strasser kann von diesem Typus der Kriminologie gesagt werden: „Eine Wissenschaft, die sich bereits im Vollzug der Erkenntnisproduktion den Ordnungsmächten anbiedert, hat [...] keine Existenzberechtigung, insoweit sie beansprucht, der Wahrheit zu dienen." (Strasser 1984, S. 7) Diese Indienststellung wird erst mit Aufkommen der kritischen Kriminologie in der 2. Hälfte des 20. Jahrhunderts – und nur von einem kleinen Teil der Kriminologen – überwunden (vgl. Sack 1990; Steinert 1973).

Der präventive Umgang mit Delinquenten kann aus einer Bandbreite konkreter Maßnahmen bestehen und Resozialisierung, die auf eine Wiedereingliederung in die Gesellschaft abzielt, ebenso beinhalten wie das Gegenteil, also den dauerhaften Ausschluss aus dem gesellschaftlichen Leben durch Einsperren oder Umbringen. Beide Varianten, Inklusion und Exklusion, sind von Anfang an in der staatlichen Konstruktion des Verbrechers angelegt (Frommel 1991, S. 482–485) und bilden bis heute die beiden Möglichkeiten des staatlichen Umgangs mit ihm (vgl. Beckett und Western 2001; Cremer-Schäfer und Steinert 1997; Wacquant 1997).[c] Dabei ist natürlich immer unterstellt, dass der Staat mit ihnen umzugehen hat, d. h. die Abstraktion „Verbrecher" wird in unterschiedlichen Verlaufsformen praktisch gemacht.

Zusammenfassend lässt sich zur Kriminalisierung von Individuen durch den Staat festhalten, dass ihre zentrale Abstraktion darin besteht, an Personen nur ihre Eigenschaft als „Kriminelle" zu fokussieren. In der Praxis wird mittels dieser Abstraktion der staatliche Zugriff auf Delinquenten als „ganze Menschen" betrieben und legitimiert. Dieser Zugriff ist präventiv, weil der Umgang mit

---

[c] Siehe auch das Kapitel *Inklusionen und Exklusionen* im Vorgängerband *Verurteilen und Strafen* (A.d.H.).

Subjekten auf die Verhinderung zukünftiger Straftaten gemünzt ist und i. d. S. unabhängig von den tatsächlich begangenen. In der Strafrechtslehre ist dies die Stunde der relativen Straftheorie, die die Strafe nicht nach der Schwere der Tat, sondern nach der Persönlichkeit des Täters bemessen wissen will. In der Kriminologie entspricht diese Abstraktion dem *homo delinquens,* dem Verbrecher qua Geburt/Natur, Gesellschaft/Milieu oder Gewöhnung.

Eine weitere Stufe der Abstraktion ist erreicht, wenn die vermeintliche Gefährlichkeit eines Verbrechers auf Grund von Ähnlichkeiten des Äußeren, des Verhaltens oder in sonstiger Hinsicht auf andere Individuen übertragen wird. So werden kriminelle Gruppen auf Grund gemeinsamer Merkmale produziert. Von der konkreten sozialen Praxis, die als Akt kriminalisiert wird und auf Grund derer ein Individuum zum „Verbrecher" wird, wird hier noch weiter abstrahiert: Mitglieder der kriminalisierten Gruppe müssen sich keinerlei kriminalisierbarer Verhaltensweise schuldig gemacht haben, um als gefährlich zu gelten.

Der Übergang vom kriminalisierten Individuum zur kriminalisierten Gruppe ist in der weiter oben diskutierten Suche nach verbrecherischen Individuen in Strafrechtslehre und Kriminologie bereits angelegt. Sowohl beim Umgang mit als auch bei der Erklärung von Verbrecherpersönlichkeiten, also sowohl im Strafrecht als auch in der Kriminologie, interessieren diese nie wirklich als Individuen, sondern als Verbrechertypen, die auf einer Skala zwischen (besserungsfähigem) Gelegenheits- und (wegzusperrendem) Gewohnheits- oder Berufsverbrecher einsortiert und entsprechend behandelt werden. Durch die Feststellung einer „kriminellen" individuellen Natur und deren Zuordnung zu einem Typus sind diese Typen als Gruppen konstruiert, in denen die Gefährlichkeit ihrer Mitglieder die Gemeinsamkeit stiftet. Grundlage dieser Abstraktion vom Individuum zur Gruppe ist von Anfang an das Interesse an einem Zugriff auf und einen Umgang mit Individuen, was durch die Typenbildung systematisiert und damit praktikabler wird (Strasser 1984, S. 21). Gemeinsam ist den unterschiedlichen Erklärungen, die die Zugehörigkeit zu einer kriminellen Gruppe begründen (Natur, Milieu etc.), dass die gesellschaftlichen Verhältnisse in ihnen nicht oder nur am Rande bzw. in eigentümlicher Weise vorkommen. Wird behauptet, Gruppen würden sich qua Natur konstituieren, liegt die Absehung von den gesellschaftlichen Verhältnissen auf der Hand: „Geborene Verbrecher" sind unabhängig von den gesellschaftlichen Verhältnissen Abweichler, um die es sich staatlicherseits zu kümmern gilt. Wird der Grund der Kriminalität einer Gruppe im Sozialen gesucht, wird Gesellschaft auf ein System von Ordnungsregeln reduziert, gegen die kriminelle Gruppen und ihre Mitglieder verstoßen, ohne Inhalt, Genese und Funktion dieser Regeln zu thematisieren.

Nirgendwo ist das evidenter als in der Gleichsetzung von „arm" und „kriminell" (Cremer-Schäfer 1997). Der Rekurs auf die sozioökonomische Lage der kriminalisierten Gruppe abstrahiert – zumindest in der gängigen Kriminologie – von den Gründen für Armut. Seit dem Aufkommen des Kapitalismus wird dem Proletariat neben seiner objektiven Armut auch eine Gefährlichkeit als Klasse zugeschrieben. Das Interesse, das dieser Kriminalisierung zu Grunde liegt, kann unschwer mit der Kontrolle dieser Klasse zum Zweck der Sicherung der eingerichteten Produktions- bzw. Gesellschaftsverhältnisse bestimmt werden (Neocleous 2000; Dinges und Sack 2000). In diesem Sinn hat Marx in *Zur Judenfrage* (1844) bei seiner Diskussion der Menschenrechte ausgeführt: „Die Sicherheit ist der höchste Begriff der bürgerlichen Gesellschaft, der Begriff der Polizei, dass die ganze Gesellschaft nur da ist, um jedem ihrer Glieder die Erhaltung seiner Person, seiner Rechte und seines Eigentums zu garantieren." (MEW 1, S. 365 f.; zum Begriff der „Polizei" vgl. Neocleous 2000) In der Praxis war von Anfang an der „empirische Adressat der strafrechtlichen Sozialkontrolle – entgegen der Rhetorik des Strafrechts – nicht der isolierte und individuelle Rechtsbrecher, sondern der Rechtsbrecher in seiner Zugehörigkeit zu einer ‚sozialen Kategorie'" (Sack 1995, S. 442).

Formell wird die Zugehörigkeit zu einer Gruppe im Strafrecht nur in politisch begründeten Ausnahmen kriminalisiert. In der Geschichte der BRD sind das politische Strafrecht (in Kraft 1951–1968) mit seiner Kriminalisierung der Zugehörigkeit zu kommunistischen Vereinigungen (Brünneck 1978, S. 71–79) und die §§ 129, 129a und 129b StGB zu nennen. Der 1976 ins Strafrecht aufgenommene § 129a, der die „Bildung terroristischer Vereinigungen" unter Strafe stellt, eröffnet dem Staat die Möglichkeit, strafrechtlich gegen vermeintliche Gruppenmitglieder vorzugehen, denen außer ihrer Mitgliedschaft in der Gruppe nichts vorgeworfen wird (Gössner 1991). Doch auch ohne solche expliziten Kriminalisierungen qua Gruppenzugehörigkeit verdeutlicht ein Blick in die Strafgerichte und Gefängnisse, welche Gruppen von staatlicher Kontrolle besonders betroffen sind. Die Selektivität der Strafjustiz nach sozioökonomischem Status gehört „zum festen Bestand kriminalsoziologischen Wissens" (Peters 1989, S. 193).

Mit der Abstraktion „kriminelle Gruppe" wird eine weitere Prävention und damit Vorverlagerung des staatlichen Eingriffs begründet. Es geht nun gar nicht mehr um bereits vorgefallene Akte, denen im strafrechtlichen Sinn repressiv begegnet wird. Diese dienen nur mehr als verallgemeinerbarer Anlass und Legitimation, um Zugriff auf ganze Gruppen zu nehmen. Die Leistung dieser Abstraktion ist die Begründung des präventiven, da unabhängig von allem Vorgefallenen ins Werk gesetzten Zugriffs auf alle Mitglieder der Gruppe.

Zusammenfassend lässt sich zur Kriminalisierung von Gruppen festhalten, dass ihre zentrale Abstraktion darin besteht, an einer (mitunter erst durch die Kriminalisierung selbst konstituierten) Gruppe nur deren vermeintliche Gefährlichkeit zu fokussieren. Die Kriminalisierung von Gruppen legitimiert den präventiven staatlichen Zugriff auf alle ihre Mitglieder. Im Strafrecht ist die Zugehörigkeit zu einer Gruppe, mit Ausnahme der politischen Justiz, nicht verboten. In der Strafrechtspraxis allerdings sind unterprivilegierte Gruppen von staatlicher Kontrolle und Sanktionen am stärksten betroffen. In der Kriminologie ist in der Figur des Verbrechertypus der Übergang zur gefährlichen Gruppe bereits angelegt. Explizit findet sich diese Abstraktion etwa in der Annahme von „gefährlichen Klassen".

Eine weitere Stufe von Abstraktion und Prävention bedeutet schließlich die Produktion krimineller Räume durch die Kriminalisierung von Raumausschnitten. Ein Raum kann noch nicht einmal potentiell „an sich" kriminell sein, sondern bestenfalls von „kriminellen" Individuen oder Gruppen bevölkert werden. In der räumlichen Betrachtung hingegen wird der Raumausschnitt selbst zum Gefährlichkeit stiftenden Aspekt von Individuen und Gruppen, die ihn bevölkern. Ihm werden kriminogene Eigenschaften zugeschrieben. Wenn eine Gegend von den Instanzen staatlicher Kontrolle als „kriminell" eingeschätzt und entsprechend behandelt wird, sind damit alle, die sich dort herumtreiben oder gar dort leben, einem Generalverdacht qua Lokalisierung ausgesetzt. Ob es sich bei den Personen i. S. der Kriminalisierung von Individuen und Gruppen um „Kriminelle" oder Angehörige „krimineller Gruppen" handelt, ist dann nicht mehr das Entscheidende, sondern nur noch ihr (kriminogener) Aufenthaltsort. Die präventive Logik des Zugriffs auf sie ist damit noch abstrakter: Wenn die rein physische Eigenschaft der Lage im Raum ausreicht, um den Zugriff zu rechtfertigen, dann ist vom Sozialen vollständig abgesehen. Diese Naturalisierung qua Raumfetischismus, demzufolge die abstrakte Lage im Raum eine kausale Wirkmächtigkeit auf die dort vorzufindenden gesellschaftlichen Phänomene hat, ist von Vertretern der Radical Geography frühzeitig und treffend kritisiert worden (Anderson 1973; Harvey 1973; Smith 1981). Wenn dieser Raumfetischismus, wie in den Beispielen aus dem ersten Kapitel, zur Grundlage von Kontrollpolitik gemacht wird, wenn also für den staatlichen Zugriff die Anwesenheit in einem bestimmten Raumausschnitt ausreicht und so die Verdrängung aus ihm ein Mittel von Kriminalpolitik wird, dann sind die gesellschaftlichen Verhältnisse vollkommen außen vor. Deshalb, weil so also von der sozialen Produktion von Abweichung und Kontrolle abgesehen wird, kann auch der Zweck der räumlichen Herangehensweise nur im noch präventiveren Zugriff liegen. Denn keine der im ersten Kapitel diskutierten Maßnahmen interessiert sich auch nur im Geringsten für das Warum von Abweichung und Störung, sondern eben nur für das Wo.

Die Legitimationsideologien räumlicher Kriminalpolitik liefern Wissenschaftler, wenn sie einen kausalen Zusammenhang vom Zustand eines Raumausschnittes und der durch ihn hervorgebrachten Kriminalität behaupten. Zu nennen wären hier die nicht klar voneinander zu trennenden Ansätze der Kriminalgeographie und der Sozialökologie.

Die Kriminalgeographie als kriminologische Theorie, d. h. zur Erklärung von Kriminalität (und nicht nur ihrer Verteilung), „konzentriert sich in ihrer Betrachtung auf die strukturellen und funktionellen Elemente des Raumes, [...] um sie sodann zu den Teilen der Kriminalität in Beziehung zu setzen, *die vom Raum ausgelöst oder angezogen werden*" (Herold 1977, S. 292; Herv. B.B.). Hier fungiert der Raum also als Explanans, der die Kriminalität „auslöst" (vgl. Belina 2000, S. 121–126). Damit verfällt dieser Typus von Argumentation dem Raumfetischismus, d. h. dem physischen Raum werden Eigenschaften und Wirkmächtigkeit auf das Soziale zugesprochen, die für die Erklärung vom Sozialen komplett abstrahieren.

Sozialökologische Argumentationen gehen davon aus, dass es unabhängig von den sie bevölkernden Personen „irgendetwas an Orten als solchen geben muss, dass sie Kriminalität aufrecht erhalten lässt" (Stark 1987, S. 893). In der Tradition der Chicagoer Schule unterstellen sie „natural communities" als Resultat quasinatürlicher Prozesse in der Stadt (zur Kritik vgl. Frieling 1980), die unter bestimmten Bedingungen zu „delinquency areas" (Shaw und McKay 1972), „criminal areas" (Morris 1971) oder „deviant places" (Stark 1987) werden. Auch hier liegt also eine raumfetischistische Argumentation vor.

Weit erfolgreicher als diese Varianten ist zur Begründung der im ersten Kapitel genannten Maßnahmen in den letzten Jahren die *Broken Windows*-These. Dass und inwiefern diese ebenfalls den Raum unter Absehung des Sozialen als kriminogen betrachtet, wird im folgenden Kapitel näher untersucht. An dieser Stelle sollte zunächst die Logik der Kriminalisierung von Raumausschnitten analysiert werden, die einen noch präventiveren Zugriff qua räumlicher Kontrollmaßnahmen legitimiert.

Zusammenfassend lässt sich zur Kriminalisierung von Raumausschnitten festhalten, dass ihre zentrale Abstraktion darin besteht, dem physischen Raum kriminogene Wirkung zuzuschreiben und damit vom Sozialen abzusehen. Der Aufenthaltsort im Sinne von Lage und Distanz genügt dann, um kontrolliert zu werden. Das ist präventiv, weil somit alle in den Fokus geraten, die sich in einem kriminalisierten Raumausschnitt aufhalten, unabhängig davon, ob sie sich etwas haben zu Schulden kommen lassen, als „kriminell" gelten oder einer „kriminellen

Gruppe" angehören. Wissenschaftlich wird diese Abstraktion mittels sozialöko-
logischer und kriminalgeographischer Theorien ideologisch legitimiert.

3   Broken Windows: neokonservative Legitimationsideologie räumlicher Kontrollmaßnahmen

Kaum eine kriminologische und kriminalpolitische These ist in den öffentlichen
Debatten so präsent, wie die von Wilson und Kelling (1982) in einem Essay in
der Monatszeitschrift *Atlantic Monthly* entworfene *Broken Windows-These*[d] (im
Folgenden BW). Unter Bezug auf die theoretischen Überlegungen wird in diesem
Abschnitt untersucht, warum BW als Legitimationsideologie für räumliche
Kontrollmaßnahmen, wie sie im ersten Kapitel diskutiert wurden, so erfolgreich
ist.

Im Kern behauptet BW: „Ernsthafte Straßenkriminalität gedeiht in Gegenden,
in denen unordentliches Verhalten unkontrolliert durchgeht" (Wilson und
Kelling 1982, S. 34). Sichtbare Zeichen für den Mangel an sozialer Kontrolle
sind physischer Verfall (die namensgebenden „zerbrochenen Fensterscheiben")
ebenso wie „sozialer Verfall", der sich in der Anwesenheit „unordentlicher Leute"
äußert. Beide Verfallsformen werden in dieser Hinsicht gleichgesetzt: „Der
unkontrollierte Bettler ist tatsächlich die erste zerbrochene Fensterscheibe" (ebd.,
S. 30). Der kausale Zusammenhang von physischer und sozialer Unordnung
mit schwerer Kriminalität funktioniert laut BW nicht direkt, sondern über den
Zwischenschritt ihrer Wahrnehmung durch potentielle Straftäter. Diesen vermittelt eine heruntergekommene Gegend demnach den Eindruck, dass in ihr die
soziale Kontrolle niedrig ist und Normverstöße nicht sanktioniert werden. Deshalb lädt sie zu abweichenden Verhaltensweisen inklusive schwerer Verbrechen
geradezu ein. Verstärkt wird dieser Zusammenhang durch die Wahrnehmung der
Bewohner, die ihrerseits die Wahrnehmung der Verbrecher antizipieren. Deshalb fürchten sie sich unabhängig von tatsächlicher schwerer Kriminalität allein
schon wegen des Verfalls ihrer Wohngegend vor Verbrechen und ziehen sich aus
dem öffentlichen Leben zurück bzw. aus der Nachbarschaft weg. Entscheidend
für den unterstellten Zusammenhang von Zeichen des physischen und sozialen
Verfalls auf der einen und schwerer Kriminalität auf der anderen Seite ist also

---

[d] Siehe den Text in diesem Kapitel (A.d.H.).

die Wahrnehmung potentieller Verbrecher, die durch die der Bewohner und den daraus folgenden Verhaltensweisen verstärkt werden (Harcourt 1998, S. 306). Als Gegenmaßnahme fordert BW folgerichtig, gegen Zeichen des Verfalls vorzugehen, seien sie physischer oder sozialer Natur. Diese Konstruktion von BW wird im Folgenden kritisiert.

In der Argumentation von BW gibt es genau zwei Typen von Menschen: ordentliche und unordentliche (Harcourt 1998, S. 304). Diese Dichotomie ist nicht nur ungenau, weil dieselben Personen mal ordentlicher, mal unordentlicher daher kommen können; sie ist nicht nur widersprüchlich, weil sie immer dann nicht eingehalten wird, wenn Wilson/Kelling von Nachbarschaften und Polizei erwarten, gegen die unordentlichen Leute ihrerseits sehr unordentlich – nämlich gewalttätig – vorzugehen (Wilson und Kelling 1982, S. 31; zur Kritik Harcourt 1998, S. 343–346); sie ist vor allem ideologisch, weil sie anhand eines Begriffs von „öffentlicher Ordnung" konstruiert ist, der entsprechend den *Wertvorstellungen* der beiden neokonservativen Autoren ausfällt, von ihnen aber als *funktionale Notwendigkeit* der Kriminalpolitik verkauft wird. Genau die Form von Gesellschaft (bzw. Gemeinschaft), die sie sich auf die Fahnen geschrieben haben, ist demnach der Garant für Sicherheit. Dabei ist ihnen bewusst, dass sie dieses Gesellschaftsideal gegen ihre Gegner in den *culture wars* (Hunter 1991) vertreten müssen, also gegen die von ihnen verachteten Liberalen und Linken, die in ihren Augen Verbrecher schützen und die Sicherheit Amerikas ruinieren (Kelling 2000, 2001; Wilson 1996). Ihre ideale Gesellschaft/Gemeinschaft besteht aus „Familien, die sich um ihre Häuser kümmern, gegenseitig auf die Kinder aufpassen und selbstbewusst unerwünschte Eindringlinge missbilligen" (Wilson und Kelling 1982, S. 31). Anhand dieser konservativen Utopie unterteilen sie die Menschheit in solche, die aktiv diese gewünschte Ordnung aufrechterhalten, und solche, die dies nicht tun und deshalb eine Gefahr darstellen – und zwar nicht nur für die von ihnen gewünschte Ordnung, sondern qua BW für Leib und Leben. Damit ist ihr Interesse benannt: die Durchsetzung ihrer neokonservativen Utopie von Gesellschaft (bzw. Gemeinschaft) durch den Staat. Da sie wissen, dass die Aufnahme ihrer konservativen Utopien in staatliche Gesetze nur zum Teil gelingt, solange sie diese nur als ihr moralisch legitimiertes Interesse vortragen, wenden sie zwei ideologische Strategien an, die im klassischen Sinn darin bestehen, das eigene Interesse „als das gemeinschaftliche Interesse aller Mitglieder der Gesellschaft darzustellen" (MEW 3, S. 47).

Erstens behaupten sie, dass alle „normalen Leute" die Welt ebenso sehen wie sie selbst. Als Kronzeuge muss „der Bürger" (Wilson und Kelling 1982, S. 34) herhalten, der sich „vor dem ungut riechenden Betrunkenen, dem ungehobelten Teenager, dem aufdringlichen Bettler fürchtet" (ebd.). Dieser wisse sehr gut um den Zusammenhang von Unordnung und Verbrechen. Hierbei handle es sich um „ein Stück Alltagswissen, das tatsächlich eine korrekte Verallgemeinerung ist" (ebd.) bzw. eine zutreffende „Intuition" (Kelling und Coles 1996, S. 14). Anstatt also diesen irrationalen Zusammenhang zu erklären, wird er als solcher hingenommen. Damit werden die „Sorgen und Ängste der Bevölkerung" gerade nicht als soziales Phänomen ernstgenommen, das erklärungswürdig ist, sondern nur als gelegen kommendes (vermeintliches) Datum, das es zu instrumentalisieren gilt. Wer die Welt anders sieht oder diese Sicht der Welt erklären will, wird als Ideologe und Beschützer von Kriminellen diffamiert (Kelling 2000, 2001; Kelling und Coles 1996, S. 26 f.). Es werden also rein moralisch begründete Behauptungen aufgestellt, deren Erklärung für sinnlos und nahezu verbrecherisch erachtet wird – eine ideologische Strategie in Reinform. Zweitens verkleiden Wilson/Kelling ihre Forderung nach „Ordnung" als Kriminalpolitik. Damit rennen sie allenthalben – und auch außerhalb ihres eigenen ideologischen Camps – offene Türen ein, weil das Thema „Kriminalität(sbekämpfung)" wie kein anderes geeignet ist, fast alle gesellschaftlichen Gruppen zu einen (Caplow und Simon 1999, S. 79).

Weil also die ganze Konstruktion von BW auf einer rein moralischen Unterteilung der Welt in Ordentliche und Unordentliche basiert und nicht etwa auf einer Analyse, die erklären könnte, was es mit abweichendem Verhalten und „Kriminalität" auf sich hat, ist das Interesse an der zu Grunde gelegten Moral auch der ganze Grund für die Konstruktion der These. Damit sollen moralisch als abweichend empfundene Verhaltensweisen kriminalisiert werden, um eine verschärfte Kontrolle durch den Staat einzufordern. Im Folgenden ist zu zeigen, inwiefern dabei auch „kriminelle Räume" produziert werden. Zu diesem Zweck werden die im zweiten Kapitel analysierten vier Abstraktionen für BW durchgegangen.

Bezogen auf *kriminelle Akte* behauptet BW gerade *nicht,* dass einzelne unordentliche Verhaltensweisen an sich ein größeres Problem wären: „Der Schaden eines einzelnen Akts des Bettelns oder Lagerns auf Parkbänken ist üblicherweise unbedeutend." (Ellickson 1996, S. 1195; Kelling 1999, S. 34) Selektiv zu kriminalisieren sind diese Verstöße demnach, weil sie bei vermehrtem Auftreten ihre sichtbaren Bedeutungen in sich tragen, nämlich den Verfall der sozialen Kontrolle. Nur dann sind sie als Einfallstore für gefährliche Verhaltensweisen bzw. Personen zu unterbinden. Eine konkrete Gefahr muss von einem Akt also gar nicht ausgehen, um dessen Kriminalisierung und Sanktionierung zu legitimieren. Damit wird „Gefahr" „von einem tatsächlichen Sachverhalt gelöst und zu einer nur noch virtuellen Kategorie" (Volkmann 1999, S. 228). Durch BW werden „Vergehen gegen die Lebensqualität von bloßen Störungen oder Ärgernissen zu schweren Schäden verursachenden Verhaltensweisen transformiert" (Harcourt 2001, S. 207). Den Schaden verursachen nicht einzelne Akte des Bettelns, Lagerns oder sich Prostituierens, sondern deren massiertes Auftreten zur gleichen Zeit in einem bestimmten Raumausschnitt: „Die schiere Unordnung ist zu einem Schaden geworden, der strafrechtliche Verfolgung legitimiert." (Ebd., S. 185) In dieser Konstruktion liegt ein Grund für den großen Erfolg von BW, da auf diese Weise die Kriminalisierung unordentlichen Verhaltens mit dem dadurch verursachten Schaden begründet wird und nicht nur durch dessen moralische Minderwertigkeit.

Diese Konstruktion ist mit den Anforderungen des Strafrechts und der daraus abgeleiteten Kontrollpraxis, die nur nach einer Straftat oder bei einem konkreten Verdacht eingreift, nicht kompatibel. Deshalb fordert BW nach möglichst weit-gefassten Befugnissen für die Polizei, die weit über das vom Strafrecht vor-gesehene Maß hinausgehen. Im Gegensatz zu diesem, in dem bewusst und notwendig von den Umständen der Tat abstrahiert und nur gefragt wird, ob der abstrakte Tatbestand erfüllt ist oder nicht, führt BW die Umstände der Tat zum Teil wieder ein, allerdings in ganz besonderer Weise. Diese Umstände haben bei BW nämlich – wie im Strafrecht – nichts mit den Intentionen, Motiven und Zwecken zu tun, die die kriminalisierte Person verfolgt. Von diesen wird aber nicht nur – wie im Strafrecht – abgesehen, um sie gegen einen universellen Maßstab zu messen, sondern der Maßstab, gegen den BW sie misst, ist zudem ein partikularer, der sich aus der Einschätzung des jeweiligen Kontextes durch die Polizei ergibt. Je nachdem, ob die jeweilige Verhaltensweise zum Ein-druck mangelnder sozialer Kontrolle beiträgt oder nicht, soll sie kriminalisiert werden. Von der sozialen Praxis, über die da gerichtet wird, ist damit noch weiter abgesehen, als im Strafrecht. Das Strafrecht und die kriminalisierten Akte tauchen bei BW also in ambivalenter Weise auf. Einerseits muss auf sie als recht-liche Grundlage Bezug genommen werden: ohne Strafrecht keine Kriminal-politik. Andererseits soll es, entgegen seiner Natur, gerade nicht universell, sondern je nach Bewertung der Situation vor dem Hintergrund der zugrunde liegenden konservativen Ordnungsvorstellung gelten.

Durch die – wenn auch situationsabhängige – Kriminalisierung einzelner Akte werden auch durch BW kriminalisierte Individuen produziert, gegen die der Staat auf Grund ihrer Verstöße gegen die „öffentliche Ordnung" vorzugehen hat. Für diese kriminalisierten Individuen gilt allerdings ebenfalls, dass sie als Individuen nicht interessieren. Die Täter sind zwar in der geforderten Praxis von BW essentiell, in der Kausalkonstruktion wird von ihnen aber abstrahiert: „Sie konstituieren nicht das Problem, um das es hier geht, sie sind als Individuen zufällig und nur als Träger von Merkmalen bedeutsam." (Hassemer 1998, S. 804)

Der Störer interessiert dabei nur, „weil sein Verhalten [...] das allgemeine Norm-
vertrauen erschüttert und insofern ein Zeichen darstellt" (Volkmann 1999,
S. 228). Ein Einwirken auf ihn im Sinne von Politiken der Besserung oder
Integration ist nicht notwendig, er muss einfach nur aufhören, unordentlich aus-
zusehen bzw. verschwinden. Die unordentlichen Individuen kommen bei BW
also ebenso wie ihre unordentlichen Verhaltensweisen nur als Symbol für einen
Mangel an sozialer Kontrolle vor. Trotzdem richtet sich die Polizeiarbeit natürlich
gegen konkrete Individuen, an denen diese Bedeutung festgestellt wird, die ihnen
anzusehen ist. Das heißt, dass die störenden Individuen in BW als Erscheinungen
vorkommen, in ihrer Sichtbarkeit.

Die Individuen, die qua ihres Äußeren und ihres Verhaltens einen Mangel
an sozialer Kontrolle signalisieren, bilden kriminalisierte Gruppen. Die
Gruppen, um die es sich dabei handelt, werden von BW explizit benannt: „zwielichtige oder widerspenstige oder unberechenbare Leute: Bettler, Betrunkene,
Süchtige, herumstreunende Jugendliche, Prostituierte, Herumlungernde, geistig
Behinderte" (Wilson und Kelling 1982, S. 30; Kelling und Coles 1996, S. 15).
Zu den Leistungen von BW gehört es, die Kriminalisierung dieser Gruppen
scheinbar wissenschaftlich zu legitimieren, ohne ihnen dabei irgendeine
wesentliche Eigenschaft zuzuschreiben. Bettler und Obdachlose etwa werden
gerade nicht als gefährlich bezeichnet, ja noch nicht einmal als unwürdig und
unmoralisch, sondern nur als Symbole für mangelnde soziale Kontrolle. Indem
diese Abstraktion an ihnen nur diese vermeintliche Bedeutung fokussiert,
werden alle anderen Bedeutungen de facto als unwesentlich bezeichnet. Damit
sind potentielle Einwände von vornherein ausgeschlossen, nach denen sie zum
urbanen Leben dazugehören, eine Funktion für das Seelenheil ihrer Geldgeber
erfüllen oder als arm, psychisch krank und Opfer bezeichnet werden. All dem
können Anhänger von BW zustimmen oder nicht, es ändert nichts daran, dass für
sie nur die Bedeutung „Mangel an sozialer Kontrolle" entscheidend ist und die
Politik dem Rechnung zu tragen hat. Kriminelle Gruppen werden durch BW also
in eigentümlicher Weise konstruiert: Ohne ihnen „Kriminalität" oder „Gefährlichkeit" zu unterstellen, werden Personengruppen kriminalisiert, die qua ihres Aus-
sehens und/oder ihrer Verhaltensweisen „sozialen Verfall" signalisieren.

Schließlich beinhaltet BW auch die Abstraktion eines kriminalisierten Raumausschnitts. Die Behauptung, Unordnung würde zur Wahrnehmung eines Stadt-
teils als mangelhaft sozial kontrolliert und deshalb auch als gefährlich führen,
was sich in Folge dieser Wahrnehmungen als erhöhte Kriminalität materialisiert,
kriminalisiert alle Raumausschnitte, auf die diese Beschreibung auch nur
annähernd zutrifft. Dabei handelt es sich um sehr viele Stadtviertel – genauer
gesagt um alle, die nicht so aussehen, als wäre die neokonservative Utopie in

ihnen die durchgesetzte Vergemeinschaftungsform. Da dies nur sehr selten der Fall ist, sind de facto fast alle urbanen Räume qua BW kriminalisiert, wenn auch in unterschiedlichem Ausmaß: je sichtbarer der vermeintliche Mangel an sozialer Kontrolle, desto „krimineller" der Stadtteil.

Diese Verräumlichung von Kriminalität und Gefährlichkeit unterscheidet sich von der o. g. sozialökologischen Variante. Zwar geht BW ebenfalls von „natural communities" (Wilson und Kelling 1982, S. 35) aus, die räumlich definierte soziale Einheiten bezeichnen. Von der ökologischen Argumentation in der Tradition der Chicagoer Schule weicht BW allerdings ab, weil hier die Schwerverbrecher als Invasoren der „natural community" auftreten und nicht in der Nachbarschaft selbst produziert werden. In dieser Hinsicht ist es bei BW nicht der Raumausschnitt unmittelbar, der Kriminalität und Kriminelle produziert, sondern nur sein Erscheinungsbild, das mittelbar interessante Tatgelegenheiten schafft (Belina 2000, S. 123–126). Anders als in der Chicagoer Schule werden die Bewohner des Quartiers somit *nicht kriminalisiert* – also qua Wohnort für (potentiell) kriminell gehalten –, sondern lediglich als potentiell unordentliche Erscheinungen für die Vermittlung eines *kriminellen Images* verantwortlich gemacht. Für den geforderten Umgang mit ihnen macht dies jedoch keinen großen Unterschied: ins Visier staatlicher Kontrolle geraten sie in beiden Fällen, bei BW nur eben nicht als „kriminelle", sondern als „unordentliche Bewohner". Für die Betroffenen hingegen liegt der Unterschied auf der Hand: Sie können sich jetzt nicht einmal mehr darauf berufen, im Sinne des Strafrechts unschuldig zu sein, denn schuldig sind sie jetzt ja schon aufgrund ihres Wohn-/Aufenthaltsortes.

Als kriminologische Theorie, mit der die Entstehung von Kriminalität erklärt werden soll, argumentiert BW also explizit räumlich: Rational kalkulierende Kriminelle werden von unordentlichen Raumausschnitten dazu verleitet, in ihnen Straftaten zu begehen. Unterstellt wird dabei: Kriminelle existieren und warten auf gute Gelegenheiten; diese wittern sie, sobald äußere Anzeichen einer Gegend einen Mangel an sozialer Kontrolle signalisieren; Verbrechen können verhindert werden, indem an dieser Kalkulation angesetzt wird und sichtbare Kontrolle durch die Polizei ausgeübt wird.

Der Übergang, der von BW von der Erklärung der Kriminalität zu ihrer Bekämpfung gemacht wird, geht notwendigerweise einher mit einer Rückverschiebung des Fokus von den kriminalisierten Raumausschnitten auf Individuen. Denn wenn nicht nur zerbrochene Fensterscheiben repariert und physischer Verfall aufgehalten wird, mithin Sanierungspolitik betrieben wird, sondern ernst gemacht mit der Behauptung, dass „der erste Bettler die erste zerbrochene Fensterscheibe ist" (Wilson und Kelling 1982, S. 30), also Kriminalpolitik betrieben wird, dann richtet sich die Praxis notwendig und immer gegen Personen.

Die Abstraktion auf den „kriminellen Raum", die BW vornimmt, bedeutet in der polizeilichen Praxis vor allem genau den Typus räumlicher Kontrollmaßnahmen, die im ersten Kapitel diskutiert wurden. Der Erfolg von BW als Legitimationsideologie dieser räumlichen Kontrollstrategien kann m. E. vor allem auf seine räumliche Konstruktion zurückgeführt werden: Der staatliche Kontrollzugriff auf Verhaltensweisen, Individuen und Gruppen wird auf diese Weise legitimiert, ohne dass die betroffenen Verhaltensweisen, Individuen oder Gruppen selbst kriminalisiert werden. Ein einzelner Akt des Bettelns, ein einzelner Bettler, ja selbst eine Gruppe von Bettlern sind laut BW kein Problem – dazu werden sie nur, wenn sie im gleichen Raumausschnitt betteln und dadurch den Eindruck fehlender sozialer Kontrolle vermitteln. Dieser räumliche Aspekt der Argumentation ist der aus der Sicht neokonservativer Ideologieproduktion geniale Schachzug. Auf diese Art wird die schiere Anwesenheit an sich nicht kriminalisierter Personen in einem Raumausschnitt als Schaden für die Allgemeinheit behauptet und damit der präventive Zugriff legitimiert. In die staatliche Kontrollpraxis umgesetzt kann das nur eine verschärfte Kontrolle störender – und das heißt fast automatisch auch: armer und unterprivilegierter – Individuen bedeuten. Und eben diese Politik wird mit den zu Beginn dargestellten Maßnahmen auch betrieben.

4   Fazit und Ausblick

Warum also erfreuen sich räumliche Kontrollpraktiken wie die Videoüberwachung öffentlicher Räume, Aufenthaltsverbote und räumlich selektive Kontrolle durch die Staatsapparate sowie räumlich argumentierende Legitimationsideologien wie *Broken Windows* seit rund einem Jahrzehnt auch hierzulande so großer Beliebtheit? Die Vermutung, dass diese Praktiken und Ideologien zum kostengünstigen Management der Verlierer neoliberaler Politik in Anschlag gebracht werden, drängt sich förmlich auf. Wenn eine Standortpolitik, die mittels Sozialabbau und Lohnkürzung betrieben wird, ein immer größer werdendes „Invalidenhaus der aktiven Arbeiterarmee" produziert (MEW 23, S. 673), dessen Insassen in den „Ghettos der Ausgeschlossenen" (Marcuse 1998) so lange vor sich hinvegetieren können, wie sie den Gang der Geschäfte nicht stören, dann sind die räumlichen Kontrollmaßnahmen samt ihrer Legitimationsideologien adäquate Umgehensweisen.

Literatur

Albrecht, Peter-Alexis (1986): Prävention als problematische Zielbestimmung im Kriminaljustizsystem. Kritische Vierteljahresschrift für Gesetzgebung und Rechtswissenschaft (1), S. 55–82.

Albrecht, Peter-Alexis (1999): Kriminologie, München: Beck.

Anderson, James (1973): Ideology in Geography. Antipode 5 (3), S. 1–6.

Antirassismusbüro Bremen (1997): „Sie behandeln uns wie Tiere". Rassismus bei Polizei und Justiz in Deutschland, Berlin u. Göttingen: Schwarze Risse & Rote Straße.

Beck, Günther (1985): Erklärende Theorie und Landschaftskunde, Karlsruhe: Geographisches Institut.

Beckett, Katherine/Western, Bruce (2001): Governing social marginality. In: David Garland (Hg.), Mass Imprisonment, London et al.: Sage Publications Ltd., S. 35–50.

Belina, Bernd (2002): Videoüberwachung öffentlicher Räume in Großbritannien und Deutschland. Geographische Rundschau 54 (7–8), S. 16–22.

Belina, Bernd (2000): Kriminelle Räume. Kassel: Gesamthochschulbibliothek Kassel.

Belina, Bernd (1999): Kriminelle Räume. Geographica Helvetica 54 (1), S. 59–66.

Brünneck, Alexander von (1978): Politische Justiz gegen Kommunisten in der Bundesrepublik Deutschland 1949–1968, Frankfurt a. M.: Suhrkamp.

Caplow, Theodore/Simon, Jonathan (1999): Understanding Prison Policy and Population Trends. In: Michael Tonry/John Petersilia (Hg.), Prisons, Chicago: The University of Chicago Press, S. 63–120.

Christie, Nils (2000): Crime Control as Industry, London/New York: Routledge.

Cremer-Schäfer, Helga (1997): Kriminalität und soziale Ungleichheit. In: Detlev Frehsee (Hg.), Konstruktion der Wirklichkeit durch Kriminalität, Baden-Baden: Nomos, S. 68–100.

Cremer-Schäfer, Helga/Steinert, Heinz (1997): Die Institution „Verbrechen und Strafen". Kriminologisches Journal 29 (4), S. 243–255.

Dinges, Martin/Sack, Fritz (2000): Unsichere Großstädte? In: Martin Dinges/Fritz Sack (Hg.), Unsichere Großstädte? Konstanz: Universitätsverlag Konstanz, S. 9–65.

Ellickson, Robert (1996): Controlling chronic misconduct in city spaces. The Yale Law Journal 105 (5), S. 1165–1248.

Feest, Johannes (1971): Die Situation des Verdachts. In: Johannes Feest/Rüdiger Lautmann (Hg.), Die Polizei, Opladen: Westdeutscher Verlag, S. 71–92.

Fetscher, Iring (1993): Verbrechen und Strafen. In: Lorenz Böllinger/Rüdiger Lautmann (Hg.), Vom Guten, das noch stets das Böse schafft, Frankfurt a.M.: Suhrkamp, S. 184–195.

Foucault, Michel (1994 [1975]): Überwachen und Strafen, Frankfurt a. M.: Suhrkamp.

Frieling, Hans-Dieter von (1980): Räumliche soziale Segregation in Göttingen – Zur Kritik der Sozialökologie. Kassel: Gesamthochschulbibliothek.

Frommel, Monika (1991): Internationale Reformbewegung zwischen 1880 und 1920. In: Jörg Schönert (Hg.), Erzählte Kriminalität, Tübingen: Niemayer, S. 467–495.

Gössner, Rolf (1991): Das Anti-Terror-System, Hamburg: VSA.

Harcourt, Bernard E. (1998): Reflecting on the Subject: a Critique of the Social Influence Conception of Deterrence, the Broken Windows Theory, and Order-Maintaining Policing New York Style. Michigan Law Review 97 (2), S. 291–389.

Harcourt, Bernard E. (2001): Illusion of Order. The False Promise of Broken Windows, Cambridge/London: Harvard University Press.

Harvey, David (1973): Social Justice and the City, London: Arnold.

Hassemer, Winfried (1998): „Zero tolerance" – Ein neues Strafkonzept? In: Hans-Jörg Albrecht et al. (Hg.), Internationale Perspektiven in Kriminologie und Strafrecht. 1. Halbband, Berlin: Nomos, S. 795–814.

Hecker, Wolfgang (2003): Neue Rechtssprechung zu Aufenthaltsverboten im Polizei- und Ordnungsrecht. Neue Zeitschrift für Verwaltungsrecht 2003 (11), S. 1334-1337.

Hegel, Georg Friedrich Wilhelm (1966): Wer denkt abstrakt? In: Werke. Bd. 2, Frankfurt a. M.: Suhrkamp, S. 575–581.

Herold, Horst (1977): Die Bedeutung der Kriminalgeographie für die polizeiliche Praxis. Kriminalistik 31 (7), S. 289–296.

Hobbes, Thomas (1968 [1651]): Leviathan, Baltimore: Penguin.

Humphries, Drew/Greenberg, David (1988): Die Dialektik der Kriminalitätskontrolle. In: Helmut Janssen/Reiner Kaulitzky/Raymond Michalowski (Hg.), Radikale Kriminologie, Bielefeld: AJZ, S. 209–238.

Hunter, James D. (1991): Culture Wars: The Struggle to Define America, New York: BasicBooks.

Kelling, George L. (1999): „Broken Windows" and Police Discretion, Washington: National Institute of Justice.

Kelling, George L. (2000): Why did people stop committing crimes? Fordham Urban Law Journal 28 (2), S. 567–586.

Kelling, George L. (2001): „Broken Windows" and the culture wars. In: Roger Matthews/ John Pitts (Hg.), Crime, Disorder and Community Safety, London/New York: Routledge, S. 120–144.

Kelling, George L./Coles, Katherine (1996): Fixing Broken Windows, New York: Martin Kesseler Books.

Marcuse, Peter (1998): Ethnische Enklaven und rassische Ghettos in der postfordistischen Stadt. In: Wilhelm Heitmeyer/Rainer Dollase/Otto Backes (Hg.), Die Krise der Städte, Frankfurt a. M.: Suhrkamp, S. 176–193.

Marx, Karl/Engels, Friedrich (1969 ff.): Werke, Berlin: Dietz (zit. als MEW).

Matza, David (1973 [1969]): Abweichendes Verhalten, Heidelberg: Quelle & Meyer.

Morris, Terence (1971 [1958]): The Criminal Area, London: Routledge/Paul.

Neocleous, Mark (2000): The Fabrication of Social Order, London: Pluto Press.

Ollman, Bertell (1993): Dialectical Investigation, New York/ London: Routledge.

Paschukanis, Eugen (1929): Allgemeine Rechtslehre und Marxismus, Berlin: Verlag Neue Kritik.

Peters, Helge (1989): Devianz und soziale Kontrolle, Weinheim/München: Juventa.

Plewig, Hans-Joachim (1998): Zauberformel Prävention. Neue Kriminalpolitik 10 (3), S. 33–37.

Polizeidirektion Regensburg (2001): Videoüberwachung in Regensburg. Pressemitteilung Nr. 430 vom 31.08.2001.

Roggan, Fredrik (2000): Auf legalem Weg in einen Polizeistaat, Bonn: Pahl-Rugenstein.

Sack, Fritz (1990): Das Elend der Kriminologie und Überlegungen zu seiner Überwindung. In: Philippe Robert, Strafe, Strafrecht, Kriminologie, Frankfurt a.M., New York/Paris: Campus, S. 15–55.

Sack, Fritz (1995): Prävention – ein alter Gedanke in neuem Gewand. In: Rolf Gössner (Hg.), Mythos Sicherheit, Baden-Baden: Nomos, S. 429–456.

Sayer, Andrew (1992): Method in Social Science, London/New York: Routledge.

Shaw, Clifford R./McKay, Henry D. (1972 [1930]): Juvenile Delinquency and Urban Areas, Chicago/London: University of Chicago Press.

Smith, Neil (1981): Degeneracy in theory in practice. Progress in Human Geography 5 (1), S. 111–118.

Smith, Neil (2001): Global Social Cleansing: Postliberal Revanchism and the Export of Zero Tolerance. Social Justice 28 (3), S. 68–74.

Stark, Rodney (1987): Deviant Places: A Theory of the Ecology of Crime. Criminology 25 (4), S. 893–909.

Steinert, Heinz (Hg. 1973): Der Prozeß der Kriminalisierung, München: Juventa Verlag.

Strasser, Peter (1984): Verbrechermenschen, Frankfurt/New York: Campus.

Volkmann, Uwe (1999): Broken Windows, Zero Tolerance und das deutsche Ordnungs-recht. Neue Zeitschrift für Verwaltungsrecht 1999 (3), S. 225–232.

Wacquant, Loïc (1997) Vom wohltätigen Staat zum strafenden Staat: Über den politischen Umgang mit dem Elend in Amerika. Leviathan 25 (1), S. 50–66.

Wilson, James Q. (1996): Foreword. In: George L. Kelling/Katherine Coles, Fixing Broken Windows, New York et al.: Martin Kesseler Books, S. xiii–xvi.

Wilson, James Q./Kelling, George L. (1982): Broken Windows. Atlantic Monthly (3), S. 29–39.

Polizei und Nachbarschaftssicherheit: Zerbrochene Fenster (1996)

James Q. Wilson und George L. Kelling

„Polizei und Nachbarschaftssicherheit: Zerbrochene Fenster, in: Kriminologisches Journal Jg. 28, Heft 2, 1996, S. 121-137 (gekürzt)
Original: The police and neighborhood safety: Broken Windows, in: The Athlantic Monthly, März 1982, S. 29–39.
Übersetzung: Bettina Paul

I.

Mitte der 70er Jahre kündigte der Staat New Jersey ein Programm für „sichere und saubere Nachbarschaften" („Safe and Clean Neighborhoods Program") an, das dazu bestimmt war, die Qualität des Gemeinschaftslebens in 28 Städten zu verbessern. Ein Teil des Programms sah vor, daß der Staat Gelder zur Verfügung stellte, die den Kommunen helfen sollten, die Polizei aus ihren Streifenwagen zu holen und vermehrt auf Fußstreife zu schicken. Der Gouverneur und andere staatliche Behörden waren begeistert von dem Vorhaben, Fußstreifen einzusetzen, um Verbrechen einzudämmen. Viele Polizeichefs jedoch waren skeptisch. In ihren Augen waren Fußstreifen größtenteils in Mißkredit geraten. Sie schränkten die Mobilität der Polizei ein, die dadurch Schwierigkeiten hatte, auf Notrufe aus der Bevölkerung zu reagieren; zudem schwächten sie die Kontrolle der Einsatzzentrale über die patrouillierenden Polizeibeamten.

J. Q. Wilson†
Pepperdine University, Malibu, USA

G. L. Kelling†
Rutgers University, New Jersey, USA

Auch viele Polizeibeamte lehnten Fußstreifen ab, jedoch aus anderen Gründen: es war harte Arbeit, man mußte sich draußen in der Kälte (auch in verregneten Nächten) aufhalten; außerdem reduzierten sie ihre Chance, einen „guten Fang" zu landen. In einigen Revierwachen war es üblich, die Zuweisung zur Fußstreife als eine Form der Bestrafung einzusetzen. Polizeiwissenschaftler bezweifelten, daß Fußstreifen einen Einfluß auf die Kriminalitätsraten haben würden: in den Augen der meisten war dieses Programm nicht mehr als eine Beschwichtigung der öffentlichen Meinung. Aber da der Staat für die Kosten aufkam, willigten die örtlichen Behörden ein, mitzumachen.

Fünf Jahre nach Beginn des Programms veröffentlichte die Police Foundation in Washington D.C. eine Auswertung des Fußstreifen-Projekts. Auf der Basis eines sorgfältig kontrollierten Experiments, das vorwiegend in Newark durchgeführt wurde, folgerte die Foundation, daß die Fußstreifen die Kriminalitätsraten nicht gesenkt hatten, was kaum jemanden überraschte. Die Bewohner der durch Fußstreifen überwachten Gegenden schienen sich jedoch sicherer zu fühlen als Bewohner in anderen Gegenden. Sie tendierten dazu zu glauben, daß sich die Kriminalität verringert hatte und schienen weniger zu ihrem Schutz zu unternehmen (z. B. hinter verschlossenen Türen zu Hause zu bleiben). Darüber hinaus hatten die Bewohner der Fußstreifen-Gebiete eine höhere Meinung von der Polizei als jene, die in unbeaufsichtigten Gebieten lebten. Die patrouillierenden Polizisten zeigten eine gestiegene Arbeitsmoral, waren zufriedener mit ihrem Job und hatten ein besseres Verhältnis zu den in ihrem Revier lebenden Bewohnern als jene Polizisten, die Streife fuhren.

Diese Resultate könnten den Skeptikern recht geben: Fußstreifen haben keinen Einfluß auf die Kriminalitätsentwicklung. Sie täuschen den Einwohnern lediglich vor, daß sie sicherer lebten. Aus unserer Sicht und aus der Sicht der Autoren der Police-Foundation-Studie (zu denen Kelling gehörte) wurden die Einwohner von Newark nicht getäuscht. Vielmehr wußten sie, welche Aufgaben die Fußstreifen hatten, daß sich diese Tätigkeit von der der motorisierten Streife unterschied, und sie wußten, daß polizeiliche Fußstreifen ihre Nachbarschaften sicherer machten.

Wie jedoch kann eine Nachbarschaft „sicherer" sein, wenn die Kriminalitätsrate nicht gesunken – im Gegenteil – vielleicht sogar gestiegen ist? Um eine Antwort auf diese Frage zu bekommen, müssen wir als erstes verstehen, was die Menschen am meisten außerhalb ihrer vier Wände ängstigt. Viele Einwohner fürchten sich natürlich in erster Linie vor Kriminalität, besonders vor plötzlichen, gewalttätigen Angriffen von Fremden. Eine derartige Gefahr ist in Newark, wie in vielen anderen Großstädten, sehr realistisch. Indessen übersehen oder vergessen wir leicht eine andere Quelle der Angst: die Angst, von unangenehmen Personen belästigt zu werden. Es müssen nicht unbedingt gewalttätige oder kriminelle

Personen sein, sondern solche mit schlechtem Ruf, lärmender Aufdringlich- oder Unberechenbarkeit: Bettler, Betrunkene, Süchtige, randalierende Jugendliche, Prostituierte, Herumhängende und psychisch Kranke.

Die Fußstreifen erhöhten, soweit sie in der Lage dazu waren, den Grad der öffentlichen Ordnung in diesen Nachbarschaften. Obwohl in den Nachbarschaften überwiegend Schwarze lebten und die Beamten der Fußstreifen Weiße waren, gelang es, die Funktion der Polizei als Ordnungshüter („order-maintenance") zu beiderseitiger Zufriedenheit durchzuführen.

Einer von uns (Kelling) verbrachte viele Stunden damit, eine Newark-Fußstreife zu begleiten, um zu sehen, wie sie die „Ordnung" definierten und welche Maßnahmen sie zu deren Aufrechterhaltung ergriffen. Ein typischer Rundgang sah folgendermaßen aus: eine lebhafte, aber baufällige Gegend im Herzen Newarks, mit vielen leerstehenden Gebäuden und schlecht gehenden Geschäften (viele davon stellten in ihren Schaufenstern demonstrativ besondere Taschenmesser und scharf gezogene Rasiermesser aus), ein größeres Kaufhaus und, das Wichtigste, eine U-Bahn-Station sowie mehrere größere Bushaltestellen. Obwohl die Gegend heruntergekommen war, waren die Straßen sehr belebt, denn hier befand sich ein größerer Verkehrsknotenpunkt. Die öffentliche Ordnung in dieser Gegend war nicht nur für jene Menschen von Bedeutung, die hier lebten und arbeiteten, sondern ebenso für all diejenigen, die auf ihrem Weg nach Hause, zum Einkaufen oder zur Fabrik diese Gegend passierten.

Die Menschen auf der Straße waren in erster Linie schwarz, während die Fußstreifen der Polizei weiß waren. Die Leute waren entweder „Ortsansässige" oder „Fremde". Die „Ortsansässigen" waren „ordentliche" Leute, aber auch einige Betrunkene und Obdachlose, die sich hier ständig aufhielten, aber „ihren Platz kannten". Fremde waren, nun ja – eben Fremde, die mißtrauisch und manchmal auch furchtsam beäugt wurden. Ein Polizist – nennen wir ihn Kelly – wußte, wer zu den „Ortsansässigen" gehörte und sie wußten, wer er war. Er sah es als seine Aufgabe an, die „Fremden" im Auge zu behalten und bei den verrufenen „Ortsansässigen" sicherzustellen, daß sie einige informelle, aber doch weitläufig bekannte Regeln einhielten. Betrunkene und Süchtige durften sich auf die Treppenstufen der Häuser setzen, aber nicht hinlegen. Es durfte in den Seitenstraßen getrunken werden, aber nicht an den Hauptkreuzungen. Alkoholische Getränke mußten in Papiertüten versteckt werden. Personen an Bushaltestellen anzusprechen, zu belästigen oder anzubetteln, war strengstens verboten. Wenn es eine Auseinandersetzung zwischen dem Geschäftspersonal und einem Kunden gab, wurde davon ausgegangen, daß der Geschäftsmann im Recht war, vor allem dann, wenn der Kunde ein Fremder war. Wenn ein Fremder in der Gegend herumhing, fragte ihn Kelly, ob er finanzielle Unterstützung erhielte und welcher

Beschäftigung er nachginge. Gab dieser daraufhin unbefriedigende Antworten, wurde er seines Weges geschickt. Personen, die die informellen Regeln mißachteten, insbesondere jene, die Menschen an Bushaltestellen belästigten, wurden wegen Landstreicherei („vagrancy") verhaftet. Jugendliche, die Lärm machten, wurden zur Ruhe angehalten.

Diese Regeln wurden in Zusammenarbeit mit den „Ortsansässigen" der Gegend definiert und durchgesetzt. Andere Nachbarschaften mochten andere Regeln haben, diese jedoch waren für jedermann ersichtlich die Regeln für diese Nachbarschaft. Wenn jemand die Regeln mißachtete, machten die „Ortsansässigen" der Gegend Polizist Kelly nicht nur darauf aufmerksam, sondern gaben die Person der Lächerlichkeit preis. Manches was Kelly tat, ließ sich als „Gesetzesdurchsetzung" beschreiben, genausooft aber bediente er sich informeller oder außerrechtlicher Mittel, um der Nachbarschaft zu der von ihr als angemessen definierten Vorstellung von öffentlicher Ordnung zu verhelfen. Einige der Dinge, die er dazu unternahm, würden einer rechtlichen Überprüfung nicht standhalten können.

Ein entschiedener Skeptiker würde ebenso beipflichten, daß ein kompetenter Fußstreifenbeamter für Ordnung in einer Nachbarschaft sorgen kann, er würde aber darauf bestehen, daß diese Art der „Ordnung" wenig mit der tatsächlichen Ursache der Nachbarschaftsangst („community fear") zu tun hat – mit Gewaltverbrechen. Bis zu einem bestimmten Punkt ist dies richtig. Es müssen jedoch folgende zwei Überlegungen beachtet werden. Erstens, außenstehende Beobachter sollten sich nicht anmaßen zu wissen, wie groß der Anteil der mittlerweile in vielen großstädtischen Gegenden grassierenden Angst vor „realen" Verbrechen in der Nachbarschaft ist, und in welchem Ausmaß sie von einem Gefühl bestimmt ist, daß die Straße „unordentlich" ist, eine Quelle unangenehmer und beunruhigender Erfahrungen. Die Einwohner von Newark, urteilt man nach ihrem Verhalten sowie ihren Angaben in Befragungen, messen offensichtlich der öffentlichen Ordnung einen hohen Stellenwert bei und empfinden es als große Erleichterung und Bestätigung, wenn ihnen die Polizei bei der Aufrechterhaltung dieser Ordnung behilflich ist.

II.

Zweitens sind Unordnung und Kriminalität einer Gemeinde („community") normalerweise unentwirrbar miteinander verknüpft – in einer Art ursächlichen Abfolge. Sozialpsychologen und Polizeibeamte stimmen darin überein, daß ein zerbrochenes Fenster in einem Gebäude, das nicht repariert wird, die Zerstörung der restlichen Fenster des Gebäudes innerhalb kürzester Zeit nach sich zieht. Dies gilt für gehobene Nachbarschaftsgegenden ebenso wie für heruntergekommene.

Die Zerstörung von Fensterscheiben geschieht nicht deshalb übermäßig oft in einer Gegend, weil dort viele Zerstörer von Fensterscheiben leben, während sich in anderen Gegenden Fensterscheibenliebhaber aufhalten. Viel eher trifft es zu, daß ein nicht wieder in Stand gesetztes Fenster ein Zeichen dafür ist, daß an diesem Ort keiner daran Anstoß nimmt. So können beliebig viele Fenster zerstört werden, ohne daß damit gerechnet werden muß, für den Schaden aufzukommen. (Es macht ja auch eine Menge Spaß.)

Der Stanford-Psychologe Philip Zimbardo berichtete 1969 anhand von einigen Experimenten von der „Zerbrochenes-Fenster"-Theorie. Er stellte jeweils einen Wagen ohne Nummernschilder und mit offener Motorhaube in eine Straße der Bronx und eine Straße in Palo Alto/Kalifornien. Das Auto in der Bronx wurde bereits innerhalb der ersten 10 min, nachdem es abgestellt wurde, von Vandalen heimgesucht. Die ersten waren eine Familie – Vater, Mutter und Sohn –, die den Kühler und die Batterie ausbauten. Innerhalb von vierundzwanzig Stunden wurde faktisch jeder brauchbare Teil des Wagens entwendet. Danach begann eine wahllose Zerstörung: die Fensterscheiben wurden eingeschlagen, Einzelteile abgerissen, die Polster aufgeschlitzt. Von Kindern wurde der Wagen als Spielplatz genutzt. Die meisten erwachsenen „Vandalen" waren gut gekleidet und scheinbar ordentliche Weiße. Das Auto in Palo Alto wurde über eine Woche lang nicht angerührt. Daraufhin zertrümmerte Zimbardo einen Teil des Wagens mit einem Vorschlaghammer. Schon bald machten einige vorübergehende Passanten mit. Innerhalb von einigen Stunden lag der Wagen auf dem Dach und war völlig zerstört. Wieder traten als „Vandalen" in erster Linie respektable Weiße auf.

Unbehüteter Besitz wird schnell zum Freiwild für Leute, die Spaß suchen oder etwas plündern wollen. Und das auch für Menschen, die normalerweise nicht einmal davon zu träumen wagen, daß sie jemals derartige Dinge tun und die sich selbst wahrscheinlich als gesetzestreu bezeichnen würden. Aufgrund der Struktur des Gemeinschaftslebens („community life") in der Bronx – die Anonymität, die Häufigkeit, in der Autos verlassen und Dinge gestohlen oder zerstört werden sowie der bisherigen Erfahrungen von Gleichgültigkeit – kommt es viel schneller zu Vandalismus als im „ordentlichen" („staid") Palo Alto, wo die Menschen davon überzeugt sind, daß Eigentum gehütet wird und daß ungebührliches Verhalten teuer ist. Vandalismus kann jedoch überall auftreten, sofern die Schwellen der Gemeinde („communal barriers") – die gegenseitige Achtung und Verpflichtung zum Anstand („civility") – durch Ereignisse heruntergesetzt werden, die zu signalisieren scheinen, daß niemand „sich darum schert".

Unserer Meinung nach führt „sorgloses" Verhalten auch zu dem Zusammenbruch von informeller Kontrolle („community controls"). Eine stabile Nachbarschaft von Familien, die für ihre Häuser sorgen, gegenseitig auf die Kinder achtgeben und selbstbewußt ungewollte Eindringlinge mißbilligen, kann sich innerhalb einiger Jahre oder auch Monate in einen unwirtlichen und angsteinflößenden Dschungel verwandeln. Ein Grundstück ist verlassen, das Unkraut wächst und eine Scheibe wird eingeschlagen. Erwachsene schelten lärmende Kinder nicht mehr; die Kinder, dadurch ermutigt, werden rebellischer. Familien ziehen aus, ungebundene („unattached") Erwachsene ziehen ein. Jugendliche treffen sich vor dem Laden an der Ecke. Der Ladenbesitzer fordert sie auf wegzugehen, sie weigern sich. Es kommt zu Auseinandersetzungen. Abfall häuft sich. Die Leute beginnen vor dem Laden zu trinken: und dann stürzt ein Betrunkener auf dem Bürgersteig, darf liegenbleiben und seinen Rausch ausschlafen. Fußgänger werden von Bettlern angesprochen.

Noch ist es vermeidbar, daß ernstzunehmende Kriminalität entsteht oder gewalttätige Überfälle auf Fremde passieren. Aber viele Einwohner werden glauben, daß die Kriminalität, insbesondere Gewaltverbrechen, ansteigt. Sie werden ihr Verhalten daraufhin entsprechend ändern. So werden sie weniger oft auf die Straße gehen und sich auf der Straße mit Distanz zu ihren Mitbürgern bewegen; sie werden sich mit abgewandten Augen, verschlossenen Lippen und schnellen Schritten fortbewegen: „Bloß in nichts verwickelt werden." Für einige Einwohner wird die wachsende Anonymität keine große Rolle spielen, da die Nachbarschaft kein „Zuhause" für sie darstellt, sondern nur „der Ort, an dem sie leben". Ihre Interessen liegen an anderer Stelle; sie sind Kosmopoliten. Für andere Bewohner, die ihrem Leben Sinn und Zufriedenheit durch die örtliche Verwurzelung geben – und nicht durch weltweite Geschäftigkeit – wird dies jedoch von großer Bedeutung sein. Für sie hört die Nachbarschaft auf zu existieren – bis auf einige wenige verläßliche Freunde, die sie weiterhin treffen werden.

Ein derartiges Gebiet ist sehr anfällig für die Entstehung von Kriminalität. Obwohl es nicht unvermeidlich ist, ist es doch wahrscheinlich, daß in einem solchem Gebiet Drogen gehandelt werden, Prostituierte ihrem Gewerbe nachgehen und Autos geplündert werden, anders als in Gebieten, in denen die Menschen meinen, mit informellen Kontrollen das öffentliche Verhalten regulieren zu können. Ebenso wahrscheinlich ist es, daß Betrunkene hier von Jugendlichen ausgeraubt werden, die dies nur zum Spaß tun; daß Freier von Männern ausgeraubt werden, die dies mit Berechnung und vielleicht sogar mittels Gewaltanwendung durchführen und daß Überfälle auftreten werden.

Es sind vor allem die älteren Menschen, denen es schwerfällt, aus solchen Gegenden wegzuziehen. Laut Umfrageergebnissen ist die Wahrscheinlichkeit, daß ältere Menschen Opfer eines Verbrechens werden, wesentlich geringer als die der jüngeren. Daraus zogen einige die Schlußfolgerung, daß die Kriminalitätsfurcht, die bekanntermaßen von älteren Menschen geäußert wird, übertrieben sei. Vielleicht sollten wir keine speziellen Programme zur Sicherheit von älteren Menschen konzipieren, sondern versuchen ihnen ihre unangebrachten Ängste auszureden. Dieses Argument verfehlt jedoch den Punkt. Die Konfrontation mit einem lärmenden Jugendlichen oder einem betrunkenen Bettler kann für eine wehrlose Person ebenso mit Angst besetzt sein, wie die Begegnung mit einem wirklichen Raubtäter. In der Tat sind diese beiden Begebenheiten für eine wehrlose Person oft nicht voneinander zu unterscheiden. Darüber hinaus ist die geringere Viktimisierungsrate älterer Personen bereits eine Folge der von ihnen unternommenen Schritte – wie z. B. sich überwiegend hinter der verschlossenen Türe aufzuhalten –, um mögliche Risiken gering zu halten. Junge Männer werden wesentlich öfter Opfer von Kriminalität als ältere Frauen, nicht weil sie einfachere oder lukrativere Ziele darstellen, sondern weil sie sich mehr auf der Straße aufhalten.

Die Beziehung zwischen öffentlicher Unordnung („disorderliness") und Kriminalitätsfurcht wird auch nicht nur von den älteren Menschen hergestellt. Susan Estrich von der Harvard Law School hat kürzlich eine Reihe von Umfragen zu den Ursachen von Kriminalitätsangst in der Öffentlichkeit zusammengetragen. Eine dieser Studien über Portland/Oregon ergab, daß Dreiviertel der befragten Erwachsenen auf die andere Straßenseite wechselte, wenn ihnen eine Gruppe von Jugendlichen entgegenkam. Eine andere Umfrage aus Baltimore ermittelte, daß beinahe die Hälfte der Befragten auf die andere Straßenseite gehen würde, nur um einem einzigen Jugendlichen aus dem Weg zu gehen. Auf die Frage eines Interviewers, welches sie als den gefährlichsten Ort in ihrer Umgebung ansehen, nannten die Bewohner einer öffentlichen Wohnanlage einen Platz, an dem junge Leute sich zum Trinken und Musikhören treffen, obwohl sich dort noch nicht ein einziger krimineller Vorfall ereignet hatte. In öffentlichen Wohnanlagen in Boston wurde die meiste Angst von Personen geäußert, die in Gebäuden wohnten, in denen Unordnung und Unfreundlichkeit („incivility"), nicht aber Kriminalität, am größten waren. Vor diesem Hintergrund versteht man die diesbezügliche Bedeutung von Erscheinungen, die ansonsten harmlos sind, wie z. B. die U-Bahn-Graffiti. Wie Nathan Glazer beschrieben hat, konfrontieren die immer häufiger auftretenden U-Bahn-Graffiti, auch wenn sie nicht obszön sind, den Bahnbenutzer mit dem „unausweichlichen Wissen, daß die Umgebung, der er für eine Stunde oder mehr am Tag ausgesetzt ist, unkontrolliert und unkontrollierbar ist und daß jeder, der will, hier eindringen kann, um jede erdenkliche Art von Schaden und Unfug anzurichten".

Als Konsequenz der Angst gehen sich die Menschen aus dem Weg und schwächen somit die soziale Kontrolle. Manchmal rufen sie die Polizei, Streifenwagen werden geschickt. Ab und an wird jemand verhaftet, aber Verbrechen gibt

es weiterhin, und die Unordnung läßt nicht nach. Die Bürger beschweren sich
beim Polizeichef, woraufhin dieser erklärt, daß er zu wenig Personal hat und die
Gerichte Ersttäter und Kleinkriminelle nicht bestrafen würden. Die Bewohner
sind der Auffassung, daß die Polizei, die in Funkstreifen unterwegs ist, entweder
uneffektiv oder uninteressiert ist. Die Polizei denkt, daß die Bewohner „Tiere"
sind, die sich gegenseitig verdienen. Die Bürger hören wahrscheinlich bald auf,
die Polizei zu alarmieren, denn „die können ja doch nichts tun".

Dcr Prozeß, den wir „städtischen Verfall" („urban decay") nennen, hat sich
seit Jahrhunderten in jeder Stadt zugetragen. Was indessen gegenwärtig passiert,
unterscheidet sich davon zumindest in zwei wichtigen Punkten. Erstens konnten
die Stadtbewohner, etwa vor dem Zweiten Weltkrieg, aus Geldmangel, wegen
Verkehrsproblemen, wegen familiärer und kirchlicher Bindungen, nicht vor
Nachbarschaftsproblemen flüchten. Wenn umgezogen wurde, so war dies entlang den öffentlichen Verkehrswegen. Heute ist es außerordentlich leicht, mobil
zu sein, außer für die Ärmsten oder jene, die durch rassistische Vorurteile ausgeschlossen werden. Frühere Kriminalitätswellen hatten eine Art eingebauten
Selbstregulierungsmechanismus: die Entschlossenheit einer Nachbarschaft oder
Gemeinde, die Kontrolle über ihr Gebiet wieder herzustellen. Stadtviertel in
Chicago, New York und Boston erlebten Kriminalität und Bandenkriege, dann
aber ging meist alles in den Normalzustand zurück, wenn die Bewohner, für die
es keine andere Alternative zum Wohnen gab, die Herrschaft über ihre Viertel
zurückforderten.

Zweitens stellte sich die Polizei zu jener Zeit in den Dienst der Wahrung
dieser Ordnung, im Namen der Gemeinde und manchmal auch durch Einsatz von
Gewalt. Jugendliche „Halbstarke" wurden hier aufgefaßt, Personen wurden „auf
Verdacht" oder wegen Landstreicherei festgenommen, Prostituierte und Klein-
diebe wurden schlicht vertrieben. In den Genuß von Rechten kamen „anständige"
Leute und vielleicht auch noch die professionellen Kriminellen, die Gewalt
mieden und sich einen Anwalt leisten konnten.

Diese Muster der Polizeiarbeit waren keineswegs die Ausnahmen oder gelegentliche Exzesse. Seit den ersten Tagen der Nation wurde die Funktion der Polizei als
die eines Nachtwächters („night watchman") gesehen: zur Wiederherstellung von
Ordnung gegen deren elementarste Bedrohung – Feuer, wilde Tiere und unan-
gemessenes Verhalten. Die Aufklärung und Verfolgung von Verbrechen wurde nicht
als Verantwortung der Polizei, sondern als eine private Angelegenheit der Bürger
angesehen. lm März 1969 schrieb einer von uns (Wilson) eine kurze Abhandlung
im Atlantic Monthly über die Veränderung der Rolle der Polizei von ihrer Funktion

als Ordnungshüter hin zur Verbrechensbekämpfung. Der Wandel begann mit der Schaffung von privaten Detektiven (zumeist Ex-Straftäter), die auf Gelegenheitsbasis für Personen arbeiteten, welche Verluste zu beklagen hatten. Mit der Zeit wurden die Detektive in die städtischen Polizeibehörden eingegliedert und mit einem regelmäßigen Gehalt ausgestattet. Gleichzeitig verschob sich die Verantwortlichkeit für die Verfolgung von Dieben von den geschädigten Privatbürgern zu den professionellen Anklägern. Dieser Prozeß war in den meisten Gebieten nicht vor dem 20. Jahrhundert abgeschlossen.

In den 60er Jahren, in denen soziale Aufstände in den Großstädten („urban riots") ein großes Problem waren, begannen Sozialwissenschaftler, die Funktion der Polizei als Ordnungshüter sorgfältig zu untersuchen und Wege vorzuschlagen, um diese zu verbessern, nicht jedoch im ursprünglichen Verständnis, um die Straßen sicherer zu machen, sondern um das Vorkommen massenhafter Gewalt einzudämmen. Die Aufrechterhaltung der Ordnung wurde in gewisser Weise gleichbedeutend mit intakten Nachbarschaftsbeziehungen („community relations"). Aber als die in den frühen 60er Jahren beginnende Kriminalitätswelle unaufhörlich das ganze Jahrzehnt bis in die 70er Jahre anhielt, verstärkte sich die Rolle der Polizei als Verbrechensbekämpfer. Studien, die das Verhalten der Polizei in ihrer Funktion als Ordnungshüter untersuchten oder sie in dieser Funktion stärkten, schwanden mehr und mehr. An ihre Stelle traten Anstrengungen, Vorschläge und Maßnahmen zu entwerfen und zu erproben. wie die Polizei mehr Verbrechen aufklären, mehr Festnahmen durchführen und bessere Beweise zusammentragen konnte. Wenn sich diese Dinge erreichen ließen, so dachten die Sozialwissenschaftler, würden die Bürger weniger ängstlich sein.

III.

Eine ganze Menge wurde im Verlaufe dieser Veränderung bewirkt, da sowohl die Polizeibehörden als auch externe Experten bei der Planung, dessen Mitteleinsatz sowie der Personalpolitik den Akzent auf die Verbrechensverfolgung legten. Im Ergebnis wurde die Polizei wahrscheinlich zu besseren Verbrechensbekämpfern. Ohne Zweifel war sie sich auch weiterhin der Verantwortung für den Erhalt der Ordnung bewußt. Vergessen aber wurde der Zusammenhang zwischen Ordnungserhaltung und Verbrechensverhütung, welcher für die früheren Generationen selbstverständlich war.

[…]

IV.

Sollten sich die alltäglichen Polizeiaktivitäten auf der Straße in entscheidender
Weise eher an den lokalen Anforderungen der Nachbarschaft oder an den allgemeinen Regeln des Staates orientieren? Die Entwicklung, die in den letzten
zwei Jahrzehnten die Funktion der Polizei von der Aufrechterhaltung der
Ordnung zur Gesetzesdurchsetzung verschoben hat, hat sie immer mehr gesetz-
lichen Beschränkungen unterworfen, ausgelöst durch Medienschelte und
erzwungen durch Gerichtsentscheidungen und Verwaltungsanweisungen. Als
Konsequenz wird die Aufrechterhaltung der öffentlichen Ordnung durch die
Polizei heute von den Regeln bestimmt, die das Verhältnis der Polizei zu Tatverdächtigen betreffen. Dieses ist unserer Meinung nach eine völlig neue Entwicklung. Jahrhundertelang wurde die Funktion der Polizei als Ordnungshüter
in erster Linie nicht nach dem Einhalten angemessener Regeln und Verfahren
beurteilt, sondern an der Realisierung eines erwünschten Ziels gemessen. Das
Ziel war die öffentliche Ordnung, ein wesenhaft zweideutiger Begriff, aber ein
Zustand, den die Menschen in der jeweiligen Situation umstandslos erkannten,
wenn er zutraf. Die polizeilichen Mittel waren dabei dieselben wie jene, die
die Gemeinde selbst einsetzen würde, wenn ihre Mitglieder hinreichend entschieden, mutig und mit Autorität ausgestattet wären. Die Entdeckung und Verhaftung von Kriminellen war im Unterschied dazu ein Mittel zum Zweck, jedoch
kein Selbstzweck. Eine Rechtsentscheidung über Schuld oder Unschuld war das
erhoffte Ergebnis des Gesetzesdurchsetzungs-Modus („law-enforcement-mode").
Von Beginn an wurde von der Polizei erwartet, daß sie die Regeln beachtete,
die den Prozeß definierten, auch wenn sich die einzelnen Staaten danach unterschieden, wie streng diese Regeln sein sollten. Der Prozeß der Strafverfolgung
wurde immer als ein Vorgang verstanden, der individuelle Rechte tangierte, deren
Verletzung unakzeptabel war, da dies bedeutete, daß der zuständige Polizist als
Richter oder Gericht handeln würde, welches nicht zu seiner Aufgabe zählte.
Über Schuld oder Unschuld sollte in besonderen Verfahren nach allgemein-
gültigen Regeln entschieden werden.

Normalerweise bekommt kein Richter oder keine Jury jemals Personen zu
Gesicht, die gerade in einen Konflikt über die angemessene Ordnung in einer
Nachbarschaft involviert sind. Dies nicht nur aus dem Grunde, daß die meisten
Angelegenheiten informell auf der Straße ausgehandelt werden, sondern auch
weil es keine universalen Standards gibt, die einen Streit über diese Unordnung
schlichten könnten. Deshalb ist ein Richter nicht unbedingt schlauer oder
effektiver als ein Polizeibeamter. Bis vor kurzem (an einigen Orten auch heute
noch) verhaftete die Polizei in vielen Staaten Personen unter dem Vorwurf wie
„verdächtige Person", „Landstreicherei" oder „öffentlicher Trunkenheit". Diese

Vergehen haben kaum eine rechtliche Bedeutung. Solche Vorwürfe bestehen nicht, weil die Gesellschaft will, daß Landstreicher oder Betrunkene bestraft werden, sondern weil sie will, daß ein Polizeibeamter die rechtlichen Mittel hat, eine unliebsame Person aus einer Gegend zu entfernen, falls die informellen Bemühungen, die Ordnung aufrechtzuerhalten, fehlgeschlagen sind.

Wenn wir mit der Vorstellung ernst machen, daß alle Aspekte der Polizeiarbeit die Anwendung von universalen Regeln unter besonderen Verfahren beinhalten, kommen wir nicht um die Frage herum, was eine „unliebsame Person" ausmacht und warum wir Landstreicherei oder Trunkenheit kriminalisieren sollten. Ein starkes und vernünftiges Verlangen nach einem fairen Umgang mit den Bürgern widerspricht der Vorstellung, daß es der Polizei erlaubt sein sollte, Personen zu verfolgen, die aufgrund irgendwelcher vagen oder provinziellen Kriterien als unliebsam gelten. Ein wachsender und wenig vernünftiger Utilitarismus läßt uns zweifeln, ob ein Verhalten, das keiner anderen Person schadet, überhaupt illegalisiert werden sollte. Und so widerstrebt es vielen von uns, die die Polizei beobachten, ihr das einzige Mittel zuzugestehen, das sie zur Wahrnehmung der Funktion zur Verfügung hat, deren Wahrnehmung so nachhaltig und verzweifelt seitens der Bürger von ihr verlangt wird.

Der Wunsch nach „Entkriminalisierung" anstößigen Verhaltens, welches niemandem schadet – und damit der Wegfall des letzten Sanktionsmittels der Polizei, um die öffentliche Ordnung zu gewährleisten –, ist, so denken wir, ein Fehler. Einen einzelnen Betrunkenen oder einen einzelnen Landstreicher zu verhaften, der keiner erkennbaren Person geschadet hat, scheint ungerecht zu sein, und ist es auch in gewisser Weise. Aber nichts gegen eine Anzahl von Betrunkenen oder hundert Landstreicher zu unternehmen, kann eine ganze Gemeinde zerstören. Eine Regel, die im Einzelfall angebracht scheint, macht keinen Sinn, wenn sie verallgemeinert oder auf alle Fälle angewendet wird. Es macht deshalb keinen Sinn, weil hier der Zusammenhang zwischen einem unbeachteten zerbrochenen Fenster und den tausend folgenden außer acht gelassen wird. Natürlich könnten andere Institutionen als die Polizei sich der Probleme annehmen, die durch Betrunkene oder Geisteskranke verursacht werden, aber in den meisten Gemeinden, besonders in solchen, wo es eine starke Tendenz zur Entinstitutionalisierung gab, findet dies nicht statt.

Die Sorge um Gerechtigkeit ist noch ernster zu nehmen. Wir mögen uns einig darin sein, daß ein bestimmtes Verhalten eine Person unbeliebter macht als eine andere. Wie aber können wir sicherstellen, daß nicht auch Alter, Hautfarbe, Nationalität oder harmlose Eigenheiten auch zu Kriterien der Unterscheidung zwischen unerwünscht und erwünscht werden? Wie können wir gewährleisten, daß die Polizei nicht zum Handlanger einer Nachbarschaftsbigotterie wird?

Wir können keine völlig zufriedenstellende Antwort auf diese wichtige Frage geben. Wir sind nicht einmal sicher, daß eine solche Antwort überhaupt existiert – außer der Hoffnung, daß Rekrutierung, Ausbildung und Supervision der Polizei dazu führen, daß sich ein festes Gespür für die Grenzen ihrer Ermessensspielräume („discretionary authority") herausbildet. Diese Grenze verläuft grob gesagt dort, wo die Polizei zur Regulierung von Verhalten beiträgt, nicht aber zur rassischen oder ethnischen Reinhaltung („ethnic purity") einer Nachbarschaft oder Gemeinde.

[...]

V.

Wir tun uns schwer mit solchen Überlegungen, nicht einfach weil die ethischen und rechtlichen Fragen so komplex sind, sondern weil wir daran gewöhnt sind, Recht in prinzipiell individualistischen Kategorien zu denken. Das Gesetz definiert *meine* Rechte, bestraft *sein* Verhalten und wird *von dem* Beamten angewandt, wegen *des* Schadens, der angerichtet wurde. Wenn wir in dieser Weise denken, gehen wir davon aus, daß das, was für das Individuum gut ist, auch für die Gemeinschaft gut sein wird: was keine Rolle spielt, wenn es einer Person passiert, wird keine Rolle spielen, wenn es vielen Personen passiert. Normalerweise sind dies vernünftige Annahmen. Aber in Fällen, in denen ein Verhalten für eine Person zu tolerieren ist, während es für viele Personen nicht zu tolerieren ist, führen die Reaktionen der anderen – Angst, Rückzug, Flucht – zu einer Verschlimmerung für alle, auch für den einzelnen, der sich zunächst nicht betroffen wähnte.

Das größere Gespür für die Bedürfnisse einer Gemeinschaft („communal needs") gegenüber denen der Individuen mag ein Grund dafür sein, daß die Einwohner kleiner Gemeinden mit ihrer Polizei zufriedener sind als die Einwohner ähnlicher Nachbarschaften in Großstädten. Elinor Ostrom und ihre Mitarbeiter an der Indiana University verglichen die Akzeptanz der Polizeiarbeit von zwei armen schwarzen Kleinstädten in Illinois (Phoenix und East Chicago Heights) mit drei ähnlichen schwarzen Stadtvierteln in Chicago. Die Viktimisierungsraten sowie die Qualität der Beziehungen zwischen Polizei und Bürgern schien in den Kleinstädten ungefähr gleich zu sein wie in den Stadtvierteln von Chicago. Aber die Bürger, die in ihren eigenen Gemeinden lebten, berichteten weitaus seltener, daß sie aus Angst vor Verbrechen zu Hause blieben, als jene, die in Chicago lebten. Sie stimmten auch eher den Aussagen zu, daß die örtliche Polizei „das Recht hat, jede notwendige Handlung zu ergreifen", um die Probleme zu bewältigen, und bejahten häufiger die Feststellung, daß sich die Polizei „nach den Bedürfnissen der Durchschnittsbevölkerung richten sollte". Es ist möglich, daß die

Bewohner und die Polizei der kleinen Städte das Gefühl teilen, am gleichen Strang zu ziehen, um einen gewissen Standard des Zusammenlebens zu erreichen, während die Menschen in den Großstädten eher in einer Welt leben, in der man als Individuum bestimmte Dienstleistungen nachfragt oder anbietet.

Wenn dies zutrifft, wie sollte ein kluger Polizeichef seine kargen Einsatzkräfte einsetzen? Die erste Antwort darauf ist, daß niemand eine genaue Antwort darauf weiß und daß die umsichtigste Strategie darin besteht, weitere Variationen des Newark-Experiments durchzuführen, um genauer festzustellen, welche von ihnen in welcher Nachbarschaft greifen. Die zweite Antwort ist ebenfalls nicht eindeutig. Viele Maßnahmen der Ordnungssicherung in Nachbarschaften können wahrscheinlich am besten realisiert werden, wenn die Polizei nur minimal, wenn überhaupt, einbezogen wird. Ein lebhaftes, geschäftiges Einkaufszentrum und ein ruhiges, wohlgepflegtes Wohnviertel brauchen beinahe keine sichtbare Polizeipräsenz. In beiden Fällen ist normalerweise das Verhältnis der angesehenen zu den unangesehenen Bewohnern derart hoch, daß die informellen sozialen Kontrollen wirksam sind.

Selbst in Gegenden, die am Rande der sozialen Unordnung stehen, kann das Engagement der Bürger ohne die Einbeziehung der Polizei erfolgreich sein. Das Zusammentreffen von Jugendlichen, die gerne an bestimmten Plätzen herumhängen, mit Erwachsenen, die die gleichen Plätze für sich nutzen wollen, kann gütlich mittels gewisser Regeln über Ort, Zeit und Größe solcher Aktivitäten vereinbart werden.

Wo keine Verständigung möglich ist, oder, obwohl möglich, nicht wahrgenommen wird, können Bürgerstreifen („citizen-patrols") eine hinreichende Reaktion sein. Es gibt zwei Traditionen der Beteiligung von Bürgern an der Aufrechterhaltung der Ordnung. Die eine besteht in den „Bürgerwachen" („community watchmen"), die so alt sind wie die ersten Siedlungen in der „Neuen Welt". Bis weit ins 19. Jahrhundert patrouillierten freiwillige Bürger, nicht Polizeibeamte, in ihren Gemeinden, um die öffentliche Ordnung aufrechtzuerhalten. Sie taten dies im großen und ganzen, ohne das Gesetz in die eigene Hand zu nehmen, daß heißt ohne Gewalt anzuwenden oder Personen zu bestrafen. Sie beugten drohender Unordnung vor oder alarmierten die Gemeinschaft, sofern sie nicht abgewendet werden konnte. […].

Die zweite Tradition ist die des „Vigilantismus". Kaum eine Erscheinung der etablierten Gemeinden des Ostens, fand man sie in erster Linie in den „frontier towns", bevor diese der Arm von Staat und Gesetz erreichte. Über 350 solcher Vigilanten-Gruppen sollen existiert haben. Ihr Charakteristikum war, daß ihre Mitglieder das Gesetz selbst in die Hand genommen und als Richter, Gericht, Strafvollstrecker oder Polizei gehandelt haben. Der Vigilantismus ist heute nur noch selten anzutreffen, obwohl viele Bürger ihre Angst darüber äußern, daß die älteren Großstädte zu „urban frontiers" werden. Einige der Bürgerwachen bewegen sich hart an der Grenze zum Vigilantismus, andere werden diese Grenze in Zukunft vielleicht sogar überschreiten.

[…]

VI.

[…]

Am wichtigsten ist jedoch die feste Überzeugung, daß die Aufrechterhaltung der Ordnung in prekären Situationen eine äußerst vitale Aufgabe darstellt. Die Polizei weiß, daß dies eine ihrer Funktionen ist, und sie weiß auch zu Recht, daß dies nicht unter Vernachlässigung der Kriminalitätsverfolgung und des Notdienstes getan werden kann. Wir mögen sie dazu ermutigt haben zu denken, daß wir sie ausschließlich nach ihrer Kompetenz in der Kriminalitätsverfolgung beurteilen, da wir ständig unsere Besorgnis hinsichtlich der schweren Kriminalität und Gewaltverbrechen äußerten. Solange dies der Fall ist, werden Polizeiverwaltungen fortfahren, Polizisten in den Gegenden mit der höchsten Verbrechensrate zu konzentrieren (und nicht in Vierteln, die besonders für Kriminalität anfällig sind), den Schwerpunkt der Ausbildung auf das materielle und prozessuale Strafrecht (und nicht auf das Training des „Managements" des Lebens auf der Straße) zu legen, und solange wird die Polizei weiterhin zu schnell in den Ruf nach Entkriminalisierung von „harmlosem" Verhalten einstimmen, obwohl öffentliche Trunkenheit, Straßenprostitution und pornographische Darstellungen ein Viertel schneller zerstören können als ein Team professioneller Einbrecher.

Vor allem anderen aber müssen wir zu unserem allzu lange vernachlässigten Prinzip zurückkehren, daß die Polizei zum Schutz sowohl des Gemeinwesens wie zum Schutz des Individuums da ist. Unsere Kriminalitätsstatistiken und Opferforschungen messen individuelle Verluste, jedoch nicht die Verluste des Gemeinwesens. Genau wie Ärzte heutzutage die extreme Bedeutung der Gesundheitsförderung entdecken – statt nur Krankheiten zu behandeln, sollte die Polizei – und wir alle –, die Bedeutung der Erhaltung von intakten Gemeinschaften ohne zerbrochene Fenster erkennen.

„Jetzt wird es uns aber zu bunt hier". Graffiti, Responsibilisierung und Sicherheit (2004)

Sascha Schierz

„Jetzt wird es uns aber zu bunt hier". Graffiti, Responsibilisierung und Sicherheit, in: Kriminologisches Journal Jg. 36, Heft 3, 2004, S. 212-224

1 Responsibilisierung und kommunale Kriminalprävention

Fasst man vorschnell und vielleicht auch etwa unvorsichtig Foucaults Überlegungen zur Problematik von Sichtbarkeit, Raum und Kontrolle zusammen, so fallen einem zuerst wohl die großen Inklusionsmilieus der Kliniken, Gefängnisse, Fabriken und Schulen ein, wie sie in „Überwachen und Strafen" beschrieben wurden (vgl. Foucault 1994).[a] Hier wurde das „Normale" vom „Pathologischen" getrennt und über die Seele die Disziplin in die Körper der unterworfenen Subjekte eingeschrieben. Im Zentrum dieses Disziplinarkontinuums steht der Turm des Panopticons, der es erlaubt, die Eingesperrten den überwachenden Blicken der Kontrolleure zu unterwerfen. Hier wird die Parzellierung des Raums, die Unsichtbarkeit des Überwachenden mit der Sicht- bzw. Prüfbarkeit des zu Überwachenden als disziplinierende Macht vereint. Diese Konzeptionalisierung von Macht, Raum und Subjektivierung scheint in der Krise beziehungsweise

---

[a] Siehe den Text in den *Grundlagentexten*, S. 333 ff. (A.d.H.).

S. Schierz (✉)
Hochschule Niederrhein, Mönchengladbach, Deutschland
E-Mail: sascha.schierz@hs.niederrhein.de

reicht für eine Charakterisierung der heutigen Gesellschaften als Disziplinar-
gesellschaften nicht mehr aus. Dieser Einsicht folgend, gelangt unter anderem
Zygmunt Bauman zu der niederschmetternden Feststellung: „Was immer der
gegenwärtige Entwicklungsstand der Moderne sonst noch sein mag, er ist [in]
erster Linie und vor allen Dingen post-panoptisch" (Bauman 2003, S. 18).
Einen der wohl bemerkenswertesten Brüche im Bereich der sozialen Kontrolle
markiert die Abkehr von einer Regulierung von Sicherheit über das Soziale und
wohlfahrtstaatliche Rationalitäten zugunsten eines neoliberalen Regierens aus
der Distanz und durch Individuen hindurch (vgl. O'Malley und Palmer 1996,
S. 148). Eine entsprechende Transformation wurde unter anderem im Umfeld
der Restrukturierung der kommunalen Polizeiarbeit ausgemacht (vgl. Herbert
2001; O'Malley und Palmer 1996; Stenson 1993). Meist vor dem Hintergrund
der „broken windows theory" (vgl. Wilson und Kelling 1996)[b] arbeiten Partnerschaften aus lokaler Polizei, Verwaltungsbehörden, privatwirtschaftlichen
Interessenvertretern und Bürgern an einer gemeinschaftlichen Definition und
Regulierung von Unsicherheiten. Entgegen dem klassischen „crime fighting"
erhebt der Staat nicht mehr den Anspruch, als einziger Akteur in der Lage zu
sein, Unsicherheiten und Kriminalität zu regieren. Stattdessen gilt es, „brach-
liegende" soziale Kapitalien zu mobilisieren und lokale Gemeinschaften zu
aktivieren. Häufig rücken dabei Phänomene und Verhaltensweisen in das Blickfeld der Partnerschaften, die eigentlich nicht oder nicht mehr inkriminiert sind,
die aber das hochsichtbare und in Alltagsroutinen vorfindbare Andere eines
dominierenden, auf Ordnung, Sauberkeit und Sicherheit abzielenden Diskurses
verkörpern.

Mit David Garland (1996, S. 452–455) lässt sich diese Entwicklung im
Rahmen der Responsibilisierungsstrategie begreifen. Netzwerke aus unterschiedlichen staatlichen und nichtstaatlichen Akteuren verknüpfen informelle
und formelle Sozialkontrolle. Hierbei wird die Verantwortung für die Kriminalitätskontrolle unter Federführung der Polizei und ihres Wissens auf Akteure
außerhalb des klassischen Strafjustizsystems übertragen. Sie werden gleichzeitig
zu Partnern und Verantwortlichen für die Kriminalprävention artikuliert. Die
weitestreichenden Versuche dieser Art zielen über mediale Kampagnen, Werbung
und Informationsveranstaltungen auf die Bevölkerung als Ganzes, bei der eine
Sensibilität für den Umgang mit Risiken unterschiedlichster Art angereizt
werden soll. Der Bürger wird im Rahmen dieses Regierens aus der Entfernung

---

[b] Siehe den Text in diesem Kapitel (A.d.H.).

nur noch bedingt als Rechtssubjekt aufgefasst. Im Kontext einer primär dienst-leistungsorientierten Polizeiarbeit erscheint er als selbstverantwortlicher Kunde, den es zu gewinnen und über das geteilte Wissen in eine „kompetente" Position zu versetzen gilt, in der er seine individuelle Führung selbst reguliert. Bei der angestrebten Etablierung dieser neuen Sicherheitshermeneutik wird häufig auf ein umfassendes Problemmarketing[1] zurückgegriffen sowie ein verändertes Sicht-verhältnis gegenüber Risiken im Alltag etabliert. Entsprechend lässt sich mit Richard Ericson und Kevin Haggerty (1997) die Praxis des „community policing" vor allem als „communications policing" rekonstruieren, über das versucht wird, aktivierend auf die Bevölkerung zwecks Risikominimierung einzuwirken. Eines der Felder der kommunalen Kriminalprävention oder bürgernahen Polizeiarbeit, in dem diese Strategie auffindbar ist, bildet die Kontrolle unautorisierter Graffiti im städtischen Raum. Am Beispiel des öffentlichen Graffitidiskurses und der ent-sprechenden Kontrolltechnologie sollen exemplarisch die zentralen Merkmale des „governing at a distance" und der dazugehörigen Responsibilisierungsstrategie dargestellt werden.

2 Jenseits der Unregierbarkeit – Die Formation des Graffitidiskurses in New York

Wie wird in einer Gesellschaft, in der hohe Kriminalitätsraten ein soziales Faktum bilden und Kriminalitäts- und Unsicherheitswahrnehmungen weite Bereiche des Alltagslebens der integrierten Bevölkerungssegmente durchziehen, die diskursive Formation Kriminalität reflektiert und deren Kontrolle organisiert, nachdem wohlfahrtsstaatliche Strategien wie eine sozialpolitische Ursachen-bekämpfung als gescheitert gelten? Mit Garland (1996) scheint der Mythos des schützenden und strafenden Staates, der über ein legitimes Gewaltmonopol sein Territorium und somit das soziale Leben darin kontrolliert, seit den 1970er Jahren in einer tiefreichenden Krise. Eine entsprechende Deutung lässt sich auch am Beginn der heutigen Bemühungen, Kontrolle über die unautorisierten Bilder auf Zügen und an Wänden zu erlangen, auffinden. Erhitzten sich die New Yorker Gemüter bereits zu Beginn der 1970er Jahre an der Frage, ob Graffiti

---

[1] Unter Problemmarketing verstehe ich alle medialen Versuche zur Integration weiterer Kreise der Bevölkerung in die Kontrollstrategie. Mit dem Problemmarketing wird eine Schnittstelle gegenüber den Bürgern geschaffen, durch die ein Problembewusstsein und ein „kompetenter" Umgang mit Risiken vermittelt werden.

kriminell oder eine neue, vielleicht sogar die erste genuin amerikanische Kunst-
form sei (vgl. Castleman 1982; Austin 2001), so erlangte die Frage zusehends
Brisanz, als der erste, hauptsächlich auf polizeilichen Sonderkommissionen auf-
bauende und von Reinigungsbemühungen begleitete „war on graffiti" durch
die Lindsay-Administration Mitte der 1970er Jahre scheiterte. Abermillionen
investierte Dollar schienen in der von einer fiskalischen Krise geplagten Stadt
nahezu wirkungslos, aber für alle sichtbar zu verpuffen; das Image einer Hoch-
burg des Verbrechens, mit dem gefährlichen Raum der New Yorker U-Bahn,
welches nicht zuletzt durch zahllose Spielfilme und Krimiserien zirkulierte, mal
außen vor gelassen. Die Grenzen der Regierbarkeit im herkömmlichen Sinne wie
des Mythos des strafenden, souveränen Staates im Speziellen schienen erreicht,
wurde das Schutzversprechen doch augenscheinlich nicht eingelöst.

Der Soziologe Nathan Glazer veröffentlichte in der 1979er Winterausgabe der
politischen Zeitschrift „Public Interest" einen vielbeachteten, aus der Perspektive
des gemeinen U-Bahnfahrers verfassten Artikel (vgl. Glazer 1979). In seinem
Beitrag „On Subway Graffiti in New York" ging Glazer davon aus, dass die Signifikanz des „graffiti problem" nicht seine „kriminelle Natur" darstelle, die er als
marginal betrachtete, sondern die Wahrnehmung, die durch die Bilder in der
Öffentlichkeit erzeugt würde: „1 have not interviewed the subway riders; but I
am one myself, and while I do not find myself consciously making the connection
between the graffiti-makers and the criminals who occasionally rob, rape, assault
and murder passengers, the sense that all are part of one world of uncontrollable
predators seems inescapable. Even if the graffitists are the least dangerous of
these, their ever-present markings serve to persuade the passenger that, indeed,
the subway is a dangerous place – a mode of transportation to be used only when
one has no alternative" (Glazer 1979, S. 4).

Anwohner wie Touristen empfanden das ungute Gefühl, dass die New Yorker
Behörden nicht in der Lage wären, eine so geringe Abweichung wie Graffiti
kontrollieren zu können, was wiederum die Frage aufwerfen würde, wie so etwas
dann im Falle von „richtiger Kriminalität" und ernsthaften Problemen möglich
wäre. Glazer ging davon aus, dass zwar kein Graffito an sich Angst hervorrufen
würde, aber dass durch den offensichtlichen Kontrollverlust von Polizei und Verwaltung gegenüber dieser Form juveniler Devianz leicht das Gefühl aufkomme,
dass die gesamte zivile Ordnung zusammenbreche. Durch die Omnipräsenz des
gescheiterten Ordnungsversprechens würde das Vertrauen der Bürger in die
Handlungsfähigkeit staatlicher Akteure untergraben. Wenn diese Deutung stimme,
komme der Regulation des Graffitimalens oder genauer der Sichtbarkeit der
unautorisierten Werke eine entscheidende Bedeutung zu: „The issue of controlling
graffiti is not only one of protecting public property, reducing the damage of

defacement, and maintaining the maps and signs the subway rider must depend on, but it is also one of reducing the ever-present sense of fear, of making the subway appear a less dangerous and unpleasant place to the possible user" (ebd.: 6).

Glazer nahm mit dieser Argumentation die aktuelle Verortung der Graffiti in der Ordnung des kriminalpolitischen Diskurses vorweg.[2] Mit dem Erscheinungsbild des öffentlichen Raums verband sich für die Stadtverwaltung nicht allein die Frage des Erfolges oder Misserfolgs ihres Handelns. Das Erscheinungsbild der Stadt und Erfolgsgeschichten der eigenen Kontrolle, und nicht eine Auseinandersetzung mit möglichen „Ursachen", bilden den Referenzpunkt einer neuen, bis heute gültigen Anti-Graffiti-Politik. Sichtverhältnisse werden in diesem Kontext zu einem Fundament einer veränderten politischen Technologie der Stadt wie ihrer Sicherheit. Die alltägliche Erfahrbarkeit der Abweichung bildet das zu besetzende Scharnier zwischen (scheiternder) Sozialkontrolle und der als verunsichert konzipierten Öffentlichkeit. Innerhalb dieses Diskurses eines Kontrollverlusts, der auf eine Form des „semiotischen Terrorismus" (vgl. Baudrillard 1978, S. 23 ff.) hinwies, verschwinden zu Beginn der 1980er Jahre die Maler als zu überwachende Population zusehends aus dem Diskurs (vgl. Austin 2001, S. 147 f.).

Die Suche nach einem Ausweg verwies auf eine Konfiguration jenseits des klassischen Staatsapparates und der Polizei (ebd.: 152–166). Graffiti zu kontrollieren, erscheint ohne die Bildung von Partnerschaften und die Einbindung der Bürger schon rein fiskalisch nicht möglich.[3] Einen Ausweg bot eine

---

[2] Diese Logik wurde von Wilson und Kelling in die Formulierung der „broken windows theory" übernommen (vgl. Wilson und Kelling 1996, S. 126), die ihrerseits wiederum nicht allein den New Yorker Graffitidiskurs prägen sollte. Entsprechend lässt sich in den Handreichungen zur Implementierung von Ordnungspartnerschaften in Nordrhein-Westfalen folgende Argumentation wiederfinden: „Bürgerinnen und Bürger fürchten sich insbesondere dort vor Kriminalität, wo Farbschmierereien, Sachbeschädigungen, Schmutz, Dunkelheit und Gestank den Eindruck beginnender Verwahrlosung vermitteln. Die Sorge insbesondere älterer Menschen betrifft dabei nicht immer nur ihre persönliche Sicherheit. Nicht selten wird die Gefahr gesehen, Grundfesten der Ordnung und damit des Staates würden ins Wanken geraten, weil immer mehr Menschen rücksichtslos mit dem Eigentum anderer umgehen" (Innenministerium des Landes Nordrhein-Westfalen et al. ohne Jahresangabe: 27).

[3] Auf die verstärkt thematisierten bautechnischen Präventionsmaßnahmen und die weiterführende Arbeit innerhalb der New Yorker Partnerschaft werde ich hier nicht eingehen (vgl. Austin 2001). Es lassen sich bereits 1972 erste Responsibilisierungsbemühungen durch die Lindsay-Administration finden (vgl. Castleman 1982). Während Pressekonferenzen und öffentlichen Auftritten wurden Graffiti und das Stadtbild des Öfteren thematisiert. Von einem systematischen Problemmarketing lässt sich zu diesem Zeitpunkt allerdings noch nicht sprechen.

sich immer wiederholende Problematisierung der Graffiti in Presse, Fernsehen, Radio, Informationsbroschüren und durch Plakate, die eine ablehnende Haltung gegenüber den Bildern transportierten und symbolisierten, dass sich hier etwas bewegt. Privaten Akteuren wurde die Verantwortung nahegelegt, sich selbst an Reinigungsaktionen in ihrem Umfeld, an ihren Gebäuden zu beteiligen, ihre Erfahrungen zu teilen, die Polizei zu alarmieren. Es galt den in der Öffentlichkeit dominanten Blick auf die Graffiti zu (re-)strukturieren.

Aber auch im direkten Bezug zur U-Bahn kam es zu Veränderungen. Klar schien, dass die Graffiti zu verschwinden hätten und dass unsystematisches Überstreichen oder Reinigen der Waggons kaum Erfolg versprach. Als „effektive" Regulationsmaßnahme und Referenz für andere Städte etablierte sich in diesem Kontext das so genannte „clean car program" der New Yorker Verkehrsbetriebe (vgl. Sloan-Howitt/Kelling 1992, kritisch Austin 2001; Denannt 1997). Zentral ist hierbei die Idee des „meaning it, cleaning it". Wer es ernst meine, der müsse unnachgiebig reinigen. Entsprechend dieser Überlegungen begannen 1984 die New Yorker Verkehrsbetriebe, bemalte Züge systematisch aus dem Verkehr zu nehmen und zu säubern. Den Kunden sollte eine saubere und graffitifreie Flotte dissimuliert werden, verspricht das Unsichtbarmachen der Einschreibungen doch einen als sicher erlebbaren Raum zu erzeugen. Offiziell starb das „subway graffiti" nach jahrelangen „Kämpfen" am 12. Mai 1989,[4] den Gedankengang anreizend, dass, wenn man nur hart und konsequent durchgreifen würde, nun auch das U-Bahnsystem von weiteren unbeliebten Störungen wie dem „homeless problem" befreien könnte (vgl. Kelling und Coles 1996, S. 114–137). Im Umfeld verschiedener „business improvement districts" wurde diese Technologie letztendlich auf das Reinigen städtischer Wände ausgeweitet, die innerhalb kürzester Zeit graffitifrei gemacht werden sollten.

---

[4] Dieser Tod und das Datum sind rhetorisch im Rahmen der Kampagne zu verstehen. Auch im heutigen Szene-Diskurs zirkulieren immer noch Bilder, Filme und Geschichten über das „Malen" von New Yorker U-Bahnen. Ihr Stellenwert wurde durch das harte Durchgreifen eher aufgewertet. In verschiedenen Jahresberichten weisen die New Yorker Verkehrsbetriebe seitdem wieder auf ein wachsendes „graffiti problem" hin. Anfang der 1990er Jahre ging man dabei von ca. 4000 „bits" wöchentlich aus (Denannt 1997 mit Verweis auf Jahresberichte der New Yorker MTA, ähnlich auch Austin 2001, der auf eine Zunahme des illegalen Malens in den Straßen hinweist).

3 Graffiti im Feld der kommunalen Kriminalprävention

Aus der heutigen Sicht ist es gewiss nicht einfach, sich vorzustellen, dass sich einstmals honorige Personen wie Joseph Beuys oder Willy Brandt für einen zu einer Haftstrafe verurteilten Graffitisten, wie im Falle Harald Naegelis geschehen, einsetzten oder dass Zeitschriften wie der „Spiegel" oder der „Stern" ihr Interesse an der exotischen Jugendkultur bekundeten. Ebenso merkwürdig wirkt auf uns heute wahrscheinlich auch die Frage, ob Graffiti denn nun eigentlich kriminell seien, wie sie noch im Jahre 1994 in der Fachzeitschrift „Die Polizei" gestellt wurde (vgl. ohne Autor 1994). Die Rezeption der Broken-Windows-Theorie und Erwartungen gegenüber der kommunalen Kriminalprävention haben den Diskurs über Graffiti in Deutschland seit der zweiten Hälfte der 1990er Jahre nachhaltig verändert. Die strafrechtliche Regulierung,[5] die die souveräne Verfügungsmacht über öffentliches und privates Eigentum durch die Paragraphen §§ 303 und 304 StGB schützt und bereits seit den 1980er Jahren durch meist bahnpolizeiliche Sonderkommissionen flankiert wurde (vgl. van Treeck 1998, S. 245 f.), stellt nur noch einen begrenzten Ausschnitt der heutigen Kontrollstrategie dar. Dabei unterscheidet sich die damalige Arbeit der Polizei im Falle Graffiti nicht wesentlich von der gegenwärtigen Praxis (vgl. Feldmann 1998; Schierz 2001). Einerseits patrouillieren Polizeistreifen und kontrollieren dabei besonders die möglicherweise farbverschmierten Hände von nächtlich umherschlendernden Jugendlichen mit Rucksäcken und Hip-Hop-Outfit beziehungsweise greifen ein, wenn sie von Zeugen gerufen wurden. Auf der anderen Seite arbeiten, noch ähnlich einer panoptischen Maschinerie (vgl. Foucault 1994), in nahezu allen deutschen Großstädten polizeiliche Sonderkommissionen oder zumindest einzelne Sachbearbeiter nach dem Vorbild des legendären New Yorker „vandal squad". Sie ermitteln gezielt im Umfeld der Graffitiszene. Die Mitarbeiter dokumentieren per Foto den Writernamen, rekonstruieren Zusammengehörigkeiten und versuchen bekannten „tags" Sprayer zuzuordnen und umgekehrt. Verglichen wird dabei der

---

[5]Aus Platzgründen werde ich an dieser Stelle weder auf die neueren Initiativen zu einem „Graffitibekämpfungsgesetz" noch auf die zivilrechtliche Seite der Graffitikontrolle eingehen. Sie spielen ebenso wie Modelle des Täter-Opfer-Ausgleichs eine wichtige Rolle im aktuellen Diskurs.

Stil der Bilder, was man auch gerne gegenüber der Öffentlichkeit verkündet.[6] Parallel dazu versucht man da, wo sich die Szene trifft (in Clubs, vor Jugendhäusern und Hip-Hop-Läden, im Internet, aber auch auf Graffitiveranstaltungen und vor allem an legalen Graffitiflächen), präsent zu sein und zu observieren. Neben der Kommunikation eines Mythos aus Nähe und Allwissenheit im öffentlichen Diskurs wie in Richtung der Szene besteht die Arbeit vor allem aus symbolischen Handlungen, mit denen versucht wird, über Interventionen an einzelnen Malern die Szene zu disziplinieren. So werden nicht selten legale Malorte zielgerichtet observiert, die Personalien sämtlicher Besucher legaler Graffitievents unter Generalverdacht kontrolliert oder Hausdurchsuchungen durchgeführt, die eher selten juristisch stichhaltige Beweise liefern, aber eine Menge Unannehmlichkeiten bereiten können.

Bereits Mitte der 1980er Jahre entstanden die ersten legalen Flächen, mit denen Graffiti im städtischen Raum normalisiert wurden. Graffiti wurden direkt regiert, zwischen Kunst, stellenweise auch Politik und Sachbeschädigung verortet. Die aktuellen Kontrolltechnologien und Diskurse um Graffiti unterscheiden sich signifikant von diesen Bemühungen. Als nachhaltiger Bruch lässt sich der Bezug auf das Stadtbild als Interventionsraum beschreiben.[7] „Der ‚Kampf‘ gegen Graffiti ist inzwischen zu einem Symbol für den ‚Kampf‘ um städtisches Territorium geworden", wie Jan Wehrheim kürzlich feststellte (Wehrheim 2002, S. 108). Verbunden mit dem Angstdiskurs, den Strategien zur Revitalisierung von Innenstädten und einer Orientierung an internationalen Standards von Sauberkeit, Sicherheit und Ordnung gehören Antworten auf „illegale Farbschmierereien" zwischenzeitlich zum Standardrepertoire der Kommunalpolitik und dürfen in

---

[6] Diese Technik ist bei den Mitarbeitern der Sonderkommissionen zwar sehr beliebt, wird von den Gerichten allerdings nur selten gewürdigt. Laut verschiedenen Sachverständigengutachten können Graffiti nicht entsprechend einer Handschrift betrachtet werden und gelten als nicht individuell (vgl. Schierz 2001).

[7] Auf der Abstraktionsebene des Stadtbildes formiert sich der Diskurs als Frage der Lebens- und Aufenthaltsqualität. Diese Formierung wurde nicht zuletzt durch die Rezeption der „broken windows theory" und damit der New Yorker Erfahrungen und Bemühungen im Falle Graffiti angereizt. Ausgangspunkt der lokalen Bemühungen gegen Graffiti bilden dabei oft Bürgerbefragungen, in denen Unsicherheiten und Unordentlichkeiten erfragt werden (z. B. im Fall Bielefeld: vgl. Polizeipräsidium Bielefeld 2001) oder Anstöße bereits existierender Bündnisse, die sich um das Stadtbild (besonders als Image- und Standortfaktor) sorgen wie in Dortmund (Stadt Dortmund u. a. 2000) oder Köln (vgl. Schierz 2001).

keiner Konzeption städtischer Kriminalprävention fehlen.[8] Trotz der Vielstimmig-
keit und zum Teil auch widersprüchlichen Artikulationen innerhalb der sich
etablierenden Problematisierungsweise lässt sich eine dominierende Regierungs-
technologie aus der Distanz gegenüber einer zu involvierenden Öffentlichkeit
skizzieren.[9] Über öffentliche Thematisierungen wird gerade im Umfeld von mit
Sicherheits- und Sauberkeitsbelangen befassten „public private partnerships"
der Versuch unternommen, weitere Teile der Bevölkerung in die Kontroll- und
Reinigungsbemühungen zu integrieren. Hierbei gilt es, den Blick auf die Graffiti
zu strukturieren und dadurch eine neue eigenverantwortliche Hermeneutik bei
den Bürgern zu etablieren. Diese Sozialtechnologie möchte ich im Folgenden
kurz darstellen.[10]

---

[8] Die unterschiedlichen kommunalen Regulierungsbemühungen unterscheiden sich zum
Teil erheblich voneinander (vgl. die fünf vorgestellten Modelle von Bielefeld, Berlin,
Dortmund, Hamburg und Köln in Bannwarth 2002). Dies hängt vor allem von der
Zusammensetzung der an der Konzeptionalisierung beteiligten privaten und öffentlichen
Akteure ab. Die entscheidende Frage dürfte sein, welche Rolle jugendpolitische/-
pädagogische Problematisierungen gespielt haben. Eine andere wichtige Frage ist, wie das
genaue Verhältnis von öffentlichen und privaten Akteuren (als Ordnungspartnerschaft, als
Verein, über sonstige Präventionsgremien) organisiert wurde.

[9] Im Falle Graffiti gibt es verschiedene Regulierungsbemühungen, an denen sich ein neo-
liberales Regieren aus der Entfernung, angefangen von polizeilicher Präventionsarbeit in
Schulstunden über Informationsbroschüren an Maler, Eltern und Geschädigte der einzelnen LKÄ, bis hinein in die Jugendarbeit skizzieren ließe. Vor dem Hintergrund, dass die
Regulierung von Graffiti nicht allein über staatliche Intervention erfolgversprechend
scheint, etabliert sich weitestgehend folgende Rationalisierung heraus, an der sich die
Städte in jeweils spezifischer Weise orientieren: „Modellhafte Entfernung von Farbschmierereien an öffentlichen Gebäuden, Wällen und Brücken, Aufbringung von Schutz-
beschichtungen und unverzügliche Reinigung bei erneuter Besprühung. Motivation
und Unterstützung von privaten Gebäudeeigentümern zur bzw. bei der Beseitigung von
Farbschmierereien durch Hinweise auf Reinigungsmöglichkeiten bzw. Fachfirmen.
Konsequente Verfolgung der Täter durch Einrichtung von Ermittlungskommissionen
sowie schneller und deutlicher Sanktionierung durch die Justiz. Öffentlichkeitsarbeit, um
zu verdeutlichen, dass Farbschmierereien allen Bürgerinnen und Bürgern schaden (Innen-
ministerium des Landes NRW u. a. ohne Jahresangabe: 27).

[10] Dabei berufe ich mich auf eine von mir durchgeführte Diskursanalyse der aktuellen
Anti-Graffitidiskurse der Städte Köln, Dortmund, Bielefeld und Kiel (vgl. Stadt Köln
2003, Stadt Dortmund u. a. 2000, Polizeipräsidium Bielefeld 2001, Polizeiinspektion Kiel
2003, besonders die enthaltenden Pressespiegel in Stadt Köln 2002 und Polizeipräsidium
Bielefeld 2001, für eine Gesamtsicht des Kölner Graffitidiskurses von 1998 bis 2001 vgl.
Schierz 2001)

4   „Stadtleben ist Gemeinschaftssache" – Graffitikontrolle als Problemmarketing

Wie bereits mehrfach angeklungen, bezeichnen die Vermittlung eines „Graffiti-problems" und das Marketing einer Problemlösung die zentralen Momente der Kontrolltätigkeit Das Problemmarketing soll die Bürger im Hinblick auf die Regulierung des Stadtbildes als notwendige kriminalpolitische Akteure in die Reinigungsarbeiten integrieren und den in der Nacht getrübten Blick der Polizei erhellen. Im Gegenzug werden Sicherheit, Schadenskompensation und die passende Methode der Entfernung versprochen. Hierfür wird auf eine Vielzahl von Medien zurückgegriffen: Pressemitteilungen und -konferenzen, Informationsbroschüren, stadtweite Plakataktionen, Aufkleberkampagnen, Postkarten, Schirmmützen, Bierdeckel, Vorträge, inszenierte Reinigungs-aktionen, Teilnahme an Messen, Lauftexte im Fahrgastinformationssystem der Verkehrsbetriebe, Puppentheater, Internetseiten und Kinospots manifestieren einen Problemdiskurs in der Stadt. Besonders der lokalen Presse kommt bei der Strukturierung des Blicks eine strategische Funktion zu, die sich nicht in einer einfachen (Kriminalitäts-)berichterstattung oder der Teilhabe an einer moralischen Panik erschöpft. Eher werden Anti-Graffiti-Programme beworben. Innerhalb dieses Diskurses dominieren zwei ineinandergreifende Erzählungen über die Graffiti wie die entsprechenden Maler.

Die erste Erzählung beschreibt Graffiti als das Andere. Graffiti erscheinen sinnlos, ohne künstlerischen Anspruch oder als Schaden. Es ist eine „Plage" oder einfach „Farbschmiererei". Die Maler werden ab narzisstisch[11] und ver-roht umschrieben. Den radikalen, aber durchaus gängigen Endpunkt dieser Zuschreibungen bildet der Rückgriff auf die Terrorismusmetapher,[12] bei nicht

---

[11] Gemäß dem Graffitidiskurs geht es ihnen um ihren „Kick" und „Fame" in der Szene. Zentrale Elemente des Szenediskurses wie Widerstand, Raumbesetzung oder Gestaltungs-wille werden ausgeblendet. Zu der für Hip Hop wie Graffiti konstitutiven Figur des „Style", um die sich beide entwickelt haben (vgl. Klein/Friedrich 2003), fehlt jedweder Rekurs.

[12] Diese Art des Moralisierens lässt sich gehäuft im Umfeld der Deutschen Bahn AG wiederfinden: „Graffiti sind kein Kavaliersdelikt, sondern Sachbeschädigung und Terror gegen das, was uns etwas wert ist" (Frank Gassen-Wendler, Unternehmenssprecher der Deutschen Bahn, Regionalbahn Rheinland in Kölnische Rundschau 23.07.2002). In diesem Kontext wird auch schon mal darauf verwiesen, dass Graffiti für die steigenden Fahrpreise und Verspätungen mitverantwortlich seien.

allein deren Anwendung sich Polizei und Partnerschaften häufig in einem „Krieg" befinden. Graffiti werden in einer auf Gewalt rekurrierenden Rhetorik beschrieben und als „Schmierereien" in Richtung von Deutungen als visueller Schmutz, der nicht ins Stadtbild gehöre, codiert. Dagegen wird die Sauberkeit versprechende Praxis der Stadt, der Polizei oder der Partnerschaft gesetzt, die als kompetente Partner bei der Problemlösung erscheinen, deren Arbeit generell als erfolgreich gilt, die Ratschläge geben können und über Zahlen und Daten verfügen. Ein jugendkultureller oder gar künstlerischer Kontext wird weitestgehend negiert oder erscheint lediglich als problematisch. Kommuniziert wird ein Konsens der Öffentlichkeit, in dem zum Beispiel die Kölner „Farbschmierereien" satt haben sollen und bei dem jeder einzelne durch Beobachtung, Graffitientfernung, anzeigen und sich über Graffiti empören, teilnehmen kann. So könnte die Lebensqualität „zum Nutzen aller" wiedererlangt werden, „denn Stadtleben ist Gemeinschaftssache", wie es auf einem Plakat der Kölner Anti-Spray Aktion zu Ordnungsfragen heißt (vgl. Schierz 2001). Das Ereignis des Bildes an der Hauswand, das bisher privat erlitten wurde, wird zu einem öffentlich-regierungsbedürftigen Phänomen, in ein Feld aus lokaler Sicherheit, persönlicher Unversehrtheit, Lebensqualität und individueller Verantwortlichkeit verschoben. Dabei profitieren die Akteure davon, dass man zwar die Graffiti sieht, aber die Maler und die Szene hinter ihnen nur selten im Diskurs aufzufinden sind. Es dominieren Meldungen über Erfolge und aufgegriffene Sprüher. Der durch die unautorisierten Bilder verletzte Raum erscheint so zumindest abgesichert, Handlungskompetenz wird verdeutlicht.

Während die erste Erzählung vor allem auf die Mobilisierung der Öffentlichkeit in Gänze abzielt, befasst sich die zweite mit der eher individuellen Entfernung und Kontrollierbarkeit der Graffiti. Eine Sprache der eigenen Kontrolle dominiert in diesem Diskursstrang. Beschrieben wird die Wand- und Reinigungspolitik der Kommunen, die auf die Öffentlichkeit ausgeweitet werden soll. Die einzelnen Kommunen richten Anti-Graffiti-Einsatzgruppen bei ihren Ordnungsämtern ein, die Graffiti von stadteigenen signifikanten Gebäuden entfernen und ihre Erfahrungen mit Bürgern austauschen sollen. Den Hintergrund dieser Wandpolitik bildet ein Amalgam aus der bereits vorgestellten „meaning it, cleaning it"-Annahme des sogenannten „clean car program" der New Yorker Verkehrsbetriebe und Versatzstücke der Broken-Windows-Theorie, wonach kleine Unordentlichkeiten Angst verursachen und einen Niedergang ganzer Stadtviertel einleiten können. Innerhalb dieser Rationalisierung soll ein Graffito neue Graffiti nach sich ziehen, den Schaden vergrößern. Graffitimaler erscheinen abgelöst von ihrem szenekulturellen Kontext und mentalen Karten als rational agierende Akteure, die ihrer Suche nach Ruhm in der Szene nachgehen. Entsprechend halten sie Ausschau nach Räumen, die ihnen attraktiv erscheinen. Als diese Räume gelten im Diskurs die Orte, die nur selten gereinigt werden. Sie stellen ihre Attraktivität als Ziel zur Schau und fordern zum Einschreiben auf. Diese mit den Wänden verwobene kriminogene Ästhetik gilt es aufzulösen. Würde man jetzt, so zumindest der Diskurs, ungeliebte Werke konsequent und zeitnah entfernen, bestände die Hoffnung, die Suche nach „fame" zu durchbrechen, weil kein passierender Maler dieses Bild mehr sehen könnte. Der repressiven Dissimulation der Einschreibung kommt ein präventives Moment zu. Die weiße Wand verkörpert Unattraktivität, würde seltener bemalt werden.

Mit Hilfe von Presseberichterstattung, Informationsmaterialien und Sorgentelefonen werden Schnittstellen gegenüber den Bürgern entwickelt, da die meisten städtischen Wände in privater Hand sind. Graffiti gelten in diesem Zusammenhang als handhabbar sowie eine Kooperation für die Simulation eines sauberen Stadtbildes notwendig erscheint. Der Öffentlichkeit wird eine Vielzahl von Informationen zur effektiven Entfernung von unterschiedlichen Materialien und Empfehlungen, wie man sich präventiv gegen Graffiti sichern könne, zur Hand gegeben. Wandbegrünung, bautechnische Maßnahmen und Videoüberwachung sollen die Flächen für den rational agierend gedachten Sprayer unattraktiv machen. Schutz- und Opferbeschichtung, die Entfernungskosten minimieren sollen, werden genauso vorgestellt wie Graffitiversicherungen empfohlen. Aus der Distanz wird so eine umfassende Säuberungstechnologie installiert, in der man den einzelnen Hausbesitzer zum Verantwortlichen des Gelingens seiner eigenen wie der kollektiven Entfernungstätigkeiten und Präventionsarbeit macht.

5   Sprechen und Sehen

Es scheint schon irgendwie banal, die Frage der Sichtbarkeit hin auf Graffiti theoretisieren zu wollen. Im Falle sozialer Kontrolle und ihrer Transformationen sieht dies schon anders aus. Mit Zygmunt Bauman verwies ich zu Beginn meiner Ausführungen auf einen post-panoptischen Kontext. Die foucaultsche Konfiguration von Macht, Sichtbarkeit und Überwachung im Panopticon reicht für eine Beschreibung der dargestellten Strategie nicht mehr aus. Bauman (2003, S. 103 f.) konzipiert seine „flüchtige Moderne" unter anderem mit Thomas Mathiesen (1997) als eine synoptische „viewer society". Sahen bei Foucault noch die Wenigen die eingeschlossenen Vielen, so scheint sich dies umzudrehen. Diese synoptische Konfiguration ist in vielfacher Weise im sich restrukturierenden

Feld der Kriminalprävention zwischen Thematisierungen subjektiver Verunsicherung und dem Management kriminogener Situationen auffindbar. Nicht nur, dass sich die Programme häufig an sichtbaren Abweichungen orientieren, genauso wird auf eine hohe Sichtbarkeit der Kontrolleure in Form von staatlichen und privaten Fuß- oder Fahrradstreifen zurückgegriffen. Favorisiert werden, wie im Falle der unautorisierten Graffiti, Techniken des Unsichtbarmachens von Abweichungen. Im synoptischen Kontext kommt der strategischen Nutzung der Medien, so Mathiesen (1997) und Virilio (1989), eine herausragende Bedeutung zu.[13] Die mediale Transparenz von Abweichung und Kontrolle tritt in ihrer vollen Macht auch und besonders im Falle der Responsibilisierung des Umganges mit Graffiti zutage. Zentral wird eine Vielzahl von Informationen und Appellen, mit denen der Versuch unternommen wird, eine Hermeneutik der Sicherheit und damit der Verantwortungsübernahme durch die Öffentlichkeit zu etablieren. In diesem Sinne ist diese Konfiguration von Kontrolle und Visualität als ein Regieren aus der Distanz deutbar. Strukturiert werden sollen ein aktiv sehendes Subjekt und ein interpretierender Blick gegenüber dem Problem,[14] um die herum ein regulierender Rahmen formiert wird. Dies geschieht vor allem über eine Kanalisierung des Diskurses hin auf eine Broken-Windows-Logik durch die wenigen in diesem Feld vorhandenen legitimen Sprecher. Die quantitativ wenigen Organisierten sind im Diskurs mit ihren Appellen gegenüber einer weitestgehend ambivalenten Öffentlichkeit zu finden, umwerben diese mitzumachen. Soziale Kontrolle wird über das Anrufen von Unsicherheiten, verbunden mit den Versprechen neuer Sicherheiten, zu einer reflexiven Angelegenheit, wie Reinhard Kreissl (1999, S. 89–94) anmerkt, bei der Stadtverwaltungen und Polizei quasi konstruktivistisch auf die lokalen Kommunikationsprozesse einwirken, in denen Risikolagen und Sicherheit definiert werden. So lässt sich zumindest der durch die neue Kunst des Regierens gelieferte Rahmen des „governing at a distance" umschreiben. Wie sich die Akteure im Falle von Graffiti den Diskurs und die neue Raumpolitik mikropolitisch im Alltag aneignen, ist eine andere Frage, deren Beantwortung einer weiteren Analyse bedarf.

---

[13] Virilio (1989: 148) spricht in diesem Zusammenhang von der Fähigkeit der Medien, Individuen über Meinungs- und Verhaltensnormen in der Entfernung zu vereinigen.

[14] Ähnliche Muster lassen sich auch im Rahmen von Anti-Gewalt-Kampagnen wiederfinden, bei denen es gilt hinzusehen und zu helfen (vgl. Groll/Reinke/Schierz i.E.).

Literatur

ohne Autor (1994): Graffiti – Nun doch ein Tatbestand der Sachbeschädigung? in: Die Polizei 85, S. 79.

Austin, Joe (2001): Taking the Train. How Graffiti Art became an Urban Crisis in New York City, New York.

Bannwarth, Christiane (2002): Konzepte gegen illegale Graffiti. Vorstudie zu einer wissenschaftlichen Begleitung, ohne Ortsangabe.

Baudrillard, Jean (1978): KOOL KILLER oder Der Aufstand der Zeichen, in: Baudrillard, Jean: KOOL KILLER oder Der Aufstand der Zeichen, Berlin, S. 19–38.

Bauman, Zygrnunt (2003): Flüchtige Moderne, Frankfurt am Main.

Castleman, Craig (1982): Getting Up. Subway Graffiti in New York, Cambridge u.a.

Dennant, Pam (1997): Urban Graffiti ... Urban Assault ... Urban Wildstyle ... New York City Graffiti, unter: www.grafiiti.orgifaq/pamdenannat.html.

Ericson, Richard V./Haggerty, Kevin D. (1997): Policing the Risk Society, Oxford.

Feldmann, Jörg (1998): Graffiti. Das Konzept der Polizei in Hamburg zur Bekämpfung dieser besonderen Art der Sachbeschädigung, in: Die Polizei 89, S. 81-89.

Foucault, Michel (1994): Überwachen und Strafen. Die Geburt des Gefängnisses, Frankfurt/M.

Garland, David (1996): The Limits of the Sovereign State, in: British Journal of Criminology 36, S. 445-471.

Glazer, Nathan (1979): „On Subway Graffiti in New York"', in: Public Interest 54 (Winter), S. 3-11.

Groll, Kurt/Reinke, Herbert/Schierz, Sascha (im Erscheinen): Der Bürger als kriminalpolitischer Akteur? Neue Versuche zur Vergemeinschaftung von Sicherheit und Ordnung, in: Lange, H.-J.: Kriminalpolitik, Opladen [erschienen 2008, Wiesbaden, S. 343–359 – A.d.H.].

Herbert, Steve (2001): Policing the contemporary city. Fixing broken windows or shoring up neo-liberalism? in: Theoretical Criminology 5, S. 445-466.

Innenministerium des Landes NRW et al. (ohne Jahresangabe): Mehr Sicherheit in Städten und Gemeinden. Ordnungspartnerschaften in Nordrhein-Westfalen. Erfahrungen, Empfehlungen und Ratschläge für Maßnahmen zur Verbesserung der Sicherheit in Innenstädten, Düsseldorf.

Kelling, George L./Coles, Catherine M. (1996): Fixing Broken Windows. Restoring Order and Reducing Crime in our Communities, New York, u.a.

Klein, Gabriele/Friedrich, Malte (2003): Is this real? Die Kultur des HipHop, Frankfurt/M.

Kreissl, Reinhard (1999): Reflexive Kriminologie und postmoderne Polizei. Konformität und Devianz in der Risikogesellschaft, DFG-Abschlussbericht (unveröffentlicht), München.

Mathiesen, Thomas (1997): The Viewer Society. Michel Foucault's ‚Panopticon' revisited, in Theoretical Criminology 1, S. 215–234.

O'Malley, Pat/Palmer, Darren (1996): 'Post-Keynesian Policing', in: Economy and Society 25, S. 137-155.

Polizeiinspektion Kiel (2003): Projektdokumentation KLARSCHIFF. Kieler Bündnis gegen illegale Graffiti, Kiel.

Polizeipräsidium Bielefeld (2001): Konzept zur Bekämpfung illegaler Farbschmierereien in Bielefeld, Bielefeld.

Schierz, Sascha (2001): Öffentliche Ordnung und Heterotopie. Neoliberale Raumkontrolle am Beispiel Graffiti in Köln, Diplomarbeit (unveröffentlicht), Wuppertal.

Sloan-Howitt, Maryalice/Kelling, George L. (1992): Subway Graffiti in New York City: "Getting up" vs. "Meaning it and cleaning it", in: Clark, Roland V. (Hrsg.): Situational Crime Prevention. Successful Case Studies, New York, S. 239-248.

Stadt Dortmund u.a. (2000): Graffiti zwischen Jugendkultur und Sachbeschädigung. Eine Broschüre für Betroffene und Interessierte, Dortmund.

Stadt Köln (2003): KASA Jahresbericht 2002, Köln.

Stenson, Kevin (1993): Community Policing as a governmental technology, in: Economy and Society 22, S. 373-389.

van Treeck, Bernhard (1998): Graffiti Lexikon, Berlin.

Virilio, Paul (1989): Die Sehmaschine, Berlin.

Wehrheim, Jan (2002): Die überwachte Stadt. Sicherheit, Segregation und Ausgrenzung, Opladen.

Wilson, James Q./Kelling George L. (1996): Polizei und Nachbarschaftssicherheit: Zerbrochene Fenster, in: Kriminologisches Journal 28, S. 121-137.

Die Stadt, der Müll und das Fremde – plurale Sicherheit, die Politik des Urbanen und die Steuerung der Subjekte (1998)

Aldo Legnaro

Die Stadt, der Müll und das Fremde – plurale Sicherheit, die Politik des Urbanen und die Steuerung der Subjekte, in: Kriminologisches Journal Jg. 30, Heft 4, 1998, S. 262-283 (gekürzt)

[...]

2. Fremdwerdungen des Vertrauten: Die neuen urbanen Fragmentierungen

In seinem berühmten ‚Exkurs über den Fremden' fasst Simmel (1908, S. 509) den Fremden als den, „der heute kommt und morgen bleibt [...] Die Einheit von Nähe und Entferntheit, die jegliches Verhältnis zwischen Menschen enthält, ist hier zu einer, am kürzesten so zu formulierenden Konstellation gelangt: die Distanz inner-halb des Verhältnisses bedeutet, daß der Nahe fern ist, das Fremdsein aber, daß der Ferne nah ist." Wollte man diese Bemerkung zynisch-realistisch ergänzen, so wäre heute der Fremde der, der – oft ungebeten und notgedrungen verstohlen – kommt, morgen bleibt und übermorgen in Abschiebehaft genommen wird.

A. Legnaro (✉)
Köln, Deutschland
E-Mail: a.legnaro@t-online.de

© Springer Fachmedien Wiesbaden GmbH, ein Teil von Springer Nature 2022
A. Legnaro und D. Klimke (Hrsg.), *Kriminologische Diskussionstexte II*,
https://doi.org/10.1007/978-3-658-22007-5_15

Das kennzeichnet jedoch nur die eine – negativ getönte – Seite des Fremden. Bauman betont zusätzlich eine andere Seite des Fremden, den er als janusköpfig charakterisiert: „Die Erfahrungsmehrdeutigkeit der postmodernen Stadt spiegelt sich in der postmodernen Ambivalenz des Fremden wider. Er hat zwei Gesichter: das eine wirkt verlockend, weil es mysteriös ist […], es ist einladend, verspricht zukünftige Freuden, ohne einen Treueschwur zu verlangen; ein Gesicht unendlicher Möglichkeiten, noch nie erprobter Lust und immer neuen Abenteuers. Das andere Gesicht wirkt ebenfalls geheimnisvoll – doch es ist ein finsteres, drohendes und einschüchterndes Mysterium, das darin geschrieben steht. […] Es bleibt dem Interpreten überlassen, die Bedeutung zu fixieren, die fließenden Eindrücke in Empfindungen der Lust oder Furcht umzuformen. Und diese Empfindungen verdichten sich dann zu der Gestalt des Fremden – so widersprüchlich und mehrdeutig wie die Empfindungen selbst." (Bauman 1997, S. 224 f.)

Dieser Aspekt des städtischen Lebens hat freilich Vorgeschichte(n) und ist nicht von postmoderner Neuheit. Für das 19. Jahrhundert lässt sich zeigen, wie neue Orte der Konsumtion (etwa die Passagen in Paris und der entstehende Typus des Warenhauses) eine neue städtische Geografie erzeugen und in Verbindung hiermit auch einen neuen Kontext der Begegnung und Sexualität. Das gilt speziell für die Aneignungen städtischen Raumes durch Frauen und die damit verbundenen Irritationen des männlichen Publikums (vgl. Swanson 1995). Der damaligen ‚Fremdheit' von Frauen korrespondiert auf bizarre Art die heutige ‚Fremdheit' von Jugendlichen im urbanen Umfeld; obgleich Jugendliche immer schon im öffentlichen Raum sichtbar gewesen sind, knüpfen sich doch heute an ihre Anwesenheit dort vielfältige Befürchtungen und Verunsicherungen. Diese Parallele liest Ryan (1994) als Indikator gefährdeter Machtbalancen im Raum.

In diesem Zusammenhang ist Garlands (1996) Unterscheidung nach zwei höchst unterschiedliche Kriminologien von Bedeutung: die eine stelle Normalisierung und Ent-Pathologisierung kriminellen Handelns in den Vordergrund, die andere bilde eine „criminology of the alien other", „which represents criminals as dangerous members of distinct racial and social groups which bear little resemblance to ‚us'." Vor allem in der Form einer Alltagstheorie, die die „essentialized difference" (S. 461) zum Ausgangspunkt allen Räsonierens macht, verbinden sich Nicht-Zugehörigkeit und Nicht-Vertrautheit zu einer Zuschreibung von besonderer Brisanz. So konfrontiert heutige Urbanität mit einer Vielfalt von Andersartigkeit und Differenz, die als Fremdheit weder respektiert noch akzeptiert und nicht einmal ignoriert wird, sondern den Gegenstand emotionaler Abwehr und Abwertung darstellt und als Projektionsfläche genutzt wird. Ein beträchtlicher Teil des heutigen ‚urbanen Erschreckens' (Gross und Hitzler 1996) lässt sich möglicherweise in diesem Zusammenhang erklären und verstehen.

Das Fremde muß jedoch nicht notwendig durch *die Fremden* verkörpert werden. So stellt Hallsson (1996) in seiner Untersuchung des Frankfurter Gallus-Viertels fest, daß die Bewohnerschaft sich gegen die Veränderungen lebensweltlicher Ordnung wehre, und dieser Widerstand richte sich nicht primär gegen ethnische/kulturelle Fremdheit, „sondern gegen einzelne akut die Lebenswelt zerstörende Elemente", wozu Autoverkehr ebenso zählen könne wie kriminelle Außenseiter (Hallsson 1996, S. 300). Es können auch dazu zählen Lebensstilmigranten und Einwanderer anderer sozialer Sphären, durch deren Anwesenheit man ebenfalls befürchtet, auf spezifische Weise des eigenen Viertels ‚enteignet' zu werden (vgl. auch die breit angelegte Kölner Untersuchung von Eckert und Kißler 1997).

Betrachtet man die Entwicklungen nur der westdeutschen Großstädte in den letzten zwanzig Jahren, so findet sich eine Vielzahl von Beispielen, die Widerstände dieser Art belegen und sich als ‚Anti-Gentrifizierungs-Aufstände' klassifizieren ließen. Solche Widerstände stehen einerseits im Zusammenhang mit innerstädtischen Konzentrationen global tätiger Verwaltungen und Dienstleistungsunternehmen (vgl. Sassen 1991); andererseits finden sich in vielen westdeutschen Städten Widerstände gegen Modernisierung von Wohnraum und die Aufwertung von Wohnvierteln, die Ansiedlung überörtlich bedeutsamer Infrastrukturen und dadurch bedingte Neugruppierungen des örtlichen Raums sowohl hinsichtlich der Bewohnerschaft wie der Nutzer und Nutzungsmöglichkeiten.

Widerstände dieser Art stecken jedoch auch voller Ambivalenzen, suchen sie letztlich doch eine (tatsächlich gegebene oder lediglich wahrgenommene) Homogenität zu bewahren – soziale, ökonomische, ethnische oder gar physische Homogenität. *Das Fremde* hat vielerlei Gestalt, und die Widersprüchlichkeiten heutiger Urbanität beruhen nicht zuletzt auf den Versuchen, entweder Andersheiten abzuspalten bzw. (sozial oder örtlich) auszugrenzen oder gerade die Vielfalt der Andersheiten als spezifisches Charakteristikum und spezifische Attraktion der Stadt zu betrachten und die Offenheit gegenüber nicht assimilierter (und auch nicht notwendig zu assimilierender) Andersheit in den Vordergrund zu stellen. Beides sucht sich einer Identität zu versichern und verleiht dem städtischen Leben seine spezifischen Erscheinungsformen: „In cities, people identify other people on the basis of their appearance, their social role or other singular characteristics. In turn, this mode of relating to others reacts back upon their own sense of self and they experience themselves as actors. It is this phenomenon, rather than the dynamics of consumption, which is the basis of the ‚intrinsic theatricality' of city life [...] what sets the present experience of city life apart from that of earlier periods is simply the extent to which this dynamic has affected our sense of ourselves and our lives: to a greater degree than ever before, the self is collapsed into its manner of presentation" (Patton 1995, S. 117). Welche individuellen Verunsicherungen, veränderte Wahrnehmungen von Raum und veränderte Einstellungen zum Raum und seiner Nutzung das mit sich bringen könnte, zumindest für jene, die sich ihrer Fähigkeiten als Virtuosen der alltäglichen urbanen Präsentation weniger sicher sind, all dies bleibt weitgehend unerörtert, wie denn überhaupt die einschlägige Literatur eher euphorisch zu feiern scheint, was für manche Stadtbewohner den Verlust von etablierten Gewissheiten und Selbstverständlichkeiten konstituiert.

Aus diesem Blickwinkel lassen sich auch einige der erwähnten ‚incivilities' als spezifische Formen der Aneignung, Markierung und Identitätsversicherung interpretieren. Das gilt vor allem und im Wortsinn unübersehbar für Graffiti, läßt sich jedoch interpretatorisch auf eine Fülle von Sachverhalten übertragen, die gemeinhin als ‚Vandalismus' firmieren. Gerade aus der Sicht von Jugendlichen können derlei Aktionen und Betätigungen im öffentlichen Raum sowohl Durchbrechung erlernter Selbstzwänge, Missachtung der in der ‚urbanen Möblierung' symbolisch dargestellten Werte oder den Versuch bedeuten, durch die entstehende öffentliche Aufmerksamkeit zu einer partizipativen Teilnahme zu kommen (vgl. Hennig et al. 1984).

Welchen ökonomischen und sozialen Wandlungen die heutigen Städte unterliegen, hat Soja (1995) anhand der ‚sechs Restrukturierungen' von Los Angeles[6] skizziert, die jedenfalls mittelfristig auch die Dynamik der europäischen Metropolen bestimmen. Als solche Restrukturierungen bezeichnet er 1. die Kombination eines Prozesses aus De-Industrialisierung und Re-Industrialisierung (die Industrien des 19. Jahrhunderts mit ihrem großen Bedarf an Arbeitskräften verschwinden zunehmend, post-fordistische Produktion flexibler Art tritt an ihre Stelle); 2. die Globalisierung des Kapitals, die die ganze Welt zum ‚Hinterland' (im Original deutsch) einer Stadt machen könne; 3. die Peripherisierung des Zentrums und die Zentralisierung der Peripherie; 4. als Kondensierung der vorgenannten Restrukturierungen entstehen neue Fragmentierungen, Segregierungen und Polarisierungen sozialer und verräumlichter Art, was 5. nahezu notwendigerweise zur ‚carceral city' einerseits führt, in der sich die Vermögenden in einem symbolischen Sinne verbunkern, zu ausgedehnten no-go-areas anderer-

---

[6] Los Angeles spiele eine „Doppelrolle von Utopie *und* Distopie für den fortgeschrittenen Kapitalismus", stellen Davis und Keil (1992, S. 267) fest. So bildet die ‚City of Quartz' gegenwärtig Modell und Vision von Entfaltung und Untergang des Urbanen gleichermaßen.

seits; 6. dies alles kulminiere in der Konstruktion von ‚Hyperrealität' als einer Virtualisierung des Erlebens. [7]

Die ersten drei Restrukturierungen bestimmen ersichtlich auch die ökonomischen Verhältnisse in Europa. Die letzteren drei, also die Umsetzung im Raum der Stadt und die Umsetzung im Bewußtsein der städtischen Bürgerinnen und Bürger, sind, wenn man seinem Alltagsgefühl trauen darf, erst ansatzweise realisiert, bezeichnen aber den Trend der Entwicklung. Letzteres lässt sich verdeutlichen anhand der Unterscheidungen des städtischen Raumes, wie sie Marcuse (1995) vorgenommen hat. Einerseits betont er die Kontinuitäten; die räumliche Gliederung der Stadt nach (ökonomischer und sozialer) Klassenlage bei gleichzeitiger Durchmischung in einigen zentralen städtischen Räumen ist in mancher Hinsicht jedenfalls im 19. Jahrhundert stärker ausgeprägt gewesen als heute. Neu dürfte jedoch das Bestehen auf der Striktheit von Trennung und der Unsichtbarkeit des ‚Unpassenden' sein. Neu sind vor allem die oben genannten Restrukturierungen, die für den Raum der Stadt spezifische Folgen haben. So unterscheidet Marcuse fünf Arten der Stadt, die innerhalb ihrer Grenzen mehr oder weniger scharf getrennt zu finden seien: „dominating city", „gentrified city", „suburban city", „tenement city" und „abandoned city". Mauern definierten diese fünf Städte in der Stadt, ohne sie als physische Mauern im eigentlichen Sinne zu umschließen; es handele sich oft um symbolische, gleichwohl kognitiv präsente Abgrenzungen: Mauern der Einschließung, die der Kontrolle dienten.

Es ist nicht zufällig, daß die Terminologie solcher Betrachtungsweisen architektonischen Darstellungen mittelalterlichen Burgenbaues entnommen zu sein scheint: von ‚fortress' ist ebenso die Rede wie von ‚ramparts' (Wällen) und ‚citadels'. Noch fehlen Wehrgänge und Wassergräben, doch die letzteren finden sich rudimentär bereits bei neueren Verwaltungsbauten, wenngleich (vorläufig?) in dekorativer Funktion. Architektur und symbolische Grenzziehungen reflektieren dabei sozioökonomische Entwicklungen, als deren Auswirkung die Entstehung einer ‚new urban underclass' beschrieben wird. Wilson (1987) kennzeichnet diese Klasse als die in den innerstädtischen Ghettos Zurückgebliebenen; ökonomisch integrierte Bevölkerungsteile sind in ‚bessere' Wohngebiete gezogen,

---

[7] Bezogen auf diese letztere Restrukturierung erklärt Soja: „In short, it can be described as the development of an alternative Simcity, a hypersimulation that confounds and reorders the traditional ways we have been able to distinguish between what is real and what is imagined." (Soja 1995, S. 135)

während die am meisten benachteiligten Segmente der (schwarzen) Bevölkerung zurückbleiben. Wilson kann 1987 noch mit offenbarem Neid auf korporatistisch verfasste Gesellschaften wie die westdeutsche blicken, die seiner Meinung nach sehr viel bessere Chancen der sozialpolitischen Intervention böten. Dieser Neid lässt sich am Ende der neunziger Jahre kaum mehr teilen, da zumindest in einigen Grundelementen die konservative Theorie des Sozialstaates auch hier Programm geworden ist. Demnach geht Armut ja nicht auf strukturelle Bedingungen von Ungleichheit zurück, sondern wird als Produkt eben dieses Sozialstaates verstanden: staatliche Leistungen ohne individuelle Gegenleistungen fördern nach dieser Vorstellung eine Mentalität, bei der jegliche Eigeninitiative verloren gehe. Hiervon ausgehend rechtfertigen sich dann die Programme des Abbaus staatlicher Leistungen. Dabei zeichnet sich deutlich die Verlagerung der Akzentuierung ab, die der ursprünglich von Myrdal (1963) als Strukturbegriff entwickelte Terminus der ‚underclass' genommen hat: es stehen nicht mehr die strukturellen Aspekte einer Gesellschaftsverfassung im Mittelpunkt, die sowohl ökonomische Güter wie Partizipationschancen auf höchst ungleiche Weise verteilt, sondern im Mittelpunkt stehen Verhalten und Lebensführung derjenigen, die zur ‚underclass' gehören, die auf diese Weise als ‚undercaste' definiert werden kann (vgl. im Überblick Gans 1996).[8] Das etabliert einen in sich geschlossenen ideologischen Zirkel, der dem Markt überlässt, was des Marktes ist, und das ist in dieser Betrachtungsweise die Gesamtheit der ökonomischen Verhaltensweisen der Individuen, ungeachtet ihrer Ausgangssituationen. Der partielle „Rückzug des wohltätigen Staates" (Wacquant 1997) setzt soziale Prozesse in Gang, die als Rechtfertigung eines weiteren und geradezu endgültigen Rückzuges dienen können. Denkt man die hiermit verbundenen Prozesse bis an ihren möglichen Endpunkt, so steht dort eine ‚Verkastung' der Gesellschaft, die mithilfe des Fetischs ‚Sicherheit' als notwendig gegeben rationalisiert wird. (Letztlich wird man dann aber kaum noch von *einer* Gesellschaft reden können, allenfalls von gegeneinander abgeschotteten gesellschaftlichen Paralleluniversen).

Das, was mit dem Begriff der ‚new urban underclass' erneut in den Blick der Sozialwissenschaften geriet, bezeichnet an sich keinen völlig neuen Zustand der Sozialverfassung. Schon im 19. Jahrhundert ist von den „outcast classes"

---

[8] Die Diskussion in den USA konzentriert sich dabei auf alleinerziehende Mütter, die – so Morris (1996) – unter moralischen Gesichtspunkten betrachtet und deren Abhängigkeiten stigmatisiert würden. Betone man einerseits ihre Bedeutung für die Sozialisation von Kindern, streiche man ihnen andererseits die Mittel der Subsistenz und stelle keine ausreichende öffentliche Infrastruktur bereit. Vgl. für eine hiesige avanciert-konservative (und nicht wesentlich differenziertere) Betrachtung Schäuble (1998).

(Mearns 1883 nach Keating 1976)[9] die Rede. Damals jedoch – und das konstituiert einen wesentlichen Unterschied zu heutigen Entwicklungen – konnte man noch davon ausgehen, dass der Arbeitskräftebedarf der Industrie und zugleich sozialpolitische Interventionen die ökonomische Integration dieser Armen ermöglichen würden. Diese Erwartung lässt sich angesichts der heutigen Bedingungen von ‚jobless growth' nicht mehr hegen; daneben tragen, wie neuere Forschungen zeigen, zunehmend mehr Bevölkerungsschichten bis in die Mittelschicht hinein das Risiko temporärer Armut lediglich passageren Charakters (vgl. Bohle 1997; zu ‚fear of falling' speziell bei den Mittelschichten auch Ehrenreich 1994). Diese Entwicklung unterstreicht das wirkmächtige Überdauern längst beschriebener Mechanismen, die in der Formel von der ‚industriellen Reservearmee' zusammengefasst sind, wenngleich es sich heute eher um eine Reservearmee schlecht bezahlter, tagelöhnerartiger Dienstleistungsjobs handelt als um eine Reservearmee der Industrie. Das Lied von Mobilität, Flexibilisierung, untertariflicher Entlohnung, dem selbständigen Angebot längst vergessener Dienstleistungen lässt sich jedenfalls wirkungsvoller und nachdrücklicher bei deregulierten Arbeitsmärkten, einem Überangebot von Arbeit und der gleichzeitigen Bedrohung von Verarmung, Armut und sozialem Absturz anstimmen. Zunehmend repliziert sich dabei das internationale Wohlstandsgefälle im nationalen Rahmen, wie eine seit anderthalb Jahrzehnten progressive Entwicklung der Umverteilung zeigt: niedrige Arbeitseinkommen (von Transfereinkommen gar nicht zu reden) steigen kaum, während hohe (Arbeits- und Vermögens-) Einkommen erheblich gestiegen sind (vgl. generell Roth 1996; Welzk 1996).

Während die Begrifflichkeit der ‚underclass' sich auf eine relationale Positionierung bezieht, auf ein hierarchisch gesehenes ‚Unten', dem ein ‚Oben' korrespondiert, und von daher noch einen Bezug zwischen beiden konstituiert, verschärft der Terminus ‚exclusion', wie er vor allem in der französischen Diskussion entwickelt worden ist, die Diagnostik erheblich, und Luhmann (1995) hat ihn bereits zur Leitdifferenz der Zukunft ausgerufen. Die Exkludierten sind schon terminologisch die Abge- und Entkoppelten, die sich jenseits der

---

[9] In einer historisch weiter gespannten Betrachtung wäre zudem zu sehen, dass, bezieht man die Hungerkrisen mit ein, Armut auch nicht erst im 19. Jahrhundert mit der beginnenden Industrialisierung entsteht. Vgl. zusammenfassend Abel (1977); Camporesi (1990).

gesellschaftlichen Prozesse befinden (vgl. zusammenfassend Kronauer 1997),[a] und es handele sich um „l'exil d'une partie de la population de la societé et de la citoyenneté", sagt Robert Castel in einem Interview (Magazine Littéraire Juli/ August 1995).

Die hiesige Diskussion zu diesem Thema beginnt erst, und die stadtsozio-logische Empirie kann die räumliche Konzentration von Arbeitslosigkeit, Armut, sozialer Isolation, Auf-Sich-Bezogenheit und damit verbundener Ausgeschlossen-heit in deutschen Städten in wahrnehmbaren, noch allerdings nicht übermäßig ausgeprägten Ansätzen belegen (vgl. für Stuttgart und Berlin Häußermann und Kazepov 1996). Es wäre allerdings eher verwunderlich, wenn sich hierzulande nicht ähnliche Entwicklungen abzeichnen würden wie bei den europäischen Nachbarn, da die ökonomischen Grundbedingungen durch Marktverflechtung ähnlich sind. Andererseits setzt Exklusion in dem Sinne, den Castel dem Begriff gibt, eine Art von ‚Auswanderung' nicht-physischer Art voraus; inwieweit diese bereits gegeben ist, muss als offen gelten. Die Abnahme der Wahl-beteiligung ließe sich als ein Indiz werten, ebenso wie die offenbar nachlassende Legitimation des demokratisch verfassten Gesellschaftssystems an sich (zu letzterem vgl. Hennig 1997). Eine sozialwissenschaftlich und sozialgeografisch orientierte Darstellung der – um den Titel eines Klassikers zu paraphrasieren – ‚Lage der für Arbeit nicht benötigten Klassen' fehlt jedoch bisher (als erster Ent-wurf wäre allerdings Bourdieu et al. 1997 zu verstehen).

Die angesprochenen Stereotypisierungen bieten heute weniger Anlaß für ‚problem talk' und Bemühungen sozialpolitischer Integration als für die nüchterne Feststellung, wo ‚das Böse' seinen Wohnsitz hat. Vor allem dies scheint bedeut-sam zu wissen, und es schließt sich die Frage an, wie man sich situativ gegen diese gefährlichen Klassen und ihre Unternehmungen zu sichern hat. Wie de Marinis (1997) betont, finde die Konstruktion der gefährlichen Klassen heute nicht mehr – wie es für das 19. Jahrhundert charakteristisch war – primär unter moralischen Gesichtspunkten statt; vielmehr sei die soziale Kontrolle ent-moralisiert und orientiere sich ausschließlich an dem Begriffspaar ‚gefährlich-nicht gefährlich'. Solche Entmoralisierung, wäre einschränkend anzumerken, bezieht sich jedoch vor allem auf die Art der Zuschreibung und Sanktionierung, weniger jedoch auf den Effekt, der sich durchaus als die Herstellung einer ‚moralischen Ordnung' gewissermaßen neuen (oder: überwunden geglaubten)

---

[a] Siehe den Text im Kapitel *Inklusionen und Exklusionen* im Vorgängerband *Verurteilen und Strafen* (A.d.H.).

Typs betrachten lässt. Dabei haben solche ‚gefährlichen Klassen' eine bedeutsame Funktion: nicht nur dient ihre vorgebliche Existenz als Vehikel der Konstruktion von ‚community', worauf noch einzugehen ist, sondern auch als konstruktives Element für Segregation, Kontrolle des Raumes, Ab- und Eingrenzungen technischer, architektonischer, ideologischer Art. Die sozialen Stereotypisierungen von Räumen ergänzen sich dabei komplementär mit den sozialen Stereotypisierungen von Bewohnerschaften zu einem System positiver bzw. negativer Distinktionen: „Ähnlich wie ein Club, der unerwünschte Mitglieder aktiv ausschließt, weiht das schicke Wohnviertel jeden einzelnen seiner Bewohner symbolisch, indem es ihnen erlaubt, an der Gesamtheit des akkumulierten Kapitals aller Bewohner Anteil zu haben. Umgekehrt degradiert das stigmatisierte Viertel symbolisch jeden einzelnen seiner Bewohner, der das Viertel degradiert, denn er erfüllt die von den verschiedenen gesellschaftlichen Spielen geforderten Voraussetzungen ja nicht. Zu teilen bleibt hier nur die gemeinsame gesellschaftliche Ex-Kommunikation." (Bourdieu 1997, S. 166).

3   Kontrolle des Raumes und Räume der Kontrolle

Den Ausgangspunkt der angesprochenen Entwicklungen stellt eine Ökonomisierung der Konzeption vom Urbanen dar (vgl. auch Keim 1997). Das schließt an die oben bereits erwähnte instrumentelle Ausrichtung eines Diskurses vom Niedergang der Städte an: private Investitionsinteressen und private Verfügungsmacht über urbanen Raum bei nur begrenzter öffentlicher Steuerung gelten als wichtigstes Instrument von städtischer Revitalisierung (Squires 1996). Zugleich treten dabei lokale Politiken als proaktive ökonomische Strategien immer mehr in den Vordergrund; die Entwicklung von ‚Standorten' ist weniger eine zentrale als eine lokale Aufgabe (Mayer 1994). Treibender ökonomischer Motor solcher Revitalisierungen sind dabei der private Konsum und seine Orte, der die City als ein „managed environment" (Christopherson 1994, S. 416) ausgestaltet und zur Erlebnis-Zone der Konsumbevölkerung stilisiert. Hergestellt wird eine „Stadt im Container" (Hoffmann-Axthelm 1995), die gerade dieser Containerhaftigkeit wegen exklusiv, nämlich nach außen abschließbar, eingerichtet werden kann. Richard Sennett hat den Prozess, der hier stattfindet, auf die knappe Formel gebracht: „Heute bedeutet Ordnung das Fehlen von Kontakt." (1997, S. 28).

Solche Verhaltensweisen enthalten aber auch die Voraussetzung der ‚Gefährlichkeit' der Straße und eine Umdefinition des öffentlichen Raumes: „The street – the venue for interaction – has been abandoned to the unhoused, the poor and the undesirable, the unprofitable. [...] The street is no longer perceived as public in the sense that it is owned by all people who use it. Its role as an in-between, liminal space [...] has been stripped away. The street has become a gauntlet to run between safe places. Activities that once took place on the street are displaced to privately maintained spaces such as business complex atria." (Christopherson 1994, S. 421) Eine zirkuläre Entwicklung bahnt sich damit an, die zuerst die Straße als einen öffentlich gestalteten und *von allen* belebten Raum aufgibt und dann ihre Gefährlichkeit mit der Anwesenheit derjenigen begründet, die nur dort geduldet werden (und auch dies nur in manchen städtischen Räumen, keineswegs aber in allen).

Neben diesen Räumen der Kontrolle steht die Kontrolle größerer Räume öffentlicher Art (aber was bedeutet noch Öffentlichkeit, wenn ganze Stadtviertel für manche Personengruppen *off limits* gesetzt werden). Das lässt sich für die letzten Jahre in allen deutschen Großstädten zeigen (vgl. etwa für den Stadtteil St. Georg in Hamburg Krasmann und de Marinis 1997). Es handelt sich hier nicht um die (durch ökonomische Mechanismen vermittelte) Segregation von Wohnbereichen, sondern um die (mit Zwangsmitteln durchgesetzte) Segregation von Aufenthalt, selbstredend im Namen der ‚Sicherheit'. So sind in Berlin – wahrhaft hauptstädtisch – inzwischen mehr als zwei Dutzend ‚gefährliche Orte' definiert worden, an denen verdachtsunabhängige Kontrollen möglich sind (Ronneberger 1997, S. 39). Ganze Innenstädte werden auf diese Weise zu ‚Hochsicherheitszonen', und die überquellenden Auslagen der Läden, die Buntheit des Straßenbildes und die inszenierte Abwechslung der Geschehnisse von Straßenfesten, Musikanten usw. lassen sich als ein farbiges Kostüm betrachten, das den tatsächlichen Charakter dessen, was geschieht, verhüllt: „Beneath the surface, the signal qualities of the contemporary urban landscape are not playfulness but control, not spontaneity but manipulation, not interaction but separation. [...] The soft images of spontaneity are used to disguise the hard reality of administered space." (Christopherson 1994, S. 409) Folgerichtig sieht Sibley (1995) ‚spatial purification' als ein wesentliches Element bei der Organisation des sozialen Raumes an, und die angesprochenen Formen der Raumkontrolle exekutieren gerade dies: ein autoritätsgebundenes Bedürfnis nach klaren Grenzen zwischen ‚in' und ‚out', zwischen ‚zugehörig' und ‚nicht zugehörig', zwischen ‚fremd' und ‚vertraut'.

4   ,Neue Kriminalpolitik': Die Kontrolle der Antagonismen

Die oben beschriebenen Entwicklungen stellen bereits herausdifferenzierte Strategien und Aktionsformen dessen dar, was zusammenfassend als ,Neue Kriminalpolitik' bezeichnet werden kann. Sie steht unter dem Kommando von efficiency, effectiveness, economy (Crawford 1997, S. 88) und folgt somit bruchlos der dominanten ökonomistischen Logik. Das hat weitreichende Folgen nicht nur für die Betrachtung und Sanktionierung von Kriminalität, sondern auch für die Formen der Prävention von Kriminalität, die Bedeutungszuschreibungen an unterschiedliche Verhaltensweisen bzw. Subgruppen der Bevölkerung, die Verortung polizeilicher und präventiver Anstrengungen und für die Formen des Eigenengagements, die Bürgerinnen und Bürgern abverlangt werden. Insgesamt akzentuieren die Formen, Ideologien und Praktiken dieser neuen Kriminalpolitik den Übergang von der Disziplinargesellschaft älterer Prägung zur spätmodernen Kontrollgesellschaft. Das soll im folgenden knapp skizziert werden.

Was ,Kontrollgesellschaft' in ihrer alltäglichen Verwirklichung heißt, ist momentan noch eher gedanklich zu spezifizieren[10] als tatsächlich an konkreten Örtlichkeiten zu besichtigen (wenngleich es solche gibt); für eine ,Kontrollgesellschaft' in endgültiger Form ist das heutige Leben auch in Großstädten noch allzu sehr analog organisiert, und erst die digitale Organisation möglichst aller alltäglichen Lebensvollzüge wird diesen Gesellschaftstypus technisch ermöglichen und mutmaßlich auch herausfordern (vgl. auch Legnaro 1997 für die Konturen dieser Entwicklung). Räume der Kontrolle werden sich dann wie „Waben in einem Bienenstock" aneinanderreihen, beschreiben Lindenberg und Schmidt-Semisch (1996) diese schöne neue Welt: „Ist diese raumbezogene Sicherheit erst einmal hergestellt, braucht der ohnehin zerbröckelnden umfassenden Moral nicht mehr gehorcht zu werden: Du kannst tun, was Du möchtest, aber tue es in dem dafür vorgesehenen Raum, in der dafür vorgesehenen Weise – das gewährt dir Sicherheit vor uns und uns Sicherheit vor dir." (ebda., S. 306 f.)

---

[10] Die Fülle der im Alltag ganz unmerklichen strafprozessualen und polizeirechtlichen Veränderungen (vgl. im Überblick Frehsee 1997) kumuliert insgesamt jedoch bereits zu einer Qualität, die die Verschiebung des Akzents von ,Disziplinierung' auf ,Kontrolle' deutlich erkennen läßt. Vgl. zudem Deleuze (1992) [siehe den Text in den *Grundlagentexten* S. 345 ff. – A.d.H.]; Shearing und Stenning (1992); Lindenberg und Schmidt-Semisch (1995).

Zentral für solche Betrachtungsweisen werden Risikokalküle geradezu versicherungstechnischer Art. Zwar sind es immer noch Einzelne, die kontrolliert und sanktioniert werden, aber ein generalisiertes Verdachtsprofil steuert solche Maßnahmen, und dem Risikomanagement unterliegen vor allem jene Bevölkerungsgruppen, die – medial und/oder politisch – mit dem Stigma der ‚gefährlichen Klasse' versehen worden sind. Zusammen mit der Kontrolle des Raumes und einer Vorverlegung der Kontrollgrenzen (für die die Schleierfahndung ein aktuelles Beispiel bildet) ergibt sich ein System von „actuarial justice" (Feeley und Simon 1994), bei dem kollektive Güter (Sicherheit) den Vorrang vor individuellen Rechten haben.

Mit diesem paradigmatischen Wechsel der Kriminalpolitik rückt aber auch die ‚community' als der soziale Ort von Kriminalitätsprävention und Kriminalitätsbekämpfung in den Vordergrund, dies um so mehr, als hier die ‚broken windows' an Ort und Stelle verhindert bzw. bekämpft werden können. So ist ein ganzer Zweig kriminalpräventiver Unternehmungen – nach dem geradezu sprichwörtlich gewordenen Aufsatz von Wilson und Kelling (1982)[b] – ‚Broken Windows Approach' getauft worden. Dieser Ansatz favorisiert Präsenz und offensives Handeln von Polizei vor Ort und sucht staatliche und darüber hinaus auch gesellschaftliche Ordnung als Aktion sekundärer Institutionen herzustellen (vgl. höchst umfassend Alpert und Piquero 1998; zur deutschen Situation Feltes 1995; Kury 1997). Die These hat einen beträchtlichen Einfluss auf die öffentliche Diskussion wie auf polizeiliches Handeln ausgeübt; sie zehrt von einem einfachen sozialpsychologischen Schluss – dass nämlich ein zerbrochenes Fenster nicht lange das einzige bleiben wird –, von einer empirisch fragwürdigen und jedenfalls simplifizierten Unterstellung – dass es eine „direct causal relationship between a lack of informal social control – in other words a lack of 'community' – and the existence of high levels of crime" (Crawford 1997, S. 152) gebe, und nicht zuletzt von einer politisch-ideologischen Aussparung, der Aussparung der Frage nämlich, warum eine Wohnung oder ein ganzer Häuserblock leer steht, was das Zerbrechen von Fensterscheiben jedenfalls erleichtert.

Mit den vielfältigen Formen des ‚community policing' tauchen einerseits die kriminalpräventiven Vorstellungen eines Robert Peel aus der ersten Hälfte des 19. Jahrhunderts wieder auf, andererseits jedoch formen solche veränderten Handhabungen polizeilicher Strategie auch neue Formen der Regulierung; „its effect has been to provide a more powerful mechanism of rule, albeit rule that

---

[b] Siehe den Text in diesem Kapitel (A.d.H.).

is located as much at the sub-political level as it is at the state level." (Shearing 1995, S. 80 f.) Solche *governance* weist einige Komponenten auf, die durchaus als ideologisch gelten können. Crawford (1997, S. 148–168) weist etwa darauf hin, dass dieser Diskurs den räumlichen Aspekt gegenüber dem sozialen überbetone, ‚community' als eine Art von Bollwerk gegen (verdächtige, gefährliche, nicht einzuschätzende) ‚Andere' wahrnehme und vor allem einer ‚moralischen Ordnung' statt der Durchsetzung von Recht Priorität gebe, wie die ‚zero tolerance'-Strategien zeigten. Das relativiert die oben erwähnte Annahme, die Kontrollmodi der Kontrollgesellschaft seien nicht an moralischen Kriterien, sondern nur an ‚Gefährlichkeit' ausgerichtet: sie argumentieren zwar nicht in moralischen Termini und sind insoweit a-moralisch, aber indem sie in ihren Zuschreibungen von Gefährlichkeit alte Stereotypen wieder aufgreifen, formulieren sie in ihren inhaltlichen Ab- und Eingrenzungen eine Palette mittelschichtspezifischer Werthaltungen und können deswegen in ihrer abstrakten Bedeutung nicht als moralisch neutral verstanden werden.

Diese gravierenden Einwände deuten auf die Problematik der Rekonstruktion von ‚community' als einer Sicherheitsgemeinschaft hin; schon Kreissl (1987) spöttelt über die vormodernen Phantasien, mit deren Hilfe fiktiv und simulativ Gemeinde als gemeinschaftlicher Lebens- und Erlebnisraum (wieder) hergestellt werden solle. Letztlich führt dies zu einer „criminalization of social policy" (Crawford 1997, S. 228 f.): alle öffentlichen Angelegenheiten werden nur noch unter dem Blickpunkt von Kriminalprävention betrachtet und erscheinen nur noch in Hinsicht auf ihren Beitrag hierzu als wichtig.

Neben der Akzentuierung einer ‚Gemeinschaftlichkeit', die in der heutigen Großstadt vorgeblich defizitär sei, stehen neue Erwartungen und Zuschreibungen an die Leistungen des Individuums, die die Kriminalpolitik auf eine spezifische Weise privatisieren, was bereits zu einem sicherheitsindustriellen Komplex geführt hat (vgl. zuletzt Nogala 1998). So skizziert Garland (1996) als eine der heutigen Formen kriminalpolitischen Handelns eine „responsibilization strategy" und fasst sie als „governing-at-a-distance" auf. Hier rücken die Individuen und ihre Handlungsalternativen bzw. Handlungsstrategien in den Mittelpunkt: die Einzelnen werden für ihre Anstrengungen zur Kriminalitätsprävention verantwortlich gemacht und ebenfalls für ihre diesbezüglichen Unterlassungen.[11] Die neue Leitfigur ist damit der *homo prudens* (O'Malley 1992).

---

[11] Das lässt sich als die spätmoderne Version einer ‚blaming-the-victim'-Einstellung betrachten, und Ähnlichkeiten mit älteren Argumentationen im Zusammenhang mit Vergewaltigung erscheinen nicht zufällig.

Diese Verschiebung der primären Verantwortlichkeit vom Staat und seinen Agenturen auf die Individuen findet sich bekanntlich keineswegs nur oder auch nur primär im Bereich der Kriminalpolitik; viele andere Politikbereiche (soziale Sicherheit, Gesundheit, Arbeit) weisen ähnliche Verschiebungen der Zuschreibung auf. Jeweils gilt ein Paradigma von Ökonomisierung, bei dem die Abwägung von Kosten und Nutzen im Mittelpunkt steht. Zudem lässt sich Responsibilisierung als ein Konzept öffentlicher Stigmatisierung verwenden; am Pranger stehen dann diejenigen, die dieser ihrer Verantwortung angeblich nicht gerecht werden, wobei selten danach gefragt wird, ob sie dies denn überhaupt können (vgl. Morris 1996; Crawford 1997, S. 298 f.). Nicht zuletzt bauen Polizei und staatliche Institutionen an sie gerichtete Erwartungshaltungen ab, indem sie Verantwortlichkeiten an andere Akteure delegieren und sich damit nicht nur von der Verantwortung für einen bestimmten Politikbereich entlasten, sondern auch von der Verantwortung für dessen Gelingen bzw. Scheitern. Das führt jedoch nicht notwendig – wie auf den ersten Blick naheläge – zu einer Schwächung des Zentralstaates: zwar entledigt er sich der Verantwortung, nicht jedoch seiner grundsätzlichen Lenkungskompetenz und -kapazität (Crawford 1997, S. 221). Damit wird ein Mechanismus generiert, die Handlungsfähigkeit des Staates durch die Verlagerung von Aufgabenbereichen zu bewahren; er beweist diese Handlungsfähigkeit gerade durch solche Verlagerung, könnte man folgern, und während er auf eine durchgreifende Besteuerung derjenigen verzichtet, die finanzielle Potenz aufweisen, sich dadurch also auch jener Steuereinnahmen beraubt, die politische Intervention ermöglichen, überwälzt und übergibt er klassische Aufgabenbereiche an die Privaten, sowohl in kommerzieller Form wie in der Form der Verantwortungszuschreibung.

Damit rückt Foucaults Begriff der *gouvernementalité* in den Blickpunkt (1991, 1994).[12] Von besonderer Bedeutung ist dabei sein Hinweis auf die ‚Ökonomisierung des Sozialen‘, die eine Technik neoliberaler *gouvernementalité* darstelle. „Der Neoliberalismus ermutigt die Individuen, ihrer Existenz eine bestimmte unternehmerische Form zu geben. Er reagiert auf eine verstärkte

---

[12] Der Terminus und seine Implikationen sind (mit Ausnahme von Lemke 1997) hierzulande noch kaum rezipiert; vgl. auch Garland (1997). Schon die Übersetzung fällt schwer: Lemkes Eindeutschung als ‚Gouvernementalität‘ lässt sich kaum als Übersetzung betrachten, und eine Übertragung als ‚Kunst des Regierens und Herrschens‘ (Shearing 1997) konzentriert sich m. E. zu sehr auf das ‚Gouvernieren‘ und vernachlässigt die Mentalität.

‚Nachfrage' nach individuellen Gestaltungsspielräumen und Autonomie-
bestrebungen mit einem ‚Angebot' an Individuen und Kollektive, sich aktiv an
der Lösung von bestimmten Angelegenheiten und Problemen zu beteiligen,
die bis dahin in die Zuständigkeit von spezialisierten und autorisierten Staats-
apparaten fielen. Der ‚Preis' für diese Beteiligung ist, dass sie selbst die Verantwortung für diese Aktivitäten – und für ihr Scheitern – übernehmen müssen"
(Lemke 1997, S. 254). Wie Castel hervorhebt, verhülle gerade diese Freiheit der Aushandlung neuartige Kontrollformen, „which aim to maximize the
returns on doing what is profitable and to marginalize the unprofitable. [...] the
emerging tendency is to assign different social destinies to individuals in line
with their varying capacity to live up to the requirements of competitiveness and
profitability." (1991, S. 294).1[13].

‚Governing by freedom' wird denn auch als entscheidender Mechanismus
der neoliberalen *gouvernementalité* hervorgehoben. Solches ‚governing by
freedom' gilt nach der Darstellung Foucaults auch für die neoliberale Kriminalpolitik. Jeglicher Moralisierungsimperativ sei aufgegeben, und das Verbrechen
stehe „nicht mehr außerhalb des Marktes, sondern ist ein Markt wie andere
auch. Die neoliberale Straftheorie beschränkt sich auf eine Intervention auf dem
Markt des Verbrechens [...] Sie konzentriert sich nicht auf die Spieler, sondern
auf die Spielregeln: Im Mittelpunkt steht nicht die (interne) Unterwerfung der
Individuen, sondern die Bestimmung und Lenkung ihrer (äußeren) Umwelt.
Das neoliberale Programm zielt weder auf eine disziplinierende noch auf eine
normalisierende Gesellschaft, sondern auf eine Gesellschaft, die sich durch eine
Kultivierung und Optimierung von Differenzen auszeichnet." (Lemke 1997,
S. 250 f. in Paraphrasierung einer unveröffentlichten Vorlesung von Foucault am
21.3.1979)ᶜ.

‚Governing by freedom', die Techniken der Responsibilisierung und die
darin eingelassene Distanz staatlicher Lenkung wirken zusammen, um als
Produkt die Marktförmigkeiten solcher Kultivierung herzustellen. Um diese

---

[13] Ein solches Regieren auf Distanz mit seinen neuartigen Kontrollformen entspricht sehr
genau der Teamorganisation moderner Betriebe, wie Sennett (1998, Kap. 6) zeigt.
ᶜ Die Vorlesungen sind inzwischen veröffentlicht: Michel Foucault, Die Geburt der Biopolitik. Geschichte der Gouvernementalität II. Vorlesungen am Collège de France
1978/1979, Frankfurt/M. 2006 [A.d.H.].

Herstellung zu gewährleisten, kann es sich bei der Distanz, die ‚governing-at-a-distance' ausmacht, jedoch nicht um eine unveränderliche Distanz handeln; vielmehr braucht es einen Mechanismus der Feinsteuerung. Dieser Mechanismus wird durch zumindest zwei Faktoren bestimmt. Da ist zum einen jene plurale Sicherheit, die durch die privatökonomisch bestimmte Politik des Urbanen, die Fragmentierungen der Stadt, die Stereotypisierung der ‚gefährlichen Klassen' und die Ökonomisierung auch von Sicherheit entsteht, ein Prozess, der zu differentieller Sicherheit und dazu führt, daß den einen diesbezüglich lediglich eine staatliche Grundversorgung zusteht, während die anderen Sicherheit als privates Konsumgut erstehen. Als zweiter Faktor treten differentielle Verunsicherungen (und ihre politische Ausbeutung) hinzu. Beide Faktoren gemeinsam machen ‚Sicherheit' und ihre Herstellung als ein mentalitätserzeugendes Konstrukt verstehbar: einerseits ist man durch die vorgebliche Existenz von ‚gefährlichen Klassen' zum Rüsten gegen den Binnenfeind aufgefordert, und die Grenzen von ‚in' und ‚out' werden neu bestimmt, andererseits entfaltet ein solches Gesellschaftsbild eben dadurch integratives Potential. Beide Faktoren schließen sich damit zu einer Technik der Steuerung der Subjekte zusammen, und es lässt sich dem ‚governing by freedom' komplementär auch ein ‚governing by fear' an die Seite stellen:[14] zum Zuckerbrot der ‚Freiheit', die vorgeblich aus den vielen Optionen besteht, gesellt sich die Peitsche der ‚Kriminalitätsfurcht'. Sie bietet die Begründungsketten und auch den Vorwand,[15] Grundrechte einzuschränken, polizeiliche Befugnisse zu erweitern, Sanktionsandrohungen zu verschärfen, und generell bietet sie die Möglichkeit, politische Steuerung aus beliebig einstellbarer Distanz, ‚hart' oder ‚weich', zu gewährleisten.

---

[14] Simon (1997) spricht für die USA vom ‚Regieren durch Verbrechen'.

[15] Die Vorgeschichte von ‚Großem Lauschangriff' und ‚Schleierfahndung' lässt sich diesbezüglich geradezu als Lehrstück verstehen, als Lehrstück nicht zuletzt auch für eine Art von ‚Diskursmanagement', bei der Politik, Polizei und Medien an der Konstruktion einer ‚Gefahr' (hier: Organisierte Kriminalität) beteiligt sind, die in der Erfahrung der Alltagswelt als solche zwar nicht vorkommt, jedoch meinungs- und handlungsrelevant wird.

Literatur

Abel, W., Massenarmut und Hungerkrisen im vorindustriellen Deutschland, Göttingen 1977

Alpert, G. und A. Piquero (Hrsg.), Community Policing. Contemporary Readings, Prospect Heights, Ill., 1998

Bauman, Z., Flaneure, Spieler und Touristen. Essays zu postmodernen Lebensformen, Hamburg 1997

Bohle, H., Armut trotz Wohlstand. In: W. Heitmeyer (Hrsg.), Was treibt die Gesellschaft auseinander? Bundesrepublik Deutschland: Auf dem Weg von der Konsens- zur Konfliktgesellschaft, Bd. 1, Frankfurt/M. 1997, S. 118–155

Bourdieu, P., Ortseffekte. In: P. Bourdieu et al. (Hrsg.), Das Elend der Welt. Zeugnisse und Diagnosen alltäglichen Leidens an der Gesellschaft, Konstanz 1997, S. 159–167

Camporesi, P., Das Brot der Träume. Hunger und Halluzinationen im vorindustriellen Europa, Frankfurt/M. 1990

Castel, R., From dangerousness to risk. In: G. Burchell/C. Gordon/P. Miller (Hrsg.), The Foucault Effect. Studies in Governmentality, London-Toronto 1991, S. 281–298

Christopherson, S., The Fortress City: Privatized Spaces, Consumer Citizenship. In: Amin, A. (Hrsg.), Post-Fordism. A Reader, Oxford-Cambridge, Mass. 1994, S. 409-427

Crawford, A., The Local Governance of Crime. Appeals to Community and Partnerships, Oxford 1997

Davis, M. und R. Keil, Sonnenschein und schwarze Dahlien. Die ideologische Konstruktion von Los Angeles. In: W. Prigge (Hrsg.), Städtische Intellektuelle. Urbane Milieus im 20. Jahrhundert, Frankfurt/M. 1992 , S. 267–297

Deleuze, G., Das elektronische Halsband. Innenansicht der kontrollierten Gesellschaft, in: Kriminologisches Journal 3, 1992, S. 181-186

de Marinis, E., Überwachen und Ausschließen: Machtinterventionen in urbanen Räumen der Kontrollgesellschaft, unveröffentlichte Diss., Hamburg 1997

Eckert, J. und M. Kißler, Südstadt, wat es dat? Kulturelle und ethnische Pluralität in modernen urbanen Gesellschaften, Köln 1997

Ehrenreich, B., Angst vor dem Absturz. Das Dilemma der Mittelklasse, Reinbek 1994

Feeley, M. und J. Simon, Actuarial Justice: the Emerging New Criminal Law. In: D. Nelken (Hrsg.), The Futures of Criminology, London-Thousand Oaks-New Delhi 1994, S. 173–201

Feltes, T. (Hrsg.), Kommunale Kriminalprävention in Baden-Württemberg. Erste Ergebnisse der wissenschaftlichen Begleitung von drei Pilotprojekten, Holzkirchen/Obb. 1995

Foucault, M., Governmentality. In: G. Burchell, C. Gordon, P. Miller (Hrsg.), The Foucault Effect. Studies in Governmentality, London-Toronto 1991, S. 87–104

ders., Dits et écrits Bd. III, Paris 1994

Frehsee, D., Fehlfunktionen des Strafrechts und der Verfall des rechtsstaatlichen Freiheitsschutzes. In: D. Frehsee/G. Löschper/G. Smaus (Hrsg.), Konstruktion der Wirklichkeit durch Kriminalität und Strafe, Baden-Baden 1997, S. 14–46

Gans, H., From ‚Underclass‘ to ‚Undercaste‘: Some Observations About the Future of the Post-Industrial Economy and its Major Victims. In: E. Mingione (Hrsg.), Urban Poverty and the Underclass, Oxford-Cambridge, Mass. 1996, S. 141-152

Garland, David, The Limits of the Sovereign State. Strategies of Crime Control in Contemporary Society, in: British Journal of Criminology 4, 1996, S. 445-471

ders., 'Governmentality' and the problem of crime: Foucault, criminology, sociology, in: Theoretical Criminology 2, 1997, S. 173–214

Gross, P./R. Hitzler, Urbanes Erschrecken. Die Ängste der Bürger und die Produktion von ‚Sicherheit', in: Zeitschrift für Politische Psychologie Nr. 3/4, 1996, S. 365–372

Hallsson, F., Lebensweltliche Ordnung in der Metropole. Ethnische Konfliktpotentiale, Demarkationslinien und Typisierung von Ausländern im Frankfurter Gallus-Viertel. In: W. Heitmeyer/R. Dollase (Hrsg.), Die bedrängte Toleranz. Ethnisch-kulturelle Konflikte, religiöse Differenzen und die Gefahren politisierter Gewalt, Frankfurt/M. 1996, S. 271–312

Häußermann, H. und Y. Kazepov, Urban Poverty in Germany: A Comparative Analysis of the Profile of the Poor in Stuttgart and Berlin. In: E. Mingione (Hrsg.), Urban Poverty and the Underclass, Oxford – Cambridge, Mass. 1996, S. 343–369

Hennig, U., K.-D. Keim und J. Schulz zur Wiesch, Spuren der Mißachtung, Frankfurt/M.-New York 1984

Hennig, E., Demokratieunzufriedenheit und Systemgefährdung. In: W. Heitmeyer (Hrsg.), Was treibt die Gesellschaft auseinander? Bundesrepublik Deutschland: Auf dem Weg von der Konsens- zur Konfliktgesellschaft, Bd. 1, Frankfurt/M. 1997, S. 156–195

Hoffmann-Axthelm, D., Das Einkaufszentrum. In: G. Fuchs/B. Moltmann/W. Prigge (Hrsg.), Mythos Metropole, Frankfurt/M. 1995,, S. 63–72

Keating, P. (Hrsg.), Into Unknown England 1866–1913. Selections from the Social Explorers, Glasgow 1976

Keim, K.-D., Vom Zerfall des Urbanen. In: W. Heitmeyer (Hrsg.), Was treibt die Gesellschaft auseinander? Bundesrepublik Deutschland: Auf dem Weg von der Konsens- zur Konfliktgesellschaft, Bd. 1, Frankfurt/M. 1997, S. 245–286

Krasmann, S. und P. de Marinis, Machtintervention im urbanen Raum, in: Kriminologisches Journal 3, 1997, S. 162–185

Kreissl, R., Die Simulation sozialer Ordnung. Gemeindenahe Kriminalitätsbekämpfung, in: Kriminologisches Journal 4, 1987, S. 269-284

Kronauer, M., „Soziale Ausgrenzung" und „Underclass": Über neue Formen der gesellschaftlichen Spaltung, in: Leviathan 1, 1997, S. 28–49

Kury, H. (Hrsg.), Konzepte Kommunaler Kriminalprävention, Band 59 der Kriminologischen Forschungsberichte des MPI für ausländisches und internationales Strafrecht, Freiburg 1997

Legnaro, A., Konturen der Sicherheitsgesellschaft: Eine polemisch-futurologische Skizze, in: Leviathan 2, 1997, S. 271–284

Lemke, T., Eine Kritik der politischen Vernunft. Foucaults Analyse der modernen Gouvernementalität, Berlin-Hamburg 1997

Lindenberg, M. und H. Schmidt-Semisch, Sanktionsverzicht statt Herrschaftsverlust: Vom Übergang in die Kontrollgesellschaft, in: Kriminologisches Journal 1, 1995, S. 2-17

dies., Profitorientierte Institutionen strafrechtlicher Sozialkontrolle. Notizen zum Verschwinden der Gemeinnützigkeit. In: K.-D. Bussmann/R. Kreissl (Hrsg.), Kritische Kriminologie in der Diskussion. Theorien, Analysen, Positionen, Opladen 1996, S. 295–309

Luhmann, N., Gesellschaftsstruktur und Semantik. Studien zur Wissenssoziologie Band 4, Frankfurt/M. 1995

Marcuse, P., Not Chaos, but Walls: Postmodernism and the Partitioned City. In: S. Watson/K. Gibson (Hrsg.), Postmodern Cities and Spaces, Cambridge, Massachusetts, 1995, S. 243–253

Mayer, M., Post-Fordist City Politics. In: A. Amin (Hrsg.), Post-Fordism. A Reader, Oxford- Cambridge, Mass. 1994, S. 316-337

Morris, L., Dangerous Classes: Neglected Aspects of the Underclass Debate. In: E. Mingione (Hrsg.), Urban Poverty and the Underclass, Oxford-Cambridge, Mass. 1996, S. 160-175

Myrdal, G., Challenge to Affluence, New York 1963

Nogala, D., Sicherheit verkaufen. Selbstdarstellung und marktstrategische Positionierung kommerzieller ‚Sicherheitsproduzenten'. In: R. Hitzler/H. Peters (Hrsg.), Inszenierung innerer Sicherheit – Daten und Diskurse, Opladen 1998

O'Malley, P., Risk, Power, and Crime Prevention, in: Economy and Society 21, 1992, S. 252-275

Patton, P., Imaginary Cities: Images of Postmodernity. In: S. Watson/K. Gibson (Hrsg.), Postmodern Cities and Spaces, Cambridge, Massachusetts, 1995, S. 112–121

Ronneberger, K., Gefährliche Orte – unerwünschte Gruppen. Zur ordnungspolitischen Regulation städtischer Räume in den 90er Jahren, in: WeltTrends 17, 1997, S. 31–46

Roth, R., Wie der Staat die Reichen immer reicher macht. In: H. Schui/E. Spoo (Hrsg.), Geld ist genug da. Reichtum in Deutschland, Heilbronn 1996, S. 40–49

Ryan, J., Women, Modernity and the City, in: Theory, Culture & Society 4, 1994, S. 35-63

Sassen, S., The Global City, Princeton 1991

Schäuble, W., Und sie bewegt sich doch, Berlin 1998

Sennett, R., Fleisch und Stein. Der Körper und die Stadt in der westlichen Zivilisation, Frankfurt/M. 1997

ders., Der flexible Mensch. Die Kultur des neuen Kapitalismus, Berlin 1998

Shearing, C. und P. Stenning, From the Panopticon to Disney World: the development of discipline. In: R.V. Clarke (Hrsg.), Situational Crime Prevention. Successful Case Studies, New York 1992, S. 249-255

Shearing, C., Reinventing Policing: Policing as Governance. In: F. Sack/M. Voß/D. Frehsee/A. Funk/H. Reinke (Hrsg.), Privatisierung staatlicher Kontrolle: Befunde, Konzepte, Tendenzen, Baden-Baden 1995, S. 70–87

ders., Gewalt und die neue Kunst des Regierens und Herrschens. In: T. von Trotha (Hrsg.), Sonderheft 37/1997 ‚Soziologie der Gewalt' der Kölner Zeitschrift für Soziologie und Sozialpsychologie, S. 263–278

Sibley, D., Geographies of Exclusion, London 1995

Simmel, G., Soziologie. Untersuchungen über die Formen der Vergesellschaftung, Berlin 1908 (hier 1968 [5])

Simon, J., Gewalt, Rache und Risiko. Die Todesstrafe im neoliberalen Staat. In: T. von Trotha (Hrsg.), Sonderheft 37/1997 ‚Soziologie der Gewalt' der Kölner Zeitschrift für Soziologie und Sozialpsychologie, S. 279–301

Soja, Edward W., Postmodern Urbanization: The Six Restructurings of Los Angeles. In: S. Watson/K. Gibson (Hrsg.), Postmodern Cities and Spaces, Cambridge, Massachusetts, 1995, S. 125–137

Squires, G. D., Partnership and the Pursuit of the Private City. In: S. Fainstein/S. Campbell (Hrsg.), Readings in Urban Theory, Malden, Mass.-Oxford 1996, S. 266–290

Swanson, G., 'Drunk with the Glitter': Consuming Spaces and Sexual Geographies. In: S. Watson/K. Gibson (Hrsg.), Postmodern Cities and Spaces, Cambridge, Massachusetts, 1995, S. 80–98

Wacquant, L., Vom wohltätigen Staat zum strafenden Staat: Über den politischen Umgang mit dem Elend in Amerika, in: Leviathan 1, 1997, S. 50–66

Welzk, S., Wie in Deutschland umverteilt und der Wohlstand ruiniert wird. In: H. Schui/E. Spoo (Hrsg.), Geld ist genug da. Reichtum in Deutschland, Heilbronn 1996, S. 29–40

Wilson, J./G. Kelling, Broken Windows: The Police and Neighborhood Safety, in: The Atlantic Monthly März 1982, S. 29–38

Wilson, W.J., The Truly Disadvantaged. The Inner City, the Underclass, and Public Policy, Chicago 1987

4. Gefühlte Kriminalität: Kriminalitätsfurcht

Einleitung: Gefühlte Kriminalität: Kriminalitätsfurcht

Aldo Legnaro und Daniela Klimke

Ängste und Befürchtungen gerade mit Kriminalität zu verbinden und in deren Erscheinungsformen eine dauerhafte Gefahr zu sehen, hätte in Mittelalter und früher Neuzeit Europas sehr nahegelegen. In einer Zeit, die noch kein etabliertes staatliches Gewaltmonopol kannte und in der einzelne Fürsten ebenso wie Räuberbanden und marodierende Soldaten nach Belieben oder vorgeblicher Notwendigkeit plünderten, raubten und töteten, war Kriminalität vielfältiger Art ein permanentes und ubiquitäres Lebensrisiko. Dass sich auch die politischen und militärischen Anstrengungen der Herrscher, ein Gewaltmonopol zu errichten, als eine Form der organisierten Kriminalität begreifen lassen (Tilly 1985, siehe den Text im Kapitel *Kriminalität als Instrument des Regierens* im Vorgängerband *Verurteilen und Strafen*), unterstreicht die unentrinnbare Präsenz des Phänomens in damaligen Zeiten. Aber das war nicht die Hauptsorge des mittelalterlichen Menschen. Der fürchtete sich vielmehr vor der Pest und dem Verhungern, vor den Verwüstungen des Krieges und der Dunkelheit, dem Steuereinnehmer und nicht zuletzt vor dem Satan, der im damaligen Bewusstsein eine bedeutende Rolle einnahm (Delumeau 1985). Reiwald sieht diesen Satan als eine mächtige Projektionsbildung, die dazu verhalf, emotional-sexuelle Ver-

A. Legnaro (✉)
Köln, Deutschland
E-Mail: a.legnaro@t-online.de

D. Klimke
Institut für Kriminalitäts- und Sicherheitsforschung, Polizeiakademie Niedersachsen,
Nienburg, Deutschland
E-Mail: klimke@uni-bremen.de

252 A. Legnaro und D. Klimke

drängungen zu bewältigen: der Kampf mit dem Satan sei der Kampf mit den verdrängten Triebregungen gewesen. Heute sei der Satan zwar verschwunden, „aber er hat einen Erben hinterlassen, einen schmächtigeren Nachfahren, den Verbrecher" (1948/1973, S. 123), und Verbrecher stellten, „eben wie der Teufel, nur abgeschwächt, die Repräsentanten des ins Unbewußte verdrängten menschlichen Trieblebens dar" (ebd.). Diese psychoanalytische Interpretation erklärt plausibel, warum man im Mittelalter das Verbrechen nicht sonderlich fürchtete – man hatte eine größere Macht zu fürchten.

Der spätmoderne Mensch in der Bundesrepublik fürchtet sich vor anderen Mächten. Er fürchtet etwa, der Staat könne durch Flüchtlinge überfordert sein (56 %), dass „das Zusammenleben zwischen Deutschen und den hier lebenden Ausländern durch einen weiteren Zuzug von Ausländern/Asylanten beeinträchtigt wird (55 %), er fürchtet sich vor einer durch die Politik der Trump-Administration gefährlicher werdenden Welt (55 %), davor, dass Politiker durch ihre Aufgaben überfordert seien (47 %), vor politischem Extremismus (47 %), davor, dass das Wohnen unbezahlbar (45 %) oder man im Alter ein Pflegefall werden könne (45 %), vor den Kosten durch die EU-Schuldenkrise (44 %), davor, dass terroristische Vereinigungen Anschläge verüben (44 %) und vor stark steigenden Lebenshaltungskosten (43 %). Auf Platz 21 erst rangiert dann mit 23 % die Sorge, Opfer einer Straftat zu werden (R + V Versicherung 2019). Manche dieser Ängste ranken sich also um lebensweltliche Besorgnisse und Risiken, die nicht im eigentlichen Sinne politisch konnotiert sind, und Kriminalitätsfurcht spielt vor allem als Furcht vor terroristischen Anschlägen eine Rolle, ist ansonsten aber eher irrelevant. Daraus lässt sich zweierlei ableiten. Erstens haben Ängste ihre Konjunkturen, und was gestern eine verbreitete Grundbefindlichkeit schien, kann heute marginal geworden sein, morgen allerdings wieder zum Thema werden. Und zweitens gibt dies Anlass zu der These, dass es sich primär um frei flottierende Ängste handelt, die sich mal an dies und mal an jenes Objekt heften können. Diese Objekte werden zwar nicht beliebig und willkürlich zu Angstobjekten (bzw. zu solchen ernannt) – sie müssen eine Qualität der beängstigenden Fremdheit aufweisen, um dafür geeignet zu sein. Letztlich aber sind sie variabel und von politisch und medial beeinflussten Stimmungen abhängig; der Satan ist erheblich modernisiert worden, ohne dabei seine Qualitäten als Projektionsfläche einzubüßen. ‚Der Flüchtling' bzw. ‚der Asylant' ist als Angstobjekt dann ebenso tauglich wie ‚der Kriminelle', zumal beide Kategorien oft als ‚krimineller Ausländer' zusammengedacht werden (Hirtenlehner et al. 2016; Hirtenlehner und Grafl 2018). Dies wird denn auch von rechtsextremer Seite versucht, um xenophobe und rassistische Einstellungen zu schüren und

Verängstigungen politisch instrumentalisieren zu können (siehe Hestermann und Hoven 2019). Die Mainstream-Medien sind daran allerdings nicht unbeteiligt (Hestermann 2019). In diesem Kontext ist auch Kriminalitätsfurcht zu sehen, wie sich zeigen wird.

Allerdings wirft bereits der Begriff einige Fragen auf, die empirisch nie so recht aufgelöst werden konnten. ‚Kriminalität' umfasst derartig viele Delikte und Verhaltensweisen, dass sich in solcher Allgemeinheit kaum sinnvoll von einer damit verbundenen Furcht sprechen lässt. Geht es dabei um eine Furcht vor Wohnungseinbruch, vor einem Raubüberfall, vor einem sexuellen Übergriff, einer Phishing-Attacke, einem terroristischen Anschlag? Alle diese Möglichkeiten, Opfer einer Straftat zu werden, mögen mit bestimmten – auch ängstlichen – Gefühlen besetzt sein, lassen sich aber schwerlich auf den gleichen Nenner bringen. Und welche Gefühle sie wecken, ist mit dem einen Begriff ‚Furcht' wohl auch kaum zutreffend in einer plausiblen Alltagslogik beschrieben, die zwischen Furcht und Angst nicht unterscheidet und beide Begriffe synonym verwendet. Dies im Gegensatz zur Psychologie, in der Furcht als objektbezogen gilt und auf eine äußere Gefahr hin orientiert ist, während Angst als eher unbestimmt angesehen wird. Furcht lässt sich dann als Basisemotion ansehen, während Angst als Kombination der Furcht mit anderen Grundgefühlen wie beispielsweise Neugierde, Überraschung, Kummer, Wut und Scham verstanden wird. Berücksichtigt man daneben noch ähnliche Begriffe wie Ängstlichkeit, Besorgnis, Befürchtung oder negative Antizipationen, die alle einen eigenen, aber eng verwandten Bedeutungshorizont aufweisen, wird die Terminologie vollends unübersichtlich und bringt erhebliche empirische Abgrenzungsprobleme mit sich. Vor diesem Hintergrund fragen denn auch Ditton et al. (1999): „Afraid or angry?" und kommen zu dem Schluss, dass oft eher Gefühle des Wütend-, Verärgert- und Ärgerlich-Seins dominieren. Auch könnte eine diffuse Ängstlichkeit gegenüber Risiken bedeutsamer sein als das Gefühl tatsächlicher Bedrohung der eigenen Sicherheit (Gray et al. 2008). Und vielleicht wäre es produktiver (und politisch sinnvoller), nach dem Vertrauen (bzw. seinem Fehlen) zu fragen, dass die Menschen dem Staat, der Gemeinde und den Mechanismen der Soziabilität in ihrer Umgebung entgegenbringen (Walklate 1998). Insgesamt könnte in methodischer Hinsicht gelten, „that the results of fear of crime surveys appear to be a function of the way the topic is *researched,* rather than the way it is" (Farrall et al. 1997, S. 676, im Original kursiv). Eine gerne zitierte Definition von Kriminalitätsfurcht – „an emotional response of dread or anxiety to crime or symbols that a person associates with crime" (Ferraro 1995, S. 4) – wirft darüber hinaus noch weitere Probleme auf, indem sie nicht nur Kriminalität – welche auch immer – zugrunde legt, sondern die Begrifflichkeit sogar noch ausweitet auf die vielfältigen und höchst subjektiven Assoziationen, die für Einzelne damit verbunden sein können. Das öffnet bereits den Weg für die Einbeziehung der sogenannten ‚incivilities' (siehe unten).

Vor allem drei Syndrome werden zur Erklärung von Kriminalitätsfurcht herangezogen: eine Viktimisierungsperspektive, die eine Viktimisierung als zentral voraussetzt, eine Perspektive sozialer Kontrolle, die die informellen Kontrollen der Wohngegend und deren soziale (Des-)Integration als maßgeblich ansieht, und eine Perspektive, die die Massenmedien und deren Wirkungen in den Mittelpunkt stellt. Alle diese theoretischen Herleitungen können Plausibilität entfalten, erklären jedoch lediglich Teilaspekte, ignorieren völlig die noch zu erörternden Implikationen des Konzepts und werden weder seiner kulturellen Symbolik und seiner sozialen Bedeutung noch seinem politischen Gehalt gerecht.

Die Anfänge der einschlägigen Empirie waren vergleichsweise simpel. Sie gehen zurück auf die Mitte der 1960er-Jahre, als in den USA erstmals in allgemeinen Bevölkerungsumfragen – also mithilfe einer quantifizierenden Methodik und wenigen Antwortalternativen – eine darauf abzielende Frage gestellt wurde: „Through these surveys the scope of public concern about crime was 'discovered' empirically for the first time" (Lee 2001, S. 476). Die begriffliche Fassung eines Phänomens – wie auch die statistische Zählung seiner Häufigkeit und Verteilung – schafft Tatsachen, und der nun entwickelte neue Begriff der Kriminalitätsfurcht *(fear of crime)* schafft derart eine neue Tatsache und ein Objekt empirischer Beobachtung, das in der Folge politische Wirkmächtigkeit entfaltet hat. Vergleichbare Erhebungen in der Bundesrepublik datieren ebenfalls aus dieser Zeit (siehe zur Entwicklung, den zugrunde liegenden theoretisierenden Konzepten und den damaligen empirischen Befunden Boers 1991). Von Belang ist dabei die methodische Erfassung des Konstrukts ‚Kriminalitätsfurcht', die mithilfe einer als Standardfrage (auch Standardindikator genannt) etablierten Fragestellung geschah und geschieht, was der Methode die Dignität oftmaliger Wiederholung wie dadurch bedingter langer Zeitreihen verleiht, wenngleich offenbleiben muss, ob dies tatsächlich Validität und Reliabilität erhöht. Jedenfalls wird angenommen, dass diese Frage – „Gibt es eigentlich hier in der unmittelbaren Nähe – ich meine im Umkreis von einem Kilometer – irgendeine Gegend, wo Sie nachts nicht alleine gehen möchten?", mit den Antwortkategorien ja/nein – etwas misst, das man dann Kriminalitätsfurcht nennt. Alternativ wird auch gefragt: „Wie sicher fühlen Sie sich oder würden Sie sich fühlen, wenn Sie hier in dieser Gegend nachts draußen alleine sind?" – mit den Antwortmöglichkeiten einer vierstufigen Skala. Dass diese Fragen etwas messen, ist unzweifelhaft, was sie allerdings messen, ganz unklar.

Abgesehen davon, dass ‚Furcht' schwerlich mit einer einzigen Frage und wenigen vorgegebenen Antwortkategorien zu erheben ist und die Frage nach der Emotion in einer vorgestellten Situation unterschieden werden muss von der Emotion in der erlebten Situation selbst, scheint es auch eine gewagte Unterstellung, die Antwort auf die Standardfrage als ein Indiz von Kriminalitätsfurcht zu interpretieren. Schließlich ist im Text der Frage von Kriminalität allenfalls indirekt die Rede, sie überlässt es den Befragten, sie assoziativ mit Kriminalität (aber welcher?) in Bezug zu setzen, und sie spielt durch die zeitliche Bestimmung ‚nachts' auf atavistische Ängste vor der Dunkelheit an. Diese Ängste stehen dann allerdings in einer historischen Kontinuität: dass der Mensch des Mittelalters sich in der und vor der Dunkelheit fürchtete, war eine realistische Einschätzung von vorkommenden Gefahren, denn seine Dunkelheit war – im Gegensatz zur heutigen verlichteten urbanen Dunkelheit – tatsächlich dunkel. Doch zielten seine Ängste wie die der Heutigen nicht unbedingt auf Kriminalität. Und nicht zuletzt vermischt die Frage die Furcht vor Kriminalität und die Furcht vor Viktimisierung – beide nahe verwandt, aber nicht identisch. Das sind im Wesentlichen schon in den 1980er-Jahren vorgebrachte kritische Anmerkungen zum Konzept und seiner operationalen Definition, und die methodische Diskussion hält bis heute an (Kury et al. 2005, siehe den Text in diesem Kapitel; zudem Garofalo 1981; Baumer 1985; Taylor und Hale 1986; Ferraro und LaGrange 1987; LaGrange und Ferraro 1989; Kreuter 2002; Gabriel und Greve 2003; Kury et al. 2004a, b; Pleysier et al. 2004; Bug und van Um 2014; Noack 2015). Sie hat zu einer Differenzierung des methodischen Instrumentariums – etwa durch die Vorgabe unterschiedlicher Items und Skalierungen – geführt, hält aber im Wesentlichen am Konzept einer Kriminalitätsfurcht fest, deren Erklärungswert nicht in Frage steht.

Da die einschlägigen Untersuchungen in aller Regel auf die große Zahl einer repräsentativen Bevölkerungsbefragung setzen, ergeben sich im Langzeitvergleich nach Art einer Fieberkurve oszillierende Zeitreihen, die sich anschaulich darstellen lassen (vgl. Reuband 1992a, b; 2009). Neben dieser Chronologie jeweils herrschender Verängstigung haben diese Untersuchungen auch eine Fülle von sozial differenzierenden Ergebnissen hervorgebracht, die die Verteilung des Phänomens nach in solchen Befragungen erhebbaren Merkmalen darzustellen erlauben. Wie sich erweist, stehen dabei verschiedene Variablen in einer engen Beziehung zueinander, vor allem Alter, Geschlecht und eine bereits gemachte Erfahrung von Viktimisierung, die jeweils die Einschätzung von Risiken und die Empfindung eigener Vulnerabilität beeinflussen (Hindelang et al. 1978; Ferraro 1995; Jackson 2011; Shippee 2012; Krulichová 2019). Zudem führen Furcht vor Kriminalität und die Befürchtung von Viktimisierung zu vielfältigen Formen der Anpassung und Vermeidung (vgl. Klimke 2008).

Die Literatur zu diesen Fragen ist inzwischen ebenso vielfältig wie unübersichtlich und lässt sich nicht trennscharf nach unterschiedlichen Variablen darstellen (neben den bereits genannten Verweisen exemplarisch etwa Garofalo 1979; Weinrath und Gartrell 1996; Kury und Ferdinand 1998; Killias und Clerici 2000; Smith et al. 2001; Schreck et al. 2006; Chadee et al. 2007; Tseloni und Zarafonitou 2008; Callanan und Teasdale 2009; Hirtenlehner 2009; Russo et al. 2013; Birkel et al. 2014; Callanan und Rosenberger 2015; Sousa Guedes et al. 2018; Krulichová und Podaná 2019). Verschiedentlich sind sozialpsychologische Synthesen aus Persönlichkeitsmerkmalen und sozialdemografischen Variablen versucht worden (Meško und Farrall 1999; Farrall et al. 2000; Jackson 2008). Hervorgehoben werden zudem der Einfluss der (Massen-)Medien (Pfeiffer et al. 2004; zudem Heath und Gilbert 1996; Reuband 1998; Romer et al. 2003; Ditton et al. 2004) und von Sozialisationsinstanzen (Cops 2010), die Bedeutung sozialer Integration (Adams und Serpe 2000), des sozialen Kapitals (Sargeant et al. 2017) und von Armut (Pantazis 2000; Oberwittler 2008). Als Erklärungsfaktoren werden auch Stress (Bals 2004) und die Theorie der Routine-Aktivitäten (Kennedy und Ford 1990; Lai et al. 2017) herangezogen.

Im Wesentlichen ergeben sich die Befunde, dass Frauen größere Furcht zeigen als Männer. Das wird meistens einerseits mit wahrgenommener Vulnerabilität (Ferraro 1996; Warr 1984), andererseits mit traditionalen Männer-Stereotypen (Goodey 1997) erklärt. Eine entscheidende Bedeutung könnte jedoch der Identifizierung mit der sozialen Geschlechtsrolle zukommen. Gemessen über eine „gender identity scale", bei der (unabhängig vom biologischen Geschlecht) hohe Werte maskuline Einstellungen, niedrige Werte feminine Einstellungen anzeigen, ergab sich, dass „[r]egardless of the sex of the respondents, juveniles who scored higher on the gender identity scale (and therefore report a more pronounced masculine pattern of activities and attitudes) reported significantly lower levels of fear of crime than respondents with a more feminine pattern" (Cops und Pleysier 2011, S. 71). Zudem dürfte die Kriminalitätsfurcht von Männern größer sein als gemeinhin angenommen, wenn man berücksichtigt, dass niedrige Furchtwerte mit hohen Werten in einer Skala zur sozialen Erwünschtheit in Beziehung stehen, Männer also auf Fragen nach ihrer Furcht so antworten, wie sie glauben, dass Männer zu antworten hätten (Sutton und Farrall 2005). Diese Ergebnisse relativieren die üblichen Erklärungsmodelle. Die Frage nach geschlechtsspezifischen Unterschieden ist facettierter, als sie unterstellen (May et al. 2010).

Ältere Personen weisen eine größere Furcht auf (Ferraro und LaGrange 1992), was sich alternativ aber auch als Voraussicht und Weitblick interpretieren lässt (Greve 1998). Personen mit niedrigem sozioökomischen Status zeigen ebenfalls größere Furcht (Larsson 2009; Kujala et al. 2019), während Jüngere und

Personen mit besserer Ausbildung und höheren finanziellen Ressourcen vergleichsweise geringere Furcht aufweisen (Überblicke zur Literatur insgesamt bei Hale 1996; Ditton und Farrall 2000; Farrall et al. 2007; Gerber et. al. 2010). Angesichts der methodisch gegebenen Einschränkungen kann es nicht verwundern, dass derartige Forschungen einige unerklärte Paradoxien erbracht haben. Dazu zählt etwa das Auseinanderklaffen des ‚objektiven‘ Vorkommens von Kriminalität – eine sehr relative Objektivität, da sie sich allenfalls auf die Daten der Polizeilichen Kriminalstatistik mit ihren spezifischen Verzerrungen und Ermessensspielräumen oder alternativ auf Viktimisierungsbefragungen stützen kann, die ihrerseits eigene Uneindeutigkeiten aufweisen – und der subjektiv empfundenen Bedrohung durch Kriminalität. Daran erweist sich deutlich, dass es sich primär um gefühlte Kriminalität – analog zur gefühlten Temperatur – handelt: keine objektivierbare Größe, sondern eine subjektive Empfindung. Und während Temperaturen an jedem Thermometer abgelesen werden können, ist das Ausmaß von Kriminalität, sowieso eher vage, keine Größe, derer man sich jederzeit versichern könnte, sondern ein Produkt aus medialen Informationsfetzen und Gesprächen am Stammtisch und anderswo, wodurch Kriminalität die Form einer Erzählung annimmt (siehe das Kapitel *Kriminalität als Erzählung* im Vorgängerband *Verurteilen und Strafen*). Solche Erzählungen vermögen durchaus, das Fürchten zu lehren, was eine selbst erlebte Viktimisierung keineswegs voraussetzt. Zu den Paradoxien zählt ebenfalls das Auseinanderklaffen von Viktimisierungswahrscheinlichkeiten und Kriminalitätsfurcht. Beide Paradoxien sind empirisch gut belegt (siehe etwa Greve 2004; Naplava 2008; Herbst 2011; Reuband 2012), bleiben aber vor dem Hintergrund quantifizierter Daten ein wenig rätselhaft.

Wie wenig die angewendeten Methoden erlauben, Daten zu kontextualisieren, in dem (vorwiegend) urbanen Zusammenhang zu verstehen, in dem sie entstanden sind, und interpretativ auf diesen Zusammenhang zurückzubeziehen, ist denn vielleicht auch der gravierendste Einwand gegen die tradierte Forschung zur Kriminalitätsfurcht. Ihre auf repräsentativen Umfragen mit sehr vielen Befragten beruhenden Daten erlauben zwar – lässt man die operationalen Probleme außer Acht – Ausmaß und Verteilung einer unspezifischen Verunsicherung zu beschreiben, aber sie erlauben keinen Einblick in die mikrosoziale Konstruktion des (städtischen) Raumes. Nur ein solcher Einblick aber ist analytisch geeignet, die mannigfaltigen Probleme moderner Urbanität und die damit verbundenen Verunsicherungen in den Blick zu nehmen: „[t]he most recent research shows that individuals' fears are better understood within a neighbourhood or community context rather than by simply concentrating on individual characteristics" (Hale 1996, S. 119). Diesem Ansatz folgt eine Fülle empirischer Untersuchungen, die

Kriminalitätsfurcht in lokale Kontexte stellen und somit in gewisser Weise ent-
individualisieren, d. h. nicht als persönliche Eigenschaft betrachten, sondern
kognitive Wertungen und Einschätzungen im sozialen Kontext ihrer Entstehung
betrachten (Skogan 1986; LaGrange et al. 1992; O'Mahony und Quinn 1999;
Sparks et al. 2001; Wikström und Dolmén 2001; Sampson und Raudenbush 1999,
2004, 2005; Hohage 2004; Lüdemann 2005a, b, 2006; Renauer 2007; Hirtenlehner 2008; Farrall et al. 2009; Gainey et al. 2011; Häfele 2013, 2017; Abdullah
et al. 2015; Zhao 2015; siehe einen Überblick bei Pain 2000). Die Ergebnisse
sind insgesamt eher uneinheitlich und nicht ohne Widersprüche, was allerdings
nicht wundern kann: „Social perceptions in turn form a meaningful aspect of
the neighbourhood environment that influences individual perceptions and
actions. By this account, then, the perceptual basis of action alternatives is highly
contingent on social context" (Sampson 2009, S. 24), den Sampson in London
mit der „racial, ethnic and class composition of the neighbourhood" (ebd., S. 15)
gegeben sieht.

Die Prämissen einer auf lokale soziale Kontexte konzentrierten Forschung
eröffnen jedoch zugleich einen durchaus ideologisch geprägten Blick auf die
Frage der Herstellung und Aufrechterhaltung sozialer Ordnung, wie sich vor
allem in um ‚broken windows' und ‚incivilities' kreisende Thesen und die
dadurch ausgelösten Auseinandersetzungen zeigt (siehe das Kapitel *Raum
und Sicherheit* in diesem Band). ‚Ordnung' ist ein politisch, sozial, ethnisch,
ästhetisch, u. U. sogar religiös aufgeladenes Konzept, und was den einen als
Ordnung erscheint, repräsentiert für die anderen eher Sterilität, bedeutet „freezing
the vitality, the excess energy of youth, the wealth of cultures and of generations,
the concentration of potential innovations, the imagination, and the skills
deployed in such areas. It is indeed our claim that some inefficiency, disorder
and unpredictability are productive for the rejuvenation of cities." (Body-Gendrot
2009, S. 72) Der Mangel an ‚Ordnung' lässt sich dann als „an embryo of cultural
resistance" interpretieren (Body-Gendrot 2001, S. 927). So folgert auch Sennett
(2009, S. 58), dass „we ought to welcome the vitality of urban migration as a
resource for the city, rather than trying to 'stabilize' the urban environment by
keeping outsiders out."

Dem gesamten Themenkomplex lässt sich somit eine gesellschaftliche
Bedeutung beimessen, die völlig verloren geht, konzentriert man sich lediglich auf die vielfältigen empirischen Details, und die einschlägige Forschung ist
dadurch mehr als eine Bestandsaufnahme vorfindbarer Wirklichkeit. Betrachtet
man diese Forschung und ihr zentrales Konzept „against the broader canvas of
modernity", dann ergibt sich, dass „fear of crime is a peculiarly apt discourse
within the modernist quest for order since the risks it signifies, unlike other

late modern risks, are *knowable, decisionable (actionable)*, and potentially *controllable*. In an age of uncertainty, discourses that appear to promise a resolution to ambivalence by producing identifiable victims and blameable villains are likely to figure prominently in the State's ceaseless attempts to impose social order. Thus the figure of the 'criminal' becomes a convenient folk devil and the fear of crime discourse a satisfying location for anxieties generated more widely." (Hollway/Jefferson 1997, S. 265; im Original kursiv) Darüber hinaus gehend erfüllen solche Diskurse eine Funktion und treiben eine politische Programmatik voran, indem sie das „Neo-Liberal Fearing Subject" und als seinen Gegenpol das „feared subject" (Lee 2011, S. 151) kreieren: „Firstly, as a fearing subject one is the passive and innocent object of possible criminal wrongdoing; but secondly, a responsible actor who must do her or his utmost to insure against the potentiality of victimisation. As a fearing subject one has the right to conduct oneself 'freely' but only to the extent that this freedom is amenable to the rationality of specific modes [...] of neo-liberal government. One's victimage is as much one's own responsibility as are one's crimes." (Lee 1999, S. 240) Dieses Subjekt ist also zu eigenverantwortlicher Selbststeuerung aufgerufen, und eine solche Selbststeuerung *(self-governance)* etabliert einen sich selbst verstärkenden, politisch instrumentalisierbaren Kreislauf aus Selbstführung, den ökonomischen Anforderungen an persönliche Flexibilität und Marktanpassung und den dadurch hervorgerufenen spezifischen Verunsicherungen, eben das, was Young (2007) den „Vertigo of Late Modernity" genannt hat. Zugleich werden Bedürfnisse nach Absicherung gegen Kriminalität geweckt, die zu dem erheblichen Anwachsen der Sicherheitsindustrie beitragen (siehe zu dem gesamten Komplex das Kapitel *Die Sekuritisierung des Lebens* in diesem Band). Die Forschung zur Kriminalitätsfurcht exekutiert damit implizit eben die neoliberale Programmatik, von der sich annehmen lässt, dass sie am Grunde einer projektiv gegen Kriminalität gewendeten Verunsicherung steht. Kriminologie erweist sich damit (wieder einmal) als eine zutiefst politisch wirksame Wissenschaft, vor allem dann, wenn sie sich dessen gar nicht bewusst ist.

Ebenso politisch bedeutsam, wenngleich weitaus weniger einflussreich als die traditionelle Konzeptualisierung, sind somit jene Ansätze, die Kriminalitätsfurcht in den tiefgreifenden kulturellen und ökonomischen Verunsicherungen der späten Moderne verorte sehen und sie als eine Projektionsfigur auffassen, die weniger als Furcht vor tatsächlicher Kriminalität zu verstehen ist denn als Furcht vor den Anforderungen und persönlichen Risiken beschleunigter Prozesse von Globalisierung und Modernisierung. Das kontextuiert Risiken und Befürchtungen, und ein „approach to risk might provide the vehicle through which the fear of crime can be properly situated within the everyday practices of human beings as well as within the macro social, political and global processes to which we are all subjected." (Walklate und Mythen 2008, S. 221) Dann wird eine diffuse Ängstlichkeit verständlich, die sich nicht zuletzt an ökonomischer Unsicherheit (Britto 2013) festmacht, und die ‚fear of falling' (Ehrenreich 1994) erklärt, was eine sich bedroht fühlende Mittelschicht veranlasst, ihre Abstiegsängste auf „Urban Others" zu projizieren (Taylor und Jamieson 1998). ‚Kriminalitätsfurcht' ist aus dieser Perspektive ein komplexes Amalgam aus Modernisierungsangst, xenophoben Einstellungen, der Befürchtung von Ordnungsverlust und einer antizipierten ökonomischen Instabilität (Hirtenlehner 2009, siehe den Text in diesem Kapitel; zudem Ewald 2000; Sessar 2008; Hirtenlehner 2006; Hirtenlehner und Hummelsheim 2011; Hirtenlehner und Farrall 2012). Legt man diese Vorstellung zugrunde, dann ist die Begrifflichkeit von Kriminalitätsfurcht allerdings völlig unangemessen. Sehr viel präziser lässt sich dieses Amalgam mit dem Konzept der ‚Sicherheitsmentalitäten' beschreiben, das „Unsicherheitsdispositionen, die sich im Denken, Wahrnehmen und Handeln der Individuen abbilden, […] in ihrer Gesamtheit und überdies in ihrer persönlichen und sozialen Kontextuierung erfasst", und „[s]tatt der Einstellungsebene der Unsicherheit (affektiv und kognitiv) stehen die Schutzmaßnahmen als tatsächlich gelebte Praxis der Akteure im Vordergrund" (Klimke 2019, S. 41). Diese Konzeption umgreift das „fearing subject" in seinen psychologischen, sozialen und ökonomischen Befindlichkeiten als ein Subjekt der späten Moderne mit seinen Ambiguitäten, Verlustängsten und Kontrollsehnsüchten und lässt zudem erkennen, in welchem Ausmaß dieses Subjekt politisch konstruiert wird.

Literatur

Abdullah, Aldrin/Hedayati Marzbali, Massoomeh/Bahauddin, Azizi/Maghsoodi Tilaki, Mohammad Javad (2015): Broken Windows and Collective Efficacy: Do They Affect Fear of Crime?, in: SAGE Open January-March 2015: 1–11.
Adams, Richard E/Serpe, Richard T. (2000): Social Integration, Fear of Crime, and Life Satisfaction, in: Sociological Perspectives 43 (4): 605–629.
Bals, Nadine (2004): Kriminalität als Stress – Bedingungen der Entstehung von Kriminalitätsfurcht, in: Soziale Probleme 15 (1): 54–76.
Baumer, Terry L. (1985): Testing a General Model of Fear of Crime: Data from a National Sample, in: Journal of Research in Crime and Delinquency 22 (3): 239–255.
Birkel, Christoph/Guzy, Nathalie/Hummelsheim, Dina/Oberwittler, Dietrich/Pritsch, Julian (2014): Der Deutsche Viktimisierungssurvey 2012. Erste Ergebnisse zu Opfererfahrungen, Einstellungen gegenüber der Polizei und Kriminalitätsfurcht, Freiburg.
Body-Gendrot, Sophie (2001): The Politics of Urban Crime, in: Urban Studies 38 (5–6): 915–928.

Body-Gendrot, Sophie (2009): A plea for urban disorder, in: The British Journal of Sociology 60 (1): 65–73.

Boers, Klaus (1991): Kriminalitätsfurcht. Über den Entstehungszusammenhang und die Folgen eines sozialen Problems, Pfaffenweiler.

Britto, Sarah (2013): 'Diffuse anxiety': the role of economic insecurity in predicting fear of crime, in: Journal of Crime and Justice 36 (1): 18–34.

Bug, Mathias/van Um, Eric (2014): Herausforderungen bei der Messung von Kriminalitätsfurcht, hg. vom DIW, Berlin.

Callanan, Valerie J./Teasdale, Brent (2009): An Exploration of Gender Differences in Measurement of Fear of Crime, in: Feminist Criminology 4 (4): 359–376.

Callanan, Valerie/Rosenberger, Jared S. (2015): Media, Gender, and Fear of Crime, in: Criminal Justice Review 40 (3): 322–339.

Chadee, Derek/Austen, Liz/Ditton, Jason (2007): The Relationship Between Likelihood and Fear of Criminal Victimization: Evaluating Risk Sensitivity as a Mediating Concept, in: British Journal of Criminology 47 (1): 133–153.

Cops, Diederik (2010): Socializing into fear. The impact of socializing institutions on adolescents' fear of crime, in: Young 18 (4): 385–402.

Cops, Diederik/Pleysier, Stefaan (2011): 'Doing Gender' in Fear of Crime. The Impact of Gender Identity on Reported Levels of Fear of Crime in Adolescents and Young Adults, in: British Joirnal of Criminology 51 (1): 58–74.

Delumeau, Jean (1985): Angst im Abendland. Die Geschichte kollektiver Ängste im Europa des 14. bis 18. Jahrhunderts, Reinbek.

Ditton, Jason/Bannister, Jon/Gilchrist, Elizabeth/Farrall, Stephen (1999): Afraid or Angry? Recalibrating the 'Fear' of Crime, in: International Review of Victimology 6: 83-99.

Ditton, Jason/Farrall, Stephen (Hg.) (2000): The Fear of Crime, London-New York.

Ditton, Jason/Chadee, Derek/Farrall, Stephen/Gilchrist, Elizabeth/Bannister, Jon (2004): From Imitation to Intimidation: A Note on the Curious and Changing Relationship between the Media, Crime and Fear of Crime, in: British Journal of Criminology 44 (4): 595–610.

Ehrenreich, Barbara (1994): Angst vor dem Absturz. Das Dilemma der Mittelklasse, Reinbek.

Ewald, Uwe (2000): Criminal victimisation and social adaptation in modernity: Fear of crime and risk perception in the new Germany, in: Hope, Tim/Sparks, Richard (Hg.), Crime, risk and insecurity. Law and order in everyday life and political discourse, London: 166–199.

Farrall, Stephen/Bannister, Jon/Ditton, Jason/Gilchrist, Elizabeth (1997): Questioning the Measurement of the 'Fear of Crime'. Findings from a Major Methodological Study, in: British Journal of Criminology 37 (4): 658-679.

Farrall, Stephen/Bannister, Jon/Ditton, Jason/Gilchrist, Elizabeth (2000): Social Psychology and the Fear of Crime, in: British Journal of Criminology 40 (3): 399–413.

Farrall, Stephen/Gray, Emily/Jackson, Jonathan (2007): Theorising the Fear of Crime: The Cultural and Social Significance of Insecurities about Crime, Working Paper Nr. 5, in: SSRN Electronic Journal (DOI: https://doi.org/10.2139/ssrn.1012393).

Farrall, Stephen/Jackson, Jonathan/Gray, Emily (2009): Social Order and the Fear of Crime in Contemporary Times, New York.

Ferraro, Kenneth F. (1995): Fear of Crime. Interpreting Victimization Risk, Albany.

Ferraro, Kenneth F. (1996): Women's Fear of Victimization: Shadow of Sexual Assault?, in: Social Forces 75 (2): 667–690.

Ferraro, Kenneth F./LaGrange, Randy L. (1987): The Measurement of Fear of Crime, in: Sociological Inquiry 57 (1): 70–97.

Ferraro, Kenneth F./LaGrange, Randy L. (1992): Are Older People Most Afraid of Crime? Reconsidering Age Differences in Fear of Victimization, in: Journal of Gerontology 47 (5): 233–S244.

Gabriel, Ute/Greve, Werner (2003): The Psychology of Fear of Crime: Conceptual and Methodological Perspectives, in: The British Journal of Criminology 43 (3): 600-614.

Gainey, Randy/Alper, Muriel/Chappell, Allison T. (2011): Fear of crime revisited: Examining the direct and indirect effects of disorder, risk perception, and social capital, in: American Journal of Criminal Justice 36 (2): 120.137.

Garofalo, James (1979): Victimization and the Fear of Crime, in: Journal of Research in Crime and Delinquency 16 (1): 80–87.

Garofalo, James (1981): The Fear of Crime: Causes and Consequences, in: Journal of Criminal Law and Criminology 72 (2): 839–857.

Gerber, Monica M./Hirtenlehner, Helmut/Jackson, Jonathan (2010): Insecurities About Crime in Germany, Austria and Switzerland: A Review of Research Findings, in: European Journal of Criminology 7 (2): 141–157.

Greve, Werner (1998): Fear of Crime Among the Elderly: Foresight, Not fright, in: International Review of Victimology 5 (3-4): 277–309.

Greve, Werner (2004): Kriminalitätsfurcht bei jüngeren und bei älteren Menschen. Paradoxien und andere Missverständnisse, in: Walter, Michael/Kania, Harald/Albrecht, Hans-Jörg (Hg.): Alltagsvorstellungen von Kriminalität: individuelle und gesellschaftliche Bedeutung von Kriminalitätsbildern für die Lebensgestaltung, Münster: 249–270.

Goodey, Jo (1997): Boys Don't Cry. Masculinities, Fear of Crime and Fearlessness, in: British Journal of Criminology 37 (3): 401–418.

Gray, Emily/Jackson, Jonathan/Farrall, Stephen (2008): Reassessing the Fear of Crime, in: European Journal of Criminology 5 (3): 363–380.

Häfele, Joachim (2013). Die Stadt, das Fremde und die Furcht vor Kriminalität, Wiesbaden.

Häfele, Joachim (2017): Disorder, (Un-)Sicherheit, (In-)Toleranz, in: Häfele, Joachim/Sack, Fritz/Eick, Volker/Hillen, Hergen (2017) (Hg.): Sicherheit und Kriminalprävention in urbanen Räumen. Aktuelle Tendenzen und Entwicklungen, Wiesbaden: 193–221.

Hale, Carla (1996): Fear of Crime: A Review of the Literature, in: International Review of Victimology, 4 (2): 79–150..

Heath, Linda/Gilbert, Kevin (1996): Mass Media and Fear of Crime, in: American Behavioral Scientist 39 (4): 379–386.

Herbst, Sandra (2011): Untersuchungen zum Viktimisierungs-Furcht-Paradoxon. Ein empirischer Beitrag zur Aufklärung des „Paradoxons" anhand von Vorsicht und Vulnerabilität im Alter, Baden-Baden.

Hestermann, Thomas (2019): Wie häufig nennen Medien die Herkunft von Tatverdächtigen?, in: Mediendienst Integration: 1–15.

Hestermann, Thomas/Hoven, Elisa (2019): Kriminalität in Deutschland im Spiegel von Pressemitteilungen der Alternative für Deutschland (AfD), in: Kriminalpolitische Zeitschrift 3: 127–139.

Hindelang, Michael J./Gottfredson, Michael R./Garofalo, James (1978): Victims of Personal Crime: An Empirical Foundation for a Theory of Personal Victimization, Cambridge.

Hirtenlehner, Helmut (2006): Kriminalitätsfurcht – Ausdruck generalisierter Ängste und schwindender Gewissheiten? Untersuchung zur empirischen Bewährung der Generalisierungsthese in einer österreichischen Kommune, in: Kölner Zeitschrift für Soziologie und Sozialpsychologie 58: 307–331.

Hirtenlehner, Helmut (2008): Disorder, Social Anxieties and Fear of Crime. Exploring the Relationship between Incivilities and Fear of Crime with a Special Focus on Generalized Insecurities., in: Kury, Helmut (Hg.): Fear of Crime – Punitivity. New Developments in Theory and Research, Bochum: 127–158.

Hirtenlehner, Helmut (2009): Die problematische Beziehung von Opfererfahrungen und Sicherheitsgefühl. Überprüfung einer kognitiven Viktimisierungs-Furcht-Theorie, in Monatsschrift für Kriminologie und Strafrechtsreform 92 (5):.423–446.

Hirtenlehner, Helmut/Hummelsheim, Dina (2011): Schützt soziale Sicherheit vor Kriminalitätsfurcht? Eine empirische Untersuchung zum Einfluss wohlfahrtsstaatlicher Sicherungspolitik auf das kriminalitätsbezogene Sicherheitsbefinden, in: Monatsschrift für Kriminologie und Strafrechtsreform 94 (3): 178–198.

Hirtenlehner, Helmut/Farrall, Stephen (2012): Modernisierungsängste, lokale Irritation und Furcht vor Kriminalität. Eine vergleichende Untersuchung zweier Denkmodelle, in: Monatsschrift für Kriminologie und Strafrechtsreform 95 (2): 93–114.

Hirtenlehner, Helmut/Groß, Eva/Meinert, Julia (2016): Fremdenfeindlichkeit, Straflust und Furcht vor Kriminalität. Interdependenzen im Zeitalter spätmoderner Unsicherheit, in Soziale Probleme 27: 17–47.

Hirtenlehner, Helmut/Grafl, Christian (2018): Verbrechensfurcht als Furcht vor „Ausländer-kriminalität". Über die expressive Natur der Angst vor „Flüchtlingskriminalität", in: SIAK-Journal – Zeitschrift für Polizeiwissenschaft und polizeiliche Praxis 2: 21–36.

Hohage, Christoph (2004): „Incivilities" und Kriminalitätsfurcht, in: Soziale Probleme 15 (1): 77–95.

Hollway, Wendy/Jefferson, Tony (1997): The risk society in an age of anxiety: situating fear of crime, in: British Journal of Sociology 48 (2): 255–266.

Jackson, Jonathan (2008): Bridging the social and the psychological in the fear of crime, in: Lee, Murray/Farrall, Stephen (Hg.): Fear of Crime: Critical Voices in an Age of Anxiety, Abingdon: 143–167.

Jackson, Jonathan (2011): Revisiting Risk Sensitivity in the Fear of Crime, in: Journal of Research in Crime and Delinquency 48 (4): 513–537.

Kennedy, Leslie W./Forde, David R. (1990): Routine Activities and Crime: An Analysis of Victimization in Canada, in: Criminology 28 (1): 137–152.

Killias, Martin/Clerici, Christian (2000): Different Measures of Vulnerability in their Relation to Different Dimensions of Fear of Crime, in: British Journal of Criminology 40: 437–450.

Klimke, Daniela (2008): Wach- & Schließgesellschaft Deutschland. Sicherheitsmentali-täten der Spätmoderne, Wiesbaden.

Klimke, Daniela (2019): Sicherheitsmentalitäten: Eine Alternative zum Konzept der Kriminalitätsfurcht, in: Klimke, Daniela/Oelkers, Nina/Schweer, Martin (Hg.), Sicher-heitsmentalitäten im ländlichen Raum, Wiesbaden: 23–56.

Kreuter, Frauke (2002): Kriminalitätsfurcht: Messung und methodische Probleme, Wies-baden.

Krulichová, Eva (2019): The relationship between fear of crime and risk perception across Europe, in: Criminology & Criminal Justice 19 (2): 197–214.

Krulichová, Eva/Podaná, Zuzana (2019): Adolescent fear of crime: Testing Ferraro's risk interpretation model, in: European Journal of Criminology 16 (6): 746–766.

Kujala, Pietari/Kallio, Johanna/Niemelä, Mikko (2019): Income Inequality, Poverty, and Fear of Crime in Europe, in: Cross-Cultural Research 53 (2): 163–185.

Kury, Helmut/Ferdinand, Theodore (1998): The Victim's Experience and Fear o Crime, in: International Review of Victimology 5: 93–140.

Kury, Helmut/Lichtblau, Andrea/Neumaier, André/Obergfell-Fuchs, Joachim (2004a): Zur Validität der Erfassung von Kriminalitätsfurcht, in: Soziale Probleme 15 (2): 141–65.

Kury, Helmut/Lichtblau, Andrea/Neumaier, André (2004b): Was messen wir, wenn wir Kriminalitätsfurcht messen?, in: Kriminalistik 58: 457–465.

LaGrange, Randy L./Ferraro, Kenneth F. (1989): Assessing Age and Gender Differences in Perceived Risk and Fear of Crime, in: Criminology 27 (4): 697–720.

LaGrange, Randy L./Ferraro, Kenneth F./Supancic, Michael (1992): Perceived Risk and Fear of Crime: Role of Social and Physical Incivilities, in: Journal of Research in Crime and Delinquency 29 (3): 311–334.

Lai, Yung-Lien/Ren, Ling/Greenleaf, Richard (2017): Residence-Based Fear of Crime: A Routine Activities Approach, in: International Journal of Offender Therapy and Comparative Criminology 61 (9): 1011–1037.

Larsson, Daniel (2009): Fear of Crime among the Poor in Britain and Sweden, in: International Review of Victimology 15:. 223–254.

Lee, Murray (1999): The Fear of Crime and Self-governance: Towards A Genealogy, in: The Austrauan and New Zealand Journal of Criminology 32 (3): 227–246.

Lee, Murray (2001): The genesis of 'fear of crime', in: Theoretical Criminology 5 (4): 467–485.

Lee, Murray (2011): Inventing Fear of Crime. Criminology and the politics of anxiety, London-New York.

Lüdemann, Christian (2005a): Zur Perzeption von ‚Public Bads‘ in Form von ‚physical und social incivilities‘ im städtischen Raum, in: Soziale Probleme 16 (1): 74–102.

Lüdemann, Christian (2005b): Benachteiligte Wohngebiete, lokales Sozialkapital und »Disorder«. Eine Mehrebenenanalyse zu den individuellen und sozialräumlichen Determinanten der Perzeption von physical und social incivilities im städtischen Raum, in: Monatsschrift für Kriminologie und Strafrechtsreform 88 (4): 240–256.

Lüdemann, Christian (2006): Kriminalitätsfurcht im urbanen Raum. Eine Mehrebenenanalyse zu individuellen und sozialräumlichen Determinanten verschiedener Dimensionen von Kriminalitätsfurcht, in: Kölner Zeitschrift für Soziologie und Sozialpsychologie 58 (2): 285–306.

May, David C./Rader, Nicole E./Goodrum, Sarah (2010): A Gendered Assessment of the "Threat of Victimization": Examining Gender Differences in Fear of Crime, Perceived Risk, Avoidance, and Defensive Behaviors, in: Criminal Justice Review 35 (2) 159–182.

Meško, Gorazd/Farrall, Stephen (1999): The social psychology of the fear of crime: A comparison of Slovenian, Scottish and Dutch local crime surveys, in: Croatian Review of Rehabilitation Research 35 (2): 151–159.

Naplava, Thomas (2008): Kriminalitätsfurcht und registrierte Kriminalität. Sozialökologische Analysen mit Aggregatdaten und Mehrebenenanalysen, in: Monatsschrift für Kriminologie und Strafrechtsreform 91 (1): 56–73.

Noack, Marcel (2015): Methodische Probleme bei der Messung von Kriminalitätsfurcht und Viktimisierungserfahrungen, Wiesbaden.

Oberwittler, Dietrich (2008): Armut macht Angst – Ansätze einer sozialökologischen Interpretation der Kriminalitätsfurcht, in: Groenemeyer, Axel/Wieseler, Silvia (Hg.): Soziologie sozialer Probleme und sozialer Kontrolle, Festschrift für Günter Albrecht, Wiesbaden: 215.229.

O'Mahony, David/Quinn, Katie (1999): Fear of Crime and Locale: The Impact of Community Related Factors upon Fear of Crime, in: International Review of Victimology 6: 231–251.

Pain, Rachel (2000): Place, social relations and the fear of crime: a review, in: Progress in Human Geography 24 (3):365–387.

Pantazis, Christina (2000): 'Fear of Crime', Vulnerability and Poverty. Evidence from the British Crime Survey, in: British Journal of Criminology 40: 414–436.

Pfeiffer, Christian/Windzio, Michael/Kleimann, Matthias (2004): Die Medien, das Böse, und wir. Zu den Auswirkungen der Mediennutzung auf Kriminalitätswahrnehmung, Strafbedürfnisse und Kriminalpolitik, in: Monatsschrift für Kriminologie und Strafrechtsreform 87 (6): 415–435.

Pleysier, Stefaan/Vervaeke, Geert/Goethals, Johan (2004): Cross-Cultural Invariance and Gender Bias when Measuring 'Fear of Crime', in: International Review of Victimology 10: 245–260.

R+V Versicherung (2019): Die Ängste der Deutschen 2019, Wiesbaden.

Renauer, Brian C. (2007): Reducing Fear of Crime. Citizen, Police, or Government Responsibility?, in: Police Quarterly 10 (1): 41–62.

Reiwald, Paul (1948/1973): Die Gesellschaft und ihre Verbrecher, Zürich bzw. Frankfurt/M.

Reuband, Karl-Heinz (1992a) Kriminalitätsfurcht in Ost- und Westdeutschland. Zur Bedeutung psychosozialer Einflußfaktoren, in: Soziale Probleme 2: 211–219

Reuband, Karl-Heinz (1992b): Objektive und subjektive Bedrohung durch Kriminalität. Ein Vergleich der Kriminalitätsfurcht in der Bundesrepublik Deutschland und den USA 1965–1990, in: Kölner Zeitschrift für Soziologie und Sozialpsychologie 44 (2): 341–353.

Reuband, Karl.-Heinz (1998): Kriminalität in den Medien: Erscheinungsformen, Nutzungsstruktur und Auswirkungen auf die Kriminalitätsfurcht, in: Soziale Probleme, 9 (2): 125–153.

Reuband, Karl-Heinz (2009): Kriminalitätsfurcht. Erscheinungsformen, Trends und soziale Determinanten, in: Lange, Hans-Jürgen/Ohly, H- Peter/Reichertz, Jo (Hg), Auf der Suche nach neuer Sicherheit. Fakten, Theorien und Folgen, Wiesbaden: 233–251.

Reuband, Karl-Heinz (2012): Paradoxien der Kriminalitätsfurcht: Welchen Stellenwert haben Kriminalitätsrisiken, Medienberichterstattung und generalisierte Ängste für die Veränderungen des lokalen Sicherheitsgefühls in der Bevölkerung?, in: Neue Kriminalpolitik 24 (4): 133–140.

Romer, Daniel/Hall Jamieson, Kathleen/Aday, Sean (2003): Television News and the Cultivation of Fear of Crime, in: Journal of Communication 53 (1):·88–104.

Russo, Silvia/Roccato, Michele/Vieno Alessio (2013); Criminal victimization and crime risk perception: A multilevel longitudinal study, in: Social Indicators Research 112: 535–548.

Sampson, Robert J. (2009): Disparity and diversity in the contemporary city: social (dis) order revisited, in: The British Journal of Sociology 60 (1): 1–31.

Sampson, R. J.,/Raudenbush, Stephen W. (1999): Systematic social observation of public spaces: A new look at disorder in urban neighborhoods, in: American Journal of Sociology 105 (3): 603–651.

Sampson, Robert J./Raudenbush, Stephen W. (2004): Seeing Disorder: Neighborhood Stigma and the Social Construction of "Broken Windows", in: Social Psychology Quarterly 67 (4): 319–342.

Sampson, Robert J./Raudenbush, Stephen W. (2005): Neighborhood stigma and the perception of disorder, in: Focus 24 (1): 7–11.

Sargeant, Elise/Liu, Yifan/John, Nathan St/Hong, Nga Fong/Huu, Tracy/Chen, Jie/Mazerolle, Lorraine (2017): Social capital and fear of crime in Brisbane, in: Journal of Sociology 53 (3): 637–652.

Schreck, Chirstopher J./Stewart, Eric A./Fisher, Bonnie S. (2006): Self-Control, Victimization, and their Influence on Risky Lifestyles: A Longitudinal Analysis Using Panel Data, in: Journal of Quantitative Criminology 22: 319–340.

Sennett, Richard (2009): Urban disorder today, in: The British Journal of Sociology 60 (1): 57–58.

Sessar, Klaus (2008): Fear of crime or fear of risk? Some considerations resulting from fear of crime studies and their political implications, in: Kury, Helmut (Hg.), Fear of crime – Punitivity. New developments in theory and research, Bochum: 25–32.

Shippee, Nathan D. (2012): Victimization, Fear of Crime, and Perceived Risk: Testing a Vulnerability Model of Personal Control, in: Sociological Perspectives 55 (1): 117–140.

Skogan, Wesley (1986): Fear of Crime and Neighborhood Change, in: Crime and Justice 8: 203–229.

Smith, William R./Torstensson, Marie/Johansson, Kerstin (2001): Perceived Risk and Fear of Crime: Gender Differences in Contextual Sensitivity, in: International Review of Victimology 8: 159–181.

Sousa Guedes, Inês Maria Ermida/Domingos, Sofia Patrícia Almeida/Cardoso, Carla Sofia (2018): Fear of crime, personality and trait emotions: An empirical study, in: European Journal of Criminology 15 (6): 658–679.

Sparks, Richard/Girling, Evi/Loader, Ian (2001): Fear and Everyday Urban Lives, in: Urban Studies 38 (5–6): 885–898.

Sutton, Robbie M/Farrall, Stephen (2005): Gender, Socially Desirable Responding and the Fear of Crime. Are Women Really More Anxious about Crime?, in: British Journal of Criminology 45 (2): 212–224.

Taylor, Ian/Jamieson, Ruth (1998): Fear of Crime and Fear of Falling: English Anxieties Approaching the Millenium, in: Archives Europeennes de Sociologie 39: 149–175.

Taylor, Ralph B./Hale, Margaret (1986):Testing Alternative Models of Fear of Crime, in: Journal of Criminal Law and Criminology 77 (1): 151–189.

Tilly, Charles (1985): War Making and State Making as Organized Crime, in: Evans, Peter/Rueschemeyer, Dietrich/Skocpol Theda (Hg), Bringing the State Back In, Cambridge: 169–191.

Tseloni, Andromachi/Zarafonitou, Christina (2008): Fear of Crime and Victimization. A Multivariate Multilevel Analysis of Competing Measurements, in: European Journal of Criminology 5(4): 387–409.

Walklate, Sandra (1998): Excavating the fear of crime: Fear, anxiety or trust?, in: Theoretical Criminology 2 (4): 403–418.

Walklate, Sandra/Mythen, Gabe (2008): How Scared Are We?, in: The British Journal of Criminology 48 (2): 209–225.

Warr, Mark (1984): Fear of victimization: Why are women and the elderly more afraid, in: Social Science Quarterly 65 (3): 681–702.

Weinrath, Michael/Gartrell, John (1996): Victimization and fear of crime, in: Violence and Victims 11 (3): 187–197.

Wikström, Per-Olof H /Dolmén, Lars (2001): Urbanisation, Neighbourhood Social Integration, Informal Social Control, Minor Social Disorder, Victimisation and Fear of Crime, in: International Review of Victimology 8: 121–140.

Young, Jock (2007): The Vertigo of Late Modernity, Los Angeles-London.

Zhao, Jihong Solomon/Lawton, Brian/Longmire, Dennis (2015): An Examination of the Micro-Level Crime–Fear of Crime Link, in: Crime & Delinquency 61 (1): 19–44.

Die Texte

Helmut Kury, Andrea Lichtblau, André Neumaier und Joachim Obergfell-Fuchs beleuchten detailliert anhand von Untersuchungen, die mithilfe des Standard-indikators durchgeführt wurden, methodische Probleme der Erfassung dessen, was Kriminalitätsfurcht genannt wird. Im Zentrum steht dabei die Frage der Validität der angewandten Methode. Vielerlei deutet darauf hin, dass Kriminali-tätsfurcht in standardisierten Umfragen erheblich überschätzt wird und in ihrem Ausmaß vor allem von der Art der Messung abhängt. So liefern quantitative und qualitative Verfahren bei denselben Befragten sogar widersprüchliche Ergebnisse. Stellt man in Rechnung, dass Kriminalitätsfurcht gerne und oft als Motor für restriktive Veränderungen der Kriminalpolitik genutzt wird, verdeutlicht dies die Problematik solcher Forschungsergebnisse in besonderem Maße.

Helmut Hirtenlehner zeichnet die Geschichte der einschlägigen Forschung nach und kontextuiert das Konzept von Kriminalitätsfurcht mit den aus den Umwälzungen der Spätmoderne resultierenden Irritationen und Verwerfungen des täglichen Lebens. Vor dem Hintergrund heutiger Zeitdiagnosen zeigt er, dass sich ein endemisches Unsicherheitsbewusstsein herausbildet, sodass Kriminalitäts-furcht in der sozialen Wirklichkeit nicht als ein von anderen Ängsten abgrenz-bares Phänomen auftritt, sondern sich vielmehr mit allgemeineren sozialen und existenziellen Ängsten verknüpft. Fasst man also Kriminalitätsfurcht als eine Chiffre für das an globale und lokale, ökonomische und soziale Missstände gebundene Unbehagen auf, so erscheint Angst vor Kriminalität als Anpassungs-mechanismus an eine von Umbrüchen gezeichnete Gesellschaft.

Kriminalitätsfurcht. Zu den Problemen ihrer Erfassung (2005)

Helmut Kury, Andrea Lichtblau, André Neumaier und Joachim Obergfell-Fuchs

Kriminalitätsfurcht. Zu den Problemen ihrer Erfassung, in: Schweizerische Zeitschrift für Kriminologie 4, 2005, S. 3–19 (gekürzt).

[…] Mit dem Aufkommen der Opferbefragungen in der zweiten Hälfte der 1960er Jahre wurde neben erlebten Viktimisierungen in der Regel auch die Angst der Bürger, selbst Opfer einer Straftat zu werden, erhoben. Da neben den Viktimisierungen, die möglichst breit erhoben werden sollten, zusätzliche weitere Aspekte des Kriminalitätsgeschehens von Interesse waren, wie das Anzeigeverhalten oder die Sanktionseinstellungen, blieben für die einzelnen Aspekte nur wenige Items übrig, um die Erhebungsinstrumente nicht zu lang und damit unpraktikabel werden zu lassen.

Für die Kriminalitätsfurcht entwickelte man bereits 1965 in den USA im Rahmen der Studien der Law Enforcement Assistant Administration einen „Standardindikator", in welchem danach gefragt wurde, ob man Angst habe, wenn

H. Kury (✉)
Heuweiler, Deutschland
E-Mail: helmut.kury@web.de

A. Lichtblau
Staufen, Deutschland

A. Neumaier
Hofheim, Deutschland

J. Obergfell-Fuchs
Freiburg i. Br., Deutschland
E-Mail: Joachim_ObergfellFuchs@web.de

man abends nach Einbruch der Dunkelheit in seinem Wohngebiet draußen alleine spazieren geht (vgl. Kreuter, 2002, S. 47). Meinungsforschungsinstitute übernahmen diese Operationalisierung der Verbrechensfurcht, ebenso fand sie Eingang in die in Deutschland regelmäßig durchgeführte „Allgemeine Bevölkerungsumfrage der Sozialwissenschaften" (ALLBUS) sowie in zahlreiche nationale und internationale Opferstudien. Hierbei ist allerdings zu beachten, dass es einen einheitlichen „Standardindikator" nicht gibt, es existieren vielmehr unterschiedliche Versionen desselben, was eine Vergleichbarkeit der gefundenen Ergebnisse erschwert. Kreuter (2002, S. 236) führt beispielsweise verschiedene Versionen des Standardindikators an, wie sie in deutschsprachigen Untersuchungen verwendet wurden.

Hinzu kommt ein weiterer wesentlicher Punkt: (Verbrechens)Furcht ist ein komplexes Konstrukt, das nicht mit einer einzelnen Frage umfassend operationalisiert werden kann. So wird meist zwischen affektiven, kognitiven und konativen Komponenten unterschieden (vgl. Boers & Kurz, 1997). Obergfell-Fuchs und Kury (1996) konnten bei ihren Untersuchungen zwei Faktoren extrahieren, die sie als kognitive und emotionale Furcht bezeichneten, um nur einige Beispiele zu nennen. Es ist vor diesem Hintergrund naheliegenderweise relativ unsicher, ob das, was aufgrund von Ergebnissen aus Umfragen als „Verbrechensfurcht" bezeichnet wird, wirklich die Furcht der Bürger ist, Opfer einer Straftat zu werden – oder ob nur Teilaspekte hiervon erfasst werden und daneben vielleicht größtenteils „andere" Ängste oder Verunsicherungen den gefundenen Wert bestimmen (vgl. Fattah, 1993). Werden internationale oder Längsschnittvergleiche über die Unterschiede bzw. Entwicklung der Verbrechensfurcht durchgeführt, weiß man angesichts unterschiedlicher Operationalisierungen, Fragebogengestaltung und Stichprobengewinnung nie, ob die erfassten Unterschiede auf tatsächliche Unterschiede oder Veränderungen zurückgehen, oder ob es sich eher um Methodeneinflüsse handelt, die, wie in verschiedenen Studien deutlich gezeigt werden konnte, erheblich sein können (vgl. Kury 1993, 1994a, 1994b, 1995a, 1995b; Kury & Würger, 1993). Die in den Medien immer wieder mitgeteilten Angaben zur Furcht der Bürger, Opfer einer Straftat zu werden sind vor diesem Hintergrund mit großer Vorsicht zu interpretieren. Der Medienrezipient ist zu einer solchen kritischen Interpretation jedoch in aller Regel nicht in der Lage, da er über die Ungenauigkeit der Messung und deren mangelnde Zuverlässigkeit zu wenig informiert ist.

Vor diesem Hintergrund soll nachfolgend der Frage nachgegangen werden, welches Maß an Validität die derzeit gängigen Verfahren in der Ermittlung der Kriminalitätsfurcht, insbesondere die Verwendung des Standardindikators, aufweisen. Auch die Möglichkeiten einer anderen, gegebenenfalls valideren, Messung von Kriminalitätsfurcht werden im Folgenden erörtert. […].

3   Wie zuverlässig sind die Angaben zur Verbrechensfurcht?

Neuere Untersuchungen zur Verbrechensfurcht haben die bisherigen Ergebnisse zusätzlich in Zweifel gezogen und haben Resultate gebracht, welche deren Aussagekraft erheblich in Frage stellen. Es soll im Folgenden zunächst kurz auf zwei Untersuchungen aus Großbritannien eingegangen und anschließend die Ergebnisse einer eigenen Studie dargestellt werden.

3.1   Ergebnisse aus Großbritannien

Auf eine deutliche Überschätzung der Kriminalitätsfurcht mittels der üblichen standardisierten Umfragetechniken anhand eines geschlossenen, standardisierten Fragebogens wies bereits vor Jahren eine kritische englische Untersuchung hin (vgl. FarraII et al., 1997; FarraII & Gadd, 2004; Ditton et al., 1999a, 1999b; Gilchrist et al., 1998). Insbesondere vergleichende qualitative Studien, welche die angegebene Furcht gründlicher beleuchten, haben die Ergebnisse der quantitativen Fragebogenerhebungen zur Kriminalitätsfurcht in Frage gestellt. Farrall et al. (1997, S. 658) kritisieren beispielsweise, dass die Kriminalitätsfurcht, wie auch die Viktimisierungserfahrungen selbst, von Seiten der einschlägigen Forschung von Anfang an fast ausschließlich durch quantitative Erhebungen erfasst wurden, was zu Ergebnissen führte, die nahe legen, „dass Verbrechensfurcht ein vorrangiges soziales Problem sei". Erst in den letzten Jahren wurden diese Resultate durch differenziertere Studien vermehrt angezweifelt.

Farrall et aI. (1997) legten selbst eine differenzierte Untersuchung zur Verbrechensfurcht vor, bei welcher quantitative und qualitative Erhebungsverfahren kombiniert wurden. Die Autoren hatten im Oktober und November 1994 in Glasgow vier Stadtbezirke ausgewählt, und zwar nach den Kriterien Innenstadt versus Außenbezirk und untere versus obere Sozialschicht der Bewohner in dem Viertel. Es wurden 167 per Zufall ausgewählte Personen („Random-Walk-Verfahren") ab dem 16. Lebensjahr mittels eines standardisierten Fragebogens zu Verbrechensfurcht, spezifischer Kriminalitätsfurcht und kognitiver Risikoeinschätzung sowie eigener Viktimisierungen befragt. 64 Personen wurden daraufhin innerhalb eines Monats mittels eines qualitativen Interviews, das offene Fragen enthielt, ergänzend noch einmal befragt, insbesondere zu den Themen spezifische Kriminalitätsfurcht, Sicherheitsgefühl in der Wohngegend und zu etwaigen Vermeidungsstrategien aufgrund hoher Furcht.

Es wurden erhebliche Diskrepanzen hinsichtlich der Ergebnisse sowohl zwischen der quantitativen und der qualitativen Vorgehensweise als auch innerhalb der einzelnen Techniken der Datensammlung festgestellt. Insgesamt konnten 114 substantielle Diskrepanzen in den Angaben gefunden werden, davon bezogen sich 98 auf solche zwischen den beiden Vorgehensweisen. 40 % dieser Diskrepanzen gingen auf Widersprüche zwischen den Angaben in der schriftlichen und der mündlichen Befragung zurück, wobei diese teilweise erheblich waren. In dem qualitativen Interview wurden deutlich niedrigere Furchtwerte ermittelt als in der standardisierten Fragebogenerhebung. Auch bei der Einschätzung der spezifischen Kriminalitätsfurcht konnten erhebliche Fehlangaben festgestellt werden. Die Autoren kommen zu dem abschließenden Ergebnis (Farrall et al., 1997, S. 3), dass vor allem geschlossene Fragensysteme, wie sie in der Regel bei den einschlägigen Umfragen eingesetzt werden, die Verbrechensfurcht erheblich überschätzen.

Quantitative Interviews erfassen nach diesen Ergebnissen eher allgemeine Ängstlichkeit, die zusätzlich – wie die qualitativen Nachbefragungen zeigten – von Seiten der Befragten nur auf sehr spezifische, in der Regel selten eintretende Gegebenheiten bezogen wurden. So z. B. dass man nachts, wenn man alleine unterwegs ist, in einsamen Straßen einer Gruppe junger Männer, die betrunken sind, begegnet. Spezifische soziale und geographische Kontexte werden bei den Befragungen in der Regel ausgeklammert. Daraus dann auf eine „allgemeine Verbrechensängstlichkeit" zu schließen, was in der Regel gemacht wird, ist sehr problematisch. Ferner stellt sich die Frage, ob solche Ängste, wie etwa die Angst des Kindes vor dem dunklen Keller, nicht ganz natürlich und im Sinne eines allgemeinen Schutzmechanismus nicht auch überlebenswichtig sind. So stellte etwa schon Hannah Arendt zu Recht fest: „Angst ist für das Überleben unverzichtbar". Hieraus das besondere Problem einer übermäßigen Verbrechensangst ableiten zu wollen, *ist nicht gerechtfertigt.*

Farrall et al. (1997, S. 671) weisen weiter darauf hin, dass auch die Formulierung der Fragen zur Verbrechensfurcht zu Fehleinschätzungen führen kann, so etwa im Englischen der Gebrauch des Ausdruckes „worry", der aufgrund seines breiten Bedeutungsspektrums (beunruhigen, ängstigen, sich sorgen, aufregen, ärgern, plagen, quälen) zu unterschiedlichen Interpretationen verleitet. In der deutschen Forschungsliteratur finden sich die Ausdrücke Verbrechensfurcht, Unsicherheitsgefühl und Angst vor Straftaten, um nur einige Beispiele zu nennen (vgl. Kreuter 2002). Welch wichtigen Einfluss solche methodischen Unterschiede wie die Frageformulierung, die Zahl, Reihenfolge und Ausprägung der vorgegebenen Antwort-Alternativen oder die Position eines Items im Fragebogen insgesamt haben können, wurde vielfach nachgewiesen (vgl. Kury 1994a, 1995a).

So wurde bei einer experimentell veränderten Position des Items: „Welches sind Ihrer Ansicht nach die drei dringendsten Problemen in Ihrem Stadtteil? ", ca. 2,5 mal mehr das Thema Kriminalität genannt, wenn das Item am Ende des Fragebogens stand, nachdem mögliche eigene Viktimisierungen in mehreren Deliktsbereichen abgefragt wurden, im Vergleich zu der Gruppe, der das Item zu Beginn der Umfrage gestellt wurde (Kury & Würger, 2004). Im ersten Fall wurden die Befragten durch den spezifischen Hinweis auf verschiedene Viktimisierungsmöglichkeiten hinsichtlich des Themas Kriminalität sensibilisiert, mit dem Ergebnis, dass sie es anschließend erheblich häufiger als Problem der eigenen Gemeinde nannten.

All das deutet darauf hin, dass Ergebnisse standardisierter Umfragen zur Verbrechensfurcht mit großer Vorsicht zu interpretieren sind, vor allem konnte durch Farrall et al. (1997) auch gezeigt werden, dass die Verbrechensfurcht in den „klassischen" Opferstudien offensichtlich erheblich überschätzt wurde und wird. Farrall et al. (1997, S. 676) kommen zu dem Schluss, dass die Ergebnisse der Umfragen zur Verbrechensfurcht vor allem davon abhängen, wie diese gemessen wurde, weniger davon, wie stark sie tatsächlich ausgeprägt ist. In der erwähnten Studie von Kury und Würger (2004) konnten die Autoren zeigen, dass Methodeneffekte und deren Auswirkungen auf die Ergebnisse von Opferstudien vielfach größere Unterschiede bewirken als die Durchführung der Untersuchung zu verschiedenen Zeitpunkten. Die traditionellen Messmethoden sind offensichtlich Verfahren, welche das Furchtniveau konstant zu hoch einschätzen. Vieles deutet darauf hin, dass die Verbrechensfurcht vor dem Hintergrund solcher Surveys „gewaltig überschätzt" („hugely overestimated") wurde und wird und sie etwa nur halb so hoch ist als angenommen. Auch Kreuter (2002) legt aufgrund der Analyse der internationalen Literatur und eigener Berechnungen Ergebnisse vor, die diese Annahme stützen.

In einer weiteren Studie untersuchten Farrall und Gadd (2004), wie oft sich Befragte, die angeben Verbrechensangst zu haben, tatsächlich fürchten. Befragt wurden im Herbst 2002 977 Personen, von denen 925 Angaben zur Verbrechensfurcht machten. Hiervon gaben immerhin 65 % (602) an, dass sie im vergangenen Jahr nie Verbrechensfurcht empfunden hätten. Die restlichen empfanden, jeweils bezogen auf das letzte Jahr, mindestens in einer Situation niedrige (20 %; 183) bzw. hohe (15 %; 140) Furcht. Diejenigen, die angaben, sie hätten mindestens einmal hohe Furcht empfunden („quite" oder „very fearful"), erlebten dies zu 3 % in einer einzigen Situation, zu 2 % in zwei, zu jeweils 1 % in drei oder vier und zu 8 % in fünf oder mehr Fällen. Das Erleben hoher Furcht ist somit nur in wenigen Fällen gegeben. Lediglich ein Drittel der Befragten hatte im letzten Jahr überhaupt eine Situation erlebt, die Furcht auslöste. Wird die Intensität der erlebten Furcht mit berücksichtigt, hatten nur 15 % der Stichprobe nach eigener Einschätzung mindestens ein Erlebnis, das hohe Furcht auslöste. Das weist auf den geringen eigenen „Erfahrungshintergrund" erlebter Verbrechensfurcht hin. Verbrechensfurcht ist offensichtlich weniger durch Erfahrungen begründet, sondern wird durch entsprechende Informationen, z. B. aus den Medien oder der Umwelt ausgelöst, durch Eindrücke, die in Zusammenhang mit der Gefahr einer eigenen Viktimisierung gebracht werden. Hierauf wies auch Holst (2001) in Bezug auf die Verbrechensfurcht von Frauen hin.

3.2   Ergebnisse einer deutschen Untersuchung [...]

3.2.1 Methodisches Vorgehen – Stichprobe

Auch die vorliegende deutsche Studie, die ähnlich wie FarraIl et aI (1997) vorging (vgl. ausführlich Lichtblau & Neumaier, 2004), kommt zu überraschend ähnlichen Resultaten. Es wurde zunächst nach üblichem Muster ein standardisierter Fragebogen zur Messung der Verbrechensfurcht und Viktimisierung entwickelt, wobei die bei solchen Umfragen eingesetzten Items zur allgemeinen Verbrechensfurcht, zur Schwere der Viktimisierung, dem Vermeide- und Schutzverhalten, zu allgemeinen Lebensrisiken, zu Zeichen der sozialen Desorganisation („Incivilities") und zu einzelnen Viktimisierungen weitgehend übernommen wurden. Hierbei wurde das Standarditem zur Verbrechensfurcht direkt zu Beginn des Fragebogens gestellt, um so eine Beeinflussung der Beantwortung durch die folgenden Opferfragen möglichst zu vermeiden. Die Formulierung des Standarditems orientierte sich an der Untersuchung von Kreuter (2002) und lautete: „Denken Sie einmal nur an Ihre Wohngegend, also an alles, was Sie in 5 Gehminuten erreichen können. Wie sicher fühlen Sie sich, oder würden sich fühlen, wenn Sie hier in dieser Gegend nachts draußen alleine sind? Fühlen Sie sich – sehr sicher, – ziemlich sicher – ziemlich unsicher – sehr unsicher, – weiß nicht". Durch die Kategorie „weiß nicht" sollte verhindert werden, dass „meinungslose" Befragte zu einer substantiellen inhaltlichen Antwort gezwungen werden.

Ergänzend zum Standarditem wurden zur Erfassung der allgemeinen Verbrechensfurcht insgesamt 6 Vignetten mit kurzen Situationsschilderungen vorgegeben, die in unterschiedlichem Ausmaß Angst auslösen können (vgl. van der Wurff et al., 1989). Diese Vignetten thematisierten die folgenden Situationen: A. Man ist abends spät alleine zu Hause, es klingelt, man erwarte niemand, B. Man bringt abends seine Mülltonne nach draußen, sieht auf der Straße nicht weit entfernt zwei Männer bei einem Auto, die nun auf einen zugelaufen kommen,

C. Früh am Abend verläuft man sich auf dem Weg zu einer Party, eine Gruppe Jugendlicher folgt einem und beginnt, unfreundliche Bemerkungen zu machen, D. Man wartet nachmittags an der Bushaltestelle direkt zu Hause, eine Gruppe 15- bis 16-Jähriger kommt dazu, tritt auf das Wartehäuschen ein und beginnt, es mit Graffiti zu besprühen, E. Man will abends ausgehen, in dem Moment läutet das Telefon, es meldet sich niemand, man hört nur ein tiefes unregelmäßiges Atmen, dann legt der Anrufer auf, F. Man fährt durch eine fremde Stadt, muss zu Hause anrufen und mitteilen, dass man erst spät ankommt, geht in ein Café zum Telefonieren, hier trifft sich gerade eine Gruppe von Motorradfahrern.

Nach Schilderung der einzelnen Vignetten wurde jeweils gefragt, wie sicher sich die Probanden in der entsprechenden Situation fühlen würden, wobei die Antwortvorgaben denjenigen beim Standarditem entsprachen. Zusätzlich wurde gefragt, wie hoch die Wahrscheinlichkeit eines negativen Ausgangs einer solchen Situation eingeschätzt wird (fünf Antwortmöglichkeiten: „gar nicht wahrscheinlich", „wenig ... ", „ziemlich ... " und „sehr wahrscheinlich", ferner „weiß nicht"). Letztlich wurde erfasst, ob die Befragten eine ähnliche Situation schon einmal erlebt haben.

Weiterhin wurde versucht, die spezifische Kriminalitätsfurcht in Anlehnung an Kreuter (2002, S. 49) durch ein Item zu erfassen, in welchem nach den Beunruhigungen durch verschiedene Ereignisse mittels einer vierstufigen Likert-Skala („gar nicht" ... „sehr beunruhigt") gefragt wurde. Vorgegeben wurden: – Verletzung durch einen Verkehrsunfall, – angepöbelt zu werden, – geschlagen und verletzt zu werden, – Einbruch in Wohnung/Haus, – überfallen und beraubt zu werden, Autoaufbruch, – Diebstahl ohne Gewaltanwendung, – umgebracht zu werden. Bei Frauen wurde zusätzlich vorgegeben: – sexuelle Belästigung, – sexueller Angriff, – Vergewaltigung, – von einem Mann/Freund geschlagen zu werden, von einem Mann, Freund oder Partner sexuell angegriffen zu werden. In einem weiteren Item wurde die persönliche Risikoeinschätzung zu denselben Ereignissen erfragt, ferner die Einschätzung der Schwere eines solchen Geschehens. Schließlich wurde eventuelles Meide- oder Schutzverhalten erfasst, sowie Beunruhigung durch allgemeine Lebensrisiken in Anlehnung an die Liste der Erhebungen der R + V Versicherungen (R + V Infocenter für Sicherheit und Vorsorge, 2003). Für die qualitativen Interviews wurde ein Interviewleitfaden entwickelt, dessen Anwendbarkeit in Vortests überprüft wurde. Auch der standardisierte Fragebogen wurde in Vortests auf seine Anwendbarkeit getestet.

Die Hauptuntersuchung fand im Sommer 2003 in drei Freiburger Stadtteilen statt, wobei diese nach ihrer Kriminalitätsbelastung und der Ausprägung der Verbrechensfurcht der dortigen Bewohner wie sie in früheren vergleichbaren Studien gefunden wurden (vgl. Obergfell-Fuchs & Kury 1996; 2003), ausgewählt

wurden. Die Stadtteile zeigten in der früheren Untersuchung eine hohe, mittlere
bzw. niedrige Ausprägung in diesen beiden Variablen. Befragt wurden nach einer
Zufallsauswahl („Random-walk-verfahren") deutschsprachige Einwohner ab dem
18. Lebensjahr. […].

In die Gesamtstichprobe gingen 590 Personen ein. Die Antwortquote lag
bei 49,7 % (N = 293), was für die Region und für Umfragen dieser Art als ausgesprochen gut anzusehen ist und nur dadurch verwirklicht werden konnte, dass
bei Nichterreichen der Zielperson bis zu insgesamt 5 Kontaktversuche unternommen wurden. 62,8 % (N = 184) der Befragten waren Frauen und 37,2 %
(109) Männer. […].

3.2.2 Ergebnisse

[…] Wie oben dargestellt fühlen sich 23,9 % der befragten Freiburger Bürger
nach dem Standardindikator mehr oder weniger unsicher. Wie bereits die Untersuchungen der R + V Versicherungen seit 1991 regelmäßig feststellen, rangiert
die Verbrechensangst im Vergleich zu anderen Beunruhigungen aber keineswegs
an erster Stelle, sondern meist im unteren Drittel der „Beunruhigungsskala".
Wir haben den Freiburger Befragten die Liste der Beunruhigungsfaktoren aus
den Umfragen der R + V Versicherungen vorgegeben. […] Es zeigt sich auch
hier, dass die Angst, Opfer einer Straftat zu werden im Vergleich zu anderen
Beunruhigungen deutlich in den Hintergrund tritt. 63 % geben als Grund einer
Verunsicherung die Furcht an, die Lebenshaltungskosten nicht mehr bestreiten
zu können, 57,4 % fürchten, dass ihre Rente/Altersversorgung nicht gesichert ist.
Erst an letzter, also 18. Steile wird von 12 % der Befragten die Angst genannt,
Opfer einer Gewalttat zu werden. […].

Was die Ergebnisse zum quantitativen Teil der Untersuchung betrifft, konnten wir
einige Resultate finden, die auch für die Methodik der Verbrechensfurchtforschung
insgesamt von Bedeutung scheinen. So wird beispielsweise die Alltagsrelevanz der
Vignetten, die eine konkrete, eventuell angstauslösende Situation vorgeben, mit
Ausnahme der Beispiele E (Telefon) und A (Haustür) als eher niedrig eingeschätzt.
Weniger als ein Viertel der Befragten hat bei den übrigen Vorgaben eine ähnliche
Situation schon mal erlebt. Zugleich zeigt sich jedoch, dass die Vignetten mit der
geringsten Alltagsrelevanz (D Graffiti; B Mülltonne; C Party) die vergleichsweise
höchsten Furchtwerte aufweisen. Bereits oben wurde darauf hingewiesen, dass ein
solches Ergebnis im Hinblick auf die mögliche Annahme einer Gefährdung angesichts mangelnder eigener Erfahrungen durchaus plausibel ist. […].

Die Ergebnisse erwecken den Eindruck, dass umso höhere Furchtwerte
„gemessen" werden, je diffuser und hypothetischer die jeweilige Frage gestellt
wird. Hierbei ist zu beachten, dass nicht nur die Vignetten, sondern auch der

Standardindikator für manche Befragte eine nur hypothetische Situation darstellen, da sie sich so gut wie nie nachts alleine draußen aufhalten. Je nach verwendetem Messinstrument kann auf sehr verschiedene Furchtwerte hinsichtlich krimineller Viktimisierung in der Bevölkerung geschlossen werden.

3.2.2.1 Qualitativer Teil (Interviews)

Die Bereitschaft, über die schriftliche Befragung hinaus, an einem zusätzlichen Interview teilzunehmen, war in allen drei Freiburger Stadtteilen etwa gleich hoch (zwischen 65,7 % und 74,0 %). Zunächst wurde versucht, anhand der relevanten Antworten auf die offenen Fragen im persönlichen Interview das in der Erstbefragung im Standardindikator von den einzelnen Befragten angegebene Angstniveau zu schätzen. [...].

Es zeigte sich, dass hinsichtlich des Sicherheitsgefühls in der Wohngegend in lediglich 13 Fällen und bezüglich der Einschätzung der Kriminalitätsfurcht nur in 12 Fällen eine korrekte Vorhersage der in den standardisierten Befragungen gemachten Angaben erfolgte. Bei beiden Kategorien war in jeweils einem Fall aufgrund sehr unklarer Begründungen im persönlichen Interview keine Vorhersage möglich. Das bedeutet, dass bei 16 bzw. 17 Fällen die Vorhersage der im Standarditem gemessenen Unsicherheit nachts draußen bzw. der Verbrechensfurcht falsch war d. h. nicht mit den Angaben im mündlichen Interview übereinstimmte. Was das Sicherheitsgefühl in der Wohngegend anbelangt, so wurde dieses bei 15 von den 16 falschen Vorhersagen anhand des Interviews für den standardisierten Fragebogen unterschätzt, d. h. nach den Ergebnissen der mündlichen Befragung fühlten sich die Bürger (deutlich) sicherer. Dagegen wurde die Kriminalitätsfurcht bei allen Falschzuordnungen anhand der schriftlichen Befragungen überschätzt.

Geht man davon aus, dass auf der Grundlage der gegebenen Erläuterungen und der Möglichkeit der Rückfrage die Einschätzungen in den offenen Antworten des Interviews (ökologisch) valider sind als die Antworten der geschlossenen Frage im schriftlich zu beantwortenden Fragebogen ohne die Möglichkeit weiterer Erläuterungen, so bedeutet dies, dass nach den Angaben im Standarditem der schriftlichen Befragung ca. jeder zweite Befragte fälschlicherweise als unsicher bzw. als Person mit (hoher) Kriminalitätsfurcht klassifiziert würde. Nach den persönlichen Interviews wurden nur zwei der ausgewählten 30 Befragten als Personen mit (sehr) hoher Kriminalitätsfurcht eingestuft. Bei insgesamt 12 Interviews konnte kein konkreter Bezug der Angaben im Standardindikator zu Kriminalität festgestellt werden. Bei lediglich vier Interviews bezogen sich die Antworten im Standardindikator ausschließlich auf Kriminalität (konkret oder vage) und nicht auf Incivilities oder sonstiges (wie herumstreunende Hunde, Dunkelheit, Hinfallen und sich verletzen).

Bei den Auslösern für Gedanken an eine Opferwerdung scheinen insbesondere die Medien eine große Rolle zu spielen. So berichteten 11 Interviewte von lokalen oder überregionalen Medienberichten, die Vorstellungen über Kriminalität bei ihnen ausgelöst hätten. Hierbei muss beachtet werden, dass Freiburg im Landesdurchschnitt in Baden-Württemberg eine relativ hohe offizielle Kriminalitätsbelastung hat, teilweise sogar an erster Stelle in diesem Bundesland liegt, was auch immer wieder in den Medien berichtet wird. […].

Ferner machten die Interviews hinsichtlich der Einschätzung der Verbrechensfurcht aufgrund der Daten der Fragebogenerhebung folgende Probleme deutlich:

- Personen, die in der standardisierten Befragung angaben, sich (sehr) unsicher zu fühlen, relativierten dies vielfach in der persönlichen Befragung. Sie wurden offensichtlich durch den Fragebogen angeregt und fühlten sich aufgefordert, „etwas" anzugeben. Hinter der so angegebenen „Furcht" steckt, wie im persönlichen Interview deutlich wurde, oftmals ein Unwohlsein oder Ärger, z. B. über die Wohnverhältnisse, die Nachbarschaft oder wahrgenommene Incivilities, aber keine wirkliche Angst oder Furcht vor Straftaten. Aus den Medien war bekannt, dass Kriminalität „ein Problem", sei, dass „die Leute" ängstlich sind, selbst konnte man dazu aber nichts sagen („Nonattitude"), d. h. man ordnete sich dem zu, was man als „normal" ansah. Entsprechend wurde Kriminalitätsfurcht angegeben. Auf die Nachfrage im Interview reagierten die Befragten teilweise überrascht, wieso man auf die Idee käme, sie hätten Angst vor Straftaten.
- Das Unwohlsein bzw. der Ärger, auf dessen Grundlage die Angabe im Fragebogen erfolgte, war vielfach auf konkrete Situationen bezogen, z. B. einen Park in der Nähe, in welchem sich oft Betrunkene oder sonst „auffällige" Personen aufhalten, die aber kaum aggressiv sind, die Passanten in Ruhe lassen, nicht wirklich Angst machen und von den Befragten als harmlos erlebt werden, aber „Incivilities" darstellen. Die Bürger meinten deshalb, dass hier „etwas geschehen" müsse, „die Stadt muss etwas tun". Die einzige Möglichkeit, dieses Bedürfnis im Fragebogen auszudrücken, sahen die Befragten darin, sich als verbrechensängstlich zu schildern. Es bot sich nach ihrer Meinung keine andere Frage an, den erlebten Unmut zu äußern. Allein durch ein differenzierteres Nachfragen nach einzelnen erlebten Problemen und Veränderungswünschen, wären vermutlich manche „Verbrechensängstliche" „abgewandert" zu anderen Antwortmöglichkeiten (vgl. Ditton et al., 1999a; 1999b).

- Personen, die auch im persönlichen Interview angaben, Angst zu haben, begrenzten diese vielfach auf bestimmte, eng umschriebene singuläre Situationen, z. B. den nächtlichen Gang vom Autoparkplatz in einem Hochhausviertel bis zur Eingangstür. Es entstand nicht selten der Eindruck, dass es eher und keineswegs „auffällig" ist, in solchen Situationen ein Gefühl des Unwohlseins oder vielleicht sogar Angst zu haben. Die Befragten schränkten ihr Verhalten oft nicht ein, fühlten sich auch in anderen Situationen keineswegs unsicher und hatten noch nie eine gefährliche Situation erlebt. Es ist hier schwierig, vor dem Hintergrund solcher einzelnen Situationen einen „globalen" Furchtwert für diese Befragten zu bestimmen, was aber bei der schriftlichen Befragung und der angewandten Auswertungsmethodik erfolgt. Vor diesem Hintergrund erscheint es auch nicht sinnvoll, die Kriminalitätsfurcht mit einem so globalen Indikator wie der Standardfrage zu erfassen. Auch in interaktionalen Angstkonzepten wird etwa die Bereichsspezifität der Angst betont (vgl. Becker, 1980).

Deutlich zeigte sich aus den schriftlichen und mündlichen Befragungsergebnissen der Studie, dass die Einschätzung der eigenen Gefährdung, auch die Bewertung des lokalen Umfeldes, erheblich von der persönlichen sozialen Integration in der Nachbarschaft abhängt. Personen mit höherer Kriminalitätsfurcht erwiesen sich überzufällig oft als weniger gut in der Nachbarschaft integriert und umgekehrt. Teilweise hatten im selben Hochhaus und damit in derselben Umgebung lebende Befragte, je nach ihrer sozialen Integration, die Sicherheit der Wohngegend und das Ausmaß der Incivilities (herumlungernde Jugendliche, Betrunkene, Bettler, Müll, Graffiti und sonstige Verwahrlosungserscheinungen) deutlich unterschiedlich beurteilt. Personen, die sich eher zurückzogen, kaum Bezug zu anderen Bewohnern hatten und mehr oder weniger isoliert und einsam lebten, nahmen ihre Umwelt zugleich als bedrohlicher wahr.

Die persönlichen Befragungen machten deutlich, dass Kriminalitätsfurcht keineswegs eine zentrale Rolle im Leben dieser Menschen spielt und vor anderen Problemen deutlich zurücktritt (vgl. die Resultate der R + V-Versicherung). Im Fragebogen schienen oft „Dramatisierungen" vorgenommen worden zu sein, um auf erlebte kommunale oder politische Missstände und damit verbundenen Ärger aufmerksam zu machen. So gaben die Probanden im Fragebogen auch nicht selten Schutzvorkehrungen an. 30,6 % berichteten, sie hätten zusätzliche Schlösser an Wohnungs- und Balkontüren, 15,8 % gaben Zeitschaltuhren für Wohnungsbeleuchtung oder elektrische Rollläden an, 17,3 % nannten Bewegungsmelder. Vielfach existierten, wie das mündliche Interview zeigte, diese Sicherungen offensichtlich gar nicht. Auch das deutet auf die fragliche Validität dieser Angaben zur Verbrechensfurcht und den angegebenen Schutzvorkehrungen hin.

4   Diskussion der Ergebnisse

Die Untersuchung konnte somit, wie die in Großbritannien durchgeführte, in einem anderen regionalen und sozialen Kontext zeigen, dass der übliche Standardindikator zur Erfassung der Verbrechensfurcht das Ausmaß derselben erheblich überschätzt. Im Vergleich zu den Angaben im Interview konnte gezeigt werden, dass in 57 % der Fälle eine Überschätzung mittels der Furchtwerte im standardisierten Fragebogen erfolgte. Fast die Hälfte aller Personen (46 %) wurde fälschlicherweise als unsicher bzw. als Bewohner mit (hoher) Kriminalitätsfurcht klassifiziert. Hierbei sollte auch berücksichtigt werden, dass die Standardfrage in unserem Erhebungsinstrument in neutralem Kontext gestellt wurde. Teilweise werden höhere Furchtwerte allein durch die Formulierung der Antwortalternativen erzielt. Zudem wurde die Einschätzung der Kriminalitätsfurcht der Interviewten auch eher konservativ vorgenommen, d. h. im Zweifel wurden die Interviewten auch dann als solche mit Kriminalitätsfurcht eingestuft, wenn der subjektive Eindruck eine andere Einschätzung nahelegte, dies aber nicht durch entsprechende konkrete Aussagen im Interview belegt werden konnte. Es ist somit nicht auszuschließen, dass bei anderen Fragebogenerhebungen eine noch größere Überschätzung der Kriminalitätsfurcht durch die Messung mit der Standardfrage stattfindet. Das dürfte vor allem in Wohnumgebungen mit höheren Incivilities als in Freiburg der Fall sein.

Eine Überschätzung der Furchtwerte durch das Standarditem kann somit mehrere Ursachen haben, so etwa auch die Verwendung einer geschlossenen Frage mit vorgegebenen Antwortkategorien. Auch Befragte, die zur Verbrechensfurcht wenig konkrete Vorstellungen haben, ordnen sich hier ein, je unklarer die eigenen Vorstellungen sind (im Sinne einer „Nonattitude"), umso mehr werden sie sich von allgemein verfügbaren Informationen, wie z. B. Medienberichten über eine steigende Verunsicherung der Deutschen, leiten lassen. Für eine solche Beeinflussung spricht auch das Ergebnis der o.g. vergleichenden Opferstudie in Freiburg und Jena, die bei einer Platzierung des Furchtitems zu Beginn des Fragebogens höhere Werte erbrachte. Die allgemeine Frage nach der selbst erlebten Verbrechensfurcht wird somit offensichtlich in einem neutralen Kontext, ohne spezifischen Bezug und ohne speziellen Hintergrund eher bejahend beantwortet, als wenn vorher in konkreten Fragen zur eigenen Viktimisierung das Thema Opfer einer Straftat mehr strukturiert und konkretisiert wird. Wird zunächst nach eigenen Viktimisierungen gefragt und damit das Thema Kriminalität konkretisiert, dürften die Versuchspersonen darauf hingewiesen werden, dass sie selbst (schlimmere) Opfersituationen noch nicht erlebt haben, was eher beruhigend wirken könnte. Hinsichtlich der Einschätzung von Kriminalität als Problem sind, wie oben dargestellt, die Ergebnisse jedoch anders. In diesem Fall werden die Befragten offensichtlich durch die Opferfragen zu einzelnen Straftaten auf das Thema Kriminalität hingewiesen, was sich darin ausdrückt, dass sie diese Problematik nun wesentlich häufiger als Problem ihrer Gemeinde angeben. Das weist auf erhebliche methodische Einflüsse bei solchen Umfragen hin, die bei der Interpretation der Ergebnisse vielfach nicht berücksichtigt werden (vgl. Kury & Würger, 2004).

Eine weitere Ursache kann in den „semantischen Reizen der Standardfrage" selbst gesehen werden. Die Formulierungen „nachts", „alleine" und „draußen" lenken auf Situationen, in denen sich die meisten Personen eher unwohl und unsicher fühlen. Diese Ausdrücke allein können Angstgefühle provozieren und dem Befragten nahelegen, dass sich hier „jeder" unsicher bzw. ängstlich fühlt. Es wird somit nichts Spezifisches, sondern eher ein allgemein zu erwartendes „Gefühl" induziert und dann abgefragt. Wenn überhaupt, wird auf diese Weise zu einem erheblichen Teil eine natürliche „Verbrechensfurcht", erfasst aber keinesfalls etwas „auffälliges".

Letztlich muss beachtet werden, dass mit der Standardfrage eine für nicht wenige Befragte hypothetische Situation beschrieben wird, in der sie sich, wenn überhaupt nur selten befinden (vgl. oben; Farrall & Gadd, 2004). So gab ein Großteil der Befragten hinsichtlich des Standardindikators an, dass es nicht ihrem Tagesrhythmus entspreche, sich nachts allein in der Wohngegend draußen aufzuhalten, und zwar unabhängig davon, ob sie Angst haben oder nicht. Eine Einschränkung der Lebensqualität aufgrund eines Unsicherheitsgefühls bzw. aufgrund hoher Kriminalitätsfurcht ist bei den meisten Interviewten nicht festzustellen. Es zeigte sich aber auch, dass die mangelnde Alltagsrelevanz von Situationsschilderungen höhere Kriminalitätsfurchtwerte – zumindest in der Tendenz – wahrscheinlich macht.

Bei aller Kritik am Standardindikator stellt sich natürlich die Frage, wie man eine bessere Messung durchfuhren kann, welche valideren und reliableren Instrumente vorhanden sind. In diesem Beitrag wurden über mehrere einzelne Items hinweg gebildete Indexvariablen als ein möglicher Vorschlag unterbreitet. Allerdings gilt auch für solche Indexvariablen, dass sie ihre eventuell vorhandene Überlegenheit erst unter Beweis stellen müssen und insbesondere eine höhere ökologische Validität aufweisen müssen als der Standardindikator. Ein unzuverlässiges Instrument durch ein anderes, vielleicht komplexeres, aber nicht minder unzuverlässiges zu ersetzen, kann kein Ausweg sein.

Die Verbrechensfurcht spielt im Leben der Bürger offensichtlich nicht die Rolle, die ihr von vielen Umfragen, den Medien oder Politikern vielfach zugesprochen wird. Berücksichtigt man andererseits, dass gerade die Verbrechensfurcht ein zentraler Motor für Veränderungen in der Kriminalpolitik, insbesondere hinsichtlich einer restriktiveren und härteren Vorgehensweise gegen Straftäter war und immer noch ist, wird die Problematik solcher Forschungsergebnisse deutlich. Damit soll das Problem Verbrechensfurcht nicht bagatellisiert werden, wenn jedoch „jeder" Angst hat, hat letztlich „keiner" mehr Angst, das bewirkt auch, dass die Personen, die wirkliche Angst vor Straftaten haben und ihr Leben hierdurch beeinträchtigt sehen, aus dem Blickfeld geraten. Die eigentlich Hilfsbedürftigen erhalten somit nicht mehr die entsprechende Unterstützung.

Bei den vorliegenden Umfrageergebnissen und den darauf aufbauenden politischen Forderungen entsteht teilweise der Eindruck, als ginge es darum, jegliche „Verbrechensfurcht" völlig „auszurotten" und für eine vor Straftaten absolut sichere Welt zu sorgen – wobei wiederum andere, vielfach größere Gefährdungen, man denke nur an den Straßenverkehr aus dem Blickfeld geraten.

Literatur

Becker P., Studien zur Psychologie der Angst, Beltz Verlag, Weinheim/Basel, 1980.

Boers K., Kurz P., Kriminalitätseinstellung, soziale Milieus und sozialer Umbruch, in: Boers K., Gutsche G., Sessar K. (Hrsg.), Sozialer Umbruch und Kriminalität in Deutschland, Westdeutscher Verlag, Opladen, 1997, 187–253.

Ditton J., Bannister J., Gilchrist E., Farrall S., Afraid or angry? Recalibrating the 'fear' of crime, International Review of Victimology, Vol. 6(2), 1999, 83–99 (zit.: Ditton et aI., 1999a).

Ditton J., Farrall S., Bannister J., Gilchrist E., Pease K., Reactions to victimisation: Why has anger been ignored? Crime Prevention and Community Safety, Vol. 11 (3), 1999, 37–54 (zit.: Ditton et al., 1999b).

Farrall S., Bannister J., Ditton J., Gilchrist E., Questioning the measurement of the 'fear of crime'. Findings from a major methodological study, British Journal of Criminology, Vol. 37 , 1997, 658–679.

Farrall S., Gadd D., The frequency of the fear of crime, British Journal of Criminology, Vol. 44 (1) ,2004, 127–132.

Fattah E.A., Some common conceptual and measurement problems, in: Bilsky. W., Pfeiffer C., Wetzels P. (Eds.), Fear of crime and criminal victimization, Enke, Stuttgart, 1993, 45–70.

Gilchrist E., Bannister J., Ditton J., Farrall S., Women and Men Talking About the Fear of Crime: Challenging the Accepted Stereotypes, British Journal of Criminology, Vol. 38 (2), 1998, 284–299.

Holst B., Kriminalitätsfurcht von Frauen. Normal oder hysterisch?, Neue Kriminalpolitik, Vol.13 (1), 2001,10–15.

Kreuter F., Kriminalitätsfurcht: Messung und methodische Probleme, Leske und Budrich, Opladen, 2002.

Kury H., Der Einfluss der Art der Datenerhebung auf die Ergebnisse von Umfragen – erläutert am Beispiel einer Opferstudie, in: Kaiser G., Kury H. (Hrsg.), Kriminologische Forschung in den 90er Jahren, 2. Halbband, Eigenverlag Max-Planck-Institut für ausländisches und internationales Strafrecht, Freiburg, 1993, 321–410.

Kury H., Zum Einfluss der Art der Datenerhebung auf die Ergebnisse von Umfragen, Monatsschrift für Kriminologie, Vol. 77, 1994, 22–33 (zit.: Kury 1994a).

Kury H., The influence of the specific formulation of questions on the results of victim studies, European Journal on Criminal Policy and Research, Vol. 2, 1994, 48–68 (zit.: Kury 1994b).

Kury H., Zur Bedeutung von Kriminalitätsentwicklung und Viktimisierung für die Verbrechensfurcht, in: Kaiser G., Jehle J.-M. (Hrsg.), Kriminologische Opferforschung. Neue Perspektiven und Erkenntnisse. Teilband II: Verbrechensfurcht und Opferwerdung. Individualopfer und Verarbeitung von Opfererfahrungen, Kriminalistik Verlag, Heidelberg, 1995, 127–158 (zit.: Kury 1995a).

Kury H., Wie restitutiv eingestellt ist die Bevölkerung? Zum Einfluss der Frageformulierung auf die Ergebnisse von Opferstudien, Monatsschrift für Kriminologie und Strafrechtsreform, Vol. 78, 1995, 84–98 (zit.: Kury 1995b).

Kury H., Würger M., The influence of the type of data collection method on the results of the victim surveys. A German research project, in: Alvazzi del Frate A., Zvekic U., Dijk J.J.M van (Eds.), Understanding crime. Experiences of crime and crime control. Acts of the international conference. Rome 18.-20. November 1992. UNICRI, Rom, 1993, 137–152.

Kury H., Würger M., Zur Validität von Umfrageergebnissen, unveröff. Manuskript, Freiburg, 2004.

Kury H., Obergfell-Fuchs J., Würger M., Strafeinstellungen. Ein Vergleich zwischen Ost- und Westdeutschland, edition iuscrim, Freiburg, 2002.

Lichtblau A., Neumaier A., Die Messung der Kriminalitätsfurcht. Ein Versuch der Kombination einer quantitativen und qualitativen Herangehensweise, unveröffentlichte Diplomarbeit, Psychologisches Institut der Universität Freiburg, 2004.

Obergfell-Fuchs J., Kury H., Sicherheitsgefühl und Persönlichkeit, Monatsschrift für Kriminologie und Strafrechtsreform, Vol. 2 , 1996, 97–113 .

Obergfell-Fuchs J., Kury H., Ergebnisse der Bevölkerungsbefragung in Freiburg i.Br., in: Dölling D., Feltes T., Heinz W., Kury H. (Hrsg.), Kommunale Kriminalprävention – Analysen und Perspektiven -, Felix Verlag, Holzkirchen, 2003, 84–140.

R+V-Infocenter für Sicherheit und Vorsorge, Die Ängste der Deutschen 2003, R+V-Infocenter, Frankfurt, www.ruv.de, 2003.

van der Wurff A., van Staalduinen L., Stringer P., Fear of crime in residential environments: Testing a social psychological model, The Journal of Social Psychology, Vol. 129 (2), 1989, 141–160.

Kriminalitätsangst – klar abgrenzbare Furcht vor Straftaten oder Projektionsfläche sozialer Unsicherheitslagen? Ein Überblick über den Forschungsstand von Kriminologie und Soziologie zur Natur kriminalitätsbezogener Unsicherheitsgefühle der Bürger (2009)

Helmut Hirtenlehner

Kriminalitätsangst – klar abgrenzbare Furcht vor Straftaten oder Projektionsfläche sozialer Unsicherheitslagen? Ein Überblick über den Forschungsstand von Kriminologie und Soziologie zur Natur kriminalitätsbezogener Unsicherheitsgefühle der Bürger, in: Journal für Rechtspolitik 17, 2009, S. 13–22 (gekürzt)

[…]

1   Einführung

Kriminalität fesselt die Aufmerksamkeit der Öffentlichkeit in einer Art, wie nur wenige soziale Phänomene es vermögen. Den entwickelten Gesellschaften des Westens um die Jahrtausendwende ist geradezu eine Kriminalitätshysterie oder

H. Hirtenlehner (✉)
Johannes-Kepler-Universität, Linz, Österreich
E-Mail: helmut.hirtenlehner@jku.at

ein Kriminalitätskomplex zu diagnostizieren.[1] In einer solchen Epoche eines
gesteigerten Unsicherheitsbewusstseins scheint es geboten, den Kriminalitäts-
wahrnehmungen der Bürger auch von wissenschaftlicher Seite her zu Leibe zu
rücken. Angesichts der Prominenz des Themas beinahe verwunderlich, blieb bislang weitgehend ungeklärt, worum es sich bei den auf Kriminalität gerichteten
Sensibilitäten der Menschen eigentlich handelt. „Is fear of crime simply the fear
of crime?" wurde schon in den späten 1970er Jahren gefragt.[2] Die Antwort auf
diese Frage ist die Kriminologie freilich lange schuldig geblieben. Doch blenden
wir zunächst einmal zurück auf die Ideengeschichte der Kriminalitätsfurchtforschung.

Die empirische Erforschung des Sicherheitsgefühls der Bevölkerung nahm
ihren Ausgang in den von der US-amerikanischen „Katzenbach-Kommission"
(der von Präsident Johnson Mitte der 1960er Jahre eingesetzten President's
Commission on Law Enforcement and Administration of Justice) beauftragten
Dunkelfeldbefragungen zu Kriminalitätsfurcht und Viktimisierungsbelastung der
Bürger.[3] Von Anbeginn an stand dabei die Überlegung im Vordergrund, Angst
vor Straftaten sei das Ergebnis persönlicher Opfererlebnisse. So einleuchtend die
Annahme, dass Opfer höhere Furcht vor Kriminalität entwickeln, auch erscheinen
mag, die sogenannte Viktimisierungsthese konnte empirisch nie so recht bestätigt
werden. Sowohl für die persönlichen Opfererfahrungen als auch für die Kenntnis
von Opfern im sozialen Nahbereich konnten bestenfalls moderat furchterhöhende
Wirkungen festgestellt werden. Einigkeit besteht dahingehend, dass mit dem
Viktimisierungshintergrund kein zentraler Erklärungsfaktor des kriminalitätsbezogenen Sicherheitsgefühls gefunden ist.[4]

---

[1] Garland, Die Kultur der ‚High-Crime-Societies'. Voraussetzungen einer neuen Politik von
‚Law and Order', in: Oberwittler/Karstedt (Hrsg), Soziologie der Kriminalität (2004) 36 ff.

[2] Garofalo/Laub, The Fear of Crime: Broadening our Perspectives, Victimology 2 (1978)
242 ff. (243).

[3] Boers, Kriminalitätsfurcht. Über den Entstehungszusammenhang und die Folgen eines
sozialen Problems (1991) 18 ff.

[4] Zusammenfassend Boers (FN 3); Boers, Furcht vor Gewaltkriminalität, in: Heitmeyer/
Hagan (Hrsg), Internationales Handbuch der Gewaltforschung (2002) 1399 ff.; Frevel,
Wer hat Angst vor'm bösen Mann? Ein Studienbuch über Sicherheit und Sicherheits-
empfinden (1998); Hale, Fear of Crime: A Review of the Literature, International Review
of Victimology 4 (1996) 79 ff.; Hirtenlehner/Sautner, Wider die Viktimisierungsthese. Kann
der Strafrechtszweck der Restoration auf eine höhere Verbrechensfurcht von Kriminalitätsopfern gestützt werden?, JSt 2007, 109 ff.

Eine zusätzliche Enttäuschung erfuhren die Bemühungen, Kriminalitätsfurcht aus Opferwerdungen herzuleiten, durch die Beobachtung, dass mehr Personen Angst vor Verbrechen zeigen, als tatsächlich von Straftaten betroffen sind. Es gibt also Menschen, die sich vor Verbrechen fürchten, ohne selbst jemals direkt davon betroffen gewesen zu sein.[5] Befürchtungen hegen auch Personen, die für sich persönlich gar nicht erwarten, in nächster Zeit Opfer einer Straftat zu werden.[6]

Der Ausdehnung des Viktimisierungshintergrundes von persönlichen auf im nahen sozialen Umfeld kommunizierte Opfererlebnisse folgte eine abermalige Erweiterung des Ansatzes auf die Kriminalitätsberichterstattung der Massenmedien. Medial vermittelte Informationen über Kriminalitätsgeschehnisse sind einer Deutung als stellvertretende Kriminalitätserfahrungen zugänglich. Verbrechensangst wurde in dieser Auslegung als Reflex einer überzeichneten, sensationsorientierten und dramatisierenden Darstellung von Kriminalität in Bild und Schrift konzipiert. Auch die Annahme generell furchterhöhender Auswirkungen des Konsums massenmedial vermittelter Kriminalitätsinformationen wurde regelmäßig enttäuscht. Es konnten allenfalls bescheidene Effekte der Kriminalitätsberichterstattung in Zeitung, Radio und Fernsehen auf das Sicherheitsgefühl der Bürger nachgewiesen werden.[7]

In Verarbeitung der bislang skizzierten, eher ernüchternden Befunde zum Erklärungswert kriminalitätszentrierter Einflussfaktoren begannen sich in den späten 1970er Jahren Zweifel an einem engen, ausschließlich auf gerichtlich strafbare Handlungen fokussierten Verständnis kriminalitätsbezogener Unsicherheitsgefühle zu formieren. James Garofalo und *John Laub* brachten die Bedenken auf den Punkt und stellten die für die weitere Forschung richtungweisende Frage: „Is fear of crime simply the fear of crime? (...) Does what researchers and theorists have been measuring and conceptualizing as the fear of crime have a simple correspondence with immediate citizen fears about being personally

---

[5] Boers (FN 3) 56; Sessar, Die Angst des Bürgers vor Verbrechen – was steckt eigentlich dahinter?, in: Janssen/Peters (Hrsg), Kriminologie für Soziale Arbeit (1997) 118 ff. (120 ff.).

[6] Ewald, Criminal Victimisation and Social Adaptation in Modernity. Fear of Crime and Risk Perception in the New Germany, in: Hope/Sparks (Hrsg), Crime, Risk and Insecurity. Law and Order in Everyday Life and Political Discourse (2000) 166 ff. (174 f.).

[7] Zusammenfassend Boers (FN 3); Boers (FN 4); Frevel (FN 4); Hale (FN 4); Warr, Fear of Crime in the United States. Avenues for Research and Policy, in: Duffer (Hrsg), Criminal Justice 2000, Vol 4. Measurement and Analysis of Crime and Justice (2000) 451 ff.

victimized in specific types of criminal acts?"[8]. In ihrem sehr populären, bis
heute vielfach zitierten Artikel erteilten die Autoren einem ausschließlich auf
strafrechtsbewehrte Übergriffe begrenzten Verständnis kriminalitätsbezogener
Unsicherheitsgefühle eine Absage. Verbrechensangst wurde stattdessen als Ausdruck eines allgemeinen Unbehagens am städtischen Leben konzeptualisiert.
In ihren Ängsten vor Straftaten tun Bürger eine Sorge um den sozialen und
moralischen Zustand des Gemeinwesens kund. Mit diesem Entwurf wurde der
Weg für den Erfolg der Sozialen-Kontroll-Perspektive geebnet.

Im Rahmen der Sozialen-Kontroll-Perspektive[9] wird Kriminalitätsfurcht als
Produkt der Erscheinungsform des Wohnviertels begriffen. Es wird angenommen,
dass das individuelle Sicherheitsgefühl der Menschen vom Zustand der näheren
Wohnumgebung abhängt. „Je ordentlicher und freundlicher sich der Ort gestaltet,
je dichter der soziale Zusammenhalt zwischen den Bewohnern und je stärker die
informelle soziale Kontrolle ist, desto geringer ist die Kriminalitätsfurcht".[10] Eine
vermittelnde Rolle spielen hier die sogenannten „disorders" – kleinere Verstöße
gegen die öffentliche Ordnung (z. B. beschmierte Wände, Müll auf den Straßen,
Bettelei, öffentlich herumlungernde Personengruppen), die als sichtbare Zeichen
von Destabilisierung, Kontrollverlust und Vernachlässigung das Sicherheitsgefühl
der Bewohner beeinträchtigen.[11] Die Beobachtung einer solchen Unwirtlichkeit
des Wohnviertels soll ein Gefühl der Sorge um die persönliche Sicherheit auslösen, weil sie einerseits einen Verlust an Zusammenhalt und sozialer Kontrolle
symbolisiert und andererseits von den Bürgern als Frühwarnzeichen für die
Existenz von Kriminalität gedeutet wird.[12]

---

[8] Garofalo/Laub (FN 2) 243.

[9] Lewis/Salem, Fear of Crime: Incivility and the Production of a Social Problem (1986);
Skogan, Disorder and Decline. Crime and the Spiral of Decay in American Neighborhoods
(1992).

[10] Frevel (FN 4) 49.

[11] Skogan (FN 9) unterscheidet grundsätzlich zwischen physischen und sozialen
„disorders". Physische „disorders" sind Spuren der Verwahrlosung in der baulichen
Umwelt (z. B. ungepflegte Fassaden, zerbrochene Fenster). Soziale „disorders" bezeichnen
Verhaltensweisen in der Grauzone zwischen delinquenter und nicht-delinquenter Devianz
(z. B. Bettelei, lärmende Jugendgruppen). Beide Phänomene treten meist kombiniert auf.

[12] Hirtenlehner, Unwirtlichkeit, Unterstützungserwartungen, Risikoantizipation und
Kriminalitätsfurcht. Eine Prüfung der Disorder-Theorie mit österreichischen Befragungsdaten, MschKrim 2008, 112 ff.

Zahlreiche empirische Untersuchungen belegen eine enge Beziehung von Kriminalitätsfurcht und Wahrnehmung von „disorder".[13] Die exakte Form des Zusammenhangs bleibt dabei allerdings unklar. Üblicherweise wird die Beobachtung von „disorder" als Ursache der Verunsicherung modelliert. Denkbar ist allerdings auch ein umgekehrter Wirkungsmechanismus dahingehend, dass Menschen, die sich vor Kriminalität fürchten, empfänglicher für die Wahrnehmung von Zeichen sozialer Destabilisierung sind. Nicht von der Hand zu weisen ist überdies eine dritte Form der Verknüpfung von „disorder"-bezogenen Irritationen und kriminalitätsassoziierten Unsicherheitsempfindungen: Beide Größen könnten Projektionsfläche und Portal für eine abstrakte allgemeine Verunsicherung sein, die nur im Gesamtzusammenhang der Strukturbedingungen spätmoderner Gegenwartsgesellschaften verständlich wird.[14] Damit beginnt man freilich, das Verständnis kriminalitätsbezogener Unsicherheitsgefühle auf eine höhere Ebene zu heben.

2   Kriminalitätsbezogene Unsicherheitsgefühle im Zeitalter des Wandels

Zahlreichen kriminologischen Zeitdiagnosen zufolge[15] fallen objektive und subjektive Sicherheitslage immer weiter auseinander. In dem Maße, in dem sich kriminalitätsassoziierte Sicherheitszweifel vom tatsächlichen Kriminalitätsgeschehen abkoppeln, müssen sie woanders ankoppeln. Dieses Andere könnten

---

[13] Zusammenfassend Boers (FN 3); Boers (FN 4); Frevel (FN 4); Hale (FN 4); Hirtenlehner (FN 12) 112 ff.

[14] Hirtenlehner, Kriminalitätsfurcht – Ausdruck generalisierter Ängste und schwindender Gewissheiten? Untersuchung zur empirischen Bewährung der Generalisierungsthese in einer österreichischen Kommune, Kölner Zeitschrift für Soziologie und Sozialpsychologie 2006, 307 ff.; Hirtenlehner, Disorder, Social Anxieties and Fear of Crime. Exploring the Relationship between Incivilities and Fear of Crime with a Special Focus on Generalized Insecurities, in: Kury (Hrsg), Fear of Crime – Punitivity. New Developments in Theory and Research (2008) 127 ff.

[15] Ewald (FN 6); Herrmann/Sessar/Weinrich, Unsicherheit in der Moderne am Beispiel der Großstadt. Kontexte eines europäischen Forschungsprojektes, in: Stangl/ Hanak (Hrsg), Innere Sicherheiten. Jahrbuch für Rechts- und Kriminalsoziologie,02 (2003) 251 ff.; Sessar, Kriminalitätseinstellungen. Von der Furcht zur Angst?, in: Schneider-FS (1998) 399 ff.; Walklate/Mythen, How Scared are We?, British Journal of Criminology 48 (2008) 209 ff.

die aus den Umwälzungen und Wendungen der Spätmoderne resultierenden Irritationen und Verwerfungen des täglichen Lebens sein. Die vielfältigen, aus den gegenwärtigen sozialen, ökonomischen und globalen Transformationen gespeisten Ängste lösen sich vom Anlass und verschwimmen zu einem konturlosen Ganzen. Dieses konturlose Ganze verstärkt und intensiviert dann wiederum die alltäglichen Sorgen und Befürchtungen. Sessar spricht diesbezüglich von einer „Transformation von konkreter Furcht in allgemeine Angst".[16] Angst verliert damit den Bezug zu ihren Begründungen. Einmal in die Welt gesetzt, erfasst sie Vieles, das nicht im Mindesten mit ihrem Ursprung zu tun haben braucht, färbt mannigfaltige Elemente des Erfahrungsraumes der Menschen ein und stattet diese mit einer Bedeutung aus, die ihnen bei rationaler Betrachtung nicht zukommen würde.[17] Doch dazu später mehr. Zunächst gilt es einen soziologischen Bezugsrahmen aufzuspannen, der kriminalitätsbezogene Unsicherheitsempfindungen in eine allgemeine Theorie des gesellschaftlichen Wandels einbettet. Stellvertretend für andere sollen dafür die Arbeiten von Ulrich Beck herangezogen werden.

Ulrich Becks Theorie der reflexiven Modernisierung[18] legt das Hauptaugenmerk auf den Übergang von der Industriegesellschaft als der die letzten beiden Jahrhunderte dominierenden Gesellschaftsform hin zu einer sich allmählich herausschälenden Risikogesellschaft, die den Alltag der Menschen im 21. Jahrhundert ordnen wird. Im Kern seiner Überlegungen steht die Annahme, die Industriegesellschaft habe im Wege ihrer zunehmenden Entfaltung eine Reihe von Risiken und Bedrohungen hervorgebracht, die heute die soziale Organisation und das soziale Leben prägen. Um die Jahrtausendwende beginnen die Pathologien und damit die „unerwünschten Nebenwirkungen" der Industriegesellschaft dominant zu werden. Diese Entwicklung soll anhand einiger Kernprozesse gesellschaftlicher Modernisierung näher illustriert werden:[19] Die zunehmende Beherrschung und Nutzbarmachung der Natur vermag in Zerstörung

---

[16] Sessar (FN 15) 402.

[17] Herrmann/Sessar/Weinrich (FN 15) 253.

[18] Beck, Risikogesellschaft. Auf dem Weg in eine andere Moderne (1986); Beck/Bonß, Die Modernisierung der Moderne (2001); Beck/Giddens/Lash, Reflexive Modernisierung. Eine Kontroverse (1996).

[19] Degele/Dries, Modernisierungstheorie. Eine Einführung (2005); van der Loo/van Reijen, Modernisierung. Projekt und Paradox (1997).

umzuschlagen und in Gestalt von Ökokatastrophen neue Gefahren heraufzubeschwören. Die als Rationalisierung bezeichnete Neuordnung der Welt nach Vernunftaspekten birgt in sich die Gefahr des Sinnverlustes in einer als wertarm empfundenen Welt. Globalisierung als Intensivierung der weltweiten Vernetzungen und Abhängigkeiten untergräbt die nationalstaatliche Steuerungskompetenz: Der Staat kann das Schicksal seiner Bürger immer weniger kontrollieren. Im Zuge einer zunehmenden Ausdifferenzierung von Gruppen und Funktionssystemen droht die Gesellschaft ihren Zusammenhalt zu verlieren, sprichwörtlich auseinanderzufallen. Gemeinsame, allgemein verbindliche Werte, Normen und moralische Überzeugungen beginnen zu erodieren und partikularen bzw. pluralistischen normativen Orientierungsgefügen zu weichen. Die Freiheit und Selbstbestimmung des Individuums werden zum höchsten Gut. Eine solche Entwicklung ist freilich nicht ohne Preis zu haben: Traditionelle Sozialverbände (von religiösen und politischen Gemeinschaften bis hin zur Familie) beginnen sich aufzulösen und ihre integrative Kraft zu verlieren. Die Freisetzung der Individuen aus den industriegesellschaftlich etablierten Sozialformen schafft die Notwendigkeit, seine Beziehungen selbst zu wählen und seine Biographie selbst zu gestalten. Dies entzieht der Erwartbarkeit und Vorhersehbarkeit individueller Lebensentwürfe und Zukunftsperspektiven zunehmend das Fundament. Der Preis der neu gewonnen Freiheit besteht so in einem Verlust von Stabilität, Orientierungssicherheit und Gewissheit, was die eigene Zukunft betrifft. Nichts kann mehr mit Sicherheit gewusst werden. Die Sicherheit wird auf dem Alter der Freiheit geopfert, wie Zygmunt Bauman es sehr treffend auf den Punkt bringt.[20] Daraus erwächst ein allgemeines „Unbehagen an der Postmoderne"[21] bzw. ein universelles „Risikoprofil der Moderne".[22] Angst wird zur treibenden und gestaltenden Kraft einer als evident unsicher wahrgenommenen Gesellschaft. Es bildet sich ein endemisches Unsicherheitsbewusstsein heraus, das sich an den in einzelnen Bereichen auf ein historisch neues Niveau verbesserten Sicherheitsverhältnissen nicht länger stößt.[23]

Nun mag der kritische Leser versucht sein, einzuwenden, Risiko und Unsicherheit habe es schon immer gegeben. Das ist richtig. Neu sind allerdings die Ursache und Reichweite der neuzeitlichen Risiken. Bei den das soziale

---

[20] Bauman, Das Unbehagen an der Postmoderne (1999).
[21] Bauman (FN 20).
[22] Giddens, Konsequenzen der Moderne (1995) 156.
[23] Furedi, Culture of Fear. Risk-taking and the Morality of Low Expectation (2005).

Leben und die gesellschaftlichen Verhältnisse im beginnenden 21. Jahrhundert gestaltenden Bedrohungspotenzialen handelt es sich um von Menschen im Industriezeitalter selbst geschaffene Gefährdungslagen. Verknappung der natür-lichen Rohstoffe, Zerstörung der Umwelt, Arbeitslosigkeit, Terrorismus und Kriminalität verkörpern „hausgemachte" Modernisierungsrisiken – ihre Existenz ist den Auswüchsen und Unzulänglichkeiten der Industriegesellschaft geschuldet. Diese Risiken sind auch nicht mehr an den Ort ihrer Entstehung gebunden: Ihrem Zuschnitt nach handelt es sich um globale Risiken, die Menschen in weiten Teilen der Welt treffen können. Waren im Zeitalter der Industriegesell-schaft sowohl die Risiken als auch die Mittel der Risikokontrolle sozial ungleich verteilt (in der Regel zulasten der unteren Sozialschichten), haben die neuen Gefährdungspotenziale eine egalisierende Wirkung: Sie machen auch vor bis-lang privilegierten Bevölkerungsgruppen nicht halt. Der Einzelne kann sich nicht erfolgversprechend vor einer Zerstörung seiner Existenzgrundlagen oder einer terroristischen Attacke schützen, über welche soziale Stellung und damit ver-bundene Ressourcen er auch immer verfügen mag. Nur in diesem Zusammen-hang wird verständlich, warum Existenz-, Zukunfts- und Abstiegsängste in einer Risikogesellschaft quasi endemisch auftreten sollen und die tief liegende Unsicherheit auch die sozial besser gestellten Mitglieder der Gesellschaft in ihren Bann ziehen soll.

An eine solche Gegenwartsdiagnose ist eine Generalisierungsthese kriminali-tätsbezogener Unsicherheitsgefühle unmittelbar anschlussfähig.[24] Im Zentrum dieser von uns so bezeichneten Generalisierungsthese steht die Annahme, dass Kriminalitätsfurcht in der sozialen Wirklichkeit nicht als ein von anderen Ängsten

---

[24] Ewald (FN 6); Garofalo/Laub (FN 2); Girling/ Loader/Sparks, Crime and Social Change in Middle England. Questions of Order in an English Town (2000); Hanak/Karazman-Morawetz/Stangl, Großstadtängste im Postfordismus – Wien im europäischen Vergleich, KJ 2007, 98 ff.; Herrmann/Sessar/Weinrich (FN 15); Hirtenlehner, Kriminalitätsfurcht (FN 14); Hirtenlehner, Disorder (FN 14); Hollway/Jefferson, The Risk Society in an Age of Anxiety. Situating Fear of Crime, British Journal of Sociology 48 (1997) 255 ff.; Jefferson/ Hollway, The Role of Anxiety in Fear of Crime, in: Hope/Sparks (Hrsg), Crime, Risk and Insecurity. Law and Order in Everyday Life and Political Discourse (2000) 31 ff.; Jackson, Experience and Expression. Social and Cultural Significance in the Fear of Crime, British Journal of Criminology 44 (2004) 946 ff.; Jackson, Introducing Fear of Crime to Risk Research, Risk Analysis 26 (2006) 253 ff.; Kunz, Die Verbrechensfurcht als Gegenstand der Kriminologie und als Faktor der Kriminalpolitik, MschKrim 1983, 162 ff.; Sessar (FN 15); Sessar, Fear of Crime or Fear of Risk? Some Considerations Resulting from Fear of Crime Studies and their Political Implications, in: Kury (Hrsg), Fear of Crime – Punitivity. New Developments in Theory and Research (2008) 25 ff.; Walklate/Mythen (FN 15).

abgrenzbares Phänomen auftritt. Kriminalitätsfurcht zeigt sich vielmehr mit allgemeineren sozialen und existenziellen Ängsten verknüpft. Man wird hier von einem Amalgam verschiedenster Formen der Beunruhigung sprechen dürfen, die einander überlagern und durchdringen. Ganz in diesem Sinne wird Kriminalitätsangst als eine Facette eines breiter gestalteten allgemeinen Unsicherheitsgefühls betrachtet, in dem die verschiedenen Risiken und Befürchtungen ihre Eindeutigkeit verlieren und zu einer generalisierten Bedrohlichkeit verschmelzen. Kriminalitätsbezogene Ängste werden so aus ihrem isolierten Bezug zu strafrechtsbewehrten Übergriffen herausgelöst und in einen größeren Zusammenhang gesellschaftlicher Problemlagen gestellt. Furcht vor Kriminalität erscheint als Ausdruck einer unspezifischen Verunsicherung, die sich auf diffuse, im Einzelnen schwer fassbare Existenz- und Zukunftsängste gründet. Diese unterschwelligen Befürchtungen werden auf Kriminalität projiziert, die dann als greifbare Vergegenständlichung der ansonsten schwer auf den Punkt zu bringenden Formen der Unsicherheit dient. Kriminalität wird damit zum kleinsten gemeinsamen Nenner einer Fülle anders gelagerter – sozialer, kultureller, ökonomischer, ökologischer und politischer – Unsicherheiten. Man wird hier die Rhetorik der Metapher bemühen können. Indem die aus den Transformationen spätmoderner Lebensbedingungen gespeisten Ängste auf spezifische Probleme herabgebrochen werden, werden sie benennbar, kommunizierbar, bearbeitbar und manchmal auch überwindbar. „Fear of crime may operate as a ‚sponge‘, absorbing all sorts of anxieties (...), from family to community to society".[25] Es muss nicht immer nur Kriminalität gemeint sein, wenn von Kriminalität die Rede ist. Die unter dem Stichwort Kriminalitätsfurcht gemessenen Ängste der Bürger können mehr allgemeine Lebens- und Zukunftsängste ausdrücken als die spezifische Befürchtung, Opfer einer Straftat zu werden.

Manche Autoren heben ein einmahnend-forderndes Moment der Metapher heraus.[26] Kriminalität macht einen Unmut bezüglich der Verhältnisse im näheren und weiteren Lebensraum beschwerdefähig. Durch die Mitteilung hoher Verbrechensfurcht kann an Politik und Verwaltung signalisiert werden, „dass endlich etwas geschehen müsse", wobei sich der Handlungsbedarf mehr auf soziale und ökonomische Aufgaben, auf die Gestaltung der städtischen Infrastruktur

---

[25] Jackson, Fear (FN 24) 261.

[26] Hanak/Karazman-Morawetz/Stangl (FN 24) 102 f.; Kury/Lichtblau/Neumaier/Obergfell-Fuchs, Zur Validität der Erfassung von Kriminalitätsfurcht, Soziale Probleme 15 (2004) 141 ff. (159 f.).

und die Qualität kommunaler Versorgungsleistungen richten dürfte als auf die Bekämpfung der Kriminalität mit den Mitteln des Strafrechts.

Führt man die Einsicht, dass es sich bei Kriminalitätsfurcht um eine Chiffre für das an globale und lokale, ökonomische und soziale Missstände gebundene Unbehagen handelt, in einen gesellschaftstheoretischen Kontext zurück, demaskiert sich Angst vor Kriminalität als Anpassungsmechanismus an eine von Umbrüchen gezeichnete Gesellschaft. Kriminalität ermöglicht es nicht nur, transformationsbedingte Ängste benennbar und artikulierbar zu machen. Sie verkörpert auch ein Medium, anhand dessen die Menschen ihre Position in einer sich rapide umgestaltenden Gesellschaft bestimmen können.[27] Unter Rückgriff auf die Intensität kriminalitätsbezogener Ängste klären die Einzelnen für sich, ob sie sich als Modernisierungsverlierer, denen es nicht gelingt, sich in einer veränderten Lebenswelt zu behaupten, oder als Modernisierungsgewinner, die auch unter Modernitätsbedingungen reüssieren können, verstehen.

Wissenschaftliche Theorieprüfung geschieht im Normalfall durch die Gewinnung von Hypothesen aus Theorien und die anschließende Überprüfung dieser Hypothesen auf ihre Verträglichkeit mit der Realität. In diesem Sinne sollen aus den Abhandlungen zur Generalisierungsthese nunmehr drei Hypothesen abgeleitet werden, die im Weiteren anhand einer umfassenden Sichtung der vorhandenen empirischen Forschungsliteratur daraufhin beurteilt werden sollen, ob man ihnen festhalten kann oder sie zurückweisen muss. In der Zusammenschau soll die Literaturanalyse Aufschluss über die Gültigkeit der Generalisierungsperspektive geben.

Die drei die weitere Untersuchung leitenden Hypothesen können wie folgt benannt werden:

Hypothese eins geht von der Annahme aus, dass, wenn Kriminalitätsfurcht unausgesprochene Existenz- und Abstiegsängste zum Ausdruck bringt, sozial und ökonomisch prekäre Bevölkerungsgruppen eine erhöhte Furcht vor Verbrechen artikulieren müssen. Hypothese zwei postuliert eine enge Verknüpfung kriminalitätsbezogener Sicherheitsbedenken mit anders gelagerten Formen der Verunsicherung. Es wird angenommen, dass es sich bei der Furcht vor Kriminalität um eine Ausformung eines abstrakteren Unsicherheitsgefühls handelt, welches auch die Verflochtenheit der als Kriminalität artikulierten Sicherheitszweifel mit anderen Ängsten und Sorgen erklären kann. Hypothese drei schließlich unterstellt einen engen Zusammenhang von sozialer Sicherheit und Angst vor Verbrechen

---

[27] Ewald (FN 6) 186 ff.

und hebt die Betrachtung auf die Ebene international vergleichender Analysen: Es wird angenommen, dass in Ländern mit einem geringen Niveau sozialer Sicherheit mehr Kriminalitätsangst auftritt als in Ländern mit hoch entwickelten wohlfahrtsstaatlichen Sicherungsarrangements.

3 Kriminalitätsfurcht und prekäre Lebensbedingungen

Unsere erste Hypothese nimmt ihren Ausgang bei der Überlegung, dass bestimmte Risiken – beispielsweise diejenigen eines Versagens oder Entbehrlichwerdens am Arbeitsmarkt, des Erleidens finanzieller Krisen und damit verbundener sozialer Abstiegsprozesse – noch immer ungleich verteilt sind. Wenn auch die Gefahr eines Verlustes von Stellung und Auskommen – die immanente Drohung, sich in einer schwer veränderbaren Situation am Rande eines sozialen Abgrundes zu befinden –, immer weitere Kreise der Bevölkerung erfasst, trifft sie doch nicht alle Menschen gleich. Neue soziale Spaltungen eröffnen sich entlang ungleichmäßiger Belastungen mit existenziellen Risikolagen.[28] Im Einklang damit darf vermutet werden, dass auch das Bewusstsein, dass Situation und Lebensperspektive nicht länger garantiert sind, wie die Befürchtung, an unabsehbarer Stelle vom Strom sich wandelnder Verhältnisse in einen unentrinnbaren Abgrund gefegt zu werden, sozialstrukturellen Asymmetrien unterliegt. Gestützt auf die Überzeugung, dass eine mangelnde Erwartungssicherheit künftiger Lebensbedingungen sich in einer existenziellen Verunsicherung der Betroffenen fortsetzt, wird man eine soziale Ungleichverteilung des allgemeinen Unsicherheitsgefühls in der Bevölkerung zu erwarten haben. Wenn Kriminalitätsfurcht als Projektionsfläche und Bindemittel für eine solche latente Verunsicherung dient, wird diese Ungleichverteilung auch in einem sozialstrukturellen Gefälle der Verbrechensangst zum Ausdruck kommen. Man wird daher annehmen dürfen, dass stärker von sozialer und ökonomischer Prekarität betroffene Bevölkerungsgruppen mehr Furcht vor Kriminalität artikulieren als diesbezüglich privilegiertere soziale Kreise.

---

[28] Beck (FN 18).

Um die „Prekaritätsthese" einer empirischen Prüfbarkeit zuzuführen, wird man zunächst bestimmen müssen, welche Segmente der Bevölkerung als Modernisierungsverlierer über die Maßen von unsicheren Daseinsbedingungen betroffen sind. Eine Sichtung der soziologischen Literatur lässt sechs häufig verwendete Indikatoren von Prekarität erkennen: die soziale Schichtzugehörigkeit, den Bildungsgrad, die Berufsgruppe, die Einkommensverhältnisse, den Erwerbsstatus und die Nationalität einer Person. Eine schwierige, am intensivsten von Ausgrenzung und Abstieg bedrohte Lebenssituation wird für gewöhnlich den auf den unteren Stufen der sozialen Leiter angesiedelten Bevölkerungsgruppen diagnostiziert: Angehörigen der niederen Sozialschichten, Personen mit niedrigen Bildungsabschlüssen, ungelernten und angelernten Arbeitern, Menschen mit geringem Einkommen, Arbeitslosen und Fremdstaatsangehörigen bzw. Menschen mit Migrationshintergrund.[29]

Es ist hier nicht der Raum, die Fülle der Untersuchungen zu den sozialökonomischen Bestimmungsfaktoren kriminalitätsbezogener Unsicherheitsgefühle im Einzelnen zu referieren.[30]

Der Einfluss sozial und ökonomisch prekärer Lebensverhältnisse als solcher ist selten das Hauptthema empirischer Untersuchungen zum Sicherheitsgefühl der Menschen. Die genannten Indikatoren angespannter Existenzbedingungen laufen meist als Kontrollvariablen in anders ausgerichteten Erklärungszusammenhängen mit. Setzt man diese sozialdemographischen Merkmale in Beziehung zur sozialstrukturellen Verteilung der Verbrechensangst, ergibt sich ein differenziertes Bild. Die einzelnen Prekaritätsindikatoren erlangen regelmäßig (in manchen Untersuchungen) signifikante Erklärungskraft, aber keiner von ihnen zeigt sich durchgängig (in allen Untersuchungen) mit Verbrechensfurcht verknüpft. Umgekehrt ist die Höhe der Angst vor Kriminalität in fast allen Untersuchungen von einzelnen der – meist als Kontrollvariablen verwendeten – Messgrößen schwieriger Lebensverhältnisse abhängig. In multivariat kontrollierten Analysezusammenhängen bleibt aus der Mehrzahl der einander wechselseitig überlagernden Prekaritätsindikatoren in der Regel nur ein statistisch abgesicherter

---

[29] Hradil, Soziale Ungleichheit in Deutschland (2005); Burzan, Soziale Ungleichheit. Eine Einführung in die zentralen Theorien (2007).

[30] Einen guten Überblick erlauben diesbezüglich die Arbeiten von Baumer, Research on Fear of Crime in the United States, Victimology 3 (1978) 254 ff.; Boers (FN 3); Hale (FN 4) und Will, Crime, Neighborhood Perceptions, and the Underclass. The Relationship between Fear of Crime and Class Position, Journal of Criminal Justice 23 (1995) 163 ff.

Einflussfaktor übrig.[31] Welcher der Indikatoren sozial und ökonomisch prekärer Lebensbedingungen einen Einfluss entfaltet, variiert dabei von Fall zu Fall.

Eine verhältnismäßig direkte Annäherung an unsere „Prekaritätsthese" gelingt Christina Pantazis am Beispiel der Einkommensverhältnisse.[32] Anhand von Daten des British Crime Survey von 1994 konnte die Autorin belegen, dass arme Menschen gegenüber reicheren Mitgliedern der Gesellschaft mehr Furcht vor Kriminalität, aber auch mehr Angst vor anderen Ereignissen wie z. B. Krankheit, Arbeitslosigkeit oder Verschuldung haben. Die höhere Verbrechensfurcht erscheint damit als Teil eines generell erhöhten Unsicherheitsempfindens der von Armut betroffenen Befragten. Dieser Befund ist geeignet, die im Rahmen der „Prekaritätsthese" getroffenen Annahmen unmittelbar zu stützen.

In der Bilanz ist der Forschungsstand zur „Prekaritätsthese" als im Grunde affirmativ zu beurteilen. Menschen, die schwierigen Lebensbedingungen ausgesetzt sind und am häufigsten erfahren müssen, dass soziale wie ökonomische Errungenschaften nicht auf Dauer gestellt sind, berichten regelmäßig mehr Furcht vor Kriminalität als Bürger aus sozial und ökonomisch besser abgesicherten Verhältnissen – wenn auch die Messgröße der Prekarität nicht in allen Studien die Gleiche ist.

Das in prekären Lebensverhältnissen beobachtbare Mehr an Verbrechensangst wird von theoretischer Seite her zumeist im Rückgriff auf Vulnerabilitätskonzepte gedeutet.[33] Angehörige der benachteiligten Bevölkerungsgruppen leben häufiger in überproportional von Kriminalität und anderen Behelligungen betroffenen Wohngebieten, ohne freilich über ausreichende Mittel zu verfügen, diese Belastungen durch individuelle Schutzvorkehrungen oder kollektive Abwehrmaßnahmen auszugleichen. Menschen aus prekären Milieus verfügen in der Regel über weniger Möglichkeiten, sich vor Kriminalität zu schützen,

---

[31] Die verschiedenen Aspekte sozioökonomischer Benachteiligung treten meist kombiniert auf. Beispielsweise werden unoder angelernte Arbeiter meist auch weniger verdienen und über eine geringere Schulbildung verfügen als andere Berufsgruppen. Die Hauptaufgabe multivariater Analyseverfahren ist es nun, eine Mehrzahl potenzieller Einflussfaktoren gegenseitig zu kontrollieren und das isolierte Einflussgewicht der einzelnen Faktoren zu bestimmen (Backhaus/Erichson/Plinke/Weiber, Multivariate Analysemethoden. Eine anwendungsorientierte Einführung [2000]).

[32] Pantazis, Fear of Crime, Vulnerability and Poverty, British Journal of Criminology 40 (2000) 414 ff.

[33] Zusammenfassend Boers (FN 3) 66 und 217 f.; Frevel (FN 4) 68 ff.; Hale (FN 4) 103; Killias, Vulnerability: Towards a Better Understanding of a Key Variable in the Genesis of Fear of Crime, Violence and Victims 5 (1990) 97 ff.

und über geringere Ressourcen, um die aus Straftaten erlittenen Schäden zu kompensieren. Diese Schlechterstellung im Hinblick auf die Möglichkeiten, tatsächliche oder wahrgenommene Kriminalitätsgefahren zu bewältigen, könnte für eine stärkere kriminalitätsbezogene Verunsicherung verantwortlich zeichnen. Genauso verträglich sind die skizzierten Befunde aber auch mit der Annahme einer das Niveau der Verbrechensangst einfärbenden Ausstrahlungswirkung einer gesteigerten existenziellen Unsicherheit.

4   Kriminalitätsfurcht als Umschreibung spätmoderner Unsicherheit

Hypothese zwei betrachtet Kriminalitätsangst als Teilmenge eines breiter gestalteten allgemeinen Unsicherheitsgefühls, das mannigfaltige Lebens- und Existenzängste mit umfasst. Damit wird zu prüfen sein, wie sehr sich die Furcht vor Verbrechen in ein homogenes Syndrom der Verunsicherung einfügt und welche Verbindungslinien zu anderen Formen der Unsicherheit bestehen.

Die Aufarbeitung der einschlägigen Forschungsliteratur soll hier dem Modell eines Trichters folgen, der von für hiesige Zwecke eher mittelbar aufschlussreichen Befunden hin zu eigens zur Überprüfung der Generalisierungsthese unternommenen Untersuchungen führt.

Ein in mehreren Untersuchungen beobachteter Zusammenhang zwischen Wahrnehmungen von Anomie und Kriminalitätsangst lässt Rückschlüsse auf die Konnektivität kriminalitätsbezogener Unsicherheitsgefühle zu. Anomie-Skalen messen Gefühle der Orientierungslosigkeit und Entfremdung in der Gesellschaft.[34] Es konnte wiederholt gezeigt werden, dass höhere Werte von Anomie mit gesteigerter Verbrechensfurcht einher gehen.[35]

Für die Annahme einer durch gesellschaftliche Umwälzungen hervorgebrachten kriminalitätsbezogenen Verunsicherung der Bürger sprechen auch die Befunde zur regional ungleichen Verteilung der Kriminalitätsfurcht in Deutschland nach der Wiedervereinigung. Der politische und gesellschaftliche Umbruch im Osten wurde von einer im Vergleich zu den westlichen Bundesländern erhöhten

---

[34] Klima, Anomie, in: Fuchs/Klima/Lautmann/Rammstedt/Wienold (Hrsg), Lexikon zur Soziologie (1988) 44.

[35] Kury, Kriminalitätsbelastung, Sicherheitsgefühl der Bürger und Kommunale Kriminalprävention, in: Kury (Hrsg.), Konzepte Kommunaler Kriminalprävention (1997) 218; Obergfell-Fuchs/Kury, Sicherheitsgefühl und Persönlichkeit, MschrKrim 1996, 97 ff.; Reuband, Kriminalitätsfurcht. Stabilität und Wandel, NKP 1999, 15 ff.

Kriminalitätsangst begleitet, die der Verteilung der registrierten Kriminalität nicht entsprach.[36] Obgleich die Kriminalität im Osten nach der Wiedervereinigung rasch gestiegen ist, ist sie über das westdeutsche Niveau nicht hinausgekommen. Das Furchtgefälle kann somit nicht aus einer unterschiedlichen objektiven Sicherheitslage, sondern bestenfalls aus einer divergierenden (im Osten beschleunigten) Kriminalitätsentwicklung gespeist werden.

Eine Reihe im Stile qualitativer Sozialforschung gehaltener Untersuchungen illustriert die nahezu unentwirrbare Verflechtung von Kriminalitätsfurcht und Beunruhigung bezüglich einer Veränderung der Lebenswelt.[37] Diese auf die vertiefte Betrachtung weniger Einzelfälle beschränkten Arbeiten stützen die Annahme, Kriminalität diene als Code, um allgemeine Lebens- und Zukunftsängste bzw. eine Sorge um die Entwicklung der Lebensumstände sichtbar zu machen.

In einer im Nord-Osten von England durchgeführten Befragungsstudie konnte Jonathan Jackson den Nachweis führen, dass eine Besorgnis bezüglich sozialer Veränderungsprozesse in Gemeinde und Gesellschaft Folgewirkungen auf die Häufigkeit und Intensität kriminalitätsbezogener Sicherheitszweifel ausübt.[38] Eine Interpretation seiner mit sehr anspruchsvollen statistischen Verfahren erzielten Ergebnisse führt ihn zur Einsicht, dass Verbrechensfurcht zwei Komponenten in sich vereint: zum einen die Reaktion auf „wirkliche" Kriminalität, auf kriminalitätsverdächtige Übergriffe und damit assoziierte Symbole von Gefahr („erfahrene Furcht") und zum anderen das Portal für breitere soziale und existenzielle Ängste („expressive Furcht").

Helmut Hirtenlehner und Inge Karazman-Morawetz haben anhand von Wiener Befragungsdaten einen ersten Versuch unternommen, die Generalisierungsthese direkt zu prüfen.[39] Dabei konnten die Autoren zeigen, dass globale, soziale und kriminalitätsbezogene Ängste sowie die für gewöhnlich als „disorders"

---

[36] Bilsky, Die Bedeutung von Furcht vor Kriminalität in Ost und West, MschKrim 1995, 357 ff.; Ewald, (FN 6); Kury/Ferdinand, The Victim's Experience and Fear of Crime, International Review of Victimology 5 (1998) 93 ff.

[37] Girling/Loader/Sparks (FN 24); Jefferson/Hollway (FN 24); Stangl, „Wien – Sichere Stadt" – Ein bewohnerzentriertes Präventionsprojekt, KJ 1996, 48 ff.; Taylor/ Evans/Fraser, A Tale of Two Cities. Global Change, Local Feeling and Everyday Life in the North of England (1996); Tulloch/Lupton/Blood/Tulloch/Jennett/Enders, Fear of Crime (1998).

[38] Jackson, Experience (FN 24).

[39] Hirtenlehner/Karazman-Morawetz, Hintergründe kriminalitätsbezogener Unsicherheitsgefühle. Eine empirisch-statistische Analyse am Beispiel Wiener Befragungsdaten, JSt 2004, 120 ff. und 161 ff.

bezeichneten Beunruhigungen bezüglich Missständen und Misshelligkeiten im Wohngebiet ein homogenes Amalgam der Unsicherheit formen. Mit wachsenden Ängsten bezüglich globaler Gefahren, zunehmender Beunruhigung über soziale Probleme in Wien und steigender Besorgnis hinsichtlich Anzeichen sozialer Destabilisierung im eigenen Wohnviertel erhöht sich auch die Furcht vor Kriminalität. Die Autoren schließen aus ihren Befunden, dass die Entstehung kriminalitätsbezogener Unsicherheitsgefühle in Wien nur im Kontext eines breit gefassten Unsicherheitssyndroms verstanden werden kann. Angesichts der insgesamt recht positiven Beurteilung der Sicherheitsverhältnisse wird man der Bundeshauptstadt aber eine „Kultur der Sicherheit" diagnostizieren dürfen.[40]

Eine methodisch ungleich ausgereiftere Prüfung der Haltbarkeit der Generalisierungsthese stützt sich auf Befragungsdaten aus Linz.[41] Die statistische Analyse erfolgte als Test eines linearen Strukturgleichungsmodells in Gestalt einer Faktorenanalyse zweiter Ordnung,[42] welche die zwischen den verschiedenen Facetten spätmoderner Unsicherheit und der unterschwelligen konturlosen Verunsicherung vermuteten Beziehungsstrukturen mathematisch korrekt abbildet. Die Analyse konnte nachweisen, dass ein solches Beziehungsmodell mit den Daten überaus kompatibel ist und eine bessere Anpassung an die beobachteten Daten zeigt als ein konventionelles Disorder-Modell. Daraus konnte geschlossen werden, dass es sich bei der Furcht vor Kriminalität um eine Projektion allgemeinerer Ängste handelt. Kriminalitätsfurcht erscheint als eine untrennbar mit anderen Formen der Unsicherheit verknüpfte Komponente einer generalisierten Verunsicherung, deren Ursprung soziologischen Zeitdiagnosen zufolge wohl im rasanten Wandel der entwickelten Gesellschaften des Westens zu verorten ist.[43]

In der Zusammenschau zeichnen die dargestellten Befunde das Bild einer nahezu unentwirrbaren Verknüpfung kriminalitätsbezogener Unsicherheitsgefühle mit anderen Formen der Verunsicherung. Das von der Generalisierungsthese postulierte Beziehungsgeflecht der Unsicherheiten erscheint mit der sozialen Realität durchaus verträglich.

---

[40] Hanak/Karazman-Morawetz/Stangl (FN 24) 69.
[41] Hirtenlehner, Kriminalitätsfurcht (FN 14); Hirtenlehner, Disorder (FN 14).
[42] Reinecke, Strukturgleichungsmodelle in den Sozialwissenschaften (2005) 180 ff.
[43] Bauman (FN 20); Beck (FN 18); Giddens (FN 22).

5 Kriminalitätsfurcht und soziale Sicherheit

Hypothese drei hebt die Betrachtung auf ein höheres Aggregationsniveau. Wenn Kriminalität als Projektionsfläche für soziale Ängste fungiert, müsste sozialstaatliche Sicherungspolitik als Schutzschild gegen Furcht vor Straftaten wirken. Daraus lässt sich folgern, dass in Ländern mit ausgeprägt wohlfahrtsstaatlichen Sicherungsarrangements das Niveau der Verbrechensangst niedriger liegen müsste als in Ländern mit bescheideneren wohlfahrtsstaatlichen Versorgungsleistungen – unabhängig vom tatsächlichen Umfang der Kriminalität.[44]

Konnten die bisherigen Betrachtungen auf ein mehr oder weniger umfangreiches Schrifttum gestützt werden, stellt sich die Forschungslage zu Hypothese drei verhältnismäßig bescheiden dar.

Kauko Aromaa und Markku Heiskanen verglichen das Ausmaß kriminalitätsbezogener Unsicherheitsgefühle in zwölf europäischen Ländern.[45] Die Autoren konnten zeigen, dass Verbrechensangst am häufigsten in den südeuropäischen Mittelmeerländern und in Großbritannien auftritt. In den nordischen Staaten besteht die geringste Furcht vor Kriminalität. Die postkommunistischen Staaten im Osten Europas fanden in ihrer Analyse leider keine Berücksichtigung.

Eine Reihe von Forschungsberichten – meist in der Form theorieloser statistischer Erstauswertungen internationaler Umfrageuntersuchungen[46] – weist in dieselbe Richtung. In den Mittelmeeranrainerländern im Süden Europas,

---

[44] Eine Kontrolle der tatsächlichen Kriminalitätsbelastung bleibt hier unverzichtbar, da Sozialpolitik auch kriminalitätsdämpfende Effekte haben kann (Messner/ Rosenfeld, Crime and the American Dream [2001]), und eine geringere Verbrechensfurcht in starken Wohlfahrtsstaaten so auch lediglich eine geringe Präsenz von Delinquenz spiegeln könnte.

[45] Aromaa/Heiskanen, Fear of Street Violence in Europe, International Journal of Comparative Criminology 2 (2002) 119 ff.

[46] Mayhew/van Dijk, Criminal Victimisation in Eleven Industrialised Countries. Key Findings from the 1996 International Crime Victims Survey (1997); Nieuwbeerta, Crime Victimization in Comparative Perspective. Results from the International Crime Victims Survey 1989–2000 (2004); The European Opinion Research Group, Public Safety, Exposure to Drug-Related Problems and Crime. Public Opinion Survey (2003); van Dijk/van Kesteren/Smit, Criminal Victimization in International Perspective. Key Findings from the 2004–2005 ICVS and EUICS (2008); van Dijk/Manchin/von Kesteren/Nevala/ Hideg, The Burden of Crime in the EU. A Comparative Analysis of the European Crime and Safety Survey (EU ICS) 2005, EU ICS Report (oJ).

in Großbritannien und – soweit in den Untersuchungen vertreten – in den ost-
europäischen Transformationsgesellschaften können durchwegs die höheren
Anteile verunsicherter Bürger beobachtet werden. Die wenigste Kriminalitätsfurcht berichten regelmäßig die Bewohner Skandinaviens und einzelner mittel-
europäischer Wohlfahrtsstaaten (so z. B. Österreich). Stellt man diese Befunde
zusammen und führt sie an den Kenntnisstand der international vergleichenden
Wohlfahrtsstaatsforschung[47] heran, schält sich ein klares Ordnungsmuster
heraus. Die sozialdemokratischen Wohlfahrtsstaaten im Norden Europas, die
durch ein in Relation zu anderen Wohlfahrtsregimes erhöhtes Niveau sozialer
Sicherheit gekennzeichnet sind, sind am wenigsten mit kriminalitätsassoziierten
Unsicherheitsgefühlen konfrontiert. Jene Länder im Zentrum Europas, die hinsichtlich der Gewährung sozialer Sicherheit den nordischen Wohlfahrtsstaaten
nahekommen – einmal mehr ist hier Österreich zu nennen – glänzen ebenfalls
durch eine vergleichsweise günstige Beurteilung der inneren Sicherheitsverhältnisse. Die am stärksten von politischen, ökonomischen und sozialen Umbrüchen
betroffenen postkommunistischen Länder in Osteuropa, deren Wohlfahrts-
politiken sich im unvollendeten Stadium der Neuorganisation befinden, die südeuropäischen Mittelmeerländer, die durch einen starken Familialismus und eher
geringe Standards staatlicher Sicherungsleistungen gekennzeichnet sind, und
Großbritannien, dessen liberales Wohlfahrtsregime sich durch verhältnismäßig
zurückhaltende Sozialleistungen auszeichnet, haben am meisten unter kriminalitätsbezogenen Unsicherheitsgefühlen zu leiden. Die Konturen des aus der
Zusammenführung von Kriminalitätsfurchtforschung und international vergleichender Wohlfahrtsstaatsforschung gewonnenen Bildes sind mit der
Annahme, dass ein Mehr an sozialer Sicherheit einem Weniger an Verbrechensangst entspricht, durchaus verträglich. Ohne die Fülle möglicher alternativer
Bestimmungsfaktoren kriminalitätsassoziierter Sicherheitszweifel in Rechnung
zu stellen, ist damit freilich lediglich eine vorläufige Zwischenbilanz markiert.

Die Befunde eines Städtevergleichs untermauern das einstweilige Resümee.
Sessar et al. begrenzten ihre international vergleichende Analyse auf fünf

---

[47] Arts/Gelissen, Three Worlds of Welfare Capitalism or more? A State-of-the-art Report,
Journal of European Social Policy 12 (2002) 137 ff.; Castles, Families of Nations: Patterns
of Public Policy in Western Democracies (1993); Esping-Anderson, The Three Worlds of
Welfare Capitalism (1990); Ullrich, Soziologie des Wohlfahrtsstaates. Eine Einführung
(2005).

europäische Großstädte: Wien, Hamburg, Amsterdam, Budapest und Krakau.[48] Im Ergebnis konnte die Forschergruppe zeigen, dass Wien sich von den anderen Städten durch ein Minimum kriminalitätsbezogener Sicherheitszweifel absetzt. Die pointiertesten Unsicherheitsempfindungen fanden sich in Krakau. Hanak et al. führen die günstige Beurteilung der lokalen Sicherheitsverhältnisse in Wien auf die Kontinuität wohlfahrtsstaatlicher Regulationsmuster und das Vertrauen in wohlfahrtsstaatliche Institutionen zurück.[49]

Einen ersten Versuch, ursächliche Beziehungen zwischen dem Umfang wohlfahrtsstaatlicher Sicherungsarrangements und der Intensität der auf Kriminalität gerichteten Ängste nachzuweisen, hat eine internationale Forschergruppe aus Freiburg (D), Linz und London unternommen.[50] Gestützt auf rund 40.000 Befragte aus insgesamt 23 europäischen Ländern[51] konnten die Wissenschaftler zeigen, dass eine zunehmende Stärke des Wohlfahrtsstaats von einer sinkenden Belastung mit kriminalitätsbezogenen Unsicherheitsgefühlen begleitet wird. Dieser Effekt hält für eine Vielzahl unterschiedlicher Messungen sozialstaatlicher Sicherungstätigkeit. Um die Wirkungen alternativer Einflussfaktoren herauszurechnen – namentlich aus den Bereichen „Bevölkerungsstruktur", „Kriminalitätsaufkommen" und „Urbanisierungsgrad" –, wurde eine Serie von Mehrebenenanalysen durchgeführt. Die Ergebnisse sprechen für eine protektive Wirksamkeit wohlfahrtsstaatlicher Daseinsvorsorge: Eine institutionelle Absicherung existenzieller sozialer und ökonomischer Risikolagen kann auch vor Verbrechensangst schützen.

---

[48] Sessar/Herrmann/Keller/Weinrich/Breckner, Insecurities in European Cities. Crime-Related Fear within the Context of New Anxieties and Community-Based Crime Prevention (2004).

[49] Hanak/Karazman-Morawetz/Stangl (FN 24) 112 ff.

[50] Hummelsheim/Hirtenlehner/Oberwittler/Jackson/Bacher, Welfare Investment in Families & Children Protects Against Fear of Crime. A Cross-National Study on the Impact of National Welfare Policies on Crime-Related Feelings of Insecurity (2008), Präsentation auf der 8. Konferenz der European Society of Criminology v 2.-5. September 2008 in Edinburgh.

[51] Die Autoren haben eine Sekundäranalyse des European Social Survey 2004/05 vorgenommen. Es handelt sich dabei um die zweite Welle eines länderübergreifenden Umfrageprogramms, das neben anderen Themen auch das Sicherheitsgefühl in Europa zum Gegenstand hat (http://www.europeansocialsurvey.org).

6   Diskussion

Der vorliegende Beitrag stellte sich die Frage, ob es sich bei den als Furcht vor Kriminalität wahrgenommenen Unsicherheitsempfindungen der Bürger um „echte" Angst vor Straftaten oder eher um ein Auffangbecken für anders gelagerte, soziale und existenzielle Verunsicherungen der Menschen handelt. Wenn Personen Angst vor Kriminalität artikulieren, handelt es sich dabei wirklich (nur) um Furcht vor dem Strafrecht zuwiderlaufenden Übergriffen oder fungiert Kriminalität (auch) als Bindemittel für eine unterschwellige, tiefgreifende Unsicherheit, die alle Lebensbereiche und Politikfelder durchzieht? Eine systematische Aufarbeitung der um drei Hypothesen gruppierten kriminologischen Forschungsliteratur spricht für eine metaphorische Bedeutung von Kriminalität. Gerade die am meisten von sozialen und ökonomischen Risiken betroffenen Bevölkerungsgruppen äußern auch die intensivste Besorgnis hinsichtlich Kriminalität. In empirischen Untersuchungen erweist sich die Furcht vor Straftaten als nicht ablösbar von anderen Bedrohungen und Gefährdungen: Die verschiedenen Ängste, von denen die Furcht vor Verbrechen nur eine unter vielen ist, treten gebündelt in Form eines generalisierten Unsicherheitssyndroms auf, in dem die mannigfaltigen Ängste des Lebens unter Modernitätsbedingungen zu einem homogenen Ganzen verschmelzen. Verbrechensfurcht wird damit zur Projektionsfläche und Chiffre für eine Reihe anderer, am besten unter den Oberbegriff „sozial" subsumierbarer Unsicherheitslagen. Ganz in diesem Sinne erweist sich das Ausmaß, in dem verschiedene europäische Länder mit kriminalitätsbezogenen Unsicherheitsgefühlen der Bürger zu kämpfen haben, als abhängig vom Niveau sozialer Sicherheit, das zu gewähren sie bereit sind. Mit wachsender Leistungskraft wohlfahrtsstaatlicher Regulationsinstrumente zur institutionellen Absicherung existenzieller sozialer und ökonomischer Risikolagen scheint auch die Höhe der Furcht vor Kriminalität im Land zu sinken, unabhängig von der tatsächlichen Kriminalitätsbelastung der Staaten.

Die Durchsicht der gesammelten Forschungsliteratur macht deutlich, dass die Angst der Menschen vor Verbrechen nur im Verbund mit allgemeinen Lebens- und Existenzängsten adäquat zu erfassen ist. Ein auf tatsächliche Kriminalitätsgefahren und Gefährdungen der Inneren Sicherheit begrenztes Verständnis kriminalitätsbezogener Unsicherheitsgefühle greift zu kurz, um der komplexen sozialen Realität auch nur annähernd gerecht zu werden. Wenn Verbrechensangst in der Wirklichkeit aber nicht als scharf abgrenzbares Phänomen auftritt, sondern in ein Amalgam spätmoderner Unsicherheitslagen eingelagert ist, ergeben sich daraus Konsequenzen für die Art der zu verfolgenden Bewältigungsstrategien. Mit einer solchen Einsicht wird gegenwärtigen Tendenzen, das Sicherheitsgefühl der Bürger zur Legitimationsfolie repressiver kriminalrechtlicher Interventionsprogramme zu erheben,[52] der Boden entzogen. Ein organisierter Zugriff des Strafrechts und seiner Institutionen verspricht im Licht der skizzierten Befunde nur wenig Potenzial zum Abbau der auf Kriminalität gerichteten Verunsicherung der Menschen. Folgt man den Befunden, eröffnen sich erfolgversprechendere Gestaltungsmöglichkeiten im Bereich der institutionellen Absicherung gegen soziale und existenzielle Risiken, wie sie aus den Umbrüchen der europäischen Gegenwartsgesellschaften erwachsen. Verbrechensangst wird damit zur Handlungsaufgabe sozialstaatlicher Sicherungspolitik. Wenn Kriminalität als Code und Projektionsfläche für diffuse Abstiegs- und Zukunftsängste fungiert, die immer breitere Teile der Bevölkerung erfassen, kann dem Strafrecht bei der Bekämpfung kriminalitätsassoziierter Unsicherheitsempfindungen lediglich eine nachrangige Bedeutung zukommen: In den Vordergrund schiebt sich eine verlässliche wohlfahrtsstaatliche Daseinsvorsorge, die den Menschen die Angst vor sich wandelnden Verhältnissen und zunehmend unvorhersehbar werdenden individuellen Lebensperspektiven nimmt.

Die Frage, wie viel wirkliche Furcht vor Straftaten in kriminalitätsassoziierten Unsicherheitsempfindungen drinnen steckt, ist nur schwer zu beantworten.

Klaus Sessar bemüht hier die Metapher einer Zwiebel, in der man sich beginnend mit einer äußeren Schale diffuser spätmoderner Lebensängste Lage um Lage immer mehr einem Kern echter Furcht vor persönlichen Opferwerdungen annähert.[53] Wie groß dieses innere Zentrum der spezifisch auf Kriminalitätsgefahren gerichteten Befürchtungen ist, kann hier nicht geklärt werden. Nachgewiesen werden konnte lediglich, dass große Teile der Zwiebel nur peripher mit Kriminalität verbunden sind. Die weitere Forschung wird sich der Frage nach dem Mischungsverhältnis noch ausführlich annehmen müssen.

---

[52] Kunz, Kriminologie (2004) 376 ff.; Lee, The Genesis of Fear of Crime, Theoretical Criminology 5 (2001). 467 ff.

[53] Sessar (FN 15) 402.

5. Die Subjektivierung des Opfers

Einleitung: Die Subjektivierung des Opfers

Daniela Klimke und Aldo Legnaro

Gegenwärtig gibt es wohl kaum einen Begriff, der vieldeutiger und schillernder ist als der des Opfers. Mit ‚du Opfer' wird der Angesprochene gedemütigt, was zumeist aber im Rahmen einer „rituellen Beschimpfung" wie sie bei jugendlichen Angehörigen unterer Sozialmilieus verbreitet ist, spielerisch und respektvoll gemeint sein kann (Marossek 2016, S. 61–77). Ebenso aber signalisiert das Wort weitreichende Ansprüche auf Empathie und altruistisches Tätigwerden. In der Öffentlichkeit, der Politik und der Wissenschaft hat das Opfer terminologisch wie real in den meisten westlichen Gesellschaften seit Mitte der 1970er Jahre eine beachtliche Konjunktur erfahren. Ursprünglich aus dem religiösen (die Opfergabe) und ethischen (Aufopferung) Kontext stammend, verweist diese Bezeichnung gegenwärtig in erster Linie auf eine Anerkennungsthematik im Allgemeinen und zugleich auf eine (individuelle oder gruppenförmige) Anerkennungsforderung. Als Quellen der Anerkennung gelten Liebe, Rechtspersönlichkeit und soziale Wertschätzung (dazu grundlegend Honneth 1992, S. 45 u. ö.). In einer von Ungleichheiten und Hierarchisierungen durchzogenen Gesellschaft bringt jedoch jede Situation das Risiko mit sich, dass Anerkennung

D. Klimke (✉)
Institut für Kriminalitäts- und Sicherheitsforschung, Polizeiakademie Niedersachsen, Nienburg, Deutschland
E-Mail: klimke@uni-bremen.de

A. Legnaro
Köln, Deutschland
E-Mail: a.legnaro@t-online.de

vorenthalten und die betroffene Person subjektiv durch kränkend empfundene Verhaltensweisen Anderer oder objektiv durch Diskriminierung geschädigt wird. Die Beteiligten an solchen Beschädigungsszenarien sind nicht von vornherein geschlechtlich konnotiert. Männer, Frauen, Diverse – alle können hier mitwirkend sein. Auch bei den empirischen Quantitäten finden sich die bekannten Verteilungen – mal mehr Männer, mal mehr Frauen, mal etwa gleichviel (so beispielsweise bei den Kriminalitätsopfern). Ganz anders nun aber in den Veröffentlichungen und Alltagsgesprächen: hier treten vornehmlich Männer als Täter, Frauen als Opfer auf. Männliche Opfer werden in den medialen und politischen Schutzdebatten kaum je thematisiert (Kersten 2012, S. 184, mit einer Analyse des öffentlichen Opferhilfediskurses in der Schweiz).

Kommt dem Kriminalitätsopfer die größte Bedeutung in den öffentlichen Diskursen zum Leid zu, hierunter allen voran den Opfern von Gewalt und v. a. intimer Gewalt (sexuelle Gewalt, aber auch häusliche Gewalt, Stalking u. a.), ringen noch eine Reihe weiterer Opfergruppierungen um öffentliche Anerkennung – etwa die Opfer von Rassismus, von sozialökonomischer Benachteiligung, von Homophobie, von patriarchalen Ungleichheitsstrukturen u. a. (Klimke und Lautmann 2016, siehe den Text in diesem Kapitel). Die Viktimologie jedoch, die als Sub-Disziplin der Kriminologie in den 1950er Jahren entstanden ist, konzentrierte sich von Beginn an v. a. auf das Kriminalitätsopfer und hierbei insbesondere auf das interpersonelle Verbrechen. Damit blieben nicht nur die zahlreichen nicht-kriminogenen Opferlagen weitgehend unberücksichtigt, sondern auch etwa die Opfer der Makrokriminalität (Jäger 1989; siehe den Text in den *Kriminologischen Grundlagentexten*) durch Völker- und Menschenrechtsverbrechen (Goltermann 2017, S. 181). Die Dominanz der Methode standardisierter Opferbefragungen in der viktimologischen Forschung (Spencer und Walklate 2016) engt das Erkenntnisspektrum weiter ein auf die Viktimisierungen, die in statistisch auswertbarer Häufigkeit vorkommen, die vom Opfer einschlägig bemerkt und gedeutet werden und konkrete individuelle Opferlagen hervorbringen, womit der Großteil der *white-collar*-Kriminalität (Sutherland 1940; siehe den Text in den *Kriminologischen Grundlagentexten*) nicht Gegenstand der Viktimologie ist. Auch durch dieses methodische Vorgehen von Opferstudien wird ein höchst unzureichendes Bild von Kriminalität vermittelt.

Wesentliche Zielrichtung der neuen Forschungsrichtung war es, die Täterfokussierung der Kriminologie um die Opferdimension zu ergänzen. Ab den 1970er Jahren hat sich die Viktimologie, auch unter dem Druck von Opferbewegungen (Barker 2007), der Frauenbewegung und der zunehmenden Kritik an der Effizienz und Täterfokussierung der Strafjustiz dann auch in Deutschland

fest etabliert, was sich alsbald auch rechtlich niederschlug etwa im Opferschutz-
gesetz (1986), Zeugenschutzgesetz (1998), Gewaltschutzgesetz (2001), Opfer-
rechtsreformgesetz (2004) (vgl. auch Hassemer und Reemtsma 2002, S. 58 ff.,
siehe den Text in diesem Kapitel). Konzepte, wie die primäre, sekundäre und
tertiäre Viktimisierung sowie der professionelle Umgang damit sind schon lange
Bestandteil v. a. des Polizeistudiums. Diese Überlegungen fokussieren sich
allesamt auf die Langzeitfolgen einer Viktimisierung, die aus ihr direkt hervor-
gehen (primär), aus den Umweltreaktionen auf die Opferwerdung resultieren
(sekundär) sowie zu einem langanhaltenden Bestandteil der Identität werden
können (tertiär). Neben den Auswirkungen der primären Viktimisierung hat v. a.
die sekundäre Viktimisierung – auch als Reviktimisierung bezeichnet – eine
Fülle von Forschungsaktivitäten entfacht. Diese Dehnung der Opferwerdung von
dem Moment des Ereignisses hin zu den langanhaltenden Folgen verbindet das
„Opfernarrativ" mit dem davon ursprünglich unabhängig entwickelten „Trauma-
narrativ" (Walklate 2016).

Zwei sehr unterschiedliche Opfergruppen stehen am Beginn dieser Verknüpfung der Narrative. Die Überlebenden des Holocaust etablierten die Opfererzählungen. Bis dahin vermied man es, sich selbst als passiver Leidtragender
in der Öffentlichkeit zu präsentieren (Günther 2013, S. 213 ff., siehe den Text
in diesem Kapitel; Hacking 1996). Die Vietnam-Veteranen kämpften für die
Würdigung ihrer Kriegsfolgen als Posttraumatische Belastungsstörung, was in
den 1970er Jahren gelang. Bis die Traumata aus dem Holocaust und dem Krieg
anerkannt wurden, bedurfte es aber erst kultureller Deutungsmuster, die die
persönliche Leidensgeschichte überhaupt zu einem gesellschaftlich relevanten
Thema machten, wie Alexander (2012) herausarbeitet. Erst mit der öffentlichen,
wenngleich völkerrechtlich nicht verbindlichen Proklamation als „Allgemeine
Erklärung der Menschenrechte" durch die UNO-Vollversammlung 1948 entstand dieses Mitgefühl und die moralische Verpflichtung zur Parteinahme für
die Opfer. So führten in der us-amerikanischen Rezeption der Nazizeit zunächst
nicht die den Juden angetanen Grausamkeiten im Rahmen des Holocaust zum
Kampf gegen den Antisemitismus, sondern die jüdischen Opfer wurden mit dem
„progressiven Narrativ" der Schaffung einer neuen Weltordnung von „Demokratie" und „Nation" durch die USA verbunden, die die us-amerikanische Politik
bereits vor dem zweiten Weltkrieg bestimmte (ebd., S. 54). Opfererzählungen
haben sich indes fortschreitend seit den 1970er Jahren zu einer weithin
anerkannten Selbstpräsentation etabliert (Walklate et al. 2019; Lancaster 2011;
Furedi 2004), so dass sie inzwischen freimütig verbreitet werden und eben auch
im Strafprozess eine besondere Würdigung verlangen (Bottoms 2010).

Vor allem die Frauenbewegung verquickte diese beiden Narrative der Viktimisierung und des Traumas, um auf die dauerhaften und schweren Folgen sexueller Gewalt aufmerksam zu machen (Günther 2013, S. 206; Walklate 2016; Hassemer und Reemtsma 2002, S. 45; Illouz 2011, S. 208; Hoff Sommers und Satel 2005). Seitdem sind feministische Ziele – so kritisiert Brown (1995, S. 81) – mit dem Opfernarrativ von Verletzbarkeit und privatem Leid verknüpft. Auch der Soziologe Steinert kommentiert scharf (2014, S. 209 f.): „Es hat etwas ziemlich Ironisches, daß die politische Figur des ‚Opfers' genau mit dem Niedergang von Patriarchat wieder vermehrt genutzt wird. Und das ist doppelt ironisch, wenn es durch soziale Bewegungen geschieht, die, wie etwa die Frauenbewegung genau daran arbeiten, patriarchale Herrschaft aufzulösen – und dabei die patriarchale Form der ‚viktimistischen Politik' einsetzen." Als atypische Moralunternehmer (Scheerer 1986; siehe auch das Kapitel *Symbolische Funktionen des Strafens* im Vorgängerband *Verurteilen und Strafen*) setzen die Opferschutzverbände wie die Frauen- und KinderschutzaktivistInnen auf harte Strafen, so dass Bernstein (2010) den Begriff des „carceral feminism" – des einsperrenden Feminismus – dafür geprägt hat.

Dieser Wandel im Opferverständnis bezeichnet aber in Teilen selbst unterschiedliche Facetten des Viktimismus, ohne diesen Trend in westlichen Gesellschaften erklären zu können. Zeitlich weiter zurückliegende Entwicklungen haben maßgeblich den Weg geebnet, soziale Probleme über die Perspektive des Opfers und das Opfer als stark gefühlsbesetzte Identifikationsfigur im Kampf um Gerechtigkeit wahrzunehmen. Klar lässt sich rekonstruieren, dass seit den 1970er Jahren der Strafkonflikt zunehmend nicht mehr als ein Problem des Staates, dessen Regeln verletzt wurden, angesehen wird, sondern als ein direkter Konflikt zwischen Täter und Opfer. War das Opfer von Kriminalität zuvor vornehmlich Zeuge, gerät seitdem immer mehr dessen Rolle als Leidtragender und Anspruchsteller im Strafverfahren in den Vordergrund (Günther 2013, siehe den Text in diesem Kapitel; Hassemer und Reemtsma 2002, siehe den Text in diesem Kapitel; Reemtsma 1999). In dieser Aufwertung der Opferrolle spiegeln sich eine Reihe von spätmodernen Anforderungen an die Subjekte wider, die die Wahrnehmung von Kriminalitätsopfern, Straftätern und die Rolle des Staates betreffen.

Als gemeinsamer Nenner der Entwicklungen lässt sich eine voranschreitende Individualisierung feststellen. Galten für das Handeln des *homo sociologicus* noch maßgeblich mindestens gesellschaftlich mit zu verantwortende Gründe, wird die gesellschaftliche Einbettung der Einzelnen vor dem Hintergrund der Neoliberalisierung zunehmend durch die Idee des *homo oeconomicus* verdrängt. Dabei ist es „nicht so, dass ‚there is no such thing as society', wie Mrs. Thatcher es einst so bedeutend formulierte, aber diese Gesellschaft hat ihre Verantwortung unter dem Vorwand aufgegeben, das Individuum wieder in den Mittelpunkt der Politik zu rücken" (Matravers 2010, S. 3). Nach diesem Menschenbild haben auch die in den klassischen kriminologischen Theorien aufgezeigten *root causes of crime* (z. B. Anomie, Subkultur; siehe die einschlägigen Kapitel in den *Kriminologischen Grundlagentexten*) kaum noch die Überzeugungskraft, das unterstellte individuelle rationale Handlungskalkül des Straftäters soziologisch zu kontextuieren. Die Opferrechtsorganisationen berufen sich ebenso darauf, dass den individuellen Ansprüchen der Opfer Vorrang vor gesellschaftlichen Belangen einzuräumen sei. So sind „Opferrechte ein machtvolles Instrument für das neoliberale Projekt" (Ginsberg 2014, S. 911).

Gleichzeitig tritt das konkrete Kriminalitätsopfer selbst als leidendes Individuum in den Vordergrund, mit dem die affektgebundene Identifikation leichtfällt. Nachdem sich Solidarität in einer hoch individualisierten Gesellschaft kaum noch auf gemeinsame moralische Anker, wie die Nation, die Religion oder die soziale Klasse berufen kann, ist das „Bewusstsein für die Verwundbarkeit des anderen ausreichend, um eine öffentliche Moral zu etablieren" (Boutellier 2000, S. 15). Der Bedeutungsaufstieg des Opfers v. a. von Kriminalität ist also ambivalent. Einerseits resultiert er aus einer zunehmenden Individualisierung, die sich mit der Neoliberalisierung westlicher Gesellschaften verbindet. Andererseits dient die Figur des Opfers der Wiederherstellung sehr basaler moralischer Werte von Mitgefühl, Gerechtigkeit und Gemeinschaft. Das Opfer als soziale Figur ist somit sowohl in seinen emanzipativen wie in seinen soziale Kontexte kaschierenden Auswirkungen das Produkt einer spezifischen polit-ökonomischen Konstellation.

Trotz den insgesamt in allen westlichen Gesellschaften seit langem sinkenden Kriminalitätszahlen und einer objektiven Verminderung v. a. von Gewalttaten ist die scheinbar paradoxe Situation entstanden, dass „eine zunehmende Empfindlichkeit gegenüber Gesetzesbrüchen und deviantem Verhalten sowie eine Fokussierung des öffentlichen Diskurses und Handelns auf Fragen der Sicherheit" festzustellen ist (Fassin 2018, S. 14). Es ist v. a. die kulturelle Entwicklung hin zur „Sakralität der Person" (Joas 2011), die die Gewaltraten objektiv sinken lässt, indem auch die Empfindlichkeit der potenziellen ‚Täter' steigt, während zugleich die Empörung über bekanntgewordene Fälle zunimmt und politische Maßnahmen, wie insbesondere Strafverschärfungen, hervorruft. Zwar erstreckt sich die Sakralität auch auf den Täter, aber dagegen wirkt „die Heiligsprechung der Opfer", die „jeden Gedanken an die Täter weitgehend null und nichtig" macht (Garland 2008, S. 264; vgl. auch Simon 2007, S. 164). Gestützt wird dieses Spannungsverhältnis zwischen Täter und Opfer noch durch das Bild des „idealen Opfers", das medial oft als besonders unschuldig, wehrlos und schutzbedürftig moralisch in starkem Kontrast zum „Täter" gezeichnet wird (Christie 1986).

Repräsentativ sind diese Fälle indes nicht, denn „Täter und Opfer, jedenfalls die meisten, sind aus dem gleichen krummen Holz geschnitzt, wenn man sich die Zeit nimmt, sie wirklich anzuschauen" (Bock 2007, S. 14).

Der durch die Opferbewegung ertönende Ruf nach härteren Strafen befördert die Law-and-Order-Politik eines patriarchalen Konservativismus (Steinert 2014, S. 209 f.; Günther 2013, siehe den Text in diesem Kapitel). So konkurriert das Kriminalitätsopfer mit den Opfern gesellschaftlicher Benachteiligungen, um die sich traditionell eher die Linksliberalen sorgen (Shapiro 1997, S. 13). Wird bei diesen Opfern oft an die Selbstverantwortung eines Jeden appelliert (Sykes 1992) und sind sie selbst am stärksten von der Strafpolitik betroffen (Wacquant 2009), gilt die politische Sorge den Kriminalitätsopfern. Aus ihnen wird eine gesellschaftliche Verpflichtung zum größtmöglichen Beistand generiert, die oft nur in der härtesten Bestrafung des Angreifers gesehen wird. „Opfermacht, verstärkt durch staatliche Macht, würde in der Tat zu einer stark treibenden Kraft in Richtung einer punitiven Gesellschaft werden" (Christie 2010, S. 118; siehe auch das Kapitel *Die Lust am Strafen* im Vorgängerband *Verurteilen und Strafen*).

Resultiert die zunehmende Opferorientierung in westlichen Gesellschaften aus der fortschreitenden Individualisierung, stiftet sie zugleich einen kollektiven Sinnzusammenhang (Garland 2008, S. 56). Barton (2012, S. 115) spricht daher von der „viktimären Gesellschaft", zu deren Kennzeichen es gehört, dem Opfer auch rechtlich immer stärkere Bedeutung beizumessen, gleichzeitig aber ständig zu behaupten, „dass auf Opfer keine Rücksicht genommen werde und dass immer nur ‚Täter' und nicht Opfer im Mittelpunkt der Wahrnehmung stünden".

Literatur

Alexander, Jeffrey C. (2012): Trauma: A Social Theory, Cambridge.
Barker, Vanessa (2007): The Politics of Pain: A Political Institutionalist Analysis of Crime Victims' Moral Protests, in: Law & Society Review 41: 619–663.
Barton, Stephan (2012): Strafrechtspflege und Kriminalpolitik in der viktimären Gesellschaft. Effekte, Ambivalenzen und Paradoxien, in: Ders./Ralf Kölbel (Hg.), Ambivalenzen der Opferzuwendung des Strafrechts. Zwischenbilanz nach einem Vierteljahrhundert opferorientierter Strafrechtspolitik in Deutschland, Bielefeld: 111–138.
Bernstein, Elizabeth (2010): Militarized Humanitarianism Meets Carceral Feminism: The Politics of Sex, Rights, and Freedom in Contemporary Antitrafficking Campaigns. Signs 36: 45–72.
Bock, Michael (2007): Grußwort, in: Weisser Ring (Hg.), Opferschutz – unbekannt.
Bottoms, Anthony (2010): The 'duty to understand': What consequences for victim participation, in: Bottoms, Anthony and Roberts, Julian V. (Hg.), Hearing the Victims: Adversarial Justice, Crime Victims and the State. Cullompton: 17–45.

Boutellier, Hans (2000) Crime and Morality: The Significance of Criminal Justice in Postmodern Culture, Dordrecht.

Brown, Wendy (1995): States of Injury. Princeton: Princeton University Press.

Christie, Nils (1986): The Ideal Victim, in: Fattah Ezzat A. (Hg.), From Crime Policy to Victim Policy, London: 17–30.

Christie, Nils (2010): Victim Movements at a Crossroad, in: Punishment & Society 12: 115–122.

Fassin, Didier (2018): Der Wille zum Strafen, Frankfurt/M.

Furedi, Frank (2004): Therapy Culture, London.

Garland, David (2008): Kultur der Kontrolle. Verbrechensbekämpfung und soziale Ordnung in der Gegenwart, Frankfurt/M.

Ginsberg, Raphael (2014): Mighty Crime Victims: Victims' Rights and Neoliberalism in the American Conjuncture. In: Cultural Studies 28: 911–946.

Goltermann, Svenja (2017): Opfer. Die Wahrnehmung von Krieg und Gewalt in der Moderne, Frankfurt/M.

Günther, Klaus (2013): Ein Modell legitimen Scheiterns. Der Kampf um Anerkennung als Opfer, in: Honneth, Axel et al. (Hg.), Strukturwandel der Anerkennung, Frankfurt/M.: 185–248.

Hacking, Ian (1996): Rewriting the Soul. Multiple Personality and the Sciences of Memory, Princeton.

Hassemer, Winfried/Reemtsma, Jan Philipp (2002): Verbrechensopfer. Gesetz und Gerechtigkeit, München.

Hoff Sommers, Christina/Satel, Sally (2005): One Nation under Therapy, New York.

Honneth, Axel (1992): Kampf um Anerkennung. Frankfurt/M.

Illouz, Eva (2011): Die Errettung der modernen Seele. Frankfurt/M.

Jäger, Herbert (1989): Makrokriminalität, Frankfurt/M.

Joas, Hans (2011): Die Sakralität der Person. Eine neue Genealogie der Menschenrechte, Frankfurt/M.

Kersten, Anne (2012): Geschlecht im öffentlichen Opferhilfe-Diskurs der Schweiz, in: Estermann, Josef et al. (Hg.), Der Kampf ums Recht. Abstracts des zweiten Kongresses der deutschsprachigen rechtssoziologischen Gesellschaften, Wien: 173–189.

Lancaster, Roger N. (2011): Sex Panic and the Punitive State, Berkeley.

Marossek, Diana (2016): Kommst du Bahnhof oder hast du Auto?, Berlin.

Matravers, Matt (2010): The Victim, the State, and Civil Society, in: Bottoms, Anthony and Roberts, Julian V. (Hg.), Hearing the Victims: Adversarial Justice, Crime Victims and the State. Cullompton: 1–16.

Reemtsma, Jan Philipp (1999): Das Recht des Opfers auf die Bestrafung des Täters – als Problem, München.

Scheerer, Sebastian (1986): Atypische Moralunternehmer, in: Kriminologisches Journal, 1. Beiheft: 133–155.

Shapiro, Bruce (1997): Victims & Vengeance, in: The Nation, vom 10. Februar.

Simon, Jonathan (2007): Governing through Crime, Oxford.

Spencer, Dale/Walklate, Sandra (Hg.; 2016): Critical Victimology: Developments and Interventions, Cambridge, Massachusetts.

Steinert, Heinz (2014): Populismus und Viktimismus im Wissen über Kriminalität, in: Cremer-Schäfer, Helga/Ders., Straflust und Repression. Zur Kritik der populistischen Kriminologie, 2. überarb. Aufl., Münster: 208–218.

Sykes, Charles (1992): Nation of Victims, New York.
Wacquant, Loïc (2009): Bestrafen der Armen: zur neoliberalen Regierung der sozialen Unsicherheit, Opladen.
Walklate, Sandra (2016): The Metamorphosis of Victimology: From Crime to Culture, in: International Journal of Crime, Justice and Social Democracy 5: 4–16.
Walklate, Sandra et al. (2019): Victim Stories and Victim Policy. Is there a Case for a narrative Criminology?, in: Crime, Media and Culture 15: 199–215.

Die Texte

Klaus Günther geht in seinem Text den Fragen nach, wie das Opfer in das Zentrum des öffentlichen Interesses rücken konnte und welche Folgen dieser Wandel auf das Verhältnis von Bürgern und Staat hat. Er zeichnet den langen Weg, in dem der Staat den Strafanspruch übernahm und das Opfer im Strafverfahren als bloßer Zeuge ‚neutralisiert' wurde bis hin zur aktuellen Opferkultur. In ihr erscheint der Staat nicht mehr als potenziell bedrohlicher Leviathan, vor dessen ungehemmtem Zugriff man sich fürchtet. In der stark individualisierten Gesellschaft fühlt man sich stattdessen vor allem von Kriminalität bedroht. Eine möglichst entschiedene staatliche Reaktion im Kampf gegen das Verbrechen wird allenthalben gefordert.

Winfried Hassemer und Jan Philipp Reemtsma veranschaulichen die Konsequenzen einer opferorientierten Kriminalpolitik. Sie erkennen eine breite Stimmung in der Risikogesellschaft, die freimütig anbietet: «Tausche Freiheit gegen Sicherheit». Illustriert durch den international aufmerksam verfolgten skandalösen belgischen Kriminalfall um Marc Dutroux Mitte der 1990er Jahre zeichnen die Autoren die opferbetonte Stimmung in den westlichen Gesellschaften nach, die sich besonders eindrücklich in der öffentlichen Reaktion auf Sexualkriminalität äußert.

Daniela Klimke und Rüdiger Lautmann klassifizieren verschiedene Opfertypen und ihre gesellschaftliche Würdigung. Die erstaunlichste Aufwertung hat das Sexualopfer in den vergangenen Jahrzehnten erfahren, die gleichauf mit straflüsternen Forderungen gegen Straftäter korrespondiert. Mit den öffentlichen Diskursen um die Opferzuschreibungen wird Politik gemacht: Im konservativ-neoliberalen gesellschaftlichen Umbau kommt den Kriminalitätsopfern und vor allem solchen, die Opfer sexueller Grenzverletzung geworden sind, entschiedene Anerkennung zuteil, während im Falle der Opfer gesellschaftlicher Benachteiligung zunehmend auf deren Selbstverantwortung verwiesen wird.

Ein Modell legitimen Scheiterns. Der Kampf um Anerkennung als Opfer (2013)

Klaus Günther

Ein Modell legitimen Scheiterns. Der Kampf um Anerkennung als Opfer, in: Honneth, Axel et al. (Hrsg.), Strukturwandel der Anerkennung, Frankfurt/M., 2013, S. 185–248 (gekürzt).

Aufmerksamkeit für das Opfer

In Fritz Langs berühmtem Kinofilm *M – Eine Stadt sucht einen Mörder* wird ein Kindermörder am Ende nicht nur von der Polizei, sondern auch von Kriminellen gejagt. Deren Motiv ist freilich nicht das der Gerechtigkeit oder wenigstens des Schutzes der Kinder vor weiteren tödlichen Übergriffen. Die Ganoven sehen sich durch die zunehmende Polizeipräsenz in ihren kriminellen Geschäften empfindlich gestört. Als es ihnen schließlich dank der Aufmerksamkeit eines Bettlers (und der Markierung „M", die ein anderer dem Mörder auf den Rücken malt) gelingt, den Täter festzunehmen, wird von der Unterwelt in einer verlassenen Lagerhalle eine Art Volkstribunal veranstaltet. Trotz eines Geständnisses, mit dem der „Angeklagte" (gespielt von Peter Lorre) seine innere Not und Seelenpein angesichts des ihn immer wieder überwältigenden Triebes mir expressionistisch gesteigerter Verzweiflung herausschreit, und den vernünftigen Argumenten eines auf Schuldunfähigkeit plädierenden „Verteidigers" droht der von einem demagogischen „Ankläger" angestachelte Pöbel gnadenlos zuzuschlagen. Im Augenblick höchster emotionaler Erregung betritt die Polizei den Ort und man hört die beherrschte, ruhige und klare Stimme des Kommissars, der

K. Günther (✉)
Goethe-Universität Frankfurt, Frankfurt am Main, Deutschland
E-Mail: Hupka@jur.uni-frankfurt.de

© Springer Fachmedien Wiesbaden GmbH, ein Teil von Springer Nature 2022
A. Legnaro und D. Klimke (Hrsg.), *Kriminologische Diskussionstexte II*,
https://doi.org/10.1007/978-3-658-22007-5_20

den Angeklagten „im Namen des Gesetzes" festnimmt und damit dem rechtsstaatlichen Strafverfahren zuführt. Man atmet erleichtert auf, wenn der strafver-
folgende Staat das zur Lynchjustiz eskalierende Chaos im Namen des Rechts
beendet. Aber Fritz Lang lässt den Zuschauer nicht einfach bei den Segnungen
des Rechtsstaates sich beruhigen. Der Angeklagte wird auch im förmlichen Verfahren von dem ordentlichen Gericht zum Tode verurteilt – und der Film endet
mit der Klage einer um ihr Kind trauernden Mutter: „Davon werden unsere
Kinder auch nicht wieder lebendig!"

Sieht man diesen Film aus dem Jahre 1931, insbesondere die eben wieder-
gegebene Schlusssequenz, mit heutigen Augen, findet man bereits Motive,
Emotionen, Argumente und rhetorisch-mediale Techniken, die auch die gegenwärtige Diskussion um das Verbrechensopfer beherrschen: das Entsetzen über
die Taten, die ausweglose Trauer der Angehörigen über ihre ermordeten Kinder,
die Ängste der Bevölkerung, die Gefährlichkeit der Täter, deren eigene Hilflosigkeit gegenüber ihrer Krankheit – die der Film immerhin noch so darstellt, dass
beim Zuschauer Mitleid erregt wird –, das Rachegefühl und das Bedürfnis nach
Genugtuung, die gleichzeitig beruhigende, aber das grauenhafte Geschehen auch
neutralisierende Macht des strafenden Staates, das Leiden der Opfer, das nach
öffentlicher Aufmerksamkeit verlangt und gleichzeitig für zwielichtige Interessen
ausgebeutet wird – nicht zufällig trägt der die „Anklage" anführende und das
Tribunal im Namen der Opfer aufwiegelnde Ganove bis in das Erscheinungsbild
Züge von Goebbels (gespielt von Gustaf Gründgens).

Achtzig Jahre später, unter glücklicheren gesellschaftlichen und politischen
Bedingungen als am Ende der Weimarer Republik, sind Verbrechensopfer, namentlich die Gewaltopfer, ein zentrales Thema des öffentlichen
kriminalpolitischen Diskurses mit nachhaltigem Einfluss auf Gesetzgebung,
Rechtsprechung und Rechtswissenschaft geworden. […] Diese verstärkte Aufmerksamkeit für das Opfer ist der Motor, der den tiefgreifenden und nachhaltigen
Paradigmenwechsel von der wohlfahrtsstaatlich-resozialisierenden Kriminalpolitik der 1960er und 1970er Jahre zu der gegenwärtig vorherrschenden gleichzeitig retributiven und sichernden Kriminalpolitik antreibt (vgl. exemplarisch
Garland 2008 [2001]). […]

Diese komplexe und heterogene Geschichte der zunehmenden öffentlichen
Aufmerksamkeit für das Opfer ist in verschiedenen Hinsichten erklärungsbedürftig. Die immer wieder vorgetragene Behauptung, Gesellschaft und
Staat hätten sich bisher vor allem und fast ausschließlich mit dem (Straf-)Täter
beschäftigt – mit den Motiven, Gründen und Ursachen für die fatale, im Verbrechen kulminierende Lebens- und Leidensgeschichte, und mit den Chancen für

eine Besserung und eine Perspektive für ein straffreies Leben – dabei aber das Opfer nicht weiter beachtet und allein gelassen –, ist selbst eher ein erklärungsbedürftiges Symptom als eine Antwort. Auch wenn es so wäre, bliebe zu erklären, warum das öffentliche Interesse sich erst jetzt, nach Jahrhunderten des staatlichen Strafanspruchs und der „Neutralisierung des Opfers" (Hassemer 1990 [1981], S. 70 ff.), auf die oben skizzierte Weise vom Täter ab- und dem Opfer zuwendet. Vor allem jedoch geht es um die Gründe, die einen solchen Blickwechsel samt Konsequenzen für die rechtliche und institutionelle Ausgestaltung des Verhältnisses zwischen Täter, Opfer, Staat und Gesellschaft rechtfertigen sollen. Und schließlich um die Folgen, die ein öffentlicher Diskurs über das Opfer, ja die Herausbildung einer Opferkultur, für das Verhältnis von Bürgern und Öffentlichkeit nach sich zieht.

Die Neutralisierung des Opfers: Wie und warum?

Der gegenwärtige Zustand, in dem das Opfer einer Straftat als marginalisiert, bestenfalls neutralisiert erscheint, ist das Ergebnis einer langen historischen Entwicklung. Sie wird am deutlichsten daran sichtbar, dass der Terminus „Opfer" im aus den Kodifikationsbewegungen des 19. Jahrhunderts stammenden (deutschen) Straf- und Strafprozessrecht gar nicht vorkommt. Dort ist nur vom „Verletzten" die Rede – gleichsam das Objekt, das durch die Straftat verletzt wurde, und zwar durch Verletzung einer Strafrechtsnorm, deren Geltung der Staat garantiert und durchsetzt. Der Staat, nicht der Verletzte, ist Träger des Strafanspruchs. Strafverfolgung, Anklageerhebung, Hauptverhandlung und Verteidigung, Verurteilung, Strafvollstreckung und Strafvollzug ereignen sich allesamt im Verhältnis zwischen dem Beschuldigten oder dem Verurteilten und dem verfolgenden und strafenden Staat. Welche Rolle der Verletzte dabei spielt, hängt von den jeweiligen Umständen ab, es ist jedoch keine für den Strafanspruch und seine Durchsetzung konstitutive Rolle: Er kann als Anzeigeerstatter faktischer Auslöser der staatlichen Strafverfolgung sein, er kann bei wenigen Bagatelldelikten durch einen Strafantrag sogar eine notwendige Bedingung für die Strafverfolgung setzen, er kann in noch weniger Fällen auf den Weg der Privatklage verwiesen werden (zum Beispiel bei einer Beleidigung oder einer einfachen, leichten Körperverletzung), er kann innerhalb des Strafverfahrens als Zeuge im Beweisverfahren auftreten und dabei vielleicht die für eine Verurteilung des Angeklagten entscheidenden Tatsachen vorbringen, er mag als Nebenkläger neben der Staatsanwaltschaft die Anklage verstärken. All das führt jedoch nicht zu einer Stellung des Verletzten als *Opfer* mit einem originären, eigenen Strafanspruch.

Zwischen der Entstehung eines öffentlichen, staatlichen Strafanspruchs und der Neutralisierung des Opfers besteht ein Zusammenhang, über dessen Herkunft und Genealogie es unterschiedliche Erzählungen gibt.[8] [...] Alle haben den gleichen Anfang: Das Opfer (und der betroffene Familienverband) kümmert sich im Wege der Selbsthilfe und der privaten Rechtsdurchsetzung um die Verfolgung und Bestrafung des Täters (und dessen Familienverband). Alle haben das gleiche Ende: Der Strafanspruch liegt nicht mehr beim Opfer und dessen Angehörigen, sondern gelangt in die Hände des Staates. Was zwischen Anfang und Ende passiert, rechtfertigt immer auch das Ergebnis: Das Opfer (und dessen Angehörige) verliert seine prominente Stellung im Verhältnis zum Täter und wird im Verhältnis zum Staat und zur Öffentlichkeit neutralisiert. [...] Normativ entscheidend sind die ausweglosen Konflikte, in die eine normative Ordnung gerät, in der das Opfer im Wege der Selbsthilfe und der privaten Rechtsdurchsetzung sich selbst um die Verfolgung und Bestrafung kümmert. Auch wenn eine öffentliche Gewalt bereits etabliert ist, liegt der Strafanspruch oftmals noch primär beim Verletzten, der über das Ob und Wie einer Strafverfolgung verfügt und dem die öffentliche Gewalt nur helfend zur Seite tritt. Die Strafe sorgt für die Vergeltung der Tat und verschafft dem Opfer und seinen Angehörigen Genugtuung, sie stellt die durch die Tat verletzte Ehre des Opfers und seiner Familie wieder her und ersetzt ihm gleichzeitig den durch die Tat verursachten Schaden (Kompensation). Wenn diese Art privater Strafverfolgung zu neuem Unrecht führt, das nun wiederum durch eine ausgleichende Strafaktion der davon betroffenen Partei beseitigt werden muss, kann eine Gesellschaft dauerhaft in Konflikt und Unfrieden geraten. Endlose, generationenübergreifende Rache- und Fehdezyklen sind die Folge. Die öffentliche Gewalt greift zunächst nur ein, um den beim Opfer liegenden Strafanspruch zu begrenzen und zu zügeln, aber nicht, um das Opfer seines Strafanspruchs zu enteignen. Deshalb bestehen die frühesten Gesetze nahezu ausschließlich aus Vorschriften über diese Mischung aus Strafe und Schadensersatz, das heißt eigentlich nur aus Katalogen, die festlegen, was der Verletzte vom Täter und seiner Familie für welche Art von Verletzung fordern darf – das sprichwörtlich gewordene, alttestamentarische „Auge um Auge" ist eine solche Limitierung. So lange der Strafanspruch beim Opfer liegt, bleibt die Gefahr einer Eskalation des Strafens latent; ob sie sich verwirklicht, hängt von den zufällig bestehenden Machtkonstellationen zwischen Täter

---

[8] Wie und warum es in unterschiedlichen historischen Konstellationen zur Herausbildung eines staatlichen Strafanspruchs kommt, ist in der historischen Forschung nach wie vor nicht eindeutig geklärt. Vgl. zum Stand der Forschung die Beiträge in Lüderssen (2002).

und Opfer sowie innerhalb der Gesellschaft ab. [...] Vom Opfer geht das unend-
liche Verlangen nach Ausgleich, Wiederherstellung der Ehre und Genugtuung
aus, das entweder unbefriedigt bleibt oder neues Unrecht hervorruft und damit
den Kreislauf der Vergeltung in Gang setzt und unterhält. Faktisch waren es freilich nur die Mächtigen, die im Falle einer Verletzung ihrer Rechte über so viele
Gewaltmittel verfugten oder die Solidarität mächtiger Dritter gewinnen konnten,
um ihre Ansprüche im Wege der Selbsthilfe auch erfolgreich durchzusetzen.
Deshalb ist die Geschichte der Entstehung und Durchsetzung des öffentlichen
Strafanspruchs zugleich die Geschichte der Entmachtung und vor allem auch
der Entwaffnung des *mächtigen* Opfers. Nicht nur das wilde, die Ordnung
sprengende, weil latent exzessive Moment des eigenhändigen Strafens wird
dem Opfer genommen, sondern auch die Verfügung über Gewaltmittel und die
Ressourcen für eine Solidarisierung mit anderen. Darin liegt die Rechtfertigung
für seine Neutralisierung und Individualisierung.

Freilich bleibt das Opfer in diesem Prozess nicht völlig unberücksichtigt. Der
strafende Staat, der die potentiellen und aktuellen Opfer ihres Rechts auf Selbsthilfe enteignet, ist im Gegenzug verpflichtet, alle Rechtsverletzungen gleich zu
behandeln und jedes Opfer unter seinen Strafanspruch zu stellen. Erst mit dieser
Gegenleistung lässt sich die gewaltsame Neutralisierung als ein freiwilliger
Verzicht begründen, der durch die Einsicht der aktuellen und künftigen Opfer
in die rechtfertigenden Gründe – die Vorteile der Sicherheit und des Friedens –
motiviert ist. Auch die jeweilige soziale Machtposition des Verletzten darf unter
der Herrschaft des staatlichen Strafanspruchs keine Rolle mehr bei der Strafverfolgung spielen – zumindest dem Anspruch nach verfolgt der Staat *jede* Rechtsverletzung, selbst die des schwächsten Opfers. Allerdings erwächst diesem daraus
kein eigener Anspruch auf Bestrafung des Täters oder darauf, dass die Strafe in
seinem Namen ausgesprochen würde. Immerhin wird zumindest das potentielle
Opfer mit seinen Interessen in der allgemein und gleich geltenden Rechtsnorm
berücksichtigt, durch die die Staatsbürger vor bestimmten Verletzungen geschützt
werden; die Interessen der potentiellen und künftigen Opfer sind die Rechtsgüter des Strafrechts. Doch handelt es sich dabei nur um die verallgemeinerten
Interessen aller potentiellen Opfer, das Opfer wird im Rechtsgut gleichsam
„objektiviert" (vgl. Seelmann 1989). [...]

In dem Maße, wie dem Täter nun aber nicht mehr das Opfer mit seinem
Selbsthilferecht in einem von der Kontingenz der Machtverhältnisse geprägten
Antagonismus gegenübertritt, sondern der Staat mit seinem Gewaltmonopol und
seiner administrativ-organisatorischen Macht, verändern sich umgekehrt auch die
Positionen des Beschuldigten und des Täters. Aus dem zuweilen symmetrischen,
meistens jedoch asymmetrischen Machtverhältnis zwischen Opfer und Täter

wird eine Asymmetrie zwischen Täter und Staat. War das Opfer mit seinem unendlichen Genugtuungsbedürfnis und seiner Macht die Gefahrenquelle für die soziale Integration, die durch den Staat mit seinem Strafanspruch neutralisiert werden sollte, wird dieser nun selbst zu einer neuen Gefahrenquelle. Die Gefahr eines *Vergeltungsexzesses* durch das Opfer wird abgelöst durch die Gefahr eines *Machtexzesses* durch den Gewalthaber und seine Organe, namentlich die Polizei. Jede Straftat und jeder Straftäter verletzt und überwältigt nicht nur ein Opfer, sondern fordert vor allem den Herrschaftsanspruch des Staates heraus, beeinträchtigt zumindest symbolisch sein Selbsterhaltungsinteresse und stellt seine legitimierende *raison d'être* öffentlich in Frage, seine Fähigkeit, die Sicherheit der Bevölkerung zu garantieren: „Das Verbrechen greift über sein unmittelbares Opfer hinaus den Souverän an; es greift ihn persönlich an, da das Gesetz als Wille des Souveräns gilt; es greift ihn physisch an, da die Kraft des Gesetzes die Kraft des Fürsten ist." (Foucault 2004 [1975], S. 63) Für den Staat ist daher schon der bloße Verdacht einer vergangenen oder künftigen Straftat Grund genug, sich bedroht zu fühlen, auch wenn es noch gar nicht zur konkreten Verletzung eines Opfers gekommen ist. Schließlich sieht sich der Staat durch alles herausgefordert, was ihn gefährden könnte, auch ohne dass es überhaupt irgendeine Gefährdung potentieller Opfer gäbe. Deshalb interveniert er präventiv schon weit im Vorfeld einer Straftat. Den Staat herauszufordern heißt, ihn in seiner Sicherheitsfunktion in Frage zu stellen und damit indirekt auch den Schutz der potentiellen Opfer. Die willkürliche Verhaftung eines unbescholtenen, aber dem Staat missliebigen Bürgers (die berüchtigten „lettres de cachet" der absolutistischen Könige Frankreichs oder die massenhafte Strafverfolgung wegen Zensurvergehen und politischer Betätigung in der Restaurationsphase des frühen 19. Jahrhunderts in Deutschland) wird zum paradigmatischen Fall, an dem sich der Kampf um eine langwierige und schrittweise Verrechtlichung des asymmetrischen Machtverhältnisses zwischen dem Straftaten verfolgenden und verhütenden Staat und dem Bürger entzündet. Sichtbarster Ausdruck sind die Justizgrundrechte (zum Beispiel das Recht des Festgenommenen, innerhalb einer festgesetzten Frist einem unabhängigen Richter vorgeführt zu werden) und die Unschuldsvermutung, der zufolge der Beschuldigte bis zu seiner Überführung in einem förmlichen Verfahren nicht als Straftäter, sondern als unschuldig zu gelten hat. Dies erklärt wenigstens zum Teil, warum sich der Fokus der öffentlichen Aufmerksamkeit für lange Zeit vom Opfer auf den Täter verschoben hatte. Solange es zumindest ebenso wahrscheinlich war, Opfer eines Verbrechens wie einer willkürlichen Verhaftung zu werden, konnte man sich mit diesem mindestens genauso identifizieren wie mit dem Verbrechensopfer. Und die Anerkennung, die dem Bürger als gleiches Rechtssubjekt unter dem staatlichen Strafanspruch zuteil wird, musste zuerst dort durchgesetzt und rechtsförmig institutionalisiert werden, wo der Bürger als Beschuldigter in die Hände des strafenden Staates fiel. [...]

In der Konstellation eines übermächtigen, strafenden Staates und eines gegen ihn durchgesetzten Rechtsschutzes für den Täter, der die Aufmerksamkeit auf sich und vom Opfer wegzieht, lässt sich die Quelle für die Zweifel finden, die gegen die Rechtfertigungsnarrative der Neutralisierung des Opfers zugunsten des Staates aufkeimen. [...]

Warum das Rechtfertigungsnarrativ der Opferneutralisierung nicht mehr überzeugt
Es ist diese unüberbrückbare Differenz zwischen dem Verletzten als abstraktem Rechtssubjekt und dem aktuellen Opfer mit seiner konkreten Verletzung, die gegenwärtig nicht mehr nur als private Angelegenheit des Betroffenen behandelt, sondern von diesem öffentlich gemacht wird, öffentliche Aufmerksamkeit findet, politisch skandalisiert und thematisiert wird. Jene Selbstachtung und Anerkennung, die das Opfer als gleiche Rechtsperson und gleicher Träger allgemein anerkannter Rechtsgüter unter dem Schutz eines staatlichen Strafanspruchs findet, scheint die Verletzungen, die individuell, partikular und privat bleiben, nicht mehr auffangen zu können. Die Beschädigungen des Selbstwertgefühls und des Selbstvertrauens, die das Opfer neben der Verletzung seines in den Rechtsgütern verkörperten allgemeinen Achtungsanspruchs erleidet, werden plötzlich zum öffentlichen Thema. Neben die in ihren Rechtsgütern anerkannte Rechtsperson des Verletzten tritt das Opfer mit seinem individuellen Gesicht, seinem Trauma und seiner partikularen Leidensgeschichte. Und die Öffentlichkeit, die *bisher* für diese Verletzungsfolgen bestenfalls Mitleid übrighatte, ansonsten aber dem neutralisierten Opfer gebot, sie privat zu bewältigen, hört mit einem Mal zu und empört sich.

Angesichts der langen Dauer eines konsolidierten öffentlichen Strafanspruchs und der erfolgreich durchgesetzten Neutralisierung des Opfers bleibt jedoch fraglich, warum das Opfer erst jetzt aus seiner Privatsphäre heraustritt und wieder in den Mittelpunkt der gesellschaftlichen Aufmerksamkeit rückt. Menschen wurden immer schon Opfer von Verbrechen und hatten unter deren physischen und psychischen Folgen individuell mehr oder weniger schwer zu leiden. Das war auch unter der Herrschaft des staatlichen Strafanspruchs so, und daran hatte sich, so belastend und empörend einzelne Schicksale auch sein mochten, seitdem nichts geändert. Es kann also nicht an der Tatsache, dass Verbrechensopfer individuell leiden, selbst liegen, dass sich auf einmal die Aufmerksamkeit vermehrt dem Opfer zuwendet.

Mit der Konsolidierung eines rechtsstaatlichen, primär individuelle Rechtsgüter (Leben, Leib, Freiheit, Eigentum) vor insbesondere gewaltsamen Verletzungen schützenden Strafrechts und eines rechtsstaatlichen, den Beschuldigten
innerhalb des asymmetrischen Machtverhältnisses zum strafverfolgenden Staat
schützenden Strafverfahrens schienen das Opferinteresse und das Interesse des
Beschuldigten in eine distributiv gerechte, gleiche Freiheitsspielräume grund-
rechtlich sichernde Balance gebracht zu sein. […]

Sinn und Zweck der Strafe hatten im wohlfahrtsstaatlichen Paradigma
regulativer Politik mit dem aktuellen Opfer selbst also nichts mehr zu tun
– und besonders jene Art der Prävention nicht, die sich anschickte, die
Gefährdung potentieller künftiger Opfer dort zu minimieren, wo einer ihrer
maßgeblichen Ursprünge liegt: im Täter und seinen Sozialisationsdefiziten.
Mit der Resozialisierung sollte der Straftäter dazu gebracht werden, wenigstens
äußerlich ein rechtstreues Leben zu führen, ohne andere Personen zu schädigen.
Was konnte die Sicherheit potentieller Opfer besser gewährleisten als ein
resozialisierter Straftäter, von dem keine Gefahr für fremde Rechtsgüter mehr
ausgeht? Um dieses Programm zu verwirklichen, bedurfte es einer genaueren
Kenntnis der Faktoren und Bedingungen, die kriminelles Verhalten erklären.
Das Spektrum reichte von sozialer Ungleichheit und kriminalisierenden sozialen
Strukturen bis hin zu spezifischen individuellen Sozialisationsdefiziten. Je mehr
sich Kriminologie und Forensik den kriminogenen Fakten im sozialen Umfeld,
in der Biografie und in der Psyche des Täters zuwandten und das entsprechende
Wissen in die Strafjustiz Eingang fand, desto mehr konnte der Eindruck entstehen, die Strafjustiz würde sich „nur" um den Täter und „gar nicht" um das
Opfer „kümmern", alle Versuche, den Täter und seine Tat „zu verstehen", würden
nur dazu führen, ihn und seine Straftat „zu entschuldigen" und das aktuelle Opfer
dadurch erneut zu demütigen, und zuletzt würden die Rollen gar vertauscht
werden: Der Täter sei das eigentliche Opfer (der Gesellschaft), während das
Opfer vielleicht sogar mitschuldig an der erlittenen Verletzung sei.

Nicht zufällig wurde diese Kritik ursprünglich von den frühen feministischen
Bewegungen der 1970er Jahre in Gang gesetzt, nicht von einer konservativen
Law and Order-Kriminalpolitik.[19] Sie thematisierten als Erste das längst zur
populären psychologischen Erklärung, zum nichtssagenden Klischee heruntergekommene Bild vom Täter als dem eigentlichen Opfer und dem Opfer als einem

---

[19] Siehe unter anderem Brownmiller (1978 [1976]), Russell (1975), MacKinnon (1989,
S. 172–183) und Brunner (2004, S. 16). Vgl. auch José Brunners 2009 in Frankfurt
gehaltenen Adorno-Vorlesungen (im Erscheinen).

zumindest latent Mitschuldigen, und zwar an einem für dieses Klischee besonders anfälligen Verbrechen: der Vergewaltigung. Gerade angesichts dieses Verbrechens gab es tatsächlich lange Zeit die verbreitete Neigung bei allen Beteiligten außer dem Opfer, namentlich bei männlichen (weißen) Ermittlungspersonen, Verteidigern und bei Richtern, den Angeklagten entweder unter Verweis auf seine defizitäre Sozialisationsgeschichte zu entlasten oder das Vergewaltigungsopfer durch eine mit Genderstereotypen operierende Prozessstrategie so erscheinen zu lassen, als habe es die Tat implizit gewollt oder den Täter durch vermeintlich zweideutiges Verhalten dazu eingeladen, so dass das Opfer in seiner Rolle als Zeuge vor Gericht unglaubwürdig erschien. Die von den feministischen Bewegungen artikulierte Kritik führte zunächst dazu, dass das Klischee von der verminderten Schuld des männlichen Angeklagten und der latenten Mitschuld des Vergewaltigungsopfers weitgehend zerstört (und als Zeugnis für die patriarchalischen Strukturen der Gesellschaft und der Justiz entlarvt) wurde. Die Vergewaltigung erschien als ein Akt männlicher Dominanz über und Gewalt gegen Frauen[a] – sowohl die Rolle des Täters als auch die des Opfers wurden in einem *politischen* Kontext thematisiert.[20] Erst später wich diese politische Interpretation einer *therapeutischen,* die zu einer erhöhten Aufmerksamkeit für diejenigen Verletzungsfolgen bei den weiblichen Opfern führte, die über den Zeitpunkt der Tat hinaus andauern und oftmals viel gravierender sind als die erlittene physische Gewalt und deren unmittelbare Folgen.[21]

---

[a] Siehe die Einführung sowie die Texte von Schetsche und Rutschky im Kapitel *Signal-Verbrechen: sex and crime* im Vorgängerband (A. d. H.).

[20] In dem Maße, wie diese Deutung des Vergewaltigungsverbrechens selbst wieder zu einem Stereotyp wird, erzeugt sie neue Ungerechtigkeiten. Die paradoxen Folgen dieser Stereotypisierung werden in der kritischen feministischen Rechtstheorie thematisiert: Halley (2006).

[21] Brunner (2004, S. 17). Eine ähnliche Beobachtung lässt sich am Genre des Kriminalromans und -films machen. Auch dort gibt es eine stärkere Hinwendung vom Täter zum Opfer, und die Ermittlungspersonen sind immer häufiger weiblich. Beide Entwicklungen überschneiden sich in der Gerichtsmedizinerin, die unmittelbar mit den Opfern konfrontiert ist. Hier kann es dann zu einer weiteren Überschneidung mit der Rolle der Frau als Opfer patriarchalischer Verhältnisse kommen: „Wer könnte geeigneter sein, die Partei der Opfer ergreifen, als gerade Frauen, die unter dem Druck patriarchalischer Verhältnisse selbst seit je Opfer sind? Frauen wie Kay Scarpetta oder Tempe Rennan, beruflich hoch qualifiziert, privat unglücklich und in der Männerwelt des Verbrechens beständig im Konflikt mit chauvinistischen Kollegen und sexistischen Vorurteilen, scheinen besonders geeignet für die Aufgabe, mir der eigenen Existenz für die Verletztheit der Gesellschaft einzustehen." (Britnacher 2004, S. 109)

Diese Kritik hatte Implikationen, die auch die gesellschaftliche Konstruktion des Täterbildes und des Täter-Opfer-Verhältnisses veränderten. Aus dem resozialisierungsbedürftigen und potentiell auch -fähigen Täter wurde der Täter, der entweder allein und verantwortlich handelt und in seiner Verantwortlichkeit ernst zu nehmen ist, oder der Täter, der zwar wegen schwerer pathologischer Belastungen für sein Verbrechen nichts kann, aber gerade deshalb auch gefährlich ist, so dass die potentiellen Opfer dauerhaft und verlässlich vor ihm geschützt werden müssen. In beiden Varianten ist das neue Täterbild vor allem durch eine radikale *Individualisierung* von Tat und Täter gekennzeichnet, durch eine verstärkte *Responsibilisierung* des Täters sowie durch eine *Moralisierung* des Verhältnisses zwischen Täter und Opfer. Schnell wurde dieses Täterbild aus dem Kontext des Vergewaltigungsverbrechens und der Kritik an der gesellschaftlichen und justiziellen Reaktion herausgelöst und auf alle Delikte mit einem konkreten Opferbezug übertragen, auch von denen, die ansonsten die Ziele der feministischen Bewegungen nicht teilen mochten: Moralunternehmer[b] auf der gesamten Breite des politischen Spektrums und alle gesellschaftlichen Schichten reaktivierten diese latent immer schon vorhandene Sicht auf die Kriminalität und das Täter-Opfer-Verhältnis.[22] Vor allem jedoch eignete sich das neue Täter-Opfer-Bild für eine Politik, die mit den Regulierungsproblemen moderner Wohlfahrtsstaaten überfordert war und gesellschaftliche Dysfunktionen mit Hilfe dieses Bildes individualisieren, personalisieren und moralisieren konnte. Dieses neue Bild lässt nur zwei Erscheinungsweisen des Täters zu: Entweder ist der Täter *allein* verantwortlich (und nicht die Gesellschaft oder gar das Opfer), wenn nicht in rechtlich vorwerfbarer Weise, so zumindest *moralisch* (das heißt, die Tat erklärende Faktoren wie Sozialisationsdefizite, psychische Störungen, Krankheiten etc. spielen unterhalb eines bestimmten Schweregrades keine Rolle für das normative Urteil über die Verantwortlichkeit des Täters). Oder der Täter ist gefährlich, und zwar wiederum *allein* (und nicht zusammen mit den Umständen, unter denen er aufwuchs und aktuell lebt) und in einer Weise, die eine spezifisch auf den Schutz der Allgemeinheit vor diesem *gefährlichen Individuum* gerichtete

---

[b] Siehe den Text von Stanley Cohen in den *Kriminologischen Grundlagentexten* (A. d. H.).

[22] Ein besonders wirkmächtiges Beispiel ist Wilson (1997).

Reaktion erforderlich macht, am besten durch Wegsperren.[23] In Deutschland belegen seit den 1980er Jahren sowohl die legislativen Verschärfungen und Ausweitungen der Sicherungsverwahrung als auch die rapide ansteigenden Verwahrungsfälle diese Tendenz.[24]

Für das Verhältnis zwischen Täter und Opfer – und die Repräsentation und Konstruktion dieses Verhältnisses in der Öffentlichkeit – hat das zur Folge, dass die Straftat (und der Strafprozess) entweder allein in moralischen Kategorien von Gut und Böse, Unrecht und Schuld, Unschuld und Schaden, Geständnis und Bekenntnis, Reue, Sühne sowie Vergebung thematisiert wird oder in technischen Kategorien der individuellen Gefährlichkeit, der Kompetenz von Experten, der Zuverlässigkeit ihrer Diagnose und, vor allem Prognose künftigen Verhaltens des Täters. Das Verhältnis von Täter und Opfer wird *dichotom* strukturiert: Hier der allein verantwortliche (böse) Täter dort das unschuldige, überraschte, überwältigte und mit seinem Leid allein gelassene Opfer.[25] Täter und Opfer treten als zwei isolierte Individuen einander in einer abstrakten Tatsituation gegenüber – alle Kontexte, in denen sie sich befinden, sowohl die Verwicklung von Täter und Opfer in eine Konfliktgeschichte als auch die weiteren gesellschaftlichen Strukturen, aus denen diese Konfliktgeschichte hervorgegangen ist, sind irrelevant oder spielen nur insofern eine Rolle, als sie die schädlichen Folgen einer Straftat für das Opfer noch gravierender erscheinen lassen (zum Beispiel die belastenden Folgen für die Familie des Opfers). Der kriminalstatistisch gesehen eher seltene Fall des plötzlichen Angriffs eines gleichsam aus dem Nichts auftauchenden Täters auf ein überraschtes und ahnungsloses Opfer wird zum Paradigma des Verbrechens schlechthin.

---

[23] Zur Bedeutung und zum Verhältnis von *explanatorischer* (kriminelles Verhalten durch Ursachen in der Person erklärende) und *normativer* (das Individuum trotz erklärender Ursachen verantwortlich machende) Individualisierung siehe Günther (1998, S. 338–342) und Garland (2008 [2001], S. 351 ff.) (zu Garland 2008 s. *Kriminologische Grundlagentexte*, A. d. H.).

[24] Von 183 Sicherungsverwahrten im Jahre 1995 zu 504 im Jahre 2011 (Statistisches Bundesamt 2011) bei gleichzeitig relativ konstant bleibender Kriminalitätsbelastung der Bevölkerung (vgl. zur Entwicklung und ihrer Problematik Kinzig 2010 [2008]). Ob diese Entwicklung durch die jüngsten Entscheidungen des Europäischen Gerichtshofes für Menschenrechte und des Bundesverfassungsgerichts sowie die dadurch erzwungene grundlegende Reform der Sicherungsverwahrung gestoppt wird, bleibt abzuwarten.

[25] Zu den Paradoxien, die eine solche Dichotomie für das Programm einer Rehabilitierung des Opfers erzeugt, siehe Seelmann (1989, S. 673).

In diesem Einstellungswandel manifestiert sich auch eine Enttäuschung über das wohlfahrtsstaatliche Paradigma des präventiven Strafrechts. Man will die soziologischen, sozialpsychologischen und psychologischen Erklärungen kriminellen Verhaltens nicht mehr hören, und zwar nicht, weil man sie für falsch hält, sondern weil sie vermeintlich nichts zur Verminderung von Kriminalität beitragen und verdächtigt werden, den Täter von seiner Verantwortung zu entlasten, die Straftat zu entmoralisieren und damit dem aktuellen Opfer nicht gerecht zu werden. Dieser Vorwurf trifft namentlich das an solche Erklärungen abweichenden Verhaltens anknüpfende präventive Programm der Resozialisierung (vgl. Weigend 2010, S. 40). Wenn Resozialisierung – zumindest in der Form, in der sie praktiziert wurde[26] – „nichts nützt", so die gängige Einschätzung, müsse es wohl doch am Täter selbst liegen und nicht an der Gesellschaft. Moralisch wird daraus gleichzeitig der Schluss gezogen, dass der Täter die Zuwendung durch resozialisierende Maßnahmen nicht verdient habe (weil er sich ja trotzdem nicht bessere): „[...] die Abwendung vom Täter und die Hinwendung zum Opfer hat größeren Schub, als eine blasse empirische Einsicht ihn entfachen könnte; sie hat etwas von Kränkung und Erwartungsenttäuschung – als ob das gehätschelte Kind die Zuwendung, die ihm zuteil geworden ist, schlecht vergolten habe." (Hassemer und Reemtsma 2002, S. 14, siehe den Text in diesem Kapitel) Dies führt auch dazu, dass Öffentlichkeit und Politik eine Art moralisches Nullsummenspiel zwischen Täter und Opfer veranstalten. Kriminalpolitische Regelungen oder Maßnahmen werden nun stets daraufhin geprüft, wie sie sich auf das Verhältnis zwischen Täter und Opfer auswirken könnten: „Jede Aufmerksamkeit für die Rechte oder die Wohlfahrt des Täters gilt als Schmälerung des angemessenen Respekts für das Opfer. Dabei geht man von einem Nullsummenspiel aus, bei dem der Gewinn des Täters der Verlust des Opfers ist." (Garland 2008 [2001], S. 55)

Entsprechende Reformbemühungen im Zeichen einer „Restorative Justice" (vgl. Rössner 1990 [1989]) haben unter anderem dazu geführt, den Täter wieder stärker mit dem Opfer zu konfrontieren, ihm die Folgen seiner Tat für das Opfer unmittelbar vor Augen zu führen und mit der Ermöglichung eines Ausgleichs nicht nur das zerstörte Anerkennungsverhältnis zum Opfer zu restaurieren, sondern vor allem auch einen Lernprozess beim Täter zu initiieren. Im deutschen

---

[26] Dazu, dass mit der wenig erfolgreichen tatsächlichen Praxis der Resozialisierung (im Strafvollzug) noch nicht das Konzept und das Programm der Resozialisierung insgesamt obsolet geworden sind, siehe Günther (2004, 2005b) sowie Baurmann (1987).

Strafrecht sollte dies vor allem mit der Institution des Täter-Opfer-Ausgleichs gelingen. Dabei waren allerdings oftmals „nicht humane, sozial-pädagogische Muster [...], sondern die administrativen Gesetzmäßigkeiten des Erledigungs-druckes, der auf den Gerichten lastet" (Albrecht 2010, S. 501), bestimmend, da mit dem Täter-Opfer-Ausgleich ein aufwendiges formales Strafverfahren verkürzt werden konnte. Abgesehen davon blieb die Zahl der Ausgleichsverfahren relativ gering – und sie haben nicht zu einer öffentlichen Aufwertung des Opferstatus geführt.

Die Aufwertung des Opferstatus

[...] Die potentiellen Opfer sind mit dem aktuellen Opfer insofern solidarisch, als sie mit dessen Verletzung auch sich selbst als verletzt ansehen (vgl. dazu Günther 2002; Hörnle 2006, 2011, S. 37 ff.). Aber diese Solidarität ist selbst dann, wenn sie ausführlicher auf das Opfer eingeht, auf das beschränkt, was das aktuelle mit den potentiellen Opfern teilt: auf die gemeinsamen und generalisierbaren Interessen. Auch wenn das Opfer im Strafverfahren eine deutlicher konturierte Position einnimmt, auch wenn die symbolisch-expressive Strafe neben dem Täter und der Gesellschaft auch das Opfer anspricht und ihm eine Botschaft kommuniziert – es bleibt, in den Worten von Haldemann (2009), das „abstrakte Rechtssubjekt".

Immer noch erklärungsbedürftig bleibt daher, warum das Opfer mit seinem nicht-generalisierbaren, partikularen Leiden positive Anerkennung findet, warum sich die Forderung, das Opfer anzuerkennen, nicht nur und noch nicht einmal primär gegen den Täter richtet, sondern vor allem an Dritte, an die Öffentlich-keit – und warum die Öffentlichkeit dieses Verlangen akzeptiert. Dazu musste das Opfer aus seiner passiven und bemitleidenswerten Rolle heraustreten und selbst zu einem Akteur werden, dessen Status öffentlich anerkannt wird.

Eine mögliche Erklärung findet sich in dem Wandel des gesellschaftlichen Opferbildes, der parallel zum oben geschilderten Wandel des Strafrechts und der Kriminalpolitik stattfindet. Es handelt sich um eine *Um- und Aufwertung des Opferstatus*. Opfer zu sein wird von einer negativ konnotierten, stigmatisierten und nach Möglichkeit zu vermeidenden Position zu einer zumindest insofern attraktiven Rolle, als sie mit gesellschaftlicher Aufmerksamkeit und Zuwendung rechnen kann. Auch wenn das nicht in jeder Hinsicht gilt, so zeigen sowohl die anhaltende Bereitschaft der Öffentlichkeit, dem Opfer in aufsehenerregenden Fällen Aufmerksamkeit zu schenken, als auch die fortgesetzten Reformbe-mühungen der Gesetzgebung, dass der Opferstatus nach wie vor eine heraus-gehobene Position innehat.

Zumindest einen ihrer Gründe hat diese Umwertung in dem historischen Prozess, der nach dem Ende der Naziherrschaft über Europa langsam und mühevoll zur Anerkennung der von den furchtbarsten Verbrechen betroffenen Menschen als Opfer führte. Überall dort, wo den Überlebenden von Terror, Vernichtung und Lager gesellschaftliche Anerkennung zuteil wurde, – sei es in Gestalt von Restitution materieller Verluste, von Entschädigungs- und Unterstützungsgeldern sowie öffentlicher Rehabilitierung, sei es in Form öffentlicher Würdigung und öffentlichen Gedenkens –, entzündete sich eine heute befremdende und kaum noch nachvollziehbare Debatte über Unterschiede zwischen den Opfern, die für den Grad der legitimerweise von ihnen zu fordernden und ihnen entgegengebrachten Anerkennung relevant sein sollten. Dies galt vor allem für den Unterschied zwischen denjenigen, die aus politischen Gründen verfolgt und in die Vernichtungslager eingesperrt wurden, und denjenigen, die aus sogenannten „rassischen" Gründen das gleiche Unrecht und die gleichen Qualen zu erleiden hatten (vgl. Chaumont 2001 [1997]: Kap. 1). Für die politisch Verfolgten gründete sich der Anspruch auf Anerkennung vor allem auf ihren Kampf gegen die nationalsozialistische Diktatur und, in den davon betroffenen Ländern, gegen die militärische Besatzung durch die Deutschen. Aktiv diesen Feind bekämpft, Widerstand gegen seine barbarische Politik geleistet zu haben, war die Grundlage der geforderten und daraufhin auch gewährten Anerkennung. Dass sie in den Lagern in gleicher Weise unmenschlich und entwürdigend behandelt wurden wie die „rassisch" Verfolgten, war demgegenüber sekundär. Ihr Opferstatus resultierte aus einer Heldengeschichte; das Opfer, das sie und mehr noch die in der Vernichtungsmaschinerie Ermordeten gebracht hatten, war eines für den überindividuellen, anerkennungswürdigen Zweck des politischen Widerstands gegen ein manifestes Unrechtsregime. Dagegen erschienen diejenigen Frauen, Männer und Kinder, die allein wegen ihrer sogenannten Rasse in die Vernichtungslager gesperrt wurden, als passive Opfer, deren Leiden und Tod zwar beklagenswert, aber sinnlos war. Sie konnten nichts für das an ihnen verübte Unrecht und für die erlittenen Qualen. Ihr Schicksal resultierte nicht aus einer heroischen Geschichte des politischen Widerstands und Kampfes, sondern sie kamen in die Lager, so mochte es von außen und rückblickend betrachtet erscheinen, „wie die Lämmer zur Schlachtbank". Gerade die Passivität, das kampflose Ausgeliefertsein, erschien als ein Makel, der den Opfern nicht nur in den Augen der anderen, heroischen Opfer (und der übrigen Öffentlichkeit) anhaftete; vielmehr sahen sich viele von ihnen auch selbst so. Er mochte gar den unsäglichen Verdacht nähren, insgeheim doch selbst schuld zu sein, weil man sich nicht gegen die Schergen gewehrt, sondern ihnen und ihren Lügen vielleicht gar noch vertraut hatte. Dieses Stigma führte in den damaligen Öffentlichkeiten zu einer bestenfalls verminderten und halbherzig gewährten Anerkennung und den Opfern selbst raubte es für eine lange Zeit die Stimme, weil sie sich schämten und schwiegen. „Man sieht, wie schwierig es war, eine Forderung auf bloßer Passivität zu begründen: Nichts getan zu haben außer zu leiden, kann Entschädigungen seitens der Schuldigen, aber keine Anerkennung durch Dritte rechtfertigen." (Ebd., S. 64)

Diese Differenzierung zwischen dem *aktiven, heroischen* und dem *passiven, sinnlosen* Opfer führt auf eine gebräuchliche Unterscheidung zwischen zwei Begriffen des Opfers zurück, für die es in anderen Sprachen auch zwei verschiedene Ausdrücke gibt, so zum Beispiel im Englischen „sacrifice" und „victim" (Hassemer und Reemtsma 2002, S. 33). Der erstgenannte Begriff umfasst das Opfer, das man für etwas anderes erbringt, während der zweite das unschuldige, passive Opfer von Unrecht und Gewalt meint. Das heroische Opfer hat als historisches Vorbild den Märtyrer: ein Mensch, der für eine als gerecht und heilig empfundene Sache stirbt und mit seinem Tod diese Sache und seinen Glauben (etwa an einen Gott) bezeugt. Damit ragt das heroische Opfer über diejenigen hinaus, die im Streben nach bloß eigenen Vorteilen scheitern. Das heroische Opfer leidet um eines Dritten oder einer allgemeinen Sache und nicht um egozentrischer Ziele willen. Auch das heroische Opfer ist zumeist ein Opfer von Gewalt *(victim)*, die der Täter oder ein Kollektiv von Tätern gegen es ausübt. Aber dieser Opferstatus ist nur funktional für das Opfer, das man bringt *(sacrifice);* dem korrespondiert, dass der Täter oft lediglich das Werkzeug eines Schicksals oder einer göttlichen Vorbestimmung ist, die dem Märtyrer die Gelegenheit verschafft, sich zu opfern. Das heroische Opfer hat sich darüber hinaus durch seinen eigenen Entschluss, freiwillig, selbst zum Opfer gemacht, es hatte die Wahl angesichts der Alternative, den Akt der Selbstaufopferung zu unterlassen. Schließlich hat das heroische Opfer um der heiligen Sache willen gegen einen übermächtigen Gegner gekämpft – sei es spirituell, sei es körperlich. Dabei ist das Ergebnis dieses Kampfes – dass das spätere Opfer ihn verloren hat, dass es in ein Lager eingesperrt, gefoltert oder gerötet wurde – weniger wichtig als der Kampf selbst.

Das unschuldige, passive Opfer *(victim)* wird dagegen ohne eigenes Zutun von einem anderen zum Opfer gemacht. Es hat nichts getan, was dem Gegner einen Grund für seine Gewalttat gegeben haben könnte, es hat sich nicht freiwillig in die tödliche Gefahr begeben und hat nicht aus eigenem Entschluss den Kampf gesucht, in dem es zum Opfer geworden ist. Die Übermacht der Täter, die sich zuletzt in einem Akt der unmittelbaren Gewalt manifestiert, trifft das Opfer in der Regel unvorbereitet und überraschend. Wenn es im letzten Augenblick überhaupt noch defensiv reagieren kann, so nur zum meist vergeblichen Schutz des eigenen Lebens und seiner Angehörigen. Daher kann es diesen Opfern gleichsam a priori nicht um eine Sache von allgemeinem Interesse oder universaler Bedeutung gehen. Im Gegenteil: Ihr Leiden bezeugt nichts, sagt nichts, ist bedeutungslos – weil es nichts als der individuelle Schmerz über den unmittelbar bevorstehenden, sinnlosen Verlust des eigenen Lebens oder den Verlust eines Angehörigen ist. Insofern sind die sogenannten „rassischen" Opfer des Holocaust der Inbegriff des passiven und sinnlosen Opfers – bei ihnen reichten die bloß zugeschriebenen Merkmale der Zugehörigkeit zu einer bestimmten Ethnie oder Religion aus, um von den Vernichtungsaktionen getroffen zu werden.

Es erscheint intuitiv plausibel, dem heroischen Opfer mehr Anerkennung und Bewunderung entgegenzubringen als dem passiven Opfer. Das heroische Opfer verdient Achtung, weil es durch seine autonome Entscheidung Autor seines eigenen Schicksals ist und überdies nicht allein sein eigenes Glück und Wohlergehen verfolgt hat, sondern sich für andere, für eine allgemeine Sache einsetzt. Es verdient Wertschätzung, weil es eine Leistung erbringt, die vor allem darin besteht, einen übermächtigen – und in der Regel auch verbrecherischen – Gegner bekämpft oder diesem Widerstand geleistet zu haben, obwohl das Risiko hoch war, in diesem Kampf das eigene Leben zu verlieren. Das heroische Opfer hat in dieser Hinsicht etwas Übermenschliches und seine Tat etwas Supererogatorisches. Schließlich verdient es affektive Zuwendung, öffentliche Emotionen, zumindest von denen, die die allgemeine Sache teilen, für die der Held sich geopfert hat. Demgegenüber wird dem passiven, sinnlosen Opfer weniger Achtung als Mitleid entgegengebracht oder sein Tod wird betrauert. Darin ähnelt es mehr den Opfern von Unfällen, Naturkatastrophen oder Krankheiten. Es scheint an seinem Schicksal nichts zu geben, was Anerkennung verdiente, ja, es ist gerade nicht Autor seines Schicksals, sondern dieses trifft es ohne sein Zutun. Im Gegenteil – wie bei unvorhergesehenen Schadensereignissen besteht ein typisches Reaktionsmuster in der Suche nach Erklärungen, wie es dazu kommen konnte, und der latent vorwurfsvollen Nachfrage, ob man es nicht hätte vermeiden können. Beim Beobachter wie beim betroffenen Opfer selbst drängen sich dann oftmals die fatalen Zuschreibungen auf, mit denen das Opfer sich selbst verantwortlich macht und/oder von Dritten verantwortlich gemacht wird.[27] Das Mitleid paart sich schnell mit Misstrauen und Missachtung – wenn gefragt wird, warum man nicht rechtzeitig etwas gegen die Gefahr unternommen, warum man sich nicht heftiger gewehrt habe oder warum man sich vom Täter irreführen ließ, und wenn die Antwort, man habe all dies unter den besonderen Umständen der Situation nicht tun können, für eine Ausrede oder eine Strategie der Selbstentlastung gehalten wird.

Im historischen Verlauf der Debatte über Unterschiede in der Anerkennungswürdigkeit von Opfern der Naziverbrechen kam es erst am Ende der 1960er Jahre zu einer Umwertung des *victim,* des passiven Opfers.[28] Das ursprüngliche Stigma, ohne eigenes Zutun, unschuldig und passiv von den Nazis in den Tod getrieben worden zu sein, wurde nun zu dem Merkmal, das einen besonders ausgezeichneten Opferstatus begründete, der mindestens die gleiche Anerkennung, Achtung und Zuwendung forderte wie beim heroischen Opfer. Auch wenn diese Umwertung teilweise in das entgegengesetzte Extrem führte und manche – am wenigsten die Opfer selbst – dem passiven Opfer eine fast sakrale Aura zuschrieben, die in einigen Fällen zu irrationalen Identifikationen in Gestalt von „gefühlten Opfern" führte (vgl. dazu Jureit und Schneider 2010).

Freilich war dieser Diskurs der Umwertung des passiven Opfers noch an ein konkretes historisches Ereignis unvorstellbaren Ausmaßes, an das Menschheitsverbrechen des Holocaust, gebunden. Reemtsma vermutet jedoch, dass bereits mit dieser Umwertung der kulturelle Hintergrund für eine Übertragung der Anerkennungswürdigkeit vom Opfer des Holocaust auf das Verbrechensopfer schlechthin geschaffen worden sei: „Die Umwertung der sozialen Rolle des Opfers, wie wir sie in den letzten Jahrzehnten in unserer Kultur erleben, lässt sich als Reaktionsbildung auf die Zivilisationskatastrophe des Holocaust, also den zu großen Teilen erfolgreichen deutschen Versuch, die Juden Europas

---

[27] In der Sozialpsychologie wird die Neigung des Beobachters, das Opfer für sein Schicksal allein verantwortlich zu machen, unter anderem darauf zurückgeführt, dass jener die latente Bedrohung, künftig selbst in eine ähnliche Gefahrensituation zu geraten, mit der Vorstellung abwehrt, dass er sie durch eigenes – und vor allem klügeres – Handeln vermeiden oder bewältigen könnte. Umgekehrt kann für den Betroffenen die Fremd- und Selbst-Zuschreibung von Verantwortung für das eigene Opferschicksal vor allem dann, wenn die Gefahr tatsächlich nicht durch eigenes Handeln hätte überwunden werden können, auf Dauer zur „erlernten Hilflosigkeit" gegenüber Risiken führen, die im Sinne einer sich selbst erfüllenden Prophezeiung die Wahrscheinlichkeit, erneut Opfer zu werden, signifikant erhöht. Siehe dazu zusammenfassend Günther (2005a, S. 122 ff.).

[28] Zu den Ereignissen siehe Chaumont (2001 [1997], S. 94 ff.).

umzubringen, verstehen. [...] So beschaffen ist der kulturelle Hintergrund, vor dem sich auch die Einstellung zum individuellen Opfer des „ganz normalen", das heißt alltäglichen, nicht politisch oder rassistisch motivierten Verbrechens geändert hat. [...] Ohne die Akzeptanz, mehr noch: die moralische Achtung, die den Berichten der Überlebenden der Shoah entgegengebracht worden ist, wäre die Bereitschaft, den Berichten vergewaltigter Frauen zuzuhören, nicht so groß gewesen, wie sie irgendwann geworden ist, und auch die Bereitschaft, Zeugnis von anderen Situationen der Unterwerfung, Entwürdigung und erzwungener Passivität abzulegen, wäre kaum so groß gewesen." (Hassemer und Reemtsma 2002, S. 41 f., 44 f.) Freilich lässt diese Erklärung offen, wie es möglich war, dass das exzeptionelle Ereignis der Shoah und die spezifische Erfahrung, Opfer dieses alle Dimensionen überschreitenden Verbrechens zu sein, so leichthin auf das alltägliche, „normale" Verbrechen übertragen werden konnten. Die Singularität jener Opfererfahrung hätte ja auch als eine Art Sperre gegen ihre Übertragung auf andere Opfererfahrungen wirken können. [...]

Die paradoxe Signatur der Entwicklung moderner kapitalistischer Gesellschaften
[...] Individualisierung und Subjektivierung gehen Hand in Hand; mit der individuellen Freiheit wächst gleichzeitig die individuelle Verantwortung für die lebensgeschichtlichen Folgen eigener Entscheidungen und Handlungen. Mit der Befreiung von einer fremdbestimmten ethischen Identität lässt sich die Verantwortung für das Gelingen oder Misslingen des eigenen Lebens nicht mehr auf Dritte oder Drittes schieben, auf das Milieu, die Umstände, die Eltern, die Peergroup, die Schule, die gesellschaftlichen Strukturen der Ungleichheit etc. In einer Kultur der Eigenverantwortung, mit der die persönlichkeitsspezifischen Anforderungen postfordistischer Produktionsweisen propagiert und internalisiert werden, wird die je eigene Lebensführung und die daraus resultierende Lebensgeschichte zum zentralen Thema und Medium jedes Einzelnen: Man hat nur dieses eine Leben, und wie man dieses eine Leben führt, entscheidet über Glück, Erfolg und Anerkennung.

Damit werden sowohl das Selbst als auch die als mehr oder weniger gelungen bewertete Selbstverwirklichung in einer je eigenen Lebensgeschichte in höherem Maße relevant für die Anerkennung durch andere. Die je eigene Biografie wird unmittelbar zu einer *Leistung,* die Anerkennung fordert und findet, weil sie von der kontinuierlichen und erfolgreichen ethisch-existentiellen Arbeit eines Selbst an seiner authentischen Verwirklichung kündet. An die Stelle von verallgemeinerten, kollektiv geteilten Maßstäben für die Wertschätzung von Leistungen tritt die *exemplarische Biografie,* die öffentlich als Vorbild und Modell für die Bewertung von Personen präsentiert und im Erfolgsfalle auch so verwendet wird (zum Beispiel in Rankings aller Art). Diese Modelle können mehr oder weniger bereichsspezifisch sein – der aus der Unterschicht aufgestiegene CEO eines den Weltmarkt anführenden Konzerns, die global agierende Rechtsanwältin mit vielen (erfolgreichen) Kindern, der einer diskriminierten oder marginalisierten Minderheit angehörende Schriftsteller, der mit Preisen überhäuft wird. Allen Modellen gemeinsam ist der exemplarische Gehalt einer eigenverantwortlichen Lebensführung, der in der narrativen Struktur einer Lebensgeschichte vermittelt wird. Öffentlich erzählt und präsentiert wird sie mit dem zumeist impliziten Anspruch, Aufmerksamkeit zu finden, zur emotionalen Identifikation einzuladen, nachgeeifert zu werden und – vor allem – Wertschätzung zu erhalten. Dies kann bis zur Zuschreibung solcher Eigenschaften gehen, die aus der Person eine sich über die Durchschnittsbiografien erhebende, außeralltägliche und charismatische Erscheinung werden lassen.

Nicht gesellschaftliche Strukturen und Verhältnisse werden öffentlich thematisiert, sondern Personen und ihre Biografien (Crouch 2008 [2003], S. 51). Dies gilt vornehmlich auch für eine politische Sphäre, in der Sachfragen in Personalfragen transformiert werden. Die sozioökonomischen Bedingungen einer gelingenden Lebensführung kommen dabei nur soweit in den Blick, wie sie sich als Herausforderungen und Hürden darstellen lassen, die man individuell überwinden kann, wenn man nur genug ethisch-existentielle Arbeit an sich selbst verrichtet, also genügend Aktivität, Flexibilität, Disziplin, Motivation, Ausdauer mobilisiert sowie über Selbst-Organisationsfähigkeit verfügt. Das politische und das ökonomische System operieren mit zumeist finanziellen Anreizen, um Strukturveränderungen durch eigenverantwortliche Anpassungsleistungen der Betroffenen zu bewirken. Dass sich die entsprechenden Anstrengungen lohnen, wird wiederum exemplarisch an Modellbiografien öffentlich vorgeführt. Damit legt sich jedoch ein dunkler Schatten auf alle Durchschnittsbiografien. Diese werden zumeist unter mehr oder weniger prekären Bedingungen gelebt, in denen die mit Deregulierung, erhöhter Flexibilität und Mobilität sowie der Kultur der Eigenverantwortung verbundenen Freiheitsgewinne ihre Kehrseite zeigen. [...]

Diese Unsicherheiten können einen Grad. erreichen, der sich negativ auf die Herausbildung und Bewahrung eines intakten Selbstvertrauens und eines zureichenden Selbstwertgefühls sowie zuletzt auch auf die Selbstachtung auswirkt. In dem Maße, wie sich die Wertschätzung von der einzelnen Leistung auf das Selbst und seine Biografie verlagert, reagiert der Einzelne auf die gesteigerte Unsicherheit dann entweder mit Rückzug und Scham, mit den pathologischen Formen des *erschöpften Selbst* (vgl. Ehrenberg 2008 [1998]), oder er tritt die

Flucht in die Öffentlichkeit an, um seine Biografie so zu erzählen, dass sie als eine Serie von Katastrophen, von destruktiven Einflüssen Dritter, von unüberwindlichen Hindernissen erscheint. [...]

Insgesamt erhöht sich die individuelle Verletzlichkeit, und zwar auch und gerade durch solche Handlungen und Ereignisse, die nicht nur den Körper, sondern (auch) die Seele erfassen und damit jene Ressourcen, die für eine eigenverantwortliche Lebensführung und ein gelingendes Leben zentral ist: den Motivationshaushalt, aus denen das Selbst seine Produktivität für die Reproduktion seiner selbst, für seine Lebensvollzüge, seine Lebensführung sowie seine Leistungsfähigkeit und -bereitschaft schöpft. *Vulnerabilität* – die Anfälligkeit dafür, Opfer zu werden – ist die komplementäre Eigenschaft, die mit jedem höheren Grad an Individualisierung und Subjektivierung ebenfalls zunimmt (vgl. Brown 1995). Das gilt schon für die Gefährdungen, denen jeder einzelne sich mit einer flexiblen und hochgradig mobilen Lebensweise in öffentlichen Räumen ausgesetzt sieht, mit einer Vielzahl kurzer, anonymer Begegnungen mit fremden. Vulnerabilität dehnt sich zeitlich auf die Biografie aus, die durch familiäre, soziale und vor allem ökonomische Risikofaktoren stets gefährdet ist und gemessen am Modell der Erfolgsbiografie unversehens scheitern kann. Bereits hier zeigt sich, dass die Verletzung durch ein Verbrechen zu einem unkompensierbaren Einbruch der psychischen Stabilität führen kann. Entsprechend hoch ist das Verlangen nach Sicherheit: „Jeder Einzelne ist immer stärker dazu verpflichtet, die ökonomische Attitüde des selbstverantwortlichen, konkurrierenden Unternehmens anzunehmen. Die entsprechende psychische Haltung ist die der unter Spannung stehenden, rastlosen Individuen, die einander mit großem Misstrauen betrachten. Das Streben nach Freiheit – moralischer, marktwirtschaftlicher, individueller Freiheit – bringt das Risiko der Unsicherheit mit sich sowie die Versuchung, darauf repressiv zu reagieren." (Garland 2008 [2001], S. 286) So wird inzwischen ein eigenständiges Recht auf Sicherheit neben den Grund- und Menschenrechten sowie der damit verbundenen staatlichen Schutzgarantie behauptet (vgl. Robbers 1987; Holz 2007, S. 92 ff.), und es überrascht nicht, wenn heute der öffentliche Strafanspruch auf das durch Kriminalität verursachte Unsicherheitsgefühl der Bevölkerung gegründet wird (vgl. Holz 2007, S. 125 ff.). Wo dies nicht ausreicht, bilden sich private Initiativen zum Schutz vor vermeintlich oder tatsächlich gefährlichen Individuen (vgl. Gelinski 2007).

Gleichzeitig mit der Aufwertung der individuellen Lebensgeschichte und der Sorge um die je eigene Identität und Lebensführung verändern sich auch *Politik* und *Öffentlichkeit*, die wiederum auf jenen Prozess verstärkend zurückwirken, in dem die Politik der Lebensführung („life-politics") selbst zum zentralen Thema wird. Mit diesem Terminus hat Anthony Giddens die zunehmende politische Akzentuierung von Fragen der personalen Identität, der Biografie, der psychischen und leiblichen Existenz charakterisiert (vgl. Giddens 1991, S. 209 ff., 1997 [1994], S. 132 ff., 272 ff.). Auf die Widersprüchlichkeit von Freiheitsgewinn und zunehmender individueller Unsicherheit reagiert die Politik, indem sie nicht nur diejenigen Themen, die für die Betroffenen ethisch-existentiell relevant sind (vom Umweltschutz über die Verbrauchersicherheit und die Folgen der Globalisierung bis zur Gentechnik) in ihre Agenda aufnimmt, sondern auch Rahmenbedingungen und Ressourcen bereitstellt, die eine eigenverantwortliche experimentelle Lebensführung ohne ein wachsendes Gefühl der Unsicherheit ermöglichen sollen. Dazu zählen nicht nur die vielen Maßnahmen der Privatisierung und Deregulierung, sondern auch solche, die das aus der erhöhten individuellen Verletzlichkeit resultierende Sicherheitsverlangen großer Teile der Bevölkerung zumindest symbolisch befriedigen sollen. [...]

Empathie mit individuellen Schicksalen und Einzelfällen tritt an die Stelle von Gerechtigkeitsforderungen oder zumindest in Konkurrenz zu den universalen Geltungsansprüchen von Normen der Gerechtigkeit.[32] Gefördert und beschleunigt werden diese Chancen und Risiken durch moderne Kommunikationsmedien, vor allem das globale digitale Netz. Es steigert zwar die Partizipationschancen der vielen Einzelnen, zugleich damit aber auch das Risiko, dass eher „Meinungen als Gedanken, eher Stimmungen als Gefühle" transportiert werden.[33] Und jeder Einzelne muss jetzt noch mehr um Aufmerksamkeit kämpfen – was wiederum am besten gelingt durch die Präsentation individueller Geschichten und Einzelfälle mit hohem Aufmerksamkeitswert und emotionalem Identifikationspotential. Damit droht schließlich der genuin politische Bezug auf die öffentlichen Angelegenheiten der Allgemeinheit und die Institutionen des Gemeinwesens sich in eine Vielheit dualer Beziehungen aufzulösen, weil „Individuen sich miteinander identifizieren, nicht mit dem Gemeinwesen" (ebd.). Die triadische Struktur sozialer Beziehungen zwischen Personen und einer öffentlichen Autorität erleidet eine soziale Regression, wenn sie sich in die duale Struktur von emotional sich miteinander identifizierenden Personen auf der einen Seite

---

[32] „In der individualistischen Kultur des Konsumkapitalismus setzt das Recht immer häufiger auf Identifikationen individueller Art. Gerechtigkeit wird wie die anderen öffentlichen Güter der Post-Wohlfahrtsgesellschaft zunehmend in der Währung der Konsumgesellschaft gehandelt und dem individuellen Bedarf angepasst." (Garland 2008 [2001], S. 355)

[33] David Gelernter, zit. in: Jauer (2012).

und emotionaler Abwehr gegen Fremde und Feinde zurückentwickelt (vgl.
Luhmann 1981, S. 101). Das politische Risiko ist vor allem deswegen so groß,
weil sich auf der Stufe emotionaler Identifikation relativ leicht Gewinne im
politischen Machtkampf verbuchen lassen, und zwar gerade im Rahmen einer
„life-politics": Individuelle Schicksale, Lebensgeschichten, aufsehenerregende
Einzelfälle, Skandale eignen sich vorzüglich für emotionale Identifikationen
und spontane Empörungen, an denen sich kurzfristig große Aufmerksamkeit für
politische Auseinandersetzungen über vermeintlich dringend zu befriedigende
Regelungsbedürfnisse generieren lässt. Die intuitive Evidenz der individuellen
Geschichten unterdrückte auch Widerspruch und Dissens, sie evoziert eine
emotionale Einigkeit der Zuschauer und Zuhörer durch ihre Identifikation, der
man sich nur entziehen kann, wenn man den Vorwurf der Kälte, der Gleichgültigkeit oder Hartherzigkeit in Kauf nimmt (vgl. Rancière 2008 [2004], S. 133). Die
Kriminalpolitik ist ein klassisches Beispiel: Gewalttaten Jugendlicher werden
zu einem dominierenden Wahlkampfthema; in den USA ist die Stellung zur
Todesstrafe eine regelmäßige Probe auf die Tauglichkeit eines Präsidentschafts-
kandidaten. Sicherheit wird nicht als eine objektive Größe thematisiert, sondern
als subjektives Sicherheits*gefühl* (vgl. Holz 2007, S. 125 f.). Und hier spielen die
mit der Präsentation des Opfers ausgelösten Emotionen, die Beeinträchtigung
des subjektiven Sicherheitsgefühls potentieller Opfer durch exemplarische
Präsentation von aktuellen Opfern eine entscheidende Rolle. „In einer Welt,
in der moralische Empfindungen so wie alles andere auch immer stärker
privatisiert werden, geht kollektive moralische Empörung viel leichter von einer
individualisierten als von einer öffentlichen Basis aus." (Garland 2008 [2001],
S. 355)[34]

[…]

Fazit: Opfer und Menschenrechte
Der bis jetzt zurückgelegte lange Weg über die spezifische Signatur post-
heroischer, individualisierter moderner Gesellschaften im Zeitalter eines postfordistischen Kapitalismus mit hohen Subjektivierungsanforderungen hat gezeigt,
dass im aktuellen Opferdiskurs die pathologischen Nebeneffekte einer Kultur
der Eigenverantwortung mit exemplarischen Erfolgsbiografien, die sich in der
Figur des traumatisierten, reinen Opfers manifestieren, eine pathologische, als

---

[34] Diese Diagnose stimmt insofern mit der von Colin Crouch (2008 [2003]) überein, als die
Personalisierung und Emotionalisierung ein Kennzeichen der Postdemokratie ist.

wound culture sich reproduzierende Öffentlichkeit und eine postdemokratische Politik der Aufmerksamkeit für das Partikulare, die auf einem vordiskursiven und -deliberativen Niveau stecken bleibt, wechselseitig bedingen und verstärken. Ein Strukturwandel der Anerkennung zeigt sich darin insofern, als in diesen Gesellschaften die Formen und Institutionen affektiver Zuwendung, die traditionell der Familie und den Liebesbeziehungen vorbehalten war, und die Formen und Institutionen gesellschaftlicher Wertschätzung für Leistungen, die traditionell dem Markt vorbehalten war, zunehmend ergänzt oder ersetzt werden durch die Präsentation exemplarischer Biografien – und zwar in komplementärer Weise von Erfolgs- ebenso wie von Opfergeschichten. Gilt der Erfolg als Ausweis einer eigenverantwortlichen Lebensführung, so die Traumatisierung als Ausweis eines reinen Opfers, das legitim gescheitert ist. [...]

Neben der Achtung fordert das Opfer vor allem Empathie für sich und seinen singulären Fall – sich in die Erfahrung seiner physischen und psychischen Verletzungen hineinzuversetzen sowie seiner Erzählung zuzuhören und Glauben zu schenken. Dies könnte ein Schritt zu einem neuen Rechtsverständnis sein, das durch ein höheres Maß an Individualisierung, Personalisierung und Subjektivierung gekennzeichnet ist. Offen bleibt dabei, wie dies mit dem Allgemeinheits- und Gleichheitsanspruch des Rechts zu vereinbaren ist, vor allem dann, wenn die Menschenrechte zunehmend horizontal unter den Menschen und weniger vertikal gegen Staaten mobilisiert werden (vgl. Günther 2009).

Literatur

Albrecht, Peter-Alexis 2010: Der Weg in die Sicherheitsgesellschaft. Auf der Suche nach staatskritischen Absolutheitsregeln. Berlin: Berliner Wissenschafts-Verlag.

Baurmann, Michael 1987: Zweckrationalität und Strafrecht. Argumente für ein tatbezogenes Maßnahmerecht. Opladen: Westdeutscher Verlag.

Brittnacher, Hans Richard 2004: Die Engel der Morgue. Über den Trend zur Forensik im amerikanischen Kriminalroman, in: Bruno Franceschini und Carsten Würmann (Hg.): Verbrechen als Passion. Neue Untersuchungen zum Kriminalgenre. Berlin: Weidler, 101–118.

Brown, Wendy 1995: States of Injury. Power and Freedom in Late Modernity. Princeton, NJ: Princeton University Press.

Brownmiller, Susan 1978 [1976]: Gegen unseren Willen. Vergewaltigung und Männerherrschaft. Frankfurt a. M.: Fischer.

Brunner, Jose 2004: Politik der Traumatisierung. Zur Geschichte des verletzbaren Individuums, in: WestEnd. Neue Zeitschrift für Sozialforschung 1.1, 7–24.

Brunner, Jose (i. E.): Die Politik des Traumas. Gewalt, Gesellschaft und psychisches Leiden. Berlin: Suhrkamp.

Chaumont, Jean-Michel 2001 [1997]: Die Konkurrenz der Opfer. Genozid, Identität und Anerkennung. Lüneburg: zu Klampen.

Crouch, Colin 2008 [2003]: Postdemokratie. Frankfurt a. M.: Suhrkamp.

Ehrenberg, Alain 2008 [1998]: Das erschöpfte Selbst. Depression und Gesellschaft in der Gegenwart. Frankfurt a. M.: Suhrkamp.

Foucault, Michel 2004 [1975]: Überwachen und Strafen. Die Geburt des Gefängnisses. Frankfurt a. M.: Suhrkamp.

Garland, David 2008 [2001]: Kultur der Kontrolle. Verbrechensbekämpfung und soziale Ordnung in der Gegenwart. Frankfurt a. M. und New York: Campus.

Gelinski, Katja 2007: Hier wohnt ein Kinderschänder, in: Frankfurter Allgemeine Sonntagszeitung, 11. Februar, 53.

Giddens, Anthony 1991: Modernity and Self-Identity. Self and Society in the Late Modern Age. Stanford, CA: Stanford University Press.

Giddens, Anthony 1997 [1994]: Jenseits von Links und Rechts. Die Zukunft radikaler Demokratie. Frankfurt a. M.: Suhrkamp.

Günther, Klaus 1998: Die Zuschreibung strafrechtlicher Verantwortung auf der Grundlage des Verstehens, in: Klaus Lüderssen (Hg.): Aufgeklärte Kriminalpolitik oder Kampf gegen das Böse? Band I: Legitimationen. Baden-Baden: Nomos, 319–349.

Günther, Klaus 2002: Die symbolisch-expressive Bedeutung der Strafe. Eine neue Straftheorie jenseits von Vergeltung und Prävention?, in: Cornelius Prittwitz et al. (Hg.): Festschrift für Klaus Lüderssen zum 70. Geburtstag. Baden-Baden: Nomos, 205–220.

Günther, Klaus 2004: Kritik der Strafe I, in: WestEnd. Neue Zeitschrift für Sozialforschung 1. 1, 117–129.

Günther, Klaus 2005a: Schuld und kommunikative Freiheit. Studien zur personalen Zurechnung strafbaren Unrechts im demokratischen Rechtsstaat. Frankfurt a. M.: Vittorio Klostermann.

Günther, Klaus 2005b: Kritik der Strafe II, in: WestEnd. Neue Zeitschrift für Sozialforschung 2. 1, 131–141.

Günther, Klaus 2009: Menschenrechte zwischen Staaten und Dritten, in: Nicole Deitelhoff und Jens Steffek (Hg.): Was bleibt vom Staat? Demokratie, Recht und Verfassung im globalen Zeitalter. Frankfurt a. M. und New York: Campus, 259–280.

Halley, Janet 2006: Split Decisions. How and Why to Take a Break from Feminism. Princeton, NJ: Princeton University Press.

Hassemer, Winfried und Jan Philipp Reemtsma 2002: Verbrechensopfer. Gesetz und Gerechtigkeit. München: C. H. Beck.

Haldemann, Frank 2009: Vergangenheitsschuld und das Andere der Gerechtigkeit, in: WestEnd. Neue Zeitschrift für Sozialforschung 6. 1, 58–100.

Hassemer, Winfried 1990 [1981]: Einführung in die Grundlagen des Strafrechts. München: C. H. Beck.

Holz, Wilfried 2007: Justizgewähranspruch des Verbrechensopfers. Berlin: Duncker & Humblot.

Hörnle, Tatjana 2006: Die Rolle des Opfers in der Straftheorie und im materiellen Strafrecht, in: Juristenzeitung 61. 19, 950–958.

Hörnle, Tatjana 2011: Straftheorien. Tübingen: Mohr Siebeck.

Jauer, Marcus 2012: Wörter sind Wegwerfartikel unserer Zeit: Frankfurter Allgemeine Zeitung, 27. Februar, 25.

Jureit, Ulrike und Christian Schneider 2010: Gefühlte Opfer. Illusionen der Vergangenheitsbewältigung. Stuttgart: Klett-Cotta.

Kinzig, Jörg 2010 [2008]: Die Legalbewährung gefährlicher Rückfalltäter. Zugleich ein Beitrag zur Entwicklung des Rechts der Sicherungsverwahrung. Berlin: Duncker & Humblot.

Lüderssen, Klaus (Hg.) 2002: Die Durchsetzung des öffentlichen Strafanspruchs. Systematisierung der Fragestellung. Köln und Weimar: Böhlau.

Luhmann, Niklas 1981: Ausdifferenzierung des Rechts. Beiträge zur Rechtssoziologie und Rechtstheorie. Frankfurt a.m.: Suhrkamp.

MacKinnon, Catherine A. 1989: Toward a Feminist Theory of the State. Cambridge, MA: Harvard University Press.

Rancière, Jacques 2008 [2004]: Das Unbehagen in der Ästhetik. Wien: Passagen.

Robbers, Gerhard 1987: Sicherheit als Menschenrecht. Aspekte der Geschichte. Begründung und Wirkung einer Grundrechtsfunktion. Baden-Baden: Nomos.

Rössner, Dieter 1990 [1989]: Wiedergutmachen statt Übelvergelten. (Straf-)Theoretische Begründung und Eingrenzung der kriminalpolitischen Idee, in: Erich Marks und Dieter Rössner (Hg.): Täter-Opfer-Ausgleich. Vom zwischenmenschlichen Weg zur Wiederherstellung des Rechtsfriedens. Bonn: Forum-Verlag Godesberg, 7–41.

Russell, Diana H. E. 1975: The Politics of Rape. The Victim's Perspective. New York, NY: Stein and Day.

Seelmann, Kurt 1989: Paradoxien der Opferorientierung im Strafrecht, in: Juristenzeitung 44. 14, 670–675.

Statistisches Bundesamt 2011: Rechtspflege. Strafvollzug – Demographische und kriminologische Merkmale der Strafgefangenen zum Stichtag 31.3. Fachserie 10, Reihe 4.1. Wiesbaden: Statistisches Bundesamt.

Weigend, Thomas 2010: „Die Strafe für das Opfer?" – Zur Renaissance des Genugtuungsgedankens im Straf- und Strafverfahrensrecht, in: Rechtswissenschaft 1.1, 39–47.

Wilson, James Q. 1997: Moral Judgments. Does the Excuse Abuse Threaten Our Legal System? New York: Basic Books.

Kriminalpolitik mit dem Opfer (2002)

Winfried Hassemer und Jan Philipp Reemtsma

Kriminalpolitik mit dem Opfer, in: Dies., Verbrechensopfer. Gesetz und Gerechtigkeit, 2002, S. 56–65 (gekürzt).

[…]

II. Aktualität der Opferorientierung
Innerhalb weniger Jahre haben sich die Orientierungen revolutionär verändert. Der Beschuldigte und der Täter sind nicht nur in den Hintergrund des Interesses getreten. Sie haben dem Opfer nicht nur Platz gemacht; sie sind auch in ein schiefes Licht geraten. Es ist hier wie so oft im moralbestimmten Strafrecht: Grundlegende Veränderungen vollziehen sich in kurzer Zeit, und sie reichen tief in die Grundüberzeugungen der Menschen hinein, werden von ihnen gesteuert.

Trat der Täter bislang insbesondere als Träger verletzbarer Grundrechte auf, so trägt er nun das Kleid des Bedrohers und Verletzers. Konnte der Täter zuzeiten, da das Verbrechensopfer in seiner randständigen Position stumm geblieben war, als das Opfer staatlicher Strafmacht auftreten, so verändert sich sein Standort sofort, sobald das Verbrechensopfer auf den Plan tritt: Es ist ja Verbrechensopfer nur deshalb, weil es einen Täter gibt, der es zuvor verletzt hat, und der Täter changiert vom Opfer staatlicher Repression zum Verletzer des Opfers. So

W. Hassemer†
Bundesverfassungsgericht, Karlsruhe, Deutschland

J. P. Reemtsma
Hamburger Institut für Sozialforschung, Hamburg, Deutschland

gesehen, muß man erwarten, daß eine Opferorientierung immer zugleich und notwendig eine Verschärfung des Täterbilds mit sich führt, daß sie die allgemeine
Bereitschaft reduziert, (auch) in dem Täter ein Opfer (strafender Staatsgewalt) zu
sehen. Dies kann langfristig nicht ohne Folgen bleiben für die Verbreitung und
Fundierung des Bedürfnisses, gerade den Täter mit schützenden Garantien auszustatten, und diese Folgen können wir heute beobachten.

Solche Veränderungen in den Bildern und in den Rollen von Täter und Opfer
lassen sich markieren und belegen – von der normativen gesellschaftlichen Verständigung über die Kriminalpolitik bis hin zum materiellen und formellen Strafrecht.

[...]

2. Grundrecht auf Sicherheit

Ein „Grundrecht auf Sicherheit", wie es 1983 von Isensee auf den verfassungsrechtlichen Begriff und in ein grundrechtliches Konzept gebracht worden ist,[53] ist
ein Wegweiser in die Opferorientierung – sowohl in ihre theoretische Begründung
als auch in ihre praktische Verwirklichung. Die Konzeption eines solchen
Grundrechts ist zugleich ein Beleg für die Veränderung, die sich sowohl in der
Bedeutung der Grundrechte als auch in der Rolle des Staates und damit zwangsläufig des Staatsbürgers abzeichnen. In diesen Veränderungen und für sie spielt
das Opfer eine bedeutsame Rolle.

Jedenfalls auf dem Feld des Eingriffsrechts war es die klassische Aufgabe
der Grundrechte,[54] die Grenzen der bürgerlichen Freiheit gegenüber dem ein-
greifenden Staat zu markieren und staatliche Eingriffe von geschützten Rechtspositionen der Bürger abzuwehren. Der Staat erschien in dieser Sicht als der
Leviathan – ein mächtiges, zugleich nährendes und unberechenbares Wesen,
dessen Gefährlichkeit für die Interessen der Menschen nur an der Kette des

---

[53] Isensee, Das Grundrecht auf Sicherheit, 1983, bes. S. 34 ff.; ders., Das Grundrecht als
Abwehrrecht und als staatliche Schutzpflicht, in: Isensee/Kirchhoff (Hrsg.), Handbuch des
Staatsrechts der Bundesrepublik Deutschland, Band V, 2. Aufl. (2000), § 111, Rn. 182 ff.;
Robbers, Sicherheit als Menschenrecht, 1987.

[54] Lübbe-Wolf, Die Grundrechte als Eingriffsabwehrrechte, 1988; v. Münch, in: v. Münch/
Kunig, Grundgesetzkommentar, Bd. 1, 5. Aufl. (2000), Vorbem. Art. 1–19, Rn. 16 f.; so
auch – hinsichtlich der klassischen Funktion der Grundrechte – Isensee, Das Grundrecht
als Abwehrrecht und als staatliche Schutzpflicht, in: Isensee/Kirchhoff (Hrsg.), Handbuch
des Staatsrechts der Bundesrepublik Deutschland, Band V, 2. Aufl. (2000), § 111, Rn. 21 ff.

Rechts erträglich war. Diese Kette bestand vor allem aus Grundrechten. Die grundgesetzlich geschützten bürgerlichen Freiheiten konnten nur überleben, wenn das Recht wirksam und entschlossen eingesetzt wurde: gegen Übergriffe des Staates.

Ein Grundrecht auf Sicherheit verändert diese Konstellationen vollständig. Ein solches Grundrecht sieht den Staat nicht als den Bedroher bürgerlicher Freiheit, sondern als einen möglichen Verbündeten in der Abwehr von Risiken, welche sich – von außerhalb des Staates, jedenfalls nicht von ihm verursacht – gegen diese Freiheiten richten. Die Grundrechte sind nicht mehr zuvörderst Abwehrrecht gegen den Staat, sie sind Objekte staatlichen Schutzes gegen Bedrohungen von außen: Verbrechen und andere Verfallserscheinungen. Und im Ergebnis wirkt ein Grundrecht auf Sicherheit, nimmt man – wie bei Kontext von Täter und Opfer naheliegend – die Rechtfertigung von Eingriffsbefugnissen des Staates in den Blick, geradezu gegenläufig zur überkommenen Aufgabe der Grundrechte als Abwehrrechte: Ein Grundrecht auf Sicherheit steht mit den Freiheitsrechten „von Natur aus" in einem polaren[55] Gegensatz; es fordert nicht weniger, sondern mehr Eingriffsbefugnisse, weil anders Sicherheit gegenüber Gefahren sich nicht wird herstellen lassen.

Dieses Grundrechtsverständnis paßt in eine Zeit, die – grob gesagt –, ihre Hoffnungen und Ängste nicht mehr auf Freiheit, sondern auf Sicherheit ausrichtet.[56] Die Bezeichnung „Risikogesellschaft" (Ulrich Beck) hat sich, auch im Strafrecht[57], etabliert. In ihr kommt zum Ausdruck, warum uns Sicherheit so wichtig geworden ist: In der Erwartung[58] von Großrisiken – Kriege, Umweltzerstörung, massenhafter Drogenmißbrauch, Zusammenbruch von Währungen,

---

[55] Das ist streng gemeint. Freiheit und Sicherheit sind polare Orientierungen, die einander nicht negieren, sondern voraussetzen. Natürlich ist im vergesellschafteten Leben keine Freiheit ohne Sicherheit möglich. Gleichwohl lassen sich polare Orientierungen an Freiheit oder an Sicherheit, insbesondere im Strafrecht und in der Kriminalpolitik, klar und mit Gewinn an Erkenntnis auseinanderhalten.

[56] Dazu und zum folgenden ausführlicher W. Hassemer, Strafen im Rechtsstaat, 2000, S. 248 ff.

[57] Prittwitz, Strafrecht und Risiko, 1993; Herzog, Gesellschaftliche Unsicherheit und strafrechtliche Daseinsvorsorge, 1991; Hilgendorf, Strafrechtliche Produzentenhaftung in der ‚Risikogesellschaft',1993.

[58] Sicherheitsbedürfnisse haben unmittelbar mit (subjektiven) Risikoerwartungen und erst mittelbar mit (objektiven) Risiken zu tun, und Risikoerwartungen sind kein getreues Abbild von Risiken [...].

Migration, Unsicherheit der Altersvorsorge, Korruption, Organisierte Kriminalität und alltägliche Gewalt, vor allem unter jungen Leuten – nehmen wir zwei
Umstände als gegeben an, die in ihrer Verbindung nachdrückliche Wirkungen für
unser Verhältnis zur Welt haben: daß wir uns nicht wirksam gegenüber solchen
Risiken schützen können und daß solche Einbrüche, träten sie ein, verheerend
wären.

Das macht vertrauensvolle, freiheitsorientierte, neugierige Zugriffe auf die
Welt schwierig und begünstigt eine Kultur der Schutzbedürftigkeit, der Vorsicht,
der Abgrenzung, ja der Ängstlichkeit, kurz: der Sicherheitsorientierung. „Tausche
Freiheit gegen Sicherheit" ist das Panier zahlreicher neuerer Verschärfungen
im materiellen und formellen Strafrecht, die von der Erwartung getragen
werden, Einschränkungen von Freiheitsrechten ließen Zuwächse an Schutz vor
kriminellen Übergriffen erhoffen. Diese Verschärfungen sind keineswegs auf das
Mißtrauen einer grundrechtssensiblen Zivilgesellschaft, sondern vielmehr auf die
Zustimmung einer im Vertrauen auf das Morgen erschütterten Risikogesellschaft
gestoßen. Verbots- und sanktionsverschärfende Kriminalpolitik darf sich heute
eines allgemeinen Beifalls sicher sein.

Die Innere Sicherheit ist heutzutage ein zentrales Thema der Wahlkämpfe
und deshalb ein verläßlicher Indikator für das, was den Bürgerinnen und Bürgern
am Herzen liegt. Vor dreißig Jahren sahen die Wahlkämpfe thematisch anders
aus; Innere Sicherheit und Verbrechensfurcht haben ihre steile Karriere erst spät
angetreten.

Die Verwandlung von Grundrechten als Abwehrrechte in Grundrechte auf
Sicherheit verwandelt auch den Staat. Aus dem Leviathan wird ein Schutzpatron,
und anstelle des Mißtrauens gegenüber seiner Macht über die Freiheit der Bürger
tritt ein Vertrauen gegenüber seiner Potenz zur Risikobeherrschung hervor.
Wer, wenn nicht der Staat, soll uns schützen gegenüber den allgegenwärtigen
Bedrohungen – nicht zuletzt den Gefahren aus der Kriminalität?[59] So wird aus
dem Bürger das (virtuelle) Opfer, besorgt weniger um seine Freiheit als um
seine Sicherheit. Denn diejenigen, die ein Grundrecht auf Sicherheit einklagen,

---

[59] Daß einige wenige ökonomisch und sozial imstande sind, ihre Sicherheit privat zu
organisieren, stellt die Diagnose der Sicherheitsorientierung nicht in Frage, sondern
bestätigt sie. Daß sie sich ihrem Streben nach Sicherheit nicht auf den Staat verlassen
(müssen), ist bloß eine Konsequenz von Kalkül und Handlungsmacht. Diese Menschen
betrachten den Staat nicht (wieder) als gefährlichen Leviathan, sondern, ganz im Gegenteil,
als zu schwach zur effektiven Herstellung von Sicherheit. Näheres bei Hassemer, Freiheitliches Strafrecht, 2001, S. 247 ff., 258 ff.

sind ja wir alle: die potentiellen Opfer von Verletzung und Verbrechen. In diese Orientierung sind wir schnell hineingewachsen – nicht in ein schlichtes Abbild der objektiven Veränderungen unserer Welt, sondern in ein Weltbild, das durchaus auch seinerseits aktiv die Welt verändern kann.

3. Nullsummenspiele

Die Karriere des Verbrechensopfers zeigt sich auch – jenseits von wissenschaftlichen Texten – in einer Veränderung des Klimas, das den kriminellen Täter und das Verbrechensopfer umgibt. Gegenüber den sechziger und siebziger Jahren des 20. Jahrhunderts hat sich ein fundamentaler Wandel in der normativen gesellschaftlichen Verständigung ereignet. Aus den Versuchen, den Täter aus der Rolle des „Fremden", des „Marginalisierten" herauszulösen, ihm Wege in die Gesellschaft zurück zu bahnen und bei diesen Versuchen empfindsam und geduldig zu sein,[61] ist eine abgrenzende, eine verurteilende Mentalität und eine punitive Einstellung geworden.

Heute werden die Rechte von Täter und Opfer auf Beachtung und Zuwendung verrechnet. Ihre Zuteilung ist zu einem Nullsummenspiel geworden: Was man dem Opfer geben will, muß man dem Täter nehmen, was man dem Täter früher gegeben hat, wendet man nun dem Opfer zu, und man nimmt es vollständig vom Täter. Dabei geht es nicht nur um die Zuteilung von Interventionsrechten im Strafverfahren. Es geht, dem zugrundeliegend, schon um die fundamentale Einschätzung von Ansprüchen an Rechtspositionen, die Täter und Opfer überhaupt geltend machen können. Opferorientierung ist in diesem Klima eine Orientierung gegen die Täter. Empathie mit den Tätern, Verständnis für ihren Lebensweg und der Versuch, die Tat als Antwort auf eine schwierige Situation zu deuten – das darf als Mitleidlosigkeit gegenüber den Opfern denunziert werden.[62]

Diese Haltung legt nicht nur – das war schon immer so – eine kleine Gruppe von Anhängern einer repressiven Kriminalpolitik an den Tag. Diese Haltung ist heute weit verbreitet. Sie braucht um Plausibilität nicht zu werben; auf ihrem Nährboden wird vielmehr ohne weiteres eine Kriminalpolitik plausibel, die außer der Semantik von Härte und „Nulltoleranz"[63] gegenüber den potentiellen und den

---

[61] Exemplarisch: Cornel (Hrsg.), Handbuch Resozialisierung, 1995; Walter, Strafvollzugsrecht, 2. Aufl. (1999), Rn. 272 ff.

[62] Vgl. die Nachweise bei Walter, Strafvollzugsrecht, 2. Aufl. (1999), Rn. 149 f. mit Bezug zur neuen Punitivität in den USA.

[63] Dazu W. Hassemer, „Zero Tolerance" – ein neues Strafkonzept?, in: Festschrift für Günther Kaiser, 1998, S. 793 ff.; auch Freiheitliches Strafrecht, 2001, S. 198 ff.

erwischten Straftätern nicht viel vorzuschlagen hat. Verständnis und Aufmerk-samkeit haben sich vom Täter auf das Opfer gerichtet, und dies ist nicht nur ein kognitiver, sondern durchaus ein emotiver Prozeß.

4. „Weiße" und „rote" Revolution

Die „weiße Revolution", die sich ab Mitte der neunziger Jahre in Belgien ereignet hat und in den Medien mit dem Namen des Beschuldigten Marc Dutroux ver-bunden ist, wurde aus einsichtigen Gründen auch bei uns mit großer Auf-merksamkeit wahrgenommen.[64] Sie war eine Reaktion von großen Teilen der belgischen Bevölkerung auf den Verdacht, die belgischen Behörden seien nicht nur außerstande, unschuldige Kinder vor grauenhaften Vergewaltigungen, vor massenhaften Entführungen und Verletzungen zu bewahren, sondern Teile dieser Behörden steckten mit den Tätern vermutlich unter einer Decke. Ein schlimmerer Vorwurf läßt sich gegen die Strafjustiz eines Landes nicht erheben. Dennoch haben die Menschen, welche für eine Veränderung der Verhältnisse demonstriert haben, keine Gewalt angewendet, und ihre Demonstrationen gewannen ihren Nachdruck nicht zuletzt aus der schweigenden Festigkeit, mit der sie ihre Meinung kundgetan und ihre Interessen vertreten haben.

Dies war eine machtvolle Demonstration für die Belange der still und tief verletzten Opfer. Sie dürfte auch in den Herzen und Köpfen der deutschen Bevölkerung ihre Wirkung nicht verfehlt haben.[a]

In der belgischen Konstellation ist, außer der Geduld der unmittelbar betroffenen Menschen, greifbar und erfahrbar die Kälte und Volksferne einer Strafjustiz zum Ausdruck gekommen, die sich der Bevölkerung nicht verständ-lich machen und ihre Fehler nicht erklären kann. Diese Strafjustiz urteilt bei uns „Im Namen des Volkes". Wir haben in den letzten Jahren ähnlich aufwühlende Erfahrung gemacht, wenn auch weniger verheerend als die in Belgien. Diese

---

[64] Näheres bei Kröber, Sexualstraftaten und Gewaltdelinquenz, in: Kröber/Dahle, Sexual-straftaten und Gewaltdelinquenz, 1998, S. 3; vgl. auch Laubenthal, Sexualstraftaten, 2000, Rn. 29.

[a] Der Fall Dutroux veränderte den Diskurs um den sexuellen Missbrauch nachhaltig (s. hierzu v. a. den Text von Michael Schetsche im Kap. *Signal-Verbrechen: sex and crime* im Vorgängerband), der sich bis dahin v. a. auf die Familie als zentralen Ort der Gefährdung konzentrierte. Seitdem wird sexueller Missbrauch an Kindern häufig mit einem Ver-schwörungsnarrativ belegt, der netzwerkartig organisierte Täterstrukturen, z. T. bis hin zu mächtigen Eliten annimmt (A.d.H.).

Erfahrungen trafen auf eine Bereitschaft, die Opfer von Verbrechen – vor allem die wehrlosen – genauer wahrzunehmen, und die Erfahrung haben die Wahrnehmung der Verbrechensopfer sicherlich ihrerseits vollständiger, präziser und empfindsamer gemacht.

Das neue Jahrhundert hat uns freilich alsbald eines Schlechteren belehrt und die Farbe des Widerstands gegen eine erfolglose, nicht am Opfer orientierte Strafjustiz dramatisiert. Wiederum war der Verdächtige Dutroux die Brücke.[65]

Im August 2001 hat ein Gericht im belgischen Namur auf Antrag der französischsprachigen Sektion der belgischen Liga für Menschenrechte dem luxemburgischen Herausgeber der Zeitschrift „L'Investigateur" per einstweiliger Verfügung verboten, eine umfangreiche Liste vermeintlicher oder verurteilter Pädophiler[b] zu veröffentlichen, die offenbar – freilich als „Abfall" – aus den Ermittlungen gegen Dutroux stammte. Den belgischen Abonnenten war die Liste allerdings schon auf dem Postweg zugestellt worden, und der Herausgeber, Jean Nicolas, kündigte überdies an, er werde die Liste über das Internet verfügbar machen; auf diesem Weg war eine friedenstiftende Justiz alsbald ausmanövriert. Dazu lieferte der Herausgeber noch einen verbalen Beleg moderner und entschiedener Opferorientierung, welche die bisherigen Regeln eines täterorientierten Strafrechts entschlossen umdreht und dabei auf Plausibilität rechnen darf: „Vielleicht liege ich bei manchen Namen daneben. Aber besser ein falscher Name in der Zeitung als ein Kind, das ermordet wird."[67]

---

[65] Einzelheiten in der FAZ v. 11. 8. 2000, S. 9, und im „Spiegel" Nr. 33/2000, S. 130.

[b] Dutroux war nicht pädophil, sondern ein sadistischer Täter, der nicht nur Mädchen missbrauchte, sondern auch Frauen vergewaltigte. Der Begriff der Pädophilie wird selbst in der Fachliteratur häufig pauschal auf alle Täter angewandt, die sich an Kindern vergehen. Kernpädophile begehen jedoch nur einen sehr kleinen Anteil aller sexuellen Missbrauchstaten an Kindern. Die Forschung hat längst aufgezeigt, dass sich der sexuelle Missbrauch überwiegend im familiären Kreis ereignet, begangen etwa durch Stiefväter, Väter, Onkel und in Teilen auch durch weibliche Familienangehörige, die ansonsten heterosexuell orientiert sind. In den Medien wird außerdem noch heute häufig der Begriff des „Kinderschänders" verwendet, obwohl es bei sexuellen Gewalttaten gerade nicht um eine dem traditionellen Ehrkonzept entlehnte *Schande* geht, die dem Kind und seiner Familie widerfährt, sondern um häufig sehr ernste seelische und körperliche Folgen für das Kind (A. d. H.).

[67] Stuttgarter Zeitung v. 11.08.2000.

Diese Affäre war freilich nur ein vergleichsweise müder Nachfahre einer Opferkampagne in Großbritannien, bei deren Kenntnisnahme hoffentlich den allermeisten deutschen Lesern der Atem stockt. Ende Juli 2000 hatte die Sonntagszeitung „News of the World" etwa 40 Fotos, Namen und Wohnorte von vorbestraften Sexualtätern veröffentlicht unter dem Titel „Lebt ein Monster neben Ihnen?". Die Folgen waren voraussehbar: Aggressive und organisierte Demonstrationen vor den Wohnungen vermeintlicher Verdächtiger, körperliche Angriffe, Inbrandsetzen von Autos und Häusern, Zirkulieren privater Listen, zwei Selbstmorde von Verfolgten. Ein achtjähriges Mädchen war entführt, vergewaltigt und ermordet worden, 88 % der Bürger waren laut einer Umfrage an Informationen über Kinderschänder in ihrer Nachbarschaft interessiert, und die Listen von Pädophilen, welche die Zeitung in Händen hatte, hätten für eine Serie von etwa 50 Jahren ausgereicht.[68]

Dieses Beispiel[69] führt vieles bildhaft vor Augen, von dem hier theoretisch die Rede gewesen ist:

---

[68] Es soll sich um 110 000 Namen von „üblen Perversen" gehandelt haben. Das achtjährige Mädchen, das von einem einschlägig vorbestraften Sexualstraftäter missbraucht und getötet wurde, stand dann namensgebend für das Gesetz *Sarah's Law,* das es analog aufgrund eines ähnlichen Falles in den USA gibt *(Megan's Law).* Unterstützt von den Eltern des Opfers startete die Boulevardzeitung *News of the World* im Jahre 2000 eine Kampagne unter dem Titel *Named* and *Shamed,* die darauf zielte, Eltern mit Kindern Zugang zu den Daten einschließlich des aktuellen Wohnortes von verurteilten Sexualstraftätern zu gewähren. *Sarah's Law* besteht noch heute in Großbritannien, nach dem sich Eltern, Betreuer oder ein Vormund bei der Polizei über mögliche Vorstrafen einer Person erkundigen kann, die im Kontakt zum Kind steht *(The child sex offender disclosure scheme).* Siehe zu solchen Demonstrationen auch den Text von Z. Bauman im Kapitel *Signal-Verbrechen: sex and crime* im Vorgängerband (A. d. H.).

[69] Es ist nicht vereinzelt. Am 24. August 2000 berichtete u. a. die TAZ aus Italien von bestialischen Morden an kleinen Mädchen dem Ruf nach Kastration der Täter, nach Veröffentlichung von Pädophilenlisten und nach der Todesstrafe.

- Explosivkraft opferorientierter Agitation;
- Informalität, Spontaneität und Unvorhersagbarkeit opferorientierter Bewegungen;
- andauernde Aktualität unvermittelter Täter-Opfer-Konfrontationen;
- andauernde Gefährdung des staatlichen Gewaltmonopols;
- Ausspielen des Gegensatzes von Täter und Opfer in der Form eines Nullsummenspiels;
- Gefährlichkeit des Täter-Opfer-Konflikts für die Beteiligten, für Umstehende und das allgemeine Rechtsbewußtsein;
- Plausibilität opferorientierter Positionen heute;[70]
- Wert der formalisierten Konfliktbearbeitung im Interesse der Rechte aller am Konflikt Beteiligten.

---

[70] Diese Positionen sind kein Spiegelbild der wirklichen Bedrohungen von Opfern. So nehmen nach den Erhebungen der Kriminologen – und die Kriminologen müssen es wissen – Sexualmorde an Kindern seit etwa 30 Jahren kontinuierlich ab, während opferorientierte Bewegungen wegen dieser Art von Kriminalität zu derselben Zeit entflammen – ein weiterer Beleg für die Schere zwischen Verbrechensgefährdung und Verbrechensfurcht [...]. Vgl. etwa H.-J. Albrecht, Die Determinanten der Sexualstrafrechtsreform, in: ZStW 111 (1999), 863 ff. (872). Vgl. auch Kröber, Sexualstraftaten und Gewaltdelinquenz, in: Kröber/Dahle, Sexualstraftaten und Gewaltdelinquenz, 1998, S. 3, der einen kontinuierlichen und erheblichen Rückgang der sexuell motivierten Tötungsdelikte seit den 60er Jahren bis 1985 konstatiert. Seit dieser Zeit blieben die Zahlen etwa konstant. (Freilich muß man in diesem Bereich wegen der geringen Fallzahlen mit statistischen Argumenten noch vorsichtiger umgehen als sonst.)

Opferorientierungen im Bereich Kriminalität und Strafe (2016)

Daniela Klimke und Rüdiger Lautmann

Opferorientierungen im Bereich Kriminalität und Strafe, in: Anhorn, Roland/Balzereit, Marcus (Hrsg.), Handbuch Therapeutisierung und Soziale Arbeit, 2016, S. 549–581 (gekürzt).

[…]

3 Der Wert der Opfer
Kommt gegenwärtig dem Kriminalitätsopfer die größte Bedeutung in den öffentlichen Diskursen zum Leid zu, hierunter vor allem die Opfer intimer Gewalt (allem voran sexuelle Gewalt, aber auch häusliche Gewalt, Stalking u. a.), ringen noch eine Reihe weiterer Opferlagen um öffentliche Anerkennung. Analytisch lassen sich Opfer zunächst danach unterscheiden, auf welcher Ebene die Opferlage angesiedelt wird. Bei einer sozialen Opferlage werden gesellschaftliche Missstände beklagt. Viktimisierungen folgen dann aus sozialen Prozessen, die auf bestimmbare Merkmale der Betreffenden abzielen. Sie werden nicht zufällig zu Opfern, sondern systematisch gesellschaftlich benachteiligt, ausgeschlossen, verfolgt usw. Im anderen Fall wird eine individuelle Opferlage angenommen. Viktimisierungen entstehen dann als unglückliche Fügung, als Unfall. Die Opfer geraten zufällig und nicht aufgrund bestimmter persönlicher Eigenschaften in eine missliche Lage.

D. Klimke (✉)
Institut für Kriminalitäts- und Sicherheitsforschung, Polizeiakademie Niedersachsen, Nienburg, Deutschland
E-Mail: klimke@uni-bremen.de

R. Lautmann
Berlin, Deutschland
E-Mail: lautmannhh@aol.com

© Springer Fachmedien Wiesbaden GmbH, ein Teil von Springer Nature 2022
A. Legnaro und D. Klimke (Hrsg.), *Kriminologische Diskussionstexte II*,
https://doi.org/10.1007/978-3-658-22007-5_22

Eine weitere Unterscheidung der Opfer wird auf einer moralischen Ebene gezogen. Ungeachtet sozialer oder individueller Opferlagen entstehen so ‚unverdiente' oder eben – zumeist hinter vorgehaltener Hand kommuniziert – wenigstens in Teilen ‚verdiente' Opfer. Als unverdientes Opfer erscheint jenes, dem keinerlei Mitschuld an seiner Viktimisierung zugeschrieben wird, das tatsächlich als jemand erscheint, das unvorhergesehen und scheinbar ohne eigenes Zutun in Not geraten ist und dem dadurch das volle Mitgefühl für sein Schicksal gilt. Demgegenüber wird der anderen Opferkategorie noch die Situation vorgeworfen, in die das Opfer geraten ist. Dabei schwingt eine Schuld mit, die dem Opfer zugeschrieben wird und die es zu einem unechten Opfer macht. Diese Mitverursachung kann in eigenem Leichtsinn, in einer Provokation, in mangelnder Leistungsbereitschaft usw. gesehen werden, wodurch das Opfer erst in seine Lage gekommen ist, die wahrscheinlich nicht entstanden wäre, hätte es sich gemäß einer sozialen oder individuellen Gefährdung und eigener Vulnerabilität entsprechend verhalten. Diese Kategorie entspricht der traditionellen Sicht, wonach sich an das Opfer ein Stigma der Schande heftet, das es als unrein ausweist.

Empirisch aber ist die Klassifikation der Opfertypen nicht so leicht zu treffen. Die Anschauung bestimmter Opfergruppen ist Gegenstand fortdauernder gesellschaftlicher Verhandlungen, in denen um beide Dimensionen – die der Opferlage und der Schuld – gerungen wird. So führt die Opferkategorie, deren Viktimisierung als individuelles Problem verstanden wird, das Interesse mit sich, hinter der Viktimisierung Gesetzmäßigkeiten zu erkennen und anzuklagen und so seine Situation als soziales Problem zu skandalisieren. Damit ist zugleich ein entscheidender Schritt getan, eine verdiente Opferlage in eine unverdiente zu überführen und dann Ansprüche zu erheben.

3.1 Soziale Opferlagen

Wenn man einige prominente gegenwärtige Opferdiskurse entsprechend der beiden Diskursdimensionen der Opferlage und Schuldzuschreibung systematisiert, dann zeigt sich bald, dass die einzelnen Opfertypen nicht unabhängig voneinander bestehen. Sie weisen Abspaltungen auf, in denen Teile thematisch zusammenhängender Opferdiskurse in andere Kategorien ausgelagert werden. Das trifft etwa zu auf Opfer geschlechtlich-sexueller Gewalt, denen inzwischen eine Sonderstellung unter den Kriminalitätsopfern zukommt. Im Fokus öffentlicher Aufmerksamkeit stehen die (weiblichen und kindlichen) Opfer. Ihre Stellung innerhalb der Systematik ist diskursiv inzwischen derart abgesichert, dass sie gesellschaftlich breit konsentiert und nicht mehr diskutabel ist.

Die strukturell mit der sexuellen Gewalt verwandte Homophobie hingegen lässt sich nicht eindeutig hinsichtlich der Schulddimension bei Leidtragenden schwulenfeindlicher Angriffe einordnen, sondern umfasst in Teilen eine als verdient angesehene Mitschuld der Opfer, deren Abwertung sich wesentlich aus der Einschätzung ergeben mag, Homosexualität sei unmoralisch. Haben sich die Einstellungen zur Homosexualität ansonsten auch liberalisiert, was die Ablehnung der gleichgeschlechtlichen Ehe (2005: 40,5; 2011: 21,1 %) und das öffentliche Küssen Homosexueller (2005 fand das ein gutes Drittel ekelhaft; 2011 nur noch ein Viertel) anbelangt, so verharrt die Auffassung, Homosexualität sei unmoralisch stabil bei etwa 16 % (Heitmeyer 2011, S. 19).

Weniger entschieden als im Falle sexueller Gewalt nimmt sich dagegen die Anerkennung von Holocaust-Opfern aus, obgleich dieser Opferdiskurs ein Vorläufer der Skandalisierung sexueller Viktimisierungen ist, worauf wir weiter unten noch eingehen werden. Das dürfte wesentlich mit der ambivalenten Bewertung der israelischen Politik zu tun haben und mit antisemitischen Ressentiments, wie sie etwa für muslimisch geprägte Jugendmilieus festgestellt werden (Mansel und Spaiser 2012, S. 220 ff.). Antisemitismus bildet damit ebenfalls eine abgespaltene Schattenseite zur Anerkennung der Genozidopfer. Die „Vorurteilsrepression" (Leibold et al. 2012, S. 177) gegen die Leugnungen oder Verharmlosungen der reinen Opferposition von Juden im Nationalsozialismus scheint stärker etabliert als die Anerkennung von Opfern des gegenwärtigen Antisemitismus, auch wenn diese Vorbehalte ebenfalls als heikel wahrgenommen und damit eher verdeckt wirken (ebd.).[1]

Antisemitische Aussagen seien demgegenüber deutlich stärker tabuisiert als fremdenfeindliche (Leibold et al. 2012, S. 178). Dieser Opferdiskurs scheint sich trotz seines historischen Vorläufers stärker aus anderen Quellen zu speisen, die Fremden den Opferstatus streitig machen und ihnen eine Mitschuld an ihrer Lage zuweisen. Fremde werden weniger als reine Opfer xenophober Tendenzen wahrgenommen, als dass sie selbst als Übeltäter im Vordergrund stehen, wenn sie als Sicherheitsrisiko (Kriminalität und Terrorismus) sowie als Kostenfaktor (Armut) erscheinen. In den letzten Survey der Bielefelder Forschung zur sog. Gruppenbezogenen Menschenfeindlichkeit wurden die Gruppen der Sinti und Roma sowie Asylbewerber aufgenommen. Fast die Hälfte der Befragten (44,2 %) stimmten

---

[1] Der letzte Survey der Gruppenbezogenen Menschenfeindlichkeit weist sinkende antisemitische Einstellungen aus. Dem für unseren Zusammenhang passenden Statement „Durch ihr Verhalten sind die Juden an ihren Verfolgungen mitschuldig" stimmten im Jahr 2011 noch 10 % der Befragten zu (2002: 16,6 %, 2010: 12,5 %) (Heitmeyer 2011, S. 18).

2011 der Aussage zu, Sinti und Roma neigten zur Kriminalität, und etwa ebenso viele (46,7 %) meinten, die meisten Asylbewerber befürchteten nicht wirklich, in ihrem Heimatland verfolgt zu werden (Heitmeyer 2012, S. 40). Diese Verquickung von Opfer- und Täterlage mag im Hintergrund auch wirksam sein, wenn Opfer rechter Gewalt nicht einmal als solche wahrgenommen und offiziell registriert, sondern den Opfern allgemeiner Kriminalität zugeschlagen werden.[2] Mit dieser zweifachen Entwertung der Opferlage als in Teilen verdient und als individuelles Problem wird „die Würde von Opfern rechter Gewalt missachtet", wie Jansen (2012, S. 263) bemerkt.

3.2 Individuelle Opferlagen

Kriminalitätsopfer werden nur in bestimmten Fällen als Adressaten systematischer Viktimisierung wahrgenommen; überwiegend gelten sie als individuelle, zufällig Leidtragende, die eben Pech gehabt hätten (ähnlich wie Opfer von Umweltkatastrophen, Krankheiten/Behinderungen allgemein, Unfällen u. a.). Diese Einordnung als individuelles Opfer überrascht nicht. Ein Großteil der Kriminalität ereignet sich nach instrumentellen Erwägungen und führt keine expressive Botschaft mit, die sich gegen bestimmte gesellschaftliche Gruppen richtet. In dem Maße aber, wie diese Viktimisierungen als Risiko gedeutet werden, fällt der Blick auf die Zuständigkeit zur Prävention. Diese Vorsorgeaufgabe fällt gerade für den Bereich der Alltagskriminalität auch den zivilen Akteuren selbst zu und wird regelmäßig mit Kampagnen angereizt (z. B. zur Zivilcourage, der bundesweiten Aktion Wachsamer Nachbar). Das macht das Kriminalitätsopfer aber noch nicht zu einer in Teilen verdienten Opferlage. Nichtstaatliche Akteure treten im Bereich der Prävention eher in unterstützender Funktion auf, die sich aus der Größe und Bedeutung der staatlichen Aufgabe des Kriminalitätsschutzes zu ergeben scheint und diese plausibel macht. Auf die besondere politische Rolle des Kriminalitätsopfers werden wir weiter unten noch ausführlich eingehen.

---

[2] Im Nachklang der über viele Jahre nicht als rechtsextreme Gewalt erkannten Taten des Nationalsozialistischen Untergrunds stellte die Linkspartei eine Bundestagsanfrage zum Ausmaß rechtsextremer Gewalt in Deutschland. Langzeitrecherchen der *ZEIT* und des *Tagesspiegels* ergaben mehr als 150 Todesopfer (u. a. Migranten, Obdachlose, Schwule) rechtsextremer Gewalt seit 1990, von denen aber nur sechzig als solche statistisch erfasst wurden (DIE ZEIT v. 5. Dezember 2013).

Im Gegensatz zum Kriminalitätsopfer sind die folgenden Opferrollen im Rahmen der Umstellung von schicksalhaften Gefahren zu berechenbaren Risiken mindestens Kandidaten für eine über Responsibilisierung verlaufende Schuldzuweisung. So werden z. B. im sog. Integrierten Hochwasserschutz die bedrohten und betroffenen Bevölkerungsgruppen zur Vorsorge und auch zur Mithilfe im Schadensfall aufgefordert. Gegen gesundheitliche Risiken hat man sich ebenso selbst zu wappnen, indem etwa zur privaten Vorsorge und Kontrolle des Gesundheitszustandes ermuntert wird. Mit der Durchsetzung der Risikoperspektive und der Responsibilisierung „wird Krankheit (wieder) zu einer Verfehlung, die allein dem Kranken anzulasten ist" (Bechmann 2007, S. 218).

Zur letzten Kategorie der individuellen und in Teilen verdienten Opfer gehören die, denen ihr Status als Opfer am entschiedensten streitig gemacht wird. Bewegen sich die Krankheiten, die ursächlich auch auf einen ungesunden Lebensstil (etwa Rauchen[3], Fettleibigkeit) zurückgeführt werden, mindestens an der Grenze der Selbstverschuldung, so hat HIV bereits diese Schwelle überschritten. Diese Infektion wird nicht nur als Folge eines ungesunden, sondern darüber hinaus eines unmoralischen Lebensstils gedeutet. Mit dieser Krankheit verquickt werden gleich mehrere Marker, die die Gefährdung sicher an sozial als entfernt wahrgenommene Risikogruppen bindet, die selbst schuld sind, wenn sie nicht sogar verdientermaßen die Folgen ihres verabscheuten Handelns zu tragen haben (Sontag 1991, S. 111 f.). Homosexualität, ausschweifender Sex, Drogenkonsum werden als Ursachen für HIV im Anderen ausgelagert, womit Abstand zum eigenen Lebensstil und zur eigenen Gefährdung hergestellt wird, obwohl der heterosexuelle Verkehr tatsächlich weltweit der häufigste Übertragungsweg ist. Damit wird zugleich die Bedeutung der „symbolischen Dimension einer Epidemie" (Wright und Rosenbrock 1999, S. 199) deutlich. Die Betroffenen werden nicht nur zu Trägern eines epidemischen Risikos, sondern zu Parias, deren moralische Abwertung das eigene Risiko der Infektion zu bannen hat.

Diese Grenzziehung zu Risikogruppen über deren moralisierende Abwertung durch die Zuschreibung von Schuld ist ein typisches Merkmal der unverdienten, individuellen Opferlagen, das in ähnlicher Weise auf die folgenden Opferlagen zutrifft. Nachdem das Problem der Armut historisch wechselnden Deutungen unterworfen war, dominiert gegenwärtig ein Diskurs von der individuellen und

---

[3] So ist etwa der Comic-Figur Lucky Luke in den 1980er Jahren das Rauchen verboten worden (Thomas 2010).

auch mindestens in Teilen verdienten Lage.[4] Mit der Erosion des Wohlfahrtsstaates als des umsorgenden Arrangements für soziale Randlagen sind die von
Armut Betroffenen ziemlich eindeutig in den individuellen Verantwortungs-
bereich gefallen. Die Ökonomisierung des Sozialen manifestiert sich nirgends
deutlicher als in der Wahrnehmung von Armut und Arbeitslosigkeit, nach der
Individuen über Nützlichkeitskriterien bewertet werden. Die Bielefelder GMF-
Forschung hat 2007 die Abwertung von Langzeitarbeitslosen als Dimension eingeführt (Heitmeyer und Endrikat 2008, S. 66 f.). Je nach sozialökonomischer
Lage der Befragten machten 29 bis 20 % die Langzeitarbeitslosen selbst für
ihre Lage verantwortlich. Die Zustimmung wuchs mit der niedrigen Schul-
und Berufsqualifikation der Befragten, denen die Autoren ein besonderes
Abgrenzungsbedürfnis zu der Lage attestieren, der sie selbst nahestehen.

In ähnlicher, aber noch entschiedenerer Weise wurde das „Opfer staatlicher Vergeltungsmaßnahmen" (Hassemer und Reemtsma 2002, S. 14, siehe
den Text in diesem Kapitel) seiner Schutzstellung beraubt, sodass es als Opfer
gesellschaftlicher Bedingtheit von Kriminalität und als Adressat staatlicher
Macht, die sich aus der Tatsache des Strafens unweigerlich ergibt, gegenwärtig gar nicht mehr in Erscheinung tritt. Diese Abwertung erfolgt inzwischen
in direkter Wechselwirkung zur Aufwertung der Kriminalitätsopfer, insbesondere der Opfer von Gewalt. In dem Maße, wie jene Gruppe ins Zentrum
der öffentlichen Aufmerksamkeit und des Mitgefühls rückt, bleibt den Tätern
die bloße Abscheu, der sich in einem entschiedenen Anspruch auf Strafe und
Sicherung äußert. Nur etwa ein Drittel der Bevölkerung hält die verhängten
Strafen für die gesamte Kriminalität für angemessen, mehr als die Hälfte für zu
niedrig. Im Falle der Sexualstraftäter fällt die Meinung noch entschiedener aus.
Nur 15 % halten die Bestrafung für angemessen, 74 % für zu gering.[5] Auch auf
diese als Gegenpart zum Kriminalitätsopfer stilisierte Opferlage werden wir noch
ausführlich eingehen.

---

[4]Geradezu sinnbildlich für die Individualisierung der Opferlage und der Unterstellung
eines auch verdienten prekären Status steht die Erwiderung von Kurt Beck, als dieser von
einem Langzeitarbeitslosen wegen der Hartz-Gesetzgebung kritisiert wurde: „Wenn Sie
sich waschen und rasieren, dann haben Sie in drei Wochen einen Job!"

[5]Diese Häufigkeitsauszählungen sind Ergebnis eines im Jahre 2011 durchgeführten
repräsentativen Bevölkerungssurveys des Instituts für Sicherheit- und Präventionsforschung
(ISIP) zum Thema Punitivität.

		Schuld	
		Auch verdient	Unverdient
Opferlage	Sozial	• Homophobie • Antisemitismus • Fremdenfeindlichkeit/ Rassismus	• Sexuelle Gewalt • Holocaust • Terrorismus
	Individuell	• HIV • Armut • Strafe	• Kriminalität allgemein • Umweltkatastrophen • Krankheiten allgemein, Behinderungen, Unfälle

[...]

6 Die Politik des Opfers

Von der Politik werden die viktimistischen Forderungen aufgegriffen und bedient – allerdings im Wesentlichen beschränkt auf einige Kriminalitätsopfer. Hat sich der Opferdiskurs sexueller Gewalt gründlich gegen jegliche Kritik immunisiert, trifft dies keineswegs auf die übrigen Opferlagen zu, denen diese Position und damit die Ansprüche durchaus streitig gemacht werden. Vor allem Betroffene systematischer gesellschaftlicher Benachteiligung, etwa von Rassismus und Sexismus, stehen im Verdacht, sich über ihre Opferlage ungerechtfertigt, d. h. abseits des Leistungsprinzips Vorteile verschaffen zu wollen. Die Ausbreitung der Opferdiskurse und ihr Erfolg standen in den angelsächsischen Ländern seit Ende der 1980er Jahre unter Kritik v. a. von Konservativen, die in Anti-Diskriminierungsmaßnahmen, wie Affirmative Action und Political Correctness, eine Abkehr vom amerikanischen Traum, von Staatsbeschränkung und von individueller Selbstverantwortung sehen.

So rechnet etwa der Journalist Charles Sykes in seinem berühmten Buch „A Nation of Victims" (1992) klug und bissig mit der Ausbreitung der Opferattitüde ab, die seit der Bürgerrechtsbewegung entlang der Ungleichheitsdimensionen von Rasse, Klasse und Gender verlaufe (ebd., S. 16). Gegen diese opfergeleitete Abwehr von Verantwortung für die eigene Lage hält er das „Mittelschicht-Ethos" von „Selbstbeherrschung, Redlichkeit und Charakter" (ebd., S. 21) und fordert eine gleich zweifache Korrektur der beklagten Opferklassifikation hin zu einer individuellen Problemebene und Verantwortungszurechnung. Während Sykes beredt die Politik der sog. *Liberals* attackiert, indem er das Prinzip der Selbstverantwortung gegen die aus seiner Sicht ungerechtfertigte institutionelle Bevorzugung und den Schutz von gesellschaftlich benachteiligten Gruppen hochhält, trifft diese Forderung *eine* Opfergruppe nicht: das Opfer von Kriminalität.

Das Kriminalitätsopfer gerät nicht nur in der us-amerikanischen Politik zur entscheidenden Figur, die gegen die Liberalen und ‚ihre' Opfer gesellschaftlicher Benachteiligungen in Stellung gebracht wird (Shapiro 1997, S. 13). Wurde den Liberalen von konservativer Seite ehemals eine laxe Moral vorgeworfen, die sich u. a. mit sexueller Ausschweifung in den 1960/1970er Jahren gesellschaftlich auszubreiten schien, hat sich die Kritik der Konservativen nun erneuert. Sie stellen sich nicht mehr offenkundig als Wächter von Sitte und Anstand dar, sondern nutzen die Opfer sexueller Gewalt, um sich als Kinder- und Frauenschützer gegen die Gefährdungen einer sexuellen Libertinage der 1968er zu positionieren.[6] Gerade der sexuelle Missbrauch bietet sich als konservatives Opferprojekt an, da dieser Problemdiskurs von Beginn an Jahren als klassenloses Delikt konstruiert wurde, das damit nicht in die Agenda der Liberalen nach Sozialreformen fiel (Hacking 1999, S. 134).

Die liberale Opferperspektive kritisiert traditionell die sozialökonomischen Benachteiligungen, die eine Reihe sozialer und unverdienter Opferlagen schafft, deren Folgen sich eben auch in kriminellem Verhalten äußern können. Wenn Devianz mindestens auch gesellschaftlich bedingt ist, wird der Delinquent nicht nur um diesen Anteil in seiner persönlichen Schuld entlastet, sondern er wird selbst zum Opfer zum einen der gesellschaftlichen Ungleichheitsstrukturen, zum anderen des staatlichen Strafens, das sich an ihm als Person entlädt, statt an den eigentlichen verursachenden Strukturen.

An der Schnittstelle des neokonservativen und neoliberalen Denkens aber wird die Selbstverantwortung betont und entsprechend werden die ehemals gesellschaftlichen Problemlagen individuell verrechnet. Jeder als seines Glückes Schmied „jenseits von Stand und Klasse" und auch abseits der *root causes* gesellschaftlicher Kriminalitätserklärungen entspricht einer privatisierten Daseinsform der Subjekte, die nun als Unternehmer ihrer selbst handeln sollen. Mit der Privatisierung ändern sich die Verantwortungsregeln für Erfolg, Scheitern und auch für Delinquenz, die nun jenseits sozialer Ursachen auf dem Konto der Handelnden zu verbuchen sind (Garland 2008, S. 195).

Wird Kriminalität desozialisiert, verknüpft sich der Delinquent auf mehreren Ebenen wieder direkt mit seinem Opfer. Daraus erklärt sich der rasanter

---

[6] So wird nicht nur auf individueller, sondern ebenso auf sozialer Ebene unter der Opferperspektive die Gegenwart als Produkt zurückliegender Ereignisse interpretiert, womit linke Positionen erfolgreich destabilisiert und zu einer Art Vergangenheitsbewältigung gebracht werden (etwa zur Reformpädagogik, zur Geschichte der Grünen Partei).

Bedeutungsaufstieg des Kriminalitätsopfers, mit dem zugleich ein kriminalpolitischer „Paradigmawechsel" (Hassemer und Reemtsma 2002, S. 15) eingeläutet wurde, in der sich die Perspektive auf Straftaten grundlegend gewandelt hat. Die vermittelnde gesellschaftliche Instanz sowohl in den Annahmen zur Verursachung von Kriminalität als auch in der Prävention und Reaktion konnte diese Verflechtung lösen und damit den interpersonellen Konflikt abmildern. In dem Maße aber, wie dem Straftäter unterstellt wird, aus freien Stücken oder aus einem inneren Zwang heraus zu handeln, handelt er unmittelbar gegen ein Opfer. Mit der Abspaltung der Kriminalität von ihren gesellschaftlichen Bezügen ist darüber hinaus auch der Schutz vor Kriminalität zu einer Aufgabe heruntergebrochen worden, die das Opfer aktiv in die Kriminalprävention einbindet. Zuletzt ist das Opfer keine Randfigur mehr in einem Strafverfahren, das sich ehemals um den Beschuldigten formierte. Als der Delinquent einst in erster Linie eine Strafnorm verletzte, nicht einen Menschen, war das Opfer bloß Zeuge für den Rechtsbruch und damit allenfalls Objekt des Verfahrens. Der Wandel vom Verstoß gegen eine Rechtsnorm zur Verletzung eines konkreten Opfers veränderte den Blick auf die Akteure und auf den Strafkonflikt:

- *Emotionalität.* Das moderne rationale Strafrecht setzt eine sachliche Perspektive auf Delinquenz voraus, wie sie in der Vorstellung bestand, in erster Linie strafend auf einen Normbruch zu reagieren. Das Strafrecht zielte gerade darauf ab, an die Stelle des Rechts des Verletzten zu treten, die Bestrafung des Täters selbst vorzunehmen, also zu vergelten (Weigend 2010, S. 43). Mit der Rückkehr des Opfers in das Strafgeschehen kehren auch die Emotionen und damit auch leicht das Bedürfnis nach Rache zurück.
- *Popularisierung.* Die Verletzung eines konkreten Opfers ruft das Interesse der Öffentlichkeit an dem Konflikt und v. a. an den Akteuren auf den Plan. Kriminalität als Normbruch beleuchtet stattdessen die für die Allgemeinheit kaum ansprechend emotionalisierbare „Zweierbeziehung zwischen Täter und Strafrecht" (Hassemer und Reemtsma 2002, S. 14), deren Regulierung Experten überlassen werden kann. Die nun als interpersoneller Konflikt verstandene Straftat dagegen lädt zur Identifikation mit dem Leidtragenden ein und macht damit einen Teil der Delinquenz zu einem öffentlichen Anliegen.
- *Punitivität.* Standen der Staat und sein Strafrecht einst unter Verdacht, unverhältnismäßig von der Macht Gebrauch zu machen und wurden daher durch Schutzgarantien für den Straftäter zurückgedrängt, so wird der Staat gegenwärtig zum „buddy-state" (Simon 2001, S. 138), einem hilfreichen ‚Kumpel', der mit entschlossenen Strafen eine machtvolle Geste seiner

Souveränität und seiner Unterstützung für die Opfer demonstriert. Das wirkt sich auf das Verhältnis zwischen Bürgern und Staat aus. Man fürchtet sich weniger vor dem Leviathan, der die bürgerlichen Freiheitssphären bedroht, sondern vor dem Verbrechen, gegen das der Staat ruhig seine Muskeln spielen lassen soll.

Mit der Aufwertung des Kriminalitätsopfers wird gleichzeitig das wohlfahrtsstaatliche, liberale Strafregime in die Defensive getrieben, indem Täter und Opfer in einer Art Wettbewerbsverhältnis direkt miteinander verknüpft werden, so „dass jedes Zeichen des Mitgefühls für Straftäter, jeder Hinweis auf ihre Rechte, jedes Bemühen, ihre Strafen zu humanisieren, problemlos als Beleidigung der Opfer und ihrer Angehörigen hingestellt werden kann" (Garland 2008, S. 264). Der Staat agiert dabei als Retter aus der Not, in der nicht mehr viel auf abstrakte Prinzipien und Formen geachtet werden kann. Das umfassende Schutzversprechen, das vom Strafrecht auszugehen scheint, hebelt dessen Restriktionen auf, die nun „als zu ‚streng' geschmäht" werden und deren „Flexibilisierung" gefordert wird (Silva-Sánchez 2003, S. 14).

So ist die viktimistische Trendwende „der Motor, der den tiefgreifenden und nachhaltigen Paradigmenwechsel von der wohlfahrtsstaatlich-resozialisierenden Kriminalpolitik der 1960er und 1970er Jahre zu der gegenwärtig vorherrschenden gleichzeitig retributiven und sichernden Kriminalpolitik antreibt" (Günther 2013, S. 188 siehe den Text in diesem Kapitel). Zwar hat dieser Viktimismus paternalistische Züge, indem er vorgibt, der Staat trüge wenigstens in seiner strafenden Funktion den Schutzbedürfnissen der Bürger Rechnung. Tatsächlich aber steht die Opferwende in einem Spannungsverhältnis zwischen staatlicher Umsorgung und der Politik der Responsibilisierung, die eine teilweise Verantwortungsverschiebung ehemals wohlfahrtsstaatlicher Aufgaben an die Individuen vorsieht.

[…] Dieser „buddy state" (Simon 2001, S. 137 f.) tritt auf als „eine Art Helfer, der zwar nicht in der Verantwortung steht, die Risiken und Lasten der Leute zu übernehmen, der aber Beratung, Ermutigung und gelegentliche Subventionen bereitstellt". Seine Stärke spielt er dann im Strafbetrieb aus, in der die „Botschaft die eines Staates als zuverlässiger Anbieter dieses rechtmäßig geweihten aber privat verbrauchten Anspruchs auf Grausamkeit ist, die eine Verurteilung wegen einer schweren Straftat produziert" (ebd., S. 138).

[…]

8 *Das reine Opfer*

[...] Im Zentrum dieser atavistischen Ideen steht das ‚reine Opfer'. Damit wollen wir eine Idealfigur und Projektionsfläche bezeichnen, über die weitgehende gesellschaftliche Einigkeit darin besteht, dass ihr Leid und Unrecht widerfahren ist, und auf die als Adressat uneingeschränkten Mitgefühls und Gerechtigkeitsverlangens Bezug genommen wird. Das reine Opfer wird damit nicht nur als echtes Opfer anerkannt, wie es für alle unverdienten Lagen zutrifft, sondern um diese Figur spannen sich eine ganze Reihe öffentlicher Diskurse, die das Opfer ins Zentrum gesellschaftlicher Missstände und politischer Forderungen rücken und damit zugleich die ehemals zentralen gesellschaftlichen Problemlagen – allen voran die ehemaligen Themen sozialökonomischer Ungleichheit – verdrängen. Dabei lässt sich mit Beard (1990, S. 968) fragen, wie diese Problemumlenkung von den sozialökonomischen Ungleichheitsstrukturen hin zu den individuellen Leidensgeschichten geschehen konnte, wenn die sozialökonomischen Verhältnisse in Großbritannien und den USA weitaus mehr Opfer fordern als Sexualkriminalität: „Warum, wenn Armut steigt und Wohlfahrtsprogramme heruntergefahren werden, wird unsere Aufmerksamkeit auf den sexuellen und anderen Missbrauch gelenkt?"

Dieses reine Opfer lässt sich als kleinster gemeinsamer Nenner einer hoch individualisierten Gesellschaft verstehen. Im Kriminalitätsopfer spiegelt sich ein individualisiertes Leid, das typischerweise aus einer intimen Begegnung entstanden ist und das den Körper zum zentralen Objekt der Sorge werden lässt. Die passende ‚Gegenseite' des Opfers ist vorzugsweise ein Gewalttäter, der in möglichst große Nähe des Opfers gerückt ist. Der sexuelle Missbrauch erscheint daher als paradigmatische Kriminalität für eine individualisierte Gesellschaft. Waren ehemals skandalisierte Kriminalitätsbereiche, wie öffentliche Gewalt, Drogen, Raub u. a. sozialökonomisch verwurzelt, erscheint der Missbrauch als gegenwärtige Master-Kriminalität als Ergebnis emotionaler Pervertierung von Individuen, die durch einen inneren Trieb gedrängt werden (Furedi 2004, S. 30).

Wenn sich der Blickwinkel von den Ungleichheit stiftenden Wirtschaftsstrukturen auf Kriminalität und v. a. auf intime Verfehlungen verschoben hat, mag das darin begründet sein, dass die Ökonomie weniger in Begriffen kollektiver Interessenlagen verhandelt wird, sondern v. a. als Sphäre individueller Anpassungen von Selbstunternehmern. [...]

Mit diesen Opfern ist eine Solidarität möglich, die im Rahmen der Individualisierung der Soziallage entzogen wurde. Dabei geht es nicht um bloßes Mitfühlen mit dem Opfer, was es immer schon gab, sondern die besondere Bedeutung des Opfers ergibt sich „aus der neuen Signifikanz intuitiver emotionaler Identifikation in einem Kontext, in dem es kaum noch Quellen der Gegenseitigkeit gibt" (Garland 2008, S. 355). […]

Aus der Position des Opfers lassen sich außerdem Ansprüche stellen. Dieser „Sinn für Verwundbarkeit" (Brown 1995, S. 66) konstruiert politische Identitäten, die regelmäßig zur rechtlichen Regulation anrufen, wohin der Staat seine Ansprechbarkeit zum Gutteil verlagert hat. Hierfür wird freilich der Status des *citizen* gegen den des Klienten getauscht (Furedi 2004, S. 51), wenn nicht gar das Bedürfnis, sich unter den Schutzschirm des Strafrechts zu begeben, einer kindlichen Regression auf die Stufe von Zuwendung, Versorgung, Unschuld gleichkommt. […] Strafe wird so „zu einer Art therapeutischem Theater" (Simon 2001, S. 127) für eine Gesellschaft, die nach Sicherheiten verlangt und die dabei auf das Feld der Kriminalität gelockt wird.

Literatur

Beard, Mary (1990): Review of Tate, Times Literary Supplement vom 14. September: 968.
Bechmann, Sebastian (2007): Gesundheitssemantiken der Moderne, Berlin.
Brown, Wendy (1995): States of Injury, Princeton.
Furedi, Frank (2004): Therapy Culture, London.
Garland, David (2008): Kultur der Kontrolle. Verbrechensbekämpfung und soziale Ordnung in der Gegenwart, Frankfurt/M.
Günther, Klaus (2013): Ein Modell legitimen Scheiterns. Der Kampf um Anerkennung als Opfer, in: Honneth, Axel et al. (Hg.), Strukturwandel der Anerkennung, Frankfurt/M.: 185–248.
Hacking, Ian (1999): The Social Construction of What?, Cambridge.
Hassemer/Reemtsma (2002): Verbrechensopfer. Gesetz und Gerechtigkeit, München.
Heitmeyer, Wilhelm (2011): Deutsche Zustände. Das entsicherte Jahrzehnt. Presseinformation v. 12.12. [15.03.2014].
Heitmeyer, Wilhelm/Endrikat, Kirsten (2008): Die Ökonomisierung des Sozialen. Folgen für „Überflüssige" und „Nutzlose". In: Heitmeyer, Wilhelm (Hg.), Deutsche Zustände. Folge 6,. Frankfurt/ M.: 55–72.
Heitmeyer, Wilhelm (2012): Gruppenbezogene Menschenfeindlichkeit (GMF) in einem entsicherten Jahrzehnt, in: Ders. (Hg.), Deutsche Zustände, Folge 10, Frankfurt/M.: 15–41.
Jansen, Frank (2012): Opfer rechtsextremistischer Gewalt. Eine Bilanz zur Schicksalsvergessenheit seit der Wiedervereinigung, in: Heitmeyer, Wilhelm (Hg.), Deutsche Zustände, Folge 10, Frankfurt/M.: 261–274.
Leibold, Jürgen et al. (2012): Mehr oder weniger erwünscht? Entwicklung und Akzeptanz von Vorurteilen gegenüber Muslimen und Juden, in: Heitmeyer, Wilhelm (Hg.), Deutsche Zustände, Folge 10, Frankfurt/M.: 177–198.

Mansel, Jürgen/Spaiser, Viktoria (2012): Antisemitische Einstellungen bei Jugendlichen aus muslimisch geprägten Sozialisationskontexten. Eigene Diskriminierungserfahrungen und transnationale Einflüsse aus Hintergrundfaktoren, in: Heitmeyer, Wilhelm (Hg.), Deutsche Zustände, Folge 10.

Shapiro, Bruce (1997): Victims & Vengeance, in: The Nation, vom 10. Februar.

Silva-Sánchez, Jesús-María (2003): Die Expansion des Strafrechts. Kriminalpolitik in postindustriellen Gesellschaften, Frankfurt/M.

Simon, Jonathan (2001): Entitlement to Cruelty: The End of Welfare and the Punitive Mentality in the United States, in Stenson, Kevin/ Sullivan, Robert R. (Hg.), Crime, Risk and Justice: The Politics of Crime Control in Liberal Democracies, London: 125–143.

Sontag, Susan (1991): Illness as Metaphor and AIDS and its Metaphors, London.

Sykes, Charles (1992): Nation of Victims, New York.

Weigend, Thomas (2010): ‚Die Strafe für das Opfer'? Zur Renaissance des Genugtuungsgedankens im Straf- und Strafverfahrensrecht, in: Rechtswissenschaft 1: 39–57.

Wright, Michael T./Rosenbrock, Rolf (1999): Aids – Zur Normalisierung einer Infektionskrankheit, in: Albrecht, Günther/Groenemeyer, Axel (Hg.), Handbuch soziale Probleme, 2 Bd., Wiesbaden: 195–218.

6. Fremd- und Selbstüberwachungen

Einleitung: Fremd- und Selbstüberwachungen

Aldo Legnaro und Daniela Klimke

Überwachung in vielfältigen Formen bildet den logischen Endpunkt des heutigen sicherheits- und kontrollgesellschaftlichen Szenarios, das sich – so wird es offiziell proklamiert – vor allem gegen Kriminalität und terroristische Gefahren richtet, nebenbei jedoch auch die gesamte Bevölkerung in den Blick nimmt. Weder Sicherheit noch Kontrolle, so unvollkommen und lediglich näherungsweise sie sich verwirklichen lassen, sind in aller Regel schließlich ohne Überwachung irgendeiner Art zu denken – je früher einsetzend und je lückenloser und umfassender, desto besser. Das ist jedenfalls die Logik, die die Prozesse von Sekuritisierung nahelegen, wobei Überwachung (als eine zielgerichtete Beobachtung zur Datenerhebung vor allem an Personen) und Kontrolle (als Aufsicht über einen Vorgang und als Überprüfung, um festzustellen, ob etwas den Regeln entspricht) manchmal unterscheidbar sind, oft aber miteinander verschmelzen und deswegen hier meistens synonym verwendet werden (siehe auch die Kapitel *Prävention als Steuerungsmechanismus in der späten Moderne* und *Die Sekuritisierung des Lebens* in diesem Band). Staatliche Überwachung an sich ist allerdings nicht völlig neu, sondern jedenfalls schon im 19. Jahrhundert eine verbreitete Regierungstechnik, etwa durch die Einführung von Aus-

A. Legnaro (✉)
Köln, Deutschland
E-Mail: a.legnaro@t-online.de

D. Klimke
Institut für Kriminalitäts- und Sicherheitsforschung, Polizeiakademie Niedersachsen, Nienburg, Deutschland
E-Mail: klimke@uni-bremen.de

weispapieren (Boersma et al. 2014), die Zensur der Presse und die polizeiliche Beobachtung öffentlicher Demonstrationen (Zamoyski 2016) oder das Mithören von Kneipenunterhaltungen (Evans 1989). In dieser Zeit werden auch heute allgemein verbreitete Techniken der Kontrolle entwickelt und finden ihre erste nicht-kriminalistische Verwendung, so der Fingerabdruck, den die britische Kolonialverwaltung in Indien als Mittel zur Identifizierung indischer Rentenempfänger nutzte, da weiße Kolonialbeamte deren Gesichter nicht unterscheiden konnten (Cole 2001, S. 65). Gegenüber diesen Anfängen haben sich Fremdüberwachungen jedoch inzwischen vielfältig differenziert, und Datenbeobachtung sowie -verfolgung einerseits durch Konzerne zu kommerziellen Zwecken, andererseits durch Polizei und Geheimdienste aus politischen Gründen, entwickeln sich zu einer ubiquitären Praxis. Derlei gelingt umso einfacher, als Kommunikationen und soziale Prozesse aller Art weitgehend digitalisiert und internetbasiert stattfinden und sich – oft ohne großen Aufwand – automatisiert verfolgen lassen, wie das etwa auch für manchen Arbeitsplatz gilt (Hansen 2004; Allen et al. 2007; Hoss 2009; Ball 2010; Sewell et al. 2011; Ullrich und Lê 2011; West und Bowman 2016; im Hinblick auf Drogentests Egbert 2018). Das führt zu umfassenden und ausgefeilten Techniken der Überwachung, Kontrolle und Profilauswertung, die eine Kontrolle aus der Distanz verwirklichen und die Sekuritisierung des Alltags (siehe das Kapitel *Die Sekuritisierung des Lebens* in diesem Band) in technische Medien überführt. Diese Medien leisten, sieht man sie in einer theoretischen Interpretation abgelöst von konkreten Techniken und Wirkungen, eine „discrimination by abstraction", die eingebettet ist in „a masculine and masculinizing property of these systems" (Monahan 2009a, S. 291). Das bedeutet zwar keineswegs notwendig die Diskriminierung von Frauen, verweist jedoch auf die Kontextuierung solcher Überwachungssysteme durch soziale Geschlechtskategorien (vgl. etwa Dubrofsky und Magnet 2015). Auch lässt sich nicht von ‚der' Überwachung sprechen: wenngleich sie ein globales Phänomen darstellt, muss sie historisch, räumlich und kulturell verortet werden (Wood 2009). Trotz der dadurch bedingten Unterschiedlichkeiten kann man wohl insgesamt einen „surveillance capitalism" unterstellen (Zuboff 2015), der bekannte soziale und ökonomische Ungleichheiten repliziert (Cinnamon 2017) und seinen vorgeblichen Zweck – etwa der Bekämpfung von Kriminalität und Terrorismus – keineswegs immer erfüllt (Shields 2006). Doch ist solche staatliche oder aus kommerziellen Interessen vorgenommene Fremdüberwachung politisch und rechtlich oftmals heikel und stößt immer wieder auf den Widerstand einer auf Datenschutz, garantierter Privatsphäre und den verfassungsmäßigen BürgerInnenrechten bestehenden Zivilgesellschaft. Es entwickeln sich deswegen politische und künstlerische Gegenbewegungen

(Marx 2003; Ball 2005; Chan 2007; Grommé 2016; Hogue 2016; Kafer 2016; Singh 2017) und sogar in Gefängnissen eine Form der Gegenüberwachung (Welch 2011). *Sousveillance* ist dabei als das kontrollierende Gegenstück zur *surveillance* im öffentlichen Raum konzipiert (Mann et al. 2003; Ganascia 2010; Mann 2013; Mann und Ferenbok 2013), kann allerdings auch als ein liberaler Luxus erscheinen, weil sie sich vor allem um Befürchtungen der europäischen und nordamerikanischen Mittelschicht dreht, die Peripherie aber ignoriert (Rexhepi 2016) – was eine gewisse Parallele zu den Differenzierungen des Lebensstils bildet (siehe auch das Kapitel *Inklusionen und Exklusionen* im Vorgängerband *Verurteilen und Strafen*).

Je nachdrücklicher Fremdüberwachung allerdings in eine affirmierend vorgenommene Selbstüberwachung transformiert werden kann, die keinerlei Bedenken hervorruft, weil sie als Spiel und Unterhaltung (‚gamification‘) erscheint (Albrechtslund und Dubbeld 2005; Adamowsky 2010; Ellerbrok 2011; O'Donnell 2014), desto sanfter und unauffälliger, ungezwungener und freiheitlicher wirkt das gesamte Arrangement. Eine Kontrollgesellschaft des Alltäglichen wird also die Formen der Fremdüberwachung durch die Erzeugung einer Mentalität aufzuheben suchen, in der Selbstüberwachung als ein Ausweis eigener Modernität erscheint (Legnaro 2003, siehe den Text in diesem Kapitel). Das Ideal stellen dann Gesellschaftsmitglieder dar, die ihre Privatheit weitgehend oder sogar ganz aufgeben, sich vollständig ‚veröffentlichen‘ und sich – mit einem von Basulto (o. J.) geprägten Ausdruck – als „datasexuals" inszenieren. Der Nebeneffekt solcher narzisstischen Selbstdarstellung ist der Nachweis der (sozialen und strafrechtlichen) Unschuld. In seinem Roman *The Circle* (2013) beschreibt Dave Eggers die absehbare Kulmination dieser Entwicklung. Der gleichnamige Konzern, ein krakenhaftes, aus Versatzstücken von Amazon, Google, Apple und Facebook zusammengesetztes Gebilde, strebt globale Transparenz an, weswegen jede und jeder eine Filmkamera umgehängt haben sollte und nahezu jederzeit – im Bad und nachts ist das Abschalten erlaubt – live für ein Massenpublikum auf Sendung ist. Mae, die Hauptperson des Buches, bemerkt zwar durchaus, wie kontrolliert sie nun immer spricht, findet es auch nicht wirklich angenehm, vertraulich-freundschaftliche Gespräche im Bad führen zu müssen, aber insgesamt „she found it freeing. She was liberated from bad behavior. [...] Since she'd gone transparent, she'd become more noble." (ebd., S. 329) Das überträgt die Transparenz, wie sie bei politischen bzw. für die Allgemeinheit relevanten Vorgängen tatsächlich gewährleistet sein sollte, ins Private, und wenn nach dem alten Spruch das Private politisch ist, so ist jetzt dieses Private in die durch Selbstkontrolle besonders effizient ermöglichte Fremdkontrolle transformiert worden. Dass dies alles gar nicht als Kontrolle erscheint, sondern als Wahrnehmung ureigener Interessen an persönlicher Sichtbarkeit und Kommunikation, macht die Doppelbödigkeit der Techniken von Fremd- und Selbstüberwachung aus.

Die Literatur zu der Frage, wie sich solche Entwicklungen theoretisch einordnen lassen, inwieweit sie eine absolute Dystopie (als das negative Gegenstück zur positiv gemeinten Utopie) darstellen oder doch Beimischungen einer freiheitlichen Utopie enthalten, welche Bedeutung ubiquitären Techniken der Überwachung wie Videokameras, biometrischen Verfahrensweisen und der Nachverfolgung von Internet-Aktivitäten dabei zukommt und wie sich dadurch die Ausübung von Macht verändert, füllt inzwischen ganze Bibliotheken (sehr selektiv sei etwa verwiesen auf Lyon 1994, 2004, 2007a, 2009, 2011; Koskela 2004; Lewis 2006;Monahan 2006, 2010; Deflem 2008; Best 2010; Caluya 2010; Hempel et al. 2010; Muller 2010; Gates 2011; Nelson 2011; Zurawski 2011a; Ball et al. 2012; Doyle 2012; Fuchs 2012; Fuchs et al. 2012; IRISS 2014; Ajana 2013; Ball und Snider 2013; Björklund 2013; Gaycken 2013; Gilliom 2013; Heilmann 2015; Hoye und Monaghan 2015; Lee und Cook 2015; Marx 2016; Binder 2017; Bratich 2018). George Orwell beschrieb in seinem Roman *1984* die Zustände in ‚Oceania' in einem zum Zeitpunkt der Entstehung des Buches noch weit entfernten Jahr – Orwell drehte die Jahreszahl (19)48 einfach um. Im *Big Brother* schuf er eine dystopische Allegorie für den allessehenden und sich zugleich paternalistisch gebenden Diktator, und dieses Bild bildet in der Literatur auf die eine oder andere Weise immer wieder den Referenzpunkt. Nie aus dem Blick – hier ganz im Wortsinn genommen – des Herrschers zu geraten, stellte für Orwell den schlimmsten vorstellbaren Totalitarismus dar: ein ins Politische gewendetes System, das seine Herkunft aus der religiösen Idee einer alles wahrnehmenden und alles wissenden Gottheit kaum verleugnet (siehe Lyon 2014b). Foucault merkt dazu an: „Man kann in diesem Zusammenhang sagen, daß der Panoptismus der älteste Traum des ältesten Souveräns ist: Keiner meiner Untertanen entgeht mir, und keine Geste keines meiner Untertanen bleibt mir unbekannt" (2006, S. 102). Panoptismus ist heute allerdings bei weitem keine einzig staatliche Veranstaltung mehr, sondern eine marktförmig zugängliche Kontrolltechnik – neben dem *Big Brother* stehen sehr viele „little sisters" (Castells 2002, S. 318 ff.).

Orwell beschrieb ein System staatlicher hierarchischer Kontrolle und disziplinierender Überwachung und konzipierte damit ein Bild des Panopticons, der visuellen Überwachung der Vielen durch Wenige (bzw. bei Orwell durch einen Einzigen), das sich bei Foucault in seiner Analyse der Bentham'schen Ideen zur Ausgestaltung von Gefängnissen (siehe *Grundlagentexte* S. 333 ff.) schon ein wenig verschiebt: eben weil man nie sicher sein kann, ob man gerade beobachtet wird, verhält man sich klugerweise so, als ob man beobachtet würde, was die Disziplinierung zu einer internen Disposition macht. Ähnlich wirkt die urbane Videoüberwachung öffentlicher Räume: Panoptismus gewinnt deswegen seine Bedeutung durch eine vorbeugend zur Schau gestellte Konformität, „it achieves the subtler goal of reinforcing the behaviors of the already law-abiding citizens by identifying definitions of normal and deviant behavior" (Yesil 2006, S. 409). Überwachung schafft derart eine spezifische Atmosphäre (Ellis et al. 2013) und beeinflusst die sozialräumlichen Imaginationen unterschiedlicher Stadtviertel (Zurawski 2007). Eine besondere Brisanz gewinnt sie jedoch bei Demonstrationen und allgemein in politischen Zusammenhängen (überblicksweise Ullrich und Wollinger 2011; bezogen auf Facebook Stoycheff 2016; Augusto und Simões 2017; allgemein Koskela 2000; Hempel und Metelmann 2005; Zurawski und Czerwinski 2008; Hempel und Töpfer 2009; Ullrich 2011; Hälterlein und Möllers 2016; Kim 2016; Lally 2017; Leman-Langlois 2018; Knopp und Ullrich 2019). Es ist nicht ohne Ironie, dass es US-Militärs als eine Gefahr für die Entscheidungsfähigkeit örtlicher Kommandeure erscheint, wenn diese sich per Datenleitung aus der Ferne beobachtet fühlen (Murray 2002); am Körper getragene Kameras können bei PolizistInnen ähnliche Effekte haben (Ariel et al. 2018; siehe aber auch von der Burg 2018).

Und die visuelle Überwachung geht zudem weit über Panoptismus hinaus; daneben steht der Synoptismus, die Beobachtung der Wenigen durch Viele (Mathiesen 1997; siehe auch Doyle 2011). Synoptismus regt zur Inszenierung des eigenen Selbst nach Vorlagen und Mustern an, wie sie Fernsehen, Streamingdienste und You-Tube-Videos bieten. Wenn schon die panoptisch durchsichtige Gefängniszelle ein kleines Theater bildet, wie Foucault festgestellt hat, dann steht man hier vor einer medialen Steigerung, die in ungeahntem Maße Beteiligung, Nachahmung und Inkorporierung in das eigene Selbst nahelegt und somit eine Form der fremdkontrollierten Selbstkontrolle ermöglicht. Daneben aber gibt es noch eine dritte Form, die sich vielleicht Polyoptismus nennen lässt: Viele beobachten Viele, was unter dem Gesichtspunkt einer umfassenden Responsibilisierung zu „Work of Watching One Another" führt (Andrejevic 2005). So hat man 2006 im Londoner Stadtteil Shoreditch ein Pilotprojekt eingerichtet, bei dem die vierhundert Kameras im öffentlichen Raum mit den Computern in den privaten Haushalten vernetzt wurden. Über Breitwandkabel und einen eigens dafür geschaffenen Fernsehkanal kann man dann zuhause Livebilder vom Straßenleben des eigenen Viertels ansehen, und wer etwas sieht, was ihm verdächtig vorkommt, kann das sofort online und anonym an die Polizei melden. Man kann sogar – Höhepunkt polyoptischer Effizienz – verdächtige Personen mit einer Online-Galerie bekannter Krimineller abgleichen.

Daraus entwickelte sich *Internet Eyes,* das mit einem Belohnungssystem der Beobachtung Spielcharakter verleiht (Schafer 2013), wenngleich die öffentliche Jagd auf Verbrecher (bzw. Personen, die dafür gehalten werden) keine neuartige Erscheinung ist (vgl. Müller 2005). Das politisch-gesellschaftliche Ideal einer solchen von misstrauischer Aufmerksamkeit angeleiteten Rundumbeobachtung, in der „controlwork" (Koskela 2011) und „participatory policing" (Pridmore et al. 2019) allgemein werden, ist vor allem in den USA durch die Aktion „If You See Something, Say Something™" des *Department of Homeland Security* verwirklicht, was vielfältige Kommentare ausgelöst hat. Es führe zu „vigilant visualities" (Amoore 2007), resultiere in „interactive (in)security" (Andrejevic 2006) und bringe den „citizen-officer-suspect" (Reeves 2012; siehe auch Reeves 2017; Schareck 2018) hervor. Jene Menschen, die von sich aus eine denunziatorische Immigrationskontrolle betreiben (Walsh 2014), verkörpern diese Entwicklung einer „lateral surveillance" (Chan 2008) besonders sinnfällig. Der Tenor aller Kommentare ist dabei eindeutig: Sozialität verliert durch solche Formen der Überwachung ihre Unbefangenheit und verändert sich auf geradezu destruktive Weise.

Verschiedene Formen der Überwachung – staatliche, kommerzielle, privat ausgeübte – ergänzen sich somit, und Haggerty und Ericson (2000) haben deswegen den Begriff der „surveillant assemblage" geprägt. Der Begriff ‚assemblage' (siehe Collier 2006; Marcus und Saka 2006) meinte ursprünglich den kunstvollen Verschnitt von Weinen verschiedener Rebsorten und Jahrgänge und in der bildenden Kunst das Collagieren verschiedener Materialien zu einem Werk, bezeichnet hier aber das Zusammenspiel unterschiedlicher Praktiken und Technologien mit dem Ziel effektiver Überwachung, die durch „desires for control, governance, security, profit and entertainment" (Haggerty und Ericson 2000, S. 609) getrieben wird, was dann zur „disappearance of disappearance" (ebd., S. 619) führt. Zu verschwinden bildet für Viele in Zeiten, in denen Aufmerksamkeit eine besondere Währung darstellt (vgl. Franck 1998; Schroer 2013), allerdings eher eine Bedrohung als eine Verlockung: Gesehen-Werden ist der Wunsch Vieler (Grosser 2017; Müller 2017), und nicht jede Beobachtung ist unerwünscht (Englert et al. 2019). Vor diesem Hintergrund entstehen die Formen eines öffentlichen und semi-öffentlichen Quasi-Exhibitionismus, wie sie viele soziale Netzwerke kennzeichnen, deren – billigend oder notgedrungen in Kauf genommene – Kehrseite die kommerzielle Nutzung der dabei entstehenden Datenströme ist. Das bildet keine Überwachung im Wortsinne, sondern, wie Bauman (2013, siehe den Text in diesem Kapitel) feststellt, ein Beispiel dessen, was er „liquid surveillance" nennt, eine Form von Stalking, bei dem volatile Wunsch- und Bedürfnismuster erfasst und bedient werden sollen. Das trägt auch zur Bequemlichkeit bei und befördert die Sonderangebots-Mentalität der KonsumentInnen – daher die Beliebtheit bei-spielsweise von Kundenkarten, die die Kundenbindung anregen und dabei lücken-los das Kaufverhalten erfassen (Zurawski 2011b). Solche Karten lassen sich als ein prägnantes Beispiel für „participatory surveillance" (Albrechtslund 2008) oder „collaborative surveillance" (Pridmore 2013) verstehen, die viele Konsum-entscheidungen einbettet in ein „diagram of panoptic surveillance" (Elmer 2003). Die Individuen sind dabei keineswegs ausschließlich die passiven Objekte fremd-bestimmter Kontrolltechnik, sondern die sich mithilfe solcher Praktiken sub-jektivierenden AkteurInnen ihrer Lebenswelt (siehe auch Raymen und Smith 2016; Lehtiniemi 2017). Allerdings haben solche Formen der Überwachung nicht nur den vergleichsweise harmlosen Effekt, auf persönliche Konsummuster und Vorlieben zugeschnittene Werbung zu erhalten, sondern sie können Zugangs-chancen (etwa zu Krediten, Versicherungen, Verträgen unterschiedlicher Art bzw. deren jeweiligen Konditionen) erheblich beeinflussen, und auch Personal-abteilungen interessieren sich bei Einstellungen für die Selbstdarstellung der BewerberInnen in den sozialen Medien. Überwachung leistet derart eine Form von „social sorting" nach sozialen, ethnischen und ökonomischen Kriterien (siehe div. Beiträge in Lyon 2003). Solche möglichen Effekte werden bei der verbreiteten ‚Ich habe nichts zu verbergen'-Einstellung gar nicht bemerkt oder in Betracht gezogen; vielmehr dominiert dann die Auffassung, dass konforme Gesellschafts-mitglieder sowieso keine Geheimnisse haben, die Sanktionen zur Folge haben könnten und ihnen deswegen nichts geschehen kann und wird – warum also auf digitale Bequemlichkeiten verzichten und sich Sorgen machen? Das klingt auf den ersten Blick überaus plausibel, offenbart jedoch diverse Untiefen. Jegliche Veröffentlichung privater Daten im digitalen Raum bleibt schließlich unbegrenzt erhalten, ermöglicht in der Zusammenschau die automatisierte Erstellung von Persönlichkeits- und Bewegungsprofilen und ist in ihren potenziellen Folgen deswegen überhaupt nicht kalkulierbar. Sofern sich die politischen, recht-lichen (nicht zuletzt die strafprozessualen und strafrechtlichen) oder kulturellen Rahmenbedingungen ändern, kann dann möglicherweise alles, auch längst Ver-gessenes, gegen einen verwendet werden und gravierende Konsequenzen haben, unabhängig von der zudem immer gegebenen Möglichkeit, unverschuldet – durch Verwechslungen, Fehlfunktionen oder Identitätsdiebstahl – solchen Konsequenzen ausgesetzt zu werden. Der Wert auch digital gehüteter Privat-heit lässt sich erst ermessen, hält man sich solche Möglichkeiten vor Augen. Ein Beispiel aus vergangenen analogen Zeiten mag das Extrem verdeutlichen: Alle jene, die sich bei den 1933 und 1939 im Deutschen Reich durchgeführten Volks-zählungen als Jüdinnen und Juden identifizierten, konnten nicht wissen, dass sie damit ihr Todesurteil ausfertigten (vgl. Aly und Roth 2000). Heute dürfte es eher um den Einfluss eigener digitaler verbaler und non-verbaler Kommunikationen auf zukünftige Lebenschancen gehen, und wer derlei vermeiden möchte, muss sich – gerade auch in sozialen Netzwerken – mit Vorsicht und Datensparsamkeit artikulieren: eine Form der Selbstkontrolle, die sich nicht mit Fremdkontrolle ergänzt, sondern dieser entgegenarbeitet. In den eigenen Datenspuren biographisiert eine Person sich selbst, und das bleibt selten folgenlos.

Prozesse des *sorting* gelten in ähnlicher Weise für die biometrischen Techniken der Identifizierung – momentan vor allem Fingerabdruck, Iris-Scan und Gesichtserkennung (siehe einen enzyklopädischen Überblick zur Biometrie bei Li und Jain 2015; vgl. auch das Kapitel *Die Sekuritisierung des Lebens* in diesem Band). Vorgehalten wird diesen Techniken etwa, dass sie eine ‚infrastructural whiteness' aufwiesen, in ihren Algorithmen also von ethnischen Stereotypisierungen bestimmt seien (Pugliese 2010; siehe aber auch Kloppenburg und van der Ploeg 2018). Sie werden meistens eingesetzt, um Mobilitäten zu überwachen und Zugänge zu Konten, Internetaccounts, Bürogebäuden, Flughäfen oder ganzen Staaten zu regulieren (Morgan und Pritchard 2005; Amoore 2006; Pickering und Weber 2006; Lyon 2007b, 2008; Ceyhan 2008) oder sogar, wie eine Untersuchung aus Saudi-Arabien belegt, die öffentliche Moral zu kontrollieren (Alhadar und McCahill 2011).

Die Technologien der Überwachung und die freiwillig eingegangenen Datentransfers verschieben das etablierte Verhältnis von Privatheit und Öffentlichkeit völlig zugunsten der letzteren. Auch dies wird vielfältig diskutiert – als eine energisch bekämpfte und zur ultimativen Dystopie erklärte, als achselzuckend in Kauf genommene, als für unabänderlich und unaufhaltsam gehaltene oder als begrüßte Entwicklung (siehe etwa Lyon und Zureik 1996; Marx 2001; Blatterer 2010; Nippert-Eng 2010; Hahn 2011; Hotter 2011; Andersen und Möller 2013; Zevenbergen 2013; Lyon 2014a, 2015; Ball et al. 2016; Epstein 2016; Gürses et al. 2016; Matzner 2016; Masco 2017; West 2017; Aldenhoff et al. 2019). Das kann aber auch eine Möglichkeit bilden, Freiheitsspielräume zu nutzen (Dellwing und Drescher 2016), und es bilden sich neue Subjektivitäten des Digitalen heraus, die den dualen Gegensatz von Privatheit und Öffentlichkeit relativieren (Pittroff 2019). Die eigene Veröffentlichung des Privaten lässt sich zudem als eine subversive Strategie interpretieren: „continuous visibility on one's own terms (whether through ACT UP [ein Lobby-Verband, der daran arbeitet, ein öffentliches Bewusstsein für Aids herzustellen], reality television, or Facebook) begins to look like a strategy – if not an unproblematic one – of autonomy, a public way of maintaining control over one's private identity." (Igo 2015) Allen, denen bei solcher heteronom auswertbaren Autonomie unwohl ist, wird jedoch kaum etwas anderes übrig bleiben, als „privacy labour" (Kreissl 2014) in erheblichem

Umfang zu leisten. Und auch dies wird kaum verhindern können, dass Dritten eine Fülle von Daten über die eigene Person zur Verfügung steht, denn insgesamt gilt: „We are Data" (Cheney-Lippold 2017) bzw.: „You Are Your Metadata" (Perez et al. 2018), womit man nicht nur an der eigenen Überwachung mitarbeitet, sondern mit den Daten auch den Rohstoff kommerzieller Verwertungsketten bereitstellt (Voß 2020). Diese Entwicklung wird sich durch den Trend zu digitalen persönlichen Assistenten (vgl. Bendel 2012; Both 2012) und digitalen Nahkörpertechnologien (Kaerlein 2018) noch verstärken. Nicht zuletzt unter dem Kennzeichen von Big Data (Geiselberger und Moorstedt 2013; Kitchin 2014a; Langlois 2015; Süssenguth 2015) verändern sich auch die Methoden der Überwachung (Turow et al. 2015; Brayne 2017). Die erhobenen Daten werden zwar lediglich zu (meistens) kommerziellen Zwecken ausgewertet, doch kann ihre Nutzung zu Zwecken der politischen Repression oder der Strafverfolgung nie ausgeschlossen werden. Das politische Potenzial und der „data-driven authoritarianism" (Lee 2019, S. 964) solcher Technologien wird ansatzweise im *social credit system* erkennbar, wie es in China in den letzten Jahren implementiert wird (siehe Chorzempa et al. 2018; Liu 2019; Krause Hansen und Weiskopf 2020). Die zukünftigen digitalen Transformationen des Sozialen (ein Überblick bei Olleros und Zhegu 2016) werden zwar sehr oft vor allem mit technologischer Begeisterung thematisiert, so etwa *smart homes* (Harper 2003; Robles und Kim 2010; Solaimani et al. 2015), *smart cities* (Townsend 2013; Curry et al. 2016) und das Internet der Dinge (Andelfinger und Hänisch 2015; Greengard 2015; Sprenger und Engemann 2015; Howard 2016; Batalla et al. 2017). Sie potenzieren allerdings die Möglichkeiten von Kontrolle und Überwachung in bisher ungeahnter Weise und führen zu Formen einer „algorhythmic governance" (Coletta und Kitchin 2017; Kalpokas 2019; siehe auch Kitchin 2014b; Seyfert und Roberge 2017; Krivý 2018), dies um so ausgeprägter, je mehr Daten, etwa von Facebook oder Google, miteinander verknüpft werden können (Mühlhoff 2019). Deswegen wird der Ruf nach einer ethischen Fundierung algorithmisch getroffener Entscheidungen lauter (Mittelstadt et al. 2016).

Unabhängig davon sind die durch die Allgegenwart digitaler Gerätschaften initiierten kulturellen Wandlungen noch weitgehend unerforscht; diese verändern, nehmen Gardner und Davis (2013) an, die Vorstellungen von Identität, Intimität und Imagination, und sie verändern auch die Herstellung und Performanz heutiger Sozialität (Ruppert et al. 2013), wie sich nicht zuletzt an den vielfältigen Formen der Belästigung und des Mobbing im Internet (,cyberbullying') sehen lässt (Katzer 2016; vgl. auch Williams und Burnap 2016). Implantierte Chips – 2021 noch eine Novität für wenige Technikbegeisterte – eröffnen der Selbst- und Fremdüberwachung weitere Möglichkeiten. Solche Chips sind für manche alltäglichen Verrichtungen bequem, und typischerweise werden die Techniken der Selbstüberwachung deswegen vor allem befördert durch Gerätschaften, die Coolness mit einem praktischen Nutzwert vereinen. Eben das lässt ihren Gebrauch als ebenso sinnvoll wie natürlich – und vor allem modern – erscheinen, bringt jedoch zugleich mit sich, zum „Komplizen des Erkennungsdienstes" (Bernard 2017) zu werden, wobei die heutigen Anwendungen mit ihrer Aufforderung zur Profilbildung auf ursprünglich polizeiliche Fahndungstechniken zurückgreifen (ebd.). Zudem ermöglichen sie ein *self-tracking* (Neff und Nafus 2016); dies gilt etwa für Fitness-Apps, Anti-Stress-Apps und alle Geräte, die die eigenen Körperfunktionen erheben, auswerten, speichern und in aller Regel per Internet auch nach außen kommunizieren. Dabei schließen die NutzerInnen eine Zielvereinbarung mit sich selbst (Legnaro 2016; siehe auch Reichert 2015), um physiologische Daten zu kontrollieren und kommunikativ auszutauschen – eine Interaktion von „social surveillance" (Marwick 2012). Das dient auch dem *community building,* aber vor allem dient es einem Prozess der Selbst-Konformisierung, die sich ohne Selbstüberwachung nicht erreichen lässt, ohne Fremdkontrolle jedoch ebenfalls unzulänglich bliebe: „Alltag ist als Selbstkontrolle perfektionierte Fremdkontrolle" (Dollinger und Schmidt-Semisch 2016, S. 15; siehe auch Reigeluth 2015). Die dabei aufgebaute digitale Identität stellt Anforderungen an ihre Verwaltung und Bewahrung, weswegen einer neuartigen Kriminalitätskonstruktion wie dem Identitätsdiebstahl besondere Bedeutung zukommt (Monahan 2009b). Individuelle Verantwortlichkeiten der Selbstüberwachung und ihre sozialen Kontextuierungen ergänzen sich somit zu einer interdependenten Kontrollmatrix durchaus heteronomen Charakters.

Welche Techniken, Geräte und Algorithmen auch bei Fremd- und Selbstüberwachungen zum Zuge kommen, immer geht es um eine Form des Regierens durch (mehr oder weniger) sanfte Lenkungen, besonders ersichtlich beim *affective computing* (Angerer und Bösel 2015), bei dem durch die Spracherkennung einer Tonsequenz menschliche Emotionen, die Persönlichkeit und sogar Absichten erkannt, interpretiert und verarbeitet werden. Sanfte Lenkungen machen bereits die urbane Videoüberwachung aus (Krasmann 2003, siehe den Text in diesem Kapitel), die technisch inzwischen zwar als eine nahezu überholte Kontrollform erscheint, nach wie vor jedoch große Bedeutung hat. Angesichts ihrer Ubiquität hat der Gesetzgeber die Konkurrenz zwischen der Überwachung durch Kameras und dem dadurch tangierten Recht am eigenen Bild inzwischen einseitig aufgelöst: Ein Videoüberwachungsverbesserungsgesetz (BGBl. I S. 968) definiert 2017 den „Schutz von Leben, Gesundheit oder Freiheit […] als ein besonders wichtiges Interesse", das demgemäß das allgemeine

Persönlichkeitsrecht der NutzerInnen nicht verletze. Eine Weiterentwicklung bloßer Bilderfassung bildet die allerdings noch nicht fehlerfrei funktionierende automatisierte Gesichtserkennung, daneben steht das Erkennen von Gangmustern im Mittelpunkt der einschlägigen Forschung, um Identifikationen auch auf größere Entfernungen zu ermöglichen (Talele und Deokar 2014). Sich einer solchen Kontrolle des Alltags im Medium der Fremd- und Selbstüberwachungen zu verweigern ist immer weniger (bzw. schwieriger) praktikabel, abgesehen davon, dass die völlige Verweigerung digitaler Teilnahme ein Verdachtsmoment eigener Art konstituieren dürfte: ein Geflecht aus Fremd- und Selbstüberwachungen bildet das Signum der späten Moderne.

Literatur

Adamowsky, Natascha (2010): Medialisierte Umgebungen und Strategien der Kontingenzbewältigung. Digitale Überwachungssysteme im Modus des Spiels, in: Münkler, Herfried/Bohlender, Matthias/Meurer, Sabine (Hg.): Sicherheit und Risiko: Über den Umgang mit Gefahr im 21. Jahrhundert, Bielefeld: 223–237.

Ajana, Btihaj (2013): Governing through biometrics: the biopolitics of identity, London.

Albrechtslund, Anders/Dubbeld, Lynsey (2005): The Plays and Arts of Surveillance: Studying Surveillance as Entertainment, in: Surveillance & Society 3(2-3): 216-221.

Albrechtslund, Anders (2008): Online Social Networking as Participatory Surveillance, in: http://firstmonday.org/article/view/2142/1949.

Aldenhoff, Christian/Edeler, Lukas/Hennig, Martin/Kelsch, Jakob/Raabe, Lea/Sobala, Felix (Hg.) (2019): Digitalität und Privatheit. Kulturelle, politisch-rechtliche und soziale Perspektiven, Bielefeld.

Alhadar, Ibrahim/McCahill, Michael (2011): The use of surveillance cameras in a Riyadh shopping mall: Protecting profits or protecting morality?, in: Theoretical Criminology 15 (3): 315–330.

Allen, Myria Watkins/Coopman, Stephanie J./Hart, Joy L./Walker, Kasey L. (2007): Workplace Surveillance and Managing Privacy Boundaries, in: Management Communication Quarterly 21 (2): 172-200.

Aly, Götz/Roth, Karl Heinz (2000): Die restlose Erfassung. Volkszählen, Identifizieren, Aussondern im Nationalsozialismus, Frankfurt/M.

Amoore, Louise (2006): Biometric borders: Governing mobilities in the war on terror, in: Political Geography 25: 336-351.

Amoore, Louise (2007): Vigilant Visualities: The Watchful Politics of the War on Terror, in: Security Dialogue 38 (2): 215–232.

Andelfinger, Volker P./Hänisch, Till (Hg.) (2015): Internet der Dinge. Technik, Trends und Geschäftsmodelle, Wiesbaden.

Andersen, Rune S./Möller, Frank (2013): Engaging the limits of visibility: Photography, security and surveillance, in: Security Dialogue 44 (3): 203-221.

Andrejevic, Mark (2005): The Work of Watching One Another: Lateral Surveillance, Risk, and Governance, in: Surveillance & Society 2 (4): 479-497.

Andrejevic, Mark (2006): Interactive (In)Security. The participatory promise of ready.gov, in: Cultural Studies 20 (4–5): 441–458.

Angerer, Marie-Luise/Bösel, Bernd (2015): Capture All, oder: Who's Afraid of a Pleasing Little Sister?, in: Zeitschrift für Medienwissenschaft 13(2): 48-56.

Ariel, Barak/Sutherland, Alex/Henstock, Darren/Young, Josh/Drover, Paul/ Sykes, Jayne/ Megicks, Simon/Henderson, Ryan (2018): Paradoxical effects of self-awareness of being observed: testing the effect of police body-worn cameras on assaults and aggression against officers, in: Journal of Experimental Criminology 14: 19-47.

Augusto, Fábio Rafael/Simões, Maria João (2017): To see and be seen, to know and be known: Perceptions and prevention strategies on Facebook surveillance, in: Social Science Information 56 (4): 596-618.

Ball, Kirstie (2005): Organization, Surveillance and the Body: Towards a Politics of Resistance, in: Organization 12 (1): 89-108.

Ball, Kirstie (2010): Workplace surveillance: an overview, in: Labor History 51 (1): 87-106.

Ball, Kirstie/Haggerty, Kevin D./Lyon David (Hg.) (2012): Routledge Handbook of Surveillance Studies, Milton Park, Abingdon.

Ball, Kirstie/Snider, Laureen (Hg.) (2013): The Surveillance-Industrial Complex: a Political Economy of Surveillance, Milton Park-New York.

Ball, Kirstie/Di Domenico, Maria Laura/Nunan, Daniel (2016): Big Data Surveillance and the Body-subject, in: Body & Society 22 (2): 58-81.

Basulto, Dominic (o. J.): http://bigthink.com/endless-innovation/meet-the-urban-datasexual.

Batalla, Jordi Mongay/Mastorakis, George/Mavromoustakis, Constandinos X./Pallis, Evangelos (Hg.) (2017): Beyond the Internet of Things. Everything Interconnected, Cham.

Bendel, Oliver (2012): „Siri ist hier." Der Sprachassistent von Apple in der Schweiz aus linguistischer und ethischer Sicht; https://www.mediensprache.net/archiv/hs/BENDEL_Siri_ist_hier.pdf.

Bernard, Andreas (2017): Komplizen des Erkennungsdienstes. Das Selbst in der digitalen Kultur, Frankfurt/M.

Best, Kirsty (2010): Living in the control society. Surveillance, users and digital screen technologies, in: International Journal of Cultural Studies 13 (1): 5-24.

Binder, Clemens (2017): Metternich 2.0.? Surveillance and Panopticism as modes of authoritarian governmentality in Austria, in: Surveillance & Society 15 (3–4): 397–403.

Björklund, Fredrika (Hg.) (2013): Video surveillance and social control in a comparative perspective, New York.

Blatterer, Harry (Hg.) (2010): Modern Privacy: Shifting Boundaries, New Forms, Basingstoke.

Boersma, Kees/van Brakel, Rosamunde/Fonio, Chiara/Wagenaar, Pieter (Hg.) (2014): Histories of State Surveillance in Europe and Beyond, London-New York.

Both, Göde (2012): Better Living Through Siri? Arbeitsersparnis, Geschlecht und Virtuelle Assistent_innen, in: Zentrum für transdisziplinäre Geschlechterstudien Bulletin Texte/ Humboldt-Universität zu Berlin. Texte 40: 123–138; http://www.gender.hu-berlin.de/publikationen/gender-bulletins/texte-40/bulletin-texte-40/8_both.pdf

Bratich, Jack (2018): Observation in a Surveilled World, in: Denzin, Norman K./Lincoln, Yvonna S. (Hg.): The SAGE Handbook of Qualitative Research, Thousand Oaks-London: 526–545.

Brayne, Sarah (2017): Big Data Surveillance: The Case of Policing, in: American Sociological Review 82 (5): 977-1008.

Caluya, Gilbert (2010): The post-panoptic society? Reassessing Foucault in surveillance studies, in: Social Identities 16 (5): 621-633.

Castells, Manuel (2002): Das Informationszeitalter. Bd. II: Die Macht der Identität, Opladen.

Ceyhan, Ayse (2008): Technologization of Security: Management of Uncertainty and Risk in the Age of Biometrics, in: Surveillance & Society 5 (2): 102-123.

Chan, Janet (2008): The New Lateral Surveillance and a Culture of Suspicion, in: Deflem, Mathieu (Hg.): 223–239.

Chan, Janet (2007): Dangerous art and suspicious packages, in: Law Text Culture 11: 51-69.

Cheney-Lippold, John (2017): We are Data: Algorithms and the Making of our Digital Selves. New York.

Chorzempa, Martin/Triolo; Paul/Sacks, Samm (2018): 18–14 China's Social Credit System: A Mark of Progress or a Threat to Privacy? Policy Brief des Peterson Institute for International Economics, Washington D.C.

Cinnamon, Jonathan (2017): Social Injustice in Surveillance Capitalism, in. Surveillance & Society 15 (5): 609-625.

Cole, Simon A. (2001): Suspect Identities. A History of Fingerprinting and Criminal Identification, Cambridge/London.

Coletta, Claudio/Kitchin, Rob (2017): Algorhythmic governance: Regulating the ‚heartbeat‘ of a city using the Internet of Things, in: Big Data & Society Juli-Dezember: 1–16.

Collier, Stephen J. (2006): Global Assemblages, in: Theory, Culture & Society 23(2–3): 399-401.

Curry, Edward/Dustdar, Schahram/Sheng, Quan Z./Sheth, Amit (2016): Smart cities – enabling services and applications, in: Journal of Internet Services and Applications 7:6, https://jisajournal.springeropen.com/articles/10.1186/s13174-016-0048-6.

Deflem, Mathieu (Hg.) (2008): Surveillance and Governance: Crime Control And Beyond, Bingley.

Dellwing, Michael/Drescher, Jennifer (2016): Fingierte Privatheit: Kontrolle und Management eigener Nacktfotos im Internet, in: Klimke, Daniela/Lautmann, Rüdiger (Hg.), Sexualität und Strafe, 11. Beiheft des Kriminologischen Journals: 114–135.

Dollinger, Bernd/Schmidt-Semisch, Henning (2016): Sicherheit und Alltag: Einführende Zugänge, in: dies. (Hg.), Sicherer Alltag? Politiken und Mechanismen der Sicherheitskonstruktion im Alltag, Wiesbaden: 1–26.

Doyle, Aaron (2011): Revisiting the synopticon: Reconsidering Mathiesen's ‚The Viewer Society‘ in the age of Web 2.0, in: Theoretical Criminology 15 (3): 283–299.

Doyle, Aaron (Hg.) (2012): Eyes Everywhere: The Global Growth of Camera Surveillance, London.

Dubrofsky, Rachel E./Magnet, Shoshana Amielle (Hg.) (2015): Feminist surveillance studies, London.

Egbert, Simon (2018): Drogentests und ‚Alltags-Präemption', in: Kriminologisches Journal 50 (2): 106-122.

Ellerbrok, Ariane (2011): Playful Biometrics: Controversial Technology through the Lens of Play, in: The Sociological Quarterly 52: 528-547.

Ellis, Darren/Tucker, Ian/Harper, David (2013): The affective atmospheres of surveillance, in: Theory & Psychology 23 (6): 716-731.

Elmer, Greg (2003): A diagram of panoptic surveillance, in: new media & society 5 (2): 231–247.

Englert, Kathrin/Waldecker, David/Schmidtke, Oliver (2019): Un/erbetene Beobachtung. Bewertung richtigen Medienhandelns in Zeiten seiner Hyper- Beobachtbarkeit, in: Kropf, Jonathan/Laser, Stefan (Hg.): Digitale Bewertungspraktiken. Für eine Bewertungssoziologie des Digitalen, Wiesbaden: 215-236.

Epstein, Charlotte (2016): Surveillance, Privacy and the Making of the Modern Subject: Habeas what kind of Corpus?, in: Body & Society 22 (2): 28-57.

Evans, Richard J. (Hg.) (1989): Kneipengespräche im Kaiserreich. Die Stimmungsberichte der Hamburger Politischen Polizei 1892–1914, Reinbek.

Foucault, Michel (2006): Geschichte der Gouvernementalität I. Sicherheit, Territorium, Bevölkerung. Vorlesungen am Collège de France 1977–1978, Frankfurt/M.

Franck, Georg (1998): Ökonomie der Aufmerksamkeit. Ein Entwurf, München.

Fuchs, Christian (2012): Political Economy and Surveillance Theory, in: Critical Sociology 39 (5): 671-687.

Fuchs, Christian/Boersma, Kees/Albrechtslund, Anders/Sandoval, Marisol (Hg.) (2012): Internet and Surveillance. The Challenges of Web 2.0 and Social Media, New York-London.

Ganascia, Jean-Gabriel (2010): The generalized sousveillance society, in: Social Science Information 49 (3): 489-507.

Gardner, Howard/Davis, Katie (2013): The App Generation. How Today's Youth Navigate Identity, Intimacy, and Imagination in a Digital World, New Haven-London.

Gates, Kelly (2011): Our Biometric Future: Facial Recognition Technology and the Culture of Surveillance, New York.

Gaycken, Sandro (Hg.) (2013): Jenseits von 1984. Datenschutz und Überwachung in der fortgeschrittenen Informationsgesellschaft. Eine Versachlichung, Bielefeld.

Geiselberger, Heinrich/Moorstedt, Tobias (Hg.) (2013): Big Data. Das neue Versprechen der Allwissenheit, Berlin.

Gilliom, John (2013): SuperVision: an introduction to the surveillance society, Chicago.

Samuel Greengard (2015): The Internet of things, Cambridge, MA.

Grommé, Francisca (2016): Provocation: Technology, resistance and surveillance in public space, in: Environment and Planning D: Society and Space 34 (6): 1007-1024.

Grosser, Benjamin (2017): Tracing You: How transparent surveillance reveals a desire for visibility, in: Big Data & Society Januar-Juni: 1–6.

Gürses, Seda/Kundnani, Arun/Hoboken, Joris Van (2016): Crypto and empire: the contradictions of counter-surveillance advocacy, in: Media, Culture & Society 38 (4): 576-590.

Hälterlein, Jens/Möllers, Norma (2016): Deutungskonflikte um automatisierte Videoüberwachung. Zur sozialen Konstruktion einer Technologie als Instrument der Kriminalitätsbekämpfung, in: Zoche, Peter/Kaufmann, Stefan/Arnold, Harald (Hg.): Grenzenlose Sicherheit? Gesellschaftliche Dimensionen der Sicherheitsforschung, Berlin-Münster: 163–180.

Haggerty, Kevin D./Ericson, Richard V. (2000): The surveillant assemblage, in: British Journal of Sociology 51 (4): 605–622.

Hahn, Kornelia (Hg.) (2011): Soziologie des Privaten, Wiesbaden.

Hansen, Susan (2004): From ‚Common Observation' to Behavioural Risk Management. Workplace Surveillance and Employee Assistance 1914–2003, in: International Sociology 19 (2): 151–171.

Harper, Richard (Hg.) (2003): Inside the Smart Home, London-Berlin-Heidelberg.

Heilmann, Till A. (2015): Datenarbeit im «Capture»-Kapitalismus. Zur Ausweitung der Verwertungszone im Zeitalter informatischer Überwachung, in: Zeitschrift für Medienwissenschaft 13 (2): 35-47.

Hempel, Leon/Metelmann, Jörg (Hg.) (2005): Bild – Raum – Kontrolle. Videoüberwachung als Zeichen gesellschaftlichen Wandels, Frankfurt/M.

Hempel, Leon/Töpfer, Eric (2009): The Surveillance Consensus. Reviewing the Politics of CCTV in Three European Countries, in: European Journal of Criminology 6 (2):157-177.

Hempel, Leon/Krasmann, Susanne/Bröckling, Ulrich (Hg.) (2010): Sichtbarkeitsregime. Überwachung, Sicherheit und Privatheit im 21. Jahrhundert, Sonderheft 25 des Leviathan.

Hoss, Dennis (2009): Internet- und E-Mail-Überwachung am Arbeitsplatz, Kassel.

Hotter, Maximilian (2011): Privatsphäre: der Wandel eines liberalen Rechts im Zeitalter des Internets, Frankfurt/M.

Hogue, Simon (2016): Performing, Translating, Fashioning: Spectatorship in the Surveillant World, in: Surveillance & Society 14 (2): 168-183.

Howard, Philip N. (2016): Finale Vernetzung: wie das Internet der Dinge unser Leben verändern wird, Köln.

Hoye, J. Matthew/Monaghan, Jeffrey (2015): Surveillance, freedom and the republic, in: European Journal of Political Theory 0 (0): 1–21.

Igo, Sarah E. (2015): The Beginnings of the End of Privacy, in: The Hedgehog Review 17 (1), https://hedgehogreview.com/issues/too-much-information/articles/the-beginnings-of-the-end-of-privacy.

IRISS Consortium (Hg.) (2014): Handbook on Increasing Resilience in a Surveillance Society: Key considerations for policy makers, regulators, consultancies, service providers, the media, civil society organisations and the public.

Kaerlein, Timo (2018): Smartphones als digitale Nahkörpertechnologien. Zur Kybernetisierung des Alltags, Bielefeld.

Kafer, Gary (2016): Reimagining Resistance: Performing Transparency and Anonymity in Surveillance Art, in: Surveillance & Society 14 (2): 227-239.

Kalpokas, Ignas (2019): Algorithmic Governance. Politics and Law in the Post-Human Era, Cham.

Katzer, Catarina (2016): ARAG Digital Risks Survey, Düsseldorf.

Kim, Eun-Sung (2016): The sensory power of cameras and noise meters for protest surveillance in South Korea, in: Social Studies of Science 46 (3): 396-416.

Kitchin, Rob (2014a): Big Data, new epistemologies and paradigm shifts, in: Big Data & Society April–Juni: 1–12.

Kitchin, Rob (2014b): The real-time city? Big data and smart urbanism, in: GeoJournal 79: 1-14.

Kloppenburg, Sanneke/van der Ploeg, Irma (2018): Securing Identities: Biometric Technologies and the Enactment of Human Bodily Differences, in: Science as Culture 29 (1):
57-76.

Knopp, Philipp/Ullrich, Peter (2019): Abschreckung im Konjunktiv. Macht- und Sub-
jektivierungseffekte von Videoüberwachung auf Demonstrationen, in: Berliner Journal
für Soziologie 29 (1): 61–92.

Koskela, Hille (2000): ‚The gaze without eyes‘: video-surveillance and the changing nature
of urban space, in: Progress in Human Geography 24 (2): 243-265.

Koskela, Hille (2004): Webcams, TV Shows and Mobile phones: Empowering
Exhibitionism, in: Surveillance & Society 2 (2/3): 199-215.

Koskela, Hille (2011): Hijackers and humble servants: Individuals as camwitnesses in
contemporary controlwork, in: Theoretical Criminology 15 (3): 269-282.

Krause Hansen, Hans/Weiskopf, Richard (2020): From Universalizing Transparency to the
Interplay of Transparency Matrices: Critical insights from the emerging social credit
system in China, in: Organization Studies 42(1): 109-128.

Kreissl, Reinhard (2014): Assessing Security Technology's Impact: Old Tools for New
Problems, in: Science and Engineering Ethics 20 (3): 659-673.

Krivý, Maroš (2018): Towards a critique of cybernetic urbanism: The smart city and the
society of control, in: Planning Theory 17 (1): 8-30.

Lally, Nick (2017): Crowdsourced surveillance and networked data, in: Security Dialogue
48 (1): 63-77.

Langlois, Ganaele (Hg.) (2015): Compromised Data: From Social Media to Big Data,
London.

Lee, Ashlin/Cook, Peta S. (2015): The conditions of exposure and immediacy: Internet surveillance and Generation Y, in: Journal of Sociology 51 (3): 674-688.

Lee, Claire Seungeun (2019): Datafication, dataveillance, and the social credit system as
China's new normal, in: Online Information Review 43 (6): 952-970.

Legnaro, Aldo (2016): Vermesse Dich selbst! Zahlen als Selbstvergewisserung des privaten
Lebens, in: Dollinger, Bernd/Schmidt-Semisch, Henning (Hg.): Sicherer Alltag?
Politiken und Mechanismen der Sicherheitskonstruktion im Alltag, Wiesbaden: 285-302.

Lehtiniemi, Tuukka (2017): Personal Data Spaces: An Intervention in Surveillance
Capitalism?, in: Surveillance & Society 15 (5): 626-639.

Leman-Langlois, Stéphane (2018): State Mass Spying as Illegalism, in: Critical
Criminology 26: 545-561.

Lewis, Tyson (2006): Critical Surveillance Literacy, in: Cultural Studies ↔ Critical
Methodologies, 6 (2): 263–281.

Li, Stan Z./Jain, Anil K. (Hg.) (2015): Encyclopedia of Biometrics, New York-Heidelberg-
Dordrecht-London.

Liu, Chuncheng (2019): Multiple social credit systems in China, in: economic sociology_
the european electronic newsletter 21 (1):. 22–32.

Lyon, David (1994): The Electronic Eye. The Rise of the Surveillance Society, Cambridge.

Lyon, David (Hg.) (2003): Surveillance as Social Sorting. Privacy, risk, and digital
discrimination, London-New York.

Lyon, David (2004): Globalizing Surveillance. Comparative and Sociological Perspectives,
in: International Sociology 19 (2): 135-149.

Lyon, David (2007a): Surveillance Studies. An Overview, Cambridge/Malden.

Lyon, David (2007b): Surveillance, Security and Social Sorting. Emerging Research Priorities, in: International Criminal Justice Review 17 (3): 161-170.

Lyon, David (2008): Biometrics, Identification and Surveillance, in: Bioethics 22 (9): 499-508.

Lyon, David (2009): Identifying Citizens: ID Cards as Surveillance, Oxford.

Lyon, David (Hg.) (2011): Theorizing Surveillance: The Panopticon and Beyond, Devon.

Lyon, David (2014a): Surveillance, Snowden, and Big Data: Capacities, consequences, critique, in: Big Data & Society Juli-Dezember: 1–13.

Lyon, David (2014b): Surveillance and the Eye of God, in: Studies in Christian Ethics Vol. 27 (1): 21-32.

Lyon, David (2015): Surveillance after Snowden, Cambridge.

Lyon, David/Zureik, Elia (Hg.) (1996): Computers, Surveillance, and Privacy, Minneapolis-London.

Mann, Steve/Nolan, Jason/Wellman, Barry (2003): Sousveillance: Inventing and Using Wearable Computing Devices for Data Collection in Surveillance Environments, in: Surveillance & Society 1 (3): 331-355.

Mann, Steve/Ferenbok, Joseph (2013): New Media and the Power Politics of Sousveillance in a Surveillance-Dominated World, in: Surveillance & Society 11(1-2): 18-34.

Mann, Steve (2013): Veillance and Reciprocal Transparency: Surveillance versus Sousveillance, AR Glass, Lifelogging, and Wearable Computing, in: 2013 IEEE International Symposium on Technology and Society (ISTAS): 1–12.

Marcus, George E./Saka, Erkan (2006): Assemblage, in: Theory, Culture & Society 23(2–3): 101-106.

Marwick, Alice E. (2012): The Public Domain: Surveillance in Everyday Life, in: Surveillance & Society 9 (4): 378-393.

Marx, Gary T. (2001): Murky conceptual waters: The public and the private, in: Ethics and Information Technology 3: 157–169.

Marx, Gary T. (2003): A Tack in the Shoe: Neutralizing and Resisting the New Surveillance, in: Journal of Social Issues 59 (2): 369–390.

Marx, Gary T. (2016): Windows into the Soul: Surveillance and Society in an Age of High Technology. Chicago.

Masco, Joseph (2017): ,Boundless informant': Insecurity in the age of ubiquitous surveillance, in: Anthropological Theory 17 (3): 382-403.

Mathiesen, Thomas (1997): The viewer society. Michel Foucault's 'Panopticon' revisited, in: Theoretical Criminology 2: 215-234.

Matzner, Tobias (2016): Beyond data as representation: The performativity of Big Data in surveillance, in: Surveillance & Society 14 (2): 197-210.

Mittelstadt, Brent Daniel/Allo, Patrick/Taddeo, Mariarosaria/Wachter, Sandra/Floridi, Luciano (2016): The ethics of algorithms: Mapping the debate, in: Big Data & Society Juli-Dezember: 1–21.

Monahan, Torin (Hg.) (2006): Surveillance and Security. Technological Politics and Power in Everyday Life, New York-London.

Monahan, Torin (2009a): Dreams of Control at a Distance: Gender, Surveillance, and Social Control, in: Cultural Studies ↔ Critical Methodologies 9 (2): 286–305.

Monahan, Torin (2009b): Identity theft vulnerability: Neoliberal governance through crime construction, in: Theoretical Criminology 13 (2): 155-176.

Monahan, Torin (2010): Surveillance in the time of insecurity, New Brunswick, NJ.

Morgan, Nigel/Pritchard, Annette (2005): Security and social ‚sorting'. Traversing the surveillance-tourism dialectic, in: tourist studies 5 (2): 115-132.

Mühlhoff, Rainer (2019): Big Data Is Watching You. Digitale Entmündigung am Beispiel von Facebook und Google, in: Mühlhoff, Rainer/Breljak, Anja/Slaby, Jan (Hg.), Affekt Macht Netz. Auf dem Weg zu einer Sozialtheorie der Digitalen Gesellschaft, Bielefeld: 81–107.

Müller, Oliver (2017): Being Seen: An Exploration of a Core Phenomenon of Human Existence and Its Normative Dimensions, in: Human Studies 40 (3): 365-380.

Müller, Philipp (2005): Öffentliche Ermittlungen und ihre Aneignungen im urbanen Raum. Verbrecherjagden im Berlin des Kaiserreichs, in: Geppert, Alexander C.T/Jensen, Uffa/ Weinhold, Jörn (Hg.), Ortsgespräche. Raum und Kommunikation im 19. und 20. Jahrhundert, Bielefeld: 231–256.

Muller, Benjamin J. (2010): Security, Risk and the Biometric State: Governing Borders and Bodies, London.

Murray, Scott F. (2002): Battle Command, Decision Making, and the Battlefield Panopticon, in: Military Review LXXXII (4): 46-51.

Neff, Gina/Nafus, Dawn (2016): Self-Tracking, Cambridge, Mass.

Nelson, Lisa S. (2011): America Identified: Biometric Technology and Society, Cambridge, Mass.

Nippert-Eng, Christina E. (2010): Islands of Privacy, Chicago.

O'Donnell, Casey (2014): Getting Played: Gamification, Bullshit, and the Rise of Algorithmic Surveillance, in: Surveillance & Society 12 (3): 349-359.

Olleros, F. Xavier/Zhegu, Maylinda (Hg.) (2016): Research Handbook on Digital Transformations, Cheltenham.

Perez, Beatrice/Musolesi, Mirco/Stringhini, Gianluca (2018): You Are Your Metadata: Identification and Obfuscation of Social Media Users using Metadata Information, https://arxiv.org/abs/1803.10133.

Pickering, Sharon/Weber, Leanne (Hg.) (2006): Borders, Mobility and Technologies of Control, New York-Heidelberg-Dordrecht-London.

Pittroff, Fabian (2019): Perverse Privatheiten. Die Postprivacy-Kontroverse als Labor der Transformation von Privatheit und Subjektivität, in: Kropf, Jonathan/Laser, Stefan (Hg.): Digitale Bewertungspraktiken. Für eine Bewertungssoziologie des Digitalen, Wiesbaden: 191-214.

Pridmore, Jason (2013): Collaborative Surveillance. Configuring contemporary marketing practice, in: Ball, Kirstie/Snider, Laureen (Hg.) (2013): The Surveillance-Industrial Complex: a Political Economy of Surveillance, Milton Park-New York: 107–121.

Pridmore, Jason/Mols, Anouk/Wang, Yijing/Holleman, Frank (2019): Keeping an eye on the neighbours: Police, citizens, and communication within mobile neighbourhood crime prevention groups, in: The Police Journal: Theory, Practice and Principles 92 (2): 97-120.

Pugliese, Joseph (2010): Biometrics: Bodies, Technologies, Biopolitics, London.

Raymen, Thomas/Smith, Oliver (2016): What's Deviance Got to Do with it? Black Friday Sales, Violence and Hyper-Conformity, in: British Journal of Criminology 56: 389-405.

Reeves, Joshua (2012): If You See Something, Say Something: Lateral Surveillance and the Uses of Responsibility, in: Surveillance & Society 10 (3-4): 235-248.

Reeves, Joshua (2017): Citizen Spies: The Long Rise of America's Surveillance Society, New York.

Reichert, Ramón (2015): Digitale Selbstvermessung. Verdatung und soziale Kontrolle, in: Zeitschrift für Medienwissenschaft 13: 66-77.

Reigeluth, Tyler (2015): Warum ‹Daten› nicht genügen. Digitale Spuren als Kontrolle des Selbst und als Selbstkontrolle, in: Zeitschrift für Medienwissenschaft 13: 21-34.

Rexhepi, Piro (2016): Liberal luxury: Decentering Snowden, surveillance and privilege, in: Big Data & Society Juli-Dezember: 1–3.

Robles, Rosslin John/Kim, Tai-hoon (2010): Applications, Systems and Methods in Smart Home Technology: A Review, in: International Journal of Advanced Science and Technology 15: 37-47.

Ruppert, Evelyn/Law, John/Savage, Mike (2013): Reassembling Social Science Methods: The Challenge of Digital Devices, in: Theory, Culture & Society 30 (4): 22-46.

Schafer, B. (2013): Crowdsourcing and Cloudsourcing CCTV Surveillance, in: Datenschutz und Datensicherheit 37 (7): 434-439.

Schareck, Maximilian (2018): Nach dem Verbrechen ist vor dem Verbrechen – Zur Praktik der Verbrechenswarnungen an US-Universitäten, in: Kriminologisches Journal 50 (2): 90-105.

Schroer, Markus (2013): Sichtbar oder unsichtbar? Vom Kampf um Aufmerksamkeit in der visuellen Kultur, in: Soziale Welt 64: 17-36.

Sewell, Graham/Barker, James R./Nyberg, Daniel (2011): Working under intensive surveillance: When does ,measuring everything that moves' become intolerable? in: human relations 65 (2): 189–215.

Seyfert, Robert/Roberge, Jonathan (Hg.) (2017): Algorithmuskulturen. Über die rechnerische Konstruktion der Wirklichkeit, Bielefeld.

Shields, Peter (2006): Electronic Networks, Enhanced State Surveillance and the Ironies of Control, in: Journal of Creative Communications 1 (1): 19-38.

Singh, Ajay (2017): Prolepticon: Anticipatory Citizen Surveillance of the Police, in: Surveillance & Society 15 (5): 676-688.

Solaimani, Sam/Keijzer-Broers, Wally/Bouwman, Harry (2015): What we do – and don't – know about the Smart Home: An analysis of the Smart Home literature, in: Indoor and Built Environment 24 (3): 370-383.

Sprenger, Florian/Engemann, Christoph (Hg.) (2015): Internet der Dinge: über smarte Objekte, intelligente Umgebungen und die technische Durchdringung der Welt, Bielefeld.

Stoycheff, Elizabeth (2016): Under Surveillance: Examining Facebook's Spiral of Silence Effects in the Wake of NSA Internet Monitoring, in: Journalism & Mass Communication Quarterly 93 (2): 296-311.

Süssenguth, Florian (Hg.) (2015): Die Gesellschaft der Daten: über die digitale Transformation der sozialen Ordnung, Bielefeld.

Talele, Sudeep/Deokar, Shrutika (2014): Gait Analysis for Human Identification, in: International Journal of Technology and Science 1 (2): ohne Seitenzahlen.

Townsend, Anthony M. (2013): Smart Cities. Big data, civic hackers, and the quest for a new utopia, New York-London.

Turow, Joseph/McGuigan, Lee/Maris, Elena R. (2015): Making data mining a natural part of life: Physical retailing, customer surveillance and the 21st century social imaginary, in: European Journal of Cultural Studies 18 (4-5) 464-478.

Ullrich, Peter/Lê, Anja (2011): Bilder der Überwachungskritik, in: Kriminologisches Journal 43 (2): 112–130.

Ullrich, Peter/Wollinger, Gina Rosa (2011): Videoüberwachung von Versammlungen und Demonstrationen: Blick auf ein verwaistes Forschungsfeld, in: Zurawski, Nils (Hg.): 139–157.

Ullrich, Peter (2011): Gesundheitsdiskurse und Sozialkritik – Videoüberwachung von Demonstrationen. Zwei Studien zur gegenwärtigen Regierung von sozialen Bewegungen und Protest, München.

von der Burg, Léon (2018): Bodycams im Einsatz – eine Sicherheitssimulation, in: Kriminologisches Journal 50 (2): 139-148.

Voß, Günter (2020): Der arbeitende Nutzer. Über den Rohstoff des Überwachungskapitalismus, Frankfurt/M.-New York.

Walsh, James P. (2014): Watchful Citizens: Immigration Control, Surveillance and Societal Participation, in: Social & Legal Studies 23 (2): 237-259.

Welch, Michael (2011): Counterveillance: How Foucault and the Groupe d'Information sur les Prisons reversed the optics, in: Theoretical Criminology 15 (3): 301-313.

West, Jonathan P. /Bowman, James S. (2016): Electronic Surveillance at Work: An Ethical Analysis, in: Administration & Society 48 (5): 628-651.

West, Sarah Myers (2017): Data Capitalism: Redefining the Logics of Surveillance and Privacy, in: Business & Society 00(0): 1–22.

Williams, Matthew L./Burnap, Pete (2016): Cyberhate on Social Media in the Aftermath of Woolwich: A Case Study in Computational Criminology and Big Data, in: British Journal of Criminology 56: 211-238.

Wood, David Murakami (2009): The ‚Surveillance Society'. Questions of History, Place and Culture, in: European Journal of Criminology 6 (2): 179-194.

Yesil, Bilge (2006): Watching Ourselves. Video surveillance, urban space and self-responsibilization, in: Cultural Studies 20 (4-5): 400-416.

Zamoyski, Adam (2016): Phantome des Terrors. Die Angst vor der Revolution und die Unterdrückung der Freiheit 1789–1848, München.

Zevenbergen, Bendert (2013): Adventures in digital surveillance, in: European View 12 (2): 223-233.

Zuboff, Shoshana (2015): Big other: surveillance capitalism and the prospects of an information civilization, in. Journal of Information Technology 30 (1): 75-89.

Zurawski, Nils/Czerwinski, Stefan (2008): Crime, Maps and Meaning: Views from a Survey on Safety and CCTV in Germany, in: Surveillance & Society 5 (1): 51-72.

Zurawski, Nils (2007): Video Surveillance and Everyday Life. Assessments of Closed-Circuit Television and the Cartography of Socio-Spatial Imaginations, in: International Criminal Justice Review 17 (4): 269-288.

Zurawski, Nils (Hg.) (2011a): Überwachungspraxen – Praktiken der Überwachung. Analysen zum Verhältnis von Alltag, Technik und Kontrolle, Opladen.

Zurawski, Nils (2011b): Local Practice and Global Data: Loyalty Cards, Social Practices, and Consumer Surveillance, in: The Sociological Quarterly 52: 509-527.

Die Texte

Aldo Legnaro beschreibt Kontrollgesellschaft als ein System, das sich im All-tag verwirklicht und ‚digital life-style' als eine Form freiwilliger Selbstkontrolle generiert. Kontrolle wird damit zu einer eigenständigen Leistung, wobei Technik eigene Routinen durch vordefinierte Routinen ersetzt und Selbstdefinitionen durch Fremddefinitionen ablöst. Das übt eine modalisierende und somit auch sanft kontrollierende Wirkung aus, die kein Zwang, aber doch zwanghaft ist. Kontrolle findet dabei nicht als Überwachung, sondern durch die Erzeugung von Mentalitäten statt. Der technische Stand des Aufsatzes ist der von 2003 – das Smartphone und seine Apps waren noch nicht erfunden – der Mechanismus jedoch aktueller denn je.

David Lyon und Zygmunt Bauman führten im Herbst 2011 eine Konversation per e-Mail über die Phänomene dessen, was sie, in Anlehnung an die von Bauman beschriebene „flüchtige Moderne" (*liquid modernity*), „flüchtige Über-wachung" (*liquid surveillance*) nennen. Sie vereint klassische Überwachungs-techniken wie das Panopticon mit heutigen avancierten Techniken, die vor allem auf die freiwillige Beteiligung der Individuen setzen, Überwachung in indirekte Steuerung verwandeln und zu einem kollaborativen System machen.

Susanne Krasmann analysiert Videoüberwachung als eine Chiffre von Kontrollgesellschaft und damit weniger als eine Form der Überwachung als eine solche der Kontrolle, als eine Strategie und Technik des Regierens, die die Frei-heit der Individuen durch Modifizierung der Umgebung derart lenkt, dass situativ erwünschtes Verhalten hergestellt wird.

Präludium über die Kontrollgesellschaften (2003)

Aldo Legnaro

Präludium über die Kontrollgesellschaften, in: Kriminologisches Journal Bd. 4, 2003, S. 296–301.

Als Gilles Deleuze sein *Postscriptum über die Kontrollgesellschaften* schrieb (dt. 1993),[a] schloss er keineswegs eine Debatte ab, wie der Titel vermuten lässt, sondern eröffnete sie erst. Nicht nur scheint dieses Konzept aktueller denn je, sondern es bahnt auch einen sinnvollen interpretativen Zugang zu einer Vielfalt neuerer technischer und sozialer Entwicklungen. Die folgende Skizze soll an einigen Beispielen sowohl diese Aktualität verdeutlichen wie auch, in vorläufigen Bruchstücken, die Tragweite des Deleuze'schen Konzepts aufzeigen. Dazu wird knapp die gegenwärtige theoretische Betrachtung skizziert und an einigen Einzelfallbeispielen verdeutlicht, was eine Kontrollgesellschaft des Alltäglichen ausmacht.

1   Kontrolle und Überwachung

Die bisherige Diskussion des Konzepts 'Kontrollgesellschaft' hat sich konzentriert auf den Aspekt der Abgrenzung zur Disziplinargesellschaft und den Übergang vom 'Einschließen' und 'Überwachen' zum 'Kontrollieren', der

---

[a] Siehe den Text in den *Grundlagentexten*, S. 345 ff. (A.d.H.).

A. Legnaro (✉)
Köln, Deutschland
E-Mail: a.legnaro@t-online.de

391

zwar das Einschließen keineswegs obsolet macht, ihm jedoch eine neuartige Akzentuierung verleiht. In den Blick geraten dann eine ‚culture of control‘ (Garland 2001)[b] und die Allgegenwärtigkeit des Verdachts und des Kontrolliert-Werdens (sehr präzise beschrieben bei Feeley und Simon 1994). Mit geradezu seherischem Blick hat Deleuze (1992) die elektronische Fußfessel als den Vorläufer einer solchen Kontrollgesellschaft beschrieben, in der ‚Freiheit‘, durch technische Dispositive vermittelt, ebenso gewährt wie kontrollierend überwacht wird. Die Fußfessel scheint jedoch schon die Kontrolle von gestern zu repräsentieren; inzwischen geht es um die Frage, welche biometrischen Kennzeichen unsere Ausweispapiere tragen sollten und welche Straftaten die Aufnahme in eine Gendatei rechtfertigen. Unter kontrollgesellschaftlichen Gesichtspunkten demonstriert diese Verlagerung die Generalisierung des Verdachts auf alle, denn potenziell verdächtig sind alle. Der Vorschlag, die Bevölkerung zwangsweise – zur Erhöhung der Sicherheit selbstredend – mit einem tragbaren Empfangsgerät auszustatten, um via GPS jederzeit ihre Ortung vornehmen zu können, ist merkwürdigerweise noch nicht gemacht worden, wohl weniger im Hinblick auf Bürgerrechte als aus dem Grunde, dass diese Möglichkeit bereits existiert, lässt sich doch auch ein ausgeschaltetes Mobiltelefon jederzeit präzise orten. Ergänzend kommen die Videoüberwachung ganzer Innenstädte oder jedenfalls von ‚hot spots‘ ebenso hinzu wie ‚Smart Eye‘ und andere Systeme zur computergesteuerten Gesichtserkennung, wie sie für Zugangskontrollen entwickelt werden.

Die soziale Funktionsweise heutiger Kontrollstrategien ist an einem solchen Beispiel deutlich abzulesen. Sie beruhen primär auf jenem ‚governing by freedom‘ ((vgl. exemplarisch Garland 1996, 1997; O'Malley 1997; Krasmann 1999, 2001), das als Kennzeichen des neoliberalen Regimes beschrieben worden ist, und setzen auf die eigenverantwortlichen, in den Lebensstil bereits inkorporierten Aktivitäten der Individuen, die sich gerade dadurch, dass sie die verheißungsvollen Möglichkeiten von Optionsvielfalt nutzen (etwa die angebotene Mobilität von Kommunikation, die Ubiquität von Information via Internet, digitalisiertes Geld via Kreditkarte), der Kontrolle zugänglich machen. Der Funktionsmechanismus einer Kontrollgesellschaft beruht eben darauf, dass deren Mitglieder freiwillig und unaufgefordert, einzig deswegen, um die kulturell nahegelegte Modernität und ihre sozialkonforme Überlebensfähigkeit zu bewahren, in ein technisches Potenzial investieren, das durch staatliche wie

---

[b] Siehe den Text in den *Grundlagentexten*, S. 353 ff. (A.d.H.).

private Interessenten nahezu beliebig zur Kontrolle genutzt werden kann. Wenn man sich diesen Optionen entzieht, entzieht man sich zwar auch den in ihnen eingelassenen Möglichkeiten der Kontrolle, desto mehr allerdings wird man sich zu einem verdächtigen Individuum machen. Schon vor 25 Jahren war die Barzahlung von Miete ein Kriterium der Rasterfahndung, ein erfolgreiches übrigens, und was alles werden Individuen zu verbergen haben, die keine Kreditkarten benutzen und lediglich im Festnetz telefonieren – oder, horribile dictu, gar nicht? In (naher? fernerer?) Zukunft wird mutmaßlich deswegen jeder als besonders verdächtig gelten, der kein Mobiltelefon mit sich führt und sich nicht jederzeit in den Raum-Zeit-Koordinaten lokalisieren lässt.

Ich schlage vor, Mechanismen wie die beschriebenen, die im Mittelpunkt der meisten bisherigen Überlegungen gestanden haben, als eine Kontrollgesellschaft erster Ordnung aufzufassen. Diese richtet sich vorrangig auf die situative und ortsgebundene Regelung von Verhaltensweisen (Lindenberg und Schmidt-Semisch 1995) und auf die Körper und deren Ortung: „Das Individuum muss nicht mehr diszipliniert, sondern nur noch lokalisiert werden." (Haesler 2002, S. 195) Das ist einer der Unterschiede zur Disziplinargesellschaft, mit der eine Kontrollgesellschaft erster Ordnung oberflächlich gesehen durchaus Ähnlichkeiten aufweist. So scheint etwa die drastische Zunahme der Gefängnispopulation gerade in den USA (vgl. Legnaro 2000;[c] Wacquant 2000) zunächst auf disziplinargesellschaftliche Mechanismen zu verweisen. Die strukturelle Unterschiedlichkeit besteht jedoch im Verzicht auf jegliche Exklusion, die sich mit inkludierenden Absichten verbindet: nicht um Absonderung zur Besserung geht es, sondern um Absonderung zur Unschädlichmachung, und die Mechanismen einer ‚einschließenden Exklusion' (Kronauer 2002)[d] richten sich primär auf die Ortung sowie sichere Verwahrung der Körper.

Die Kontrollgesellschaft erster Ordnung kommt in ihrer Gestalt und ihren Wirkungen am ehesten dem Terminus des ‚Überwachungsstaates' nahe, wie er die politische Diskussion beherrscht. Eine solche Überwachung geht jedoch nicht ausschließlich, vielleicht inzwischen nicht einmal primär von staatlichen Institutionen aus, sondern von Konzernen, die sich liebevoll um unsere Gewohnheiten kümmern und sie dabei kartieren. Dass der Windows Messenger seine Fehler- und Verlaufsmeldungen hinter dem Rücken des Benutzers an den

---

[c] Siehe den Text im Kapitel *Kriminalität als Instrument des Regierens* im vorhergehenden Band *Verurteilen und Strafen* (A.d.H.).

[d] Siehe das Kapitel *Inklusionen und Exklusionen* im vorhergehenden Band *Verurteilen und Strafen* (A.d.H.).

Konzern weitergibt, kann im Einzelfall Sinn haben, konstituiert insgesamt jedoch ein Regime von freundlicher Totalität. ‚Customer relationship management', die Erfassung aller Kundendaten, zielt in die gleiche Richtung, sortiert die Kundschaft in gute und schlechte Risiken und behandelt sie entsprechend: in der Warteschleife einer Hotline hängenzubleiben, muss nicht von der Überlastung der Anlage zeugen, sondern kann ebenso signalisieren, dass dieses Unternehmen uns für wenig profitabel hält. Die Verortung findet dabei nicht im Raum statt, sondern in den Koordinaten von Geld und Konsumwillen; eine Zugangskontrolle ist es gleichwohl. So ist die Kontrolle von einer Zentralagentur zersplittert auf viele einzelne Agenten, die sich ein Bild von uns als Konsumenten machen, wobei der Weg von Konsum- zu Lebensstilprofilen ja nicht weit ist. Und wenngleich sich Kontrollen solcher Art vor allem auf Zugänge richten und Berechtigungen verteilen, also ganz harmlos wirken, so lassen sie sich doch auch verstehen als ein modalisierender und konformisierender Eingriff in Lebenswelten, dem man ungefragt und ungeschützt – einzig durch konsumtive Teilnahme – ausgesetzt ist.

2   Kontrolle über die Erzeugung von Mentalitäten

Weniger auffällig, politisch aber ebenso bedeutsam sind jedoch alle Mechanismen einer Kontrollgesellschaft zweiter Ordnung. Diese richtet sich im Medium der Forderungen nach Eigenverantwortlichkeit und Selbstunternehmertum vorrangig auf Mentalitäten und Einstellungen zu sich selbst (vgl. diverse Beiträge und die Einleitung in Bröckling et al. 2000), wie das beispielhaft in der Konzeption der Ich-AG deutlich wird (Bröckling 2002). Diese Erzeugung von Mentalitäten, die aus Strategien des *self governing* besteht und in diesem Rahmen subjektivierend wirkt, hat eine Fülle von technisch vermittelten Komplementäraspekten, die den Alltag strukturieren (bzw. demnächst strukturieren werden). Die Relevanz dieser kleinen Alltäglichkeiten scheint in ihrer Bedeutung für die Kontrolle des frei subjektivierten Alltags noch nicht recht durchdacht, und auf eben diese Aspekte möchte ich das Augenmerk lenken. Das Beispiel des Kühlschranks, der via Internet im Bedarfsfall Bier nachbestellt, ist vielfach belächelt worden, kennzeichnet jedoch die Richtung. Schwer vorstellbar, ihm beibringen können, dass ich nur im Hochsommer Bier trinke und dann nicht einmal immer dieselbe Marke. Vielleicht marginale Fragen, aber sie werden sich dann stellen, und sie sind hintergründiger, als man meinen könnte. Denn was selbstredend meiner Bequemlichkeit dienen und mich von alltäglichen Lebensvollzügen entlasten soll, mir also meine Zeit für die wesentlichen Aufgaben des Selbstmanagements zurückgibt, liefert mich zugleich aus, nicht nur an die allzu bekannten Willkürlichkeiten einer Technik, die der normale Benutzer nicht versteht, sondern vor allem an Programme, die modale Abfolgen unterstellen und sich mit deren individuellen Varianzen schwer tun. Selbst wenn es meine eigenen Programme sind, weil intelligente Technik ‚lernt‘, also Abweichungen erkennt und sie gegebenenfalls dann als neue Regelhaftigkeiten anerkennt, werde ich damit zum Sklaven einer Fortschreibung, die mir zwar ständig Optionen einräumt, aber ihre Funktion erst dann erfüllt, wenn ich der bleibe, der ich war.

Wie die zahlreichen Techniken einer Kontrollgesellschaft erster Ordnung, sei es die Videoüberwachung des Raumes oder die Aufnahme individueller Merkmale in die Ausweispapiere, unter dem Signum von ‚Sicherheit‘ stehen, die immer gefährdet scheint und zu deren Herstellung und Aufrechterhaltung jedes Mittel eingesetzt werden muss, so stehen die zahlreichen kontrollgesellschaftlichen Mechanismen des Alltags unter dem Signum von ‚Bequemlichkeit‘ und ‚Benutzerfreundlichkeit‘. Jeder, der in einem Textverarbeitungsprogramm von Microsoft Briefe schreibt, wird schon einmal von einer aufploppenden Sprechblase erschreckt worden sein, in der die Programmierer ihrer Vermutung Ausdruck geben, man wolle einen Brief schreiben und dazu Hilfe anbieten. Sehr praktisch, meistens jedoch eher irritierend und ein gutes Beispiel dafür, auf welche Weise standardisierte Handlungsschritte, die die eigenen realen Handlungsschritte antizipieren, sowohl entlastend wie entmündigend wirken können. Der Effekt an Bequemlichkeit, der sich gelegentlich einstellt, wird konterkariert, indem eigene Routinen durch vordefinierte Routinen ersetzt, Selbstdefinitionen durch Fremddefinitionen abgelöst werden, die eine modalisierende und somit auch sanft kontrollierende Wirkung ausüben, die, wenn schon kein Zwang, so doch zwanghaft ist.

Wenngleich Beispiele dieser Art an Trivialität kaum zu überbieten sind, so annoncieren sie doch eine Entwicklungsrichtung. Was etwa soll man vom ‚Homelab‘ halten, einem Labor von Philips, in dem man Versuchspersonen neue Technik testen lässt (das folgende nach einem Bericht der Financial Times Deutschland 29.11.2002). Drei Beispiele solcher Innovationen: ‚Health Coach‘, der intelligente Badezimmerspiegel, der einem nicht nur sein Konterfei zeigt, sondern zugleich Börsenkurse und Wetterbericht mitteilt wie auch momentanen Blutdruck und Körpergewicht, incl. daraus abgeleiteter medizinischer Empfehlungen. *Smart living* ist das Kennwort solcher Innovationen, zu denen auch ‚Easy Access‘ zählt, ein Gerät im Format eines Flachbildschirms, das auf Zuruf einzelne Musiktitel spielt und dem man nur eine Melodie vorsingen muss, damit es via Internet den Titel sucht und abspielt. Beispiele dieser Art erinnern an die Visionen von Bill Gates, der vor Jahren von einem volltechnisierten Haus schwärmte, das beim Betreten des Raumes das Licht anmacht und hinter einem auslöscht, jeweils die Lieblingsmusik auflegt und die Wanddekorationen nach der Stimmung variiert. Derlei wirkt geradezu altbacken neben einer Entwicklung von Philips: elektrische Schaltkreise im Bettlaken bewirken, dass, sobald zwei Menschen im Bett sich berühren, das Licht gedimmt wird und romantische Musik erklingt.

Diese Bettdecke lässt sich als eine Life-Style-Technik verstehen, die psychische Algorithmen präformiert, in der Funktionsweise nicht anders als die bereits erwähnten Beispiele: modale Erwartungen oder an mir selbst gewonnen Verhaltensregelmäßigkeiten generieren Verhaltensabläufe, die die Zukunft standardisieren. Was tun, wenn man gerade mal keine Lust auf gedimmtes Licht hat? Und vermag die Decke Näherungen in aggressiver Absicht von solchen in erotischer Absicht zu unterscheiden? Zwar dürften die Erfinder weder Deleuze noch Michel de Certeau (1988) kennen, doch nutzen sie die theoretischen Konstrukte beider. Wenn de Certeau die Aktivitäten des Konsumenten betont, der durch seine Aneignungen den Dingen einen Eigensinn verleiht, so wird dies bei Philips getestet und dann – damit ist man wieder bei Deleuze – als Reaktions-muster der Technik einprogrammiert: durch Beobachtung der Handelnden werden der Technik ihre Reaktionen und Handlungsmuster inkorporiert.

3   ‚Digital lifestyle' als freiwillige Selbstkontrolle

„Leadership has been replaced by the spectacle, and surveillance by seduction", merkt Bauman (2000, S. 155) an. Wobei es sich nicht um eine bloße Ersetzung handelt, sondern vielmehr um eine Maske: in der Attraktion des Spektakels findet die ‚gute Regierung' von heute statt, und der Verführung sind die Mechanismen einer modalen Selbsteinstellung und Selbstkontrolle inhärent, die die Individuen aus sich heraus und freiwillig hervorbringen. Diese Kontrolle ist fern von Über-wachung, sondern regelt die Mentalitäten des Handelns innerhalb der „circuits of consumption and civility" (Rose 2000, S. 326). Das lässt sich an den erwähnten Erfindungen prägnant ablesen. In ihrer – hier nur ansatzweise vorgeführten – Summierung indizieren sie eine Entwicklung, die den Reichtum an vorgeb-lichen Optionen wieder reduziert auf das technisch und kommodifiziert Vor-gegebene und die Formen von Selbstregierung, die sie ermöglicht und ermutigt, einer Fremdregierung des Algorithmisierten anheim stellt. Erfindungen dieser Art wirken kontrollierend, indem sie auf instrumentelle Weise Alltäglich-keit erzeugen, und etablieren damit eine proaktiv wirkende Kontrolle, die Ver-haltensweisen modalisiert und eben dadurch auch das Erkennen des Abweichens ermöglicht: Rauchmelder des nicht antizipierten Eigensinns gewissermaßen, die ihn zügeln und in pseudo-individualisierte, tatsächlich jedoch standardisierte Formen zurückzuführen suchen. Kaum vermag man noch zu unterscheiden, wer hier wem gehorcht, und diese Welt des *smart living* erweckt den Eindruck eines sorgsam behüteten Kinderspielplatzes: die Subjekte werden im Medium einer abgespeicherten Modalität definiert, der die geltenden Konformitätsideale bereits eingeschrieben sind und die ihnen nun als ihre eigene freie Subjektivität gegen-übertritt.

Vergleichbares gilt für jene Innovationen, die unter dem Signum ‚digital lifestyle' zwar noch weit von der Marktreife entfernt sind, aber morgen und übermorgen die Kennzeichen von Modernität bilden werden – ‚LifeLog' etwa, ein Forschungsprogramm der US-amerikanischen *Defense Advanced Projects Research Agency.* Ziel ist die lückenlose digitale Archivierung jeg-licher Lebensäußerung: es geht um ein „ontologiebasiertes (Sub-)System, das den Erfahrungsfluss einer Person und deren Interaktion mit der Welt erfasst, speichert und zugänglich macht" (ZEIT 23/2003), was alles permanente Ver-kabelung voraussetzt. Durch einen GPS-Sensor soll auch der jeweilige Auf-enthaltsort aufgezeichnet werden, sodass man, dies die Versprechung, in bisher nicht gekanntem Ausmaß einen Zugriff auf die eigene Biographie erhält. Keine in Tee getauchte Madeleine ist mehr notwendig, deren Geschmack Kindheits-erinnerungen weckt: demnächst würde Proust lediglich die richtige Datei suchen müssen. Eine solche Totalarchivierung ist freiwillig und privat und hat auf den ersten Blick weder mit Überwachung noch mit Kontrolle zu tun, wenngleich man sich nicht einbilden sollte, dass im Falle eines Falles nicht auch gegen den Willen der Betroffenen auf diese Daten zurückgegriffen würde. Doch bildet eine solche umfassende Speicherung ein Medium von Selbstkontrolle, die ihrerseits zur permanenten Justierung dessen eingesetzt wird, was als modal und zulässig definiert ist, eine Versuchsanlage des eigenen Selbst zur Erzeugung modal gestimmter Modulationen. Wenn der erwähnte Badezimmerspiegel lediglich die präventive Kontrolle von Gewicht und Blutdruck initiiert und erleichtert, so wird LifeLog die Individuen präventiv wie reaktiv zu einer umfassenden Kontrolle über sich selbst befähigen – Erinnerung wandelt sich unter diesen Bedingungen von einer Meditation über die verlorene Zeit zu einer Werkkontrolle abgelieferter Inszenierungen, die eine zukünftig besser angepasste Performance ermöglicht. Von Überwachungsstaat kann in diesem Zusammenhang nicht die Rede sein, denn man wird nicht überwacht, vom Staat schon gar nicht, doch von Kontroll-gesellschaft sehr wohl: in den sozialen Konstellationen, die die beschriebenen Entwicklungen andeuten, vollziehen die Individuen alles von sich aus und generieren Kontrolle als eigenständige Leistung. In welchem Sinne des Wortes sie ihr dann unterliegen werden, das ist eine offene Frage.

Literatur

Bauman, Zygmunt (2000): Liquid Modernity, Cambridge.
Bröckling, Ulrich, Susanne Krasmann und Thomas Lemke (Hrsg.) (2000): Gouverne-mentalität der Gegenwart. Studien zur Ökonomisierung des Sozialen, Frankfurt/M.
Bröckling, Ulrich (2002): Erfolg ist nur eine Einstellungssache. Bauanleitungen für die Ich-AG, Neue Gesellschaft Frankfurter Hefte 2, S. 672-675.
de Certeau, Michel (1988): Kunst des Handelns, Berlin.
Deleuze, Gilles (1992): Das elektronische Halsband. Innenansicht der kontrollierten Gesellschaft, Kriminologisches Journal 3, S. 181-186.
Deleuze, Gilles (1993): Postskriptum über die Kontrollgesellschaften. In: Deleuze, Unter-handlungen 1972–1990, Frankfurt/M., S. 254–262.
Feeley, Malcolm und Jonathan Simon (1994): Actuarial Justice: the Emerging New Criminal Law, in: Nelken, David (Hrsg.), The Futures of Criminology, London-Thousand Oaks-New Delhi, S. 173–201.
Garland, David (1996): The Limits of the Sovereign State. Strategies of Crime Control in Contemporary Society, British Journal of Criminology 4, S. 445-471.
Garland, David (1997): ‚Governmentality' and the problem of crime: Foucault, criminology, sociology, Theoretical Criminology 2, S. 173-214.
Garland, David (2001): The Culture of Control: Crime and Social Order in Contemporary Society, Chicago.
Haesler, Aldo J. (2002): Irreflexive Moderne. Die Folgen der Dematerialisierung des Geldes aus der Sicht einer tauschtheoretischen Soziologie. In: Deutschmann, Christoph (Hrsg.), Die gesellschaftliche Macht des Geldes, Leviathan Sonderheft 21/2002, Wies-baden, S. 177–200.
Kronauer, Martin (2002): Exklusion. Die Gefährdung des Sozialen im hoch entwickelten Kapitalismus, Frankfurt/M.
Krasmann, Susanne (1999): Regieren über Freiheit. Zur Analyse der Kontrollgesellschaft in foucaultscher Perspektive, Kriminologisches Journal 2, S. 107-121.
Krasmann, Susanne (2001): Smile, you're responsible. Ein Beitrag zur Taxonomie des Neoliberalismus, in: Criminologische Vereinigung (Hrsg.), Retro-Perspektiven der Kriminologie. Stadt – Kriminalität – Kontrolle, Freundschaftsgabe für Fritz Sack, Hamburg, S. 109–123
Legnaro, Aldo (2000): Aus der Neuen Welt: Freiheit, Furcht und Strafe als Trias der Regulation, Leviathan 2, S. 202-220.
Lindenberg, Michael und Henning Schmidt-Semisch (1995): Sanktionsverzicht statt Herr-schaftsverlust: Vom Übergang in die Kontrollgesellschaft, Kriminologisches Journal 1, S. 2-17.
O'Malley, Pat (1997): Policing, Politics and Postmodernity, Social & Legal Studies 3, S. 363-381.
Rose, Nikolas (2000): Government and Control, British Journal of Criminology 40, S. 321-339.
Wacquant, Loïc (2000): The new ‚peculiar institution': On the prison as surrogate ghetto, Theoretical Criminology 3.

Überwachung und (Un-)Sicherheit (2013)

David Lyon und Zygmunt Bauman

Überwachung und (Un-)Sicherheit. Kap. 2 und 4 von Zygmunt Bauman und David Lyon, Daten, Drohnen, Disziplin. Ein Gespräch über flüchtige Überwachung, Berlin 2013, S. 70–79, 126–141 (gekürzt).
Original: Liquid Surveillance. A Conservation, Cambridge 2013.
Übersetzung: Frank Jakubzik.

2   Nach dem Panoptikum: Flüchtige Überwachung?

David Lyon Wenn man anfängt, sich mit dem Thema Überwachung zu beschäftigen, hält man die Metapher des Panoptikums für brillant. Zum einen beschreibt sie, wie Überwachung funktioniert, zum anderen ermöglicht sie, diese innerhalb der Geschichte der Moderne zu verorten. Für Foucault, der in Benthams Entwurf eines panoptischen Gefängnisses bekanntlich einen Schlüssel zum Verständnis der Entwicklung moderner, auf Selbstdisziplinierung beruhender Gesellschaften sah, markiert das Panoptikum einen historischen Wendepunkt.

Anderen, die schon länger zum Thema Überwachung forschen, entlockt die bloße Erwähnung des Begriffs jedoch ein verärgertes Stöhnen. In ihren Augen hat man zu oft zu viel vom Panoptikum erwartet, mit der Folge, daß dessen Entwurf bei jeder denkbaren und undenkbaren Gelegenheit hervorgeholt wird, um

D. Lyon (✉)
Queen's University, Kingston, Kanada
E-Mail: lyond@queensu.ca

Z. Bauman† (✉)
Uni Leeds, Leeds, Großbritannien

© Springer Fachmedien Wiesbaden GmbH, ein Teil von Springer Nature 2022   399
A. Legnaro und D. Klimke (Hrsg.), *Kriminologische Diskussionstexte II*,
https://doi.org/10.1007/978-3-658-22007-5_25

zu erklären, was, nun ja, Überwachung ist. So begegnen wir dann elektronischen Panoptiken und Superpanoptiken oder Varianten wie dem Synoptikum und dem Polypanoptikum. Es reicht! meint Kevin Haggerty und fordert dazu auf, „die Mauern einzureißen".[41] Die Nützlichkeit der Metapher vom Panoptikum stoße heute an historische und logische Grenzen.

Zweifellos allerdings hat Foucault faszinierende und wichtige Bemerkungen über das Panoptikum gemacht[a] und gezeigt, daß es tatsächlich in mancher Hinsicht ein Spiegel der Moderne ist. Für ihn war die Disziplinierung ein entscheidender Faktor, die Beherrschung der „Seele" des Menschen mit der Absicht, sein Verhalten und seine Motivation zu verändern. Seine Überlegungen haben etwas Durchdringendes und Bezwingendes: „Derjenige, welcher der Sichtbarkeit unterworfen ist und dies weiß, übernimmt die Zwangsmittel der Macht und spielt sie gegen sich selber aus; er internalisiert das Machtverhältnis, in welchem er gleichzeitig beide Rollen spielt; er wird zum Prinzip seiner eigenen Unterwerfung."[42] Damit wird, wie Foucault ebenfalls sagt, das Sichtbarsein zu einer Falle, bei deren Bau die Sichtbargemachten sogar noch selber mithelfen. Allein schon dieser Gedanke aus der Beschäftigung mit der panoptischen Überwachungstechnik wäre heute mehr denn je der Untersuchung wert. Inwiefern schreiben wir uns die Überwachungsmacht selber ein, indem wir ins Internet gehen, eine Kreditkarte benutzen, unseren Ausweis vorzeigen oder Sozialleistungen beantragen?

Zudem hat Foucault überzeugend gezeigt, daß die Machtverhältnisse alle sozialen Situationen durchziehen, also nicht nur jene, in denen es offen und offensichtlich um die Kontrolle und Beherrschung einer Bevölkerung etwa durch Polizisten oder Grenzbeamte geht. Daß die Beobachtung von Konsumenten zum Zwecke des Database-Marketing[43] als „panoptisch" bezeichnet wird, wie es Oscar Gandy in seinem Buch *The Panoptic Sort: A Political Economy of Personal Information* tut, mag daher kaum überraschen.[44] Allerdings wird dabei das ursprüngliche panoptische Prinzip womöglich ein wenig überdehnt (dazu später mehr).

---

[41] Kevin Haggerty, Tear down the walls, in David Lyon (Hg.), Theorizing Surveillance. The Panopticon and Beyond, Cullompton (2006, S. 23–45).

[a] Siehe den Text in den *Grundlagentexten* S. 333 ff. (A.d.H.).

[42] Michel Foucault, Überwachen und Strafen. Die Geburt des Gefängnisses, Frankfurt/M. (1977, S. 260).

[43] Eine Form des Direktmarketings unter Verwendung spezifischer Datenbanken, die außer den Adressen auch Informationen zum Konsumverhalten potentieller Kunden enthalten (Anmerkung des Übersetzers).

[44] Oscar Gandy, The Panoptic Sort: A Political Economy of Personal Information, Boulder (1993).

Der Versuch, heute panoptische Verfahren einzusetzen, kann allerdings auch offensichtlich zwiespältige Folgen haben. So kommt Lorna Rhodes bei der Untersuchung der Verhältnisse in den US-amerikanischen „super-maximum-security"-Gefängnissen zur Hochsicherheitsverwahrung von Schwerstkriminellen zu dem Schluß, daß das Panoptikum „jeden krank machen" kann.[45] Sie zeigt, daß Insassen von „Supermax"-Gefängnissen zur Selbstverstümmelung neigen, die „kalkulierte Manipulation" des Körpers durch das Panoptikum beschwöre also ihr Gegenteil, eine irrationale Manipulation dieses Körpers, herauf. Die Insassen erfahren ihren Körper als schutzlos und verstümmeln ihn, um die Herrschaft über ihn zurückzugewinnen und sich irgend ihrer selbst zu versichern. Sie reagieren auf die ausweglose Sichtbarmachung, mit der man sie zum Gehorsam anhalten will, indem sie die Sichtbarkeit ihres Körpers paradoxerweise noch verschärfen.[46]

Auf der anderen Seite spüren etwa Oscar Gandy oder zuletzt Mark Andrejevic Verfahren panoptischer Sichtung in Konsumprozessen auf.[47] Das ist sozusagen die weiche Seite des Überwachungskontinuums. Die Grundidee des Database-Marketings ist es, den Zielpersonen vorzumachen, ihre Meinung würde erfaßt und berücksichtigt, während es in Wahrheit darum geht, sie selbst zu erfassen und – natürlich – zu weiteren Käufen zu verleiten. Hier hat die Individualisierung eindeutig Warenform angenommen; wenn dabei eine panoptische Macht wirkt, steckt sie in der Dienstleistung des Anbieters und in dessen Bestreben, die Ahnungslosen einzulullen und zu ködern. Und wie Gandy und Andrejevic zeigen, funktionieren solche Verfahren in der Regel. Sie sind das Markenzeichen einer florierenden und lukrativen Marketing- und Werbeindustrie.

Und hier kommt das Paradoxon: Während die „harte" Seite des panoptischen Spektrums Verweigerung und Widerstand gegen die Abrichtung „gelehriger Körper" (Foucault) hervorbringt, scheint die „weiche" Seite die Betroffenen zu einer verblüffenden Konformität zu verleiten, die ihnen meist kaum bewußt wird.[48] Diese Paradoxie wirft in der Tat einige zentrale Fragen auf, etwa nach dem Verhältnis von Körper und Technologie, von Macht und Widerstand, von

---

[45] Lorna Rhodes, Panoptical intimacies, in Public Culture 10/2, (1998, S. 308).

[46] Lorna Rhodes, Total Confinement. Madness and Reason in the Maximum Security Prison, Berkeley (2004).

[47] Mark Andrejevic, Reality TV. The Work of Being Watched, New York (2004).

[48] Vgl. David Lyon, The search for surveillance theories, in Lyon, Theorizing Surveillance, a.a.O., S. 8.

verborgenem Blick und wechselseitiger Sichtbarkeit, um nur drei Themen zu nennen. Aber sie weckt auch Zweifel daran, ob eine am Panoptikum orientierte Analyse heutzutage noch hinzureichen vermag.

Und genau aus diesem Grund möchte ich Sie nach dem Panoptikum fragen, Zygmunt. Sie haben sich lange vor mir zu diesem Thema geäußert und anhand einer Kritik des Panoptikums nachvollziehbar gemacht, inwiefern die zeitgenössischen Erscheinungsformen des Modernen über ältere hinausgehen. Das Panoptikum ist bei Ihnen ein zentraler Bestandteil des „Vorher", als dessen „Nachher" die flüchtige Moderne erscheint, in der sich alles vordem Feste zu Strömungen verflüssigt und verflüchtigt und die Verfahren der Disziplinierung in neue Räume und Situationen diffundieren.

Daher zunächst, bevor wir uns den Details zuwenden, eine direkte und allgemeine Frage: Bedeutet die Entstehung einer verflüssigten oder flüchtigen Überwachung, daß wir das panoptische Modell vergessen können?

Zygmunt Bauman […] Wie ich es sehe, erfreut sich das Panoptikum bester Gesundheit, es bedient sich elektronisch optimierter, „cyborgisierter" Muskeln, die ihm mehr Macht verleihen, als es sich Foucault oder gar Bentham je hätten vorstellen können oder wollen – aber es ist jetzt nicht mehr das universelle Muster beziehungsweise die universelle Strategie der Herrschaft, wie zur jeweiligen Zeit dieser beiden Autoren, und nicht einmal mehr ihr vornehmstes oder am häufigsten praktiziertes Mittel. Man hat das Panoptikum verlagert und seine Verwendung auf die „unbeherrschbaren" Teile der Gesellschaft beschränkt, die sich in Gefängnissen, Lagern, psychiatrischen Kliniken und anderen „totalen Institutionen" im Sinne Erving Goffmans[b] wiederfinden. Wie diese Institutionen heutzutage arbeiten, hat meines Erachtens Loïc Wacquant[c] präzise und mit definitiver Gültigkeit beschrieben. Die Anwendung panoptischer Praktiken beschränkt sich seiner Beobachtung nach auf Orte, an denen Menschen untergebracht sind, die die Gesellschaft auf der Sollseite verbucht, für unbrauchbar erklärt und mit allen Konsequenzen „ausgeschlossen" hat – und deren einziger Zweck nunmehr die Entmündigung des Körpers und nicht mehr seine Heranziehung zu nützlichen Arbeiten ist.

In Anbetracht dessen sind die Beobachtungen von Lorna Rhodes ganz und gar nicht „zwiespältig" oder „paradox". Die Kooperation der Beherrschten wurde von den Herrschenden schon immer begrüßt, sie war immer integraler Bestandteil ihrer Kalkulationen. Die Selbstverstümmelung, die Zurichtung des eigenen

---

[b] Siehe *Grundlagentexte* S. 149 ff. (A.d.H.).
[c] Siehe *Grundlagentexte* S. 219 ff. (A.d.H.).

Körpers bis hin zur Selbstzerstörung ist nichts anderes als das explizite oder implizite Ziel der Anwendung panoptischer Techniken auf die unbrauchbaren und völlig unprofitablen Elemente der Gesellschaft. Ohne Zweifel wird eine solche Kooperation der Opfer weder mißbilligt noch bedauert, wie laut und larmoyant manche Leute auch das Gegenteil beteuern mögen! Das Genie des Herrschens besteht darin, die Aufgaben des Herrschers von den Beherrschten erledigen zu lassen – die Insassen der Supermax-Gefängnisse tun nichts anderes, als deren wirklichen Willen an sich selbst zu exekutieren. Die „Totalität" dieser Art totaler Institution manifestiert sich gerade darin, daß der einzige den Beherrschten offenstehende Weg der „Selbstvergewisserung" darin besteht, mit eigener Hand das zu tun, was die Herrschenden getan sehen möchten. Der historische Vorläufer, wenn Sie das interessiert, sind die Gefangenen, die sich in Auschwitz in die elektrisch geladenen Stacheldrahtzäune warfen. Allerdings hat weder damals noch seither jemand behauptet, auf diese Weise habe die „kalkulierte Manipulation" das Gegenteil dessen herbeigeführt, was die Manipulateure wollten!
[…].

Wir haben es offenbar mit einem alle Bereiche erfassenden Trend zu tun, der Herrschaftstechniken, Philosophie und Handlungsgrundlagen des Managements, die Vehikel der sozialen Kontrolle und das Konzept von Macht an sich (also jede Manipulation, die erwünschtes Verhalten wahrscheinlicher macht und die Gefahr von Abweichungen auf ein Minimum reduziert) gleichermaßen betrifft. In allen genannten Bereichen setzt man nunmehr statt auf Zwang auf Verlockung und Verführung, statt auf normative Regulierung auf „Öffentlichkeitsarbeit", statt auf polizeiliche Maßnahmen auf „reizvolle Angebote"; und jedesmal wird damit die Verantwortung für das Erzielen der erwünschten Resultate von den Bossen auf deren Untergebene übertragen, von den Supervisoren auf ihre „Klienten", von den Beobachtern auf die Beobachteten; kurz: von den Managern auf die Gemanagten.

Damit hängt ein weiterer Trend zusammen, der im Bild von Zuckerbrot und Peitsche nur unzureichend erfaßt ist. Tatsächlich manifestiert er sich in einer Vielzahl grundlegender Veränderungen, die demselben Muster folgen: Wer eine Aufgabe erledigt haben will, setzt heute nicht mehr auf Disziplin, Folgsamkeit, Anpassung, Befehl und Gehorsam, Routine, Uniformität und Einschränkung – versucht also nicht mehr, die Entscheidungen der Subordinierten durch den Appell an ihre Rationalität zu manipulieren, indem er Belohnungen in Aussicht stellt und Strafen androht –, sondern schließt statt dessen eine Wette auf ihre „irrationalen" Fähigkeiten und Eigenschaften ab, auf ihre Eigeninitiative, Abenteuerlust, Experimentierfreude, ihren Selbstbehauptungswillen, ihre Emotionalität und ihr Verlangen nach Spaß und Entertainment. Bentham sah den

Schlüssel zu einer erfolgreichen Verwaltung darin, die Wahlmöglichkeiten der Insassen seines Panoptikums radikal einzuschränken, indem er ihnen als Alternativen zur dumpfen Langeweile eine noch dumpfere Tätigkeit, zum Hungern bloß Wasser und Brot anbot – wohingegen ein Manager von heute, der sich seine Boni ehrlich verdienen will, ein solches Regime als unverzeihliche und geradezu verrückte Verschwendung betrachten muß, da in den individuellen Vorlieben und Abneigungen erhebliche Profitchancen stecken, und zwar desto mehr, je vielfältiger und bunter es zugeht. Ein Verfahren, das allein auf Rationalität und die Unterdrückung idiosynkratischer Emotionen und Verhaltensweisen setzt, muß einem Topmanager der Gegenwart, der sich am Zeitgeist orientiert, unentschuldbar irrational erscheinen …

Nachdem Max Weber die Bürokratie als umfassende Verkörperung der modernen Rationalität identifiziert hatte, versuchte er zu bestimmen, welche Gegebenheiten – abgesehen von starren Hierarchien mit Weisungsbefugnis und Rechenschaftspflicht – eine möglichst zweckrationale Einrichtung menschlicher Arbeitstätigkeit voraussetzt und welche Eigenschaften sie zu optimieren sucht. Ganz oben auf seiner Liste stand der Ausschluß persönlicher Loyalitäten, Bindungen, Überzeugungen und Vorlieben, mit Ausnahme derer, die den Zielen der Organisation zugute kommen mochten; alles „Persönliche", das nicht in deren Regelbüchern vorkam, mußte also beim Betreten des Gebäudes gleichsam an der Garderobe abgegeben und konnte erst nach „Büroschluß" dort wieder abgeholt werden. Heute, da die Manager, ob als Vorgesetzte oder „Teamleiter", Zuständigkeit, Beweislast und „Ergebnisverantwortung" auf die Schultern des einzelnen Mitarbeiters abgewälzt haben oder die Aufgaben lateral abspalten, an „Subunternehmer" vergeben oder „outsourcen" und ihre Erfüllung nicht mehr im Rahmen der Beziehung von Chef und Untergebenem, sondern anhand des Schemas Anbieter-Kunde beurteilen, geht es in erster Linie darum, den subalternen zu einem „totalen Mitarbeiter" zu machen, der seine gesamte Zeit dem Unternehmen zur Verfügung stellt. Dieses Verfahren gilt mit gutem Grund als ungleich bequemer und profitabler als die notorisch teure, sperrige, restriktive und ungebührlich arbeitsintensive panoptische Beobachtung. Dafür, daß er seine Arbeit erledigt und ordentliche Leistungen erbringt, darf der rund um die Uhr überwachte Arbeitnehmer im Do-it-yourself-Verfahren auch noch sorgen. Mit dieser im Kleingedruckten des Arbeitsvertrags eingegangenen Verpflichtung wandern Aufbau, Betrieb und Pflege des Panoptikums von der Soll- auf die Habenseite der Unternehmensbilanz.

Kurz: wie die Schnecke, die ihr Haus immerzu bei sich trägt, so müssen die Beschäftigten in der schönen neuen flüchtig-modernen Welt ihr jeweils persönliches Panoptikum selbst hervorbringen und auf dem eigenen Buckel mitschleppen. Sie sind uneingeschränkt verantwortlich dafür, sich selbst in gebrauchsfähigem Zustand zu erhalten und ihren störungsfreien Betrieb zu gewährleisten (wer sein Mobil- oder Smartphone zu Hause läßt, um einen Spaziergang zu machen, und sich damit der lückenlosen Verfügung seines Vorgesetzten entzieht, kann in ernsthafte Schwierigkeiten geraten). Verlockt vom Zauber der Verbrauchermärkte und eingeschüchtert von der neuen Freiheit der Bosse, jederzeit unter Mitnahme der Arbeitsplätze den „Standort" zu wechseln, sind die Subordinierten dafür prädestiniert, ihre Bewachung selbst zu übernehmen und die Wachtürme des alten Panoptikums nach Bentham/Foucault überflüssig zu machen.

[...].

4   Überwachung und (Un-)Sicherheit

David Lyon Überwachungsmaßnahmen werden heute oft mit dem Verweis auf eine durch sie bewirkte Steigerung der Sicherheit begründet. Wie so viele Dinge im Zusammenhang unseres Themas ist allerdings auch dies kein neues Motiv. Schon in der Bibel kommen Stadtwachen vor, und in der ersten Szene des *Hamlet* hält Francisco Wache am Tor von Schloß Elsinore. Die Einrichtung von Wachposten ist seit jeher damit begründet worden, daß man, um die Sicherheit aufrechterhalten zu können, Passanten als Freunde oder Feinde identifizieren müsse. Und für sich genommen hat das fraglos einen Aspekt des Schützens: Überwachen als Fürsorge.

Im 21. Jahrhundert hat dieses Motiv jedoch seine Unschuld verloren. Sicherheit, oft nur ein vage definierter Begriff von „nationaler" Sicherheit, genießt heute in vielen Ländern politische Priorität, und natürlich ist sie das Motiv vieler Überwachungsmaßnahmen. Wenn es um die Schaffung von Sicherheit geht, greift man offenbar mit Vorliebe zu neuen Überwachungsverfahren und -technologien, die uns allerdings selten vor konkreten Gefahren, sondern meist vor ziemlich nebulösen und formlosen Risiken beschützen sollen. Damit hat sich die Lage für die Bewacher wie für die Bewachten geändert. Verhalf einem einst das Wissen um die Nachtwache am Stadttor zu einem ruhigen Schlaf, so leisten heutige „Sicherheitsmaßnahmen" nicht mehr dasselbe. Vielmehr gehen sie ironischerweise mit Formen von Unsicherheit einher – oder führen diese in manchen Fällen gar absichtlich herbei?; einer Unsicherheit, die gerade jene Menschen zu spüren bekommen, die die Sicherheitseinrichtungen angeblich beschützen sollen.

Sie haben geschrieben, daß die Gesellschaft der flüchtigen Moderne darauf eingerichtet sei, uns das Leben mit der Angst so angenehm wie möglich zu machen.[74] Anders als in der Moderne, in der die Ängste eine nach der anderen besiegt und ausgeschaltet wurden, hat man in der flüchtigen Moderne sein Leben lang mit Angst zu kämpfen. Und wenn das den Menschen im Westen noch nicht klar gewesen sein sollte, dann haben uns die „Schrecken einer globalen Welt" spätestens seit dem 11. September 2001 eingeholt. Mit diesem Datum wurde die Praxis des bereits seit Jahrzehnten obligatorischen „Risikomanagements", also des bewußten Eingehens und „Absicherns" „kontrollierter" Risiken, für jedermann offensichtlich. Doch durch ihre Fixierung auf „externe, sicht- und speicherbare Objekte" überantworten die neuen Überwachungssysteme, wie Sie schreiben, „die individuellen Motive und Entscheidungen hinter den gespeicherten Bildern dem Vergessen, was unvermeidlich dazu führt, daß wir es statt mit individuellen Missetätern nur noch mit ‚Kategorien von Verdächtigen' zu tun haben".[75] Kein Wunder also, daß mit jedem an einem Flughafen installierten Ganzkörperscanner, mit jedem biometrischen Fingerabdrucklesegerät an einem Grenzübergang, mit jedem Personalausweis mit integriertem RFID-Chip neue Unsicherheiten entstehen. Niemand kann im vorhinein wissen, wann er „versehentlich" in eine der Gefahrenkategorien fällt und von der Teilnahme, dem Zutritt oder einem Recht ausgeschlossen wird. Durchaus möglich, daß das, was Sie zu Recht als „Sicherheitsobsession" bezeichnen, mehr Unbehagen in die Welt hineinbringt. Wie Katja Franko Aas und andere berichten, monierten die Betreiber einer norwegischen Fluggesellschaft vor einiger Zeit, daß die „exzessiven Sicherheitsmaßnahmen" am Boden der Sicherheit in der Luft abträglich seien. Die Crews litten darunter, daß sie zehn- oder zwölfmal am Tag kontrolliert würden. Die Piloten, die für Hunderte Passagiere verantwortlich seien, dürften nicht einmal zum Mittagessen gehen, ohne sich einer Sicherheitsüberprüfung unterziehen zu müssen. Sie fühlten sich, so sagten sie, „wie Kriminelle".[76].

Allerdings beschränken sich die mit der sicherheitsmotivierten Überwachung einhergehenden Verunsicherungen nicht auf den unmittelbaren Zusammenhang der Anschläge auf das World Trade Center. So zeigt etwa Torin Monahan in seiner ernüchternden Studie *Surveillance in the Time of Insecurity,* daß diverse „Sicherheitskulturen" und die zugehörigen „Sicherheitsinfrastrukturen" ähnliche

---

[74] Zygmunt Bauman, *Liquid Fear*, Cambridge (2006, S. 6).

[75] Ebd., S. 123.

[76] Katja Franko Aas, Helene Oppen Gundhus und Heidi Mork Lomell (Hg.), Technologies of InSecurity: The Surveillance of Everyday Life. London (2007, S. 1).

Folgen haben, indem sie Unsicherheit erzeugen und die soziale Ungleichheit verschärfen. Monahan schreibt, daß „die Angst vor dem Anderen" in den USA, aus denen seine Beispiele zumeist stammen, „die Menschen vereint".[77] Der Haken dabei ist in seiner Sicht, daß man den Bürgern bei jeder neu auftretenden Angst und Ungewißheit mit zweierlei Lösungsvorschlägen kommt: Zum einen werden sie aufgefordert, Lebensmittelvorräte anzulegen, Alarmanlagen zu installieren und Versicherungen abzuschließen, zum anderen dazu, extreme Maßnahmen wie Folter und Inlandsspionage zu befürworten.

Vor diesem Hintergrund scheint mir der Gebrauch des Begriffs „flüchtige Überwachung" einmal mehr gerechtfertigt. Das ist die Art von Überwachung, die in eine verflüssigte Welt paßt und einige der typischen Merkmale unserer heutigen Modernität trägt. Wir überstürzen uns mit Versuchen, ein von Ängsten erfülltes Leben erträglich zu machen, bringen aber bei jedem Versuch neue Risiken und neue Ängste hervor. Der Schrecken des 11. Septembers und seiner Folgen ist symptomatisch dafür, aber nicht ursächlich. Selbst zur Kategorie der „Unschuldigen" gehörende Menschen sind nun gefährdet und fürchten sich vor etwas, das man als eine Art Parodie des Terrorismus betrachten könnte. Und das Problem geht weit über das hinaus, was im Bereich der Sicherheit an Flughäfen oder Grenzübergängen geschieht. Beginnen wir dieses Kapitel also damit, daß Sie etwas über den Wandel der sicherheitsmotivierten Überwachung von der Vormoderne in die Moderne und die flüchtige Moderne sagen. Was hat sich konkret verändert? Sind bestimmte Eigenschaften vormoderner Bewachung – die sich etwa in der Bibel oder bei Shakespeare finden – für immer verloren?

Zygmunt Bauman Auch hier sind wir uns einig … Francisco behütete, gleich ob mit oder ohne die Hilfe moderner Elektronik, Schloß Elsinore vor Gefahren, die von „jenseits der Mauern" drohten – also aus einem unbewachten, von Briganten, Wegelagerern und anderen Arten namenloser und schon deshalb bedrohlicher Wesen bevölkerten Brachland. Seine heutigen Nachfolger beschützen die Stadt vor den unzähligen Gefahren, die in deren Innerem lauern bzw. entstehen. Die urbane Zitadelle ist im Laufe der Jahrhunderte zu einem Gewächshaus genuiner oder vermuteter, endemischer oder erfundener Bedrohungen geworden. Errichtet als Inseln der Sicherheit in einem Meer des Chaos, haben sich die Städte zu den üppigsten Quellen von Unordnung entwickelt und machen daher zahllose sichtbare und unsichtbare Mauern, Barrikaden, Wachtürme und Schießscharte erforderlich – und bewaffnete Wächter.

---

[77] Torin Monahan, *Surveillance in the Time of Insecurity,* New Brunswick (2010, S. 150).

All diesen innerstädtischen Sicherheitsvorkehrungen liegt, wie Sie unter Verweis auf Monahan zu Recht sagen, die „Angst vor dem Anderen" zugrunde. Doch jener „Andere", den zu fürchten wir neigen oder angehalten werden, ist kein Individuum, auch keine Kategorie von Individuen, die sich aus freien Stücken oder gezwungenermaßen außerhalb der Stadtmauern finden, weil man ihnen das Aufenthalts- oder Niederlassungsrecht verwehrt. Vielmehr sind diese Anderen fast immer die Nachbarn, Passanten, Bummler und Streuner, denen wir begegnen: letztlich jeder, den wir nicht kennen. Und da die meisten Stadtbewohner einander bekanntlich fremd sind, ist jeder von ihnen prinzipiell verdächtig, eine Gefahrenquelle zu sein, und daher ist es uns ein Bedürfnis, daß die flüchtigen, diffusen und unbenannten Bedrohungen in Kategorien „üblicher Verdächtiger" zusammengefaßt werden. Solche vereinheitlichenden Einordnungen sollen die Gefahr von uns fernhalten und uns zugleich davor schützen, selbst als bedrohliches Element klassifiziert zu werden. Aus diesem zwiefachen Grunde – um vor der Gefahr geschützt zu werden und vor der Einordnung in die Klasse der Gefährder – entwickeln wir ein Eigeninteresse an einem dichten Netz von Einrichtungen zur Überwachung, Selektion, Separation und Exklusion. Wir alle möchten, daß die Feinde der Sicherheit gekennzeichnet werden, *um zu verhindern, daß man uns zu ihnen zählt* … Wir müssen andere anklagen, um selbst freigesprochen zu werden; wir müssen andere ausschließen, damit uns genau das nicht selbst passiert. Wir müssen auf Überwachungsgeräte vertrauen, damit sie uns den Trost schenken, glauben zu können, daß wir, ehrliche Leute, die wir sind, die Hinterhalte, die diese Geräte darstellen, jederzeit unversehrt passieren können – und damit unsere Anständigkeit und die Korrektheit unserer Lebensweise anerkannt und bestätigt bekommen. Das ist in der Tat eine merkwürdige und fatale Umdeutung der rund vierhundert Jahre alten Botschaft John Donnes: „Niemand ist eine Insel, abgeschlossen in sich selbst; jeder ist ein Teil des Kontinents, ein Teil der Hauptsache. (…) Und darum frage niemals, wem die Stunde schlägt; sie schlägt dir". Inzwischen sind die allermeisten von uns offenbar geradezu süchtig nach Sicherheit.

Wir haben eine *Weltanschauung* verinnerlicht, die auf der Allgegenwart der Gefahr und der unausweichlichen Notwendigkeit ständigen Mißtrauens und Argwöhnens beruht und die sich das Zusammenleben innerhalb einer Nation nur noch unter dem Schutz ständiger Wachsamkeit vorzustellen vermag – und damit sind wir davon abhängig geworden, daß Überwachungsmaßnahmen durchgeführt werden und daß wir es auch mitbekommen. „Das Bedürfnis nach Sicherheit", so die Journalistin Anna Minton, „kann zur Sucht werden, denn man stellt bald fest, daß man nie sicher genug ist. Und dann geht es einem wie mit einer Droge, von

der man einmal gekostet hat – man kommt nicht mehr von ihr los."[78] Sie folgert
daraus, daß „Angst Angst erzeugt", und darin stimme ich ihr vorbehaltlos zu
und vermute, daß Sie das auch tun. Dem generellen Trend und der nahezu überall herrschenden Stimmung auf sich allein gestellt Widerstand leisten zu wollen,
ist außerordentlich schwierig; es setzt einen starken Willen voraus und ist sozial
und finanziell riskant. Minton berichtet von einer Frau namens Elaine, die in ihrer
neuen Wohnung auf eine „Unzahl an Sicherheitsanlagen wie Videoüberwachung,
Sicherheitsschlösser an Türen und Fenstern und hochkomplexe Alarmanlagen"
stieß. Elaine fühlte sich unbehaglich, weil diese Umgebung sie ständig ermahnte,
Angst zu haben, die Augen offenzuhalten und Vorsichtsmaßnahmen zu ergreifen,
und sie wollte einige der Sicherheitseinrichtungen wieder entfernen lassen. „Das
war aber einfacher gesagt als getan. Als es ihr schließlich doch gelang, Handwerker zu finden, die die Schlösser abmontieren konnten, waren diese von ihrem
Wunsch erstaunt und sagten, daß sie nur sehr selten derartige Aufträge erhielten."

Agnes Heller wiederum weist in der Zeitschrift *Thesis Eleven* auf eine
symptomatische Veränderung bei historischen Romanen hin. Anders als früher
befassen sich Autoren, die ihre Geschichten in vormodernen Zeiten ansiedeln,
heute nur noch selten mit Gewalttätigkeiten, die durch ausländische Armeen
im Rahmen von Invasionen oder Kriegen begangen werden, obwohl daran in
den Zeiten, in denen ihre Romane spielen, kein Mangel herrschte. Statt dessen
konzentrieren sie sich auf die den Alltag durchdringende „allgegenwärtige
Angst", die Furcht davor, der Hexerei oder Häresie, des Diebstahls oder des
Mordes bezichtigt zu werden ... In unserer Zeit geborene und aufgewachsene
Autoren unterstellen unseren Vorfahren damit jene Art von Angst und motivieren
ihr Handeln rückblickend mit ihr, die für unsere eigene sicherheitsbesessene und
-süchtige Zeit typisch ist. Der Ursprung der Alpträume hat sich von „da draußen"
nach „hier drinnen" verlagert. Sie entspringen in den Straßencafés, im Pub um die
Ecke, in der Nachbarwohnung – und zuweilen lauern sie gar in unserer eigenen
Küche oder unserem Schlafzimmer auf uns.

Das ist das Paradox einer mit Überwachungseinrichtungen gepflasterten Welt,
ganz unabhängig davon, welchem Zweck diese angeblich dienen: Einerseits sind wir
besser vor dem Ungewissen geschützt als jede frühere Generation; andererseits aber
ist das Gefühl der Ungewißheit und Verunsicherung für keine der vorelektronischen
Generationen eine derart alltägliche (und -nächtliche) Erfahrung gewesen ...

---

[78] Anna Minton, *Ground Control. Fear and Happiness in the Twenty-First Century City*,
London (2011, S. 171).

David Lyon Vollkommen einverstanden, Zygmunt. Über einen oder zwei Punkte möchte ich aber Genaueres wissen. Fangen wir mit den „Verunsicherungen" an. Sie begegnen uns auf vielen Ebenen und tragen zur Entstehung – nicht, wie manche meinen, einer generellen, sondern – vieler unterschiedlicher „Angstkulturen" bei. So ist es etwa mit Angst verbunden, Angehöriger einer geächteten oder als gefährlich geltenden Minderheit zu sein, als muslimischer Araber in einem westlichen Land zum Beispiel. Vor einigen Wochen bin ich zum ersten Mal Maher Arar begegnet, einem kanadischen Ingenieur, der aufgrund mehrerer skandalöser Fehler kanadischer Sicherheitsbehörden und deren vorauseilender Übernahme durch US-amerikanische Behörden in New York nach Syrien abgeschoben, dort verhaftet und in den Jahren 2002 und 2003 gefoltert worden ist. Ein auf hochgradig zweifelhaften Daten beruhendes Urteil drohte seine Gesundheit, seine Familie, im Grunde alles, was ihm lieb und teuer war, zu zerstören. Und die Unsicherheit in den sogenannten Risikogesellschaften betrifft nicht nur Menschen wie Arar, die über keinerlei nachweisbare Verbindung zum Terrorismus verfügen (und zuweilen nicht einmal „arabisch" aussehen), sondern auch Menschen, die fürchten müssen, per Gentest der Anfälligkeit für bestimmte Krankheiten „überführt" zu werden, oder Eltern, die sich Sorgen machen, wenn ihre Kinder allein in der Stadt unterwegs sind …

All diesen Fällen ist gemein, daß Sicherheit als etwas betrachtet wird, das mit der Mehrheit in Zusammenhang steht, während das nicht der Norm Entsprechende, die statistische Abweichung, an den Rand der Gesellschaft gedrängt wird. So bei in westlichen Ländern lebenden arabischen Muslimen, aber auch bei jener Minderheit, deren Gene angeblich auf potentielle Erkrankungen hindeuten, oder bei denen, denen auf nächtlichen Straßen Gefahr droht – sie alle haben es mit Unsicherheit zu tun. Die imaginierte Sicherheit der Zukunft ist eine, aus der alles Abweichende (Terrorismus, Krankheit, Gewalt) ausgeschlossen oder ausgegrenzt worden ist. Wie Didier Bigo zeigt, vereinen heutige Überwachungsmaßnahmen, was bei Foucault noch getrennt war, nämlich Disziplinierung und Sicherung, in sich – was dazu führt, daß Sicherheit zum Synonym für Überwachung wird, weil deren um sich greifende Technologien jede unserer Bewegungen in einer von Risiken bestimmten Welt verfolgen und aufzeichnen können.[79] Je mehr heutige Gesellschaften von Sicherheitseinrichtungen durchdrungen sind, desto mehr produzieren sie unvermeidlich Unsicherheit und Verunsicherung.

---

[79] Didier Bigo, „Security: a field left fallow", in: Michael Dillon und Andrew W. Neal (Hg.), *Foucault on Politics, Security and War*, London (2011).

Daher dürfen wir die für (Un-)Sicherheit sorgenden Technologien nicht allein als Produkte des Informations- und Kommunikationssektors und auch nicht allein als Folgen uns von außen aufgezwungener Ausnahmesituationen verstehen (unter denen der 11. September 2001 nicht die erste, aber eine wesentlich verschärfende war). Vielmehr sind sie Teil einer umfassenderen sozialen und politischen Konfiguration, die etwas mit den Risiken der mit diesen einhergehenden Unsicherheit zu tun hat. Wie wollen wir politisch damit umgehen? Wie viele andere, die nicht dem Zynismus verfallen, sondern nach wie vor glauben, daß wir „etwas tun" können, bin ich der Meinung, daß es Strategien zur Infragestellung und Zurückdrängung jener Entwicklungen gibt, die (Un-)Sicherheit und Verunsicherung zu einem zentralen Aspekt unserer Lebenschancen machen. Wenn ich Sie aber recht verstehe, dann fallen Macht und Politik in der flüchtigen Moderne zunehmend auseinander; während sich die Macht in den von Manuel Castells beschriebenen politikfreien globalen „space of flows" zurückzieht, bleibt die Politik auf konkrete Orte bezogen und verkümmert.[80].

Diese Beobachtung ist überzeugend, aber auch lähmend, weil sie impliziert, daß nur eine globale Politik – die es bislang nicht gibt – wirklich Einfluß nehmen könnte. Ich bin Ihrer Meinung, daß es ein lohnendes Ziel ist, die sich dem Nationalstaat entziehenden Mächte einer politischen Kontrolle zu unterwerfen – aber gibt es auch Aussichten für eine politische Betätigung auf lokaler Ebene, in deren Mittelpunkt Demokratie (und damit Verantwortlichkeit) und Freiheit (die die sicherheitsmotivierten Überwachungsmaßnahmen so schmerzhaft beschneiden) stehen könnten?

Zygmunt Bauman [...] Einerseits sind die Bevollmächtigten auf der „oberen" Ebene, die „Volksvertreter" des Nationalstaats, gefährlich nahe an den Rand der Machtlosigkeit geraten, weil sich die einstmals eng mit Staat und Politik verquickte Macht heute in globale Räume verflüchtigt hat, in den exterritorialen „space of flows", in dem sie dem Zugriff der nach wie vor territorial gebundenen Staaten und ihrer Politik praktisch völlig entzogen ist. Die staatlichen Institutionen ächzen unter der Aufgabe, lokale Lösungen für globale Probleme zu erdenken und bereitzustellen; aufgrund seines Mangels an Macht kann der Staat diese Last nicht mehr schultern und seinen Aufgaben mit den ihm verbliebenen Ressourcen und seinen schrumpfenden Möglichkeiten nicht mehr nachkommen. Die ebenso verzweifelte wie verbreitete Reaktion auf diese Antinomie

---

[80] Zygmunt Bauman, „Conclusion: The triple challenge", in: Mark Davis und Keith Tester (Hg.), *Bauman's Challenge. Sociological Issues for the Twenty-First Century,* London (2010, S. 204).

ist die Tendenz, die Leistungen, die der moderne Staat zu erbringen versprochen und, wenn auch in unterschiedlichem Maße, tatsächlich erbracht hat, eine nach der anderen „abzubauen" und „einzusparen" – obgleich sich die Legitimation des Staates nach wie vor auf die Erbringung genau dieser Leistungen stützt. Die Funktionen, denen er sich nach und nach entschlägt, werden auf die untere Ebene verwiesen – in den Bereich der „Politik des Lebensstils", in dem dem Individuum das dubiose Privileg zukommt, seine eigene Legislative, Judikative und Exekutive in einem zu sein. Es sind diese „dekretierten Individuen", die mit den Fähigkeiten und Ressourcen, über die sie persönlich verfügen, individuelle Lösungen für die sozialen Probleme entwickeln und installieren sollen (und das ist im Kern die Bedeutung des Begriffs „Individualisierung", der heute für einen Prozeß steht, in dem die Zunahme von Abhängigkeit als Zunahme von Autonomie etikettiert wird). Wie auf der oberen Ebene, so besteht auch auf der unteren ein grobes Mißverhältnis zwischen der Aufgabenstellung und den zur Erfüllung der Aufgabe verfügbaren und erreichbaren Mitteln. Daher das Gefühl, vom Pech verfolgt und ohnmächtig zu sein: Es ist die Erfahrung, in einem eklatant ungleichen Kampf mit überwältigend vehementen Gezeiten von vornherein, unabänderlich und unwiderruflich zum Untergang verdammt zu sein, die das moderne Individuum mit dem Plankton gemein hat.

Die Kluft zwischen den überwältigenden „Sach"-Zwängen und den kargen Mitteln zu ihrer Abwehr muß, solange sie besteht, das Gefühl der Ohnmacht immer weiter nähren und verstärken. Allerdings muß die Kluft selbst keineswegs immer weiter bestehen: Sie erscheint nur deshalb unüberbrückbar, weil uns die Zukunft als unausweichliche Fortsetzung der gegenwärtigen Trends dargestellt wird – und der Glaube, eine Umkehr sei inzwischen nicht mehr möglich, erhöht die Glaubwürdigkeit dieser Darstellung, ohne daß sie deshalb notwendig wahr wäre. Doch immer wieder haben Dystopien durch ihr Erscheinen genau das verhindert, was sie prophezeiten, zumindest scheint das bei Samjatin[d] und Orwell[e] der Fall gewesen zu sein. [...].

---

[d] Jewgenij Samjatin, Verfasser des dystopischen Romans *My (Wir)* (1920) [A.d.H.].

[e] George Orwell, Verfasser des dystopischen Romans *Nineteen eighty-four* (1949) [A.d.H.].

Videoüberwachung: Zur Signatur der Kontrollgesellschaft (2003)

Susanne Krasmann

Videoüberwachung: Zur Signatur der Kontrollgesellschaft, in: Susanne Krasmann, Die Kriminalität der Gesellschaft. Zur Gouvernementalität der Gegenwart, Konstanz 2003, S. 330–336 (um die Anmerkungen gekürzt)

4.7 Videoüberwachung: Zur Signatur der Kontrollgesellschaft

Die Vision totaler Überwachung und Durchleuchtung durch einen Staat, der alles sieht und alles weiß, ist ein immer wieder entworfenes Szenario der Bedrohung bürgerlicher Freiheiten und des Rechts auf informationelle Selbstbestimmung angesichts der Entwicklung der neuen Informationstechnologien und automatisierter Identifikationstechniken. Denn damit können sich neue Kontrollfelder und Überwachungsmöglichkeiten eröffnen. Chipkarten und Computerdaten, Videoüberwachung und biometrische Daten bilden vernetzte Systeme aus, zwischen denen Datenabgleich prinzipiell möglich ist und auch praktiziert wird, mal mit und mal ohne datenschutzrechtliche Bedenken. Der Mensch droht zum „gläsernen Menschen" zu mutieren, insbesondere wenn man an die technischen Möglichkeiten der genetischen Erfassung denkt (Gössner 2001). Dieser Vision kann man zwei Gesichtspunkte entgegen halten: Sie ist erstens zu herrschaftsförmig und gleichwohl zu „machtlos" gedacht. Dechiffriert man automatisierte Kontrolltechniken daher mit dem Begriff der Regierung, so wäre

S. Krasmann (✉)
Universität Hamburg, Hamburg, Deutschland
E-Mail: susanne.krasmann@uni-hamburg.de

zweitens die Videoüberwachung herauszuheben, die sich, analog zum Panopticon der Disziplinargesellschaft, wie eine Chiffre der Kontrollgesellschaft liest.

4.7.1 Überwachung und Kontrolle

Auf den ersten Blick scheinen die neuen Kontrolltechnologien die Möglichkeiten von „1984" noch zu überbieten: So ist das „elektronische Auge" (Lyon 1994), das bis in unsere Privatsphäre eindringt, nicht mehr nur, wie bei Orwell, das Auge des Staates. Kommerzielle, administrative und sicherheitspolitische Interessen verbinden und überlagern sich vielmehr. Und während der Überwachungsturm aus Stein im Benthamschen Panopticon noch zentral in Erscheinung tritt, ist das elektronische Auge schwerer lokalisierbar und eher zerstreut. Hier wie dort freilich hat die Macht einen „gesichtslosen Blick" (Lyon 1997) und ist „tendenziell unkörperlich" (Foucault 1977, S. 260).[a] Im Kontrollregime ist sie aber nicht nur „uneinsehbar" (ebd., S. 258), sondern scheint sich zugleich unsichtbar auszudehnen. Denn die Informationstechnologien können die traditionellen physischen Mauern und zeitlichen Grenzen überschreiten und sich neue Räume und Zonen der Kontrolle erschließen (vgl. Marx 1988). Schon eine fest installierte Videokamera beispielsweise deckt einen Raum der Überwachung ab, der so variabel ist wie die Kamera schwenkbar und ihr Zoom dehnbar. Computerisierte Technologien bieten noch weitere Möglichkeiten: Sie können unerwünschte Ereignisse nicht nur in Wahrscheinlichkeiten berechnen und prognostizieren, sondern in Simulationen auch antizipieren, und sie können Verhaltenstypen oder *Homunculi* konstruieren und Reaktionsoptionen zum Zwecke der Prävention beziehungsweise Kontrolle programmieren. *Surveillance* und Simulation fallen zusammen (vgl. Bogard 1996, S. 75–77; Boyne 2000, S. 299; Wunderlich 1999).

   Doch schon empirisch ist eine Orwellsche Vision elektronischer Superüberwachung (vgl. Poster 1990) mit einem, zumindest potenziell, totalen Überblick und einem jederzeit personalisierbaren Wissenspool von der Hand zu weisen. Denn wenn die Kontroll- und Überwachungssysteme der Gegenwart ähnlich dezentralisiert sind wie die panoptisch-synoptisch strukturierte „Viewer Society" (Matthiesen 1997), in der nicht nur einige Wenige die Vielen beobachten, sondern Viele auch Wenige durch ihre Webcams oder das Fernsehen, bedeutet

---

[a] Siehe den Text in den *Grundlagentexten* S. 333 ff. (A.d.H.).

das zunächst auch: Die Macht liegt nicht in der Kontrolle eines – staatlichen – Monopols. „Der ursprünglich als zentrale Staatsveranstaltung gedachte ‚Big Brother' hat sich zellgeteilt und ist in die Gesellschaft zurückgekehrt. Statt wie im Benthamschen Panopticon zentrisch angeordnet, organisiert sich Sozial-kontrolle und Überwachungsmacht heute auf mehreren Ebenen über viele größere und kleinere Netzknoten, die teils staatlich, teils besitz- und eigentumsnütz-lich und hie und da auch privatbürgerlich verfasst sind" (Nogala 2000, S. 153; vgl. auch Lianos und Douglas 2000, S. 276). Darüber hinaus operieren diese Kontrolltechnologien weniger auf der Basis eines zu kompilierenden Wissens über einzelne Personen und der Pflege personenbezogener Karteien. Profile von Nutzern oder Kunden und von Konsum- oder Lebensgewohnheiten bestehen vielmehr aus Datensätzen, die anlassbezogen abrufbar, kontextabhängig erstell-bar, kombinierbar und rekomponierbar sind. So dienen zentrale Daten- und Informationspools zunächst der Erstellung von Profilen, einer flexiblen Nutzung und der Optimierung von Steuerungsprozessen, und für diesen Zweck sind die neuen Informationstechnologien auf Zeichen der „Anpassung" und Konformi-tät oder „auf Loyalität" nicht „angewiesen": „Warnungen vor dem ‚gläsernen' Bürger und dem ‚Überwachungsstaat' sind bei diesem System unangemessen. Es geht nicht darum, irgendwelchen dritten Personen, irgendeinem Großen Bruder den Zugang zu vertraulichen Informationen zu geben. Das ist eine Möglichkeit, aber nicht das Ziel. Das Prinzip ist Kontrolle bei Gleichgültigkeit gegenüber der kontrollierten Person, Überwachung ohne Überwacher" (Kuhlmann 1993, S. 1342). Nicht die Gesellschaft soll durchleuchtet und als Ganze gesteuert, viel-mehr sollen Bewegungen und Informationsströme reguliert, Funktionsabläufe und Zugänge kontrolliert werden: „Rather than the tentacles of the state spreading across everyday life, the securitization of identity is dispersed and disorganized. And rather than totalizing surveillance, it is better seen as conditional access to circuits of consumption and civility" (Rose 1999, S. 243; vgl. Kronauer 2002).

Auf der einen Seite haben wir es daher weniger mit Technologien der Über-wachung als der Kontrolle zu tun: Definieren sich jene über „den zeitlichen Ver-laufsaspekt [...] als eine zeitlich und logisch miteinander verbundene Abfolge einzelner Kontrollakte", so besteht das Prinzip bei diesen darin, einen „(ver-fügbaren) aktuellen Istwert" mit einem „Sollwert" abzugleichen, der über Zugang oder Verweigerung des Zugangs entscheidet (Nogala 2000, S. 141). Allerdings beinhaltet Kontrolle keineswegs „die Idee von einer gewollten Ordnung sowie den Willen zu ihrer Realisation" (ebd.). Sie bezieht sich nicht auf einen statischen und kohärenten Ordnungsrahmen, sondern auf verschiedene Situationen und Kontexte, in denen Ordnung jeweils anders (re-)produziert wird. So gesehen kehrt sich das Verhältnis von Überwachung und Kontrolle in

der Orwellschen Vision um. In Kontrollgesellschaften ist Kontrolle eine Form
des *Managements,* eine Praxis, welche die jeweiligen Überwachungsräume überschreitet und darin zugleich variierend ist. Auch sind Exklusion und Gleichgültigkeit hier gleichermaßen bezeichnend. Denn Ereignisse und Aspekte außerhalb
dieser Räume bleiben jeweils ignoriert, während das, was ihre Ordnung stört,
eliminiert werden muss. Auf der anderen Seite freilich können die automatisierten
Techniken für die gezielte Überwachung von Personen, für die Fahndung oder
Strafverfolgung eingesetzt werden. Auch dann sind solche Systeme, die identifizieren sollen, auf Konformität nicht angewiesen. In den Blick genommen
werden soll hier hingegen das strategische Feld, dem sich prinzipiell alle unterworfen sehen und in dem sich, im Sinne von Lianos und Douglas, soziale
Divisionen erneut reproduzieren.

4.7.2   Governance, nicht Government

Im Hinblick auf die Formen der Subjektivierung, die automatisierte Kontrolltechnologien hervorbringen, wäre eine Orwellsche Vision zu hierarchisch
gedacht. Die Wirkungsweise dieser Macht ist subtiler: Indem die Maschinen
die Individuen in ihre Funktionsweise einbinden und eigene Handlungsformate
generieren, konstituieren sie spezifische Subjektivierungsweisen. So wäre
nicht nur darauf zu achten, welche Informationen etwa das „maschinenlesbare
Individualisierungsmittel" der Chipkarte (Kuhlmann 1993, S. 1333) anderen
zugänglich macht, sondern welche Selbsttechnologien diese ihrerseits evozieren
kann. Vorstellbar ist beispielsweise, dass der geplante Gesundheitspass nicht
nur Ärzten, Apothekern und den Mitarbeitern der Krankenkasse das Profil der
Lebensgewohnheiten des jeweiligen Patienten und Kunden darbietet. Der Besitzer
wird nicht nur der potenziellen Überwachung durch andere unterstellt, vielmehr
auch zur Selbstkontrolle bewogen. „Der Gesundheitschip wird gewissermaßen
die Bilanz über das biologische Kapital des Bürgers ausweisen." Mit dieser
Information, die dem Besitzer des Chips selbst an die Hand gegeben wird, wird
diesem auch die Verantwortung für seine eigene Gesundheitsvorsorge übertragen:
„Der gläserne Mensch, gewiss, aber zu allererst für sich selbst. Schließlich kann
nur der, der seine Natur durchschaut, sich beherrschen, um sich zu schützen"
(Koch 2001). Wir haben es hier nicht mit Formen der Regierung zu tun, die wir
gewohnt sind mit einer staatlichen und eher hierarchisch strukturierten Form
der Machtausübung und Herrschaft zu assoziieren, sondern mit Formen des
Regierens – *governance* statt *government.* Dabei sind regiert werden und sich
selbst regieren nicht nur ineinander greifende Praktiken; ist Kontrolle erfolgreich,
dann werden sie ununterscheidbar.

In gewisser Weise überbieten die neuen Kontrolltechnologien die Orwellsche Überwachung insofern tatsächlich noch; aber nicht weil die Menge der Informationspartikel, die potenziell abrufbar, abgleichbar und für unterschiedlichste Zusammenhänge verwendbar ist, insgesamt gesehen gigantische Ausmaße angenommen hat und „dataveillance" (Lyon 1997) ihrerseits nur maschinell zu bewältigen ist. Überwachung wäre nicht durch die Menge verfügbarer Informationen perfektioniert, sondern wenn sie obsolet geworden ist. Dies wiederum wäre dann weniger deshalb der Fall, weil die Systemsteuerung auf Loyalität nicht angewiesen und Überwachung ineffizient ist. Vielmehr stellt eine Passungsförmigkeit der Individuen sich über die Kontrolltechnologien einerseits situativ her – die jeweiligen Ordnungen und Anordnungen des Raumes schaffen Wahrscheinlichkeiten des Verhaltens und provozieren bestimmte Formen der Subjektivierung, wenn Individuen die Räume passieren und sich so zwangsläufig in ihnen positionieren. Andererseits muss eine über die Situation hinausgehende Konformität des Individuums so variabel sein wie die verschiedenen Situationen, die dieses passiert – während die Verantwortung für diese Fähigkeit der Flexibilität in seinen Händen liegt.

Foucault hatte auch das Panopticon schon nicht als das Sinnbild totalitärer Überwachung verstanden, weder in der einen noch in der anderen Machtdimension, die beide zusammen genommen die Form der Subjektivierung ausmachen: Der „Sortiermechanismus" (Lyon 1997), den die ringförmige Architektur herstellt, markiert die Zurichtung der Individuen. Diese sind so gleichförmig wie die Parzellen der Insassen, obgleich die räumliche Separierung die Individualisierung doch erst ermöglicht. Das ist der Unterwerfungsmodus der disziplinären Norm: Das optimale Modell, das diese darstellt, subsumiert das Besondere unter das Allgemeine. Die Norm homogenisiert die Individuen in dieser Objektivierung und individualisiert sie zugleich, indem sie überhaupt erst Vergleichbarkeit herstellt und Differenzen markierbar macht, wobei die Differenz sich stets im Verhältnis zur sozialen Norm artikuliert. Der permanente Blick der sichtbaren und doch uneinsehbaren Macht im zentralen Turm bewirkt schließlich die Hereinnahme der Überwachung in das Selbst, die Übernahme der normierenden Schemata, in denen die Individuen sich gemessen und beurteilt sehen und in denen sie sich selber erfahren, sich selbst wahrnehmen und einschätzen werden. Der Blick der Macht verlagert sich in die Individuen, die äußere Kontrolle wird zu einem Teil des Selbst, zur Fähigkeit der Selbstbeherrschung und der selbständigen Lebensführung. „Discipline [...] was not a means of producing terrorized slaves without privacy, but self-managing citizens capable of conducting themselves in freedom, shaping their newly acquired ‚private lives' according to norms of civility, and judging their conduct accordingly" (Rose 1999, S. 242).

4.7.3   Die neue Chiffre

Das neue Regime der „Kontrollgesellschaften" hatte Gilles Deleuze auf zwei Transformationen zurückgeführt: nicht nur auf „eine tiefgreifende Mutation des Kapitalismus", sondern auch auf eine „technologische Entwicklung". Die Chipkarte sei der Zugangsschlüssel in dieser Gesellschaft, in welcher der Mensch nicht mehr das Individuum ist, sondern das numerische „Dividuum", das den kapitalen Erfordernissen und dem binären Code der neuen Informationstechnologie angepasst ist. Mit dieser neuen Zurichtung des Individuums als Dividuum scheint das Foucaultsche Diktum einer Macht, die „gleichzeitig vermassend und individualisierend" ist, in Frage zu stehen: Die Statik der Gesellschaft ist so beweglich wie ihre Einzelteile, das Dividuum so flüchtig wie die virtuellen Datenströme, wie die Stichproben, die sich aus Datensätzen ziehen, oder wie die Risikofaktoren, die sich isolieren und rekombinieren lassen. Ebenso wenig wie das Panopticon bloß eine Metapher der Disziplinargesellschaft ist, sind dies alles nicht nur technische Artefakte und nicht nur Metaphern, sondern „Chiffren" sich transformierender Regierungsweisen: Wir haben es mit der Regulierung von Bewegungsabläufen innerhalb wie außerhalb von Maschinen zu tun – Datensätze und Populationen unterscheiden sich hierin nicht – und mit veränderten Selbsttechnologien. Wo das Individuum früher in vorgefertigte „Gussformen" eingepasst war, ist es nun zu beständiger „Modulation" verdammt, zu beständiger Arbeit an sich selbst und einer flexiblen Anpassung an den jeweiligen Aggregatzustand des Lebens, der schwankend ist wie die „Wechselkurse" der Börse (Deleuze 1993, S. 256–58)[b]: „disciplinary societies [...] *mould* conduct by inscribing enduring corporeal and behavioral competences, and persisting practices of self scrutiny and self-constraint into the soul. Control society is one of constant and never ending modulation where the *modulation* occurs within the flows and transactions between the forces and capacities of the human subject and the practices in which he or she participates. [...] In such a regime of control we are not dealing with subjects with a unique personality that is the expression of some inner fixed quality, but with elements, capacities, potentialities. These are plugged into multiple orbits, identified by unique codes, identification numbers, profiles of preferences, security ratings and so forth: a ‚record' containing a whole variety of bits of information on our credentials, activities, qualifications for entry into this or that network" (Rose 2000, S. 325). Das Individuum soll sich

---

[b] Siehe den Text in den *Grundlagentexten* S. 345 ff. (A.d.H.).

selbst als Humankapital begreifen und seine mobilisierbaren und variabel einsetz-
baren Potenziale selbständig und beständig weiter entwickeln.

Analysiert man die Technik als Teil eines Programms der Verhaltenssteuerung,
dann ist die Videokamera wohl die geeignetere Chiffre für dieses Kontrollregime
avanciert liberaler Gesellschaften als die elektronische Fußfessel. Mit der spielte
Deleuze auf den Wechsel an von einer verwertungsorientierten Einübung der
Selbstkontrolle in den Einschließungsmilieus der Disziplin zur flexiblen und
flexibilisierenden Kontrolle „gleichsam im offenen Gelände" (Scheerer 1994,
S. 15), die sich eher sanft und unmerklich über äußere Anreize vollzieht (vgl.
Legnaro 2000a; Shearing 1997; Shearing und Stenning 1985). Wenn man sich
das Verhältnis von Mensch und Maschine als eines der Übersetzung denkt, bei
der soziale und nicht-soziale Momente ineinander greifen und Materialitäten
Praktiken formen, erschließt sich, inwiefern die Technik der Videoüberwachung,
gleich den anderen automatisierten Kontrolltechniken, nicht nur bloßes Werkzeug oder Instrument des Regierens ist, sondern ein eigenes Machtverhältnis
konstituiert (vgl. Mainprize 1996). Auch das spricht im übrigen gegen jene Vorstellung totalisierender Überwachung: Weder sind nur symbolische Vermittlungs-
verhältnisse am Werke, noch gibt es eine Macht, die sich von oben nach unten
herunterdekliniert. Kräfteverhältnisse bilden sich vielmehr an vielen Stellen aus,
brechen sich und weisen in unterschiedliche Richtungen.

Mit Kontrollregimen zerstreut sich der Fokus des Regierens: Von der Gesellschaft und den sozialen Verhältnissen auf Gemeinschaften, die Selbsttechniken
der Individuen oder technische Verfahren. Hatte Foucault (2000, S. 65) mit der
Formel von der *Gouvernementalisierung des Staates* darauf angespielt, dass
der Staat selbst und seine Institutionen Gegenstand des Regierens sind und
dass der Staat als ein politisches Gebilde das Produkt von Rationalitäten des
Regierens ist, so ließe sich insofern auch von einer *Gouvernementalisierung*
der Regierungsmechanismen sprechen: Nicht auf das soziale Milieu und die
sozialen Ursachen von Problemen wird versucht Einfluss zu nehmen, und im
Brennpunkt der Reflexion geeigneter Regierungsweisen steht nicht so sehr die
Sicherheit der sozialen und ökonomischen Abläufe, „considered external to the
formal apparatuses of government but the security of governmental mechanisms
themselves" (Dean 1998, S. 38). Der Mensch und sein Verhalten werden über die
Umwelt manipuliert, über ständig wechselnde Bezugssysteme und kontingente
Orientierungsmarken. Es handelt sich um eine Form des Regierens, „die sich
auf die Freiheit eines jeden Menschen stützt" (Foucault 1982, S. 8), jedoch
nicht, indem sie den Menschen und sein Verhalten bestimmt, sondern die ihn
„umgebende Umwelt in einer Weise modifiziert, dass deren latente Ungewissheit von sich aus auf das Verhalten der Menschen wirkt" (Soiland 2002, S. 144).

Insofern ist die Regulierung der Regierungsmechanismen selbst wichtig geworden und die Technik der Videoüberwachung daher vielleicht ähnlich bezeichnend für das Kontrollregime avanciert liberaler Gesellschaften wie das Panopticon für das Funktionieren der Disziplinargesellschaft.

Die Kamerainstallation ist eine Variante situationsorientierter Kriminalprävention (vgl. Clarke 1995). Den Menschen als Risikokalkulateur voraussetzend soll sie das Risiko einer Straftat beziehungsweise unerlaubten oder unerwünschten Verhaltens signalisieren. Diese Botschaft ist, wenn sie denn überhaupt ihren Adressaten findet, seltsam sprachlos. Die Sprachlosigkeit liegt jedoch nicht darin, dass ein direktes Gegenüber für eine Kommunikation fehlte und ein technisches Medium Verhalten aus der Distanz regierte. Sie liegt nicht darin, dass die Installation nicht auch Teil einer Kommunikation sein könnte. Entscheidend ist vielmehr, dass keine inhaltlich bestimmte Normativität transportiert wird, keine Wertvorstellungen, außer eben jener, von der bereits die Rede war: von der zukunfts- und verantwortungsorientierten Moral, die Konsequenzen des eigenen Handelns im Blick zu behalten. Freilich, wer im sprichwörtlichen Sinne nichts zu verbergen hat, den braucht das alles auch nicht zu interessieren. Zunächst scheint sich die Videoüberwachung an bestimmte Personen zu richten, wenn es in den paraprivaten Räumen der geschäftsorientierten Wandelhallen, Einkaufsmeilen und Transportsysteme darum geht, „den Kundenraum zu sichern", wenn man die Kontrolltechnik gar als „Serviceleistung" für den Kunden ansehen kann. Zu bezweifeln ist jedoch, ob dabei immer nur die „gefährlichen Klassen" im Visier sind, das System nicht vielmehr erlaubt, eine äußerst variable Spaltung in erwünschte und unerwünschte Kunden vorzunehmen. Denn wenn die technische Anlage ein spezifisches Subjekt evoziert, indem sie den *homo prudens* anruft, ist diese Botschaft selbst moralisch zurückhaltend. Sie bedeutet nicht, dass Ladendiebstahl oder Drogenhandel an sich verwerflich seien, sondern dass dieses Verhalten an dieser Stelle, an diesem Ort nicht geduldet ist. Das ist jedoch nur eine mögliche Botschaft, die latent bleibt. Wie ein Signal kann die Installation die Drohung erfolgreicher Strafverfolgung verkörpern und ist zugleich eine Form der Überredung: Der Appell an die Klugheit eines unbescholtenen Bürgers und potenziellen Täters gemahnt an die Zukunft, während die mögliche Reaktionsweise auf eine konkrete Straftat oder auf unerwünschtes Verhalten offen ist.

Gerade in dieser Offenheit liegt zugleich ein Moment der Unsicherheit: Wie beim Benthamschen Panopticon weiß man auch heute nicht, ob hinter dem Auge der Videokamera ein menschliches Auge tatsächlich hinsieht, ob das körperlose Auge der Technik (vgl. Legnaro 2000b, S. 76) an einen denkenden und sehenden Körper gebunden oder nicht vielmehr blind ist. Die Position des Regierenden ist nicht erkennbar und die ausübende Macht nicht benennbar, abgesehen vielleicht von einer abstrakten Vorstellung von den Institutionen des Überwachens und Strafens oder aber von einem möglicherweise intervenierenden Geschäftsinhaber oder Sicherheitsbeauftragten. Die Technologie beruht auf dem Prinzip der möglichen Kontrolle und Intervention. Wenn Konformität erzeugt wird, resultiert sie aus dem Glauben, dass dieses Verhalten das Gewünschte ist (vgl. Alisch 2000), aus der Antizipation der Normen, die das Individuum selbst vornimmt. In dieser Vorwegnahme kontrolliert es sich selbst: Doch anders als beim Benthamschen Panopticon ist Selbstkontrolle hier eine Kann-Bestimmung. Kontrolle ist keine Erfolgskontrolle, nicht die Überwachung eines Prozesses, ob die erfolgte Kontrolle erfolgreich in Selbstkontrolle übergegangen ist. Wie die automatisierten Kontrolltechniken generell, zielt auch diese nicht auf die Veränderung von Einstellungen oder Verhaltensweisen. „They are not there to normalize individuals and train their souls but to order the external world in an optimal manner for the institution" (Lianos und Douglas 2000, S. 267).

Insofern könnte man besser von Videokontrolle sprechen: Um Überwachung handelt es sich nur insofern, als ein bestimmter Raum oder ein bestimmtes offenes Gelände der prüfenden Dauersichtung unterstellt sind. Die präventive Sicherung bezieht sich auf ein mehr oder weniger umgrenztes Territorium. Die Personen hingegen werden nur vorübergehend und nur potenziell dem kontrollierenden Blick unterzogen: solange sie diesen Ausschnitt durchqueren. Dasselbe Verhalten, das hier ausgeschlossen werden soll, ist anderswo zulässig. Das freilich heißt nicht, dass es anderswo erlaubt ist, nur wird es dort nicht auf dieselbe Weise kontrolliert. Und welche Regeln in den jeweils anderen Räumen und Situationen herrschen, das herauszufinden ist Aufgabe des Individuums, das mit Blick auf die Konsequenzen seines Tuns sich selbst überlassen bleibt. Wenn aus Überwachung die kontinuierliche Selbstkontrolle der eigenen Lebensführung geworden ist, die sich in das Individuum selbst verlagert, ist das eben keine Selbstdisziplinierung und keine Sozialisierung in ein normativ verwachsenes Regime. Eher ist es ein Fitmachen für die ständige Bereitschaft zu kontinuierlicher Modulation: „Surveillance is ‚designed in' to the flows of everyday existence" (Rose 2000, S. 325; vgl. Deleuze 1993). Neoliberale Regierungstechnologien werfen das Individuum auf seine eigene Verantwortung für die Risiken des Lebens und seine Selbstmobilisierungskräfte zurück, ohne das noch proklamieren zu müssen, weil die Konsequenzen jeder selbst tragen muss. Nicht anders verhält es sich mit der Strategie der Responsibilisierung, welche die Videokamera induziert: Die selbst zu treffende Wahl besteht zwischen einem Spielraum situationsabhängiger Passungsförmigkeit – oder der Exklusion. […].

Literatur

Alisch, Christiane (2000), Kontrolle und Disziplinierung. Was Videoüberwachung und Chipkarten mit Politik zu tun haben. In: www-aktuelle-kamera.org/txt/video_cc_und_politik. Html, vom 3.12.

Bogard, William (1996), The Simulation of Surveillance. Hypercontrol in Telematic Societies, Cambridge.

Boyne, Roy (2000), Post-Panoptism. In: Economy and Society 29, 285-307.

Clarke, Ronald V. (1995), Situational Crime Prevention. In: Tonry/Farrington (Hg.), Building a Safer Society. Strategic Approaches to Crime Prevention. In: Crime and Justice Vol. 19, Chicago, London, 91–150.

Dean, Mitchell (1998), Risk, Calculable and Incalculable. In: Soziale Welt 49, 25–42.

Deleuze, Gilles (1993), Postscriptum über die Kontrollgesellschaften. In: Deleuze, Unterhandlungen 1972–1990, Frankfurt/M., 254–262.

Foucault, Michel (1977), Überwachen und Strafen. Die Geburt des Gefängnisses, Frankfurt/M.

Foucault, Michel (1982), Vorlesungen zur Analyse der Machtmechanismen. Unvollständige Mitschrift der Vorlesungen von 1978 am Collège de France, In: Andreas Pribersky, Der Staat und die Wolke, Bremen, 1–44.

Foucault, Michel (2000), Die Gouvernementalität. In: Bröckling, Krasmann, Lemke (Hg.), Gouvernementalität der Gegenwart, Studien zur Ökonomisierung des Sozialen, Frankfurt/M., 41–67.

Gössner, Rolf (2001), Genetische Erfassung: Munition zum ‚gläsernen Menschen'? In: Neue Kriminalpolitik 13 (4), 5–7.

Koch, Claus (2001), Terrorwahn in einer weltlos gewordenen Welt, in: Süddeutsche Zeitung, 15./16.12.2001.

Kronauer, Martin (2002), Exklusion. Die Gefährdung des Sozialen im hoch entwickelten Kapitalismus, Frankfurt/M.

Kuhlmann, Jan (1993), Bürger auf Karten. Totalerfassung durch sozialökologische Rationierungssysteme. In: Blätter für deutsche und internationale Politik 3 (11), 1333–1346.

Legnaro, Aldo (2000a), Subjektivität im Zeitalter ihrer simulativen Reproduzierbarkeit: Das Beispiel des Disney-Kontinents. In: Bröckling/Krasmann/Lemke (Hg.), Gouvernementalität der Gegenwart. Studien zur Ökonomisierung des Sozialen, Frankfurt/M. 2000, 286–314

Legnaro, Aldo (2000b), Panoptismus – Fiktionen der Übersichtlichkeit. In: Ästhetik & Kommunikation 111, 73-78.

Lianos, Michalis/Douglas, Mary (2000), Dangerization and the End of Deviance. In: British Journal of Criminology 40, 261-278.

Lyon, David (1994), The Electronic Eye. The Rise of the Surveillance Society, Cambridge.

Lyon, David (1997), Chipkarten und Technopolizei. Ein Interview. In: telepolis vom 22.5.

Mainprize, Steve (1996), Elective Affinities in the Engineering of Social Control: The Evolution of Electronic Monitoring. In: Electronic Journal of Sociology 2.

Marx, Gary T. (1988), Undercover. Police Surveillance in America, Berkeley.

Mathiesen, Thomas (1997), The viewer society: Michel Foucault's 'Panopticon' revisited. In: Theoretical Criminology 1, 215-234.

Nogala, Detlef (2000), Der Frosch im heißen Wasser. In: Schulzki-Haddouti (Hg.), Die Globalisierung der Überwachung, Hannover, 139–155.

Poster, Mark (1990), The Mode of Information. Poststructuralism and Social Context, Chicago.

Rose, Nikolas (1999), Powers of Freedom. Reframing Political Thought, Cambridge.

Rose, Nikolas (2000), Government and Control. In: British Journal of Criminology 40, 321-346.

Scheerer, Sebastian (1994), Kriminalität und Kontrolle. In: konkret 2, 14-16.

Shearing, Clifford (1997), Gewalt und die neue Kunst des Regierens und Herrschens. In: von Trotha (Hg.), Sonderheft 37 ,Soziologie der Gewalt' der Kölner Zeitschrift für Soziologie und Sozialpsychologie, 263–278.

Shearing, Clifford und Phillip Stenning (1985), From the Panopticon to Disney World: the development of discipline. In: Doob/Greenspan (Hg.), Perspectives in Criminal Law, Ottawa, 336–349.

Soiland, Tove (2002), Mit Foucault gegen Gender. Eine machttheoretische Kritik am Paradigma des sozialen Konstrukts „Gender". In: Widerspruch 43, 139-151.

Wunderlich, Stefan (1999), Vom digitalen Panopticon zur elektronischen Heterotopie. Foucaultsche Topographien der Macht. In: Maresch/Werber (Hg.), Kommunikation, Medien, Macht, Frankfurt/M., 342–367.

The manufacturer's authorised representative in the EU is Springer
Nature Customer Service Centre GmbH, Europaplatz 3, 69115 Heidelberg,
Germany. If you have any concerns regarding our products, please
contact ProductSafety@springernature.com

Printed and bound by CPI Group (UK) Ltd, Croydon, CR0 4YY
26/04/2026
02097302-0004